PROTEIN-THERAPIE
UND UNSPEZIFISCHE LEISTUNGSSTEIGERUNG

VON

WILLIAM F. PETERSEN · M. D.
ASSOCIATE PROFESSOR OF PATHOLOGY AND BACTERIOLOGY
UNIVERSITY OF ILLINOIS · COLLEGE OF MEDICINE · CHICAGO

ÜBERSETZT VON LUISE BÖHME

MIT EINER EINFÜHRUNG UND ERGÄNZUNGEN VON

PROFESSOR DR. MED. **WOLFGANG WEICHARDT**
ERLANGEN

MIT 7 ABBILDUNGEN IM TEXT

BERLIN
VERLAG VON JULIUS SPRINGER
1923

ISBN-13: 978-3-642-98330-6 e-ISBN-13: 978-3-642-99142-4
DOI: 10.1007/978-3-642-99142-4

SOFTCOVER REPRINT OF THE HARDCOVER 1ST EDITION 1923

Vorwort zur deutschen Ausgabe

von

Professor Dr. **Wolfgang Weichardt**, Erlangen.

Deutschland und die auf seine wissenschaftliche Literatur angewiesenen Länder machen trotz aller politischen Trennungsbestrebungen den größten Teil des gebildeten Europas aus. Dieser Kulturkreis leidet gegenwärtig darunter, daß ihm wegen der mißlichen Geldlage amerikanische und englische Bücher nur unvollkommen zugänglich sind.

Eine Übersetzung des verdienstvollen Werkes von W. F. PETERSEN dürfte deshalb vielen willkommen sein.

Der Wert des Buches liegt in der fleißigen Zusammenstellung der verschiedensten Arbeiten über unspezifische Therapie gerade aus der in Deutschland meist schwer zugänglichen Literatur. PETERSEN selbst sieht durchaus nicht alle Ansichten und Versuche, über die er Bericht erstattet, als exakt und bewiesen an. So wird der Leser oft ganz interessante aber auch unbewiesene und phantastische Vorstellungen finden. Ob sie dereinst als Tatsachen zu gelten haben, hängt von den experimentellen Beweisen ab, die erst noch zu erbringen wären. In vielen Ausführungen liegen jedoch zweifellos Anfänge einer planmäßigen Weiterentwicklung vor. Deshalb dürfte es für die Fachgenossen interessant sein die mannigfaltigen Bestrebungen auf diesem Gebiete nebeneinander aufgeführt zu finden.

Ich habe auf Wunsch des Herrn Verfassers ein Kapitel über die Aktivierung durch sekundär im Körper entstehende Spaltprodukte geschrieben (Kap. IV, S. 63—75). Ferner sind die Kapitel, welche vorwiegend die theoretische Seite betreffen, im ersten Teile zusammengefaßt. In diesem Teile (Kap. I—VIII) ist auch einiges was durch neuere experimentelle Untersuchungen nunmehr ausreichend begründet und bestätigt worden ist, eingefügt. Der zweite Teil (von Kap. IX an), welcher im wesentlichen Behandlungsberichte enthält, ist lediglich möglichst wortgetreu übersetzt worden.

Fräulein LUISE BÖHME hat das Original übersetzt und war beim Lesen der Korrekturen in dankenswerter Weise behilflich.

Erlangen, im Dezember 1922.

Wolfgang Weichardt.

Vorwort.

Über 30 Jahre lang hat die Ansicht, daß der Organismus in seinem Widerstand gegenüber Krankheiten und in seiner Verteidigung gegen bakterielle Einfälle von biologischen Reaktionen abhängt, die im wesentlichen spezifisch sind, die medizinischen Gedanken, medizinischen Experimente und die medizinische Praxis beherrscht. Es kamen Jahre mit ungeheueren Fortschritten in Theorie und Praxis der Heilkunde. In der Tat ist der Fortschritt im Gegensatz zu dem der vorhergegangenen Jahre so gewaltig und weitreichend gewesen, daß wir soweit gekommen waren, jedweden Fortschritt auf der Spezifität aufzubauen, die das medizinische Denken vollkommen beherrschte. Die Idee einer auf unspezifischer Basis ruhenden Therapie schien deshalb auf den ersten Blick ein Rückschritt zu sein, und die Erforschung eines solchen Gegenstandes unlogisch, wenn nicht Schlimmeres. Unter solchen Voraussetzungen konnte man auf den Gedanken kommen, daß das gegenwärtige Interesse für unspezifische Therapie nicht der Grundlage einer überzeugenden Theorie oder lohnender Laboratoriumsexperimente entsprungen sei. Die Klinik war es, welche unsere Aufmerksamkeit auf gewisse therapeutische Ergebnisse, die nicht unbeachtet gelassen werden durften, aufmerksam machte; auf Ergebnisse, die in vieler Beziehung so überraschend waren, daß unser Begriff von den Heilvorgängen geändert werden mußte.

Die theoretische Grundlage für die Erklärung dieser Resultate war lückenhaft; wenigstens hat sich unser landläufiger Begriff von Immunität und Widerstandskraft gegenüber Krankheiten als vollkommen unzulänglich erwiesen, um die klinischen Erfolge verständlich zu machen. Die scheinbare Empirie, der Mangel an genauer Kenntnis betreff des Mechanismus der unspezifischen Reaktion ist der Hauptangriffspunkt für alle diejenigen gewesen, die irgendwelche Kritik ausübten. Eine kurze Untersuchung des Gegenstandes wird jedoch zeigen, daß die Unspezifität nicht theoretisch unlogisch zu sein braucht, zu welcher Annahme ein flüchtiger Überblick verleiten möchte. Lenken wir unser Hauptinteresse auf die Reaktion des Körpers, die durch eine Schädigung veranlaßt wurde — z. B. durch eine Entzündung — so finden wir, daß diese Reaktion, wie sie auch verursacht sein mag, entweder durch bakterielle Infektion, Vergiftung oder Trauma, im Grunde unter allen Umständen ähnlich verläuft. Der Typus zellulärer Reaktion mag bis zu einem gewissen Grade schwanken, die Menge und auch die Zusammensetzung des Exsudates mag verschieden sein, aber die grundlegenden Veränderungen sind immer die gleichen.

Es handelt sich beständig um das Streben, das schädliche Agens aufzulösen, es durch intrazelluläre oder extrazelluläre Verdauung zu entfernen, es zu neutralisieren oder, wenn das mißlingt, es einzukapseln und aus dem Lauf normaler Gewebetätigkeit zu entfernen.

Wenn wir nun versuchen, diesen Vorgang therapeutisch zu ändern, so haben wir verschiedene Möglichkeiten dazu.

Der springende Punkt liegt in dem Bestreben die Reaktion des Körpers selbst zu ändern. Wir können versuchen, ihren natürlichen Verlauf zu steigern, indem wir Autolyse und Resorption beschleunigen, oder das Umgekehrte anstreben, die Autolyse verzögern und die verbessernden Phasen anregen; wie es gerade gewünscht wird. WEICHARDT hatte als vereinheitlichendes Prinzip den Begriff der Aktivierung für alle unspezifischen therapeutischen Maßnahmen eingeführt, das ist eine Reaktionsänderung des Körpers mit dem praktischen Ziele, Leistungssteigerung nach einer bestimmten oder nach den verschiedensten Richtungen zu erhalten. Das ist die wirkliche „Ergotropie", wie v. GRÖER es bezeichnet hat, eine Therapeutik, bei der wir mehr die Reaktion des Organismus durch das ätiologische Mittel verändern, als bestrebt sind in erster Linie den verursachenden Faktor zu beeinflussen. Eine solche Therapie muß notwendigerweise im immunologischen Sinne unspezifisch sein.

Es wird vielleicht gut sein, zu allererst sich klar zu machen, daß die unspezifische Reaktion keine neuen und bisher unbekannten Faktoren in Tätigkeit setzt. Es handelt sich größtenteils um früher erforschte Reaktionen, welche vom Organismus immer angewandt wurden, um Krankheiten zu überwinden, mit oder ohne unser bewußtes Eingreifen. Ebenso handelt es sich um die Anregung dieser Reaktionen, und wenn diese geschickt angewandt wird, kommt eine Häufung der verschiedenen Verteidigungsmaßnahmen zustande, die der Organismus besitzt. Es ist sehr wahrscheinlich, daß diese potentiellen Kräfte latent oder untätig bleiben, wenn die unspezifische Reaktion sie nicht in Bewegung bringt. Es ist beobachtet worden, daß die Antikörper (Agglutinine, Präcipitine, Opsonine usw.) nach unspezifischer Injektion aus den Zellen „fallen gelassen" oder abgeworfen werden, ebenso wie Fibrinogen und Thrombokinase gesteigert sind und verschiedene Enzyme aus den Zellen in den Kreislauf dringen.

Wenn nach alledem unspezifische Therapie ein Verfahren ist, bei welchem es sich nur um bisher bekannte Reaktionen handelt, so müssen wir uns dazu entschließen anzunehmen, daß sie den allgemein beobachteten Gesetzen der biologischen Reaktionen folgt. Wenn wir sie als eine Methode der Anregung betrachten — Plasma-Aktivierung WEICHARDTS, s. S. 12 —, so folgt daraus, daß sie nur wirksam sein kann, wenn das Protoplasma noch in dem geeigneten Zustand ist, in dem es auf die Anregung reagieren kann. Wenn einmal das Stadium der Erschöpfung erreicht ist, so ist die bloße Anregung durch das unspezifische Mittel nicht länger imstande, irgendwelche Veränderung des Krankheitsprozesses hervorzubringen, es sei denn eine Verschlimmerung.

Die Beobachtungen, welche die Grundlage dieser Monographie bilden, sind, klinisch sowohl wie experimentell, teilweise auf eigene Erfahrung gegründet, zum größten Teil aber aus der Literatur gesammelt worden. Eine Zusammenfassung unserer gegenwärtigen Kenntnis auf diesem besonderen Gebiet schien von Wert zu sein; nicht als ob neue therapeutische Maßnahmen veröffentlicht werden sollten, sondern vielmehr um das wissenschaftliche Streben auf eine Forschungsrichtung zu lenken, die entschiedene Möglichkeiten des Fortschrittes bietet. Ich habe deshalb nur einige der gegenwärtig bei unspezifischer Therapie gebräuchlichen Methoden angedeutet und damit nicht den Zweck verfolgt, bestimmte Applikationsarten oder Indikationen für den therapeutischen Gebrauch besonders herauszustreichen. Andererseits habe ich mich bemüht, die wahrscheinlichen theoretischen Grundlagen und einige der damit zusammenhängenden Anwendungsweisen so klar zu zeigen, wie es uns unsere jetzige Kenntnis erlaubt. Eine große Anzahl von Fragen von ausgesprochen praktischer Wichtigkeit konnten leider nur ohne weitere Erörterung erwähnt werden.

Bei der Darstellung der klinischen Ergebnisse habe ich mich bemüht eine vorsichtige Haltung einzunehmen. Wenn ich zeitweise von reiner Objektivität abgewichen bin, so muß ich den Tadel auf mich nehmen, die klinischen Berichte einer Anzahl Beobachter herangezogen zu haben, deren Begeisterung vielleicht stärker war als ihr Urteil. Wir müssen uns erinnern, daß es die Klinik war, welche unsere Aufmerksamkeit auf diese Form der Therapie lenkte.

Während der kurzen Zeitspanne von sieben Jahren hat die unspezifische Therapie einen festen Halt in klinischen Gedanken und klinischer Praxis gewonnen; heute ist sie sogar von Immunologen als einer der Faktoren, welche Krankheiten abwehren, anerkannt. Ob nun, wie Much annimmt, unspezifische Resistenz und unspezifische Immunität von größerer Wichtigkeit für den Organismus sind, als die spezifischen Kräfte, soll uns zur Zeit nicht beschäftigen; unsere Aufmerksamkeit soll auf Anwendbarkeit, Methoden und Ursachen gelenkt werden.

Nur bei einseitiger Beurteilung des weiten Gebietes durch einen Verfasser habe ich mir eine Stellungnahme erlaubt.

Da ich den Namen Protein-Therapie beibehalten habe, so muß betont werden, daß bei der Proteintherapie nur eine der großen Gruppen von Heilmitteln in Frage kommt, welche angewandt werden können, um die unspezifische Reaktion hervorzubringen. Andere Bezeichnungen sind gebraucht worden: „Kolloid-Therapie“, „Shok-Therapie“, „Fremd-Proteintherapie“; „Heterovaccine-Therapie“, aber in Anbetracht dessen, daß die Reaktion des Patienten das Wichtige ist, nicht die Substanz, welche die Reaktion verursacht, muß ein Name mit viel weiterer Bedeutung gebraucht werden. Die Zusammenfassung unter den Begriff der Aktivierung der Zellen des Körpers (Weichardt) oder „Ergotropie“ (v. Gröer), ist am unanfechtbarsten und am eindruckvollsten, da darin die Reaktion des Patienten betont ist und die Substanz, welche die Reaktion verursacht, als weniger ausschlaggebend angesehen wird.

Wie weit das Feld unspezifischer Anregung in ihren verschiedenen Modifikationen ist, wird klar bei der Betrachtung von Zahl und Art der Mittel, die angewandt werden, um therapeutische Erfolge zu erzielen. Sogar die rein physikalischen und mechanischen Mittel, Bestrahlung, Elektrizität, Bäder, Massage usw., müssen in den Überblick eingeschlossen werden, weil sie bis zu einem gewissen Grade Veränderungen im Organismus hervorbringen, die im Charakter denjenigen ähnlich sind, die wir in den folgenden Seiten besprechen wollen.

W. F. Petersen.

Inhaltsverzeichnis.

Erstes Kapitel.

Geschichte der Proteintherapie.

Die bemerkenswerte Tatsache, daß einige Individuen für Krankheiten widerstandsfähig sind und andere nicht, daß von zwei anscheinend gleich starken Individuen das eine stirbt, während das andere sich von der gleichen Infektion erholt, hat stets Biologen und Ärzte beschäftigt.

Natürlicherweise haben sich die Bemühungen, diese Resistenz zu erklären mit der Art und Weise des jeweilig herrschenden biologischen Gedankens geändert. Erst als die Entwicklung unserer Präzisionsinstrumente die Arbeit von PASTEUR und KOCH ermöglichte, lenkte die genauere Beobachtung der ursächlichen Beziehung von Mikroorganismen zu gewissen Krankheitsvorgängen das medizinische Denken von der philosophischen Richtungsnahme ab, die bezeichnend für die erste Hälfte des letzten Jahrhunderts war, und neigte sich der konkreten Denkweise zu, auf die sich die neuzeitliche Wissenschaft gründet. Naturalistische Verallgemeinerung machte genauer biologischer Beobachtung Platz. Mit wachsender pathologischer und bakteriologischer Erkenntnis der Krankheitsvorgänge änderte sich die Anschauung der Ärzte, und es begann eine allgemeine Erforschung der spezifischen Immunität.

Die glänzende Zeit der Spezifität in der Therapie wurde durch v. BEHRING eingeleitet; die verblüffenden serologischen Forschungen von EHRLICH und von BORDET, die Entdeckung der spezifischen Spirochätizidie von EHRLICH auf dem Gebiete der Chemotherapie stempelte diese Jahre medizinischen Fortschrittes mit dem Siegel des Erfolges, eines Fortschrittes, der vollkommen auf der Grundlage der strengsten Spezifität steht. In einer solchen Zeit voller erfolgreicher Errungenschaften wurden natürlicherweise Nebenrichtungen nicht beachtet. Klinische Beobachtungen paßten nicht zu der herrschenden Denkweise und wurden nur zaghaft gefördert, um bald wieder in Vergessenheit zu geraten. Erst kürzlich zeigte WRIGHT einige solcher Beispiele, die er während der letzten zwanzig Jahre beobachtete:

„Ich bekenne, daß ich die Überzeugung, daß Immunisierung immer streng spezifisch sei, teilte. Vor zwanzig Jahren, als von der indischen Seuchenkommission versichert wurde, daß durch die Anti-Pest-Impfung Ekzeme, Gonorrhöe und andere Mischinfektionen geheilt wurden, hielt ich die Tatsache als einer Nachprüfung unwürdig. Ich nahm denselben Standpunkt ein, als in Verbindung mit antityphöser Impfung berichtet wurde, daß diese die Patienten viel weniger empfänglich für Malaria mache. Sieben Jahre später, als ich Antipneumokokken-Impfung als ein Vorbeugungsmittel gegen Pneumonie in den Transvaal-Bergwerken gebrauchte, hegte ich die gleichen Vorurteile. Aber die in der Premier

Mine erlangten zahlenmäßige Ergebnisse, zeigten, daß die Pneumokokken-Impfung, die die Sterblichkeit für Pneumonie um 85% erniedrigte, gleichzeitig auch die für andere Krankheiten um 50% verringerte. Von da an hatten wir die Tatsache anzunehmen, daß die Impfung zusammen mit „direkter" auch „mitwirkende" Immunisierung erzeugt."

Mehrere andere Beobachtungen neuerer Berichterstatter müssen wiedergegeben werden:

Nachdem in den letzten Jahren die Proteinkörpertherapie aktuell geworden war, haben eine Reihe älterer Autoren ihre früheren Arbeiten daraufhin durchgesehen, inwieweit in ihnen Beziehungen zu den neueren Auffassungen aufzufinden sind.

So wurde denn namentlich von BIER festgestellt, daß eigentlich schon die alten Transfusoren oft eine erstaunlich gute Einstellung auf die Erfordernisse der neuzeitlichen Proteinkörpertherapie empirisch gefunden hatten.

1893 berichtete EUGEN FRAENKEL über die Behandlung von ungefähr 57 Typhusfällen mit subkutanen Einspritzungen von Typhusbazillen. Die Ergebnisse waren vielversprechend. In einer aus der gleichen Zeit stammenden Arbeit beschrieb RUMPF eine ähnliche Reihe von Typhus-Patienten, die aber mit subkutanen Einspritzungen einer Pyocyaneus-Vaccine behandelt waren. RUMPF stützte seine Arbeit auf die Versuche von BUCHNER und seinen Schülern, der betonte, daß auch die Proteine anderer Bakterienarten imstande seien, bei mit einer bestimmten Bakterienart vorbehandelten Tieren vermehrte Temperaturerhöhung hervorzurufen. RÖMER fand ebenfalls, daß tuberkulöse Tiere durch Extrakte, die aus Pneumokokken und Bacillus Pyocyaneus bestanden, genau so gut wie mit Tuberkulin getötet werden konnten, d. h. daß solche Tiere nicht nur für das spezifische Gift durch eine abnorme Sensibilisierung empfänglich waren, sondern wegen ihrer Infektion ebenso für andere toxische Produkte. RUMPF schloß daraus, daß, obgleich lösliche Toxine spezifisch sein können und eine spezifische Reaktion von seiten des Patienten hervorrufen, alle Bakterien wahrscheinlich eine gemeinsame Komponente enthalten — eine unspezifische —, gegen die begreiflicherweise die Immunisierung nicht vorhanden ist. Er gebrauchte zuerst eine Streptokokkenvaccine, die jedoch keine therapeutischen Eigenschaften bei Typhus hatte. Daraufhin stellte er seine Pyocyaneusvaccine her, mit welcher er Ergebnisse erhielt, die in vieler Beziehung denen, die FRÄNKEL mit Typhusvaccine hatte, glichen. In seinen Serien von 30 Fällen verzeichnete er 2 Todesfälle, einen durch Pneumonie und den anderen durch Perforation.

RUMPF beobachtete, daß die Folge dieser subkutanen Injektionen nicht selten Schüttelfröste und Schwitzen waren. Gewöhnlich sank zwei Tage nach der Vaccinebehandlung die Temperatur und der Puls verlangsamte sich; je früher die Behandlung eingesetzt hatte, desto bemerkenswerter war die Wirkung auf den klinischen Verlauf. RUMPF machte besonders auf die Euphorie aufmerksam, die nach der Einspritzung beobachtet wurde[1]).

---

[1]) Auch DEHIO und seine Schüler behandelten schon im Jahre 1904 Lupus, Syphilis, Gonorrhöe mit wässerigen Auszügen aus Reinkulturen von Bact. prodigiosus, pyocyaneus, Deuteroalbumose und WITTEschem Pepton.

Diese Arbeit, die zur selben Zeit veröffentlicht wurde, welche die Einführung des Diphtherie- und Tetanusantitoxins sah, wurde vollkommen übersehen, um so bereitwilliger, als mehrere befugte Forscher, die tatsächlich mit kleinen Serien von Fällen arbeiteten, RUMPFS Ergebnisse nicht bestätigen konnten. Dann führte HORBACZEWSKI Nuclein ein und fand, daß der Lupus vulgaris mit einer typischen Herdreaktion auf das Nuclein antwortete, das heißt, die Nuclein-Reaktion verursachte eine Herdreaktion der Wunde, genau so wie die spezifische Substanz. KÜHNE analysierte zunächst das Tuberkulin und bemerkte die große Menge der Protein-Spaltprodukte, die darin enthalten waren. KOCH hatte Kenntnis von der Tatsache, daß das Fieber verursachende Element im Tuberkulin nicht an der spezifischen Wirkung Teil hatte, die er besonders verfolgte.

Als eine Folge, besonders von KÜHNES Arbeiten, begannen MATTHES und KREHL ihre wohlbekannten Versuche mit Protein-Spaltprodukten bei tuberkulösen Tieren. Als sie verschiedene Proteine gebrauchten, um die Tuberkulinreaktion bei tuberkulösen Meerschweinchen zu verursachen, fanden sie unter anderem, daß Milchinjektionen auch den Herd anregen konnten.

Auf diesem Gebiet machte MATTHES mehrere Beobachtungen, die in gerader Beziehung zu der von uns zu behandelnden Frage stehen. Er bemerkte z. B., daß tuberkulöse Meerschweinchen nicht allein bei Tuberkulin mit dem wohlbekannten Temperaturanstieg antworteten, sondern ebenso auch bei Einspritzungen von Deutero-Albumose. Nach kleinen Dosen reagierten die Tiere mit einem typischen Temperaturanstieg; große Dosen verursachten ein Sinken der Körpertemperatur und den Tod des Tieres. Nicht tuberkulöse Tiere reagierten zuweilen mit Temperatur nach Deutero-Albumose-Einspritzungen, aber niemals bis zu demselben Maße wie infizierte Tiere. Die Dosis im Vergleich zum Tuberkulin war groß, nichtsdestoweniger machten die Ergebnisse es ihm zweifelhaft, wie weit die Spezifität in der Tuberkulin-Reaktion mitwirkte, und es beschäftigte ihn lebhaft die Rolle der Protein-Spaltprodukte bei der Ursache des Fiebers. In die gleiche Zeit gehört die Wiedereinführung des künstlichen Abscesses (des Fixationsabscesses von FOCHIER), eine therapeutische Maßnahme, auf welche wir bei dem Haarseil und dem Kunstgeschwür zurückkommen. FOCHIER gebrauchte den sterilen Absceß (hervorgerufen durch Terpentininjektionen) mit einigem Erfolg bei puerperalen Infektionen. Das Verfahren wurde vor einer Anzahl von Jahren viel angewandt. Aus SAHLIS Klinik veröffentlichte BAUER Beobachtungen über eine Reihe von Fällen von Pneumonie, die mit solchen sterilen Absceßbildungen behandelt wurden. (1—2 ccm Terpentin injiziert, verursachten den Absceß.) Die Zahl der so behandelten Fälle war zu gering, um von irgendwelchem besonderen Wert zu sein, aber es wurde bemerkt, daß eine Anregung der Leukocyten als eine Folge der Einspritzung zustande kam.

Die Einführung von Nucleinsäure durch HORBACZEWSKI ist erwähnt worden. Im Laufe der nächsten zwanzig Jahre fanden Nucleinsäure, ihre Salze und verwandte chemische Zusammensetzungen ihren Weg in die Behandlung ansteckender Krankheiten.

Kolloidale Metalle, besonders die Silberpräparate, sind nach ihrer Einführung durch CREDÉ gebraucht worden. Zuerst wurde angenommen, daß Silber besondere streptokokkenvernichtende Eigenschaften besitze, und es wurde folglich bei septischen Zuständen, welche durch Streptokokken-Infektionen verursacht waren, angewendet. Es wurde dann bemerkt, daß man gleich gute Erfolge bei einer Anzahl Infektionen, die durch andere Organismen veranlaßt waren, erhielt. Zuletzt haben sich die kolloidalen Metalle als rein unspezifisch wirkende Mittel erwiesen.

In die gleiche Stufe muß eine ziemlich allgemein gebrauchte Behandlung eingeordnet werden: das Verfahren der Autoserotherapie von GILBERT. 1894 wurde die Behandlung bei Rippenfellentzündung mit Erguß eingeführt und fand weitgehende klinische Anwendung. Die Technik bestand darin, eine kleine Menge Flüssigkeit aus der Pleurahöhle zu ziehen und sie unter die Haut wieder einzuspritzen. Zuweilen wurde danach eine geringe Temperaturreaktion bemerkt. EISNER erforschte die Reaktion bei Versuchstieren und beobachtete, daß eine Leukocytose gewöhnlich der Einspritzung folgte; dieser und der allgemeinen Reaktion schrieb er den heilenden Erfolg zu. ZIMMERMANN betrachtete die Leukocytose als eine Anregung der Gewebe, durch autolytische Produkte hervorgerufen, die sich im Pleura-Exsudat angehäuft hatten. Es gelang ihm sogar zu zeigen, daß die Einspritzung von Pepton eine solche Leukocytose hervorrufen konnte, aber er zog weiterhin nicht die folgerichtigen Schlüsse aus seinen Versuchen. Später wurde die Methode der Autoserotherapie besonders auf dem Gebiet der Dermatologie erweitert.

Bei der Tumorbehandlung kennen wir zwei verwandte Maßnahmen. Diese sind die Trypsinbehandlung nach BEARD bei Carcinom und der Gebrauch von COLEYS Flüssigkeit, die letztere besonders bei Sarkomen angewandt. Ganz außerhalb der auf Gedankenwegen erreichten Grundlage, die aufgestellt wurde, um den Gebrauch bei bösartigen Krankheiten zu stützen, ist bemerkt worden, daß beide Mittel von einer ernsten Reaktion gefolgt waren — Schüttelfrost, Fieber, erhöhte örtliche Schmerzen und Zeichen einer Entzündungsreaktion. Gefolgt waren sie von gelegentlicher klinischer Besserung in der allgemeinen Gesundheit des Patienten, sowie für eine Zeitspanne in dem Stillstand des Tumorwachstums. Ob tatsächliche Heilungen je bewirkt wurden, ist für die gegenwärtige Forschung unwichtig; beide Reaktionen waren bezeichnende unspezifische Erscheinungen, und die Wirkung auf die örtlichen Vorgänge genau das, was unter diesen Umständen erwartet werden konnte.

Ein nahe verwandtes Verfahren besteht in der Einspritzung von Tumorautolysaten. Sie werden entweder intramuskulär oder intravenös in kleinen Mengen eingeführt und haben unterschiedslos eine Allgemein-Reaktion des Patienten im Gefolge (LUNKENBEIN, BLUMENTHAL), ebenso wie Veränderungen des N-Gleichgewichtes (BAUER, LATZEL und WESSELY).

UHLENHUT und Mitarbeiter sahen eine Steigerung der Zelltätigkeit, indem sie eine wachstumsfördernde Wirkung des Atoxyls, des Neutralrots, Eosins und anderer Präparate auf Mäusecarcinom und Rattensarkom feststellten.

Eine andere unspezifische Methode, und zwar mit zeitweise sehr günstigen klinischen Erfolgen besteht in der Einspritzung von Leukocyten-Extrakten bei Kranken, die verschiedene infektiöse Krankheiten hatten. PETTERSON hatte beobachtet, daß solche Injektionen eine ausgesprochene schützende Wirkung gegen Infektion bei Tieren zu haben schienen, und auch OPIE machte ähnliche Beobachtungen. 1908 fingen HISS und ZINSSER an einen solchen Extrakt bei Kranken zu gebrauchen. Sie waren seinerzeit nicht imstande, die erhaltene heilende Wirkung bestimmt dem Extrakt zuzusprechen, aber ZINSSER hat sich seitdem geäußert, daß die Erfolge wahrscheinlich auf der Grundlage unspezifischer Reaktion beruhen.

Zwischen 1890 und 1910 wurden gelegentliche klinische Berichte veröffentlicht, die im einzelnen die bei infektiösen Krankheiten durch eine Anzahl von therapeutischen Maßnahmen rein unspezifischen Charakters erzielten Erfolge zeigten, unter ihnen diejenigen von PATON, der normales Serum neben Diphtherieantitoxin bei der Behandlung von Tuberkulose, Gicht und Cerebrospinalmeningitis benutzte.

LILIENTHAL und MC. COLLUM hatten vorher berichtet, daß das Diphtherieantitoxin heilende Eigenschaften besäße, wenn man es bei verschiedenen Infektionen, z. B. Sepsis, Tuberkulose, adnexalen Entzündungen, Lupus usw. gäbe.

Diese paraspezifische Serotherapie ist ausgiebig in Frankreich gebraucht worden. DARIER hat einiges aus der klinischen Literatur, soweit sie sich mit der Reaktion beschäftigt, gesammelt, und noch kürzlich hat CUSTOM sie besprochen. Daß die Einspritzung von Diphtherieantitoxin zuweilen eine vorübergehende Zunahme der Temperatur zur Folge hat, ist sehr früh von EWING beobachtet worden, der auch die Leukocytenreaktion nach Injektionen bemerkte, eine primäre Leukopenie, die ungefähr eine halbe Stunde dauerte und von einer Leukocytose gefolgt war. Der Gebrauch von normalem Pferdeserum bei der Behandlung von gewissen Veränderungen des Koagulationsgleichgewichts des Blutes ist in den letzten Jahren auch ganz geläufig geworden (WEIL), und Impfung des Patienten-Serums, -Plasmas oder des ganzen Blutes, entweder subcutan oder intravenös — Autoserotherapie, wie sie genannt wird —, ist besonders von Dermatologen angewandt worden. In den letzten 5 Jahren sind Erfolge auf diesem begrenzten Gebiete berichtet worden, aber die Reaktion ist niemals als ein Teil einer allgemeinen Reaktion angesehen worden.

Als 1907 DEUTSCHMANN versuchte, eine Behandlungsweise für gewisse Augenkrankheiten, bei denen Pharmaca unbefriedigend waren, ausfindig zu machen, begann er mit der Immunisierung von Pferden mit Hefezellen, und benutzte das Serum für die Behandlung einer Anzahl von infektiösen Krankheiten. Viele Jahre hat man Hefe, wenn sie durch den Mund gegeben wurde, als ein Verstärkungsmittel der Widerstandskräfte des Körpers angesehen; Hefeextrakt ist zum gleichen Zweck auch subcutan verabfolgt und bei der Behandlung von bösartigen Krankheiten benutzt worden, besonders von italienischen Klinikern auf der durch die Arbeit von SANFELICE geschaffenen Grundlage. In dieser Weise injiziert, ist die Wirkung wahrscheinlich auf den Nuclein-Gehalt des Extraktes zurückzuführen. DEUTSCHMANN schreibt, daß ungefähr 2 ccm des Serums eingespritzt wurden, denen gewöhnlich die üblichen unspezifischen Reaktionen folgten — ein leichter Anstieg der Temperatur, ausgesprochene Euphorie, gelegentliche Krisis bei akuten infektiösen Krankheiten usw.

In Amerika gab es jedoch eine Behandlungsart, die im allgemeinen als recht ungünstig beurteilt wurde; sie war in ihrer Wirkung eine unspezifische Methode, obgleich auf anderer Grundlage eingeführt. 1911 berichtete SCHÄFER von dem therapeutischen Gebrauch eines bakteriellen Erzeugnisses, mit welchem er bemerkenswerte Besserungen bei gewissen infektiösen Krankheiten erhielt.

Diese Arbeit wurde zu einer Zeit veröffentlicht, als der Gegenstand der Mischinfektionen hauptsächlich als ein ätiologischer Faktor in der Krankheitsentwicklung besprochen wurde. SCHÄFER vertrat eine Theorie der Immunisierung, die sich dem erfolgreichen Gebrauch seiner gemischten Vaccine anpaßte. Und zwar, daß man bei der Behandlung einer Krankheit nicht nur den spezifischen Krankheitserreger in der Vaccine zu beachten habe, sondern, daß die sekundären Angreifer — die heterogenen Gruppen der semisaprophytischen und saprophytischen Bakterien, die in symbiotischer Beziehung zu dem ursprünglichen Angreifer stehen — ebenso in der Vaccine beachtet werden müßten.

SCHÄFER führte seine Vaccine in mehreren Krankenhäusern vor und behandelte hauptsächlich arthritische Fälle. Der Injektion, die gewöhnlich intravenös gemacht wurde, da subcutane Einspritzungen sehr schmerzhaft waren, folgte immer eine schwere allgemeine Reaktion, ganz gleich ob das therapeutische Ergebnis gut oder schlecht war. Bei einigen Fällen war der Erfolg, der einer einzigen Einspritzung folgte, bemerkenswert; bei anderen blieb nur die Erinnerung an einen sehr unliebsamen Schüttelfrost und Fieber — ,,die Schüttelfrost- und Feuerprobe" wie ein scherzhaft veranlagter Kranker sich ausdrückte — ohne einen heilenden Erfolg. Dieselbe Vaccine heilte in einem Fall Gicht, im anderen Falle katarrhalische Gelbsucht, in noch einem anderen Neuralgie. Dann kaufte ein pharmazeutisches Haus SCHÄFERS Vorschrift, nützte sie für verschiedene Länder aus und stellte das Erzeugnis unter Musterschutz. Natürlicherweise endete der ganze Feldzug mit einer ausgesprochenen Mißbilligung der medizinischen Gelehrtenwelt, nicht nur wegen der eigentümlichen Natur des Produktes und der wortreichen kaufmännischen Einführung, sondern auch wegen des Mangels an wissenschaftlichem oder Laboratoriumsstudium, der von Anfang an ersichtlich war.

HERESCU und STROMINGER griffen die Frage von einem anderen Punkte aus an. Als sie die morphologische Ähnlichkeit, die zwischen dem Gonokokkus und dem Meningokokkus besteht, bemerkten, fingen sie an, Antimeningokokken-Serum bei der Behandlung gonorrhöischer Gicht, gonorrhöischer Ophthalmie, Septikämie und anderen gonorrhöischen Komplikationen zu gebrauchen, und zwar mit großem Erfolg.

Der Gebrauch von gemischter Gonokokken-Vaccine wurde ganz allgemein in Frankreich und in Deutschland, und bei ihrer klinischen Anwendung fingen eine Anzahl Forscher an, sie intravenös in verhältnismäßig großen Mengen zu gebrauchen. Bei gonorrhöischen Komplikationen (auch bei Iritis nicht gonorrhöischen Ursprungs — KREIBICH) erwies sich diese Form der Injektion häufig als befriedigend. BRASCH, der die allgemeine Reaktion, welche den Einspritzungen folgte, erforschte, bemerkte im besonderen die typische Wirkung auf das Leukocytenbild.

Wir haben eine ganze Liste von Mitteln und Methoden, die angewandt wurden, einige empirisch, andere mit einer bestimmten immunologischen Theorie, auf welche ihr Gebrauch sich stützte, aber alle, ob bakteriologische Erzeugnisse oder Enzyme, oder von chemischer Natur, riefen eine mehr oder weniger starke Körper-Reaktion von seiten des Kranken hervor. Es ist merkwürdig, daß diese allgemeine Erscheinung nicht betont oder sogar als ein möglicher Teil des therapeutischen Mechanismus erkannt wurde.

Während des ganzen Zeitraums, den wir besprechen und währenddessen diese verschiedenen Verfahren und Stoffe eingeführt wurden, wurde die Vaccinetherapie, die WRIGHT verteidigte, bei jeder vorkommenden Form der Infektion versucht, nicht immer mit Erfolg, aber mit genügenden Ergebnissen um das Verfahren in der Heilkunst beizubehalten.

Wenn es Mißerfolge gab, so waren in der Regel entschuldigende Umstände da, auf welche man den Mangel abwälzte. Zu allererst wählte man als Vaccine einen Mikroorganismus von dem Typus, der die eigentliche Erkrankung verursachte, um die es sich handelte. Als keine Erfolge erzielt wurden, bemühte man sich den besonderen Mikroorganismus, der die Infektion verursachte, in Reinkultur zu erhalten, um eine autogene Vaccine zu machen. Wenn das mißlang, so hatte man die Versicherung, daß der besondere Stamm, der die Infektion verursachte, wahrscheinlich nicht erfolgreich isoliert war.

Auf der Grundlage seines opsonischen Studiums unterschied WRIGHT eine negative und eine positive Phase der Immunität, welche der Vaccine-Injektion folgte. Die Furcht vor der negativen Phase wurde jedem Immunologen genügend eingeprägt, um den Gebrauch von großen Vaccine-Dosen zu verhüten bzw. von solchen, die zu einer allgemeinen Reaktion von seiten des Patienten führen würden. Denn seit KOCHS Arbeiten mit Tuberkulin, als übereifrige Forscher oft nicht wieder gut zu machenden Schaden anrichteten, indem sie durch zu große Dosen Tuberkulin die normale Bindegewebe-Verteidigung des Patienten schädigten, haben die Immunologen Allgemeinreaktionen sorgfältig vermieden.

Wenn die Vaccine sorgfältig gebraucht wurde, so trat bei dem Patienten zweifellos eine erhöhte Antikörperbildung ein, wie der opsonische Index, der Agglutinin-Titer und der Komplementablenkungsversuch zeigten, aber auch dann entsprach der Erfolg nicht den Erwartungen; Immunkörper mögen bis zu einem genügenden Grade angeregt worden sein, aber der Kranke wurde nicht geheilt.

Der moderne Begriff von Protein-Therapie und unspezifischer Leistungssteigerung hat sich jedoch folgerichtig auf Grund dieser Vaccine-Arbeiten entwickelt. Vaccine, entweder aus getöteten, aber sonst unveränderten Mikroorganismen, oder aus Bakterien, die auf verschiedene Art und Weise verändert waren, ist bei Typhus ziemlich ausgiebig zu Heilzwecken mit guten klinischen Erfolgen benützt worden. In dem Jahrzehnt, das dem Jahre 1906 folgte, fing die Typhusbakteriotherapie an, eine anerkannte Maßnahme zu sein. Die Dauer der Krankheit wurde dadurch zweifellos verkürzt und die Sterblichkeit verringert, aber der Unterschied zwischen den behandelten und unbehandelten Fällen war selten auffallend genug, um die Behandlungsweise in der Gelehrtenwelt zu Beliebtheit zu bringen. Dann begann in Argentinien eine Gruppe von Ärzten den intravenösen Gebrauch von Typhus-Vaccine. PENNA, TORES, DESSY, GRAFINOLA, FOSSATI und andere erzielten hierbei ganz bemerkenswerte Ergebnisse, die Krankheit wurde meistens im Anfang unterdrückt, bei anderen wurde sie durch eine Krisis beendet und wieder bei anderen durch Lyse kurz nach der Injektion.

KRAUS, der in Argentinien arbeitete, hörte von diesen Erfolgen und beobachtete die erforschten Wirkungen daraufhin, ob andere so injizierte Organismen nicht die gleichen Ergebnisse hervorriefen, was sich in der Folge besonders bei der Coli-Vaccine bestätigte.

Ganz unabhängig davon berichtete Ichikawa über den Fortschritt der intravenösen Injektion von Typhus-Vaccine gelegentlich einer Zusammenkunft der medizinischen Gesellschaft von Osaka, April 1912; 1914 berichtete er seine Ergebnisse bei 87 Typhusfällen, die mit einer sensibilisierten Vaccine behandelt waren. Die regelmäßige Sterblichkeit bei seinen unbehandelten Fällen war über 30%; durch intravenöse Behandlung mit der Vaccine sank sie auf 11%, und bei mehr als der Hälfte seiner Fälle wurde die Krankheit nach der ersten oder zweiten Einspritzung beendet. Ichikawa machte die weitere bedeutsame Beobachtung, daß er bei Behandlung von Paratyphus mit der gleichen Typhusvaccine auch gleichgute Erfolge erzielte, d. h. das Ergebnis war nicht die Folge einer streng spezifischen Reaktion. Ichikawa fand, daß nach den Typhus-Einspritzungen bei Paratyphuskranken spezifische Paratyphusantikörper mobilisiert wurden. Einige Hämorrhagien wurden nach den Einspritzungen bemerkt, obgleich der Autor sie weniger häufig bei der Vaccine-Gruppe, als bei der anderen Gruppe beobachtete. Herzkrankheiten und Schwangerschaft betrachtet er natürlich für die therapeutischen Injektionen als Kontraindikationen, wegen der ausgesprochenen Reaktion, die der Anwendung von intravenöser Therapie folgt.

Zwei weitere Berichte über Heterobakteriotherapie — Typhus mit Colibacillus und Paratyphus mit Typhusvaccine behandelt — sprechen ebenfalls von überraschenden klinischen Erfolgen, die nicht gut geleugnet werden können, obgleich die Immunologen noch behaupten mögen, daß es sich mehr um eine Gruppen-Reaktion, als um eine wirkliche heterobakterielle Vaccine-Wirkung handelt.

Kraus stellte jedoch endgültig diesen Punkt fest, als er günstige Erfolge bei puerperaler Infektion durch Behandlung mit Coli-Vaccine berichten konnte und auf dieser Grundlage die Behandlung von Scharlach, Pest und Septicämie anfing.

Ein Vorgänger von Kraus und vielleicht der erste Beobachter, der klar den Wert der Heterobakteriotherapie zeigte, war Renaud (1911). Er arbeitete mit Typhusvaccine, die durch Quarzlichtbestrahlung abgetötet wurde, und bemerkte, daß die Injektion einer solchen Vaccine eine bestimmte Heilwirkung auf eine Anzahl Entzündungszustände nicht typhösen Ursprungs hatte.

Klinische Ergebnisse, wie die von Renaud, Kraus und Ichikawa berichteten, konnten nicht als zufällige Vorkommnisse erklärt werden. Der Begriff einer strengen Spezifität in der Therapeutik, der im Laboratorium aufgebaut wurde, hatte den aus der Klinik gelieferten Beweisen zu weichen, die nicht länger übersehen werden konnten. Die Versuche von Kraus stellten also eine Bestätigung der älteren Versuche von Rumpf, Fränkel und Dehio u. a., s. S. 2, dar, welche ebenfalls Heterobakteriotherapie getrieben hatten.

Von der Heterobakteriotherapie gelangte man in folgerichtigem Weiterschreiten zu dem Versuche intravenöser Einspritzungen bakterieller Komponenten und bakterieller Spaltprodukte, dann von Proteinspaltprodukten nicht bakteriellen Ursprungs. Hier war man eigentlich praktisch wieder zu demselben Verfahren gelangt, das schon die alten Ärzte, z. B. die alten Transfusoren, weitgehends angewendet hatten, wie Bier mit Recht hervorhebt, dem das Verdienst zugesprochen werden muß, der neuzeitlichen praktischen Medizin die Errungenschaften der alten Transfusoren hinübergerettet zu haben an der Hand seiner für viele praktische Bedürfnisse so wichtigen Symptome und Begriffe des „Heilfiebers“ und der „Heilentzündung“.

Immerhin, die Proteinkörpertherapie beschränkte sich, von den Transfusionen der älteren Ärzte abgesehen, nur auf Versuche, die gewöhnlich bald wieder aufgegeben wurden und meist einen inneren Zusammenhang vermissen lassen, jedenfalls keine größere Verbreitung gewannen. Es konnte auch von einer bewußt betriebenen Proteinkörpertherapie keine Rede sein, wenn neuere Autoren, wie das schon die alten Transfusoren getan hatten, die Wirkung von einzelnen Erscheinungen aus beurteilten und sie davon abhängig zu machen suchten, so von dem Fieber, der Leukocytose, der Entzündung, der Antikörperbildung u. a. m.

Weiter gefaßt hatte schon jahrelang vorher WEICHARDT das Problem dadurch, daß er, von seinen Untersuchungen über Leistungssteigerung ausgehend, die leistungssteigernde Eigenschaft von Eiweiß und Eiweißspaltprodukten quantitativ verfolgte, indem er dabei die spezifischen Leistungssteigerungen der verschiedensten Organe zur Messung heranzog. Es handelt sich um eine Ergotropie, wie v. GRÖER die Reaktion nannte — „eine Umstimmung“ — des ganzen Organismus (unserem Ausdruck Desensibilisierung analog), welche ihn gegen Intoxikation widerstandsfähig macht. Bald wurden eine Menge solcher Mittel gebraucht. SCHMIDT und SAXL führten Milchinjektionen ein, LÜDKE die Einspritzung von Proteosen oder Albumosen, ENGLÄNDER den Gebrauch hypertonischer Salzlösungen. Destilliertes Wasser und Fremdsera kamen dann hinzu, und kürzlich ist das alte Verfahren, sterile Abscesse hervorzurufen — durch geringe Dosen von Terpentin und hypertonischer Salzlösung — wieder aufgelebt.

Es wurde auch erkannt, daß einige ältere Substanzen, solche wie Nuclein-Säure, kolloidale Metalle, Enzyme, Lipoide und eine große Reihe von Stoffen, deren heilende Wirkung verschieden erklärt wurde, alle zu der gleichen Gruppe gehörten.

Von diesem Gesichtspunkt aus betrachtet, wurde es offenbar, daß sie alle eine allgemeine Reaktion verursachten, die sich in der Regel mit Schüttelfrost, Fieber und Leukocytose zeigte; klinisch am erfolgreichsten erwiesen sich solche, nach deren Gebrauch die Reaktion am stärksten auftrat. Es war eine allgemeine Erfahrung bei der ganzen Gruppe, daß die Stoffe, um wirksam zu sein, am Anfang der Krankheit gegeben werden mußten; später angewandt war die Wirkung viel weniger sicher.

Angesichts der unleugbaren auffallenden Heilerfolge, die manchmal mit unspezifischer Therapie erhalten wurden, wendeten sich gewisse begeisterte Forscher sofort zu dem äußersten Standpunkt, daß Spezifität in der Heilkunst wertlos wäre, und sie waren bereit, die gesamten Erfolge der vergangenen 30 Jahre über Bord zu werfen. Und das am meisten bekannte und am ausgiebigsten von unseren spezifischen Mitteln gebrauchte Diphtherieantitoxin war dasjenige, das zuerst in Frage gestellt wurde. BINGEL behandelte ungefähr 1000 Fälle von Diphtherie zur Hälfte mit dem spezifischen Antitoxin, zur anderen Hälfte mit „leerem“, d. h. normalem Pferdeserum. Nach seinen Berichten waren die klinischen Erfolge in gleicher Weise zufriedenstellend bei beiden Gruppen; später prüften eine Anzahl deutscher Kliniker seine Ergebnisse nach, aber sie konnten sie nicht bis zu dem Grade bestätigen, den BINGEL beanspruchte.

Auf einen wertvollen Punkt wurden wir jedoch durch diese Besprechung der Antitoxinfrage aufmerksam. Neben dem spezifischen Antitoxinwert enthielt das Serum ein unspezifisches anregendes Element in dem Pferdeprotein. Unsere modernen stark konzentrierten Sera haben natürlich bis zu einem bedeutenden Grade diesen unspezifischen Faktor durch den Vorgang der Konzentration verloren, und es fand deshalb wiederholt in den letzten Jahren das Urteil seinen Ausdruck, daß das moderne konzentrierte Serum alles in allem nicht so wirksam schiene wie das alte Serum, das nicht so hoch an Antitoxineinheiten war. Konzentriertes Antitoxin enthält weniger unspezifische Faktoren. Wie man auch den klinischen Wert dieser unspezifischen Faktoren einschätzen mag, jedenfalls haben ihn die modernen Präparate nicht mehr (MEYER).

Die Erkenntnis des Dualismus in der therapeutischen Wirkung des Diphtherieantitoxins, der spezifische antitoxische Faktor und der unspezifische anregende Faktor, beleuchtet nur die Wichtigkeit des vorurteilsfreien Studiums aller Therapiefaktoren.

Unser Wissen von den spezifischen Immunitätsfaktoren ist jetzt ziemlich gut begründet. Unsere Kenntnis der Grundlagen der unspezifischen Therapie ist dagegen noch entschieden fragmentarisch. Begeisterung nach einer Richtung sollte nicht einen Augenblick unser Auge für alle anderen Immunitätsmöglichkeiten trüben.

In Amerika wurde das Interesse an dieser besonderen Art von Leistungssteigerung durch die Arbeiten von VAUGHAN und WHEELER, OPIE und seinen Kollegen und später von JOBLING und seinen Mitarbeitern angeregt. Während des Verlaufes dieser letzteren Studien beobachteten wir eine Reihe von Tieren, die mit verschiedenen bakteriellen und anderen Proteinsubstanzen behandelt waren und bemerkten bei ihnen eine ausgesprochene Mobilisation der Serumenzyme. Als wir die Arbeiten von KRAUS und BIEDL und ICHIKAWA kennen lernten, erforschten wir das Problem vom Gesichtspunkt seiner praktischen Anwendung aus und kamen zu dem Schluß, daß wenigstens ein Teil der therapeutischen Wirkung der Enzymtätigkeit verdankt wird. Nachdem wir gefunden hatten, daß andere Mittel neben den bakteriellen Vaccinen genau dieselbe Enzymmobilisation verursachten, beschlossen wir eine Reihe von Proteinspaltprodukten bei Typhus zu versuchen. Während dieser Arbeit hörten wir von gleichartigen mit Albumose, die von LÜDKE ausgearbeitet worden waren, aber infolge der Kriegslage verzögert zu uns kamen. MILLER und LUSK hatten sich mittlerweile ebenfalls mit dieser Form der Therapie beschäftigt und waren die ersten hier, die über eine größere Reihe von so behandelten Tieren berichteten. Sie gebrauchten Typhusvaccine und sekundäre Proteosen bei ihrer Arbeit. Zur selben Zeit veröffentlichte SMITH einen Bericht über die Heilerfolge durch anaphylaktische Shokreaktion bei Kranken, die an gonorrhöischen Komplikationen litten.

Die Veröffentlichung dieser Arbeiten lenkte die Aufmerksamkeit der amerikanischen Gelehrten auf diesen Zweig der Heilkunst und seitdem erschienen zahlreiche Berichte, die sich mit der unspezifischen Therapie bei verschiedenen Krankheiten beschäftigen.

Es sollen zunächst die jetzt geltenden theoretischen Auffassungen über das Wesen der Proteinkörperwirkung, soweit sie auf wissenschaftliche Versuche gestützt sind, durchgesprochen werden. Daraus ist zu ersehen, daß wir bereits nach mancher Richtung recht gute experimentelle Grundlagen haben, obgleich wir noch vielfach in den Anfängen einer bedeutsamen Forschung stehen.

Von Fernerstehenden hört man manchmal zwei gänzlich entgegengesetzte Urteile über Proteinkörpertherapie oder unspezifische Therapie überhaupt. Einmal, daß diese Dinge nichts Neues seien, da sie ja schon den alten Ärzten bekannt gewesen wären. Zum anderen, daß es verfrüht sei, sich mit dem Zustandekommen der Reaktion zu beschäftigen, da wir darüber vollkommen im Dunkeln tappten.

Beide Urteile entsprechen dem tatsächlichen Stande der Wissenschaft nicht, wie wir weiterhin sehen werden.

Zweites Kapitel.

Theorien über den Mechanismus der Reaktion.

Als die klinischen Ergebnisse der unspezifischen Therapie zuerst bekanntgegeben wurden, wußten wir gar nicht, was wir von ihnen halten sollten. Sie stellten einen von Irrtümern freien und einfachen Erfahrungskomplex dar, und da sie den geläufigen Immunitäts- und Resistenzbegriffen geradezu widersprachen, so war zu erwarten, daß wissenschaftlich geschulte Ärzte sich ganz entschieden zweifelnd verhalten würden, um so mehr, als die zuerst zur Hervorrufung der Reaktion angewandten eingreifenden Maßnahmen an sich nicht ohne Gefahr waren. Aber als dann mit zunehmender Klarheit der klinischen Erfolge die Wichtigkeit der Reaktion nicht länger unbeachtet gelassen werden konnte, mußten wir nach irgend einer Erklärung des therapeutischen Nutzens suchen, selbst wenn es nötig gewesen wäre, unsere ganze Anschauung vom Mechanismus des Heilungsvorganges umzustoßen.

Die ausgesprochene Wirkung auf den Kranken — Schüttelfrost, Fieber, Schweiß und Leukocytose —, dies alles zusammen konnte etwas Einfluß auf den Heilerfolg haben. Aus Erfahrung wissen wir, daß nach einem heftigen Schüttelfrost ein Sepsisfall zur Entfieberung und Genesung kommen kann. Wir wissen, daß nebenhergehendes Fieber von vorzüglichem Einfluß auf einen vorher bestehenden Krankheitsprozeß sein kann. Ebenso wissen wir, daß ausgiebiger Schweiß die Symptome vieler Krankheiten häufig zu erleichtern pflegt. Die Wichtigkeit der heilenden Leukocytose als Zeichen der Widerstandskraft und ihre Bedeutung in der Prognose hat sich uns genügend bei einer Anzahl von Krankheiten eingeprägt, besonders bei der Pneumonie. Aber keine dieser zu beobachtenden Wirkungen schien an sich genügend zu sein, um den auffallenden Erfolg der gelegentlichen unspezifischen Injektionen zu erklären.

Es ist eben grundsätzlich unrichtig, von einem Symptom aus das Gebiet der Proteinkörpertherapie beurteilen zu wollen. Diese Tendenz zieht sich bezeichnenderweise durch die Forschung der verschiedensten Schulen der letzten Jahrzehnte. Der jeweils besonders untersuchte Symptomkomplex wurde gewöhnlich mit den verschiedensten Mitteln hervorgebracht und auch nach therapeutischer Richtung verwertet. Erinnert sei z. B. an die geistvollen Studien METSCHNIKOFFS, die Leukocytose in den Mittelpunkt der Erscheinung zu stellen, an die praktisch wertvollen Bemühungen, BIERS sogenanntes „Heilfieber“ und „Heilentzündung“ klinisch zu verwerten.

Die Versuche und Bemühungen, ein Symptom in den Mittelpunkt der Erscheinungen zu stellen, haben unseren Erfahrungsschatz wesentlich bereichert, für sich allein aber waren sie nicht imstande für alle Erfordernisse der unspezifischen Therapie eine allgemein gültige Grundlage zu schaffen.

Eine einheitliche Beurteilung wird nur erreicht, wenn wir ein allgemeines Prinzip, einen wirklich allgemeinen Begriff mit Erklärungswert in den Vordergrund der Betrachtung stellen, wodurch alle in Frage kommenden Erscheinungen einheitlich zusammengefaßt werden.

Wenn man die veröffentlichten Erfahrungen einer Anzahl von Klinikern betrachtet, so wird als allgemeine Beobachtung gefunden, daß die unspezifische Therapie die besten Erfolge gab, wenn man sie frühzeitig bei einem Krankheitsvorgange anwandte. Ebenso fand man, daß die günstige Wirkung der Reaktion zu einem beträchtlichen Teil auf ihrer Heftigkeit beruht; spätere Einspritzungen, auf die der Kranke mit verminderter Heftigkeit reagierte, waren weniger wirksam.

Diese beiden klinischen Beobachtungen erwiesen sich als wertvoller Hinweis zur teilweisen Aufklärung über den Mechanismus, dem die unspezifische Therapie unterliegt. Die Tatsache, daß die deutlichste Heilwirkung besser früher als später erlangt werden konnte, führte zu dem Schluß, daß wir durch Einspritzungen verschiedener Stoffe den Organismus anregten; im fortgeschrittenen Verlauf der Krankheit war die Anregung bei einem erschöpften Patienten natürlich nutzlos.

Weichardts Theorie. WEICHARDT, dessen Arbeiten über Protein-Intoxikation und Ermüdungsintoxikation sehr bekannt sind, gründete seine Erklärung der unspezifischen Reaktion auf diese beiden grundlegenden Beobachtungen, und der Ausdruck „Plasmaaktivierung“ oder „omnicelluläre Plasmaaktivierung“, mit welchem WEICHARDT den unter „nichtspezifischer Therapie“ zusammengefaßten Mechanismus zu bezeichnen versucht hat, ist insoweit ein zufriedenstellender, als wir die vielen möglichen und wahrscheinlichen Veränderungen, welche durch die Reaktion einsetzen, mit hereinnehmen, ohne unsere Vorstellung in irgend einem Punkt zu begrenzen. Die WEICHARDTschen Forschungen sind auf der älteren Errungenschaft der R. PFEIFFERschen Schule über Choleraimmunität aufgebaut.

R. PFEIFFER fand mit ISAEFF am nicht vorbehandelten Tiere eine von der Immunität des spezifisch mit Cholera vorbehandelten scharf zu trennende Resistenzerhöhung nach intraperitonealer Einspritzung von Bouillon, Kochsalzlösung usw.

Insofern als nur wenige Forscher auf diesem Gebiet die Erfahrung gehabt haben, die WEICHARDT hatte, wird es sich empfehlen einen Augenblick zu den grundlegenden Beobachtungen zurückzugehen, die seinem Begriff „Plasmaaktivierung“ zugrunde liegen. 1888 hatte GAMALEIA die fiebererregende Wirkung der Bakterien beobachtet und festgestellt, daß der Grad des Temperaturanstieges, wie er durch die Injektion von Bakterien hervorgerufen wurde, nahe Beziehung zu dem Verdauungsstadium der bakteriellen Zellen hatte. Später bemerkten CHARRIN und RUFFER, daß Bakterien nach Erhitzung auf 110° C immer noch ihre Fähigkeit einen Temperaturanstieg zu verursachen, behielten, während andere nichtbakterielle Proteine auch eine Temperaturerhöhung verursachten (Bouillon- und Organextrakte). Tatsächlich wurde die Beobachtung, daß solche Stoffe fiebererregend waren, vorher von ROUX und LÉPINE gemacht. BUCHNER arbeitete später in der gleichen Richtung, wobei er gelegentlich beobachtete, daß auf wiederholte Einspritzung das Tier anders reagieren kann, als auf die erste Injektion (eine der frühen Beobachtungen von Sensibilisierung und Anaphylaxie). Ott und Colmar untersuchten verschiedene Arten von Proteinspaltprodukten — Albumosen, Pepton und Neurin — an kleineren Laboratoriumstieren, erhielten aber sehr unregelmäßige pyrogene Wirkungen. Dann veröffentlichten Krehl und Matthes eine Reihe von Beobachtungen, welche die Wirkung von bakteriellen und anderen Spaltprodukten bei Tieren betrafen (normalen und durch irgendeine Infektion, wie z. B. Tuberkulose, sensibilisierten). Krehl bemerkte besonders, daß die Versuchstiere in ihrer Empfindlichkeit den Eiweißspaltprodukten gegenüber verschieden waren. Das Meerschweinchen war besonders empfänglich für Deuteroalbumose, das Kaninchen weniger und der Hund am wenigsten, ganz das gleiche Verhältnis, das wir beim anaphylaktischen Shok finden.

Schittenhelm und Weichardt und ihre Mitarbeiter — Hartmann, Griesshammer, Ströbel usw. — machten eingehende Studien über die Temperaturkurve, die Leukocytose, die Stickstoffausscheidung und das allgemeine klinische Bild nach Eiweißinjektionen verschiedener Art bei verschiedenen Tieren. Das Leukocytenbild und die Temperaturkurven werden in den betreffenden Abschnitten besprochen. Unter anderem wurde bemerkt, daß die Stickstoffausscheidung bedeutend vermehrt war, wenn das Tier sensibilisiert und dann eingespritzt wurde, oder wenn ein sehr toxisches Eiweiß, z. B. vom Coli- oder Typhusbacillus abstammend, injiziert wurde. Die Derivate der Kernzerstörung wurden im besonderen vermehrt gefunden. Während die Wirkung auf die Temperatur verhältnismäßig nicht ins Gewicht fallend sein konnte, konnten diese Einspritzungen, besonders bei Hunden, eine Veränderung im Leukocytenbild hervorbringen, die wenigstens einen Tag lang dauerte, während ein erhöhter Stickstoffumsatz noch während der 4 folgenden Tage zu verzeichnen war. Die ausgeschiedenen N-Mengen waren viel hochgradiger, als daß sie auf das eingespritzte Eiweiß zu beziehen gewesen wären, sie mußten also aus dem Körpereiweiß stammen.

Einige am Hunde nach Eiweißinjektion gewonnene Vergleichszahlen, die Schittenhelm und Weichardt in Kurven aufzeichneten, seien hier wiedergegeben.

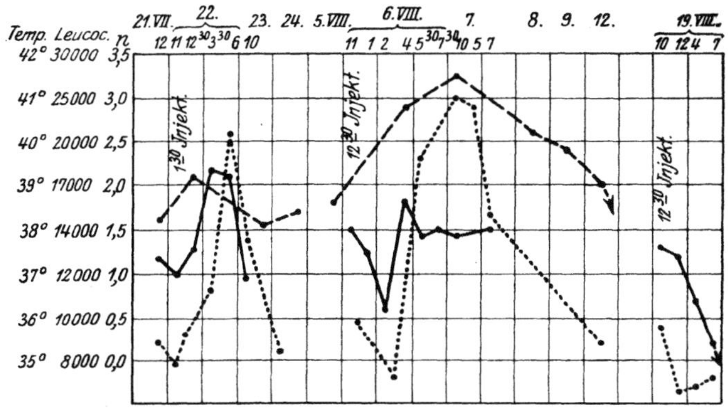

Abb. 1. Eiweißinjektion beim Hunde.

——— Temperatur, - - - - - Stickstoffausscheidung, ········ Leukocyten.

Betreff der Proteintoxine betonten Weichardt und Schittenhelm ausdrücklich, daß die bakteriellen Körper zu viel verschiedene Proteine und Proteinspaltprodukte enthielten, als daß man ein klares Bild bekommen könnte; die isolierten Komponenten müßten erforscht werden, ehe Schlüsse gezogen werden könnten. Sie beobachteten, daß hauptsächlich aus Monoaminosäuren zusammengesetzte Proteine, wie Peptone von Seide, Casein, Haar oder Edestin, für den Organismus praktisch nicht toxisch waren. Andererseits waren die diaminosäurereichen Komplexe, z. B. Histone und Protamine, außerordentlich toxisch. Nach Ruppel sind diese in besonders großer Menge in einer Anzahl Bakterien vorhanden. Wenn man sie an irgend eine andere Gruppe bindet, so können sie ungiftig werden (bei Histon als Nucleohiston) (S. 60). Es kann deshalb Entgiftung sowohl im Sinne einer Synthese wie auch in dem einer weiteren Lyse der Proteinkomplexe stattfinden. Natürlich können sogar durch Lyse toxische Aminosäuren gebildet werden, wenn z. B. β-Imidazolyläthylamin aus Histidin gebildet wird. (Erforscht von BURGER und DALE, BIEDL und KRAUS, SCHITTENHELM und WEICHARDT.)

Bei ihren weiteren Untersuchungen in dieser Richtung sahen SCHITTENHELM und WEICHARDT, daß die gekuppelten Proteine, wie Nucleoproteine, Hämoglobin, Glutokyrinsulfat usw. fast ungiftig waren, wohingegen die Proteinkomponenten dieser Komplexe ausgesprochen toxisch waren (Globin, Histon, Protamin), was sie an ihrer Wirkung auf Blutdruck, Temperatur, Atmung, Gerinnungsfähigkeit des Blutes und tödlicher Wirkung maßen. Es ist nicht nötig hinzuzufügen, daß diese Toxizität genau so ausgesprochen ist, wenn das abgeleitete Protein seinem Ursprung nach von der gleichen Tierart stammte. Im allgemeinen geht die Menge an Diaminosäuren dieser Zusammensetzungen parallel mit ihrer Toxizität, jedoch ist dieses nicht der einzige dabei mitspielende Faktor. Von außerordentlichem Interesse sind die Versuche mit Hämoglobin, welches abgesehen von einer leichten Temperaturwirkung praktisch ungiftig war. Andererseits war das Globin viel toxischer. War es mit Hämatin verbunden, so verschwand die Toxizität. Wenn die Autoren imstande waren, Tiere mit Hämoglobin zu sensibilisieren und sie so dafür empfindlich zu machen, so dürfte das auf den rascheren Zerfall des Hämoglobins im Körper bei späteren Injektionen zurückzuführen sein. Diese Tatsache ist besonders beachtenswert bei einigen pathologischen Zuständen, wie Malaria, wo das Erscheinen des Schüttelfrostes und die hohe Temperaturreaktion dem Austritt von Hämoglobin und seinen Derivaten zugeschrieben wurde. COWIE und CALHOUN andererseits neigen der Ansicht zu, dieses dem von den Plasmodien abstammenden Protein zuzuschreiben. WEICHARDT und SCHITTENHELM machten die weitere Beobachtung, daß auf die fortgesetzte Injektion von Proteinen, welche toxische Wirkung verursachten, eine ausgesprochene Kachexie und zuletzt der Tod erfolgte. Diese Proteinkachexie scheint eine ziemlich feststehende Erscheinung zu sein und ist auch von DOLD beobachtet worden.

WEICHARDT schritt dann fort zum Studium der pharmakologischen Wirkungen von kleinen und großen Mengen der verschiedenen höhermolekularen Gruppen von Proteinspaltprodukten auf isolierte Organe. Kleine Dosen erwiesen sich sowohl für die Herzmuskulatur wie für das hämatopoetische System als anregend, größere Dosen setzten die Tätigkeit herab. Ähnliche Versuche wurden hinsichtlich der Tätigkeit der Brustdrüsen von Ziegen gemacht. Eine Reihe von Ziegen, welche gleiche Mengen von Milch gaben, wurden mit verschiedenen Mengen von Proteinspaltprodukten injiziert, und die Anregung des Stoffwechsels, wie sie sich durch die Menge der abgesonderten Milch anzeigte, konnte ohne weiteres beobachtet werden.

Auf Grund seiner Forschungen und Erfahrung ist WEICHARDT zu dem Schluß gekommen, daß wir durch unspezifische Therapie alle Zellen des Organismus zu größerer Tätigkeit anregen. Diese kann in der Bildung von spezifischen antikörperartig wirkenden Substanzen bei sensibilisierten (d. h. spezifisch vorbehandelten) Organen bestehen oder in einer Steigerung der spezifischen Leistung von Organen, die auf eine besondere Tätigkeit eingestellt sind, wie Drüsen u. a. Aber auch die nicht spezifisch vorbehandelten oder spezifisch eingestellten Zellen werden durch Proteinkörperbehandlung in ihrer Beschaffenheit so verändert, daß sie nicht qualitativ, wohl aber quantitativ anders reagieren wie vorher, bei richtiger Dosierung meist im Sinne einer Leistungssteigerung.

So können z. B. die antibakteriellen Stoffe vermehrt werden, aber auch die Vorgänge der Entgiftung gefördert werden, entweder durch Synthese, durch Bildung von ungiftigen Komplexverbindungen aus giftigen Formen, oder aber durch Lyse, durch Abbau der toxischen Fragmente.

In mehreren neueren Berichten hob er eine Anzahl bedeutsamer Punkte hervor. So führt seine allgemeine Auffassung, daß die unspezifische Therapie eine Plasmaaktivierung ist — eine Umstimmung des Zellstoffwechsels und der Zellfunktion — zu einer Wechselbeziehung zur Ermüdungsfrage, der er ein bedeutendes Studium gewidmet hat.

Weichardt betrachtet also diese Anregung oder Aktivierung als omnicellulär. Die Leukocytose, die Zunahme der Oxydation, der Katalyse, die Mobilisation von Enzymen und Antikörpern zeigen alle mehr eine allgemeine, als eine örtlich begrenzte Anregung einer besonderen Gewebeart an. Er hält die besonderen Leistungen, welche wir bei sensibilisierten Organen oder Zellen sehen, für Änderungen quantitativer, nicht qualitativer Natur.

Die Anregung, die Aktivierung durch Proteinkörper schließt nicht irgend eine qualitative Funktionsänderung in sich, wenigstens fehlt für diese Annahme bisher jeder bindende Beweis. Der Organismus beansprucht bei unspezifischer Therapie keine neue Art der Verteidigung, wahrscheinlich überwindet er Infektion oder Intoxikation durch keine anderen Mittel als die, welche immer zu seiner Verfügung stehen. Aber die Anregung bedeutet einen Zustrom, eine Häufung der Verteidigungstriebkräfte aller Organe. Und als notwendige Folge ist es nur einleuchtend, daß wir keine heilende Wirkung erhalten können, wenn einmal die Organe durch vollkommene Erschöpfung, wie in den Endstadien der Krankheiten oder bei schwerer Intoxikation usw., unfähig geworden sind, zu reagieren.

Während die Anregung gar keine neue Abwehrmaßnahme in sich schließt, bestehen also Unterschiede in der Reaktion zwischen normalen Individuen und kranken oder empfindlich gemachten. Die Zelle, die sensibilisiert wurde, reagiert bereitwilliger mit einer Mobilisation der Schutzstoffe, mit spezifischen Antikörpern sowohl wie Enzymen und anderen unspezifischen Widerstandsfaktoren.

In Anbetracht dessen, daß die Zellanregung so eng verbunden ist mit Zellermüdung, hat Weichardt schematisch die beiliegende Klassifizierung einer Reihe von Substanzen und Agenzien zusammengestellt, welche bei der Leistungssteigerung wirksam sein können.

Verschiedene Möglichkeiten der Leistungssteigerung.

Durch Übung.	Durch spezifisch organotrope Mittel, welche schon in geringer Menge auf verschiedenem Wege leistungssteigernd wirken, z. B. die Erregbarkeit des Nervensystems oder Muskelapparates erhöhen.	Durch Beeinflussung des Kohlehydratstoffwechsels (N. Zuntz, G. Embden).	Durch Entfernung von Ermüdungsstoffen.	Durch unspezifische Aktivierung mit Proteinkörperinjektionen oder sekundär im Körper entstehenden aktivierenden Spaltprodukten nach Zufuhr chemisch oder physikalisch wirkender Energiearten (kann sich äußern in erhöhter Tätigkeit oxydativ wirkender Katalysatoren, endokriner Organe, erhöhter Antikörperbildung, vermehrter Leukocytentätigkeit, veränderter Reizschwelle für bestimmte Gifte).
Aktivierung infolge geringer Mengen von Spaltprodukten, welche bei erstmaliger Leistung entstehen (W. Weichardt). Gefäßerweiterung (Henderson-Loewi, E. Weber). Vermehrung der Formelemente.		Durch organotrope Mittel, welche bessere Durchspülung der ermüdeten Organe bewirken.	Durch Hilfsbewegungen, welche bessere Durchspülung der ermüdeten Muskeln bewirken (E. Weber).	Durch Mittel, die nicht organotrop sind und Ermüdungsstoffe elektiv binden (W. Weichardt).

Diese wirksamen Mittel zerfallen in aktive und passive.

Die passiven sind solche, die lähmende Spaltprodukte elektiv binden und sie so von den Zellen fernhalten. Sie kennzeichnen sich durch die Tatsache, daß ihre Wirkung nur eintritt, wenn Ermüdungssymptome im Organ augenscheinlich werden. Ihre Wirkung kann niemals eine übernormale Vermehrung der Funktion hervorbringen, eine bloße Wiederherstellung ist die Grenze ihrer Reichweite. Bei guter Resorption wird ihre Wirkung sofort sichtbar, während sie bei hochgradiger Ermüdung nicht imstande sind, die Funktion um irgend einem Grad zu verändern (Erschöpfung).

Bei den aktiven Hilfsmitteln handelt es sich um eine wirkliche Aktivierung, wobei die Zellen zu einem hohen Tätigkeitsgrad angeregt werden, erweislich nicht nur bei ermüdeten, sondern auch bei nichtermüdeten Zellen. Die Dosierung ist von Wichtigkeit, wie WEICHARDT es bei den Versuchen an isolierten Organen und Organsystemen zeigte. Die Dosierung muß proportional sein dem anzuregenden Organ und seiner Verfassung. Gewöhnlich kann eine bestimmte Latenzperiode festgestellt werden, ehe die größtmögliche Anregung sich zu erkennen gibt.

Wenn wir nun an diese Beziehung zwischen Anregung und Ermüdung denken — kleine Mengen von Spaltprodukten (Ermüdungsstoffe) können zu größerer Tätigkeit anregen, während große Mengen nur eine Depression zu verursachen pflegen —, so wird eine allgemeine Beobachtung der unspezifischen Therapie verständlich, nämlich die Tatsache, daß bei wiederholter Anregung durch intravenöse Einspritzungen der Organismus aufhört zu reagieren. Die Anregung nutzt sich ab, bei schwerer Ermüdung kann die Reaktion völlig versagen.

In seinem neueren Überblick der unspezifischen Therapie macht SCHITTENHELM auf die Tatsache aufmerksam, daß uns die Abstammung des Eiweißspaltproduktes, welches für unspezifische Injektionen gebraucht wird, nicht gleichgültig sein kann. Unzweifelhafte Unterschiede müssen in ihren physiologischen Eigenschaften der Anregung oder der Herabminderung bestehen. Zweifellos würden demnach chemisch bestimmte Proteine am besten sein und es ist nach dieser Richtung schon einiges gearbeitet worden.

WEICHARDT weist ebenfalls auf diese Gesichtspunkte hin. Elektive Wirkungen auf bestimmte Zellen sind also durch besondere Gruppen von Eiweißen bestimmter Herkunft und Zusammensetzung zu erzielen, oder dadurch, daß sensibilisierte Zellen oder Organe im Organismus vorhanden sind (s. u. Herdreaktion, Überempfindlichkeit usf.). Allerdings müssen wir bedenken, daß selbst, wenn wir einen bestimmten chemisch definierbaren Körper anwenden, während des Verlaufes der Reaktion auch aktivierende Spaltprodukte von den Trägern des Stoffwechsels im Körper abgespalten werden können, die bei der Reaktion mitwirken, so daß die Vorgänge im Körper sich sehr verwickelt gestalten können (WEICHARDT).

Das Wohlbefinden (Euphorie), welches der unspezifischen Therapie folgt, kann nach verschiedenen ähnlichen Verfahren chemischer und physikalischer Art beobachtet werden. Es wird beobachtet nach der Einspritzung von kolloidalen Metallen, und WEICHARDT macht auf die Tatsache aufmerksam, daß ein ähnlicher Zustand nach der Anwendung von faradischen Strömen (Bergonie) beobachtet wurde. Sehr wahrscheinlich ist die Anregung des Lymphstromes, wodurch Ermüdungsprodukte schnell entfernt werden, verwandt mit dieser

Wirkung. Jedenfalls muß man verlangen, daß die verwickelten Vorgänge im Körper klargelegt und im einzelnen experimentell klargestellt werden; allgemeine Annahmen allein fördern unsere Erkenntnis dieser Vorgänge wenig. Auf diese Gesichtspunkte haben SCHITTENHELM und WEICHARDT in der letzten Zeit mit Nachdruck hingewiesen[1]).

Vor einer Anzahl von Jahren betonten SCHITTENHELM und STROEBEL die Tatsache, daß unter gewöhnlichen Umständen Eiweißspaltprodukte nicht in den Kreislauf kommen, daß sie dem Blut fremd sind und ihre Gegenwart sich sofort in einer Vergiftung zu erkennen geben würde. Proteinabbau und Synthese treten in der Zelle ein. In diesem cellulären Umsatz haben die Proteinspaltprodukte eine zweifache Wirkung. In kleineren Mengen reizen sie die celluläre Tätigkeit. In größeren Mengen wirken sie herabsetzend. WEICHARDTS „omnicelluläre Plasmaaktivierung" bedeutet einfach, daß wir die gleichen Hilfsmittel in entsprechenden Dosen gebrauchen um anzuregen, und da wir einen intravenösen Weg benützen, so werden alle Zellen des Organismus zu gleicher Zeit angeregt.

Wirkung auf den wärmeregulierenden Mechanismus. PALTAUF nimmt an, daß die Wirkung den thermogenen Substanzen in der eingespritzten Vaccine zugeschrieben werden könnte. Nach der Anregung des wärmeregulierenden Zentrums könnte eine Erschöpfung zu erwarten sein, als deren Ausdruck er die Entfieberung nach unspezifischen Injektionen bei akuten Fieberkrankheiten ansah. Diese Erklärung, welche LÖWY unterstützt, zieht aber nicht die häufige Fortdauer der Entfieberung in Erwägung.

SAXL betrachtete die Hyperthermie als den vitalen Faktor, welcher Antikörper sowie Leukocyten anregt und auch direkt auf den Krankheitsprozeß wirksam sein soll.

ROLLY und MELTZER haben diese Frage näher untersucht. Bei Tieren, die mit einer einzigen übermäßigen Dosis irgendeines infektiösen Mittels infiziert wurden, war die Wirkung der erhöhten Temperatur im Verlaufe der Krankheit nicht augenscheinlich; wenn man andererseits die Tiere mit kleinen wiederholten Dosen und eine längere Zeit hindurch infizierte, so wurde beobachtet, daß durch die Erhöhung der Temperatur der infektiöse Prozeß günstig beeinflußt wurde. Die opsonische Kraft des Serums der Fiebertiere war höher als die der Kontrollen; die bakteriolytische Eigenschaft war nicht gesteigert. Ein Unterschied im Widerstand reinen Toxinen gegenüber schien nicht da zu sein, aber ROLLY und MELTZER beobachteten, daß die Agglutininbildung der fiebernden Tiere erhöht war. Tiere, die man mehr als 20 Tage lang bei hoher Temperatur hielt, zeigten keine parenchymatöse Entartung, aber Gewichtsverlust und Blutarmut.

LÜDKE war der Meinung, daß hohe Temperaturen an und für sich nicht schädigende Faktoren bei Infektionen sind, denn wenn bei infektiösen Krankheiten die Temperatur künstlich erhöht wird, scheint die Krankheit günstig beeinflußt. LÜDKE hat jedoch bemerkt, daß wir bei künstlicher Erhöhung der Temperatur latente Organismen anregen können. Er sah Typhusbacillen, die (während der Erholung) in der Milz oder dem Knochenmark schlummerten, wieder in den Blutstrom treten, wenn der Organismus überhitzt wurde, d. h. also eine Übererwärmung kann manchmal einen Rückfall des Typhus verursachen.

---

[1]) Verhandl. d. dtsch. mikrobiol. Ges. 9. Tagung. Würzburg 22. Zentralbl. f. Bakteriol. Orig. Bd. 89, H. 1/3.

Antikörper, die allmählich nach einer infektiösen Krankheit oder künstlich hervorgerufenen Immunisierung verschwanden, wurden wieder im Serum gefunden nach irgend einer die Körpertemperatur erhöhenden Maßnahme, entweder also durch Steigerung der Außentemperatur, die das Wärmezentrum des Gehirns beeinflußte oder durch Einspritzung von Temperatur erhöhenden Arzneimitteln. LÜDKE neigt deshalb der Ansicht zu, daß die Heilwirkung von heißen Bädern und Schwitzkuren während des Verlaufes irgend welcher Infektionen auf dieser Grundlage beruhen könnte und betrachtete den Gebrauch von antipyretischen Mitteln als unlogisch, abgesehen von der unmittelbaren Toxizität, die sie haben könnten.

UDDGREN ist nach ausgiebigen Versuchen mit Milcheinspritzungen zu dem Schluß gekommen, daß die Hyperthermie nicht für den klinischen Erfolg ausschlaggebend ist. Bei Augenkrankheiten fand sie, daß auf „sterile Milch" die Reaktion des Patienten sehr mild war, aber die klinischen Erfolge waren ebensogut, wenn nicht besser als bei Marktmilch, die eine schwerere Reaktion zur Folge hatte.

Ein genaues Urteil über diese Fragen ist, wie auf vielen Gebieten durch klinische Erfolge allein, die oft schwankend sind, nicht zu gewinnen, sondern durch gründliche Erforschung mittels Tierversuches. GRAFE und FREUND fanden, daß Erregung und Lähmung des Fieberzentrums ohne Einfluß auf den Verlauf der Infektion ist. Sie schalteten die zentrale Wärmeregelung bei Warmblütern dadurch, daß das Halsmark durchschnitten wurde, aus. Diese Tiere blieben, wenn sie infiziert wurden, fieberfrei, erlagen aber der Infektion genau so rasch wie die Kontrollen, die Fieber bekamen. Dabei zeigten die der Wärmeregulation beraubten Tiere keine durch die Infektion bedingte Veränderung des Eiweißstoffwechsels und des Gesamtstoffwechsels, im Gegensatz zu den Kontrollen. Die Autoren nehmen auch für den Stoffwechsel einen zentral nervösen Mechanismus an, der mit den wärmeregelnden Centren in Beziehung steht.

Jedenfalls steht die Höhe des Fiebers in keinem Verhältnis zur Wirksamkeit unspezifischer leistungssteigernder Maßnahmen. Es ist durchaus möglich, wirksame unspezifische Therapie ohne Temperatursteigerung zu treiben, vielfach tritt nach einer einzigen Serum-, Vaccine- oder Milchinjektion dauernd Entfieberung und Heilung ein.

Wie aus den Kurven von WEICHARDT und SCHITTENHELM hervorgeht, sind Temperatur, N-Ausscheidung und Leukocytenwerte und andere leicht meßbare Erscheinungen bei Proteinkörpertherapie voneinander weitgehend unabhängige und verschieden beeinflußbare Erscheinungen (s. S. 13). Es ist also, wie mehrfach in dieser Arbeit schon betont wurde, grundsätzlich falsch, von einem Symptom wie dem Fieber alles andere abhängig machen zu wollen, wie das manche Autoren tun.

R. SCHMIDT weist darauf hin, daß Carcinomkranke und komplikationsfreie Diabetiker ein sehr geringes pyrogenetisches Reaktionsvermögen aufweisen. Kranke dagegen mit perniziöser Anämie, Leukämie, Lues und Tuberkulose zeigen bei Milcheinspritzung größtmögliche Temperatursteigerungen.

SCHITTENHELM betont, daß vielfach besonders bei den Erkrankungen der Haut und des Auges die Herdreaktion erheblich sein kann, ohne daß sich Fieber und stärkere Allgemeinerscheinungen einstellen. Die Fieberreaktion ist also zur Erzielung eines Heileffektes nicht unbedingt nötig. SCHITTENHELM führt weiter aus, daß klinisch wahrnehmbar bald viele Zellsysteme anklingen, bald die erkennbare Reaktion mehr oder weniger auf den einzelnen Erkrankungsherd beschränkt bleibt.

Nach NOLF spielt sich der Verlauf in folgender Weise ab: „Pepton ist ein leicht assimilierbares Antigen. Die Krankheitserreger andererseits sind Antigene von schwerer Assimilierbarkeit. Werden sie auf parenteralem Wege gegeben, so kommt in bestimmter Weise die Assimilation von beiden zustande. Es ist wahrscheinlich, daß durch die Verabreichung von Pepton dieser Mechanismus angeregt und so die Zerstörung der Mikroben vermehrt wird. Da die Proteosetherapie im wesentlichen ein unspezifisches Verfahren ist, kann man mit Erfolg in Verbindung damit mehr oder weniger spezifisch-chemische Substanzen geben, wenn letztere allein nicht genügend die Heilung hervorbringen. Aus diesem Grunde habe ich Proteosetherapie zusammen mit Hexamethylenamin bei der Behandlung von Typhus angewendet und Natriumsalicylate in täglichen Dosen von 6 g bei der Behandlung von Septicämie, welche durch Streptokokken und Staphylokokken verursacht war, und bei akuter Gicht."

v. GRÖER glaubt, daß wir es mit einer Veränderung des ganzen Organismus zu tun haben, „einer Umstimmung", oder Unempfindlichmachung, größtenteils verursacht durch den Verlust von Zellreceptoren, wobei die Zelle weniger der Intoxikation unterworfen ist. Diese Ansicht wird später eingehender besprochen werden.

Enzyme. HOLLER, LINDIG, FRIEDLÄNDER, VON DEN VELDEN, ebenso wie JOBLING und PETERSEN haben die Wichtigkeit der proteolytischen Enzyme betont, die nach den Einspritzungen in Bewegung gesetzt werden. LINDIG führte Caseininjektionen auf dieser Grundlage ein, und JOBLING und PETERSEN gebrauchten Proteosen mit derselben Absicht. LINDIGs Voraussetzung ist folgende gewesen: Das Serum der schwangeren Frau und des neugeborenen Kindes enthält proteolytische, caseinverdauende Enzyme; diese sind wichtig, um Infektion zu verhüten. Andere Hilfsmittel können die Enzymtätigkeit anregen, z. B. kolloidale Metalle, Salzlösung usw., sie haben sich bei der Therapie erfolgreich erwiesen. LINDIG behauptet nun, daß die Enzyme heterolytisch sind, und daß sie entweder aus den Leukocyten oder den Drüsen stammen. Wenn zu große Proteindosen verabreicht werden, wird das Serum von einem Übermaß von Enzymen überflutet. Gewebe-Lyse tritt ein und Proteinkachexie, worauf SCHITTENHELM und WEICHARDT aufmerksam gemacht haben. Zweifellos ist auch die Enzymtätigkeit gleich vielen anderen Abwehrmaßnahmen bei Proteinkörpertherapie angeregt, und ihre gesonderte Beobachtung verspricht weitgehende Aufklärung (s. S. 29).

Antikörper. Die Wirkung der unspezifischen Injektionen auf die Mobilisierung von spezifischen Antikörpern ist von einer Anzahl von Beobachtern verfolgt worden. LÜDKE hat festgestellt, daß Proteoseinjektion Antikörper bei immunen Tieren anzuregen pflegt und führte Proteoseinjektionen bei Patienten auf dieser Grundlage ein. Er konnte aber keine stetige Zunahme beobachten, ganz unabhängig von dem klinischen Erfolg der Einspritzung. In einer erst kürzlich erschienenen Arbeit stellt er fest, daß im allgemeinen der Agglutinintiter bei den injizierten Typhusfällen bedeutend erhöht war, und daß sich eine Zunahme in der baktericiden Eigenschaft des Serums feststellen ließ. Wie in einem späteren Kapitel ausgeführt werden wird, sind die Ergebnisse in dieser Hinsicht widersprechend.

Kürzlich hat LARSON einige Versuche veröffentlicht, die sich mit diesem Punkt beschäftigen. Er ging von der Theorie aus, daß viele Bakterien, z. B. Streptokokken, Pneumokokken usw. unvollkommene Antigene sind, wie das erhitzte Tetanustoxin, das Toxoid. Er nimmt an, daß z. B. während einer Streptokokkeninfektion, einer akuten Gicht, Antikörper gegen die Streptokokken gebildet werden. Da aber dieser Mikroorganismus nicht das zweite Reizmittel „das abblätternde Reizmittel" hat, welches erst die Antikörper zum Austritt in den Blutstrom veranlaßt, wird keine genügende Immunität erreicht, um die Infektion zu überwinden. Dieses Reizmittel, so nimmt LARSON an, ist mit dem unspezifischen Agens in der Vaccine, dem Fremdserum, der Proteose usw. verbunden. Mit anderen Worten, das nötige Reizmittel, das die Zellen zur Bildung der Antikörper veranlaßt, ist spezifisch; aber das andere Reizmittel, das sie befähigt, die Antikörper abzustoßen, ist nicht unbedingt spezifisch. Als LARSON Kaninchen gebrauchte, die gegen Schafblutkörperchen immunisiert waren, fand er, daß die Einspritzung von fremden Proteinen den Antikörpergehalt bei Kaninchen, die vorher nur einen sehr niedrigen Antikörpergehalt gehabt hatten, stark erhöhte. Wenn andererseits ein Kaninchen zuerst einen hohen Antikörpergehalt gebildet hatte, so erhöhte die zweite Injektion eines fremden Proteins die im Serum anwesenden Antikörper nicht mehr.

Aus diesen Voraussetzungen zieht LARSON den Schluß, daß die Einspritzung von fremdem Protein den Organismus befähigt, sich der sogenannten sessilen Antikörper zu entledigen und sie in den Kreislauf zu bringen. Angesichts dieser Tatsachen ist es möglich, daß die verschiedenen Mittel als Reizmittel für das hämatopoetische Gewebe wirken können, dadurch plötzlich den Körper mit Immunstoffen überfluten und so die Infektion bewältigen. Übereinstimmend mit WRIGHT nahm man an, daß auf Vaccineinjektionen eine negative Phase folgte, wenigstens was die opsonische Kraft anbetrifft. Im Gegensatz zu dieser allgemein angenommenen Ansicht hat BULL kürzlich gezeigt, daß dies nach der intravenösen Injektion einer Typhusvaccine bei immunisierten Kaninchen nicht der Fall ist. Er bemerkte, daß nach der Einspritzung die Antikörper nicht vermindert waren, im Gegenteil, sie wurden schnell vermehrt. Es ist wichtig, daran zu denken, daß das Reizmittel selbst kein spezifischer Faktor ist, daß aber das hämatopoetische System dahin gebracht wurde, auf ein unspezifisches Reizmittel mit der Bildung einer spezifischen Substanz zu antworten. LARSON regt in diesem Zusammenhang eine von Vielen bei der Behandlung von Pneumonie, besonders bei Typ I gestellte Frage an. Manche Beobachter behaupten nämlich, mit normalem Pferdeserum Erfolge erzielt zu haben gleich denen mit spezifischem Serum. Handelt es sich nun um die wirkliche Verbesserung der Symptome durch die mit dem Pferdeserum eingeführten Antikörper, oder um eine unspezifische Reaktion, in deren Verlauf die zur Genesung des Kranken dienlichen Antikörper infolge der anregenden Injektion gebildet werden? Die Tatsache, daß das Serum von Typ I nicht besonders die von Typ II verursachte Pneumonie beeinflußt, würde gegen die von LARSON ausgesprochene Vermutung sprechen.

Tatsächlich ist diese Veränderung des Antikörpergehaltes nach der Einspritzung von fremden Proteinen überhaupt keine ständig wiederkehrende

Erscheinung bei den klinischen Beobachtungen und kann nicht als die alleinige Grundlage des Heilerfolges angesehen werden. v. Gröer sah keine Erhöhung der Antikörper nach den Injektionen, während Rohonyi fand, daß nicht nur die Antikörper, einschließlich des Agglutinintiters, des baktericiden Titers und des opsonischen Index nicht verändert, sondern zuweilen deutlich nach der therapeutischen Injektion vermindert waren und dieses trotz der tatsächlichen Heilung des Kranken. Rohonyi machte die weitere bedeutsame Beobachtung, daß bei einigen dieser afebrilen Typhusfälle eine positive Blutkultur einige Tage nach der Injektion und nach dem Sinken der klinischen Erscheinungen erhalten wurde. Dies ist nicht bestätigt worden (Decastello).

Frühere Arbeiten der R. Pfeifferschen Schule sprechen durchaus gegen das Vorhandensein einer sogenannten negativen Phase und auch in den Agglutininversuchen Weichardts und Schraders ist nichts von einer negativen Phase zu sehen. Es scheinen aber, wie diese Autoren betonen, zeitlich verschiedene Schübe von Antikörpern, deren Herkunft offenbar nicht die gleiche ist, in das Blut abgestoßen zu werden.

Wrights Theorie. Wright glaubt, daß die alte Anschauung, der die Anwendung der Vaccine bei akuten Krankheiten widerstrebte, weil man gleichsam Gift einem vergifteten System noch hinzufüge, nicht bei Infektionen Anwendung finden könne, weil frühzeitig immune Wirkungen in dem infizierten Bereich entwickelt werden. Solange ferner Teile des Körpers unangegriffen bleiben, können diese durch Vaccineimpfungen zur Antikörperbildung angereizt werden, um den erkrankten Teilen unterstützend bei der Überwindung der Infektion zu helfen. Er sieht ferner im Gegensatz zu früheren Anschauungen als feststehend an, daß Antikörper schnell gebildet werden, wenn Vaccine in gesunde Gewebe eingespritzt wird. In Verbindung damit macht er auf den großen Vorteil der Vaccineeinimpfungen, besonders bei „vergifteten Wunden“ mit Streptokokkencellulitis, Lymphangitis, Erysipel usw. aufmerksam, und stellte fest, daß sich die auffallendsten Erfolge zeigten, wenn Vaccine frühzeitig bei akuten Fällen angewandt wurde.

Um Immunisationsvorgänge klarer bezeichnen zu können, schlägt er eine Anzahl neuer Ausdrücke vor. Die Kunstausdrücke, wie sie jetzt in der Immunitätslehre gebraucht werden, sind deutlich darauf gerichtet, den Durchschnittsleser zu verwirren. Es ist schwer für ihn, die Bedeutung solcher Wörter, wie Antigen, Amboceptor, Agglutinine, Präcipitine, Lysine, Opsonine usw. in ihren eigentlichen Beziehungen zu immunisatorischen Vorgängen ohne eine nachfolgende Begriffsverwirrung auseinanderzuhalten. Er hat versucht, diesen Gegenstand aufzuklären, indem er zeigte, daß bei infektiösen Prozessen und Immunität wesentlich zwei Faktoren am Werke sind: durch den infizierenden Organismus zu dem Zweck seine Nahrung zu bereiten gebildete Fermente, die nebenher zerstörenden Einfluß auf die infizierten Gewebe ausüben, und aus dem Gewebe hervorgebrachte Fermente, die ihrerseits von zerstörendem Einfluß auf die angreifenden Mikroorganismen und ihre vergifteten Produkte sind. Der Gebrauch des Wortes Ferment ist gut zu verstehen, und indem er zeigt, daß Infektion durch Fermenttätigkeit hervorgebracht und Immunisierung dadurch ermöglicht wird, ist die Schwierigkeit, den Gedanken durch den Gebrauch neuer Wörter auszudrücken vermieden. Die als Agglutinine, Präcipitine Lysine Opsonine usw. bekannten Stoffe dürfen auf dieser Grundlage alle als aus der Zelle erzeugte Fermente angesehen werden, welche wechselnde zerstörende Einflüsse auf die angreifenden Organismen ausüben. Diese Kraft der Zellen, keimzerstörende Fermente zu bilden, würde mit dem gleich sein, was Wright phylaktische Kraft nennt. Kataphylaxis würde einen Zustand bezeichnen, bei dem in der Zelle verborgene schützende Fermente dem infizierten Bereich frei überlassen sind; Antikataphylaxis würde den umgekehrten Zustand bezeichnen, und Epiphylaxis bezieht sich auf eine erhöhte immunisierende Tätigkeit, dadurch, daß irgend eine zurückgehaltene immunisierende Kraft zur Betätigung herangezogen wird. Ob diese neu geprägten Worte klarer eine genaue Vorstellung des Immunisierungsvorganges übermitteln werden, als die bisher dafür gebrauchten Ausdrücke, muß noch abgewartet werden.

Bei der Verabreichung von Vaccinen wird großes Gewicht auf die Bedeutung der Wege gelegt, durch welche die immunisierenden Stoffe dem infizierten Bereich zugeführt werden; dem widerspricht, daß therapeutische Immunisierung seltener infolge falscher Abgabe an das infizierte Bereich als durch ungenügende Antikörperbildung versagt. Diese wird durch wirksame Drainierung erlangt, durch Entfernung von nekrotischem Gewebe, Einträufeln von hypertonischer Salzlösung, durch reizende Arzneimittel, heiße Bähungen usw.

Wright zeigte in Versuchen, daß der Gasgangränbacillus und die Tetanusbacillen nicht auf frischem Blutserum wachsen, um so besser aber, wenn das Serum mit Streptokokken oder Staphylokokken verunreinigt ist, während Streptokokken in unverändertem Serum wachsen. Dieses ist eine höchst bedeutsame Tatsache und zeigt, wie wichtig es ist nekrotische Gewebe wegzuräumen und einen ungehinderten Strom von Blutplasma bei diesen Infektionen zu ermöglichen. Da Streptokokken und Staphylokokken ausgiebig im Blutserum wachsen, nennt er diese Mikroorganismen Serophyten. Daß diese durch Leukocyten zerstört werden, wird sehr geschickt durch Glasplattenversuche gezeigt. Er bringt dabei zur Anschauung, daß bakterielle Zerstörung durch Phagocytose stattfindet, wenn die Leukocyten mit Serum gewaschen werden, daß jedoch, wenn die Leukocyten mit normaler Salzlösung gewaschen werden, die Organismen durch die bloße Gegenwart der Leukocyten zerstört werden. Wo die Zerstörung durch phagocytäre Wirkung stattfindet, wird sie deutlich durch einen Verdauungsprozeß vollzogen, und wo die Zerstörung der Bakterien oder die Hemmung in ihrem Wachstum durch die nahe Nachbarschaft der gewaschenen Leukocyten vorkommt, wird diese Tätigkeit notwendigerweise durch irgendeine fermentative Wirkung der Leukocyten verursacht. Daß sich bakterienzerstörende Eigenschaften entwickeln, wenn getötete Staphylokokken oder Streptokokken entweder in vitro oder in vivo in besonderer Menge dem normalen Blut hinzugefügt werden, ist klar bewiesen worden, und es hat sich gezeigt, daß diese keimzerstörende Kraft sowohl spezifisch wie unspezifisch ist. Dieses stimmt, wie er betont, mit klinischer Erfahrung überein und liefert eine wissenschaftliche Grundlage um therapeutische Heilerfolge von Vaccinen neben ihrer spezifischen immunisierenden Wirkung zu erhalten. Diese unspezifische Wirkung der Vaccine erklärt auch die Tatsache, daß oft bessere Ergebnisse mit dem Gebrauch der Stammvaccine erhalten werden, als mit autogenen aus den infizierenden Stämmen gewonnenen Präparaten, da in solchen Fällen der Kranke wahrscheinlich dem Endtiter der immunisierenden Reaktionen auf die bestehende Infektion sehr nahe kommt, wenn Nebenimmunisierung das gewünschte Resultat unterstützt. Dieses betrachtet er als sehr wichtig, weil hierdurch ein großer Prozentsatz von Fällen erklärt wird.

Wrights Arbeiten, welche die Wichtigkeit der Gewebeenzyme hinsichtlich ihrer örtlichen Resistenz gegenüber bakterieller Infektion betonen, verdienen Beachtung, obgleich wir den Eindruck haben, daß die von ihm geprägten Bezeichnungen überflüssig sind und nur zur Verwirrung noch beitragen, die schon durch eine überlastete Nomenklatur verursacht ist. Es würde viel vernünftiger sein, die genaue Rolle der schon bekannten Enzyme, für welche wir auch bereits entsprechende Bezeichnungen besitzen, bei den Reaktionen, wie sie bei der Geweberesistenz stattfinden, zu bestimmen; erst wenn wir dieses Gebiet erschöpft haben, würde es gerechtfertigt erscheinen, neue Ausdrücke aufzubringen um hypothetische Faktoren zu decken. Die Antikörperreaktionen dürften nicht mit Enzymreaktionen verwechselt werden, wenn wir auch noch so sehr versucht sein sollten es zu tun.

Ottenberg und Wallach, die einige von Wrights Versuchen über die Bildung von unspezifischen baktericiden Substanzen nach von ihm beschriebenen Verfahren wiederholt haben, konnten seine Feststellungen nicht bestätigen.

Leukocytose. Die Leukocytosereaktion, die unspezifischen Injektionen folgt, ist wiederholt erforscht worden und schon bald ist die Vermutung ausgesprochen worden, daß die Heilwirkung auf der künstlich hervorgebrachten

Leukocytose beruhe. Wie an anderem Ort bemerkt worden ist (S. 119), ist diese Leukocytose, welche einer primären Leukopenie folgt, hauptsächlich polynukleär; gelegentlich ist eine Eosinophilie beschrieben worden (Holler, Rohonyi), die Beziehungen zum anaphylaktischen Bild vermuten läßt. Die allgemeine Erfahrung hat jedoch gezeigt, daß die therapeutische Wirkung nicht mit der Leukocytose einherzugehen braucht, die den Injektionen folgt; gewisse Fälle reagieren, soweit klinische Ergebnisse in Betracht kommen, sehr günstig, zeigen aber verhältnismäßig geringe Zunahme in der Zahl der weißen Blutkörperchen; bei anderen Fällen pflegt die Hyperleukocytose recht bemerkenswert zu sein, aber die heilende Wirkung fehlt. In Amerika bezeichnete Gay die Hyperleukocytose als einen möglichen Faktor bei der Genesung von akuten Infektionen und betrachtete die Reaktion als spezifisch. Diese Ansicht wurde jedoch von späteren Forschern nicht aufrecht erhalten (Zinsser, Mc. Williams usw.); es ist in diesem Buche mehrfach darauf hingewiesen worden, daß es nicht angeht, die Heilwirkung von einem Symptom aus beurteilen zu wollen.

Es sei auch auf die auf S. 13 wiedergegebenen Kurven von Schittenhelm und Weichardt hingewiesen, aus denen hervorgeht, daß die leukocytäre Reaktion weder mit der Beeinflussung des Stoffwechsels noch mit der Temperaturreaktion parallel geht. Wir haben eben in der Leukocytose eine der vielen Erscheinungen, die bei Proteinkörperinjektionen vorhanden sein können.

Müller hat die Leukocytenreaktion weiter erforscht und schenkt der Tatsache, daß Myelocyten und kernhaltige rote Blutkörperchen sehr oft nach den unspezifischen Injektionen erscheinen, besondere Aufmerksamkeit, da sie eine besondere Anregung des Knochenmarkes anzeigen.

Von dieser Grundlage aus hat er Milcheinspritzungen bei der Behandlung sekundärer Anämien empfohlen und angewandt. Müllers Ergebnisse unterstützen die Annahme Döllkens, daß unspezifische Injektion nicht notwendigerweise den ganzen Organismus anregen, sondern selektiv sein, d. h. hauptsächlich auf Leber, Knochenmark usw. wirken kann. Die Untersuchungen Schittenhelms und Weichardts, welche die selektive Einwirkung auf bestimmte Organsysteme durch chemisch definierbare Gruppen anstreben, sind bereits oben beschrieben.

Die Versuche Starkensteins, Freunds, Gottliebs, Luithlens u. a. Große Verdienste um die Erforschung des Mechanismus der unspezifischen Therapie hat Starkenstein. Dieser geht von der Aktivierung im Sinne Weichardts, von der omnicellulären Leistungssteigerung, aus. Starkenstein wollte zu allererst den Begriff der Reaktion weiter ausdehnen, und zwar von dem einer Proteintherapie oder einer Heterotherapie auf eine ganze Sammlung von Agenzien. Dies wäre eine wirklich unspezifische Therapie, die nicht nur die bakteriellen oder Proteinsubstanzen im allgemeinen Sinne, sondern auch die kolloidalen Metalle, die verschiedenen Drogen, welche versucht worden sind, wie Succinimid, Chinin, Arsenik usw., und sogar rein physikalische Methoden in sich schlösse.

Weichardt hatte schon vor längerer Zeit die Ähnlichkeit dieser Wirkung darauf zurückgeführt, daß durch die verschiedensten Einflüsse sekundär im Körper aktivierende Spaltprodukte entstehen. Er suchte diese Hypothese durch wechselseitige Beeinflussungs- und Absättigungsversuche zu stützen, indem er zeigte, daß eine die Breite individueller Schwankungen weit überschreitende Lähmung infolge einer der genannten Ursachen durch wechselseitige vorherige Behandlung des Tieres mit einer anderen oder aber auch durch vorherige Applikation der gleichen antikörperartig wirkenden Gruppe ausgeschaltet werden kann.

v. Gröer hat den Ausdruck „Ergotherapie" gebraucht, um die Form der Therapie zu kennzeichnen, bei der weniger das Mittel als solches als vielmehr die Reaktion des Körpers das Ausschlaggebende ist.

Starkenstein konnte zeigen, daß die verschiedenen erwähnten Hilfsmittel eine ausgesprochene Veränderung hervorbringen. Das angewandte Verfahren ist verhältnismäßig einfach und direkt und besteht darin, Natriumfluorescin Hunden einzuspritzen und die Durchlässigkeit der Gefäße des Auges gegenüber der Färbung unter normalen Bedingungen und nach Einspritzungen der verschiedenen unspezifischen Mittel zu beobachten. In ähnlicher Weise wurden die Mittel in ihrer Wirkung auf eine durch Senföl hervorgerufene Keratitis studiert. Die endgültige verzögernde oder beschleunigende Wirkung der Arzneimittel auf Entzündung konnte auf diesem Wege erforscht werden. Schließlich bestimmte Starkenstein die Veränderung der Toxizität von Strychnin und Phenol bei Hunden, die mit Arzneimitteln injiziert waren.

Starkenstein sah sehr bestimmte Veränderungen. Als er die Färbung prüfte, fand er, daß destilliertes Wasser, Calciumchlorid, Milch- und Salzeinspritzungen die Durchlässigkeit der Gefäße veränderten. Eine lange Reihe von Stoffen verminderten die Durchlässigkeit der Capillaren und erwiesen sich deshalb als „entzündungshemmend". Darunter waren folgende: Chinin, ätherische Öle, Calciumsalze, Morphin, Nicotin, Atophan, Salicylate, Antipyrin, Magnesiumsulfat, Adrenalin, Serum, Plasma, Gelatine, Kieselsäure, Stärke, Methylenblau, Salz, Wasser, Fuchsin, Jod.

Bei den Versuchen, wo es sich um Vergiftung handelte, machte Starkenstein auf eine Tatsache aufmerksam, die mehrere italienische Forscher kurz vorher festgestellt hatten, nämlich auf den Antagonismus, der zwischen toxischen Substanzen besteht (Lusini, Lo Menaco, Kleine, Brunner).

Eine nicht tödliche Dosis des einen Giftes wird bis zu einem Grade gegen eine toxische Dosis des nächsten Giftes schützen. Hierher gehören auch die früheren Versuche Weichardts und Schwenks, die mit Präparaten, welche NH-Gruppen in doppelter Bindung an C tragen, auf bestimmte Weise hergestellte höhermolekulare Eiweißspaltprodukte so beeinflussen konnten, daß sie ihre temperaturerniedrigende Wirkung einbüßten. Als Starkenstein die Giftigkeit des Strychnins bei normalen Tieren und bei Tieren, die vorher mit Atophan, Milch oder Calciumchlorid injiziert waren, untersuchte, erwiesen sich die vorher behandelten Tiere als widerstandsfähig gegen das Gift. Mit Phenolgift wurden mit einer Ausnahme gleiche Ergebnisse erzielt. Die vorher mit Albumose, Atophan und Calciumchlorid gespritzten Tiere erwiesen sich dem Phenolgift gegenüber widerstandsfähiger als die mit Milch vorbehandelten. Starkenstein neigt dazu, dieses merkwürdige Ergebnis der Tatsache zuzuschreiben, daß das Phenol löslicher in den Lipoiden der Milch ist, und daß diese lipotrope Eigenschaft eine schnellere Verteilung und eine größere Wirksamkeit des Giftes bewirkt.

Klinisch bemerkte STARKENSTEIN ausgezeichnete Erfolge bei der unspezifischen Behandlung des Herpes zoster, bei venerischen Komplikationen, Augen- und Ohrenkrankheiten und bei Erysipel; bei diesen Fällen war unveränderlich zuerst eine Zunahme des Entzündungsvorganges und der örtlichen Reaktion der verletzten Stelle, zusammen mit einer Leukocytose, zu beobachten. Narbenbildung wurde sichtlich beschleunigt, Blutzucker war nach den Injektionen vermehrt.

Aus diesen Beobachtungen schloß STARKENSTEIN, daß die unspezifischen Mittel eine bestimmte Wirkung auf die Durchlässigkeit der Gefäße und daher auf Entzündungsvorgänge haben, daß die Reizbarkeit des sympathischen sowie des zentralen Nervensystems vermindert zu sein scheint, und daß der Organismus infolge dieser unleugbaren Veränderungen widerstandsfähiger gegenüber solchen Giften wie Strychnin und Phenol wird. Natürlich ist bekannt, daß die Reizbarkeit des Zentralnervensystems während der Proteinsensibilisierung erhöht und nach dem Proteinshok verringert ist, deutlich Zustände, welche mit den von STARKENSTEIN erforschten übereinstimmen.

Diese Veränderung in der Durchlässigkeit der Capillargefäße und in der dadurch bedingten Wirkung auf Entzündungsherde ist auch von LUITHLEN, SIEGERT und SCHMIDT, GOTTLIEB und FREUND als wichtig für die unspezifische therapeutische Wirkung betrachtet und erforscht worden.

1912 untersuchte LUITHLEN die Wirkung intravenöser Injektion von verschiedenen Stoffen, z. B. Serum, Gelatine, Stärke und Kristalloiden, beim Verlauf gewöhnlicher Hautreaktionen und als Ergebnis seiner Vorstudien durchforschte er die Durchlässigkeit der Capillaren nach solchen Injektionen. Sein Verfahren bestand darin RINGERsche Lösung in die Bauchhöhle von Kaninchen einzuspritzen, danach folgte die intravenöse Injektion von den Mitteln, die er zu untersuchen beabsichtigte, und dann bestimmte er die Durchlässigkeit der Darmcapillaren, indem er Natriumjodid und auch Natriumferrocyanid intravenös verabreichte und die Schnelligkeit prüfte, mit der diese Stoffe in die Flüssigkeit des Peritoneums eintraten. Die Kolloide setzten die Durchtrittsschnelligkeit herab; Kristalloide erhöhten die Durchlässigkeit unter den oben angegebenen Bedingungen. Ähnliche Studien wurden von v. D. VELDEN gemacht. SIEGERT sowohl wie R. SCHMIDT untersuchten besonders die Wirkung von Proteininjektionen auf die kleineren Gefäße. Sie fanden, daß kleine Dosen die Durchlässigkeit erhöhten, während große Dosen die Durchtrittsschnelligkeit verminderten.

SCHOLTZ sah bei frischen mit Exsudaten einhergehenden Entzündungen der Haut günstige Wirkung nach intravenöser Einverleibung von 25—30% Traubenzuckerlösung und schreibt dem Flüssigkeitsstrom, der sich von den Geweben nach den Gefäßen zu einstellt, die günstige Wirkung zu. In der Tat ist durch zahlreiche Bearbeiter festgestellt, daß nach Einspritzung hochprozentiger Zuckerlösungen (BÜRGER, HAGEMANN, ELLINGER, LIPSCHÜTZ, NONNENBRUCH u. a.) starke Blutverdünnung durch einen N- und salzarmen Wasserstrom aus den Geweben einsetzt. Es tritt dadurch eine erhebliche lymphstromfördernde Wirkung ein, so daß die Aufsaugung angeregt wird.

Nebenbei sei hier auf die Ansicht von HÖBER hingewiesen, daß sich schon mit dem Wechsel des Funktionszustandes auch der Permeabilitätszustand der Zellgrenzschichten ändert. EMBDEN wies experimentell nach, daß bei Reizung eine kolloidchemische Veränderung der Grenzschicht der Muskelfibrillen nachzuweisen ist, die sich in einer Permeabilitätssteigerung äußert, so daß verstärkter Austritt von Phosphorsäure und Milchsäure nachgewiesen werden kann und leichterer Eintritt von Rohrzucker und Calcium in die Fibrille.

Nachdem wir die für die Erklärung des Heilvorganges vorgeschlagenen Theorien besprochen haben, die in Betracht kommen, wenn unspezifische Therapie angewandt wird, wollen wir für einen Augenblick den starren Begriff der Antikörperimmunität außer acht lassen, der sich auf den Forschungen EHRLICHS und der zeitgenössischen englischen und französischen Forscher aufbaut. Nicht etwa weil er unwichtig ist, sondern wegen der Komplikation, die er mit sich bringt. Antikörperimmunität ist ein vitaler Faktor für den Schutz gegen infektiöse Krankheiten und bei der Überwindung bakterieller Infektionen. Bei der unspezifischen Reaktion jedoch scheint der Heilerfolg von dem spezifischen Antigen-Antikörpergleichgewicht sehr unabhängig zu sein. Die Tatsache, daß wir die Antikörpertheorie in diesem Zusammenhang nicht besprechen, soll nicht den Eindruck erwecken, daß sie als ein Faktor der Verteidigung und der Resistenz verkannt werden soll.

Intoxikation durch Proteinspaltprodukte. Die Antikörperimmunität ist höchst ausgiebig in Verbindung mit der Neutralisation der spezifischen löslichen Toxine erforscht worden, die von gewissen Bakterien, besonders dem Diphtheriebacillus, Tetanusbacillus usw. abgesondert werden. Aber seit den grundlegenden Forschungen von R. PFEIFFER wissen wir, daß es sich bei den meisten bakteriellen Infektionen um weniger klar definierte toxische Substanzen handelt, die allgemein Endotoxine genannt werden, um die Tatsache anzudeuten, daß sie einen Bestandteil des Bakterienkörpers ausmachen. Einige von ihnen sind möglicherweise native Proteine, für welche der infizierte Organismus empfindlich gemacht werden kann, während andere für den infizierten Organismus ohne vorherige Sensibilisierung schon bei erstmaliger Injektion toxisch werden können. Wir müssen fernerhin berücksichtigen: a) Vorgebildete toxische Eiweißspaltprodukte. Diese Toxizität mag besonderen Gruppen anhaften, in welche das native Proteinmolekül im normalen Stoffwechsel der Bakterienzelle aufgelöst wird, oder es mag auch der chemischen Umgruppierung der Trümmer zuzuschreiben sein, namentlich solcher, welche den Benzolring mit seinen verschiedenen sehr toxischen Substitutionsprodukten enthalten (BAEHR und PICK). b) Eiweißspaltprodukte, welche sich bilden, wenn das bakterielle Protein im Wirtsorganismus in kleinste Teile zerlegt wird, nachdem die Bakterienzelle abgetötet ist; diese Produkte brauchen nicht notwendigerweise im Bakterium vorgebildet zu sein. c) Toxische, beim Wachstum der Bacillen entstehende bakterielle Stoffwechselprodukte. d) Toxische Stoffwechselprodukte, die von dem pathologischen Zellstoffwechsel des angegriffenen Organismus abstammen (WEICHARDT, FREUND, JOBLING, PETERSEN, ZIMMERMANN u. a.). Bei allen diesen aufgezählten Quellen toxischen Materials, die entweder aus der Bakterienzelle und ihren Stoffwechselprodukten stammen, oder auch möglicherweise aus der pathologisch veränderten Tätigkeit von Zellen des angegriffenen Körpers herrühren, sind die Hauptkomponenten, um die es sich handelt: Eiweiße und ihre Spaltprodukte.

Ferner ist zu betonen, daß die physikalische Seite der Frage früher zu wenig beachtet wurde und jetzt erst Gegenstand genauer Untersuchungen ist (SCHMIDT, SACHS, WEICHARDT u. a.).

Nach diesen Autoren ist es wahrscheinlich, daß die kolloidalen Zustandsänderungen das Primäre sind, und daß diese erst die Veränderung in der Enzymtätigkeit und die übrigen strukturchemischen Veränderungen bedingen.

SCHITTENHELM hat die allgemeine Annahme betont, daß die Abspaltung von Proteinen (abgesehen von den Magen- und Darmvorgängen) eine rein intracelluläre Erscheinung ist, und daß es sich, wenn wir es je mit extracellulärer Proteolyse zu tun haben, um einen pathologischen Zustand mit schweren ihm innewohnenden Möglichkeiten der Intoxikation handelt. Es ist deshalb unsere Hauptsorge die Probleme der Unspezifität an Hand unseres gegenwärtigen Wissens von der Proteinintoxikation, der enzymatischen Detoxikation der giftigen Proteine, der Resistenz gegenüber Proteinintoxikation zu untersuchen.

Überempfindlichkeit. Es ist hier nicht der Ort auf die ausgedehnte Literatur, die sich in den letzten Jahren über die Überempfindlichkeitsreaktion angehäuft hat, einzugehen. Wir wissen jetzt, daß die spezifischen Überempfindlichkeitsvorgänge in erster Linie als celluläre Prozesse anzusehen sind und daß neben chemischen Veränderungen hauptsächlich auch physikalische beim Zustandekommen der Reaktion mit in Frage kommen. Letzteres gilt vor allem für die physikalischen Vorgänge, die sich im Blute bei sogenannten anaphylaktoiden Prozessen nach Einspritzung von N-freier Stärke, Agar und anderen rein physikalisch wirkenden Mitteln abspielen.

Diese im wesentlichen durch Fällungsvorgänge infolge der Veränderung der Kolloidstruktur verursachten Erscheinungen sind von spezifisch anaphylaktischen Symptomen ohne weiteres nicht zu unterscheiden.

In einer Arbeit spricht WEICHARDT die Anschauung aus, daß es recht wahrscheinlich sei, daß ein gewisser Grad von Anaphylaxiereaktion mit dem Zustandekommen eines Heileffektes bei Proteinkörpertherapie ursächlich verbunden sei. Andere Autoren neigen der gleichen Anschauung zu und fassen diese unter dem Begriff der „Kolloidveränderung“ zusammen, ja nennen die ganze Therapie danach (Kolloidtherapie, LUITHLEN, kolloidoklastische Therapie, WIDAL).

Nach WEICHARDT sind derartige Bezeichnungen einseitig und in ihrer weiten Fassung zu unbestimmt und deshalb überflüssig.

WIDAL legte auf einem Kongreß für Medizin, der in Straßburg stattfand, besonderen Nachdruck auf die Vollständigkeit im Ablauf des Mechanismus der anaphylaktischen Erscheinungen und bezeichnete den physikalischen Prozeß der Shokphänomene mit dem Ausdruck „Colloidoclase“. Unter diesem Ausdruck ist eine Störung im kolloidalen Gleichgewicht des Organismus zu verstehen. KOPACZEWSKI und LUMIÈRE betonen besonders die Ausflockung, die unter bestimmten Bedingungen in vitro beobachtet werden kann. In vivo kam sie nirgends zur Beobachtung. GAUTRELET weist darauf hin, daß der traumatische Shok, der anaphylaktische, der Pepton- und Proteinshok in naher Beziehung zueinander stehen und hervorgerufen werden durch eine Störung des kolloidalen Gleichgewichts der Körpersäfte, die in einer Ausflockung und nachfolgenden Veränderungen in den Capillaren besteht. Dieser Shok, dessen hämoclastische Krisis ein Kriterium ist (Leukopenie gefolgt von Leukocytose) kann eingeleitet werden durch Gifte, durch einfache Kälte, wie bei der paroxysmalen Hämoglobinurie, durch die Nahrung, durch Absorption der Produkte traumatisch geschädigten Gewebes usw. Den klinischen Manifestationen der Colloidoclase mag ferner zugerechnet werden: Urticaria, Asthma, Migräne usw. Zur Beseitigung der Colloidoclase injiziert BRODEN Kochsalz, KOPACZEWSKI Natriumcarbonat, RICHET Pepton, LUMIÈRE Natriumthiosulfat.

Entgiftung. Es ist augenscheinlich, daß der grundlegende Faktor bei der Überwindung bakterieller Intoxikation, sofern er nicht veranlaßt ist durch lösliche Ektotoxine, in der Fähigkeit der Zellen oder Flüssigkeiten des infizierten Organismus besteht, die toxischen Proteinfragmente des Bacillenleibes und das native Protein, für welches der Organismus sensibilisiert worden sein mag, zu den tiefsten Abbaustufen zu verdauen, d. h. bis zu dem nicht toxischen Stadium, und auf diese Weise die tödliche Wirkung zu bekämpfen. Diese Entgiftung kann auch hervorgebracht werden durch die Bildung von Hilfsprodukten, durch Polymerisation und durch Proteosynthese im allgemeinen. Ganz gleich, unter welchem immunologischen Ausdruck wir auch diese besondere Phase einzureihen wünschen, die Enzymtätigkeit muß zu den grundlegenden Erscheinungen gerechnet werden, die mit der Überwindung der bakteriellen Inversion selbst zu tun haben. Das genaue Studium der proteolytischen Enzyme und ihrer Beziehung zu den Krankheitszuständen sowie der Faktoren, welche die Enzymtätigkeit beschleunigen oder verzögern, würde uns endlich auf ein Gebiet führen, wo wir imstande wären, Resultate zu erzielen.

Die Rolle der Enzyme bei pathologischen Zuständen ist bis vor sehr kurzem ein verhältnismäßig vernachlässigtes Forschungsgebiet gewesen. Wie auch immer ihre Natur oder ihre Zusammensetzung sein mag, so müssen die Enzyme doch die Grundlage der Struktur gebildet haben, auf welcher der tierische Organismus sein Immunitätssystem aufbaut. Der einzellige Organismus ist zweifellos bestrebt, schädliche extracelluläre Einflüsse dadurch zu überwinden, daß er Enzyme ausscheidet und diese intracellulären Enzyme müssen in Tätigkeit treten, wenn irgend ein Parasit in die Zelle eindringt. Das bahnbrechende Werk METSCHNIKOFFS fußte auf diesem Gedanken. Spezifische Immunität muß eine viel spätere Entwicklung dieses ursprünglichen und unspezifischen Resistenzfaktors gewesen sein. Eine Anzahl von Forschern haben zu verschiedenen Zeiten versucht, die spezifische Wirkung der Antikörper und insbesondere die des Komplements mit verschiedenen bekannten Enzymen zu identifizieren, aber ohne augenscheinlichen Erfolg. Die neuesten Arbeiten, welche die Aufmerksamkeit der Mediziner in diesem Zusammenhang erregten, sind die der sogenannten ABDERHALDENschen Reaktion gewidmeten.

ABDERHALDEN versuchte zu zeigen, daß immer, wenn ein spezifisches Eiweiß auf parenteralem Wege in den Blutstrom gelangt, spezifische Enzyme in Bewegung gesetzt werden, welche das so eingeführte Protein verdauen. Diese Reaktion der Enzyme und der Substrate wurde mit Hilfe des Dialysierverfahrens dargestellt. Zum Nachteil für diese Forschungsarbeit wurde der Mittelpunkt des Interesses bald von dem Studium der grundlegenden Erscheinungen abgelenkt auf persönliche Streitigkeiten und technische Einzelheiten, welche die erweiterte klinische Anwendung mit sich brachte. ABDERHALDEN war zweifellos voreingenommen zugunsten der Idee von der Spezifität der proteolytischen Enzyme auf Grund seines Studiums und seiner Vertrautheit mit der ausgesprochenen Spezifität, welche sich bei den Enzymen zeigte, die die Kohlenhydrate hydrolysieren. Wenn man jedoch bedenkt, daß die Verschiedenheit der Kohlehydrate, um welche es sich im Organismus handelt, verhältnismäßig begrenzt ist im Gegensatz zu den endlosen Kombinationen, welche im Eiweißmolekül möglich sind, so ist dieses Vorurteil nicht unbedingt logisch. Möglicherweise war ABDERHALDEN auch beeinflußt durch den immunologischen Begriff der Spezifität; in der Tat scheint er die Hoffnung gehabt zu haben, daß gerade dieses Problem seine Lösung in den spezifischen Proteasen finden würde. Der Beweis jedoch, daß die ABDERHALDENsche Reaktion selbst nicht den Vorteil einer strengen Spezifität hatte, den ihr Erfinder für sie beanspruchte (PLAUT, PEIPER, JOBLING, PETERSEN usw.), brachte die Tendenz mit sich, weitere Forschungen auf diesem Gebiete etwas einzuschränken. In Amerika interessierten sich eine Anzahl Forscher für Enzymwirkung in Verbindung mit pathologischen Zuständen. Unter diesen sei OPIE erwähnt und seine Kollegen, JOBLING und seine Mitarbeiter. Ihre Arbeiten sind hauptsächlich im „Journ. of exp. Med." während der Jahre 1910 bis 1917 erschienen.

BUCHNER, MATTHES und KREHL, SCHMIDT-Mühlheim, SCHITTENHELM, FANO, DE WAELE, BIEDL und KRAUS, WEICHARDT, VAUGHAN, FRIEDBERGER, PFEIFFER und zahlreiche andere Forscher haben die ursächliche Beziehung zwischen Intoxikation und Fieber und den Proteinspaltprodukten festgelegt. Wir nehmen nunmehr an, daß bei bakterieller Invasion die Intoxikation des Organismus zum größten Teil den Proteinen und ihren Spaltprodukten, welche von den Bakterien abstammen, zuzuschreiben ist. Es handelt sich auch um toxisches Proteinmaterial, welches aus den erkrankten Geweben des Patienten entsteht und vielleicht infolge der Veränderungen im kolloidalen Zustand des Blutplasmas, die unter gewissen Bedingungen vorkommen.

Wenn wir berechtigt sind, den Proteinderivaten besondere Wichtigkeit zuzuschreiben, so müssen wir vor allem den Mechanismus der Entgiftung erforschen. Hierzu ist eine Kenntnis der proteolytischen Fermente, welche die toxischen Komplexe in nicht toxische Formen umwandeln, unbedingt nötig.

Die Serumenzyme. Im Blutstrom kommen bekanntermaßen mehrere proteolytische Enzyme vor. Diese schließen (a) die Leukoproteasen in sich ein, welche in einer leicht alkalischen oder neutralen Reaktion wirken und fähig sind native Proteine stark zu dem Proteosenstadium zu zerspalten; (b) ein Enzym, welches in einer leicht sauren Reaktion mit einer der ersten ähnlichen verdauenden Tätigkeit wirkt; (c) ein erepsinähnliches Enzym, das in einem neutralen Medium wirksam ist und ausgiebig Proteine aus den Zwischenstadien (Albumosen und Peptone) zu den Aminosäureformen hydrolysiert. Diese Enzyme scheinen von sich zersetzenden, aber nicht von lebenden polymorphkernigen Leukocyten zu stammen; Schwankungen in den peripheren Leukocytenzahlen sind nicht für den relativen Titer der Enzymkonzentration maßgebend (HEDIN, JOBLING und PETERSEN usw.).

Neben den Leukocyten als Quellen der proteolytischen Enzyme müssen wir noch jene betrachten, die aus dem Magen- und Darmtraktus stammen, aus den großen Unterleibsorganen und von den entweder durch Infektion oder Trauma, Brand, Toxine usw. veränderten Stellen. Diese Enzymkomplexe schließen eine Tryptase oder Protease in sich, ein polyvalentes, trypsinähnliches Ferment, das in neutraler oder leicht alkalischer Reaktion wirksam ist. Normalerweise ist es im Menschen nur in sehr geringer Menge vorhanden, aber unter gewissen Bedingungen (Pneumonie, Leukämie) kann es bedeutend gesteigert sein. Bei gewissen Tieren kann man die Menge durch mäßige Anregung der

Leber auch erhöhen (durch Röntgenbestrahlung usw.). Bei vielen der kleineren Laboratoriumstiere sind diese Enzyme in bedeutender Menge im Serum vorhanden, besonders bei solchen, die keine Leukoprotease in den Leukocyten haben (Meerschweinchen, Kaninchen usw.).

Serumereptase oder Peptidase ist ein Enzym, das imstande ist, teilweise hydrolysierte Proteine zum Aminosäurestadium zu verdauen. Es ist normalerweise in kleiner Menge im menschlichen Serum vorhanden. Nach dem Essen jedoch ist es erhöht, da es wahrscheinlich in den Blutstrom vom Magen- und Darmkanal her über den Lymphstrom eintritt. Seine Menge kann auch durch Reizung des Magen- und Darmtraktus mittels kurzer Röntgenbestrahlung gesteigert werden. Bei kleineren Tieren ist dieses Enzym in verhältnismäßig großen Mengen vorhanden.

Im allgemeinen handelt es sich um zwei Typen von proteolytischen Enzymen, (A) die wirklichen Proteasen, die fähig sind, die nativen Proteine zu verdauen, und (B) die erepsinähnlichen Enzyme (Peptidasen), die fähig sind nur teilweise hydrolysierte Proteine zu verdauen; beide wirken in neutraler Reaktion oder wenigstens bei einer nur leicht vom Neutralpunkt abweichenden Reaktion. Die Enzyme der ersten Gruppe wirken jedoch nicht unter normalen Bedingungen im Blutserum, weil ihre Tätigkeit durch das Antiferment des Serums behindert oder eingeschränkt wird. In kleinen örtlich begrenzten Bereichen kann die Menge der wirklichen Protease, die durch sich auflösende Leukocyten oder aus anderen Gründen frei geworden ist, genügen, um das Antiferment abzusättigen, und in diesem Falle kann die Verdauung bis zum endgültigen Stadium vor sich gehen, vom nativen Protein bis zu den Aminosäuren. Eine allgemeine Regel ist, daß die Protease, die von den Leukocyten stammt und bei leicht saurer Reaktion wirkt, stärker als die im alkalischen Medium wirksame Protease spaltet, und deshalb geht die Autolyse viel schneller vor sich, wenn das Hydroxylwasserstoffionengleichgewicht sich zur sauren Seite wendet. Bei der Beschleunigung der Autolyse wirkt der vermehrte Säuregehalt auch noch nach anderer Richtung, insofern als die Antiferment-Eigenschaft des Serums in dem Grade verringert wird, wie der Säuregehalt erhöht ist. Beide Faktoren begünstigen den enzymatischen Prozeß, wenn die Reaktion leicht sauer wird.

Diese proteolytischen Enzyme des Serums dürfen nicht mit dem Komplement des Serums oder Alexin verwechselt werden, wie es häufig in der immunologischen Literatur der Fall ist. JOBLING und PETERSEN zeigten, daß es bei der Antikörperlyse der Bakterien keine damit verbundene Proteolyse gibt. Was für ein Typus der Enzymtätigkeit in der Bakteriolyse auch mitspielen mag, ursprünglich ist er mit der proteolytischen Verdauung nicht verbunden. Der Augenschein, so ungewiß er auch sein mag, deutet mehr dahin, daß eher die lipolytischen Enzymreaktionen dem Typus der Bakteriolyse gleichen.

Insofern als die echten Proteasen des Serums nur in verhältnismäßig geringen Mengen bei normalen Zuständen vorhanden sind und nur unter besonderen Bedingungen (Verringerung der hemmenden Faktoren) und dann nur örtlich wirken, ist es klar, daß die Ereptasen größere Aufmerksamkeit beanspruchen können.

Die Ereptase ist ein wirksames Entgiftungsmittel. Wenn man bedenkt, daß die toxischen Proteine solche sind, die bereits teilweise hydrolysiert wurden, oder ursprünglich gekuppelte Proteine, die von ihrer Nichtproteinkomponente abgetrennt wurden, so muß ein Enzym, das diese teilweise hydrolysierten Proteine (Albumose [Proteosen], Peptone usw.) angreifen und zu dem Aminosäurestadium hydrolysieren kann, notwendigerweise ein Entgiftungsmittel sein. Eine Mobilisierung dieses Enzyms könnte dann nur als von wohltuender Bedeutung angesehen werden, niemals als ein Faktor der Intoxikation, obgleich das Enzym Intoxikationen begleiten kann. Eine spontane Vermehrung der Menge dieses Enzyms während des Krankheitsverlaufes sollte deshalb Hand in Hand mit einer klinischen Besserung gehen und umgekehrt müßte die Verminderung des Enzyms eine Anhäufung der toxischen Spaltprodukte und eine Zunahme der Intoxikation zur Folge haben. Es mag erlaubt sein einen Augenblick abzuschweifen, um diesen Umstand in seinen Einzelheiten genauer zu prüfen und die Verhältnisse, wie sie sich uns bei der lobären Pneumonie zeigen, zu betrachten.

Pneumonie. Vor einer Anzahl von Jahren haben Forscher die Möglichkeit betont, daß eine bestimmte Beziehung zwischen dem Beginn der Krisis und der Tätigkeit der proteolytischen Fermente in dem betreffenden Bereich bestände. Besonders EDSALL und PEMBERTON veröffentlichten diese Anschauung und bemühten sich eifrig, bei Fällen von verzögerter Auflösung die diesbezüglichen klinischen Maßnahmen zu treffen.

Später erforschten JOBLING und seine Mitarbeiter das Serumferment und Antiferment während des Verlaufes von Lungenpneumonie, und sie bemerkten, daß gerade vor der Krisis sich im Serum Proteasen zeigten, während das Antiferment anfing seinen hohen Titer zu verlieren, der anfangs bei der Krankheit bestand.

In einer Arbeit von WEISS über die Krisis sind ähnliche Auffassungen enthalten und es werden ähnliche Schlüsse gezogen.

LORD und NEYE haben die gleichen Probleme in Angriff genommen und legen Gewicht auf die Veränderungen, welche in der Wasserstoffionenkonzentration des Exsudates der pneumonischen Lunge vorkommen; da die Konzentration erhöht sein kann, so ermöglicht sie passende Bedingungen für die verstärkte Tätigkeit der proteolytischen Enzyme.

ABDERHALDEN erforschte die Enzymtätigkeit des Pneumoniesputums vor und nach der Krisis, es war ihm nicht möglich die Gegenwart von irgend welchen Peptidasen vor der Krisis festzustellen; aber mit dem Beginn der Krisis fand er solche Enzyme in großer Menge vor.

Die grundlegende Idee, auf die sich alle diese Studien stützten, ist die gewesen, daß neben der Intoxikation, welche sofort mit dem Wachstum der Pneumokokken eintritt und gewöhnlich mit diesem verbunden ist, toxische Spaltprodukte von dem Exsudat absorbiert werden, die in der Tat als eine Masse fremder Eiweiße angesehen werden können, die einer langsamen Verdauung vor der Krisis unterworfen sind. Wenn die aktive Autolyse einmal im Gange ist, pflegen nur die niedrigeren und untoxischen Spaltprodukte absorbiert zu werden, und die Umgebung der infizierten Stellen wird gewöhnlich für die fernere Entstehung von Pneumokokken ungünstig; denn wie ALMAGGIA gezeigt hat, sind Pneumokokken Autolyseprodukten gegenüber sehr empfindlich. Bei dieser Erscheinung ist die Reaktion anfänglich eine lokale und zelluläre; aus den zerfallenden Leukocyten wird zunächst genügend Leukoprotease in Freiheit gesetzt. Sodann findet eine fortschreitende Reaktionsänderung des Nährbodens statt, so daß die hemmenden Faktoren, d. h. die Alkalescenz und die übermäßige Menge des Antiferments überwunden werden. Die Unterschiede der proteolytischen Enzyme, welche bei dieser Reaktion mitwirken, erforschten JOBLING und seine Mitarbeiter, im besonderen die Protease, wie vorher erwähnt, während PETERSEN und SHORT sich mit dem Ereptasetiter befaßten.

Wir können annehmen, daß die beschriebene Enzymtätigkeit für den Krankheitsverlauf von Wichtigkeit ist, in Anbetracht dessen, daß man durch vollkommene Zerstörung der toxischen Proteinfragmente zur Entgiftung gelangen kann.

Die ersten beiden Tafeln stellen gewöhnliche klinische Bilder bei Lungenpneumonie dar, von denen sich die eine durch Lyse erholte, die andere tödlich am neunten Tage der Krankheit endete.

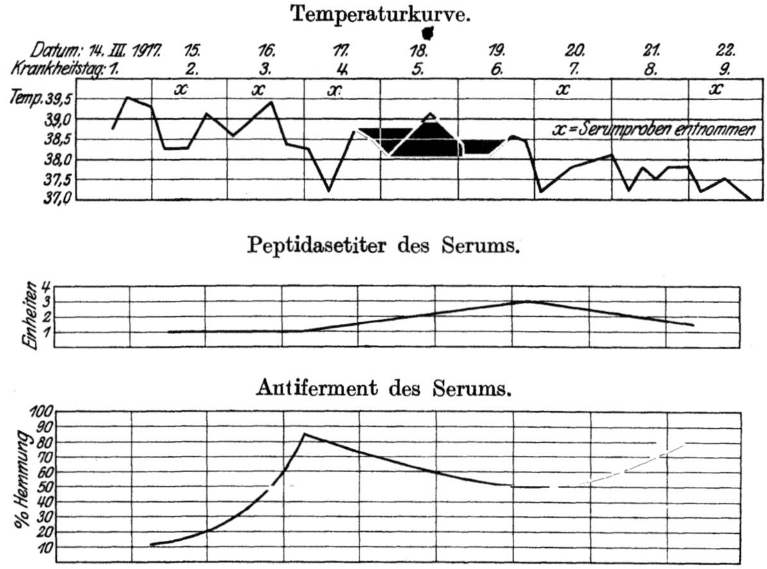

Abb. 2. Der Ereptase [Peptidase]- und Antifermenttiter während der Periode der Lyse bei Pneumonie.

Fall Nr. 1. Weißer Mann, 43 Jahre alt, kam ins Krankenhaus am 14. März 1917, nach einer Krankheit von 36 Stunden: Diagnose Lungenpneumonie des unteren rechten Lappens; Verlauf ereignislos, Erholung durch Lyse am 10. Tag (s. Abb. 2 der Ereptase - Peptidase und des Antifermenttiters während der Periode der Lyse bei Pneumonie).

Man kann dabei beobachten, daß der Ereptasetiter (Peptidase) einheitlich niedrig während der ersten 3 Tage blieb, dann sich zunächst ungefähr um das Dreifache steigerte bis zum 8. Tage der Krankheit und sich dann wieder verringerte. Die Zunahme stimmt mit der Periode der klinischen Erholung überein. Der Antifermenttiter zeigt die gewöhnliche frühzeitige Zunahme; eine Verringerung während der Periode der Lyse ist häufig beobachtet worden.

Fall Nr. 2. Farbiger Mann, 27 Jahre alt, kam ins Krankenhaus am 18. April 1917, nachdem er zwei Tage krank gewesen war. Diagnose: Lungenpneumonie des unteren linken Lappens; aortisches Regurgitieren. Am dritten Tage war der rechte Lappen ebenfalls angegriffen, der Patient wurde andauernd kränker, bis er am 9. Tage der Krankheit erlag.

In Abb. 5 wird gezeigt, daß in diesem Falle der Titer der Ereptase umgekehrt wie der vorhergehende ist. Es erschien nämlich eine Verminderung am 3. Tage, die bis zum Tode bestehen blieb. Das Antiferment nahm während dieser Zeit progressiv zu. Diese Reaktionskurve der Enzyme ist bezeichnend für tödliche Pneumonien (Abb. 3).

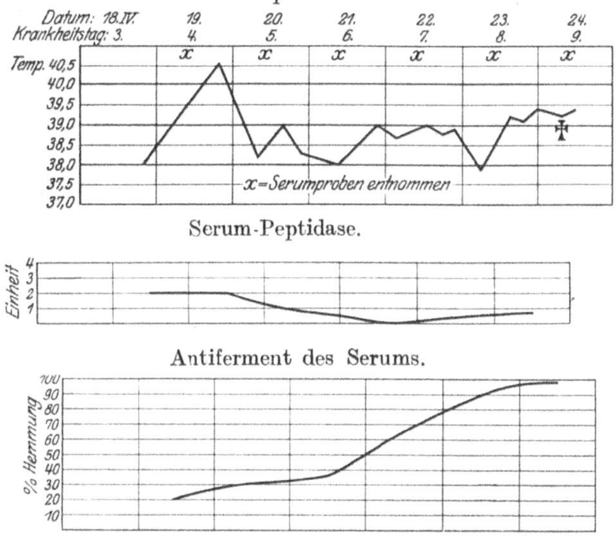

Abb. 3. Der Ereptase- und Antifermenttiter bei Pneumonie, die mit Tod endete.

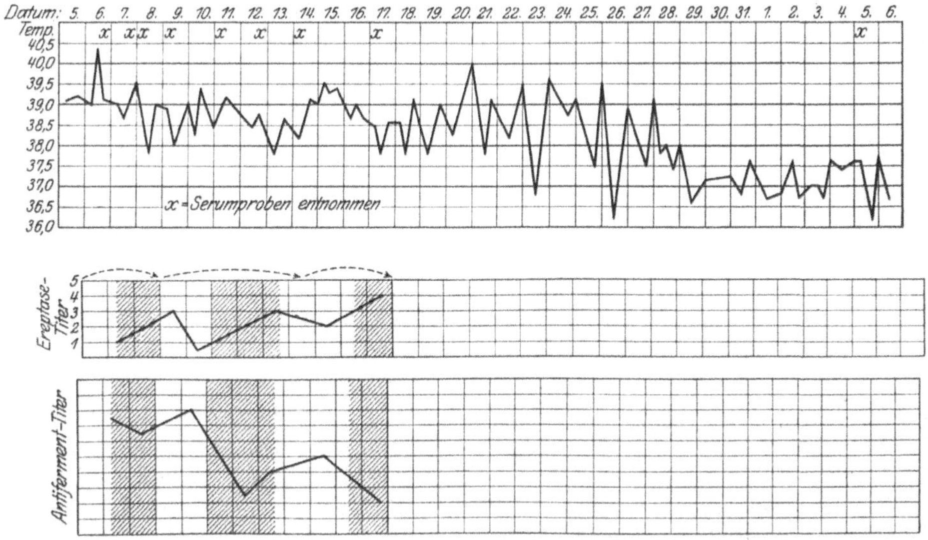

Abb. 4. Die Beziehungen des klinischen Zustandes bei Pneumonie zu Serumereptase und Serumferment. Die schraffierten Teile zeigen die Perioden der klinischen Besserung an.

Der Fall Abb. 4 ist vielleicht der interessanteste, weil er die Beziehung des Ereptasetiters zum klinischen Zustand des Patienten erkennen läßt.

Fall Nr. 3. Weißer Mann, 34 Jahre, kam ins Krankenhaus am 5. März 1917 mit der Diagnose Lungenpneumonie des unteren rechten Lappens, nach dreitägiger Erkrankung. Der Verlauf der Krankheit zog sich sehr in die Länge. Am 4. Tage nach der Einlieferung verringerte sich die Temperatur und der Patient wurde klinisch besser, als eine Ausdehnung auf den mittleren Lappen eintrat. Die Temperatur nahm mehrere Tage zu, verringerte sich dann am 8. Tage. Um diese Zeit wurde der linke untere Lappen angegriffen, was einen nochmaligen Anstieg der Temperatur mit sich brachte, gefolgt von teilweiser Genesung mit einer langen Periode heftig einsetzender Temperaturschwankungen. Einen Monat nach der Einlieferung lag der Patient noch im unregelmäßigen Fieber, obgleich er klinisch sehr gebessert war. Zu dieser Zeit wurde eine letzte Blutuntersuchung ausgeführt.

Wir haben bei Abb. 4 die Teile schattiert, welche den Tagen entsprechen, an welchen der Patient sich klinisch besser fühlte, nachdem alle Lappen angegriffen waren. Die Zeichen der klinischen Besserung — Puls, Atmung, subjektive Erscheinungen und physikalische Befunde — gingen zusammen mit typischen Veränderungen in der Enzymkonzentration des Serums, wie auf der Tafel beobachtet werden kann.

Eine Steigerung des Ereptasetiters bemerkte man während jeder Periode der untersuchten Besserung, aber auch Abnahme, wenn der klinische Zustand ungünstig war. Andererseits war während der günstigen Perioden der Antifermentgehalt verringert und nahm zu mit dem stärkeren Angegriffensein der Lunge. Diese Veränderungen sind so bezeichnend und klar, daß ihre klinische Bedeutung nicht gut in Frage gestellt werden kann, selbst wenn über die Erklärung der Veränderungen noch verhandelt werden müßte.

Bei der Pneumonie, die durch eine Krisis oder durch Lyse endet, wurde von uns eine Zunahme des Ereptasetiters ohne Unterschied beobachtet; sie ging dem wechselnden klinischen Bild entweder voraus oder begleitete es. Bei ungünstig endenden Fällen wurde eine solche Zunahme nicht gefunden; bei diesen blieb der Titer gewöhnlich unter dem bei normalen Individuen beobachteten. Der Antifermenttiter beeinflußt natürlich nicht geradezu die Tätigkeit der Ereptase, nichts destoweniger verringert sich das Antiferment, je mehr der Patient sich bessert. Die wesentliche Bedingung ist deshalb die Begünstigung einer schnellen Verdauung der Proteine.

Ferment-Antiferment-Gleichgewicht. Wenn wir nun zu unserer Betrachtung der echten Proteasen zurückkehren, so handelt es sich um eine in ihrem Wesen und ihren Möglichkeiten weit kompliziertere Reaktion, aus zwei Gründen: a) Die Enzymtätigkeit kann das Spalten der nativen Proteine zu den höheren Spaltprodukten in sich einschließen. Betrifft das ein nichttoxisches, natives Eiweiß, für welches der Körper nicht sensibilisiert ist, so schließt dieses wiederum in sich, daß eine neue toxische Substanz im Organismus selbst gebildet wird. Wenn andererseits die Enzymtätigkeit sich auf ein toxisches Eiweiß oder solches, wofür der Organismus sensibilisiert wurde, erstreckt, dann kann das Enzym auch als entgiftendes Mittel wirken, wenn es das Protein spaltet. b) Der Fermenttätigkeit wird das Gleichgewicht durch ein Antiferment gehalten, daher haben wir es mit zwei variablen Faktoren zu tun.

Zum Zweck genauerer Betrachtung kann wieder die Pneumonie dienen. Nehmen wir an, daß der pneumonische Herd mit seiner Menge zerfallener Zellen für das normale Gewebe einfach einen Fremdkörper darstellt, von dem es sich durch Verdauung befreien muß. Solange die Verdauung langsam vorwärts schreitet, werden mehr und höher toxische Spaltprodukte absorbiert werden;

die Verdauung geht langsam vor sich, weil die Leukocyten noch leben (weshalb ihr Ferment nicht verbreitet ist), und wegen der Alkalescenz der Reaktion des Exsudates und der großen Menge Antiferment, das im Exsudat vorhanden ist und natürlich die Verdauung hemmt. Wird nun das Antiferment geringer, entweder wegen der Veränderung in der Reaktion, oder weil es durch Protease, die von einigen anderen Organen mobilisiert wird, abgesättigt ist, während gleichzeitig Protease und Ereptase örtlich frei werden, so wird bei dem Patienten die Entgiftung ohne weiteres einsetzen, sobald die Verdauung aus einem Stadium der Hemmung in eines der Beschleunigung übergeht. In diesem Falle würde das Freiwerden der echten Protease mit Entgiftung verbunden sein.

Nehmen wir andererseits an, daß wir es mit einem im Zustand der Latenz befindlichen Tuberkel zu tun haben, einem, der genügend durch eine Bindegewebeeinkapselung geschützt ist, welche die Absorption toxischen Materials vom Herd aus verhütet. Wenn aus irgend einem Grunde die nämliche Serumreaktion oder örtliche Reaktion, die oben angenommen wurde, bei solch einem Patienten vorkommen sollte, so würde genau die umgekehrte klinische Wirkung nachfolgen. Die freiwerdende Protease würde sofort, zugleich mit der Verminderung des schützenden Antifermenttiters, anfangen das Bindegewebe der Kapsel zu zerstören und einem Teil des toxischen Materials, wie auch den nativen Proteinen des Herdes erlauben, vom Herd weg in den allgemeinen Kreislauf sich einzuschleichen, woraus sich bei dem Kranken eine Intoxikation ergäbe und eine Aktivierung des Herdes.

Schwankungen des Proteasetiters, so nimmt man an, können deshalb Krankheitsvorgänge in grundlegender Weise beeinflussen, gelegentlich mit geradezu entgegengesetzten klinischen Ergebnissen. Aber diese Schwankung der Protease wird bis zu einem gewissen Grade von dem Antiferment oder der hemmenden Substanz eingeschränkt, welche dadurch ein integrierender Teil des Gleichgewichts wird, das wir hier behandeln. Hier handelt es sich nicht um Enzyme, sondern sehr wahrscheinlich um lipoide Substanzen. Das Antiferment ist nicht ein Antikörper im immunologischen Sinne, obgleich man es früher als solchen ansah; es besteht aus den stark verteilten, ungesättigten Lipoiden des Serums, der Lymphe und der Gewebe[1]).

Der Titer des Antiferments variiert, weil mindestens drei Bedingungen vorhanden sind:

1. die Menge der vorhandenen Lipoide,
2. die Verteilung der Lipoide,
3. die chemische Struktur, d. h. der Grad des Ungesättigtseins. Alle diese Bedingungen sind bedeutenden Schwankungen unterworfen, und jede von ihnen kann einen Wechsel im Titer verursachen.

So kann eine Veränderung der Verteilung durch Ansäuern, durch Salzen und durch Erhitzen bis zu einem gewissen Grade das Antiferment inaktivieren, physikalische Adsorption durch gewisse chemische träg adsorbierende Oberflächen, z. B. FULLERS Erde, Bariumsulfat, Agar usw. erniedrigt den Titer; Lösung der Lipoide in Chloroform, Äther, Aceton und in gewissen Alkoholen

[1]) Das Beweismaterial für die Natur des Antiferments ist umstritten. BACH und TEALE war es nicht möglich, die Ergebnisse von JOBLING und PETERSEN zu bestätigen. Man sollte die Schriften von TACHIGARA, FUJIMOTO usw. zu Rate ziehen.

entfernt das Antiferment aus dem Serum. Die Seifen der ungesättigten Fettsäuren sind vielleicht die vergleichbarsten Substanzen, welche dazu brauchbar sind, um mit ihnen viele der Reaktionen nachzumachen, die mit dem Serumantiferment erhalten werden können. Es besteht viel Wahrscheinlichkeit, daß die Antifermentlipoide in mehr oder weniger enger physikalischer Verbindung mit dem Serumalbumin stehen. Zusammen mit diesem Bruchstück werden sie aus der Lösung mit den gewöhnlichen Methoden ausgeschieden, mit denen man die Serumproteine trennt.

Klinisch ist bekannt, daß das Antiferment während verschiedener Zustände vermehrt ist, namentlich bei akuten Infektionen, während der Schwangerschaft, bei Carcinomen und kachektischen Zuständen im allgemeinen; auch als Folge anaphylaktischer oder anderer Shokreaktionen, einschließlich therapeutischer Impfung, und bei gewissen Krankheitsvorgängen im Zentralnervensystem, die sich durch degenerative Veränderungen kennzeichnen. Mit anderen Worten, die Zunahme des Antiferments ist ein wesentlicher Bestandteil eines allgemeinen Reaktionsphänomens des Körpers. Die Zunahme scheint planmäßig zu sein, insofern als eine Zunahme des Antifermenttiters dahinführen würde, dem negativen N-Gleichgewicht entgegenzuarbeiten, welches bei der erhöhten Zerstörung der Proteine des Körpers vorkommt und allgemein bei toxischen Zuständen beobachtet wird.

Diese Beziehung des Antiferments zu der Art und Weise des Proteinstoffwechsels ist an Kaninchen und Hunden während Erschöpfungszuständen von Jobling und Petersen untersucht worden. Sie fanden, daß die N-Ausscheidung bei den verhungernden Tieren im umgekehrten Verhältnis zu der Menge des Antiferments im Serum stand, wie es aus folgender Tabelle ersichtlich ist:

Tier Nr.	Rückgang des Fermenttiters durchschnittlich für 5 Tage	Ausgeschiedenes N Gesamtmenge für 5 Tage
1	41%	4,24 g
2	66%	2,95 g
3	71%	1,97 g
4	73%	1,99 g

Dieses hat sich genau so beim Menschen gezeigt, obgleich es bis jetzt nicht vollkommen an normalen Individuen ausgeprobt wurde. Wilson z. B. bemerkte die erhöhte Aufspeicherung von N während der Schwangerschaft, ein Zustand, der mit einer deutlichen Zunahme des Antifermenttiters verbunden ist. Nach einem Vaccineshok oder Proteinshok finden wir oft dieselbe Zunahme im Gewicht während der Zeit, in welcher der Antifermenttiter zugenommen hat. Holler spritzte sich selbst über 2 Wochen lang täglich intravenöse Dosen von 1 ccm einer (10%) Deuteroalbumoselösung ein; er bemerkte keine klinische Wirkung, wie sie bei irgend welchen Kranken beobachtet wurde. Schüttelfrost, Schweiß und Temperatur fehlten vollständig, aber er nahm während des Verlaufs der Injektionen an Gewicht zu. Dieses ist die allgemeine klinische sowohl wie experimentelle Erfahrung gewesen.

Wenn wir uns an diese einfachen Enzymgleichgewichte erinnern, so werden viele Veränderungen, welche nach unspezifischen therapeutischen Injektionen eintreten, ganz einfach und folgerichtig erscheinen. Ein Gleichgewicht besteht a) in den wirklichen Proteasen, die imstande sind native Proteine vollständig zu ihren niedrigsten Spaltprodukten abzubauen. Diese können deshalb 1. als toxische Mittel wirken und ungiftige native Proteine zu dem toxischen Stadium spalten, oder 2. als entgiftende Mittel, wenn sie frei sind und die Produkte der teilweisen Verdauung zu den ungiftigen Formen spalten, oder wenn sie ein natives Protein spalten, für welches der Körper sensibilisiert ist. Diesen Enzymen wird das Gleichgewicht durch (b) das Antiferment des Serums gehalten, einem variablen Faktor. Die Ereptase (c) oder peptolytisches Enzym, die fähig ist nur die teilweise hydrolysierten Proteine (toxisch) zu dem Aminosäurestadium (untoxisch) zu spalten, und deshalb als entgiftendes Mittel angesehen werden muß, ist nicht durch ein Antienzym ausgeglichen und kann deshalb frei wirken, wo immer sie im Serum und den Geweben vorhanden ist.

Die Annahme eines Gleichgewichtes von variablen Faktoren, die einmal in entgiftender Weise wirken, und in anderen Fällen einen Krankheitsprozeß verstärken können, ist in mehreren Arbeiten ausgiebig besprochen worden, und wir brauchen hier nicht noch weiter auf Einzelheiten einzugehen (JOBLING und PETERSEN, JOBLING - EGGSTEIN und PETERSEN, und PETERSEN).

Unspezifische Injektionen bei Carcinomen. VON DEN VELDEN, der einer der allerersten war, der unspezifische Verfahren bei der Behandlung von Krankheiten anwendete (1906), betonte frühzeitig die Hypothese von der Enzymtätigkeit als die Grundlage der Heilerfolge, und hielt das seitdem immer aufrecht. Er fing seine Forschung an, indem er kleine Dosen von Serumalbumin und Ovalbumin in 5- und $10^0/_0$iger Lösung subcutan einspritzte. Von da aus ging er über zu dem Gebrauch von Rekonvaleszentenserum, Tetanusantitoxin, normalem Pferdeserum und zum Schluß zu dem Gebrauch von intramuskulär injizierter Milch. Bei der Behandlung mehrerer nicht operierbarer Carcinomfälle beobachtete er, daß nach der Einspritzung der Kranke mehrere Tage mit Unbehagen und Fieber reagierte; alsdann besserte sich eine Zeitlang der allgemeine Zustand des Patienten. Gewichtszunahme, besserer Appetit, verringerte Schmerzen usw. setzten ein. Während der Behandlung zeigte der Tumor zuweilen ausgesprochene, rückgängige Veränderungen. Bei Tuberkulininjektionen beobachtete DABNEY eine ähnliche Wirkung.

Diese Erfahrung VON DEN VELDENS wird hier im Zusammenhang nur angeführt, weil sie typisch für den Erfolg aller unspezifischer Mittel bei der Behandlung von Carcinomfällen und anderer bösartiger Krankheiten ist. BEARD erhielt das gleiche Ergebnis nach Trypsineinspritzungen, COLEYS Flüssigkeit und Tumorautolysate geben eine ähnliche Reaktion, ebenso kolloidale Metalle. Der Ablauf ist bei allen Fällen derselbe, das klinische Bild ist gleich, die Erfolge sind ähnlich, d. h. es sind Beweise einer ausgesprochenen Herdreaktion vorhanden, sogar ein Zurückgehen in der Größe des Tumors, aber die wirkliche Proliferation des Neoplasmas wird nicht behindert, da die vascularisierten Teile des Tumors in keiner Weise dabei im Spiele sind; das Zurückgehen ist durch eine Zunahme in der Nekrose des zentralen und weniger vascularisierten Teiles des Neoplasmas verursacht.

Nehmen wir an, in solch einem Carcinomfalle würde eine Milchinjektion intramuskulär gemacht. Bis dahin ist die Temperatur praktisch normal gewesen. Mehrere Stunden nach der Injektion kann ein Schüttelfrost eintreten, die

Temperatur geht schnell hoch und anstatt nach wenigen Stunden wieder zu fallen, wie bei einem gewöhnlichen infektiösen Zustand, bleibt sie für 24—28 Stunden erhöht. Gewöhnlich ist diese Reaktion von einem allgemeinen Unbehagen und allen Zeichen einer erhöhten Entzündungsreaktion des Tumors begleitet. Nach dieser Periode fällt die Temperatur, der Kranke fühlt sich besser als vor der Einspritzung, er gewinnt an Gewicht, die Schmerzen werden geringer und rückwirkende Veränderungen des Tumors werden beobachtet. Es wurde gezeigt, daß nach solcher Injektion eines unspezifischen Mittels eine ausgesprochene Veränderung des Ferment-Antifermentgleichgewichts eintritt, und zwar so, daß das Antiferment verringert und die Wirksamkeit der Protease erhöht ist. Für den Tumor bedeutet das, daß diese Protease einige der nativen Proteine des nekrotischen Überrestes zu verdauen anfängt. Toxische Spaltprodukte werden frei, sie strömen aus dem Herd in das umgebende gesunde Gewebe, verursachen Reizung, Anziehung der Leukocyten, vasculären Blutandrang, erhöhte Spannung und damit erhöhten Schmerz. Gerade während dieser Zeit der Absorption der löslichen Spaltprodukte wird die fieberhafte Periode und die Allgemeinwirkung eines allgemeinen Unbehagens beobachtet. Die durch die verdauende Entzündungsreaktion angezogenen Leukocyten unterliegen teilweise, teilweise wandern sie aus. Eine gewisse Menge Leukoprotease wird aus ihnen frei. Während dieser Periode haben wir auch eine Zunahme in der Menge des abgesonderten Stickstoffs, d. h. ein negatives Gleichgewicht. Dann folgt ein Zeitraum der Erholung von dem negativen Gleichgewicht und der Wechsel nach der wiederherstellenden Richtung. Das Antiferment wird über den Betrag vor der Einspritzung vermehrt; die Proteasetätigkeit hört auf, erhöhte Mengen von Ereptase treten in Erscheinung und entgiften auch die letzten Überreste von Spaltprodukten, die noch in der Nähe des Herdes geblieben sind. Während dieser Zeitspanne zeigt der Kranke alle Anzeichen klinischer Besserung — Euphorie, Gewichtszunahme, Appetit usw. Die Gewichtszunahme, die der Zunahme in der Antifermentkurve folgt, ist bei einer Reihe klinischer Zustände von Breed bearbeitet worden.

Der Tumor kann mittlerweile tatsächlich an Größe durch die Wirkung der Reaktion abgenommen haben, weil eine gewisse Menge abgestorbenen Gewebes fortverdaut worden ist. Es ist natürlich offenbar, daß die lebenden Tumorzellen in keiner Weise für die Wirkung der Enzyme empfänglich zu sein brauchen, und daß die Reaktion, soweit es sich um Heilung handelt, nicht als ein Heilmittel für solche bösartigen Krankheitszustände angesehen werden darf. Sie mag einen Platz in der Therapie der bösartigen Krankheitszustände haben, da wir durch Hervorrufen einer Entzündungsreaktion, entweder durch celluläre oder vasculäre Veränderungen, wiederholt der Resistenz des Körpers gegen den neoplastischen Einfall helfen können (Teilhaber). Bis wir eine gewisse Kenntnis dieser Faktoren im Tumorwachstum haben, müssen wir leider mehr oder weniger empirisch bei den Zuständen verfahren, auch darf nicht vergessen werden, daß die Entzündungsreaktion, die hervorgerufen wird, zuweilen gar nicht nützlich sein kann, sondern tatsächlich die Tumorzellen zu größerer Tätigkeit und Bösartigkeit anregen und deshalb von entschiedenem Schaden für den Patienten sein kann. Wenn man sich jedoch klar vergegenwärtigt, daß nur klinische Besserung und Verbesserung gesucht wird und die Maßnahmen in diesem Sinne gebraucht werden, dann mag die Reaktion einen

Platz bei unseren berechtigten Behandlungsmethoden von nicht operierbaren Fällen haben.

In einem neuen Artikel weist A. BIER auf seine bereits im Jahre 1900 begonnenen Versuche hin, inoperable bösartige Geschwülste mit Transfusion von artfremdem Blut zu behandeln und macht auf die bemerkenswerten Reaktionserscheinungen dabei aufmerksam. Es sind ja diese und ähnliche Versuche, Carcinome mit Proteinkörperinjektionen zu behandeln, bald wieder verlassen worden, weil eben ein dauernder Rückgang des Tumors damit nicht erreicht wurde.

An dieser Stelle sei die Vorstellung erwähnt, welche sich WEICHARDT auf Grund seiner Erfahrungen über die leistungssteigernde Wirkung der Eiweißspaltprodukte gebildet hat. WEICHARDT geht von der Annahme aus, daß die Grenzschicht der Zellen bei älteren Individuen am Diffusionsvermögen einbüßt. Es ist dann eine Wachstumssteigerung und eine Disposition zu Carcinom durch Anhäufung aktivierender Spaltprodukte in den Zellen denkbar. In der Tat konnte WEICHARDT zeigen, daß Carcinompreßsäfte (nach der BUCHNERschen Technik hergestellt, Verreiben mit Kieselgur und Auspressen bei 300 Atmosphären), die durch Dialyse von Salzen und niedermolekularen Bestandteilen befreit waren, alle Merkmale aktivierender Substanzen aufwiesen. Ihre aktivierenden Eigenschaften maß er, wie üblich, an verschiedenen Organsystemen, deren Leistungen gesondert verzeichnet wurden.

Die Reaktionen und ihre Wirkungen auf den örtlichen Zustand bei bösartigen Geschwülsten, wie sie im einzelnen auseinandergesetzt wurden, sind denjenigen ganz ähnlich, die wir in bezug auf den tuberkulösen Herd erforscht haben und die noch an anderem Ort eingehender erläutert werden sollen.

Die Reaktion bei lokaler Entzündung. Über den Entzündungsbegriff sind in der letzten Zeit von Pathologen recht verschiedene Ansichten geäußert worden. Einheitlichkeit wurde nicht erreicht.

Wird ein Symptombegriff zu weit gefaßt, so verliert er bekanntlich an Prägnanz und damit für uns an Wert, weil er dann ganz unbestimmt, gegenstandslos und überflüssig geworden ist. Das gleiche gilt von zu weit gefaßten Reizbegriffen, z. B. wenn jede nur mögliche chemische und physikalische Veränderung darunter verstanden wird. M. GRUBER fragte in der Diskussion auf der 9. Versammlung der freien Vereinigung für Mikrobiologie 1922 deshalb mit Recht: „Was denn eigentlich *keine Reiztherapie* sei"? Dieselbe Frage könnte man stellen bei dem Begriff der *Kolloidtherapie*, denn jeder Eingriff bringt naturgemäß Veränderungen in dem Kolloidalgleichgewicht der Körpersäfte mit sich.

Eine zweckmäßige Auslegung des Entzündungsbegriffes scheint die von STAEMMLER gegebene: „Entzündung ist die örtliche Reaktion des Organismus auf nichtgewebsspezifische Reize. Gewebsspezifische Reize sind solche, auf die der Körper durch (vererbte oder erworbene) Anpassung mit einem bestimmten Gewebe spezifisch eingestellt ist".

Es ist von höchster Bedeutung für den Zweck, die Rolle der Enzyme bei dieser unspezifischen Reaktion zu untersuchen, sich die Tatsache zu vergegenwärtigen, die schon in der Einleitung betont wurde, daß die Reaktion des Körpers auf eine Schädigung chemischer, physikalischer oder bakterieller Natur mit gewissen Beschränkungen immer dieselbe ist: Entzündung, ganz gleich wie sie hervorgerufen ist, ist grundlegend ähnlich im Wesen und in den Folgen.

Wenn wir die Genesung von diesem Gesichtspunkt ansehen, wird es sofort klar, daß die unspezifische Therapie etwas Wesentlicheres bietet als eine vorübergehende therapeutische Liebhaberei oder einen absonderlichen modernen Einfall in der Medizin. Sie ist vielmehr eine Maßnahme, die als Grundlage ihres Verlaufs biologische Vorgänge hat, gleichzeitig die grundlegendsten und die allgemeinsten von allen, über welche der Organismus in seinen Maßnahmen der Verteidigung gegenüber Trauma und Krankheit verfügt.

Wenn tatsächlich bewiesen werden kann, daß Entzündung durch unspezifische Reaktionen verändert wird, so können wir begreifen, daß die Beschleunigung des Prozesses auf zwei Arten augenscheinlich wird: auf die eine Weise, daß ein beginnender Entzündungsprozeß ohne Eiterung vermindert wird, auf die andere, daß ein fortgeschrittener oder schnell fortschreitender Entzündungsvorgang Linderung und Auflösung durchmacht. Dieses sind tatsächlich genau die Reaktionen, welche vorkommen, wenn wir örtliche Entzündungsvorgänge durch unspezifische Mittel behandeln; der venerische Bubo ist ein Krankheitszustand dieses Typus, der ausgiebig studiert worden ist (Odstreil, Müller, Schneller, Antoni usw.).

Wenn ein Bubo durch intragluteale Milchinjektion behandelt wird, kann man eine ausgesprochene Herdreaktion beobachten, die ihren Höhepunkt innerhalb 6—8 Stunden erreicht mit einer Vermehrung der Schmerzen, örtlicher Empfindlichkeit und Hyperämie. Darnach tritt eine Periode von Analgesie ein. Falls ein derartiger Bubo frühzeitig in Behandlung genommen wird, tritt Eiterung niemals ein, der Prozeß verschwindet ohne eine solche.

Wenn andererseits die lokale Entzündung weiter fortgeschritten ist, ehe die Behandlung einsetzt, so tritt die Linderung bald nach der Einspritzung ein, wenn aber dann weitere Injektionen gemacht werden, so ist keine Incision oder Drainage notwendig, wie Müller berichtet, da das abgestorbene und erweichte Material schnell absorbiert wird. Nur bei einem von 25 Fällen hielt Müller es für nötig, den Bubo zu drainieren.

Diese Wirkung auf örtliche Entzündungsvorgänge, die eingehender im Kapitel über die Herdreaktion besprochen wird, kann nach unspezifischen Injektionen gezeigt werden, wo immer die Veränderung so gelegen ist, daß sie direkt beobachtet werden kann, wie in den Haut- oder Schleimhautmembranen. Im tieferen Gewebe wird sie klinisch durch die bestimmte Symptomatologie augenscheinlich gemacht, die den Injektionen folgt — zuerst eine Zunahme der Schmerzen und Temperatur, später eine vollständige Abnahme, entweder vorübergehend oder dauernd, je nach dem einzelnen Fall.

Wir glauben, daß die Erklärung dieser Erscheinungen verhältnismäßig einfach ist, obgleich zuweilen praktisch alle Gewebe und Strukturen des Entzündungsherdes dabei mit zu tun haben, Veränderungen bei den Blut- und Lymphgefäßen und Nerven ebenso wie bei den lokalen Geweben, die direkt mitspielen.

Mit der Einspritzung erscheint zuerst eine Erregbarkeit des Zentralnervensystems und des sympathischen Systems, später vermindert sich diese und endet in einer Periode verringerter Erregbarkeit. Zuerst ist eine direkte Wirkung auf die Capillaren deutlich vorhanden, so daß sie durchlässiger werden — der

Lymphstrom nimmt zu, s. S. 25, die Spannung des lokalen Entzündungsherdes ist größer —, die Schmerzen sind verstärkt. Später tritt das Umgekehrte ein, und die Capillaren werden weniger durchlässig. In der Zwischenzeit aber sind gewisse Veränderungen in und um den Herd eingetreten. Wir nehmen, um dies zu beleuchten, das Anfangsstadium eines Bubo inguinalis an. Eine gewisse Menge toxischen Materials (Proteinspaltprodukte aus dem abgestorbenen Gewebe des venerischen Herdes, bakterielle Endotoxine, vielleicht lösliches toxisches Material der Bakterien, vielleicht wenige durch die Lymphkanäle gesickerte Bakterien selbst) ist zur Drüse gebracht worden und hat eine Entzündungsreaktion verursacht. Diese findet ihren Ausdruck in der Hyperplasie der endothelialen Zellen der Lymphkanäle, in einer Anziehung der polymorphkernigen Leukocyten und der Ausschwitzung von Flüssigkeiten in die Gewebe. Bis dahin ist noch keine Nekrose vorhanden gewesen.

Die Gewebeflüssigkeiten, die von diesen Zellen umgeben sind, enthalten wenig Protease oder Ereptase, aber viel Antiprotease (Antitrypsin), so daß verdauende Prozesse hintangehalten werden. Unter gewöhnlichen Bedingungen wird deshalb die Intensität der Intoxikation nicht verringert und zuletzt wird Gewebenekrose verursacht, indem sowohl die fixen Zellen, wie einige der polymorphkernigen Leukocyten angegriffen werden. Durch letztere haben wir jetzt die Befreiung einer bedeutenden Menge Protease, die ausreicht, um die Wirkung des Antiferments abzusättigen und dadurch in einem beschränkten Bereiche aufzuheben. Verdauung tritt ein, ferner Gewebeauflösung und Fluktuieren.

Wenn man nun andererseits dem Kranken in einem frühen Stadium eine unspezifische Einspritzung gegeben hat, wird der Herd sehr bald überflutet — der Lymphstrom, im Thoraxkanal gemessen, ist vielfach erhöht — und in den jetzt ausgeschiedenen Flüssigkeiten (die Durchlässigkeit der Capillaren ist durch die unspezifische Reaktion erhöht) wird bedeutend mehr Protease sowohl wie Ereptase mitgeführt, während das Antiferment verringert ist. Die anwesenden Toxine sind nicht nur geschwächt, sondern ihre Verdauung durch die Enzyme hat angefangen. Nekrose wird durch diese Wirkung auf die Toxine verhütet. Die Capillaren werden weniger durchlässig, die Flüssigkeitsansammlung verringert, Spannung und Schmerzen geringer und die regelrechte Wiederherstellung tritt ein.

Wir können andererseits auch annehmen, daß der Verlauf schon bis zu dem Stadium einer tatsächlichen Zerstörung einiger Zellelemente vorgeschritten ist. Wir setzen in dieser Zeit mit der unspezifischen Reaktion ein. Das Überströmen des Bereiches mit Exsudat, das Herabsinken des Antiferments, die Zunahme der proteolytischen Enzyme werden hier natürlich die schon angefangenen autolytischen Vorgänge beschleunigen. Diese Verdauung wird aber gleichzeitig dazu führen, die akute toxische Wirkung der Spaltprodukte und anderen toxischen Proteinmaterials zu vermindern, das ursprünglich die Entzündung verursachte; Lösung des nekrotischen Herdes mit Abnahme der akut entzündlichen Phase der Reaktion wird das Ergebnis sein, und die weitere Behandlung mit unspezifischen Injektionen wird bloß bei der Aufsaugung dieses löslichen Materials aus dem Herd helfen. Es wird klar, daß die gleiche Reaktion einen Entzündungsherd in anscheinend gerade entgegengesetzter

Weise verändern kann, Wiederherstellung ohne Eiterung, ebenso wie Beschleunigung der Eiterung mit nachfolgender Absorption.

Die Reaktion bei Entzündung nichtbakteriellen Ursprungs. Man darf nicht glauben, daß dieser hier dargestellte Prozeß nur bei einem bakteriellen Vorgang Gültigkeit hat. Eine ähnliche Reaktion tritt ein, wenn es sich um Gicht handelt oder um eine chemische Schädigung, wie z. B. bei typischer „Kriegsgas“-Wirkung, z. B. „Senf“-Gas. VON DEN VELDENS Beobachtungen werden in dieser Hinsicht von Interesse sein:

„Ich hatte im Felde viel Gelegenheit die Wirkung unspezifischer Therapie bei Gasvergiftung, und zwar nicht nur durch klinische Beobachtung zu prüfen, sondern auch durch Sektionsbefunde, wie sie sich uns boten. Ich brauche in diesem Zusammenhang nur kurz zu erwähnen, daß die Wirkungen des Gases, wie sie sich auf der Schleimhaut des Respirationsapparates zeigten, von mildester katarrhalischer Entzündung bis zu weit ausgedehntem und schwerem Croup und sogar geschwürartigen Veränderungen variierten. Angesichts des oftmals entschieden bösartigen und komplizierten Verlaufes des klinischen Bildes war ich bemüht, sobald wie möglich die Fälle zu behandeln, bei welchen die toxischen Anzeichen am ernstesten waren, oder solche, bei denen das klinische Bild zunehmend von Tag zu Tag schlimmer wurde, um die sekundären Pneumonien und die Absceßbildung abzuwenden, und besonders die verhängnisvolle Bronchialstenose, eine so häufige Folge. Nach meinen früheren Erfahrungen mit unspezifischer Therapie konnte man erwarten, daß bei frühzeitigem Eingreifen mittels einer Beschleunigung der Entzündungsprozesse sehr zufriedenstellende klinische Resultate erhalten würden. Natürlich konnten diese nur rein symptomatischer Natur sein.

Während sich meine eigenen Versuche über eine große Anzahl erstreckten, habe ich Beobachtungen über annähernd 100 Gasvergiftungsfälle aus der Literatur gesammelt, welche entweder mit Pferdeserum (5—10 ccm intravenös), Milch (10—20 ccm intramuskulär) oder Tetanusantitoxin (5—15 ccm intravenös) behandelt wurden, mit einer bis zu drei Injektionen. Die Fälle umschlossen mäßig schwere Anfangsfälle mit heftiger Heiserkeit und beginnender Bronchialstenose ohne Sekretion; schwere Fälle mit croupöser Entzündung, die sich vom Pharynx bis tief in den Bronchialbaum erstreckte, wobei einige von ihnen schon durch Pneumonie kompliziert waren; auch ältere Fälle mit heftiger Bronchorrhea (mit 3 Liter Sekretion pro Tag) mit augenscheinlicher Peribronchitis, Pneumonie, Abscessen und bei einigen Fällen Lungengangrän. Natürlich hatte bei diesen letzteren Fällen die Injektion wenig oder keine Wirkung, die zufriedenstellendsten Resultate wurden bei den Fällen der ersten Kategorie erlangt. Insofern als eine spontane Erholung immerhin sehr allgemein bei dieser Klasse von Patienten ist, war dieses Resultat zu erwarten. Jedoch in der zweiten Klasse der Patienten kam der überzeugendste Beweis über den Wert der Injektionen zum Vorschein — und das nicht nur nach meiner eigenen Meinung, sondern auch nach der meiner mitarbeitenden Kollegen. Innerhalb 6—10 Stunden nach der Injektion wurden die ersten günstigen Resultate beobachtet zuerst in einer Verminderung der stenotischen Erscheinungen, Verringerung der Cyanose, Verbesserung der Respiration, Verminderung des Hustens und freiere Sekretion. Sehr instruktiv war die Lösung einer Membran im Pharynx eines Patienten, welche leicht beobachtet werden konnte. Und zu dieser lokalen Wirkung, die von weitreichendem therapeutischem Vorteil gegen das Fortschreiten der Lungenprozesse war, wie auch indirekt für die Zirkulation, kam noch zuweilen schon nach 2 oder mehr Injektionen ein mehr oder weniger ausgesprochener kritischer Fall in der Temperaturkurve, eine Wirkung, deren Ursprung man auf verschiedene Arten erklären kann. Leider konnte ich nicht die Resultate in Tabellen bringen, um sie mit Fällen zu vergleichen, die nicht mit Injektionen behandelt worden waren wegen zufälliger Umstände.

Der Erfolg, der gewiß in keiner Weise spezifisch sein kann, entspricht der Erfahrung mit unspezifischen Injektionen bei anderen Krankheiten. Die Wirkung auf den pathologischen Prozeß ist ähnlich: eine deutliche lokale Wirkung, auf die mehr oder weniger schwer entzündete Schleimhaut des Respirationsapparates mit einer Beschleunigung der Auflösung der Membrane, eine Reinigung von Geschwürsprozessen und vielleicht eine Hemmung der gerade beginnenden Entzündungsprozesse. Der Erfolg war so häufig und sichtbar, daß Zufall ausgeschlossen ist.

Auf krankhafte Veränderungen der Haut schienen die Injektionen keine Wirkung zu haben. Mit intravenös injiziertem Collargol gewann ich den Eindruck, daß ähnliche, aber nicht so auffallende Wirkungen erhalten werden konnten und es mag von Interesse sein zu bemerken, daß ASCHOFF vergleichbare Resultate bei der Behandlung von Gasvergiftung erhielt, als er Diphtherieantitoxin injizierte.“

Soviel über die heilende Wirkung, wie sie bei örtlichen Krankheitsvorgängen beobachtet werden kann.

Allgemeine Prozesse bakteriellen Ursprungs. Wenn es sich um allgemeine Infektionen handelt, so treffen wir Krankheitsverhältnisse an, die weniger einfach sind, und bei welchen Spekulation und Mutmaßung in größerem Grade eintreten müssen. Vielleicht ist es am zweckdienlichsten, den Stand unseres Wissens an Hand bestimmter Arten von Erkrankungen zu besprechen, von denen die fundamentale Pathologie einer jeden verschieden ist und wenn unspezifische Therapie angewandt wird, jeder verschiedene Resultate hat.

A. Bei Typhus handelt es sich um eine Infektion, die eine Magen- und Darminfektion hauptsächlich des lymphopoetischen Systems und eine gleichzeitige Bakterieämie im Gefolge hat. Die Intoxikation ist hier hauptsächlich verursacht: 1. durch native vom Typhusbacillus abstammende Proteine, für welche der Organismus während der Inkubationszeit der Krankheit sensibilisiert wurde, 2. durch sehr toxische Proteinspaltprodukte, die im Körper des Bakteriums enthalten sind (Endotoxine) und 3. durch Spaltprodukte aus der Bakterienzelle, wenn sie der Proteolyse unterworfen ist. Für die Krankheit kann eine aktive Immunität erlangt werden.

B. Bei Pneumonie wiederum handelt es sich um eine hiervon wesentlich verschiedene Infektion. Lassen wir den Weg des Eintritts der Erreger unbestimmt, nehmen wir primär einen Eintritt in die Blutbahn und eine Lokalisation im Respirationsapparat an, oder eine Ausdehnung direkt dem Respirationsapparat entlang (was am wahrscheinlichsten erscheint) — so handelt es sich um einen örtlich begrenzten Entzündungsvorgang, wahrscheinlich ohne Sensibilisierung des Körpers gegenüber dem nativen Protein des Pneumokokkus. Es ist ein Prozeß, bei welchem toxische Erscheinungen durch eine Absorption der höheren Spaltprodukte verursacht sind, die von einem Entzündungsexsudat stammen (Fibrin, Zelldetritus usw.), welches eigentlich an der Oberfläche des Körpers liegt (wenn wir die Lungenalveolen in ihrer wirklichen Beziehung zur Oberfläche als eine Einstülpung betrachten, und nicht wegen ihrer bloßen anatomischen Lage als einen Teil der inneren Organe). Wegen der vasculären Zufuhr bietet die alveolare Oberfläche natürlich ein ideales absorbierendes Gefüge, und zwar so, daß, obwohl sie während des Verlaufes einer Lungenpneumonie stark von dem allgemeinen Kreislauf abgeschnitten ist, die Absorption noch genügend stark ist, um eine ernste Intoxikation zu verursachen. Das Pneumokokkenprotein selbst ist nicht besonders toxisch und der Organismus, wie bereits festgestellt wurde, nicht notwendigerweise dafür sensibilisiert; die Hauptmasse der toxischen Substanz muß von den Spaltprodukten des Exsudates in den Lungenalveolen stammen. Man wird sich erinnern, daß KAZNELSON die vom Fibrin erhaltenen Spaltprodukte besonders toxisch fand. Hier handelt es sich viel häufiger um Erholung durch Krisis als durch Lyse, und um eine Immunität geringen Grades und von verhältnismäßig kurzer Dauer.

C. Schließlich könnten wir als Beispiel eine reine Septikämie des Streptokokkentypus nehmen, ohne örtliche Begrenzung, wo die Intoxikation eher mit einer deutlichen Virulenz von seiten des Mikroorganismus verbunden ist, als mit der Bildung eines löslichen Toxins aus dem Bakterium oder eines toxischen autolytischen Produktes aus den Geweben des befallenen Wirtes.

Typhus. Unsere Beobachtungen bei Typhus sind vielleicht am vollständigsten, und durch sie sind wir imstande uns ein Bild der Vorgänge zu machen, wie sie auf die unspezifische Reaktion folgen. Wir wollen annehmen, daß wir einem Typhuskranken eine Proteaseeinspritzung während der ersten Krankheitswoche gegeben haben. Er hat mit einem typischen Schüttelfrost geantwortet, mit Schweiß und Temperaturanstieg und mit einer Leukocytose. Nach der Reaktion wird seine Temperatur wieder normal und bleibt so; der Patient fühlt sich wohl und ist, soweit festgestellt werden kann, klinisch geheilt. Bei einigen 20—30 % der injizierten Typhuspatienten können wir genau dieses Ergebnis beobachten. Was hat diese Kranken geheilt?

1. Es ist festgestellt worden, daß trotz dieser klinischen Genesung bei einigen Fällen Typhusbazillen noch aus dem Blut des Patienten mehrere Tage nach der Einspritzung gezüchtet wurden (ROHONYI). DECASTELLOS Arbeiten machen diesen besonderen Punkt allerdings zweifelhaft.

2. Der Patient kann noch Roseolen aufweisen, eine vergrößerte Milz, eine positive Diazoreaktion und eine Leukopenie (LÜDKE); HOLLER bemerkte bei seinen Serien nur den gelegentlichen Milztumor nach der Erholung.

3. Die Heilung von Typhusgeschwüren tritt innerhalb weniger Tage nach der Einspritzung ein, so daß Genesung mit Hilfe der unspezifischen Therapie erfolgt (v. WIESNER). Dieses konnte durch Sektion festgestellt werden, wenn der Tod durch eine gleichzeitige andere Erkrankung erfolgt war.

4. Schwankungen im Antikörpergehalt des Serums sind für die Genesung belanglos. Bei einigen Fällen ist er erhöht, bei anderen tatsächlich verringert, trotz vergleichbarer klinischer Ergebnisse. Auch ist die Voraussetzung nicht gültig, daß bei Verringerung Beweise eines vollständigen Verbrauchs der Antikörper während des Erholungsprozesses gegeben sind. Genesung von Typhus

tritt normalerweise bei leukämischen Patienten ein, die niemals Antikörper erzeugen (Moreschi, Howell).

5. Die Zellen des Organismus sind alle angeregt bei intravenöser Injektion (omnicelluläre Plasmaaktivierung von Weichardt). Die Anregung kann an der erhöhten Tätigkeit des Drüsenparenchyms gemessen werden, an erhöhter Beweglichkeit der glatten Muskulatur, an der erhöhten Arbeitstätigkeit des Herzmuskels.

6. Die Durchlässigkeit der Zellen wird verändert. Durch diese Wirkung und die gleichzeitige oben erwähnte Anregung werden Enzyme, Fibrinogen, Thrombokinase und Glykogen in den Kreislauf geworfen und auch Antikörper werden, falls der Organismus vorher sensibilisiert wurde, aus den Zellen abgeladen, und überfluten den Blutstrom.

7. Die veränderte Durchlässigkeit der Zellen findet weiteren Ausdruck in der Vermehrung des Lymphstroms, der in der Nähe des Entzündungsherdes unmittelbar beobachtet oder im Thoraxkanal gemessen werden kann. Sie zeigt sich auch, wenn die Durchlässigkeit der Capillaren (für gewisse Farben) in der Nähe eines Entzündungsherdes erforscht wird. Das Endothel wird zuerst mehr durchlässig, später weniger.

8. Dieser Wechsel in der Durchlässigkeit der Zellmembran, wodurch der äußere und innere Austausch verstärkt wird, muß natürlich von wirklichen Veränderungen in der physikalischen Struktur der Lipoidphase abhängen, welche wahrscheinlich die Membran der Zelle bildet.

9. Diese Veränderung in der Membran der Zelle verursacht wahrscheinlich die erhöhte Resistenz gegenüber der Intoxikation nach der Einspritzung und bildet einen Teil des Antianaphylaxiemechanismus. Ob ein wirklicher Verlust der Lipoidbestandteile der Zellmembran eintritt, die, falls in die Zirkulation geworfen, dann einen Teil des Antiferments bilden, ist nicht bestimmt.

10. Eine Zunahme an Antiferment des Serums nach der Injektion kommt vor und dauert in der Regel einige Tage lang.

11. Die Veränderung in der Zellmembran wird weiterhin durch den Wechsel in der Reizbarkeit des Zentralnervensystems und des sympathischen Nervensystems bewiesen.

12. Zum Schluß ist noch eine Mobilisation der Leukocyten vorhanden, welche einer mehr oder weniger spezifischen Anregung des Knochenmarks zuzuschreiben ist.

Während alle diese Veränderungen hervorgebracht werden, sind anscheinend zwei von vitaler Bedeutung — die Anregung der Zellenaktivierung von Weichardt — und die Veränderung der Durchlässigkeit der Zellmembran. Alle anderen sind zwar von Interesse und nehmen sehr wahrscheinlich an dem Ergebnis teil, aber alle sind mehr oder weniger durch diese beiden grundlegenden Veränderungen verursacht.

Eine erhöhte Toleranz für die Intoxikation ist vorhanden. Trotz der Tatsache, daß der Patient eine positive Blutkultur haben kann, ist er nicht länger sensitiv für die Intoxikation. Die experimentelle Grundlage für diese klinische Beobachtung ist von Starkenstein gelegt worden, der zeigte, daß nach verschiedenen unspezifischen Einspritzungen der Organismus gegen die Intoxikation widerstandsfähiger wird, selbst gegen Gifte, wie Phenol und Strychnin. Dieses ist wahrscheinlich durch die Abnahme in der Durchlässigkeit der Zellmembran verursacht, die auf die anfängliche Zunahme in der Durchlässigkeit folgt.

Das toxische Material wird schneller zerstört.

Durch die celluläre Anregung und die Mobilisation der proteolytischen Enzyme, wird die Proteolyse beschleunigt. Das greift 1. das native Protein des Typhusbacillus an, für welches der Körper während des Verlaufes der Inkubationszeit sensibilisiert worden ist, und 2. die toxischen Spaltprodukte, die bei der Bacillenauflösung frei werden (Endotoxine) und jetzt zu ihren niedrigsten Stadien abgespalten und abgesondert werden.

Die lymphagoge Wirkung (erhöhte Durchlässigkeit der Capillaren) überflutet die Lymphräume. Wenn wir den Typhus als eine lokale Krankheit und nicht als eine Septicämie auffassen, muß der Heilungsvorgang an der Stelle der krankhaften Veränderung eintreten. Es ist gezeigt worden, daß bei normalen und immunen Tieren die Antikörperkonzentration stärker im Plasma als in der Lymphe ist. Das Serum bei Typhus ist beständig reich an bakteriolytischen Substanzen, trotz der vorübergehenden und niedriggradigen Bakterieämie. Mit dem aktiven Übergang des antikörperreichen Plasmas in die Lymphräume wird die Zerstörung der Typhusbacillen eintreten und die Heilung wird erklärlich sein. (Diese Theorie wurde von TEAGUE und MC. WILLIAMS aufgestellt.)

Die Zunahme der Antienzyme in den Lymphräumen macht die weitere Proliferation der Bakterien schwierig. Die Bakterien müssen ihren Stickstoff aus den niedrigsten Entwertungsprodukten der Proteine bekommen; sie können Peptone, Proteosen und die höheren Spaltprodukte nicht verwenden. Wenn das Antitrypsin vermehrt ist wird ihre extracelluläre Protease untätig gemacht und das überschüssige Antitrypsin wirkt störend auf den Stoffwechsel der Bakterien (WRIGHT).

Auf dieser Grundlage haben wir Beobachtungen, die nicht nur die Entgiftung des Patienten erklären, die gewöhnlich nach unspezifischen Proteininjektionen eintritt (die Euphorie ist eine ständig wiederholte klinische Beobachtung), sondern auch die wirksame Zerstörung der Bakterien und die Hemmung ihrer weiteren Proliferation.

Bei diesem Ablauf können andere Faktoren eintreten und möglicherweise ist dieses der Fall. So ist die Frage der Wirkung der Leukocytose wiederholt gestellt worden. Die intravenöse Injektion ist meistens ohne Unterschied von einer bedeutenden Zunahme der peripheren Leukocytenzahl nach der anfänglichen Leukopenie gefolgt. Dieses ist als der mögliche Mechanismus angesehen worden, der bei der Genesung mitspielt. Aber es ist beobachtet worden, daß die Erholung auch ohne die Erscheinung dieser Leukocytose eintreten kann. In Anbetracht dessen, daß das Blutserum selbst die Bacillen ohne das Eingreifen der Leukocyten zerstören kann, ist ihre Nützlichkeit in diesem Zusammenhang nicht von besonderer Bedeutung. ROUX hat auf die Tatsache hingewiesen, daß die Typhusbacillen vor den Wirkungen der Serumlyse geschützt werden können, nachdem sie von den endothelialen Leukocyten aufgenommen worden sind. Es ist viel wahrscheinlicher, daß die Rolle der Leukocyten in ihrer Entgiftung der bacillären Proteine von Typhusbacillen liegt, die schon tot sind, wenn sie eingeführt werden, oder so durch den Serumkonktakt verändert sind, daß der Leukocyt sie schließlich nach der Einführung zerstören kann. Natürlich kann die Ansammlung der Leukocyten in den inneren Organen

— Milz, Leber, Lymphdrüsen, Darmtraktus, Lungen usw. — sofort nach der Einspritzung (während der Zeit der peripheren Leukopenie) gerade an der Stelle der hauptsächlichen lokalen Herde der Typhusproliferation besonderen Wert für die leukocytische Reaktion bei Typhus haben.

Lobäre Pneumonie. Wenden wir uns dazu, die Wirkungen der unspezifischen Therapie bei lobärer Pneumonie zu untersuchen. BLAKE und RUSSELL haben in neueren Arbeiten diese Fragen, die über den Infektionsmodus bei lobärer Pneumonie auftreten, in bedeutungsvoller Weise aufgeklärt, und ihre Beobachtungen bestätigen den klinischen Eindruck, der eine beträchtliche Zeit vorherrschte, nämlich daß wirkliche lobäre Pneumonie durch Infektionsausbreitung entlang der Trachea entsteht. Nach ihrer Forschung fällt der Pneumokokkus in das Lungengewebe an einem Punkt oder einigen Punkten in der Nähe der Lungenwurzel ein und breitet sich später durch den ganzen Lungenlappen vermittels des interstitiellen Gewebes und des lymphatischen Systems aus. Pneumonie ist deshalb zuerst als eine interstitielle Infektion der Lunge anzusehen. Unter anderen hat sich ROSENOW nach seinen Arbeiten mit Blutnährböden bemüht, die Pneumonie unter solche Krankheiten einzuordnen, die primär eine Septicämie sind und später auf irgendein besonders zusagendes Gewebe beschränkt werden. Aber BLAKE und RUSSELL fanden, daß das Blut durch die Bakterien infiziert wurde, die Zutritt zum Blutstrom durch die Lymphgefäße gewonnen hatten, und daß diese Bakterieämie sehr früh eintrat, sogar vor dem Einsetzen der klinisch lokalisierenden Symptome. Pneumonie muß deshalb als eine direkt lokalisierte Krankheit angesehen werden und nicht primär als eine Septicämie. Die kritische Beendigung der Krankheit hat vor allem immer die Ärzte beschäftigt und eine Anzahl geistreicher Theorien sind aufgestellt worden, um den Vorgang zu erklären. Aber solange wir die Lösung dieser Frage auf streng immunologischen Linien suchten, schien keine der aufgestellten Hypothesen zu genügen, um alle die beobachteten Erscheinungen zu erklären. Zuweilen war die Antikörperkonzentration vor oder während der Krise verändert, zu anderen Zeiten konnte keine Veränderung gezeigt werden.

In neueren Arbeiten wurde ein anderer Gedankenweg verfolgt, und es ist als wahrscheinlich dargelegt worden, daß wir einen Teil der Erklärung in rein physikalisch-chemischen Veränderungen suchen müssen, die auf den Ablauf der Krisis einzuwirken scheinen. MÜLLER betonte vor einigen Jahren die Wichtigkeit der proteolytischen Enzyme des dabei mitwirkenden Lungenbereiches für das Hervorbringen der Auflösung. Später stellten JOBLING, PETERSEN und EGGSTEIN die Ansicht auf, daß die Intoxikation bei Pneumonie einen zweifachen Ursprung habe, 1. durch die infizierenden Mikroorganismen und 2. durch die autolytischen Produkte des befallenen Gewebes und Exsudates. WEISS, LORD und NYE haben diesen gleichen Gedanken entwickelt. Nach ihrer Auffassung ist die Genesung bei Pneumonie mit dem Inslebenrufen von aktiver Proteolyse des pneumonischen Exsudates verbunden, nach LORD durch eine Zunahme in der lokalen Acidität zuwegegebracht, die bis zu einem solchen Grade steigt, daß die autolytischen Enzyme einen passenden Boden für ihre Wirksamkeit finden. Nach unserer Auffassung entsteht diese durch eine Zunahme der Menge des autolytischen Enzyms, entweder aus zerstörten Leukocyten (Leukoprotease) oder aus mobilisierter Protease entfernterer Organe, verbunden mit einer Abnahme des Antienzyms (Antitrypsin), durch Absättigung mit einem Überschuß von Protease, durch Zunahme der Acidität, oder durch die allgemeine Abnahme des Antitrypsintiters des Körpers. Die ganze Erscheinung in ihrer scharfen Abgrenzung zwischen tiefgehender Intoxikation und vollständiger Genesung ähnelt mehr einer chemischen Reaktion in vitro als einer biologischen Reaktion in vivo. Insoweit als wir annehmen können, daß das erkrankte Gewebe aus dem allgemeinen Kreislauf ausgeschaltet ist, wie KLINE und WINTERNITZ gezeigt haben, muß der Vorgang notwendigerweise in seinem Ursprung und in seiner Wirkung stark lokal sein. Genesung muß nicht nur mit der Zerstörung der Bakterien Hand in Hand gehen, sondern auch mit der Entfernung der großen Menge von fibrinösen und Zelltrümmern. In allen wesentlichen Punkten ist es deshalb ein autolytischer Vorgang, und unsere Hoffnungen auf heilenden Einfluß müssen nicht nur auf den Gedanken der Überwindung des infizierenden Mikroorganismus fußen, sondern auch auf der günstigen Beeinflussung der autolytischen Veränderungen. Die vollständige Isolierung des Lungengewebes von der allgemeinen Zirkulation nach dem Krankheitsprozeß hat gelegentlich die Autolyse günstig vorwärts kommen lassen, denn wenn die Gewebe reichlich durch Blutserum mit seinem bedeutend vermehrten Antiferment versorgt wären, könnte die Autolyse nicht eintreten. Wir können auf dieser Grundlage verstehen, daß der Pneumonieverlauf, abgesehen von hinzutretenden Verwickelungen, auf einen kurzen und selbstbegrenzten Prozeß hinstreben wird, denn selbst wenn die infizierenden Mikroorganismen sehr virulent sind, und die Leukocyten in den Alveolen abtöten, wird gerade ihre Zerstörung Protease frei machen und, wenn die Verdauung angefangen hat, die Krankheit beenden. Aber obwohl die Krisis in der Regel mit dem Verschwinden des Infektionserregers verbunden ist, so braucht sie nicht immer in sich zu schließen, daß die Infektion überwunden worden ist. Das eine ist ein physikalisch-chemischer Vorgang; beim anderen handelt es sich um eine Immunitätserscheinung.

BLAKE und RUSSELL beschreiben zwei experimentelle Beobachtungen, die genau diesen Umstand kennzeichnen — ein Beispiel der Genesung durch Krisis, bei welcher die Blutkultur 48 Stunden lang nach der Krisis und klinischen Erholung positiv blieb, die anderen waren Fälle mit Krisen am 7. bzw. am 9. Tage, dann mehrere Tage normale Temperatur, gefolgt von einem Temperaturanstieg und Tod der Tiere. Bei der Sektion wurde eine sich auflösende Pneumonie gefunden; bei diesen Fällen wurde der Tod durch eine hartnäckige Pneumokokkensepticämie verursacht. Klinisch werden solche Fälle gelegentlich angetroffen. Die Verfasser kommen zu dem Schluß, daß ihre Ergebnisse nicht außerhalb der Theorie von LORD stehen, daß andere wichtige Faktoren neben der Entwicklung der humoralen Antikörper nötig sind, um Genesung hervorzubringen. Es ist nicht unvernünftig, Pneumonie so anzusehen, als ob sie zwei verschiedene, doch eng verwandte Prozesse in sich schließe, von denen der eine immer vorhandene die örtliche krankhafte Veränderung ist. Der andere, der bei einer wechselnden Anzahl von Fällen vorhanden ist, ist eine allgemeine Infektion des Körpers, wie durch das Vorkommen einer Pneumokokkensepticämie bewiesen wird. Obgleich endgültige Genesung in erster Linie von der Fähigkeit des Patienten abhängen muß, die einmal vorhandene allgemeine Infektion zu verhüten oder zu beenden, vermutlich durch das Vorhandensein oder die Entwicklung von humoraler Immunität, so folgt daraus nicht, daß Genesung von dem lokalen Prozeß mit Aufhören der pneumonischen Verdichtung zugleich mit Genesung von der allgemeinen Infektion verbunden, noch abhängig von dem gleichen Mechanismus zu sein braucht. In der Tat dürfte durch zahlreiche klinische Beobachtungen feststehen, daß Genesung von der allgemeinen Pneumokokkeninfektion, wenn sie eintritt, gewöhnlich wenigstens um mehrere Tage der Genesung von der Krankheit zur Zeit der Krisis vorausgeht. Andererseits würden gewisse oben angegebene Beobachtungen scheinbar zeigen, daß die Genesung von dem lokalen Prozeß, wie ihn eine schnell sich auflösende Pneumonie zeigt, gelegentlich vor der Genesung von der allgemeinen Infektion vorkommen kann, oder sogar wenn der Tod durch die allgemeine Infektion später trotzdem noch eintritt. Angesichts der obigen Betrachtungen würde es nicht

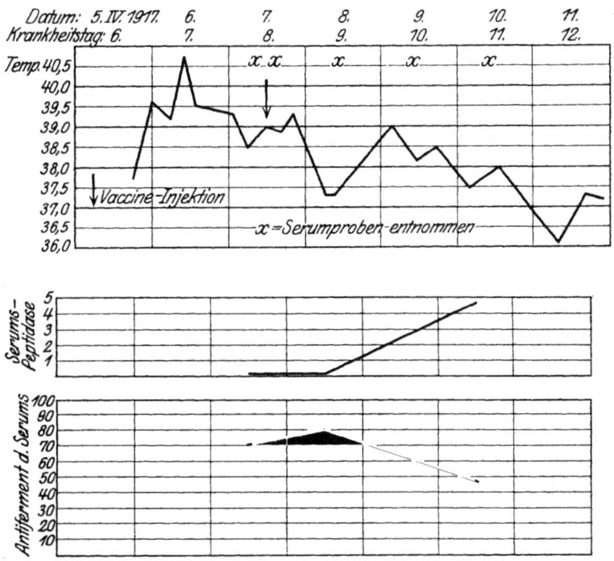

Abb. 5. Serum-Ereptase und Antiferment-Titer bei Pneumonie, behandelt mit Vaccine-Shok.

unwahrscheinlich erscheinen, daß wenigstens ein dualistischer Mechanismus in Betracht gezogen werden kann, um endgültige Genesung von Lungenpneumonie zu erhalten. Die Kulturversuche von Thomas und Parker verleihen dieser Ansicht Bestätigung.

Betrachten wir nun die Wirkungen der unspezifischen Reaktion bei dieser Krankheit.

Bei dem in Abb. 5 illustrierten Fall wurde der Patient am 5. April 1917 ins Krankenhaus eingeliefert, mit einem Krankheitsverlauf von 5 Tagen. Die Diagnose lautete nach der Untersuchung auf eine offenbare Lungenpneumonie des oberen linken Flügels. Zwei Tage nach der Einlieferung wurde dem Kranken eine kleine Dosis Typhusvaccine (25 Millionen) intravenös gegeben, wonach er einen geringen Schüttelfrost, etwas Temperaturanstieg und dann Temperaturabfall bis zum nächsten Tage zeigte, wo die Temperatur mehrere Stunden morgens normal blieb. Nach dieser Abnahme stieg sie abends wieder und fiel dann durch Lyse zu ungefähr der normalen Zeit. Dieses ist, es darf als festgestellt gelten, ein typisches Resultat, und gibt die Erfahrung wieder, die von uns mit so verabreichten geringen Dosen von Vaccine gemacht wurde. Gewöhnlich ist ein mäßiger Schüttelfrost (nicht so schwer wie z. B. bei Typhus), ein geringer Temperaturanstieg, dann ein kritischer Temperaturabfall und eine normale Temperaturkurve für mehrere Stunden vorhanden. Gewöhnlich das erstere oder eine Temperatur, wenig tiefer als die vor der Injektion beobachtete, tritt dann ein und die Krankheit nimmt ihren unveränderten Verlauf. Euphorie, ausgesprochene Aufhellung des Sensoriums, Besserung des Pulses und der vasculären Spannkraft des Patienten werden gewöhnlich nach der Einspritzung beobachtet, wenn sie in der Dosierung nicht zu groß war. Der physikalische Lungenbefund ist in der Regel nicht verändert.

Miller faßt seine Erfahrung bei 15 so behandelten Kranken folgendermaßen zusammen:

„15 Patienten kamen nacheinander mit Lungenpneumonie in das Cook County-Hospital und wurden mit einer einzigen intravenösen Injektion von Typhusvaccine behandelt. Die angewandte Dosierung war 30 Millionen, die Minimalmenge, die erforderlich ist, um Schüttelfrost hervorzurufen. Alle reagierten mit Temperaturanstieg und Leukocytose. Bei neun Patienten änderte die Vaccine nicht den Verlauf der Krankheit. Bei sechs Fällen war der Patient nach den Injektionen entgiftet. Puls, Temperatur und Atmung wurden wieder normal, Husten und Pleuraschmerz verschwanden und der Patient stellte fest, daß er sich viel besser fühlte. Bei 3 von den 6 Fällen war die Besserung vorübergehend, da nach Verlauf von 12 bis 24 Stunden die Symptome mit unveränderter Heftigkeit wiederkamen. Bei 3 Fällen war die Entgiftung dauernd; jedoch hatten die Patienten 3—4 Tage lang eine mäßige Temperatur zu der Zeit, in welcher die Krisis normalerweise zu erscheinen pflegt. Sie waren jedoch gänzlich frei von den Zeichen einer Vergiftung. Es war keine Beziehung zwischen der Schwere des Schüttelfrostes, der Temperaturreaktion und dem Grad der verstärkten Leukocytose und den wohltuenden Resultaten der Vaccine vorhanden."

Man könnte die Veränderungen als eine zeitweise Entgiftung ansehen, die den allgemeinen Verlauf der Krankheit unverändert läßt, eine Vorstellung, die aus den pathologischen Prozessen gewonnen werden könnte. Die vorher beschriebenen biologischen Veränderungen, d. h. die Enzymmobilisation, die Veränderung in der Durchlässigkeit der Capillaren und der Zellen des Nervensystems und die allgemeine Plasmareizung könnten eine Entgiftung jedes schädlichen Materials zuwegebringen, welches auch immer im Kreislauf anwesend sein könnte, und die Zunahme der Schwelle der cellulären Resistenz gegen die Intoxikation könnte zu einem Zustand verhältnismäßiger Entgiftung führen, so daß der Patient für eine Zeit gebessert scheint, da er tiefere Temperatur hat, Euphorie, erhöhte vasculäre Spannung usw., aber man darf schwerlich erwarten, daß die Veränderungen genügen, um auf den ungeheuer großen und verhältnismäßig trägen lokalen Krankheitsvorgang, der noch dazu in einem hohen Grade von der Zirkulation abgeschnitten ist, einzuwirken. Die Bildung toxischen Materials würde hier zum größten Teil unverändert weiter gehen; dieses würde sich anhäufen, schließlich in den allgemeinen Kreislauf eindringen und wieder Symptome einer allgemeinen Vergiftung hervorrufen.

Falls Pneumonie eine Krankheit mit langer Inkubationszeit wäre, während welcher sich nicht nur eine Sensibilisierung für das Protein des infizierenden Mikroorganismus entwickeln, sondern auch der Anfang der Immunisierung eintreten könnte, dann könnte unspezifische Therapie — Plasmaaktivierung — beim Prozeß des Ausstreuens der vorhergebildeten Antikörper helfen, würde sie möglicherweise mobilisieren und so Genesung verursachen. Aber da sie ohne Inkubationsperiode von merklicher Ausdehnung anfängt, spielt dieser Faktor nicht in den Mechanismus herein. Von einer einzigen großen Dosis können wir deshalb wenig mehr erwarten als einen vorübergehenden Erfolg. Natürlich gibt es aber auch Ausnahmen. Eine solche mag in diesem Zusammenhang von Interesse sein. Sie betraf einen Knaben von 12 Jahren, der nach 1tägiger Krankheit mit einer offenbaren Pneumonie des oberen linken Lappens ins Krankenhaus gebracht wurde. Der Internist, der Typhusvaccine gewohnheitsmäßig anwandte, injizierte zufällig eine große Dosis (500 Millionen Organismen) intravenös. Das Kind reagierte mit schwerem Schüttelfrost, die Temperatur stieg auf 40,9° C, und es phantasierte. Am nächsten Morgen war die Temperatur normal und blieb so ohne weitere Schwankung. Alle physikalischen Zeichen der Verdichtung verschwanden innerhalb 24 Stunden nach der Einspritzung. Natürlich ist das Hervorrufen einer solch schweren Reaktion als klinische Behandlungsweise vollkommen unsicher; die Ergebnisse werden nur erwähnt, um zu zeigen, daß es bei seltenen Fällen möglich sein kann, sogar die großen Lungenprozesse günstig zu beeinflussen, wenn auch solche Wirkung ganz ungewöhnlich ist.

Wenn es sich um Bronchopneumonie handelt, sind die Verhältnisse bis zu einem gewissen Grade natürlich verschieden. So braucht auch die Möglichkeit, daß wiederholte kleine Injektionen, als Reizmittel angewandt (Plasmaaktivierung), günstige Erfolge hervorrufen können, in diesem Zusammenhang nicht besprochen werden.

Sepsis. Wenn wir jetzt zu den Krankheiten kommen, die durch eine wirkliche Anhäufung von Bakterien im Blutstrom gekennzeichnet sind, und dabei die plötzliche Beendigung solcher Septicämien beobachten, die nach der intravenösen Injektion von unspezifischen Mitteln berichtet worden sind (Werner usw.), wird die Frage ausgesprochen verwickelt. Die Einwirkung auf lokale Entzündung fällt weg, wir müssen uns allein mit der Zerstörung von Bakterien, die sich im Blute vermehren, beschäftigen. Auch hier ist die bloße Entgiftung des Patienten, die in Verbindung mit der Pneumonie besprochen worden ist, nicht die gesamte Wirkung der Injektion. Diese Entgiftung, das Ergebnis der vasculären und cellulären Veränderungen in der Durchlässigkeit, der Enzymanregung usw., liegt natürlich bei Septicämie genau so wie bei der Pneumonie klar vor. Aber die gelegentliche plötzliche Beendigung der Krankheit, die Zerstörung des eingefallenen Parasiten ist eine hinzukommende Tatsache, die erklärt werden muß. Daß Einspritzungen fremder Proteine Einfluß auf eine Sepsis sogar bei Versuchstieren haben, ist kürzlich von Weichardt gezeigt worden. Bei einer Reihe von Mäusen, welche mit Streptokokken injiziert wurden, fand er, daß, falls Einspritzungen gemacht wurden, ehe die Streptokokken injiziert waren, oder sogar noch 24 Stunden nach der Injektion, kein merklicher Unterschied zwischen den Protein- und den Kontrolltieren war; falls das fremde Protein 4—8 Stunden nach der infizierenden Dosis von Streptokokken eingespritzt wurde, war eine ausgesprochene Wirkung auf die Lebensdauer der Maus wahrnehmbar. Weichardt kommt auf Grund von Reihenversuchen zu dem Schluß, daß auch bei derartigen Prozessen eine geringgradige Erhöhung des Widerstandes beim infizierten Tiere durch Proteineinspritzung erreicht werden kann, wenn sie in einem Stadium der Krankheit erfolgt, in welchem die Schutzeinrichtungen des Organismus noch überwiegen.

Es ist wahrscheinlich, daß unter dieser Bedingung die Wirkung auf die Leukocyten und auf die Antikörperkonzentration von größerer Wichtigkeit ist, als bei den bisher besprochenen Krankheitsvorgängen Wenn der Körper einige Zeit lang infiziert wurde, sind die Zellen in der Regel sensibilisiert worden und haben eine erhöhte Menge von Receptoren, fixierte Antikörper, in sich. Falls diese als Ergebnis irgend eines ,,Shoks" in die Zirkulation geworfen werden, pflegen die Körperzellen weniger sensibel zu werden, da sie nicht imstande sind, dieselbe Menge Antigen festzuhalten: andererseits können die jetzt im Blutstrom freien Antikörper die Bakterien angreifen. Die Erhöhung des Agglutinin- und Opsonintiters im besonderen wird von Wert sein um die Bakterien zusammenzuklumpen, so daß sie dazu neigen sich in den großen Filterzentren des Blutstroms anzuhäufen, wie in der Milz, Knochenmark, Leber usw. (BULL).

Zusammen mit dieser Tatsache finden wir, daß die gleichzeitige Wirkung auf die Leukocyten bei der Reaktion nach den unspezifischen Reagenzien eine primäre Leukopenie ist, die eine unterschiedliche Zeitlang dauert, aber gewöhnlich mehrere Stunden. Dieses stellt nicht eine Zerstörung der Leukocyten dar, sondern nur die Anhäufung der Zellen in den inneren Organen, Lungen, Leber, Milz, Knochenmark usw.

Es handelt sich hier bei einfacher Überlegung um 2 Faktoren, die phagocytische Zerstörung von Bakterien begünstigen: 1. die Anhäufung von zusammengeklumpten und opsonierten Bakterien in den Blutfiltern, 2. die Anhäufung von polymorphkernigen Leukocyten an denselben Orten.

Während diese Vorgänge wirken, kann die direkte Anregung der hämatopoetischen Organe von Wert sein. Die Proliferation von Leukocyten, wie sie sich durch die Anzahl der jungen Formen (ARNETH-Zählung) anzeigt, die im Kreislauf nach unspezifischen Reaktionen beobachtet werden können, würde bedeuten, daß, wo die Bakterien sich angehäuft und zusammengeklumpt haben (im Knochenmark, Milz und Leber) diese jüngeren Leukocyten, die vermutlich tätig und von gesteigerter phagocytischer Kraft sind, mit den einfallenden Mikroorganismen zusammentreffen und sie verschlingen würden.

Wenn wir den Ablauf des Geschehens bei den verschiedenen Krankheitszuständen, denen wir begegnen, überblicken, so finden wir sowohl bei streng lokalen Entzündungen (Bubo), bei lokalisierten lymphatischen Infektionen (Typhus), bei lokalisierter Organschrumpfung (lymphatischer, interstitieller und externaler), wie bei Lungenpneumonie, oder schließlich bei wirklichen septicämischen Zuständen, daß kein einziger Faktor im Mechanismus als von überragender Wichtigkeit gekennzeichnet werden kann.

Bei der lokalen Reaktion scheint die Veränderung der Durchlässigkeit der Zellen und bei der Entzündungsreaktion, die sie nach sich zieht, die Gesamtheit der anderen Veränderungen von großer Wichtigkeit zu sein, zusammen mit der Entgiftung toxischer Proteine durch Beschleunigung der Enzymtätigkeit.

Bei dem feststehenden lymphatischen Prozeß, wie er bei Typhus sich zeigt, sind die erhöhte Durchlässigkeit der Gefäße und das plötzliche Strömen der antikörperreichen Flüssigkeiten in die Lymphräume, die Entsensibilisierung des Patienten als Ergebnis späterer Zellmembranveränderungen, und die allgemeine Zunahme an cellulärer Tätigkeit, an vasculärer Spannkraft, an der Spannkraft des Zentralnervensystems usw., vielleicht die wichtigeren Faktoren.

Andererseits kann es uns gelingen bei Pneumonie die Intoxikation für eine vorübergehende Zeit durch Erhöhung des Grades der enzymatischen Zerstörung der toxischen Proteine zu beherrschen, wie auch durch die Erhöhung der Resistenz der Zellen gegenüber der toxischen Wirkung, aber wir können nicht das physikalisch-chemische Gleichgewicht genügend ändern, das bei einer mehr oder weniger isolierten Lungenlappenschädigung besteht und wovon der Beginn der Krisis abhängt. Hier haben wir es dann größtenteils mit einer vorübergehenden Entgiftung zu tun.

Bei den wirklichen Septicämien ist es wahrscheinlicher, daß neben diesen Faktoren, welche die Intoxikation zu vermindern geeignet sind, d. h. der Enzymmobilisation und der verringerten Durchlässigkeit der Zellen, die wirkliche Zerstörung der angreifenden Bakterien durch die leukocytische Verdauung verursacht sein muß, und vielleicht durch die direkte Wirkung der mobilisierten Serumantikörper. Das Zusammenklumpen der Bakterien und ihre Anhäufung in den inneren Organen und im Knochenmark bringen sie in engere Nähe der Leukocyten, die sich infolge der Injektion auch in den inneren Organen und im Knochenmark angesammelt haben.

Es ist jedenfalls aus diesen Betrachtungen ersichtlich, daß verschiedene Krankheitsvorgänge verschiedenartig durch die unspezifischen Mittel angegriffen werden, je nach den Besonderheiten der Lokalisation, je nach der Quelle des Materials, das für die Intoxikation verantwortlich ist, je nach dem Grad der Sensibilisierung und Immunisierung des Patienten. Trotzdem unspezifische Mittel Reaktionen hervorrufen können, die im Grunde immer die gleichen sind, kann die Wirkung auf die einzelnen Krankheitsprozesse stark verschieden sein.

Entzündung. Die Untersuchungen, die in den letzten Jahren über das Heilen von Wunden und über die Umstände, welche bakterielles Wachstum bei Wunden begünstigen oder verzögern, gemacht worden sind, haben viel zu unserem Verständnis der Grundlagen der örtlichen Infektion und Resistenz beigetragen.

Wir müssen folgende Tatsachen festhalten: Geschädigtes Gewebe — gequetscht, verbrannt, zerrissen oder bis zu solchem Grade verändert, daß auf seine Zirkulation deutlich störend eingewirkt wird — ist eine zweifache Quelle der Intoxikation. Da es abstirbt — wenn auch steril —, erzeugt es Proteinspaltprodukte, die für den Organismus stark toxisch sind und, falls die Menge verhältnismäßig gering ist, entweder eine febrile Reaktion verursachen oder bei größerer Menge vollkommene Entkräftung oder einen Shok nach sich ziehen. Sehr wahrscheinlich kann das bloße Freiwerden von Gewebe-(Zell)flüssigkeiten ohne Verdauung ähnliche Wirkungen verursachen; beim Tierversuch ist die Giftigkeit der Gewebeextrakte natürlich wohlbekannt; ihre Wirkung auf den Koagulationsmechanismus ruft dabei gewöhnlich ein akutes Shokbild und Tod hervor. Nägeli hebt die Wichtigkeit von Gewebenekrose, auch wenn sie aseptisch ist, bei allgemeinen pathologischen Problemen hervor. Bei Versuchen hat man gefunden, daß die Produkte einer Gewebequetschung ein Tier töten können und die während des letzten Krieges von einer Anzahl amerikanischer Forscher gemachten Beobachtungen über die Hervorrufung von Shok haben auch dazu gedient unsere Aufmerksamkeit auf diese praktische Frage zu lenken.

Nägeli nahm neben anderen Versuchen kleine Gewebestücke, ließ sie 24 Stunden lang aseptisch autolysieren und fand, daß nach Wiedereinsetzung das Tier infolge der Absorption der toxischen Spaltprodukte des autolysierenden Materials starb. Sogar steriles Blut (autogenes) wird, wenn es frei in den Geweben ist, eine beträchtliche Leukocytose verursachen (Dold), und Freund hat kürzlich interessante Untersuchungen veröffentlicht, welche die Bildung toxischer Stoffe aus dem Blut zeigen. Außerdem gestattet das veränderte Gewebe das Zustandekommen eines bakteriellen Einfalls, wogegen normale Gewebe in weitem Umfange sich selbst zu schützen imstande sind.

Während der ersten 12 oder 24 Stunden nach der Schädigung (dem sog. Vorentzündungsstadium) sind die infizierenden Mikroorganismen auf die Oberflächen solcher Wunden beschränkt. Falls während dieser Zeit das beschädigte Gewebe entfernt wird, so werden damit die mittelbaren Quellen der Intoxikation ebensowohl wie die Gelegenheit für Infektion beseitigt und Heilung durch diese vorbeugende Maßnahme ist die Regel.

Wenn dieses vorentzündliche Stadium einmal vorüber ist und sich Bakterien eingenistet und festen Fuß gefaßt haben, so haben wir es mit den infizierenden Mikroorganismen einerseits zu tun, andererseits mit den Widerstandskräften des Körpers. Wright sind wir für seine Beiträge zu diesem besonderen Gebiet dankbar und Flemming hat diesen Gegenstand in einer neuen Arbeit umfassend besprochen.

Nach seiner Ansicht ist die Rolle von antiseptischen Mitteln bei der Behandlung von Wundinfektion fraglich. Flemming glaubt, daß alle Lösungen, die überhaupt wirksam sind, keinen bestimmbaren baktericiden Titer in der Wunde haben, aber sie alle wirken als milde Gewebereizmittel, die zu erhöhter leukocytischer Auswanderung führen, und zu einem reichlicheren Überfluten der Wunde mit normalen Gewebeflüssigkeiten; auf diese Weise wird die Trennung der sich ablösenden toten Gewebeteilchen und das Entfernen der Bakterien beschleunigt. Er betrachtet das antiseptische Verfahren von Dakin und Carrel z. B. als letzten Endes von den gleichen Grundsätzen abhängig wie die sogenannte physiologische Methode von Wright.

Es geht offensichtlich aus seinen Forschungen hervor, daß die Leukocyten sowohl wie der Enzym-Antienzymgehalt des Blutserums und der Gewebeflüssigkeiten einen bedeutenden Einfluß auf die Heilung der Wunden haben.

Die Ergebnisse Carrels, welche in vieler Hinsicht bedeutungsvoll sind, haben hierzu Beziehung und seien deshalb ganz kurz gestreift. Bei der Vernarbung von Wunden unterscheidet dieser Forscher zuerst eine Latenzzeit, die im allgemeinen zwischen 5 und 7 Tagen schwankt. Diese Latenzzeit hört plötzlich auf und die Zusammenziehung beginnt mit stärkster Geschwindigkeit. Eine Wunde, die vollkommen durch einen nicht reizenden Verband geschützt ist, zeigt 25 Tage lang keinerlei Granulationsgewebe oder Anzeichen einer Zusammenziehung. Dagegen vermindert die örtliche Verwendung von Reizmitteln die Latenzzeit auf weniger als 2 Tage. Solche Reizmittel sind Terpentin, Hühnerembryonenpulpa und Staphylokokken. Es wird also die Neubildung nicht durch einen inneren, sondern durch einen äußeren Umstand eingeleitet. Das Serum einer anderen Tierart hemmt das Wachstum von Hühnerfibroblasten in bestimmten Grenzen (15—30—45 %).

Endlich ließen sich interessante Beziehungen zwischen der Stärke des Fibroblastenwachstums, der Konzentration des heterogenen Serums und dem Alter des Tieres feststellen, von welchem das Serum stammt. Das Zellwachstum geht in umgekehrtem Verhältnis zum Alter des Serums vor sich. Eine ähnliche Beziehung besteht zwischen der Lebensdauer der Fibroblasten und dem Alter des Serums.

Dieser Einfluß des Alters auf das Serum ist nicht durch die Abnahme des Wachstumsfaktors gekennzeichnet, sondern durch die Zunahme eines Hemmungsfaktors.

WRIGHT wendete diese Grundsätze bei dem Gebrauch von hypertonischen Salzlösungen an (klinisch nicht bis zum erwarteten Grade erfolgreich wegen des Unbehagens des Patienten), bei dem Gebrauch von konzentrierten Zuckerlösungen und dem Gebrauch von nichtpathogenen Bakterien, die, wenn in die Wunde eingeführt, eine günstige Wirkung auf die Entzündung zu haben schienen. Der sogenannte „Reading"-Bacillus scheint einer der erfolgreichsten Bakterien dieser Art gewesen zu sein. Es ist ein sporentragender Anaerobier saprophytischer Natur, welchem der Name „Reading-Bacillus" von DONALDSON gegeben wurde. Er beschreibt ihn folgenderweise:

„Er ist sehr widerstandsfähig gegen Hitze und Trockenheit und wächst am besten auf leicht alkalischem Nährboden. Er ähnelt sehr stark dem Bacillus sporogenes (METSCHNIKOFF). Er ist für Tiere sowohl wie für Menschen, wenn er in septische Wunden eingeführt wird, nicht pathogen. Lebendes Gewebe greift er nicht an. Die Anwendung von Salz ist für erfolgreiche Behandlung von Geschoßwunden nicht nötig, wie von denen angenommen wurde, welche die Salzbeutelmethode verteidigten. Der Erfolg hängt vielmehr von der Wirksamkeit dieses besonderen Bacillus unter den für sein Wachstum günstigen Bedingungen ab und nicht vom Salz. Das Rationelle des Verfahrens hängt nicht von der durch den Reading-Bacillus bewirkten Hemmung des Wachstums pathogener Mikroorganismen in der Wunde ab, die eine Folge der Bildung einer hemmenden organischen Säure ist oder eines bakteriolytischen Ferments. Er zeigt sich jedoch durch die Wirksamkeit seiner proteoklastischen Enzyme als ein organischer Katalysator, der das tote Protein hydrolysiert. Er zerlegt die Proteinbase, auf welcher die pathogenen Mikroorganismen wuchsen, und läßt währenddessen keine frischen toxischen Stoffe entstehen. Wahrscheinlich ist er außerdem imstande, auch die toxischen Entartungsprodukte anderer Mikroorganismen zu hydrolysieren. Um diese Annahme zu stützen, wird ein kurzer Überblick auf Versuche mit Tetanus und anderen Toxinen gegeben, der zeigt, daß der Reading-Bacillus von einer Reihe von untersuchten Mikroorganismen allein imstande ist, die Giftigkeit dieser Toxine herabzusetzen. Es gibt nur eine Ausnahme, nämlich den Bacillus sporogenes (METSCHNIKOFF), der jedoch in dieser Richtung nicht so wirksam zu sein scheint, wie der „Reading-Bacillus". DONALDSON meint, daß diese Fähigkeit, ein Toxin wie Tetanustoxin zu modifizieren, ein wertvolles Mittel zur Unterscheidung der verschiedenen Typen proteolytischer Mikroorganismen sein kann, und daß neue Begriffe in bezug auf die biologischen Vorgänge bei Schußwunden eingeführt werden sollten.

Bei der Besprechung der Wirkung unspezifischer Injektionen auf einen Bubo ist der Einfluß der Enzym- und Antienzymveränderungen in ihrer Tragweite auf örtliche Entzündungsvorgänge ausgiebig behandelt worden, so daß es nicht nötig sein wird, die Auffassung über den dabei wirksamen Mechanismus zu wiederholen. Man sollte jedoch daran denken, daß die Wirkung unspezifischer Injektionen eine diphasische ist: sie zeigt sich zuerst in einer peripheren Leukopenie, einer Verringerung des Antifermenttiters, einer Vermehrung der Protease, einer Zunahme der Durchlässigkeit der Capillaren und der Reizbarkeit des Nervensystems, höchstwahrscheinlich auch einer Zunahme in der Empfänglichkeit für Intoxikation. Dies ist die negative Phase, welche ihre Wirkung auf örtliche entzündliche Veränderungen in einer Zunahme der Symptome äußert. Dieser Phase folgt eine positive, bei welcher das Umgekehrte aller dieser biologischen Veränderungen eintritt und gewöhnlich bis zu einem Grade durch die Heftigkeit der vorhergehenden negativen Phase bestimmt wird. Auf der Grundlage dieses Mechanismus können wir bis zu einem gewissen Grade bestimmen, was wir von unspezifischer Therapie erwarten können und was ihre Grenzen sein werden. Falls wir z. B. einen großen Entzündungsherd vor uns haben mit viel Aufsaugung abgestorbenen Materials, mit einer deutlichen leukocytischen Reaktion und hoher Temperatur, dann wird die unspezifische Therapie an sich bei der Mehrzahl von Fällen ohne Wirkung sein, da die Absorption vom Entzündungsherd schon dasselbe bewirkt, was wir künstlich versuchen wollen. Bei einer Phlegmone ist die Behandlung eine wundärztliche, nicht eine abwartende oder unspezifische. Andererseits können, wie KAISER gezeigt hat, bei Lymphangitis oder Lymphadenitis ausgezeichnete Erfolge auf unspezifische Injektionen folgen, genau so wie bei Bubo.

Trotz der Tatsache, daß GELLHAUS günstige Ergebnisse bei der Behandlung von Appendicitis durch Collargolinjektionen mitteilte (bei 34 Fällen wurden nur 6 operiert), schließt der Umstand, daß auf die unspezifische Injektion zuerst eine negative Phase mit einer Verstärkung des Krankheitsvorganges folgt, meines Erachtens endgültig alle solche und ähnliche akute chirurgische Zustände von dem Gebiet ihrer Anwendung aus.

GELLHAUS hat über eine sehr ausgedehnte Reihe von cellulären Entzündungen (143 Fällen), welche er mit intravenösen Einspritzungen von kleinen Dosen Collargol behandelt hatte, berichtet und scheint sehr von der Wirksamkeit durchdrungen zu sein. Von 31 Fällen von Cellulitis heilten 17 ohne chirurgischen Eingriff. SCHUBERT versuchte andererseits Terpentininjektionen bei 80 chirurgischen Fällen aller Art, aber seine Ergebnisse waren nicht zufriedenstellend; WEDERHAKE und CHIAUDANO haben ebenfalls das Verfahren versuchsweise angewandt, der letztere mit Erfolg bei Mastitis.

Bei alter chronischer Entzündung und torpiden Geschwüren kann noch viel mehr erwartet werden und eine Anzahl günstiger Berichte sind veröffentlicht worden. Gow z. B. behandelte mit gutem Erfolg ein altes träges Geschwür mit intravenöser Injektion von Streptokokken, indem er eine Dosierung von 100 Millionen gebrauchte. In diesem Fall wurde die Reaktion bedeutend verzögert im Vergleich zu der Reaktion, die auf Typhus- oder Coliinjektion folgt. Der Puls zeigte nach 4 Stunden etwas Veränderung, aber der febrile Anstieg fing erst ungefähr 10 Stunden nach der Einspritzung an. Etwas Übelkeit und Kopfschmerz waren vorhanden, die 12 Stunden nach der Injektion anfingen und 36 Stunden dauerten. Eine leukocytische Erwiderung war praktisch nicht vorhanden.

Zalewski und Müller haben auch über die Behandlung von alten Geschwüren und neueren Wunden mit Milchinjektionen (Aolan) berichtet und erhielten sehr zufriedenstellende Ergebnisse.

Heterovaccination hat viele Anhänger unter französischen Klinikern gefunden, und es wurde vor kurzem bei einer Diskussion der Société de Chirurgie in Paris die Behandlung von Karbunkeln und ähnlichen chirurgischen Zuständen besonders nach dem Verfahren von Pierre Delbet befürwortet. Pierre Delbet vereinigt die Pasteursche Methode der verdünnten Kulturen mit der modernen Methode der abgetöteten Kulturen. Er ermöglicht es dadurch eine bedeutend größere Dosis, gleichzeitig mehrere Billionen Mikroorganismen, zu injizieren. Trotz der starken Dosis hat er niemals irgend eine Reaktion bemerkt, die der von Wright als negative Phase beschriebenen gleich war; Delbet glaubt, daß dies das Ergebnis einer übermäßigen Anfangsdosis ist. Es wurden im Gegenteil gewisse oft sehr heftige toxische Reaktionen beobachtet und trotz ihrer Intensität als gute Vorbedeutung befunden. Bei dem Prozeß des Altwerdens wird die Toxizität der Kultur wahrscheinlich abgeschwächt, wenn auch nicht ganz zerstört. Nach einigen Versuchen blieb Delbet bei 4 ccm, die ungefähr 13 Billionen Mikroorganismen darstellten, als einer sicheren und wirksamen Dosis. Die Vaccine ist natürlich eine Stammvaccine von Streptokokken und Bacillus pyocyaneus (letztere in großer Menge: 8 Billionen). Delbet hält es für unnötig den spezifischen Mikroorganismus zu gebrauchen und, wie Wright, ließ er nicht nur autogene Vaccine fallen, sondern er fragt sogar, ob nicht bessere Ergebnisse mit einer Vaccine aus Kulturen eines anderen Mikroorganismus erhalten werden als aus dem, der einen gegebenen Fall verursacht hat. Das Verfahren ist seit 1913 angewendet worden; seitdem ist kein Fall von Karbunkel von Delbet durch chirurgischen Eingriff behandelt worden: Furunkel, Lymphangitis und Erysipelfälle haben alle sehr schnell auf diese Behandlung reagiert.

Renaud hat typhöse Vaccine bei der Behandlung von Phlegmonen gebraucht, während Höfer zuweilen sehr zufriedenstellende Erfolge durch Milchinjektionen bei Karbunkeln und Phlegmonen erhielt.

Eine verwandte Maßnahme ist die der Hervorrufung einer unspezifischen Reaktion vor irgendeiner chirurgischen Maßnahme, um den Kranken widerstandsfähiger gegen Infektion zu machen; eine ausgiebige, aber nicht sehr überzeugende Literatur ist darüber angehäuft worden. Nucleine waren die Lieblingsmittel und Injektionen wurden gewöhnlich 36—48 Stunden vor den Laparatomien gemacht, um Peritonitis zu verhüten. De Paoli und Calisti z. B. berichten über 200 Fälle, bei denen solche Einspritzungen gemacht wurden, und eine erhöhte Resistenz gegen Infektion behauptet wurde. Durch Versuche stellten sie fest, daß neben der durch solche Einspritzungen hervorgerufenen Leukocytose, baktericide Stoffe für Colibacillen in erhöhter Menge gezeigt werden konnten.

Stracker verwendete Milchinjektionen mit dem Gedanken, die allgemeine Widerstandskraft von Patienten vor der Operation zu erhöhen, und gebrauchte Reamputationsfälle für den Zweck. Er beobachtete, daß bei alten infizierten Stümpfen, welche der Reamputation unterworfen wurden, die Infektion des neuen Bereiches fast eine regelmäßige Folge des schlechten Zustandes des

Patienten im allgemeinen und der verringerten örtlichen Resistenz der Gewebe war. Um die Resistenz zu erhöhen, injizierte er 10 ccm steriler Milch 3 mal vor der Operation in zweitägigen Zwischenräumen. Bei der Hälfte der Fälle beobachtete er eine Herdreaktion an der Stelle der alten Wunde. Seine Ergebnisse waren folgende: Bei 43 Fällen von Reamputation ohne vorherige Milchinjektionen heilten 10 % durch primäre Beeinflussung; bei 72 Fällen mit vorhergehender Milchinjektion heilten 49 % durch prima Intentio. Bei 37 % der ersteren Fälle war Eiterung vorhanden, während bei der „Milchserie" nur 13 % eiterten.

Diesen Beobachtungen nahe verwandt ist die von Stuhl, daß infizierte Wunden viel schneller nach typhösen Impfungen heilen. Die neue Arbeit von Bier, ebenso wie die Diskussion, die seinem Vortrage vor der Berliner medi zinischen Gesellschaft folgte, ist von besonderem Interesse.

Drittes Kapitel.

Die Proteine und ihre Spaltprodukte.

Wie wir gesehen haben, wird die unspezifische Reaktion am häufigsten durch kolloidale Substanzen hervorgerufen, die entweder zu Heilzwecken injiziert werden oder aus den Geweben stammen als das Ergebnis irgend einer Entzündung (Terpentininjektion, Brand, Trauma usw.). Von den verschiedenen Kolloiden finden wir die Proteine und ihre abgeleiteten Produkte am meisten angewandt, und es mag deshalb richtig sein, sehr kurz die bemerkenswerten Faktoren, die ihre Klassifikation, Struktur und Verhalten betreffen, zu besprechen.

Die nativen Proteine bestehen aus außerordentlich komplizierten Molekülen, die nacheinander aus Gruppen von Aminosäuren aufgebaut werden. Das schließliche Molekül ist groß und diffundiert nicht durch Pergament, Kollodium oder Tiermembranen, gibt häufig in Lösung eine leichte Opalescenz, ist gewöhnlich amorph, kann aber in reiner Form unter gewissen Bedingungen kristallisiert werden. Chemisch sind die Proteine verhältnismäßig fest und träge, sie sind amphoter, indem sie sich mit dem Hydrogen- und dem Hydroxylion verbinden. Sie können sowohl durch Säuren und Alkalien als auch von Enzymen hydrolysiert werden und liefern dabei eine Reihe von Zerfallsprodukten, die gewöhnlich zu den Proteinspaltprodukten gerechnet werden. Diese letzteren wechseln im Charakter, in der Menge und in der Zusammensetzung je nach dem Protein, welches jeweilig einer Lyse unterliegt, der angewandten Methode, mit der die Auflösung hervorgebracht wird und dem Zeitpunkt, in welchem das Material untersucht wird.

Nach der sogenannten amerikanischen Klassifikation werden sie in 3 Klassen eingeteilt:

A. Einfache Proteine,
B. Gekuppelte Proteine,
C. Proteinabkömmlinge.

A. Die einfachen (oder nativen) Proteine. Diese sind natürlich vorkommende Proteine, die bei Hydrolyse nur Aminosäuren oder ihre Derivate liefern.

Albumine. Einfache Proteine, durch Hitze koagulierbar, in Wasser und verdünnten Salzlösungen löslich. Ovalbumin, Serumalbumin gehören zu dieser Gruppe. Nach der Injektion folgt geringe oder gar keine Reaktion, es sei denn, daß der Organismus vorher sensibilisiert worden ist.

Globuline. Einfache Proteine, durch Hitze koagulierbar, unlöslich in Wasser, aber löslich in verdünnten Lösungen von Salzen, von starken Basen oder Säuren. Serumglobulin ist ein Beispiel.

Gluteline. Einfache Proteine, in Hitze koagulierbar, unlöslich in Wasser oder verdünnten Salzlösungen, aber löslich in sehr verdünnten Säuren oder Alkalien.

Prolamine. Einfache Proteine, unlöslich in Wasser, aber löslich in 80% Alkohol.

Albuminoide. Einfache Proteine, unlöslich in verdünnter Säure, Alkali, Wasser oder Salzlösung.

Histone. Einfache Proteine, nicht koagulierbar durch Hitze, löslich in Wasser und verdünnten Säuren, stark basisch.

Protamine. Einfache Proteine, basisch, nicht koagulierbar durch Hitze, löslich in Ammoniak.

Was die Anwendung dieser Substanzen bei der unspezifischen Therapie betrifft, so hat sich unsere Aufmerksamkeit bis jetzt beinahe ganz auf die nativen Proteine des Serums, einschließlich Serumalbumin und Globulin, wie auch Fibrinogen beschränkt.

Die gekuppelten (oder zusammengesetzten) Proteine. Es handelt sich um Zusammensetzungen von irgendeinem einfachen Protein mit irgendeiner nichtproteinhaltigen Gruppe, letztere der Natur nach gewöhnlich eine Säure.

Sie haben folgende Unterabteilungen:

Chromoproteine (Hämoglobine). Dies sind Proteine, bei welchen die nicht proteinhaltige hinzugefügte Gruppe gefärbt ist, wie Hämatin im Hämoglobin.

Glykoproteine (Glucoproteine). Die hinzugesetzte Gruppe in dieser Klasse enthält eine Kohlehydratkomponente. Mucin und Knorpel sind Beispiele.

Phosphorproteine. Die hinzugefügte Gruppe enthält Phosphorsäure. Casein gehört hierher.

Nucleoproteine. Proteine des Nucleus, d. h. Chromatin. Nucleinsäure ist hier die hinzugegebene Komponente. Nuclein, Nucleohiston usw. sind Beispiele.

Lecithoproteine. Diese sind nicht in reiner Form isoliert worden. Zusammen mit den Lipoproteinen ist ihr Vorhandensein wahrscheinlich; die ersteren bestehen aus Proteinen, an welche Lecithine oder Phospholipine gebunden worden sind, die letzteren aus Proteinen in Verbindung mit einer oder mehreren der höheren Fettsäuren. Es ist möglich, daß diese Formen leicht getrennt werden und von losen und vorübergehenden physikalischen Aggregaten bis zu verhältnismäßig festeren chemischen Kombinationen variieren. Gerade ihre Labilität könnte sie zu großer physiologischer Wichtigkeit bei cellulären Vorgängen machen.

Die gekuppelten Proteine sind von bedeutender Wichtigkeit vom Gesichtspunkt der unspezifischen Reaktionen aus. Bei Injektion sind sie im allgemeinen von verhältnismäßig geringer Reaktion begleitet, aber der Organismus kann für diese Proteine genau so sensibilisiert werden, wie für einfache Proteine der ersten Gruppe. Wenn die gekuppelten Proteine von ihren nichtproteinhaltigen Komponenten getrennt werden, rufen sie eine weit größere Reaktion hervor als in verbundener Form. SCHITTENHELM und WEICHARDT haben das für das Hämoglobin und das Nucleohiston gezeigt.

Die Phosphorproteine sind von Interesse, weil Casein — das isolierte Protein von Milch — in diese Gruppe gehört. Dieses Protein ist in weitem Maße für die unspezifische Reaktion gebraucht worden. Auf Casein selbst folgt geringe oder gar keine allgemeine Reaktion, wenn es zum ersten Mal injiziert wird. Es ist vermutet worden, daß eine deutlichere Reaktion mehr durch den bakteriellen Gehalt verursacht wird, als durch das Protein der Milch selbst. Casein ist praktisch das einzige der nativen Proteine, welches der Wirksamkeit des Erepsin unterworfen ist, dem Enzym des Darmtraktus sowohl wie dem erepsinähnlichen Enzym im Serum.

Die Nucleoproteine kommen nicht nur in den aus den Nucleinen der Zellen erhaltenen Proteinen vor, sondern sind in großen Mengen in dem Material vorhanden, das aus bakteriellen Quellen stammt, bei welchen das Nucleoprotein im ganzen Zellkörper vorkommt. Die Beziehung dieser Substanzen zu den sogenannten Endotoxinen von Bakterien ist noch ungewiß. v. GROER isolierte ein Nucleohiston aus Typhusbacillen, das er für unspezifische Injektionen brauchte.

Proteinabkömmlinge. Diese Gruppe ist eine künstliche und schließt alle löslichen Produkte ein, welche nach der Einwirkung von chemischen, physikalischen oder biologischen Mitteln (Enzymen) auf die natürlichen Proteine auftreten. In die erste Gruppe sind Proteine, Metaproteine und koagulierte Proteine aufgenommen, d. h. Proteine, die sich den ersten Veränderungen nach der Einwirkung von Hitze, Säuren usw. unterzogen haben. Diese Gruppe hat vom therapeutischen Standpunkt keine Bedeutung.

In der zweiten Gruppe sind jene Proteinderivate enthalten, die gewöhnlich Proteinspaltprodukte genannt werden und nacheinander in 3 Gruppen eingeteilt werden — Proteosen, Peptone und Peptide.

Die Proteosen (Albumosen). Diese stellen die ersten Trennungsprodukte der Albumine dar. Sie sind nicht mehr durch Hitze koagulierbar, können aber ausgesalzt werden durch Konzentrationen von gewissen Salzen, z. B. Ammoniumsulfat, Zinksulfat usw. Sie sind keineswegs klar definierte chemische Produkte; die gewöhnlich durch Präcipitation erhaltenen Präparate, welche Mischungen von Molekülen und molekularen Aggregaten einschließen, variieren bis zu einem gewissen Grad an Größe. Die Albumosen werden grob in 2 Gruppen geteilt, in primäre und sekundäre Albumosen. Von diesen nähern sich die primären Proteosen mehr den Proteinen, von denen sie abstammen; sie werden durch Halbsättigung mit Ammoniumsulfat gefällt.

Die primären Proteosen können im allgemeinen durch Dialyse in 2 Gruppen eingeteilt werden, wobei die Heteroalbumose unlöslich wird oder durch Hinzufügung einer gleichen Menge Alkohol. HOFMEISTERS Tabelle kann zur Kennzeichnung der Unterschiede im Verhalten dieser höheren Spaltprodukte von Proteinen von einigem Wert sein.

Im allgemeinen kann festgestellt werden, daß die primären Proteosen toxischer sind als die sekundären Proteosen, aber Variationen kommen vor, die ohne Zweifel von der chemischen Zusammensetzung des ursprünglichen Proteins, von welchem die Spaltprodukte herstammen, abhängen.

Hofmeisters Tabelle.

	Fällung		Wasser-löslich	Alkohol-löslich	Diffu-sions-vermögen	Biuret
Primäre Albumosen (Proteosen)	in 24–42% Amm.-Sulfat	Proto-Albumose	leicht löslich	löslich in 80%	gut	+
		Hetero-Albumose	nicht löslich aber löslich in verdünnter Salzlösung	unlöslich in 32%	gering	+
Deutero- oder sekundäre Albumosen (Proteosen)	54–62%	A. Thio-Albumose	löslich	unlöslich in 60–70%	—	+
	70–95%	B. Syn-Albumose	löslich	verschieden	—	+
	100% + Säure	C. Albumose	löslich	löslich in 67–80%	—	+

Kaznelson hat in diesem Zusammenhang Beobachtungen über Proteinspaltprodukte aus Fibrin, Seide, Casein usw. mitgeteilt und fand, daß die von Fibrin abgestammten am meisten toxisch waren.

Die sekundären Proteosen oder Deuteroalbumosen sind therapeutisch von Lüdke gebraucht worden und schließen die Proteinfragmente ein, die durch vollständige Sättigung mit Ammoniumsulfat gefällt werden, nachdem die primären Proteosen durch halbe Sättigung entfernt worden sind. Die Gruppe ist eine unbestimmte und schließt eine Anzahl von Fragmenten von augenscheinlich verschiedenen Größen ein, die als A, B und C von Hofmeister klassifiziert wurden, wie Thioalbumose, Synalbumose usw.

Wittepepton, das häufig erforscht und von Nolf, Gow und anderen für therapeutische Injektionen gebraucht worden ist, besteht aus einer Verdauungsmischung, worin Albumosen ausgiebig gefunden werden. Es soll durch die Verdauung von Fibrin hergestellt werden; aus ihm können die primären und sekundären Proteosen leicht durch Aussalzen in geeigneten Konzentrationen gewonnen werden.

Peptone. Diese sind weitere hydrolytische Spaltprodukte, in Wasser löslich, nicht durch Hitze koagulierbar, auch nicht durch Ammoniumsulfat fällbar; sie sind leicht diffusionsfähig und geben Biuretreaktionen. Sie sind in der Toxizität sehr verschieden.

Peptide. Die einfacheren Zusammensetzungen von Aminosäuren, von denen viele synthetisch durch Bindung von 2 oder mehr Aminosäuren hergestellt worden sind — Di-Peptide, Tri-Peptide usw. Sie sind nicht durch Hitze koagulierbar, sind leicht löslich und können noch eine Biuretreaktion geben.

Die Aminosäuren. Die Aminosäuren bilden die letzten molekularen Einheiten, aus welchen die Proteine konstruiert sind. Sie werden in 5 Klassen eingeteilt:

1. Die Aliphatischen oder mono-aminomonocarboxylischen Säuren, einschließlich Glykokoll, Alanin, Valin usw.

2. Die Monoaminodicarboxylsäuregruppe, einschließend Asparaginsäure und Glutaminsäure.

3. Die isocyclischen Aminosäuren, wie Tyrosin und Phenylalanin.

4. Die heterocyclischen Aminosäuren, Histidin, Tryptophan, Prolin usw. einschließend.

5. Die Diaminomonocarboxylsäuregruppe mit Arginin und Lysin.

Im allgemeinen sind die niedrigeren Spaltprodukte der Proteine, einschließlich der Aminosäuren verhältnismäßig ungiftig und rufen nur geringe oder gar keine Reaktion von seiten des Patienten hervor, wenn sie injiziert werden. Die Zusammensetzungen, welche die verschiedenen Ringgruppen des Kohlenstoffatoms enthalten, wie auch die Diaminogruppe scheinen jedoch Ausnahmen zu sein. Beträchtliche Arbeit ist kürzlich von DALE und seinen Mitarbeitern berichtet worden, ebenso von KÖSSLER und HANKE in Verbindung mit der Toxizität von Histamin.

WEICHARDT weist darauf hin, daß die parenteral entstehenden Eiweißspaltprodukte oder die parenteral einverleibten auf die verschiedenste Weise entfernt werden. Hauptsächlich werden fermentativer Abbau oder Oxydationsprozesse in Frage kommen. Eine erhebliche Rolle spielt auch die Ausspülung durch den Blutstrom. SCHITTENHELM und WEICHARDT haben auf Grund ihrer Untersuchungen folgendes vorläufige Schema der bei derartigen Aufspaltungen in Frage kommenden Produkte aufgestellt.

Schema.

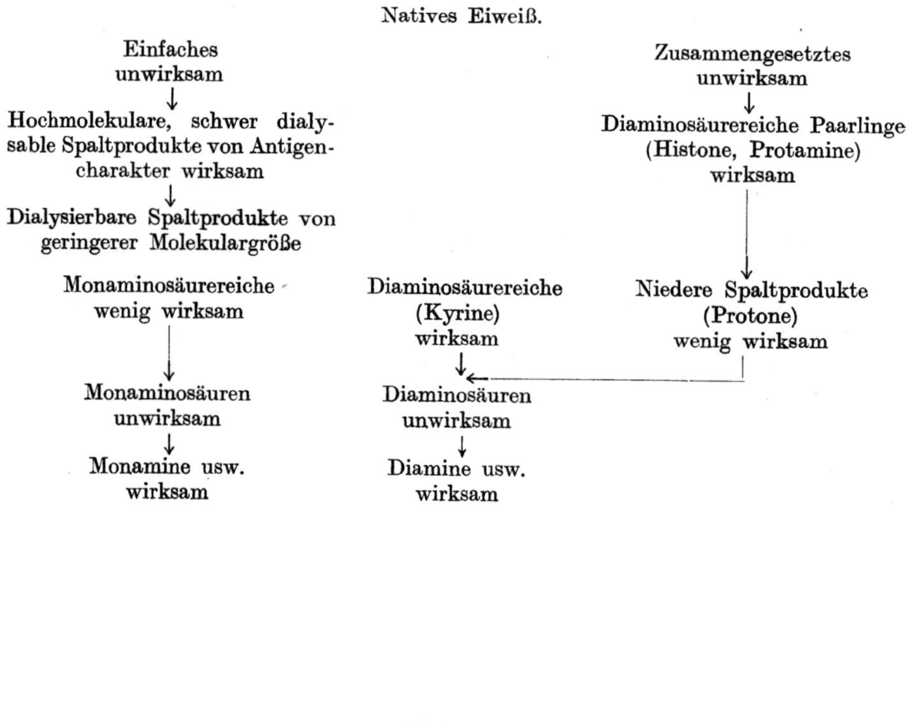

Viertes Kapitel.

Über die Aktivierungen durch Spaltprodukte.

Der Ausdruck Aktivierung. Der Ausdruck Aktivierung ist für die Zwecke der unspezifischen Therapie entschieden dem Worte „Reizung“ überlegen. Durch das Wort „Aktivierung“ kommt kurz und klar zum Ausdruck, worauf es ankommt, auf eine Reaktionsänderung im Sinne der Leistungssteigerung. Diese ist bei Anwendung geeigneter Methoden stets nachzuweisen. Besonders leicht gelingt dieser Nachweis natürlich bei spezifisch sensibilisierten Zellen oder Organen, oder bei solchen, die bereits physiologisch auf eine spezifische Leistung eingestellt sind. Die Reaktionsänderung im Sinne der Leistungssteigerung ist praktisch für uns die wichtigste und hängt ab:

1. von dem angewandten Mittel,
2. von seiner Konzentration am Orte der Wirksamkeit,
3. vom Zustande des zu beeinflussenden Organes.

Wie WEICHARDT schon vor Jahren ausdrücklich betont hat, ist freilich die Leistungssteigerung durch Proteinkörpertherapie in den meisten Fällen durch einen Reiz bedingt, man sollte jedoch hier nicht verallgemeinern. Bei der Verallgemeinerung des Begriffes Reiz wird „Reizung“ und „Erregbarkeitsänderung“, die beide für die Leistungssteigerung durch Proteinkörpertherapie gleich wichtig sind, keineswegs unterschieden. Zu weit gefaßte Begriffe verlieren bekanntlich an Prägnanz und damit für uns an Wert, so daß sie dann als solche ganz unbestimmt, gegenstandslos und überflüssig werden. Da jede physikalische und jede chemische Veränderung im Körper zu einem Reiz führen kann, so fragt M. GRUBER mit Recht, was denn eigentlich keine Reiztherapie sei? (9. Tagung der deutschen Vereinigung für Mikrobiologie Würzburg 1922.)

Den Proteinkörpern muß eine Sonderstellung unter den Mitteln der unspezifischen Therapie zugesprochen werden. Zwei Gründe sind dafür anzuführen:

1. Ihre physikalische Beschaffenheit, die ihnen als Kolloid zukommt,
2. weil bei der Aufspaltung der Eiweißkörper eine Reihe N-haltiger Gruppen auftreten.

Es scheint mit Proteinkörpern besonders leicht zu gelingen bei richtiger Dosierung eine Reaktionsänderung des Körpers im Sinne der Leistungssteigerung herbeizuführen. Allerdings gelingt das auch nach Einwirkung anderer Energiearten.

Vereinheitlichende Erklärung der Wirkung unspezifischer Therapie. WEICHARDT hat zuerst hierfür eine vereinheitlichende plausible Erklärung gegeben. Er zeigte, daß nach Zufuhr der verschiedensten Energiearten sekundär im Körper aktivierende Substanzen entstehen, Spaltprodukte, vor allem des eigenen Körpereiweißes, auf welche die einheitliche Wirkung zurückzuführen ist.

Er kam zu diesen Vorstellungen auf Grund von Pausenversuchen. Es ist zu zeigen, daß nach Injektion vieler different wirkender Substanzen (kolloidales Palladium u. a.), wenn man sie in ganz geringen Mengen in kurzen Zwischenräumen hintereinander einverleibte und stets unter der Schwelle der direkt spezifischen Wirkung blieb, recht einheitliche Erscheinungen (Temperaturerniedrigung, Atemverlangsamung, Sopor), wie sie nach Injektion höhermolekularer Eiweißspaltprodukte ebenfalls beobachtet werden, entstehen. WEICHARDT weist allerdings mehrfach mit Nachdruck darauf hin, daß bei Injektion kristalloider Stoffe stets vor allem die besonderen Eigenarten der Wirkung zuerst zu berücksichtigen sind. Es geht also nicht an, mit der Annahme der Entstehung sekundärer Spaltprodukte die Wirkung der verschiedensten Chemikalien gleichsetzen zu wollen, z. B. die Wirkung von Terpentininjektionen mit der von hypertonischen Lösungen, wie das vielfach geschehen ist.

WEICHARDT verlangt vor allem, daß die Annahme der Entstehung sekundär im Körper sich bildender aktivierender Spaltprodukte stets durch das Experiment erhärtet wird, die gemeinsame Komponente muß gewissermaßen herausgeschält werden. Die Produkte sind in irgend einer Form darzustellen und zu charakterisieren. Die bloße Annahme fördert wenig, wenn sie auch sehr bequem ist.

In gleichem Sinne weist SCHITTENHELM in neurer Zeit mit Schärfe darauf hin, daß es nicht angeht ohne weiteres die Injektionen von Nichteiweißkörpern denen von Proteinkörpern gleichzusetzen.

Seither ist die Charakterisierung sekundär im Körper nach Einwirkung der verschiedensten Energiearten entstehender Spaltprodukte eine wesentliche Aufgabe der Forschung geworden (W. WEICHARDT, H. FREUND und GOTTLIEB, BIELING, GOTTSCHALK u. a.). Wenn BIER und andere scharfe Beobachter früher betonten, „auf die Erregung von Heilfieber, auf die Heilentzündung kommt es an", so wird mit dieser symptomatischen Beurteilung das Wesen der Vorgänge nicht berührt, ja es ist prinzipiell falsch diese Verhältnisse von einem Symptom aus beurteilen zu wollen, denn diese Symptome, wie z. B. Fieber und Entzündung [1]) sind für eine gelungene Aktivierung nicht unbedingt erforderlich.

Der Schwerpunkt ist also jetzt, im Gegensatz zu früher, auf die aktivierenden Spaltprodukte zu legen, die im Körper, sei es primär aus den eingespritzten Eiweißen, sei es sekundär aus den Körpereiweißen selbst, entstehen. Es gilt diese aus dem Körper zu isolieren und sie quantitativ experimentell zu verfolgen. Ja in der Gewinnung, Charakterisierung und dem Nachweis derartiger sekundär im Körper entstehender Spaltprodukte liegt ein direkter Beweis für die neuen Auffassungsweisen.

Das Studium sekundär im Körper entstehender aktivierender Spaltprodukte. So gelang es WEICHARDT am Laboratorium von N. ZUNTZ bei Tieren, die unter vermindertem O-Druck gehalten und hochgradig ermüdet wurden, in vermehrter Menge schwer dialysable Substanzen zu gewinnen, welche in verhältnismäßig großer Dosis injiziert, Temperaturerniedrigung, Atemlähmung und Sopor hervorriefen, in geringerer Menge sich als leistungssteigernd erwiesen. In gleicher Weise konnten in vitro durch Aufspaltung von Eiweiß mittels Elektrolyse Spaltprodukte gewonnen werden, welche die Eigenschaft hatten in kleiner Menge auf die verschiedensten Organsysteme leistungssteigernd zu wirken, in höherer Dosis aber lähmten. Die leichte Veränderlichkeit der höhermolekularen wirksamen Substanzen erschwert eine exakte Charakterisierung außerordentlich.

[1]) Es sei denn, daß dieser Symptombegriff so verallgemeinert wird, daß er füglich zu jeder physikalisch-chemischen Veränderung im Tierkörper paßt.

Ein konstanteres Arbeiten ist mit thermostabilen alkohol-wasserlöslichen abiureten Substanzen möglich. Diese konnten aus dem Tierkörper gewonnen und es konnte gezeigt werden, daß sie bei Acidosen, Mischinfektion und anderen Zuständen in vermehrter Menge auftreten. WEICHARDT verfolgte die Wirksamkeit dieser Extrakte quantitativ auf ihre leistungssteigernde Wirkung an der Beeinflussung der Fermentfunktionen einzelner ausgesprochener Parasiten. Auch hier läßt sich feststellen, daß durch kleine Mengen Wachstum und Stoffwechsel erheblich angeregt wird, durch große Mengen werden sie gelähmt, und zwar werden die verschiedenen Fermentfunktionen in verschieden starker Weise beeinflußt.

FREUND fand alkohol-wasserlösliche Substanzen, welche im Blute bei Blutplättchenzerfall auftreten, und studierte sie in bezug auf die Beeinflussung pharmakologischer Reaktionen.

Wenn auch die alkohollöslichen Substanzen ein exakteres Arbeiten gestatten, so ist doch anzunehmen, daß sie nicht vollkommen den im Körper bei den verschiedensten Einflüssen sekundär entstehenden aktivierenden Spaltprodukten entsprechen. Diese dürften in den meisten Fällen noch Kolloide sein mit offenbar locker gebundenen wirksamen Gruppen, die verhältnismäßig leicht in alkoholische Extrakte übergehen.

Jedenfalls muß die durchaus verschiedene Wirkung höhermolekularer Eiweißspaltprodukte einerseits und die der Alkohol-Extrakte andererseits hervorgehoben werden [1]).

Wir sollten uns nicht durch den Ausfall einzelner Reaktionen (z. B. Wirkung auf den Blutdruck) zu bindenden Schlüssen nach dieser Richtung verführen lassen.

Immerhin haben wir es bei den alkohol-wasserlöslichen abiureten Spaltprodukten durchaus nicht nur mit reinen Kunstprodukten zu tun, die keine Beziehung zu den im Körper wirksamen Substanzen haben. Das geht aus dem bemerkenswerten Parallelismus des Auftretens dieser aktivierenden Substanzen mit Prozessen hervor, die erfahrungsgemäß Infektionen befördern (Störungen des Kohlehydratstoffwechsels, Mischinfektionen usw.).

Im folgenden seien einige charakteristische Versuche angeführt, welche diesen Anschauungen zugrunde liegen [2]).

Quantitative Messungen der Wirksamkeit an einzelnen Fermentfunktionen von Kleinlebewesen. Die abiureten wirksamen Extraktstoffe aus dem Körper werden in folgender Weise hergestellt:

Technik.

Den entbluteten Tieren wurde Magen und Darm steril entfernt, in manchen Versuchen wurden sie mit Toluolwattebäuschen ausgestopft und in den Brutschrank verbracht. Sie wurden dann unter aseptischen Kautelen zerkleinert, mit der dreifachen Menge Alkohol 20 Minuten gekocht, das filtrierte Extrakt getrocknet, mit Wasser ausgezogen, die wasserlöslichen Substanzen durch Zentrifugieren und Filtrieren entfernt, und das Filtrat vor dem

[1]) Höher molekulare frisch hergestellte Eiweißspaltprodukte bewirken bei Tieren Temperaturniedergang, Atemverlangsamung, Sopor. Dagegen treten bei Injektionen niedermolekularer in erheblichem Maße Krampferscheinungen in den Vordergrund.

[2]) Zeitschr. f. ärztl. Fortbild. 1922. Heft 10.

Eintrocknen genau neutralisiert (Lackmus). Bei sorgfältigem Arbeiten waren die so erhaltenen wasserlöslichen Substanzen abiuret. Reinigte man weiter mit Phosphorwolframsäure auf dem üblichen Wege, so ging der größte Teil der wirksamen Stoffe in das Filtrat über. Weiter konnten die Versuche aus Mangel an Material nach dieser Richtung nicht getrieben werden. Verwendet wurden zunächst die abiureten alkohol-wasserlöslichen Extrakte. Diese wurden in Normosal gelöst, das ein für unsere Parasiten ohne weiteres nicht verwertbares physiologisches Gemisch anorganischer Salze und abiureter organischer Verbindungen enthält (Glykokollcalcium u. a.). Um auf alle Fälle genügend N- und Kohlehydratquellen zu haben, wurden in vielen Fällen 1% Natrium asparaginicum und 1% Glycerin zugesetzt. Die Röhrchen wurden dann sterilisiert, und zwar erweist es sich als vorteilhaft, die schwächeren Extraktverdünnungen, bei deren Verarbeitung bereits möglichst steril vorgegangen werden muß, kurz in strömenden Dampf zu bringen. Bei den stärkeren Extraktverdünnungen treten Fällungen auf. Es wurde in diesem Fall durch das Heim-Knorrsche Kieselgur-Weichfilter steril filtriert. Die Röhrchen wurden sodann in ganz gleicher Weise mit der gleichen Öse einer 18stündigen gleichmäßig verteilten Streptokokkenbouillonkultur beimpft, sodann nach 16—17stündigem Bebrüten bei 37° Zählplatten [1]) gegossen.

Die Wirksamkeit der abiureten Extrakte ist schon in sehr großen Verdünnungen vorhanden (s. Tab. I).

Durch sterile Autolyse der Organe bei 37° werden nach dem Tode des Tieres die aktivierenden Spaltprodukte vermehrt (s. Tab. I).

Zusatz von verdünnter Milchsäure bei Eisschranktemperatur bedingt ebenfalls eine Vermehrung aktivierender Spaltprodukte [2]) (s. Tab. II).

Diese letzteren Versuche wurden um deswillen angestellt, weil wir nach den neueren Untersuchungen über den Abbau und die Synthese der Kohlehydrate bei Ermüdung und Erholung (Fletcher, Embden, Hill u. a.) wissen, daß bei hochgradiger Ermüdung und bei Störungen im Kohlehydratstoffwechsel die Vorgänge, welche Säureanhäufung hintanhalten, versagen. Damit steht die alte klinische Erfahrung, daß infektiöse Prozesse bei Störungen im Kohlehydratstoffwechsel besonders bösartig aufzutreten pflegen, im Einklang.

Weiter konnte gezeigt werden, daß bei septicämischen Prozessen aktivierende Spaltprodukte vermehrt sind, was auf das Wesen der Mischinfektion ein besonderes Licht wirft (s. Tab. III).

Um gleichmäßige septicämische Infektionen zu erhalten, wurden Mäuse mit Friedländerbacillen infiziert, die schwerkranken Tiere kurz vor dem Exitus getötet und sofort in der oben beschriebenen Weise verarbeitet. Gleichzeitig wurde eine gleiche Menge Mäusematerial ganz gesunder Tiere [3]) ebenso verarbeitet. Diese aktivierenden Spaltprodukte werden sowohl aus den Körpergeweben, als aus den Septicämieerregern, die sich massenhaft im Körper verbreitet hatten, stammen.

[1]) Nur Platten mit mittlerem Keimgehalt sind als Zählplatten zu verwenden. Auszuschalten sind gering oder zu stark bewachsene.

[2]) Die Alkoholextrakte der mit Milchsäure versetzten Organe werden biuretpositiv.

[3]) Ganz gesund sind Mäuse nur, wenn die Temperatur über 37° ist, und bei der Sektion sich alle Organe normal erweisen.

Tabelle I.

Wachstumszahlen mit wässerigen Auszügen von Alkoholextrakten aus Meerschweinchenorganen.

Streptokokkus, haemolyt. Grad der Verdünnung des Extraktes in 5 ccm Normosal	Zahl der Kolonien
0,2 0/00 (Organe steril bei 37° gehalten)	1 116 006
0,2 0/00 (Organe frisch verarbeitet)	28 000
Kontrolle ohne Extrakt, bebrütet	200
Kontrolle ohne Extrakt, unbebrütet	1 000

Tabelle II.

Wachstumszahlen von Streptokokken in wässerigen Auszügen von Alkoholextrakten aus Meerschweinchenorganen, die z. T. mit n/10 Milchsäure versetzt und 16 Stunden im Eisschrank gehalten wurden.

Streptokokkus, haemolyt. Grad der Verdünnung des Extraktes in 5 ccm Normosal mit 1% Glycerin	Zahl der Kolonien
0,2 0/00 mit n/10 Milchsäure versetzt	1 140 464
0,2 0/00 ohne Milchsäure	119 189
Kontrolle ohne Extrakt, bebrütet	226 264
Kontrolle ohne Extrakt, unbebrütet	226 264

Tabelle III.

Wachstumszahlen mit wässerigen Auszügen von Alkoholextrakten aus Mäuseorganen.

	Grad der Verdünnung des Extraktes in 5 ccm Normosal mit 1% Glycerin und 1% Natrium asparag.	Zahl der Kolonien
Die Mäuse wurden schwer erkrankt getötet, nachdem sie 48 Stunden vorher mit Friedländerstamm T. geimpft waren	0,2 0/00	299 385
Die Mäuse wurden gesund getötet und sofort verarbeitet	0,2 0/00	39 050
	Kontrolle ohne Extrakt bebrütet	—
	Kontrolle ohne Extrakt unbebrütet	3 600

Daß man aus Friedländerkulturen schon aktivierende Stoffe gewinnen kann, geht aus folgenden Versuchen hervor (s. Tab. IV):

Tabelle IV.

Streptokokkus, haemolyt.			
Grad der Verdünnung des Extraktes in 5 ccm Normosal mit 1% Glycerin und 1% Natrium asparag.	Zahl der Kolonien bei Verwendung von Extrakt von Friedländerkulturen	Zahl der Kolonien bei Verwendung von Extrakt von Abschw. steriler Agarplatten	Kontrollen ohne Extrakt
0,2 0/00	1 110 173 1 068 556 [1]) 1 384 551	9 200 10 000 [1]) 9 000	bebrütet —
0,02 0/00	162 117 121 884 [1]) 90 426	— — [1]) —	unbebrütet 67 453

Technik.

Es wurden 30 große mit Agar ausgegossene Drigalskischalen mit einem gut wachsenden Friedländer-Stamm beimpft. Am nächsten Tage wurden die gut bewachsenen Platten durch absoluten Alkohol mit Hilfe des Glasspatels abgeschwemmt. Die Alkoholabschwemmung wurde am Rückflußkühler 20 Minuten gekocht, dann filtriert und im Faust-Heim eingetrocknet. Das Extrakt wurde mit destilliertem Wasser verrieben, filtriert, neutralisiert (Lackmus) und wiederum eingetrocknet. In gleicher Weise wurden unbewachsene, auf Sterilität geprüfte Platten des gleichen Agars ebenso behandelt. Die Biuretreaktion war positiv. Sodann wurden die Extrakte, wie bereits oben beschrieben, in der in der Tabelle angegebenen Verdünnung kurz im strömenden Dampf sterilisiert und in gleicher Weise mit der gleichen Öse einer 18stündigen, gleichmäßig bewachsenen Streptokokken-Bouillonkultur beimpft, sodann nach 16—17stündiger Bebrütung bei 37° Zählplatten gegossen.

Die abiureten, stets gleichmäßig herzustellenden wässerigen Extrakte der mit Alkohol behandelten Organe sind für quantitatives Arbeiten weitaus geeigneter, als bloße wässerige Auszüge, die ein vollkommen unüberblickbares Gemisch anorganischer und organischer Substanzen darstellen. Es lassen sich deshalb Versuche mit den verschiedensten Konzentrationen anstellen (s. Tab. V).

Tabelle V.

Wachstumszahlen mit wässerigen Auszügen von Alkoholextrakten aus Meerschweinchenorganen nach 17 stündigem Verweilen bei 37°.

Streptokokkus, haemolyt.	
Grad der Verdünnung des Extraktes in 5 ccm Normosal mit 1% Glycerin und 1% Natrium asparag.	Zahl der Kolonien
0,1%	5 400
1%	284 001
3%	4 224 523
7%	4 792 682
10%	3 313 352
15% [2])	370 385
Kontrolle ohne Extrakt, bebrütet	600
Kontrolle ohne Extrakt, unbebrütet	7 200

[1]) Drei Zählplatten der gleichen Verdünnung.

[2]) Diese Angaben beziehen sich auf die hergestellten Extraktlösungen. Da die hohen Konzentrationen wegen der sich bildenden Niederschläge filtriert worden sind, so sind die

Ursachen dieser Wirksamkeit. Über die Ursachen dieser charakteristischen Beeinflussung macht sich WEICHARDT folgendes Bild:

Er nimmt eine Verschiedenheit der Ursachen an. In gewissen Verdünnungen läßt sich die Wachstumsförderung durch die für die Synthese geeigneten aus dem Körper extrahierten Gruppen, welche den Mikroorganismen zur Verfügung stehen, erklären. Bei höheren Konzentrationen ist eine deutliche Optimumwirkung vorhanden. Bei noch höheren erfolgt eine Herabsetzung des Wachstums, trotz Vorhandenseins günstiger Gruppen. Es muß deshalb für dieses Verhalten höher konzentrierter Extrakte ein physikalisches Moment zur Erklärung herangezogen werden:

An geeigneten Objekten sind in höheren Konzentrationen deutlich Formveränderungen und Fällungserscheinungen zu bemerken. Diese müssen zu Dispersitätsverminderungen, d. h. zur Verkleinerung der Oberfläche führen, die Verminderung des Stoffwechsels ist dann verständlich. Dagegen ist anzunehmen, daß bei den Konzentrationen, bei welchen Optimumwirkung eintritt, das Extrakt dispersitätsvermehrend und damit leistungssteigernd wirkt.

Um zahlenmäßig die Vermehrung der Erreger mittels Zählplatten festzustellen ist eine gute Zähltechnik unumgänglich nötig. Die fermentativen Leistungen im einzelnen sind chemisch durch quantitative Messungen der Stoffwechselprodukte verfolgbar. So kann die Kohlehydratzersetzung durch Streptokokken gut verfolgt werden, wenn man der Thyrodelösung 1% Traubenzucker zusetzt. Werden 2% abiureter wirksamer Körperextrakte zugefügt, so tritt eine verhältnismäßig hochgradige Säuerung ein, welche der Vermehrung der Streptokokken bald ein Ziel setzt, ja ihre Zahl in späteren Stadien vermindert. In der Kontrollbouillon, der 1% Traubenzucker zugesetzt war, waren die meisten Streptokokken viel mehr gegen Säure geschützt, obgleich dort mehr Säure von viel weniger Keimen gebildet war, als in der entsprechenden 2%igen Extrakt-Thyrodelösung. In dieser war die Säurebildung geringer, die Keimvermehrung jedoch in den ersten 24 Stunden noch gesteigert.

Wesentlich ist, daß die einzelnen Stämme durchaus verschieden empfindlich sind. Im allgemeinen kann man die Vermehrungsfähigkeit als die immer noch resistenteste Eigenschaft vieler Mikroorganismen höheren Extraktkonzentrationen gegenüber bezeichnen. Das läßt sich besonders deutlich an Diphtheriestämmen zeigen, wenn die Meerschweinchenhaut als Reagens herangezogen und die Kultur nach der Methode RÖMERS intracutan eingespritzt wird.

Es konnten Stämme gefunden werden, welche in 2%iger Extrakt-Thyrodelösung sich noch verhältnismäßig gut vermehren, bei denen die Toxinbildung aber so geschädigt war, daß die Meerschweinchenhaut bei intracutaner Injektion nur geringe Reaktion zeigte, obgleich die Menge der eingespritzten Bacillen eine verhältnismäßig erhebliche war. WEICHARDT erklärt von diesem Standpunkte aus das Zustandekommen mancher Dauerträgerformen. Dauerträger sind nach ihm Personen, welche in ihrem Körper Stoffe besitzen, die elektiv die Giftbildung vieler Infektionserreger herabzusetzen vermögen, dagegen ihre Vermehrung nicht vollkommen hintanhalten. Diese Erreger werden dann für den Wirt

Lösungen in Wirklichkeit weniger konzentriert, da ein Teil naturgemäß im Filter zurückgehalten wird.

ungiftig. Zweifellos sind die Resultate derartiger Forschungen geeignet in uns ganz neue Vorstellungen über die Natur vieler infektiöser Prozesse, insbesondere über Virulenzerscheinungen einerseits und Immunitätserscheinungen andererseits, zu vermitteln. Es beginnt sich das Rätsel zu lösen, warum man denn bei so vielen infektiösen Prozessen immer von neuem vergeblich mit den alten Methoden nach wirksamen Antikörpern gesucht hat. Auf Grund seiner Studien stellt WEICHARDT den Satz auf:

Die gleichen Substanzen, welche eine Aktivierung der Infektionserreger nach den verschiedensten Richtungen hin bedingen, können, je nach der Verteilung, zu einer Steigerung des Wachstums und des übrigen Stoffwechsels führen, oder auch als Schutzstoffe wirken.

Gerade durch diese Fassung wird, wie R. KOCH betont, der Unterschied zwischen spezifischer und unspezifischer Therapie besonders scharf gekennzeichnet.

Bei spezifischer Beeinflussung, z. B. bei spezifisch chemotherapeutisch oder spezifisch antitoxisch wirkenden Mitteln, sehen wir die Wirkung nach einer bestimmten Richtung schon in großen Verdünnungen. Strukturchemische Betrachtungsweisen, die Annahme spezifischer Bindungen führen hier zum Verständnis der Vorgänge [1]).

Bei der unspezifischen Therapie wirken kleine Mengen anregend. Die Lähmung durch größere Mengen wirksamer Substanz ist durch physikalische Erklärungsweisen unserm Verständnis am ehesten näher zu bringen.

Synergismus und Antagonismus mit bekannten Giftwirkungen auf verschiedene Organsysteme. WEICHARDT zeigte, daß eine die Breite individueller Schwankungen weit überschreitende Lähmung eines Zentrums, z. B. des Temperaturzentrums infolge Einspritzung wirksamer Proteinkörper nicht eintritt, wenn die Tiere mit Proteinkörpern vorbehandelt worden sind, oder aber auch, wenn vorher andere Energiearten in geeigneter Weise auf das Tier eingewirkt haben. Ferner wirkten Gruppen, von denen man annehmen kann, daß sie lähmende Spaltprodukte absättigen, wie z. B. NH-Gruppen in doppelter Bindung an C bei geeigneter Versuchsanordnung antagonistisch den durch Elektrolyse frisch hergestellten lähmenden Spaltprodukten gegenüber. Die mit letzteren allein eingespritzten Mäuse zeigten starken Temperaturniedergang, während die, welche eine geringe Menge des Antagonisten gleichzeitig erhalten hatten, eine nur wenig veränderte Temperatur und sonstiges Verhalten, insbesondere keine Lähmung des Atemzentrums und keinen Sopor zeigten [2]).

Neben diesen Nachforschungen sind in der letzten Zeit besonders von pharmakologischer Seite Versuche ausgeführt worden, durch welche die Beeinflussung pharmakologischer Reaktionen durch Proteinkörpervorbehandlung gezeigt wird. Über die Versuche von STARKENSTEIN ist bereits auf S. 24 berichtet.

---

[1]) Man sollte endlich aufhören für alle Verhältnisse ganz wahllos das sog. Arndt-Schulzsche Gesetz, wonach kleine Dosen anregen, große lähmen, zur Erklärung heranzuziehen. Dieser Satz steht in seiner allgemeinen Fassung, wie durch zahlreiche exakte Befunde, gerade der letzten Jahre bewiesen ist, mit den experimentell feststellbaren Tatsachen direkt in Widerspruch (R. KOCH, Münch. med. Wochenschr. 1923. S. 206).

[2]) Vgl. WEICHARDT-SCHWENK, Zeitschr. f. physiol. Chem. Bd. 83, S. 381 und Zeitschr. f. Immunitätsforsch. u. exp. Therap., **Orig.** Bd. 19, S. 528; ferner Berl. klin. Wochenschr. Nr. 28. 1907; Ermüdungsstoffe. Stuttgart: Ferd. Enke. I. Aufl. 1910; II. Aufl. S. 26 u. 52, daselbst Versuchsbeispiele, Pausenversuch.

FREUND fand, daß beim Untergang der Blutplättchen während der Gerinnung im Blute Stoffe frei werden, die das Blutserum pharmakologisch wirksam machen. Er unterscheidet Früh- und Spätgifte, die auf alle Organe mit glatter Muskulatur wirken und die Adrenalin-Reaktion entweder durch Synergismus verstärken oder durch Antagonismus abschwächen. Der durch Atropin zum Stillstand gebrachte Darm kann nach FREUND durch Plättchenzerfallsprodukte wieder zur Kontraktion gebracht werden. Die Digitaliswirkung am Froschherzen wird durch Frühgifte gehemmt und durch Spätgifte gefördert.

Nach KIRSTE ist ein Synergismus der Serumbestandteile mit Atropin nachzuweisen, wenn man die Aufhebung des Muskarinstillstandes am Froschherzen als Reagens benutzt. Es zeigt sich dann, daß die Wirksamkeit des Atropins durch Serumbestandteile bedeutend erhöht ist. ZONDECK fand, daß Serum allein diesen Effekt hervorbringt. Auf die Wirkung anorganischer Elektrolyten kann, wie GOTTLIEB und FREUND zeigen, dies Verhalten nicht zurückgeführt werden. Auch Untersuchungen von CLARK und LÖWI sind in diesem Sinne zu deuten. Es wird also nach GOTTLIEB und FREUND die Erregbarkeit der Endapparate des autonomen Nervensystems nicht nur durch die physiologische Elektrolytkombination des Milieus bestimmt und durch deren Abänderung umgestimmt, sondern das gleiche gilt auch für die Produkte des Zellzerfalls im Blute. Auch der Zerfall anderer Gewebszellen liefert ähnliche Produkte.

Die Autoren fanden, daß die Adrenalinempfindlichkeit (gemessen am Blutdruck) nach Zuführung arteigenen Serums in geringem Grade, nach Aderlaß und Caseosan in ausgeprägtem Maße zunimmt. Die Pilocarpinwirkung wurde am Hund (Anlegung einer Dauerfistel) in bezug auf den Speichelfluß studiert. Die Wirkungssteigerung war die gleiche wie beim Adrenalin.

Nach GOTTLIEB und FREUND, die sich auf frühere Arbeiten von BAYLISS, DALE und LAIDLAW berufen, produzieren die Organe selbst chemische Reizstoffe, die durch direkte örtliche Erweiterung der Capillaren die Durchblutung vermehren.

Für die Speicheldrüse erhärteten HENDERSON und LOEWI dieses Gesetz. Letzterer konnte mit Ringerlösung, die zur Speisung normal schlagender isolierter Froschherzen gedient hatte, die Aktivität anderer Froschherzen verbessern. CLARK erreichte dasselbe mit alkoholischen Substanzen des Serums. POPIELSKI und WEICHARDT hatten mit Albumosen am isolierten Herzen diesen Effekt erzielt. WEICHARDT auch mit höhermolekularen Spaltprodukten, die mittels der Elektrolyse (s. S. 64) aus dem Eiweiß gewonnen waren. Letzterer Autor hatte schon früher aus seinen Versuchen den Schluß gezogen, daß derartige Spaltprodukte als Anregungsmittel für die Herztätigkeit auch normalerweise in Frage kommen. Nach FREUND und GOTTLIEB hat die Speisungsflüssigkeit isolierter Froschherzen auch die vasokonstriktorische Wirkung mit dem Serum gemeinsam.

STORM VAN LEUWEN führt die Verschiedenheit der Adrenalinempfindlichkeit bei Katzen und Kaninchen darauf zurück, daß in den einzelnen Individuen verschiedene Mengen wirksamer Serumsubstanzen zirkulieren. So gelang es ihm Tiere, die für Adrenalin wenig empfindlich waren, durch Einverleibung von Blutserum empfindlicher zu machen. Nach STORM VAN LEUWEN erhöht Serum die Pilocarpinwirkung am überlebenden Darm.

Auch DÖLLKEN und HERZKER zeigten, daß eine Reihe Gifte, wie Strychnin, Coffein, Phenolpräparate bei vorheriger intravenöser Einverleibung von Proteinsubstanzen teils verminderte, teils gesteigerte Wirksamkeit haben. WIELAND nimmt für derartige Versuche physikalische Erklärungen an. Nach ihm werden gewisse Serumbestandteile je nach ihrer Konzentration und Oberflächenaktivität an der Oberfläche der Organe adsorbiert und verdrängen andere wirksame Substanzen.

Beeinflussung des Gesamtstoffwechsels und desjenigen in der Leber und Muskulatur. Hierher gehören auch Versuche, die direkt auf die Entstehung von Spaltprodukten aus körpereigenem Eiweiß hinweisen. SCHITTENHELM und WEICHARDT konnten zeigen, daß bei einem im Stoffwechselgleichgewicht eingestellten Hund die N-Ausscheidung außerordentlich stark die eingeführte N-Menge übertrifft, wenn gewisse Proteinkörper parenteral einverleibt werden, vor allen Dingen bei bereits behandelten Tieren. Es muß also ein Abbau körpereigenen Eiweißes stattgefunden haben.

PICK und seine Mitarbeiter hatten im Jahre 1913 nachgewiesen, daß die Leber von Meerschweinchen, die mit einer subcutanen Injektion von 0,5 ccm nativem Pferdeserum vorbehandelt waren, bei unverändertem Gesamtstickstoff eine beträchtliche Anreicherung stickstoffhaltiger Stoffe aufweist, die den genuinen Eiweißkörpern nicht angehören, sondern als Eiweißspaltprodukte angesprochen wurden, Eiweißspaltprodukte, die nicht von dem zur Vorbehandlung benutzten Eiweiß stammen, sondern nur durch Zerfall arteigenen Lebereiweißes unter der Einwirkung der Vorbehandlung entstanden sein konnten.

R. BIELING, A. GOTTSCHALK und S. ISAAC erweiterten diese Auffindungen. Sie fanden, daß sich nach der 12. Stunde bis zum 2. Tage der unkoagulable Stickstoff in der Leber auf Kosten des koagulablen Zelleiweißes vermehrt. Ähnliche Resultate hatte H. FREUND [1]).

LÖHR hat neuerdings an der Kieler medizinischen Klinik gefunden, daß Einspritzung von Nichteiweißkörpern im Gegensatz zur Einspritzung von Eiweißkörpern nicht zu einer Vermehrung des nicht koagulablen Stickstoffes in der Leber führte.

GOTTSCHALK fand in der Muskulatur die gleichen Verhältnisse wie in der Leber vor.

Bei Verwendung von Bakterieneiweiß zeigte sich 24 Stunden nach subcutaner Injektion eine deutliche Vermehrung des unkoagulablen Stickstoffes im Leberbrei, bei gleichbleibendem Gesamtstickstoff, am stärksten nach Typhusvaccine und Diphtherietoxin.

Sensibilisierte Tiere reagieren auf kleinere Eiweißmengen. Bei den durch Sensibilisierung oder Infektion vorbehandelten Tieren wird also durch kleine Mengen nunmehr spezifisch wirkender Reizstoffe ebenso wie durch spezifische Zellantisera derselbe Effekt erzielt, wie beim nicht sensibilisierten Tier durch größere Mengen unspezifischer Reizstoffe. Die Abänderung des unter normalen Bedingungen konstanten Verhältnisses von nicht koagulablem Eiweiß zum Gesamteiweiß des Organs ist ein objektiver Indicator und Maßstab für die Beeinflussung bestimmter Zellfunktionen durch Reizstoffe von der Art der Proteinkörper.

---

[1]) Pharmakologische Sektion der Tagung deutscher Naturforscher und Ärzte. Leipzig 1922.

Injektion von Normalmeerschweinchenserum bedingt bei Meerschweinchen keine Veränderungen des Prozentverhältnisses des nicht koagulablen Stickstoffs zum Gesamtstickstoff in der Leber, dagegen Injektion von Serum eines erfolgreich mit Caseosan vorbehandelten Meerschweinchens eine beträchtliche Zunahme der nichtkoagulablen stickstoffhaltigen Eiweißabbauprodukte in der Leber. Der Eiweißabbau der Leber ist also hier ein feiner Indicator. Ob diese wirksamen Serumsubstanzen mit den Zerfallsprodukten in der Leber, die in vermehrter Menge produziert werden, identifiziert werden müssen ist fraglich.

Weiter untersuchte GOTTSCHALK die oxydo-reduktiven Zellprozesse durch unspezifische Reize nach der Methode von LIPSCHÜTZ. Er fand, daß die Gewebsatmung normaler Leber- und Muskelzellen von Meerschweinchen durch Zusatz von Serum mit Caseosan gespritzter Meerschweinchen stark angefacht wird, diejenige von Leberzellen intensiver als die von Muskelzellen. Die Gewebsatmung von Leber- und Muskelzellen normaler Meerschweinchen wird durch Zusatz von Serum unspezifisch vorbehandelter Tiere beträchtlich vermehrt. Es ist das also ein weiterer Hinweis auf die Anwesenheit wirksamer Substanzen im Serum unspezifisch vorbehandelter Tiere.

Aus den Versuchen GOTTSCHALKS geht ferner hervor, daß oxydo-reduktive Prozesse von Leber- und Muskelzellen zwischen der 12. und 36. Stunde nach erfolgter Caseosaninjektion gegen die Norm gesteigert sind, und zwar die oxydativen stärker als die reduktiven.

In der letzten Zeit hat VOLLMER an der Kinderklinik in Heidelberg genaue Stoffwechseluntersuchungen angestellt hauptsächlich über das Verhalten des Blutzuckers und anderer Vorgänge. Er steht auf dem Standpunkte WEICHARDTS, der in den sekundär auftretenden Zellzerfallsprodukten des körpereigenen Eiweißes die eigentlichen leistungssteigernden Faktoren sieht. Nach VOLLMER werden vor allen Dingen die oxydativen Zellfunktionen angeregt und eine Stoffwechselbeschleunigung herbeigeführt. Es geht dieser Prozeß mit einer Aciditätsverminderung im Harn einher. Die guten Wirkungen bei Rachitis, über die v. GRÖER auf der Leipziger Naturforscherversammlung 1922 berichtet, führt VOLLMER darauf zurück, daß die Rachitis, die eine Acidose, eine Stoffwechselverlangsamung ist, im Sinne einer Alkalose beeinflußt wird. Bei der Spasmophylie dagegen besteht eine Alkalose (FREUDENBERG, GYÖRGY), die durch Eiweißkörperbehandlung gesteigert wird. Auch die Tuberkulinbehandlung, besonders in der Form der Ektebineinreibung nach MORO, führt nach VOLLMER zu einer Stoffwechselbeschleunigung.

Nun hatten FREUND und GOTTLIEB gefunden, daß eine Steigerung der normalen Adrenalinblutdruckwirkung nach Vorbehandlung mit Proteinkörpern als Ausdruck einer gesteigerten Reaktionsfähigkeit des autonomen Nervensystems anzusehen ist.

VOLLMER fand einen anderen Mechanismus der Adrenalinwirkung durch Proteinkörper beeinflußt. Er fand, daß die durch Adrenalin hervorgerufene Adrenalinhyperglykämie nach Proteinkörpereinwirkung geringer ist als bei den Kontrollversuchen, ohne Proteinkörperbehandlung.

Die Senkungsbeschleunigung der roten Blutkörperchen ist nach den Untersuchungen von FAHRAEUS eine zahlenmäßig meßbare Veränderung des Blutplasmas, die im Verlauf der Schwangerschaft und bei vielen, namentlich infektiösen Krankheiten eintritt.

H. SACHS und v. ÖTTINGEN haben eine vermehrte Labilität der Plasmaeiweißkörper nach Proteinkörperinjektionen und nach allen Zuständen, die mit vermehrter Blutkörperchensenkungsgeschwindigkeit einhergehen, nachgewiesen.

Von den zahlreichen Untersuchungen über diesen Gegenstand in den letzten zwei Jahren seien als besonders hierher gehörig die von W. und H. LÖHR in Kiel genannt. Diese konnten zeigen, daß nach Proteinkörperinjektionen, sterilen Operationen und anderen Zuständen die Senkungsgeschwindigkeit erhöht ist, und daß dabei die innere Reibung des Plasmas und des Serums erhöht ist und die Oberflächenspannung abnimmt. Es findet ferner eine Verschiebung der Bluteiweißkörper nach der grob dispersen Seite statt. Diese zeigt sich in einer refraktometrisch meßbaren Erhöhung der Fibrinogenquote. Diese Befunde lagen bereits von STARLINGER vor. Ferner findet sich eine Zunahme der Globuline des Plasmas.

Auf Grund von kataphoretischen Messungen von FAHRAEUS, von Untersuchungen von LINZENMEIERS, REITSTÖTTERS, MONDS u. a. kommt jüngst HÖBER zu folgender Definition der interessanten Reaktion:

„Die Aufhebung der normalen Stabilität der Blutkörpersuspension kommt dadurch zustande, daß an der Adsorptionshülle der Blutkörperchen Globuline mehr oder weniger an Stelle der Albumine treten."

Gesetzmäßiger Verlauf der Hyperproteinämie, ein Beweis für die omnicelluläre Wirkung, für gesteigerte dissimilatorische Zelltätigkeit. BERGER stellte einen ganz gesetzmäßigen Verlauf der Änderung des Blutes nach Proteinkörperinjektion fest. Es fand sich eine Hyperproteinämie, jedenfalls eine echte Vermehrung durch gesteigerte Abgabe von Zellproteinen an das Blut, in der ersten Phase findet Fibrinogenvermehrung statt. In der folgenden Phase Vermehrung des Globulins und in der letzten Phase sind die Albumine vermehrt.

DÖRR und BERGER hatten ähnliche Verschiebungen bei immunbiologischen Vorgängen, sowie bei mannigfachen Infektionen gefunden. Es scheint also hier ein elementares Reaktionsgesetz der Cellularpathologie vorzuliegen, das so zu formulieren ist:

Viele pathologische Vorgänge sind verbunden mit einer Verschiebung des Eiweißbestandes nach der Globulinseite. Diese Verschiebung kann sich dann sekundär im umgebenden Medium der Körperflüssigkeiten äußern. Besonders interessant ist es, daß nach W. und H. LÖHR diese gesetzmäßige Verschiebung sich am intensivsten nach sterilen operativen Eingriffen einstellt, weil hier der Reiz einen sonst gesunden Körper trifft, der mit seinen Zellen maximal reagieren kann. Nach SCHITTENHELM liegt hierin ein weiterer Beweis für die BERGERsche Annahme, daß die Veränderungen im Serumprotein als celluläre Vorgänge anzusehen sind. So ist ja zweifellos auch der anaphylaktische Zustand und die Tuberkulinempfindlichkeit ein cellulärer Vorgang (DÖRR u. a.).

Nach SCHITTENHELM geht daraus hervor, daß die therapeutische Wirkung der Proteinkörper nicht allein auf der Änderung der physikalisch-chemischen Struktur des Blutes beruht, sondern vielmehr der Hauptangriffspunkt die Zelle selbst ist, so daß sich nach SCHITTENHELM daraus eine Bestätigung der ursprünglichen Auffassung WEICHARDTS über die omnicelluläre Wirkung der Proteinkörpertherapie ergibt. Auch GOTTSCHALK glaubt, entsprechend dieser Auffassung, daß das eigentlich Wirksame in dem durch den unspezifischen Reiz der parenteralen Eiweißzufuhr im Organismus ausgelösten Mechanismus in dem nachgewiesenen Auftreten von Produkten gesteigerter dissimilatorischer Zelltätigkeit besteht, und daß dadurch erst das enge Zusammenspiel von chemischen, physikalischen und physiko-chemischen Änderungen hervorgerufen wird.

Fünftes Kapitel.

Die unspezifischen Mittel.

In der Praxis der unspezifischen Therapie sind eine große Anzahl therapeutischer Mittel gebraucht worden; von der alten Form der Gegenreizung bis zu unseren gegenwärtigen Methoden der Heterobakteriotherapie, Proteintherapie und der intravenösen Injektion von kolloidalen Metallen oder anderen kolloidalen Substanzen. Wenn wir diese verschiedenen Mittel besprechen, die wir zur Verfügung haben, um die „Plasmaaktivierung" oder die „Ergotropie" herbeizuführen, je nachdem wie man die Reaktion nennen will, so wird es nicht unangebracht sein eine Anzahl von ihnen wegen ihres geschichtlichen Zusammenhangs oder wegen ihrer Theorie einzuschließen und nicht wegen ihres tatsächlichen therapeutischen Wertes. Man soll deshalb ihre Erwähnung nicht als eine Bestätigung ihrer Nützlichkeit, noch als eine Rechtfertigung für ihren Gebrauch in der Praxis ansehen. Sie sind unter einer einzigen Gruppe zusammengefaßt, da es höchst wahrscheinlich ist, daß ihre gelegentliche Nützlichkeit — von der bei einigen Beispielen keine Rede sein kann — sich auf eine ähnliche Reaktion, d. h. wirkliche Gewebeanregung und Aktivierung, gründet, die sie im Körper hervorrufen, und sie ihre heilende Kraft mehr durch Reaktionsveränderung des ganzen Organismus ausüben, als durch tatsächliche Beeinflussung der Ursache des Krankheitsvorganges. Obgleich die folgende Liste ausgiebig ist, ist sie keineswegs vollständig. Die verschiedenen Drogen, die möglicherweise wegen ähnlicher Reize nützlich sind, — unter ihnen einige Quecksilberpräparate, Zimt- und Bernsteinsäuren und ihre Salze, Ameisensäure (Chinin), die Antipyrine, Jode usw. — sind nicht aufgenommen, da ihre Besprechung zu weit führen würde. Eine große Anzahl anderer und älterer Verfahren, die in der Geschichte der Medizin einmal angewendet wurden, und die wahrscheinlich ihre Nützlichkeit auf die nämliche allgemeine Reaktion gründeten, sind ebenfalls ausgelassen worden, da lediglich eine Besprechung ihrer historischen Folge als unspezifisches therapeutisches Mittel keinen Wert haben würde.

Die unspezifischen Mittel.

Gegenreizungen.

Ätzen, Haarseil, Kunstgeschwür, Brennkegel, Zugpflaster, hautrötende Mittel.

Blut und Sera.

Normale Sera: Menschen, Pferde, Schafe, Ochsen, Ziegen, Hühner usw.

Immunsera: Menschliches Rekonvaleszentenserum; Antimeningokokkenserum, Antidysenterieserum, Antistreptokokkenserum, Diphtherie- und Tetanusantitoxin, Antihefeserum (Deutschmannserum), Antituberkulose-Serum (Marmoreck, Maragliano usw.).

Verwandte Mittel: Plasma, Serum (RICHET), Blasenserum, Pleuraflüssigkeit, Cerebrospinalflüssigkeit.

Eiweiße.

Eieralbumin und Serumalbumin, Milch, fettfreie Milch, Casein, Gelatine. Pflanzenproteine, Nucleoproteine und Nucleohexyl.

Eiweißspaltprodukte:

Proteosen, Deuteroalbumose, Histamin, Globin, Wittepepton.

Enzyme.

Trypsin, Amylopsin, Leukoprotease (Leukocyten-Extrakte).

Gewebeextrakte.

Tumor-Autolysate und Extrakte, Knorpel- und Gefäßextrakte (HEILNER). Organotherapie.

Vaccine.

Typhus, Dysenterie, Coli und Cholera, Meningokokken- und Gonokokken, Staphylokokken, Streptokokken, Pyocyaneus und Pneumokokken. Influenza und Diphtherie usw.

Gemischte Vaccine: Vaccinurin DANYSZ' Methode. MUCHS Antigen.

Bakterielle Extrakte und verwandte Produkte.

Tuberkulin, Typhin, COLEYS Flüssigkeit, Phylacogen, bakterielle Autolysate.

Kolloidale Metalle.

Gold, Silber, Platin, Magnesium, Schwefel, Quecksilber, Zink, Eisen.

Verschiedenes.

Hypertonische und hypotonische Salzlösungen, Zuckerlösungen, dest. Wasser, Formalin, Solusin, Hetol, Jode, Terpentin, Antipyretische Mittel. Hefen.

Bestrahlung: Sonnenlicht, Röntgenstrahlen, Radium.

Biologische Veränderungen, Erschöpfungsimmunität.

Gegenreizung (Wärmeätzung, Haarseil, Kunstgeschwür, Brennkegel, Zugpflaster, hautrötende Mittel). Diese wahrscheinlich allerältesten Eingriffsverfahren bei Krankheitsvorgängen, im Ursprung rein empirisch, stellen zweifellos eine Form der unspezifischen Therapie dar. So grausam und barbarisch ihre Anwendung scheint, so gibt es doch kaum einen Zweifel an ihrer gelegentlichen Wirksamkeit. Ihr großes Alter, ihr weitverbreiteter Gebrauch unter allen Völkern und ihre lange Dauer in der Praxis berechtigen zu dieser Annahme. Ihre angenommene Wirkung auf die Entzündung — die Beschleunigung der Wiederherstellung, Nachlassen der Schmerzen, die beschleunigte Aufsaugung der Exsudate — kann als ein Ergebnis unspezifischer Protein-Therapie, wie wir sie heute verstehen, angenommen werden.

Jede von diesen Maßnahmen gründet sich auf das Hervorrufen einer Herdreaktion, die entweder durch Nekrose, z. B. durch Ätzen verursacht wird, oder durch Eiterung, wie nach dem Gebrauch des Haarseils oder des Kunstgeschwürs, oder in milderer Form durch das Hervorbringen eines gewöhnlich serösen oder vereiternden Exsudationsbereiches durch Entzündung entsteht. Die Aufsaugung dieser durch den Körper muß zu einer wohl milderen und länger anhaltenden Gewebeanregung führen, ähnlich den Anregungen, welche auf unsere moderneren unspezifischen therapeutischen Injektionen folgen. BIER und BLOCH waren die ersten, die darauf aufmerksam machten, daß unsere unspezifische Therapie nur ein Teil dieses älteren Gebrauches der Gegenreizung ist.

In der Regel beschränkte sich die Gegenreizung auf örtlich begrenzte Entzündungsvorgänge und wurde selten, wenn überhaupt, bei akuten infektiösen Krankheiten angewandt; jedoch finden wir sie anempfohlen bei Rheumatismus, merkwürdigerweise der Krankheit, bei der die moderne unspezifische Therapie vielleicht am beständigsten erfolgreich war.

Das sogleich wirkende Ätzen wurde als das wirksamste Mittel angesehen. Wir wissen jetzt, daß nach einem Brand die Aufsaugung des nekrotischen Materials aus dem gebrannten Bereich eine typische Protein-Shok-Reaktion nach sich ziehen kann, die je nach dem Grad und dem Bereich der Schädigung entweder akut oder verzögert auftritt. PFEIFFER hat kürzlich im einzelnen das Überfluten des Organismus mit proteolytischen Enzymen nach Ätzen sowohl, als auch nach Infektion solcher Kunstgeschwüre erforscht.

Das Haarseil, das Kunstgeschwür und der Brennkegel waren alles Verfahren, die eine lange anhaltende Oberflächeneiterung hervorrufen sollten. Nekrotische Gewebeprodukte wurden nicht nur von solchen Herden absorbiert, sondern zur selben Zeit wurde wegen der unvermeidlichen Infektion solcher Gewebe eine Heterovaccination verwirklicht. Die milderen Verfahren verursachten nur eine lokale Reizung der Haut, entweder durch Blasenziehen oder Hyperämie; Absorption eines leichten Entzündungsexsudates kann durch beide stattfinden. Bei allen diesen Maßnahmen, welche sich bloß im Grad unterscheiden, haben wir die Elemente der modernen unspezifischen Therapie, die Absorption eines fremden Proteins (zerfallenes autogenes Material — entweder gebranntes Gewebe, zerfallene Leukocyten, Fibrin, oder Serum aus einem Exsudat —) die Reaktion des Körpers gegenüber diesen Stoffen mit erhöhter Tätigkeit: Anregung des Knochenmarks, Mobilisation der Leukocyten und Enzyme, das Nachlassen nervöser Reizbarkeit usw.

Jedoch war die Gegenreizung in ihrer Anwendung auf lokale Entzündungszustände beschränkt, und unterscheidet sich deshalb von dem Gebrauch der gegenwärtig angewandten unspezifischen Methoden.

CALLEJA hat kürzlich ein Heilverfahren entdeckt, das er als Immunisation gegen Nekrose, hauptsächlich auf diese alten Methoden gegründet ansieht. CALLEJA nimmt an, daß die Derivantia der empirischen Medizin, das Zugpflaster, der Fixationsabsceß usw. ihre Wirksamkeit der Tatsache verdanken, daß sie eine aktive und eine passive Immunisierung gegen die Wirkungen der Nekrose der Gewebe bei den Krankheitsvorgängen ausüben. Subcutane Einspritzung von 4—5 Tropfen Chloroform zu verschiedenen Zeiten bis zu einer Gesamtmenge von 3—5 ccm ist eine geeignete Maßnahme dieser „Causticotherapie"; CALLEJA schwemmte dieses mit Pferdeserum auf, in der gleichen Weise wie Diphtherieantitoxin präpariert, nur brauchte er anstatt Diphtheriebacillen menschliches Gewebe, welches unter Chloroform nekrotisch gemacht war.

Der Ausdruck „Gegenreizung" und die Theorien, mit denen die therapeutische Maßnahme in der Behandlung der Krankheiten erklärt werden sollte, sind mit den Mitteln, die jahrelang gebraucht wurden, unmodern geworden. Zu Zeiten und unter gewissen Bedingungen wurden mit Hilfe von Gegenreizungsmitteln ganz befriedigende Erfolge erzielt. Aber die Gegenreizung war eine durchaus nur auf die Erfahrung gegründete therapeutische Maßnahme, und in der Tatsache, daß keine Theorie der modernen Medizin ihre Wirksamkeit erklären konnte, lag vielleicht einer der Gründe, warum die moderne Medizin die Anwendung verschmähte. Wie GILLIES sagte: „Das Heilmittel, oder sagen wir die Behandlungsmethode, wurde nicht geschätzt, weil sie als Heilmittel oder als Behandlungsmethode versagte, sondern aus dem besonderen Grunde, weil wir nicht verstehen und erklären können, warum sie erfolgreich war; denn es ist bewiesen, daß sie sehr häufig Erfolg hatte." Merkwürdigerweise fuhren wir fort, Maßnahmen auszuarbeiten, die sichtlich der Gegenreizung in ihrem Wesen und ihrer Anwendung ähnelten aber unter verschiedenen neuen Namen und auf modernen wissenschaftlichen Theorien der Immunität aufgebaut. So ist z. B. der Gebrauch der Autoserotherapie bei Pleuraexsudaten, bei der eine kleine Menge des Pleuraexsudates abgezogen und unter die Haut des Patienten wieder eingespritzt wird, der älteren Form des Blasenziehens ganz ähnlich.

Erst in den letzten Jahren erwähnten die Forscher der unspezifischen Therapie die Möglichkeit, daß der gleiche Mechanismus, der der einen Therapie zugrunde liegt, möglicherweise in der anderen auch mit inbegriffen ist. WEICHARDT führte als vereinheitlichendes Moment die „Reaktionsänderung im Sinne der Leistungssteigerung" ein. LUITHLEN hat sogar die möglichen Heilwirkungen des wiederholten Blutabziehens für eine biologische Veränderung, die der Protein-Therapie verwandt ist, erklärt.

Blut, Sera und verwandte Mittel. Bluttransfusion. Eine der frühesten Methoden der unspezifischen Therapie war die Transfusion von Blut, das von Menschen oder Tieren stammte; das Verfahren zog eine Reaktion von seiten des Kranken nach sich, wie allgemein beobachtet wurde. Diese Reaktion machte das Verfahren gefährlich, weil sie nicht streng beherrscht werden konnte, und doch ist erkannt worden, daß gerade in ihr die Nützlichkeit der Methode als therapeutische Maßnahme lag. In neuerer Zeit gebrauchte HASSE Schafblut bei der Behandlung einer großen Anzahl von Krankheiten (1894) und ECKERT (1896) erkannte endgültig, daß das injizierte oder transfundierte Blut nicht als Ersatzmittel, sondern als chemisches Reizmittel für den Organismus wirkte, der die Injektion empfing. BIER machte ähnliche Beobachtungen und obwohl zu Zeiten diesen frühen Versuchen eine gewisse klinische Besserung folgte, traten die Methoden wegen der ihnen gesetzten offensichtlichen Grenzen niemals in den Vordergrund. Es ist anregend, die alten Arbeiten der Transfusoren, die im allgemeinen ausgezeichnete Beobachter waren, von unserem heutigen Standpunkt aus zu beurteilen. Beim modernen Gebrauch der Transfusion handelt es sich nur darum, einen schweren Serum- oder Blutkörperchenverlust zu ersetzen oder wieder gut zu machen, und es wird streng eine Reaktion von seiten des Empfangenden vermieden.

Shokreaktion. BOUCHÉ und HUSTIN haben den anaphylaktischen Shok oder vasotropischen Shok bei der Behandlung von gewissen Fällen von Amenorrhöe angewandt, ferner um Metrorrhagie anzuhalten oder Menstruation zu regulieren. Die Applikationsmethode unterscheidet sich für jeden Fall. Zehn normal menstruierenden Frauen wurde eine subcutane Injektion von 3 ccm normalen Pferdeserums gemacht, und 15 Tage später wurden 1 oder 2 ccm in die Uterushöhle mit einer BRAUNschen Spritze injiziert. Innerhalb 4 Stunden bis zu 4 Tagen kam Blut aus der Vulva und dieses Heraussickern des Blutes ging weiter von 6 Stunden bis zu 6 Tagen. Eine ähnliche Wirkung wurde bei Frauen mit Amenorrhöe beobachtet; eine systematische Wiederholung der Maßnahme stellte den Rhythmus der spontanen Menstruation wieder her. Keine Wirkung wurde bei den anderen offenbar. Bei 15 Fällen von Metrorrhagien wurde die zweite Injektion von 1 oder 0,5 ccm Pferdeserums subcutan gemacht und diese wurde in Zwischenräumen von einer oder zwei Wochen wiederholt. Zuerst hatte die sensibilisierende Injektion wenig oder keine Wirkung auf die Metrorrhagie, aber der anaphylaktische Shok durch die zweite und die späteren Injektionen übten eine ausgesprochene hämostatische Wirkung aus, obgleich sie keine bestehende menstruelle Hämorrhagie veränderten. Bei 9 Fällen von unregelmäßiger Menstruation schien die Wiederholung des anaphylaktischen Shoks eine regelnde Wirkung zu haben. Leukorrhöe schien auch günstig beeinflußt.

Ferner vermuten beide Autoren, da das häufigste und dauerhafteste Symptom eines lokalen anaphylaktischen Shoks ein Ödem ist, und da es bei Wiederholung des Shoks verschwindet, daß chronische Ödeme auf die gleiche Weise auf den hervorgerufenen Shok reagieren könnten. Bei drei Fällen von chronischen Ödemen traumatischen Ursprungs bei Erwachsenen folgte der Behandlung auf dieser Grundlage eine Besserung. Ein Mann wurde mit 5 ccm Diphtherie-Antitoxin und 2 Wochen später mit 0,5 ccm eingespritzt, dieses wurde in 5—7tägigen Zwischenräumen beinahe 3 Monate lang wiederholt. Bei den beiden anderen Fällen wurde für die Shokbehandlung Crotalin gebraucht. Die Ödeme nahmen nach der ersten Injektion zu, verschwanden dann vollkommen innerhalb ungefähr einem Monat nach 3 oder 4 Injektionen.

CHEMISSE wendet eine antianaphylaktische Maßnahme an, um den Arsaphenaminshok zu verhüten. Er wendet die Methode an, die SICARD angibt und die in einer prophylaktischen Injektion von 30 ccm physiologischer Salzlösung besteht. Er fängt mit 0,6 oder 0,7 eines Grammes von Natriumcarbonat an. Das Arsaphenamin wird sofort nachher injiziert. Andere Methoden sind auch vorgeschlagen worden. KOPACZEWSKI fügte 3 oder 4 Tropfen Äther dem Arsenik zu. Bei anderen Fällen wurden 3 ccm Äther subcutan 10 Minuten vor der Arsenikinjektion gegeben und noch andere gebrauchten 5 ccm Campheröl, das eine halbe Stunde vor der Injektion gegeben wurde.

Autoserotherapie mit normalem Menschenserum. Der Gebrauch des normalen Menschenserums, das einem anderen Individuum oder dem Patienten (Autoserotherapie) entweder für subcutane oder intravenöse Wiedereinspritzung entnommen wird, ist keine neue Maßnahme. Besonders ist der Gebrauch von normalem Serum bei hämorrhagischer Diathese schon lange Jahre geübt worden (WEIL 1908). Es ist wahrscheinlich, daß in dem Mechanismus des Gerinnens eine kolloidale Neuordnung von genügender Stärke vorliegt, um das Serum für den homologen Organismus toxisch zu machen, und daß diese Veränderung dafür verantwortlich ist, daß das Serum eine allgemeine Reaktion bewirkt.

Defibriniertes Blut ist entschieden für das homologe Tier giftig, eine Tatsache, deren man sich erinnern soll, wenn man die hervorgerufene Reaktion beurteilen will. Als FREUND diese Frage erforschte, bemerkte er, daß bei den Versuchstieren, denen man das Blut

15 Minuten nach der Entnahme eingespritzt hatte, der Tod schnell erfolgte; wenn etwas mehr Zeit verstrich, hatte das Tier Kollapse, und wenn man es innerhalb 30 Minuten injizierte, antwortet das Tier mit Fieber. Von dieser Zeit an bis zu 20 Stunden nach der Bereitung verursachte das Serum nur eine leichte Fieberstörung.

In den letzten Jahren sind eine Menge bedeutsamer Arbeiten über die Injektion mit homologem Serum erschienen, besonders bei hämorrhagischen Krankheiten. Auch in der amerikanischen Literatur ist das Verfahren sehr günstig aufgenommen worden (FREEMAN, HUBER, MAC FARLANE, KAISER, SOPHIAN, HARTMANN, BELLIBONI, ROSENBERGER, LE CLAINCHE und VALÉE, JOUSSET, MOSTI, ROSLER usw.).

Bei der Autoserotherapie wird das Blut aus einer Vene des Erkrankten entnommen, und darauf kann es sich absetzen oder defibriniert werden. Das von dem Blutkuchen abgesonderte Serum, oder nachdem das Blut zentrifugiert worden ist, wird intravenös gewöhnlich ein- bis zweimal eingespritzt. Eine kleine oder gar keine Reaktion folgt der Maßnahme, der heilende Erfolg ist nicht sehr glänzend, wenn man die Länge der mit der Behandlung verbrauchten Zeit bedenkt. PERRY wandte Pferdeserum mit anscheinend guten Erfolgen an.

Normales Tierserum. Pferde-, Rinder-, Ziegen-, Schaf-, Hühner-Sera, um nur einige der angewendeten zu nennen, wurden zuerst subcutan, in späteren Jahren intravenös eingespritzt. Die Dosis, die mit Sicherheit gebraucht werden kann, wechselt mit dem Serum, seinem Alter, der Herstellungsweise, den etwa hinzugefügten Konservierungsmitteln und mit der Empfindlichkeit des Patienten. 250 ccm Rinderserum sind intravenös (bei Milzbrand) ohne Schädigung gegeben worden; größere Dosen waren bei den meisten Fällen befriedigender als kleinere. Die Reaktion nach Verwendung dieser Sera war in der Regel sehr mild, nur gelegentlich wurde Fieber oder Schüttelfrost beobachtet. Vor der Einspritzung jeder Art von Serum sollten Hautproben gemacht werden, um zu sehen, ob der Patient für das Serum sensibilisiert ist, dessen Anwendung in Betracht gezogen wird. Bei wiederholten Dosen wird die Reaktion im Gegensatz zu anderen unspezifischen Mitteln stärker, sogar wenn die Einspritzungen in der Zeit, die gewöhnlich der eigentlichen Sensibilisierung vorausgeht, gemacht wird. Intravenöse Injektionen müssen immer sehr langsam ausgeführt werden, auch wenn kein Beweis einer Überempfindlichkeit vorhanden ist. Wenn der Patient zu empfindlich geworden ist, muß große Vorsicht beobachtet werden. Allerdings machte SMITH gerade von der Tatsache, daß Patienten gegen Serum-Injektionen empfindlich wurden, Gebrauch und verbesserte dadurch die Heilerfolge. Er fand, daß bei Kranken die gegen Seruminjektionen empfindlich wurden und mit etwas Temperaturanstieg und einer allgemeinen Systemreaktion darauf reagierten, auch eine endgültige heilende Wirkung bei lokalen Entzündungszuständen (gonorrhöischen Komplikationen) beobachtet wurde. 1895 schon empfahl BERTIN Normal-Serum-Einspritzung bei Diphtheriefällen.

Immun-Serum. Der Gebrauch des Serums von Genesenden zur subcutanen oder intravenösen Injektion ist eine Maßnahme, die auch schon seit langer Zeit besteht. Bei Typhus wurde sie mit einigem Erfolg angewandt, aber wohl die ausgiebigste Anwendung fand sie bei der Behandlung von Scharlach, und in noch neuerer Zeit bei Influenza. Um erfolgreiche Wirkung zu erzielen, müssen große Dosen, und zwar frühzeitig gegeben werden, 2 Tatsachen, aus denen besonders hervorgeht, daß die Wirkung weniger auf der antitoxischen oder antibakteriellen Eigenschaft des Serums beruht, als auf der unspezifischen anregenden Wirkung des Serumproteins. 1897 gebrauchte WEISBECHER subcutane

Einspritzungen von Rekonvaleszentenserum bei Scharlach, jedoch wurde das Verfahren nicht ausgiebig angewandt, bis REISS und JUNGMANN den Wert der Behandlung mit größeren Dosen betonten. 80—100 ccm Serum werden jetzt gewöhnlich gebraucht, möglichst intravenös injiziert. REHDER legte seiner Dosierung das Körpergewicht zugrunde und verabreichte 2 ccm des Serums per Kilo. Sehr wenig Beachtung wurde der Bestimmung der Isoagglutinine geschenkt, die in dem intravenös injizierten Serum vorkommen, und zuweilen wurden sogar schwere Reaktionen berichtet, wahrscheinlich wegen der Vernachlässigung dieser Vorsicht (GRIESBACH). Natürlich sollte das verwendete Serum mit Hilfe der Wassermannschen Reaktion vor der Injektion geprüft werden.

Antibakterielle Sera und Antitoxine. Antitoxine der verschiedenen Arten und antibakterielle Sera sind vielfach gebraucht worden, einschließlich Diphtherie- und Tetanus-Antitoxin, Antistreptokokken, Antipneumokokken-Antidysenterie-Serum usw. Diese paraspezifische Therapie, wie man sie allgemein nannte, ist ausgiebig in Frankreich und England und, bis zu einer gewissen Ausdehnung, in Amerika gebraucht worden. Solche Sera sind nicht nur zu intravenösen, intramuskulären und subcutanen Einspritzungen verwendet worden, sondern wurden auch per os gegeben.

PATON bespricht in seiner „Neuen Serumtherapie" dieses Verfahren und die damit erlangten Ergebnisse.

1895 beobachtete BOKENHAM, daß die Anwendung von Diphtherieantitoxin gegen Streptokokkeninfektion wirksam zu sein schien; 1897 beobachtete LILIENTHAL die Wirksamkeit des Streptokokkenserums bei verschiedenen chirurgischen Zuständen, während MAC CALLUM mit guten Erfolgen Einspritzungen von Diphtherie-Antitoxin bei Tuberkulose, Lupus und adnexalen Entzündungen versuchte.

Auf dieser Grundlage fing PATON seine Forschungen an und gebrauchte Antitoxin sowohl wie unverändertes Schaf-, Pferde- und Rinderserum in großen Reihen von Fällen und bei verschiedenen Krankheiten, zuweilen mit sehr bedeutsamen Ergebnissen.

DARIER nahm diese Untersuchungen in Frankreich auf, und gibt eine umfangreiche Literatur an, die sich mit dieser Art Therapie beschäftigt.

1901 behandelte TALAMON ungefähr 115 Fälle mit Diphtherie-Antitoxin mit bedeutendem Erfolg. MONGOUR gebrauchte es bei Bronchopneumonien und Lungenabscessen, und auch LAUNOIS behandelte mehrere Fälle damit. DERONET und JEULIN wandten die Behandlung bei 31 Fällen von Pleuritis an, ihr günstiger Bericht wurde von FAURE in einer kleinen Reihe von Fällen bestätigt. BURKARD brauchte Serum bei der Behandlung von Kropf mit Basedowerscheinungen und BLOCH erhielt gute Erfolge, als er Tetanusantitoxin verwandte. WEIL berichtete über den Gebrauch solcher Sera bei Hämophilie sowie bei Peritonitis, Sepsis, puerperaler Infektion usw. 1911 versuchte FREUND normales Pferdeserum bei Puerperalinfektionen. Bei Typhus gebrauchte MONGOUR und CAZAMIN, MAROTTE und OUI Diphtherieantitoxin; ALBERT LEVY benützte es bei Dysenterie. Bei Gicht berichteten L. RAMO und CHIRAY, PASSAVY und CHAUVET und GUITHARD über ausgezeichnete Ergebnisse. Iritis wurde mit denselben Mitteln behandelt, und bei Erysipel erzielten LAUNOIS, APOSTOLLEANU, POLAK und MAYWEG gute Erfolge.

CUMSTON hat erst kürzlich auf die Tatsache aufmerksam gemacht, daß in Frankreich die paraspezifische Therapie allgemein in der Heeres- und Zivilpraxis bei Augeninfektionen angewandt wird. Diphtherie-Antitoxin ist gewöhnlich per os in der militärischen Praxis angewandt worden, aber wo die Bedingungen günstig lagen, wurde die subcutane und intravenöse Verabfolgung bevorzugt. Sie soll die Schmerzen erleichtern und eine ausgesprochene Euphorie erzielen.

Die Dosierung ist selbstverständlich keine bestimmte. Die Sera wurden in diesem Falle nicht wegen ihrer antitoxischen Eigenschaft, sondern wegen ihrer unspezifischen anregenden Wirkung gegeben. Bei einem empfindlichen Patienten kann eine sehr kleine Dosis genügen, um eine schwere Reaktion hervorzurufen; gewöhnlich kann jedoch nach einer sorgfältigen Bestimmung des Sensibilitätsgrades des Kranken die Dosis ziemlich groß sein. Die Mittel dieser Art haben den Vorteil, daß sie in sterilen Packungen fertig zum Gebrauch zu haben sind. Sie geben in der Regel keine auffallenden Heilerfolge, wie man solche bei den mehr toxischen Mitteln beobachten kann, bieten aber ein verhältnismäßig sicheres Versuchsmittel bis der Arzt mehr oder weniger vertraut mit dieser Behandlungsweise wird.

DEUTSCHMANN-Serum. Die allgemeine Zunahme der Widerstandskraft gegen Infektion, die nach dem Gebrauch von Hefe beobachtet wurde, führte DEUTSCHMANN 1907 dazu, eine neues Verfahren auf dieser Grundlage zu versuchen. Er immunisierte Pferde lange mit Hefe und gebrauchte dann das Serum bei einer Anzahl von Krankheiten. Er beschäftigte sich hauptsächlich mit Augenkrankheiten, hat aber das Serum ebenso bei verschiedenen akuten Infektionen angewendet. Er beobachtete, daß seine mit Hefe immunisierten Tiere alle gegen eine allgemeine Infektion widerstandsfähiger wurden, und glaubte, daß diese Veränderung in der Resistenz auf einer Serumveränderung beruhe.

Das Serum wurde den Kranken subcutan und intravenös eingespritzt, aber in verhältnismäßig kleinen Dosen von 2—4 ccm. Bei seinen Reihen von Fällen wurden 24 Pneumonien mit dem Serum behandelt, wovon drei starben. Bei vier von diesen Fällen wurde eine Krisis sofort nach der Injektion beobachtet. In allen Fällen war die Euphorie nach der Einspritzung deutlich ausgeprägt. Das Serum wurde bei allgemeiner Sepsis, Erysipel, verschiedenen Arten von Entzündungen, Furunculose, Otitis media, Impetigo, Ekzeme — und mit anscheinend guten Erfolgen bei Augenkrankheiten — traumatischen Entzündungen, Hypopyon, Keratitis, Iridocyclitis, Iritis usw. gebraucht (BOKHOFF).

Bei Lupus vulgaris wurde eine deutliche lokale Entzündungsreaktion mit allen anderen ähnlichen unspezifischen Mitteln beobachtet.

Tuberkulose-Serum. Die allgemein gebrauchten Präparate von MARAGLIANO und von MARMORECK verursachen bei Tuberkulösen Reaktionen, die den verschiedenen immunologischen Veränderungen zugeschrieben wurden, aber sehr wahrscheinlich sind unspezifische Proteine der Grund ihrer Wirksamkeit. Die Temperatur ist nach der Einspritzung erhöht, Herdreaktionen treten ein, die Menge des Sputums nimmt zu, usw. Genau wie bei anderen unspezifischen Mitteln, die bei der Behandlung der Tuberkulose angewandt werden, sind Anfangsfälle häufig günstig, vorgeschrittene Fälle ungünstig beeinflußt.

Ähnliche Mittel. Plasma wurde besonders von französischen Forschern bevorzugt. GRIGANT und MOUTIER gebrauchten die Methode bei der Behandlung von Influenza. Kaninchenplasma wird mit menschlichem Serum gemischt und intravenös gegeben.

Blasenserum. Eine nicht oft gebrauchte Methode, sie besteht darin, lokale Bläschen in einigen Bereichen der Haut hervorzurufen und dann die Transsudatflüssigkeit zu entnehmen und sie wieder zu injizieren. Sie besitzt keine Eigenschaften von ungewöhnlicher Wirksamkeit.

Pleuraexsudate und Transsudate (auch Autoserotherapie genannt). Auf dem medizinischen Kongreß in Rom berichtete 1894 GILBERT von erfolgreicher Behandlung pleuritischer Ergüsse, wobei er eine begrenzte Menge Flüssigkeit aus der Brust entnommen und unter die Haut des Kranken eingespritzt habe. Die Aufsaugung des Pleuraexsudates soll sehr beschleunigt worden sein. Eine lange Reihe von Klinikern veröffentlichte bald Berichte über das Verfahren, meistens mit günstigen Ergebnissen. FEDDE, GEROUZI, TCHIGAOFF, NASSETTI, MARCON, DURAND, SCHNÜTGEN, DUNCAN, MODINUS, INDELLI, FIORI-LANDMANN, LINSER, SPIETHOFF, ST. MELLO. Eine Zusammenfassung der Arbeiten ist in einer Übersicht von FISCHBERG erfolgt.

Die Technik ist sehr einfach, 5—10 ccm Flüssigkeit werden aus der Brust an bestimmten Tagen oder in längeren Zwischenzeiten entnommen und wieder eingeimpft ohne die Nadel von der Oberfläche der Haut zu entfernen. Bei einigen Beispielen wurde eine leichte Temperaturerhöhung nach den Einspritzungen bemerkt; bei den meisten Fällen aber folgte keine Reaktion; ZIMMERMANN erforschte den Mechanismus und beobachtete, daß eine Leukocytose der Injektion folgte. Er war der Meinung, daß die Reaktion ihre Ursache in den autolytischen Produkten der Gewebsentartung hatte, die sich in der Pleuraflüssigkeit fanden, und machte die Beobachtung, daß bei Tieren nach Einspritzung solcher Produkte des Gewebezerfalls (Peptone), eine Leukocytose eintrat. EISNER beobachtete ebenfalls diese Leukocytose.

LYTER beschäftigte sich kürzlich mit dem Gegenstand und kam zu dem Schluß, daß die Einspritzungen der Pleuraflüssigkeit wenig oder keinen Einfluß in der Beschleunigung der Absorption des Exsudates haben. Von 23 sorgfältig verfolgten Fällen, bei denen er 5 ccm Flüssigkeit täglich entnahm und wieder einspritzte, wurden 8 vollkommen innerhalb 2 Wochen resorbiert = 34%. LYTER beobachtete praktisch keine Leukocytose, und in nur 2 von den 8 schnell resorbierenden Fällen beobachtete er überhaupt eine Temperaturreaktion.

Es ist wahrscheinlich, daß das Verfahren am ehesten ein sehr mildes Reizmittel für Resorption ist, da die unspezifische Reaktion praktisch nicht in Betracht kommt, was die Wirkung auf Temperatur und Leukocytose anbetrifft. PERKINS hat das Verfahren kürzlich dahin abgeändert, daß er eine größere Menge Flüssigkeit von mehreren Kranken entnimmt und Citratsalzlösung beifügt. Dazu kommt eine 5%ige Carbolsäurelösung (zu 10% der Gesamtmenge). Von dieser Mischung fängt er mit Einspritzungen von 1—2 ccm subcutan an, die Dosis langsam erhöhend bis zu 10—25 ccm.

Cerebrospinalflüssigkeit. v. ZIELINSKI hat Erfolge bei der Behandlung von Typhus veröffentlicht auf Grund der Behandlung mit subcutanen und intravenösen Einspritzungen von Cerebrospinalflüssigkeit des Patienten. Die Dosis war gewöhnlich 15 ccm und er rühmt sich, gute Resultate mit solchen Injektionen erhalten zu haben,

Gelenkflüssigkeit. DUFOUR und DEBRAY behaupten, daß die Flüssigkeit von einem Gonokokkenprozeß im Gelenk, subcutan injiziert, allen Anforderungen einer ausreichenden und harmlosen autogenen Vaccine entspricht. Man braucht die Flüssigkeit nicht zu erhitzen oder zu sterilisieren; sie injizierten sie unter die Haut des Oberschenkels und fanden, daß bei ihren 3 Fällen die allgemeinen Symptome und die allgemeinen und lokalisierten Schmerzen schnell verschwanden und die Temperatur langsam abnahm. Die Wirkung auf die Urethral- und Vaginalprozesse konnte nicht beurteilt werden, da lokale Maßnahmen wie gewöhnlich dabei angewandt wurden.

Die lokalen Wirkungen von Serum und normaler Salzlösung. Die Behandlung von Wunden und von lokaler Gewebeentzündung durch lokale Serumeinspritzungen, homologe wie fremde, ist neueren Datums. MÜLLER besprach die Wirkung und die Anwendbarkeit, und WRIGHT hat in seinen Versuchen über lokale Widerstandskraft der Gewebe gegen Infektion auch von diesem Verfahren Gebrauch gemacht. Wendet man es bei cellulärer Entzündung an, so folgt der Injektion eine bedeutende Besserung der örtlichen Erscheinungen; Schmerzen, Spannung und Schwellung sind auffallend vermindert. Die lokale Einspritzung von physiologischer Salzlösung soll auch ähnliche Analgesie zur Folge haben. Diese Methode ist am ausgiebigsten bei gonorrhöischen Komplikationen gebraucht worden, besonders bei Epididymitis. Gewöhnlich werden 10 ccm Serum oder Salzlösung in das Scrotum in der Nähe der Entzündung injiziert. SCHITTENHELM macht mit Recht darauf aufmerksam, daß man auf diesem Gebiete scharf unterscheiden müsse; so lassen die Untersuchungen von BÜRGER und HAGEMANN, ELLINGER, LIPPSCHÜTZ u. a. keinen Zweifel, daß die unmittelbare Folge der Injektion hochprozentiger Zuckerlösung eine starke Blutverdünnung durch einen stickstoff- und salzarmen Wassereinstrom aus den Geweben ist und es sich um eine erhebliche lymphstromfördernde Wirkung handelt. Infolge leichter Zellreize tritt eine vorübergehende Beschleunigung des Stoffwechsels und ein Ausschwemmen gewisser Zellzerfallprodukte ein.

Native Proteine. VON DEN VELDEN scheint einer der ersten gewesen zu sein, der in der Therapie native Proteininjektionen gebrauchte und dabei von dem Gedanken geleitet wurde, daß er damit gewisse unspezifische fermentative Reaktionen des Körpers anrege, welche die allgemeine Krankheitsresistenz erhöhen. Er fand z. B. daß die vasomotorische Tätigkeit um den erkrankten Bereich herum erhöht war, daß der Lymphstrom offensichtlich zunahm, ebenso wie die leukocytische Reaktion usw.

Ovalbumin und Seralbumin. VON DEN VELDEN gebrauchte zuerst Lösungen von Ovalbumin und Seralbumin in 5—10%iger Lösung. Diese injizierte er subcutan in Dosen von 5—10 ccm; später wandte er intramuskuläre und intravenöse Einspritzungen an. HOLLER gebrauchte auch Ovalbumin. Die allgemeine Reaktion ist geringwertig und die Heilwirkung nicht auffallend.

Milch. Die intramuskuläre Einspritzung von Milch wurde von SCHMIDT und SAXL 1916 eingeführt, um eine Proteinreaktion, d. h. die typische Temperatursteigerung, die nach anderen Mitteln auch beobachtet wurde, hervorzurufen. Milch bietet den Vorteil, daß sie den Ärzten leicht zugänglich ist. Das Verfahren ist sehr einfach. Gewöhnliche pasteurisierte oder frische Milch wird 5—10 Minuten gekocht und nach dem Abkühlen werden 5—10 ccm intraglutaeal injiziert, oder in die Muskulatur der Arme, des Rückens usw. Der Einspritzung folgt Schüttelfrost (nicht so stark wie nach der Typhusvaccine), und Temperaturanstieg, der seinen Höhepunkt in 6—8 Stunden erreicht, und dann innerhalb 24 Stunden verschwindet. Auch eine ausgesprochene Leukocytose zwischen 15000—40000 folgt. Milch hat, so eingespritzt, eine bestimmte styptische Wirkung und ist, wie DÖLLKEN zeigte, von besonderem Wert bei Krankheiten, die im Zusammenhang mit Hämorrhagien stehen. Diese Wirkung ist wahrscheinlich durch ihren Einfluß auf das Leberparenchym verursacht, das zusammen mit dem Knochenmark durch die Milcheinspritzungen besonders angeregt zu werden scheint; auch Thrombokinase und Fibrinogen erscheinen danach in erhöhtem Maße im Serum. Örtlich kann an der Injektionsstelle erhebliche Schmerzhaftigkeit bestehen.

Milch ist aus vielen und verschiedenen Elementen zusammengesetzt; man hat sich bemüht, diejenigen Bestandteile klarzustellen, die am wirksamsten wären. Der bakterielle Inhalt ist besonders für die durch Milcheinspritzung hervorgerufene Reaktion verantwortlich gemacht worden. BESSAU, DECASTELLO und E. F. MÜLLER glauben wirklich, daß die Reaktion ganz den Bakterien zu verdanken ist, die in der Milch enthalten sind, und UDDGREN fand, daß die Reaktion nach Einspritzung von steriler Milch verhältnismäßig schwach war. Sie fand, daß Milch, wie sie verkauft wird, sogar nach 3—5 Minuten langem Kochen noch einige lebende Organismen enthalten kann. UDDGREN nimmt an, daß die Reaktion der Milch den bakteriellen Derivaten oder Proteinspaltprodukten der Milch zu verdanken ist.

RHYMER, der ziemlich unbefriedigende Ergebnisse mit Milchinjektionen erhielt — er versuchte sie bei Diphtherieträgern, bei Hämorrhagien, bei Anämie, Osteomyelitis, Sepsis und BARLOWscher Krankheit — glaubt auch, daß die Reaktion nur durch Bakterien in der Milch veranlaßt wird, weil er mit frischer steriler Milch praktisch keine Reaktion erhielt. Wenn man wiederholte Milchinjektionen anwendet, erhöht sich die Reaktion des Kranken bis zu einer gewissen Stärke und unterscheidet sich dadurch von der Wirkung der Reinjektion bei Bakterien und Proteosen. Es scheint eine verhältnismäßig kleine Gefahr für Empfindlichkeit oder für anaphylaktischen Shok nach wiederholten Milcheinspritzungen zu bestehen; über viele tausende Injektionen wurde berichtet, darunter nur wenige Fälle von Shok nach den wiederholten Injektionen (SACHS, OPPENHEIM, LUBLINER, VAN RANDENBORGH). Dieser letzte Beobachter ist der Meinung, daß einige der Milchpräparate (Caseosan usw.) mehr zu Shokerscheinungen führen, als die Milcheinspritzungen.

Wo Shokerscheinungen vorkamen, ist es keinesfalls ausgeschlossen, daß ein Teil der Injektion zufälligerweise eine Vene erreichte. Große Vorsicht sollte immer beobachtet werden, daß die Einspritzungen intramuskulär gemacht werden.

ZIELER gibt folgende praktische Maßnahmen an, die zur Vermeidung ungewollter intravenöser Einspritzungen innegehalten werden müssen: Man sticht ein; quillt nach Abnahme der Spritze aus der Kanüle kein Blut hervor, so wird mit der gefüllten, oder einer anderen Spritze angesaugt. Kommt hierbei Blut, so muß eine andere Stelle gewählt werden.

Die Tatsache, daß verhältnismäßig sehr wenig Empfindlichkeit des Patienten nach Milchinjektionen auftritt, ist verschieden erklärt worden. Der menschliche Organismus ist, und das ist Tatsache, unter keinen Umständen für den anaphylaktischen Shok sehr empfänglich, und SALUS hat vermutet, daß im Fall der Milcheinspritzungen durch das Kochen der Milch dazu beigetragen würde, sie zu entdifferenzieren und damit die Neigung zur Empfindlichkeit zu verringern. Über die Untersuchungen WEICHARDTS nach dieser Richtung siehe S. 143.

SLAWIK empfiehlt den Gebrauch von Menschenmilch an Stelle von Kuhmilch, besonders bei der Behandlung von jungen Kindern. Er fand, daß Amme wie atreptischer Säugling solchen Einspritzungen gegenüber widerstandsfähig waren, da überhaupt keine Temperaturerhöhung bei ihnen vorkam. Nach

EPSTEIN reagieren Erwachsene auf menschliche Milch mit einer Temperaturzunahme usw. genau so wie auf Kuhmilch.

Örtliche Injektionen von Milch wurden von WEISS und anderen bei der Behandlung von Bubonen und örtlichen Entzündungsvorgängen gebraucht. Neben einer allgemeinen Reaktion wird eine ausgesprochene lokale Wirkung ähnlich der von lokal injiziertem Serum und Kochsalzlösung bemerkt (VIDE).

Für intravenöse Einspritzungen wurde fettfreie Milch zubereitet durch gründliches Ausziehen der Milch mit Fettlösungsmitteln, und späterem sorgfältigen Verdampfen der Lösungsmittel, die nach grober Trennung noch in der Milch sein könnten.

Casein (Aolan, Caseosan). LINDIG gelang es, diese sogenannte „Milchtherapie" zu verfeinern, indem er gereinigtes Casein an Stelle der Milch gebrauchte. Dieses hat den Vorteil, ein chemisch konstantes Produkt zu sein, das von Bakterien frei ist und für das man vermutlich eine Standarddosierung bestimmen kann.

LINDIG gebrauchte eine 5%ige Lösung. Diese wird hergestellt, indem man 5 g gereinigten Caseins zu einer $\frac{n}{10}$-Lösung von Natriumbicarbonat (20 ccm) hinzufügt, es so lange schüttelt bis das Casein ganz aufgelöst ist und dann 80 ccm destilliertes Wasser hinzufügt. Von dieser Lösung werden $\frac{1}{2}$—1 ccm intravenös gegeben. Der Einspritzung folgen gewöhnlich Schüttelfrost nach ungefähr einer Stunde, etwas Kopfschmerzen und eine mäßige Zunahme der Temperatur — ungefähr $1{,}3^{0}$ C.

Das Casein nimmt eine ziemlich ungewöhnliche Stellung unter den nativen Proteinen ein wegen der Schnelligkeit, mit der es gespalten wird und besonders, weil es vom Erepsin hydrolysiert wird; die letztere Tatsache würde, wie LINDIG meint, das Spalten des injizierten Caseins in fast allen Gewebsflüssigkeiten wahrscheinlich machen. RIEDEL macht auf die Tatsache aufmerksam, daß die vom Casein abgeleiteten Mono- und Diamine als kräftige Anreger für die Gewebetätigkeit und deshalb auch für die Enzymtätigkeit wirken könnten.

MÜLLER hat ein Milchpräparat gebraucht, welches kürzlich in Europa unter dem Namen Aolan auf den Markt kam. Während LINDIG annimmt, daß das Casein den wirksamen Stoff darstellt, der für die Reaktion nach der Milcheinspritzung verantwortlich ist, ist MÜLLER der Meinung, daß das Casein genau wie die Milch selbst nur einen Fremdkörper darstellt, und daß die anderen Bestandteile der Milch auch eine ähnliche Reaktion geben werden.

Die Aufspaltung von Eiweiß bei parenteraler Einverleibung ist schon vor Jahren von SCHITTENHELM-WEICHARDT bearbeitet worden. Dieselben stellten das auf S. 62 angegebene vorläufige Schema auf.

Gelatine. Die Anwendung von Gelatine für intravenöse Injektionen wurde vor einer Anzahl von Jahren empfohlen, da man annahm, daß Gelatine wirksamer sein könnte im Zurückhalten der Flüssigkeit in den Gefäßen bei Shokfällen und nach schweren Hämorrhagien, da die Gelatine ein Hydrosol bildet. Die Einspritzungen waren zeitweise von Anzeichen einer unspezifischen Reaktion in milder Form gefolgt — Schüttelfrost, Schwitzen und Fieberanstieg. CLARK hat kürzlich die Reaktion der Kaninchen nach solchen Injektionen erforscht. Der Möglichkeit, daß nach Gelatineinjektionen Tetanus folgen kann, besonders wenn sie subcutan gegeben wird, muß man sich erinnern (WEBER).

Pflanzenproteine. MÜNCH hat über die Anwendung von Pflanzenpreßsaft für parenterale Injektionen berichtet. In Amerika wurden eine Anzahl solcher Mittel unbekannten Ursprungs und unbekannter Zusammensetzung, wahrscheinlich von Pflanzen abstammend, unter besonderem Namen verkauft. Ein ziemlich spaßhafter Widerspruch muß darin gesehen werden, daß diese unspezifischen eigentümlichen Mittel für spezifische Zwecke gemacht werden, d. h. es wird für jede Krankheit ein spezifisches „unspezifisches“ Mittel empfohlen. Es ist also dringend nötig, daß die verschiedenen Proteine nach den üblichen Verfahren der Physiologie in bezug auf ihre Beeinflussung der einzelnen Organsysteme sowohl, wie des Gesamtorganismus durchforscht werden.

Nucleinsäure und die Nucleine. Auf Nucleinsäure wurde zuerst in der wissenschaftlichen Welt bei einer Zusammenkunft der Baseler Naturforscher-Gesellschaft 1874 aufmerksam gemacht, als MIESCHER ihre Chemie besprach. Erst 20 Jahre später jedoch führte sie HORBACZEWSKI in die medizinische Praxis ein und beobachtete ihre Leukocyten anregenden Eigenschaften. MAUREK berichtete kurz darnach über die Wirkung der subcutanen Einspritzungen auf das Leukocytenbild und auf die Temperaturkurve und NETTER führte sie in Frankreich ein. Sie wurde bald ausgiebig bei einer Anzahl von infektiösen Krankheiten gebraucht und bei verschiedenen Entartungskrankheiten des Zentralnervensystems, wie z. B. bei Paralyse, Tabes usw. CHANTEMESSE und PARLAVECCHIO erforschten beide die Wirkung der Nucleineinspritzungen auf Antikörperbildung und fanden, daß Alexine und Agglutinine erhöht waren; FOX und LYNCH untersuchten erst ganz kürzlich die Wirkung von Nucleininjektionen auf die Leukocytose der Hunde; BROWN und ROSS untersuchten die Leukocytosereaktion in Verbindung mit Injektionen bei einer Reihe von inneren Krankheiten. Die Dosierung hängt von der Herstellung ab. Gewöhnlich folgt, wenn 0,5 g des Natriumnucleinates subcutan gegeben werden, eine Leukocytose innerhalb 4—10 Stunden nach der Einspritzung und eine Fieberreaktion, welche 24 Stunden lang dauern kann; sie ist gewöhnlich schwach und übersteigt in der Regel nicht 1° C.

In Abänderung dieses Verfahrens ist das Nucleohexyl kürzlich hergestellt worden. Es ist zusammengesetzt aus Nucleinsäure und Hexamethylentetramin, das in 10%iger Lösung für intravenöse Einspritzungen gebraucht wird. Die Dosierung ist ungefähr 10 ccm. LEVY glaubt gefunden zu haben, daß es bei der Behandlung von Typhus nützlich sei. WILLMORE und GARDNER-MEDWIN haben subcutane und intramuskuläre Injektionen von Natriumnucleinat angewandt, um die Leukocytose anzuregen. Ihre Resultate waren zufriedenstellende.

Proteinspaltprodukte. Vor einer Anzahl von Jahren ist in Amerika von VAUGHAN und seinen Mitarbeitern beobachtet worden, daß die Injektion von Proteinspaltprodukten den Widerstand gegen neue Infektionen erhöht. Erst seit wenigen Jahren jedoch sind die verschiedenen Spaltprodukte der Proteine als heilende Mittel anerkannt worden. NOLF gebrauchte Proteosen bei Krankheiten, die mit Hämorrhagien wie mit hämorrhagischen Diathesen, paroxysmalen Hämoglobinurien usw. kombiniert waren, mit dem Gedanken einer Erhöhung der Koagulierbarkeit des Blutes. LÜDKE gebührt das Verdienst, zuerst Proteosen bei der Behandlung von akuten Infektionen gebraucht zu haben. NOLF begann mit ihrer Anwendung zu diesem Zweck etwas später, und seitdem haben dann eine große Anzahl Kliniker ihre Erfolge mit dieser ausgesprochenen „Proteintherapie", wie sie genannt wurde, veröffentlicht.

Nach unserer Erfahrung geben eine Anzahl aus verschiedenen Proteinen hergestellter Proteosen (Albumosen) eine sehr schnelle und zufriedenstellende Reaktion. Es ist verschiedentlich gezeigt worden, daß die primären Proteosen etwas toxischer für Tiere sind als die sekundären, aber bei therapeutischen Injektionen mag der Unterschied in der Wirkung nicht ins Gewicht fallend sein. LÜDKE gebrauchte Deuteroalbumosen, die jetzt zu Heilzwecken in Deutschland käuflich hergestellt werden.

Die Abstammung des zu verwendenden Proteinspaltproduktes ist von großer Wichtigkeit hinsichtlich der Giftigkeit. SCHITTENHELM und WEICHARDT bemerkten in ihren Forschungen den Unterschied in der Giftigkeit von Proteinspaltprodukten, welche von verschiedenen nativen Proteinen abstammen; s. Schema auf S. 62. KAZNELSON prüfte diese Frage mit besonderer Beziehung auf den Heilzweck bei Deuteroalbumose aus Fibrin, Gelatine, Weizen, Horn, Seide usw. Subcutan injiziert, waren sie alle von erheblichen lokalen Schmerzen an der Injektionsstelle gefolgt. Intraglutaeal injiziert unterschied sich die örtliche Reaktion dieser Albumosen nur wenig von der, die einer Milcheinspritzung folgte. Die intravenöse Wirkung zeigte bedeutende Unterschiede. So waren die Heteroalbumosen aus Fibrin viel giftiger als die anderen. Solche aus Gelatine folgten dann in der Schwere der Reaktion, während die aus Weizen, Horn, Seide usw. abstammenden wenig oder keine Reaktion gaben.

Nach den Arbeiten von BAEHR und PICK zu urteilen, scheint es am wahrscheinlichsten, daß die Toxizität der Proteinpräparate bis zu einem hohen Grade von der Anwesenheit oder Abwesenheit der cyclischen oder Ringbestandteile des Proteinmoleküls abhängt. Vielleicht ist auch die Größe des kolloidalen Aggregates von Wichtigkeit für den Ausfall der Reaktion nach intravenöser Einspritzung.

Die Dosierung von Deuteroalbumosen und den anderen primären und sekundären Proteosen, soweit sie angewandt werden, wechselt. Bei unseren Versuchen haben wir $^1/_2$—2 ccm einer $2^0/_0$igen Lösung der sekundären Proteosen gebraucht. LÜDKE gab zuerst ungefähr 2 ccm einer $2^0/_0$igen Lösung, kürzlich hat er 1—2 ccm einer $10^0/_0$igen Lösung eingespritzt; HOLLER wandte 1 ccm einer $10^0/_0$igen Lösung an.

JOBLING und der Verfasser haben unter dem Eindruck gestanden, daß kleine in häufigen Zwischenräumen wiederholte Dosen die beste Art der Anwendung darstellen, JOBLING empfiehlt in seiner „Harvey Lecture" mit einer Dosis von 0,25 ccm einer $1^0/_0$igen Lösung zu beginnen und zu beobachten, ob der Patient mit hoher Temperatur reagiert. Falls keine allgemeine Reaktion nach dieser Dosis erfolgt, kann eine etwas größere Dosis am nächsten Tag gewählt werden. Dieses ist besonders bei den toxischeren Formen der infektiösen Krankheiten angezeigt; andererseits mag es bei Gicht besser sein, eine verhältnismäßig große Dosis im Anfang, nachdem man die Reaktion festgestellt hat, zu geben um eine schwere Reaktion hervorzubringen. Die Reaktion nach der Einspritzung hängt nicht nur von der Dosis, sondern von der Art der Krankheit ab, an der der Patient leidet, genau so wie bei Milchinjektionen (SCHMIDT).

Der Patient wird Proteoseinjektionen gegenüber nicht sensibel; vielmehr wird ein Grad der Toleranz erreicht, so daß nacheinander folgende Einspritzungen nicht eine gleiche Reaktion des Patienten ergeben.

Im Tierversuch gibt es einige Beweise, daß eine Empfindlichkeit wenigstens gegenüber den höheren Proteosen erreicht werden kann. Beim Menschen haben wir keinen Beweis für diese Wirkung, wenigstens soweit man aus der klinischen Reaktion, die nach wiederholten Injektionen folgt, beurteilen kann.

Es scheint mir sehr zweifelhaft, ob eine Heilwirkung erreicht werden kann, ehe eine allgemeine Reaktion des Patienten stattgefunden hat. NOLF betont, daß ein Shok vermieden werden sollte „wenn man Proteosetherapie anwendet, um einen Patienten von einer infektiösen Krankheit zu heilen, sollte man einen Shok vermeiden, wenigstens den heftigen Shok, den ich beschrieben habe. Aber es erscheint vorteilhaft, eine milde Reaktion hervorzurufen, welche ich die „Peptonwirkung" im Gegensatz zum „Peptonshok" genannt habe."

Die Bemühungen vieler Forscher sind dahin gegangen, irgend ein Mittel herzustellen, das keine ernste Reaktion hervorrufen sollte, z. B. Übelkeit, Schwitzen und Fieber, und das zugleich ein gleichmäßig befriedigendes Ergebnis liefern könnte.

Es ist zweifellos, daß vom klinischen Standpunkt aus ein solches Mittel sehr wünschenswert wäre; man sollte diesen Gedanken im Auge behalten. Aber wir werden der Wahrscheinlichkeit gegenüber gestellt, daß, wie im Kapitel über Herdreaktion gezeigt wird, die positive Phase oder der Ablauf der Genesung nach unspezifischen Injektionen eine Funktion der negativen Phase ist, oder wenigstens sehr mit dem Grad der negativen Phase, oder der Heftigkeit des Krankheitsvorganges, die sich klinisch in der Reaktion des Patienten zeigt, zusammenhängt. Genau so wie bei lokalen Herden der Krankheit eine deutliche Vermehrung der Entzündung nach spezifischen Vaccineinjektionen oder nach unspezifischen Injektionen in der Regel eine klinische Besserung folgt, so folgt häufiger bei den allgemeinen Infektionen nach einer verhältnismäßig schweren Reaktion eine durchgreifendere Genesung als nach einer sehr geringen Reaktion [1]). Ich kann aber nicht stark genug betonen, daß die größte Sorgfalt und Kritik bei der Behandlung solcher Krankheiten, wie Gicht oder örtlichen Entzündungen geübt und ein bedeutender Grad von Erfahrung gewonnen werden muß, ehe der Versuch gemacht wird, allgemeine Infektionen zu behandeln, wenn nicht der Arzt ein Unglück verursachen will.

Die endgültige Frage der Dosierung und der eigentlichen Reaktion ist immer noch offen. Ich glaube, daß das Verfahren HOLLERS ein sicheres ist und empfohlen werden kann. HOLLER behandelte seine Fälle von infektiösen Krankheiten mit einer täglichen Dosis von Deuteroalbumose, die gerade genügte, um eine milde Reaktion auszulösen. Bei einigen Krankheiten empfahl er täglich 2 Dosen. Dieses Vorgehen ist gewiß viel sicherer, als die Anwendung einer einzigen großen Dosis, die der Patient unter Umständen nicht vertragen könnte.

BIEDL hat 0,5 mg Histamin für intravenöse Injektionen gebraucht. Die Erfolge waren nicht besonders befriedigend, auch waren sie nicht viel besser, wenn Witte-Pepton gebraucht wurde.

---

1) Ebenso fand SCHULZ nach der Injektion von „Arthigon", daß gonorrhöische Wunden am besten nach schweren Reaktionen heilten.

Andererseits wandten NOLF und GOW Witte-Pepton mit augenscheinlichem Erfolg an. GOW gebraucht eine $10^0/_0$ige Lösung. Diese wird hergestellt, indem man 10 g des trockenen Peptons in ungefähr 5 ccm heißem, frisch destilliertem Wasser löst und das Volumen auf 100 ccm auffüllt. Davon werden 8—10 ccm langsam intravenös eingespritzt. Die Wirkungen der intravenösen Anwendung der verschiedenen Proteinspaltprodukte sind in Amerika und auch in Europa vom physiologischen und pharmakologischen Standpunkt eingehend erforscht worden, und es muß auf die betreffende Literatur hingewiesen werden. Die Wirkung der intravenösen Einspritzung von Histamin ist kürzlich von DALE und LAIDLOW beschrieben worden.

Sie fanden, daß bei Katzen die Injektion von 1—2 mg per Kilo von einem bemerkenswerten Fallen des Blutdruckes gefolgt war, einem Zusammenklumpen der Blutplättchen [1]) und einer Leukopenie. Die Leukocyten kleben an den Gefäßrändern. Ebenso folgte eine relative Polycythämie mit gesteigerter Viscosität. Diese letzteren Veränderungen kommen von der erhöhten Durchlässigkeit der Capillaren, nach der man schätzt, daß ungefähr $40^0/_0$ des Plasmas aus dem Gefäßbett verloren werden.

Enzyme (Trypsin). Ein Verfahren, das vor einigen Jahren bedeutend erweitert wurde, war die sogenannte Enzymbehandlung von Krebs, die von BEARD vertreten wurde. Sie bestand in der subcutanen Anwendung einer Trypsinlösung. Es ist sehr zweifelhaft, ob irgend eine bösartige Krankheit tatsächlich jemals durch die Einspritzungen geheilt worden ist; Herdreaktionen wurden natürlich bemerkt mit einer Verminderung der Größe des umfangreichen Tumors wegen der Zunahme des autolytischen Vorganges im Neoplasma. Der Injektion folgte stets eine allgemeine Reaktion von seiten des Patienten, die durch Schüttelfrost, Schwitzen und Temperaturerhöhung in Erscheinung trat. Nach dieser akuten Reaktion pflegte der Kranke mehrere Tage verhältnismäßig Ruhe zu haben. Amylopsin wurde gewöhnlich mit Trypsin für die Einspritzung zusammengestellt.

Leukocytische Extrakte. Leukocyten enthalten antibakterielle Stoffe (MOXTER, PETTERSON, SCHNEIDER) und man bemühte sich diese Eigenschaft zu Heilzwecken auszunützen. PETTERSON verwendete leukocytische Extrakte bei Hunden, die zur selben Zeit mit Milzbrandbacillen injiziert wurden; es machte sich eine erhöhte Widerstandsfähigkeit bemerkbar. Später gebrauchte er ein ähnliches Verfahren, um die erhöhte Widerstandsfähigkeit der Meerschweinchen, die mit leukocytischen Extrakten behandelt und mit Typhusbacillen infiziert waren, nachzuweisen. OPIE machte ähnliche Versuche mit Hunden. HISS und ZINSSER übertrugen später das Verfahren auf die Behandlung von infektiösen Krankheiten des Menschen. Die Leukocyten wurden in der Regel von Kaninchen gewonnen, gewaschen und in destilliertem Wasser aufgeschwemmt. Gewöhnlich wurde die ganze Suspension eingespritzt. Leukocytische Extrakte sind bei der Behandlung von Pneumonie, Staphylokokkeninfektionen, Erysipeln usw. mit sichtlich günstigen Erfolgen gebraucht worden.

Wenn man den Enzymgehalt der polymorphkernigen Leukocyten in Erwägung zieht, so ist es wahrscheinlich, daß die Einspritzung wirklich eine Mischung von Enzym und heterologem Protein darstellt, der Injektion folgt eine Leukocytose (ALEXANDER), andererseits aber verbunden mit einer geringen allgemeinen

---

[1]) Über die Bedeutung des Zusammenklumpens der Blutplättchen und seine Wirkung auf Anaphylaxie ist eine Arbeit von BEHRING wichtig.

Reaktion. Leukocytische Extrakte sind für den therapeutischen Gebrauch verkauft worden, und ARCHIBALD und MOORE, LEONARD und HARMER haben Ergebnisse veröffentlicht, die nach der Einspritzung leukocytischer Extrakte erlangt wurden. TUNNICLIFF, die kürzlich die Wirkung von Leukocyteninjektionen beobachtete, findet, daß die Leukocytose, die nach der Injektion beobachtet wird, 1—4 Tage anhält und daß die Leukocyten besonders tätig sind (junge Formen).

Gewebeextrakte (Tumorautolysate). Die Bemühungen, Krankheitsprozesse durch Autolysate aus Geweben und Gewebeextrakten zu beeinflussen, gruppieren sich hauptsächlich um bösartige Neoplasmen. Eine bedeutende Anzahl von Substanzen sind von den klinischen Beobachtern angewandt worden. Die Arbeit von BEARD ist schon erwähnt worden; die Tatsache, daß Tumorzellen sehr reich an heterolytischem proteoklastischem Enzym (WOLFF und BLUMENTAL) zu sein scheinen, regte wiederholte Bemühungen an, Stoffe mit therapeutischer Wirkung aus dem Tumorsaft herzustellen. Alle Substanzen, soweit sie angewandt wurden, verursachen eine typische Proteinreaktion und sind ohne spezifische Wirkung auf Tumorzellen. Der neueste Bericht über ein solches Präparat ist der von JOANNOVICS und seinem Kollegen SCHERBER. BIER und STICKER fingen ähnliche Studien vor 20 Jahren an und verwendeten Fremdproteine (Fremdserum, Lymphe, Organsäfte) mit Atoxyl verbunden.

Knorpelextrakte. In neuerer Zeit bereitete HEILNER ein Extrakt aus Knorpel, Sanarthrit genannt, das er bei chronischer Arthritis anwendete, wodurch bei einigen Fällen eine deutliche Linderung der Krankheitserscheinungen verursacht wurde. HEILNER führte die Substanz für die Behandlung von Gicht ein, in der Annahme, daß bei gichtischer Diathese die Knorpel wegen ihrer chemischen Struktur eine Stelle besonderer Affinität für die Ablagerung von Harnsäure und verwandten Komponenten bieten. Deshalb kann die Einspritzung solchen Materials in löslicher Form zu der Entfernung der reizenden Stoffwechselerzeugnisse beitragen. Es fand sich aber bald, daß andere gichtische Vorgänge infektiösen Ursprungs gleichfalls durch die Injektionen beeinflußt wurden, so daß die Annahme nicht länger haltbar war. Es ist jetzt die ausgesprochene Meinung einer Anzahl Beobachter, daß die Reaktion nur eine unspezifische ist, nach ihrem Wesen und in ihren therapeutischen Möglichkeiten und Grenzen den anderen Mitteln dieser Gruppe ähnlich.

Gefäßextrakte. Das neueste Mittel dieser Art ist ein Extrakt aus Gefäßgeweben (Blutgefäßwänden usw.), das einige Wirkung auf Arteriosklerose haben soll.

Organotherapie. BORCHARDT hat in neuen Veröffentlichungen die Feststellung gemacht, daß alle Gewebsextrakte — es sei denn, daß sie einen ganz bestimmten Drüsenersatz bieten, wie Thyroidextrakte, oder Enzyme enthalten und deshalb enzymatische Mittel sind — nur unspezifische Mittel darstellen, die den Organismus in unspezifischer Weise anregen. Es ist wenigstens sehr wahrscheinlich, daß in gewissem Maße ihre Wirkung einer solchen Tätigkeit zu verdanken ist. BORCHARDT ist auch der Meinung, daß sowohl die Injektion von verhältnismäßig kleinen Blutmengen subcutan (WEINLAND) und die Injektion von Markextrakten (DANILEWSKI, FOWLER usw.), als auch von Milzextrakten ihre therapeutische Grundlage auf derselben unspezifischen Anregung des hämatopoetischen Systems haben. ESCH sieht die mit Organotherapie erhaltenen Erfolge bei menstrualen Störungen vom gleichen Standpunkt an. Als Beweis der Plasmaaktivierung (s. S. 14) bringt BORCHARDT eine Anzahl bedeutsamer Versuche. Bei immunisierten Kaninchen fand er, daß die Injektion von Asthmolysin (0,0008 Adrenalin und 0,04 Hypophysenextrakt) von Spermin und auch von Thyroidextrakt den Titer der Immunkörper im Serum stark steigerte. Der Thyroidextrakt war sogar per os gegeben, wirksam. Als Ergebnis seiner Versuche betrachtet er jedes dieser Mittel bei infektiösen Krankheiten als nützlich.

Die Vaccine. Bevor wir die Frage des Vaccinegebrauches zu Erzielung einer unspezifischen Reaktion anschneiden, wird es gut sein, aus einer neuen Arbeit von WRIGHT kurz einiges anzuführen. In Anbetracht dessen, daß WRIGHT, der mehr als irgendein anderer Immunologe den Faktor der strengen Spezifität in der Vaccinetherapie betont hat, das Verfahren einführte, solche spezifische Reaktion von seiten des Patienten mit Hilfe des opsonischen Index zu beurteilen und den Gebrauch von autogenen Vaccinen empfahl usw., ist es nur angebracht, seine jetzige Anschauung niederzuschreiben:

„Ich will ganz am Anfang beginnen: Lange nachdem das Prinzip der prophylaktischen Impfung sich in der Medizin verbreitet hatte, nahm man an, daß, wenn man Mikroben in ein schon infiziertes System einimpfte, dieses Verfahren ebenso unlogisch sein würde, als wenn man weiteres Gift in ein schon vergiftetes System eintröpfelte. PASTEUR lehrte uns da zu allererst zu unterscheiden. Er zeigte in Verbindung mit Immunisierung gegen Tollwut, daß eine Vaccine während der Inkubationszeit mit Erfolg angewandt werden könne. Das war der Anfang der therapeutischen Immunisation; von dieser Zeit an wurde anerkannt, daß man ganz gut während der Inkubationszeit impfen und damit versuchen könne, eine Besserung der Infektion zu erlangen. Aber man dachte allgemein, daß die Immunisierung 10 Tage dauern würde, um sich festzusetzen. Als ich in Verbindung mit antityphöser Impfung zeigte, daß baktericide Substanzen sehr schnell erschienen, da wurde es klar, daß dieses Ergebnis auch eine Verschiebung der alten Marksteine und ein Übergreifen auf weitere Anwendungsgebiete für therapeutische Immunisierung in sich schloß. Man mußte sich mit allen möglichen eingehenderen Fragen beschäftigen. Man fragte sich, ob man den Körper als vom bakteriellen Gift überwunden und deshalb weiterer immunisierender Reaktion unfähig anzusehen hätte. Weiter hatte man bei „lokalisierten Infektionen" zu erforschen, ob sie nicht als allgemeine Infektionen, die unbestimmt in ihrem Inkubationsstadium geblieben waren, angesehen werden müßten, und ob sie nicht deshalb mit in den Bereich der Impfung gezogen werden sollten.

Weitere Überlegungen legten nahe, daß man sich der Frage der therapeutischen Impfung auch von einem Standpunkt, der verschieden von dem PASTEURschen ist, nähern könne. Mit Beziehung auf die immunisierende Reaktion hat man sich den Körper als eine einzige ungeteilte Einheit vergegenwärtigt. Das ist natürlich irreführend. Ein Teil des Körpers kann immunisierende Reaktion geben, während der andere untätig ist, z. B. während der Zeit der Inkubation ist es vermutlich nur der Teil, welcher die Mikroben tatsächlich beherbergt, und im Stadium der allgemeinen Infektion ist es vermutlich der ganze Körper, der zur Reaktion angeregt wird. Bei lokalisierter Infektion wiederum können wir — wir müssen hier einige Einschränkungen machen — annehmen, daß wir nur eine lokale Reaktion haben.

Indem wir uns auf diesen Standpunkt stellen, wird die therapeutische Immunisierung, das ist klar, theoretisch so lange zulässig, als es in dem Körper irgendeinen Teil gibt, der nicht schon seine maximale immunisierende Reaktion gibt. Und die Aufgabe der therapeutischen Impfung würde demnach darin bestehen, mit Rücksicht auf die infizierten Teile des Körpers die immunisierenden Reaktionen der nicht infizierten Regionen auszulösen."

„Ergebnisse der Vaccinetherapie". Indem ich das jetzt im Auge behalte, will ich kurz zu erklären versuchen, welche Ergebnisse seit der Anwendung dieses Heilverfahrens erreicht worden sind. Ich kann dies in sehr wenigen Worten tun.

Bei jeder Form von Infektion mögen eine gewisse Zahl unzweifelhafter Erfolge der Methode zugeschrieben werden, und besonders gute Ergebnisse sind bei Furunculose und akuter eitriger Sycosis erhalten worden, bei „vergifteten Wunden", d. h. bei lokalisierter

Zellgewebsentzündung, wie sie durch eine Streptokokkeninfektion ausgelöst wird, bei Streptokokkeninfektionen, welche die Form einer Lymphangitis annehmen, bei Erysipel, bei tuberkulöser Adenitis, tuberkulösen Gelenkinfektionen, tuberkulöser Dactylitis, tuberkulöser Orchitis und tuberkulösen Infektionen des Auges, besonders bei Phlyktänen der Conjunctiva, ebenso bei Bronchitis, bei Cholecystitis und gonorrhöischem Rheumatismus. Am eindruckvollsten und überzeugend, weil hier keine anderen therapeutischen Maßnahmen nebenher gebraucht wurden, sind die Erfolge bei Streptokokkenlymphangitis, bei Streptokokkenzellgewebsentzündung — ich denke hier an jene Fälle, die schon ohne besonderen Erfolg incidiert wurden — und bei conjunctivalen Phlyktänen.

Wenn wir die Erfolge und Mißerfolge der Vaccinetherapie streng gegeneinander abwägen, ergeben sich ganz klar folgende Punkte:

1. Die Vaccinetherapie ist im allgemeinen erfolglos, wo die Infektion — wie bei Phthisis — körperliche Zerstörungen und hektisches Fieber hervorruft.

2. Die Vaccinetherapie ist auch im allgemeinen erfolglos, wo es sich um ungeöffnete Abscesse oder sich ablösende Wunden mit faulen Ausflüssen handelt.

3. Die Vaccinetherapie ist bei schon lang andauernden Infektionen viel weniger erfolgreich als bei frischen Infektionen.

Um zu zeigen, welche Hilfsmaßnahmen man bei solchen Fällen anwenden muß, muß ich für einen Augenblick in das Bereich allgemeiner Prinzipien zurückgehen.

Unspezifische Immunisierung. Im Vordergrund steht die Frage der unspezifischen Immunisierung. Daß Immunisierung immer streng spezifisch ist, gilt als Dogma, und man nimmt als unumstößlich an, daß bakterielle Infektionen nur durch die Behandlung mit homologen Vaccinen überwunden werden können und daß wir bei jedem Fall, ehe wir eine Vaccine therapeutisch anwenden, uns versichern müssen, daß der Patient die entsprechenden Mikroben beherbergt. Ich gebe zu, daß ich selbst die Überzeugung geteilt habe, Immunisierung sei immer streng spezifisch. Vor 20 Jahren, als von der indischen Pestkommission versichert wurde, daß die Antipestimpfung Ekzeme, Gonorrhöe und andere Mischinfektionen geheilt habe, hielt ich die Sache nicht der Prüfung wert. Ich nahm denselben Standpunkt ein, als in Verbindung mit antityphöser Impfung berichtet wurde, daß sie die Patienten weniger empfänglich für Malaria mache. Und wiederum sieben Jahre später hegte ich genau die gleichen Vorurteile bei der Anwendung von Pneumokokkenimpfungen als Vorbeugungsmittel gegen Pneumonie in den Transvaalbergwerken. Aber hier zeigten die statistischen Resultate, die in der „Premiermine" erhalten wurden, daß die Pneumokokkenimpfungen die Sterblichkeit durch Pneumonie um 85% und gleichzeitig die Sterblichkeit durch „andere Krankheiten" um 50% herabsetzten. Von da an hatten wir in unsere Begriffe die Tatsache aufzunehmen, daß die Impfung in Verbindung mit „direkter" auch „mitwirkende" Immunisierung hervorruft. Nachdem dieses einmal erkannt worden war, fing allmählich die „mitwirkende Immunisierung" an in unserem Denken Eingang zu finden. Ich nehme an, daß unter vielen Tausenden von Patienten, die durch Vaccinetherapie privat oder im Krankenhaus behandelt wurden, es immer dann und wann vorgekommen ist, daß ein Kranker mit einer Vaccine behandelt wurde, die nicht mit seiner Infektion übereinstimmte, und daß dieses dem Patienten zweifellos zugute kam. Wiederum war es eine nicht ungewöhnliche Beobachtung, daß Kranke, die mit einer sehr chronischen Infektion (z. B. Pyorrhea) behaftet waren und zuerst mit einer Stammvaccine, nachher mit Autovaccine behandelt wurden, baten, wieder mit Stammvaccine behandelt zu werden, nachdem der größere Erfolg festgestellt war, der mit dieser gegenüber der Autovaccine erreicht worden war.

„Durch solche Fälle sind uns Winke gegeben worden, daß es ein nützliches Gebiet der Anwendung von „mitwirkender" Immunisierung geben könne, und daß dieses Gebiet vielleicht bei den Fällen von schon sehr lange bestehender Infektion läge, bei denen der Kranke sehr sensibel geworden und wahrscheinlich dem Ende seines Titers hinsichtlich der immunisierenden Reaktion gegenüber den besonderen Arten oder Stämmen von Mikroben nahe gekommen ist, von denen seine Infektion ausging. Diese Patienten, daran möchte ich erinnern, stellen die dritte jener Klassen dar, von denen ich am Anfang dieses Kapitels sagte, daß sie sehr schwer mit der Vaccinetherapie zu behandeln seien.

Wir betrachten hier jedoch in erster Linie die Prinzipienfrage und in Verbindung damit, was von grundlegender Wichtigkeit ist, daß wir gezwungen sind, den vertrauten dogmatischen Glauben an die strenge Spezifität der Immunisierung zu ändern, daß wir andererseits ebenso bei jedem erfolglosen Fall bemüht sein müßten, unsere Immunisierung mehr und mehr streng spezifisch zu gestalten. Wir sollten anstatt dessen den Grundsatz haben, daß die beste Vaccine immer diejenige ist, die beim Versuch die beste immunisierende Reaktion gegen die Mikroben gibt, die wir bekämpfen wollen.

Ich möchte zeigen, daß das ganz gewiß keine revolutionäre Veränderung in der Anwendung der Serumtherapie, noch der prophylaktischen oder gewöhnlichen therapeutischen Impfung in sich schließt. Sondern es würde darauf hinweisen, für Fälle, die sich als schwierig in der Behandlung mit der homologen Vaccine erwiesen haben, die Möglichkeit in Erwägung zu ziehen, eine Nebenimmunisierung in der Weise zu suchen, daß man Mikroben oder eine Mischung von Mikroben impft, die anderer Art sind als diejenigen, von denen die Infektion ausging. Der Versuch dieser Maßnahme mag sich vielleicht sogar empfehlen, wenn vom Anfang an nur eine sehr geringe immunisierende Reaktion auf die homologe Vaccine vorhanden ist, und auch, wenn, wie bei lang anstehenden Fällen von Tuberkulose oder Streptokokkeninfektionen, die Kraft der direkten immunisierenden Reaktion auf die korrespondierende Vaccine nach und nach erschöpft wird."

Diese Anwendung von bakteriellen Vaccinen für „mitwirkende Immunisierung", wie WRIGHT es nennt, oder für unspezifische Anregung ist eine moderne Auffassung, die sich aus den Untersuchungen von RENAUD und KRAUS herleitet. Der erstere gebrauchte, wie das schon RUMPF, FRÄNKEL, DEHIO u. a. (s. S. 2) getan hatten, typhöse Vaccine bei der Behandlung einer Anzahl nicht typhöser Erkrankungen; der letztere behandelte Typhuskranke mit Colivaccine und ging dann dazu über, puerperale Infektionen und andere akute Infektionen mit Typhus- und Colivaccinen mit bemerkenswerten Erfolgen zu behandeln. Bis zu dieser Zeit hatte die Furcht vor Überdosierung die Forschung auf diesem besonderen Gebiete zurückgehalten. Die verhängnisvollen Wirkungen, die zuweilen der Injektion von Tuberkulin bei Tuberkulose folgten, hatten einen tiefen Eindruck auf die Mediziner gemacht, und der Nachdruck, mit dem auf die negative Phase der opsonischen Kurve nach Vaccineinjektion hingewiesen wurde, war von ähnlicher Wirkung. Mit der Einführung der sensibilisierten Vaccine der französischen Schule kamen größere Dosen in Anwendung, aber hier wurde wieder eine allgemeine Reaktion vermieden. Gelegentlich findet man Berichte über kräftigere Dosen und Heilungen nach allgemeinen Reaktionen; so heilte SZILY eine schwere Ophthalmoblennorrhöe mit mehreren großen Dosen von Gonokokkenvaccine. Nach der Veröffentlichung von KRAUS hat eine große Anzahl Forscher die Heterovaccinetherapie bei der Behandlung verschiedener Krankheiten angewendet. Die Reaktion dieser verschiedenen bakteriellen Vaccine ist natürlich verschieden, im allgemeinen jedoch lieferten die folgenden Bakterien Resultate:

Typhusvaccine. Die Giftigkeit wechselt sehr mit dem Alter und dem Stamm. Für den praktischen Gebrauch wird die Vaccine gewöhnlich aus 100 Millionen Mikroorganismen im Kubikzentimeter gemacht, davon werden bei der ersten Dosis annähernd 25—50 Millionen gegeben, wenn die besondere Vaccine nicht zu toxisch ist; große Sorgfalt ist nötig. Der Typhusvaccineeinspritzung folgt ein sofortiger Schüttelfrost und Temperaturreaktion, gewöhnlich auch eine Leukocytose. Kopfschmerz ist eine gewöhnliche Begleiterscheinung.

Colivaccine. Der Colivaccineinjektion folgt gewöhnlich eine starke Reaktion, die sich jedoch bis mehrere Stunden nach der Einspritzung verzögern kann. Kopfschmerz ist gewöhnlich stark nach einigen Stunden. Sie ist häufiger von englischen Forschern gebraucht worden. Die Dosierung sollte 25 Millionen für die erste intravenöse Injektion nicht übersteigen; später mag sie erhöht werden.

Dysenterie. Dysenteriestämme von allen Typen sind, subcutan und intravenös angewendet, verhältnismäßig toxisch und ähneln den Typhus- und Colivaccinen in ihrer allgemeinen Wirkung.

Cholera, Prodigiosus, Proteus und eine Anzahl anderer Mikroorganismen sind von verschiedenen Forschern intravenös verabreicht worden.

Meningokokken. Die angewandte Dosis ist gewöhnlich ungefähr 100 Millionen. Der Einspritzung folgt sofort ein Schüttelfrost, der nach 15 Minuten bis zu einer Stunde einsetzt und gewöhnlich eine halbe Stunde dauert; Kopfschmerzen sind allgemein, Übelkeit und Erbrechen ganz ausnahmsweise vorhanden. Eine Temperaturerhöhung ist deutlich und erreicht ihr Maximum in 6—8 Stunden. Herpes ist gewöhnlich nach den Injektionen beobachtet worden.

Gonokokken. Dosierung und Reaktion ähnlich wie bei den Meningokokken. Leukocytose ist deutlich ausgeprägt bei beiden Mikroorganismen und erreicht ein Maximum in 5—7 Stunden. Bei der Gonokokkenvaccine ist Herpes weniger häufig.

Streptokokken. Die Streptokokken sind augenscheinlich nicht so toxisch wie die Typhus- und Colibacillen und die Reaktion verzögert sich häufig um 8—10 Stunden. Einer Dosierung von 100 Millionen folgt gewöhnlich nur eine milde Temperaturreaktion. Schüttelfrost ist nicht so allgemein und die Leukocytose fehlt. Die Vaccine scheint kein gutes Mittel für unspezifische Anregung zu sein.

Staphylokokken. Sind in der Dosierung und der Reaktion der Streptokokkenvaccine ähnlich. Eine Leukocytose von bedeutender Ausdehnung folgt; sie ist nützlicher als die Streptokokkenvaccine befunden worden.

Pyocyaneus. Pyocyaneusvaccine war eine der ersten, die für Heterovaccinetherapie gebraucht wurde. (Von Rumpf bei der Behandlung von Typhus 1893.) Der Gebrauch ist nicht allgemein genug gewesen, um irgendwelche Schlüsse auf ihren Wert zu rechtfertigen. Döllken hat sie bei der Behandlung von Gummata gebraucht.

Pneumokokken. Sind in Dosierung und Reaktion bis zu einem gewissen Grade bei verschiedenen Stämmen den Streptokokken ähnlich. Die leukocytische Reaktion ist nicht bedeutend; mag sogar zuweilen fehlen.

Influenzabacillen. Influenzabacillen, intravenös injiziert, sind in Dosen von 50—100 Millionen Mikroorganismen mit verhältnismäßig geringer Reaktion von seiten des Patienten gegeben worden. In der Regel folgt kein Schüttelfrost, aber die Temperaturreaktion schwankt zwischen 1—1,5° C mehrere Stunden nach der Injektion.

Diphtherieähnliche. Diphtheroide und Diphtheriebacillen scheinen intravenös injiziert nur eine geringe Reaktion hervorzurufen. Eine Menge von 25—200 ist intravenös injiziert worden, und es folgte nach einer langen latenten Periode (10 Stunden) eine geringe allgemeine Reaktion, leichter Schüttelfrost, Temperaturzunahme von 0,5—1° C und Kopfschmerz; gewöhnlich ist keine Leukocytose vorhanden.

Während auch alle diese Mikroorganismen eine gewisse Reaktion hervorrufen können, entweder leicht oder stark, so gleichen sie sich doch keineswegs in ihrer Wirkung auf die leukocytische Reaktion. Schittenhelm, Weichardt und GRIESHAMMER haben auf einige Unterschiede, die nach den intravenösen Injektionen der verschiedenen Bakterienarten bestehen, aufmerksam gemacht; gewisse Mikroorganismen sind von einer verlängerten Leukopenie an Stelle einer Leukocytose gefolgt, andere rufen myelitische Anregung hervor, wieder andere eine lymphatische Anregung usw. DÖLLKEN spricht in seiner neueren Abhandlung und nach dem Studium der Heterobakteriotherapie die Meinung aus, daß die Anregung der verschiedenen Bakterien nicht omnicellulär sein kann, sondern vielmehr selektiv und daß auch das klinische Ergebnis keineswegs von der Art des injizierten Organismus unabhängig sein kann. So fand er, daß während Pyocyaneusvaccine bei Gummata wirksam war, eine Pseudodiphtherievaccine ganz ohne Wirkung blieb. Bei Neuralgie liefert eine Prodigiosusvaccine ein ausgezeichnetes klinisches Ergebnis, während Cholera- und Dysenterievaccine nicht einen gleichen klinischen Erfolg aufzuweisen hatten. Im gleichen Maße erwiesen sich weder Prodigiosus- noch Pyocyaneusvaccine in der Behandlung von Acne nützlich, während auf autogene Vaccine sofortige Besserung folgte. SCHITTENHELM und WEICHARDT gehen demgegenüber in kritischer Weise vor und haben schon früher mehrfach betont, daß die verschiedenen Eiweiße in ihrem chemischen Aufbau verschieden sind und daß deshalb die Wirkungen dieser Injektion verschieden ausfallen müssen. Wir haben also neben allgemeinen Erscheinungen besondere Einwirkungen auf einzelne Organsysteme zu erwarten. Allerdings gehören zu derartigen Untersuchungen exakte Tierversuche und chemische Charakterisierungen der injizierten Eiweiße. Rein klinische Erfolge mit den verschiedensten Substanzgemischen werden niemals zu einheitlichen Resultaten führen.

Die Injektion von Vaccinen ist nicht, wie bei der Milch, von irgendeiner styptischen Wirkung gefolgt, andererseits sind sie in der Regel nicht hämolytisch, wie Nucleohistone und Albumosen es sein können. Die Resistenz gegen Wiedereinimpfung unterscheidet sich auch bei den verschiedenen Organismen. So wird eine rapide Toleranz oder erhöhte Widerstandsfähigkeit gegen Typhus, Pyocyaneus, Pseudodiphtherie und mehrere andere Vaccinearten hervorrufen, während Milch, ein natives Protein, zuweilen in ihrer Wirkung ausgesprochener wird bei aufeinanderfolgenden Injektionen.

Mischungen von Vaccinen sind ebenfalls gebraucht worden. So das Arthigon von BRUCK, das eine Anzahl von Gonokokkenstämmen enthält und 10%iges Protargol und welches ausgiebig in Deutschland bei der Behandlung von gonorrhöischen Komplikationen angewendet worden ist. „Vaccineurin" ist eine neue, von DÖLLKEN für den Gebrauch bei Neuralgie und Neuritis empfohlene Mischung und besteht aus Prodigiosusorganismen und Staphylokokken, die man autolysieren ließ.

DANYSZ Behandlungsmethode von Krankheiten ist ausgiebig in einer neueren Nummer des „Bulletin médicale" besprochen worden. Er beschreibt von neuem die Technik und seine Erfahrungen seit 1913 bei 352 Fällen. Auf der Suche nach einem ausreichenden Antianaphylaktikum ging er von der Annahme aus, daß bei chronischen, nicht ansteckenden Krankheiten der Mittelpunkt der Produktion der Stoffe, welche die Anaphylaxie in der Hauptsache, wenn nicht ganz hervorbringen, im Darm gelegen ist: Die albuminoiden Materien oder Mikrobenbestandteile des Darmkanals gehen ins Blut durch die mit Blut überfüllten Darmschleimhäute und wirken als Antigene, wobei sie den anaphylaktischen Zustand des Organismus hervorrufen. Demzufolge schloß er, daß die aus dem Darminhalt isolierten Mikroben als Antigene zu wirken hätten, wenn man sie einimpfte oder eingäbe. Die Mikroben werden in etwas Stuhl durch Aussaat auf gewöhnliche Kulturbouillon isoliert, dann auf festen Nährböden reingezüchtet, und die Kulturen im selben Verhältnis gemischt, wie man sie ursprünglich gefunden hat. Mit physiologischem Serum wird dieses verdünnt, durch Hitze sterilisiert und die Dosis nach dem Gewicht bestimmt. Per os wird die Dosis von $^5/_{10}$—$^1/_{10}$ mg der Mikrobenkörper gegeben, zur Injektion $^1/_{1000}$ oder $^1/_{1200}$ mg. Zuerst machte er autogenes Antigen für jeden Patienten, aber als er fand, daß die Arten und Proportionen der Bakterien einheitliche waren, verwendete er bei einigen Fällen ein polyvalentes, heterogenes Präparat.

MUCHS Antigen. MUCH hat kürzlich eine Vaccine beschrieben, die er „Immunvollvaccine" nennt und für intramuskuläre Injektion bei der Behandlung von Influenza anwandte. Sie wird aus einer Anzahl unspezifischer Mittel hergestellt:

a) gegenwirkende Proteine, die Stoffwechselprodukte mehrerer unspezifischer Bakterien,

b) eine Lipoidmischung aus Galle,

c) eine Fettmischung von tierischer Herkunft. Er vermutet das Vorhandensein eines Partialantigens in ihr und hat diese bei der Tuberkulose angewendet.

Bakterielle Extrakte und verwandte Produkte. Der Gebrauch von bakteriellen Extrakten und bakteriellen Wachstumsprodukten zu dem Zwecke, eine unspezifische Temperaturzunahme hervorzurufen, ist keine neue Einführung.

Tuberkuline sind zu diesem Zwecke, besonders bei der Behandlung von Lähmung von v. JAUREGG schon seit einiger Zeit eingeführt worden. Zu diesem Zweck wird eine verhältnismäßig große Dosis gebraucht, mit 0,01 mg anfangend und schnell steigend, bis schließlich 0,5 mg injiziert werden. Die Temperaturreaktion ist eine verlängerte; gewöhnlich wird eine Leukocytose hervorgerufen. Das Verfahren bietet keine besonderen Vorteile im Vergleich zu Milcheinspritzungen, die praktisch die gleichen Ergebnisse zeitigen.

KAISER hat bei einer Anzahl chirurgischer Zustände Tebelon gebraucht, Isobutylester von Ölsäure (von STÖLZNER eingeführt). Es wirkt, wie andere unspezifische Stoffe, als pyrogenes Mittel selbst bei nicht tuberkulösen Krankheiten.

Typhin. v. GRÖER stellte aus Typhusbacillen ein Präparat her, das ein Nucleoprotein ist. Er nannte es „Typhin" und verwendete es an Stelle von ganzen Bacillen für intravenöse Injektionen. Der Hauptvorteil des Präparates liegt in der Tatsache, daß die Dosierung festgesetzt und die Reaktion abgeschätzt werden kann. Mit diesem „Typhin" behandelte v. GRÖER 23 Typhusfälle, von denen 18 schnell genasen und 5 starben. Bei dem Fall eines Typhuspatienten, der sich durch eine Krisis nach der Injektion erholte und wenige Tage später an einer hinzukommenden Krankheit starb, bemerkte v. GRÖER bei der Leichenöffnung, daß das Geschwür des Darms praktisch geheilt und die Milz klein war (v. WIESNER hat über ähnliche Beobachtungen berichtet). Es ist interessant zu bemerken, daß v. GRÖER keine Zunahme der Antikörper im Serum der Erkrankten nach der Einspritzung fand trotz der Tatsache, daß solche Patienten ausgezeichnet und rasch nach den Injektionen genasen. Intramuskuläre Injektionen werden für den gewöhnlichen Gebrauch empfohlen. Er gab auch kleine Dosen Digitalis wenige Tage vor der Einspritzung bei schwer toxischen Fällen.

COLEYS Flüssigkeit. Diese besteht aus Kulturprodukten des Streptokokkus und Pyocyaneus. Sie wird besonders bei Sarkomen gebraucht und war da gewöhnlich von einer schweren Systemreaktion gefolgt und einigen Anzeichen von Verdauung und Autolyse des Tumors, aber es kam niemals bis zu einer vollkommenen Ausrottung der Neubildung.

Pneumokokkenautolysate. Von den bakteriellen Autolysaten, welche auf spezifischer Grundlage hergestellt wurden, aber aller Wahrscheinlichkeit nach in den Fällen, wo sie sich therapeutisch wertvoll zeigten, als unspezifische Mittel wirksam waren, wurden die Pneumokokkenautolysate von ROSENOW für den Gebrauch bei Lungenpneumonie empfohlen.

Phylacogene (SCHÄFERS Vaccine). Diese sind verschiedene Erzeugnisse von Bakterienkulturen, die von SCHÄFER mit einigem Erfolg bei Gicht angewandt wurden. Später wurden sie zu Verkaufszwecken hergestellt und unter der Schutzmarke Phylacogen verkauft. In Anbetracht dessen, daß Herstellungsweise und genaue Zusammensetzung unbekannt sind und die Reaktion einfach eine unspezifische ist, lassen sich andere und weniger teure Mittel finden, die mehr befriedigen und leichter geprüft werden können.

Kolloidale Metalle. Kolloidale Metalle wurden vielleicht zuerst von CREDÉ 1895 zu Heilzwecken benutzt.

CREDÉ gebrauchte Silberpräparate in der Annahme, daß sie aktiv streptokokkentötend wären, und führte sie bei der Behandlung von Streptokokkeninfektionen ein. Die Anwendung wurde jedoch auch auf andere septische Erkrankungen im allgemeinen ausgedehnt (man sah sie nicht länger als ein spezifisches Streptokokken tötendes Mittel an, sondern man glaubte, daß sie heterobactericide Eigenschaften besitzen) und neuerdings ist vermutet worden, daß ihre Nützlichkeit nicht auf seiner besonderen chemischen Struktur, sondern auf Eigenschaften der kolloidalen Metalle im allgemeinen beruhen, welche die unspezifische Reaktion hervorriefen und deshalb typische ergotropische Mittel seien. Ältere Forscher folgten CREDÉ in der Auslegung der Wirksamkeit (Marquis DOS SANTOS und ALPHONOSE PINTO); ALBRECHT vermutete, daß die katalytische Eigenschaft der fein zerteilten Metalle eine endgültige Wirkung auf das Heilergebnis ausüben könnte; während später die gegenwirkende Leukocytose, die den Einspritzungen folgte, erforscht und zur Erklärung der therapeutischen Erfolge herangezogen wurde (DUNGER, SAHLI, BRUNTZ und SPILLMANN).

BONNAIRE und KAUSCH bemerkten und betonten beide die wichtige Tatsache, daß nach intravenöser Injektion Schüttelfrost, Fieber und Leukocytose allgemein beobachtet wurden. Diese febrile Reaktion wechselt genau so wie bei anderen unspezifischen Reaktionen bedeutend mit dem Krankheitsvorgang. KAUSCH bemerkte bei Sepsis, daß die hohe Temperatur schnell durch Lyse herabfällt, wohingegen afebrile Fälle, wie Carcinom, mit einem schweren Fieberanstieg reagierten. EBERSTADT bemerkte bei der Behandlung von Erysipel keinen anfänglichen Temperaturanstieg; Lyse kam bei seinen vier Fällen vor. Die Tatsache, daß kolloidale Metalle als katalytische Mittel wirken, hat zu der Annahme geführt, daß sie im Organismus therapeutisch kraft ihrer Eigenschaft als unorganische Fermente wirken. VERGELY macht in einem neuen Überblick auf diese Wirksamkeit in Verbindung mit der durch kolloidale Präparate dieser Art entwickelten enormen Oberfläche aufmerksam. Ein Liter einer

0,5 $^{0}/_{00}$igen Lösung von kolloidalem Gold z. B. stellt eine Oberfläche von 150000 qcm dar, während das gleiche Gewicht von Gold in fester Form eine Oberfläche von nur 50 qmm darstellt. Während der Therapie wird der Organismus aufgepeitscht, aber wenn es ihm unmöglich ist zu reagieren, kann die Maßnahme nicht wirksam sein. Wenn es dem Patienten nicht gelingt, mehr Leukocyten hervorzubringen, hat man keine Aussicht auf Erfolg. VERGELY wählte die zu gebrauchenden Kolloide aus und empfiehlt das Metall, welches sich am wirksamsten gegen Bakterien usw. erwiesen hat. Er fügt hinzu, daß die Injektion eines Kolloids die Produktion eines Fixationsabscesses, wenn dieser zu gleicher Zeit versucht wurde, fördert. Er schließt aus allem, daß neben Vaccinetherapie und Serotherapie Platz für kolloidale Mittel ist, aber ihre Hauptanwendung geschieht bei chronischer Krankheit oder bei Infektion. Während die Reaktion nach der Einspritzung kolloidaler Metalle ganz heftig sein kann, sind verhältnismäßig wenige Kontraindikationen in den medizinischen Zeitschriften bekannt gegeben worden. EYTH und MOSER haben über Todesfälle berichtet; SAITO, EBERSTADT, KAUSCH und WERLER haben schwere Shokreaktionen gesehen. Die Einspritzungen müssen sehr langsam gemacht werden; nur wenn die Metalle frühzeitig während der Krankheit gegeben werden, können Heilerfolge erwartet werden.

Eine Anzahl verschiedener kolloidaler Metalle sind für den therapeutischen Gebrauch hergestellt worden; einige von ihnen werden als Handelspräparate verkauft. Die kolloidalen Silberalbumenpräparate sind am längsten in Anwendung. Arsenik, Jod, Magnesiumkupfer und Platin, Zink, Magnesium, Gold, Eisen, Schwefel, Quecksilber, Zinnoxyd usw. sind mit verschiedenem Erfolg benutzt worden. Die Dosierung hängt natürlich von der Menge des in der Lösung verteilten Metalls ab und von dem Grad der hervorgerufenen Reaktion, beides wechselnde Umstände, die eine gewisse Zahl von Versuchen für jedes Präparat erfordern. Die Abhandlung von SEARLE berücksichtigt das Gebiet der neueren englischen Arbeiten über kolloidale Metalle.

Die Dosierung des Silberpräparates schwankt in der Anwendung von den winzigen von GELLHAUS gegebenen Dosen, der Bruchteile eines Kubikzentimeters brauchte, bis zu denen von KAUSCH, welcher gewöhnlich 10—25 ccm injizierte und sogar 100 ccm einer 2 $^{0}/_{0}$igen Lösung intravenös gab.

Die kolloidalen Metalle werden nicht nur intravenös und subcutan gegeben, sondern sind auch lokal, per os und sogar als Klistier gegeben worden. Z. B. gibt ALEXANDER zuerst eine intravenöse Einspritzung (10 ccm einer 2 $^{0}/_{0}$igen Lösung), darauf folgt am nächsten Tage ein Klistier einer 5 $^{0}/_{0}$igen Lösung. M. und R. KLOTZ gebrauchen sie in Form eines Klistiers und gaben während einer Pneumonie 1 mg täglich.

Man fragt sich, wieviel von der Reaktion und folglich von dem therapeutischen Erfolg bei Injektion dieser metallischen Präparate dem verteilten Metall zukommt, und wieviel dem schützenden Kolloid, das der Hersteller seiner Lösung beifügt, um sie haltbar zu machen. BECHHOLD hat in einer neueren Arbeit die Wirkung dieser Bestandteile gesondert bei mit Bacillus suisepticus infizierten Mäusen untersucht und meint, daß die Kolloide bei intravenöser Einverleibung als solche allen anderen Mitteln überlegen seien. Schon WEICHARDT hatte früher darauf hingewiesen, daß den Proteinen eine Sonderstellung unter den Mitteln der unspezifischen Therapie eingeräumt werden muß,

1. wegen ihrer physikalischen Wirkung als Kolloide und
2. wegen der Vielheit der N haltigen Gruppen, welche bei ihrer Aufspaltung frei werden.

Für das käufliche Jodkollargolpräparat ist die Zusammensetzung folgendermaßen festgesetzt: 31 % Silber, 37 % Jod und 31 % schützendes Kolloid. Andere Präparate wechseln in der Menge des hinzugefügten schützenden Kolloids und den für diesen Zweck angewandten Stoffen.

Auld veröffentlichte einige aufklärende Experimente in diesem Zusammenhang. Mehrere Jahre arbeitete er mit kolloidalen Platinlösungen und fand besonders ein Präparat therapeutisch sehr wirksam. Dieses bestand in einer alten Lösung, die schon einige Zeit in seinem Laboratorium gestanden hatte. Intravenöse Injektionen von 3—7 ccm waren von einer unveränderlich schweren Reaktion von seiten des Kranken gefolgt, ein nach ungefähr einer halben Stunde einsetzender Schüttelfrost und Temperaturanstieg auf 40° bis 40,5° C. Der Patient klagte über Übelkeit und Kopfschmerz. Diese Reaktion trat bei normalen Individuen und bei an verschiedenen Krankheiten leidenden Patienten auf. Seine anderen Platinpräparate ergaben nicht diese schwere Reaktion, desgleichen fehlte die heilende Wirkung. Bei weiterer Untersuchung überzeugte sich Auld, daß dieses besondere Präparat durch eine Lösung von Fleischpepton (0,4%) zusammen mit 1% Glucose haltbar gemacht worden war. Bei Versuchen gab dieses Pepton eine gleiche Reaktion von seiten des Patienten wie die ursprüngliche Platinlösung und konnte therapeutisch mit gleichem Erfolg gebraucht werden.

Die Anwendung der kolloidalen Metalle ist eine sehr ausgiebige auf verschiedenen klinischen Gebieten gewesen, bei septischen Zuständen sowohl wie auch unter gewissen besonderen Bedingungen, z. B. Hautkrankheiten, venerischen Krankheiten usw. Reichmann erzielte gute Erfolge bei Sepsis, Endokarditis und Rheumatismus, Bichon bei rheumatischer Iritis, Salomon, Labbe und Moussaud (kolloidales Gold) bei Typhus, Richter bei Laufgrabenfieber, Klewitz bei Endokarditis. Auch eine Anzahl allgemeiner Artikel, welche sich mit diesem Gegenstand befassen, sind veröffentlicht worden und werden von Interesse sein: Guaita, Meyer, Kausch, Bochemueller, Cowadias, Logier und Wahrum, Saumonier usw.

Man fand, daß sich nach der Injektion das kolloidale Metall hauptsächlich in der Leber, der Milz und dem Knochenmark festsetzte (Voight). Ein getrenntes Gebiet für therapeutische Anwendung der kolloidalen Metalle liegt in ihrem Gebrauch als Hilfsmittel bei Radiotherapie. In dieser Beziehung ist in den letzten Jahren ein bedeutender Fortschritt gemacht worden.

Wie viele andere unspezifische Mittel, so sind auch die kolloidalen Metalle in der Regel bei Wiedereinimpfung weniger wirksam. Böttner glaubt jedoch gezeigt zu haben, daß der Organismus für Kollargol sensibilisiert werden kann, und daß bei Wiedereinimpfung nach besonderen zeitlichen Zwischenräumen der Patient stärker zu reagieren pflegt als bei der ersten Injektion.

Dieses hat einen bestimmten Wert bei solchen Zuständen, wie Gicht, wo gewöhnlich eine starke Reaktion des Patienten sehr wünschenswert ist.

Hypertonische und hypotonische Salzlösungen. Über die Vorgänge, die sich bei Injektion derartiger Lösungen im Körper abspielen s. S. 25. Die Injektion großer intravenöser Dosen von Salzlösung bei der Behandlung von Typhus wird seit dem Bericht von Engländer angewendet. Als Engländer einen Typhusfall behandelte, der eine schwere Hämorrhagie gehabt hatte, gab er etwa 300 ccm physiologische Salzlösung intravenös. Es folgte kurz nach der Einspritzung ein schwerer Schüttelfrost und die gewöhnliche unspezifische Reaktion. Am folgenden Tag fiel die Temperatur auf 35,2° C und der Kranke erholte sich schnell durch Lyse, die am Tage nach der Injektion folgte. Andere Fälle wurden dann von ENGLÄNDER in derselben Weise behandelt.

Die Beobachtung von HUTINEL, daß Salz Fieber verursacht, selbst wenn es jugendlichen Kindern in kleinen Dosen injiziert wird, ist der Gegenstand weitgehender Erörterung gewesen. SAMELSON nahm an, daß solche Temperaturstörung dadurch verursacht würde, daß Verunreinigungen mit dem Salz oder in dem Wasser, mit dem die Lösung hergestellt wurde, injiziert wurden. BENDIX und BERGMANN kamen zum gleichen Schluß. Neuere Beobachtungen hinsichtlich der Rolle des Natriumions in seiner Beziehung zu der Durchlässigkeit der Zellmembranen und der Rolle des Wassergehaltes der Gewebe in dem Mechanismus des Fiebers, lassen die Lage im Ungewissen.

DANIÉLOPOLU verwendete im Gegensatz zu ENGLÄNDER, der große Dosen gebrauchte und eine ausgesprochene Reaktion im Patienten hervorrief, wiederholte kleine Dosen von hypotonischer Salzlösung (0,065) bei der Behandlung des Typhus. Mit diesem Verfahren wähnt er bemerkenswerte Erfolge erhalten zu haben.

Zwei andere Verfahren sind ersonnen worden, bei denen für örtliche Einspritzungen Salzlösungen gebraucht werden. EISEL injizierte 10—15 ccm physiologischer Salzlösung lokal zwischen Scrotum und Tunica vaginalis bei Fällen von Epididymitis. Eine Verringerung der Schmerzen und eine beschleunigte Aufsaugung soll folgen.

Die Produktion von Salzabscessen ist eine andere kürzlich erfundene Methode, jedoch eine, die nicht empfohlen werden kann. Man injizierte 5—8 ccm einer konzentrierten Salzlösung intramuskulär (30 Teile Natriumchlorid, 1 Teil Calciumchlorid, 100 Teile Wasser); dieses Verfahren wurde von v. SZILY und STRANSKY empfohlen. Man braucht nicht erst zu sagen, daß es sich in diesem Falle um einen Absceß handelt, durch den autolytische Produkte absorbiert werden; wie LUITHLEN zeigte, ist es nur eine Form des älteren „Fixationsabscesses" von FOCHIER mit dem Nachteil, daß die Anwendung sehr schmerzhaft ist und häufig zu Komplikationen führt. RAEGE und ZIELER verurteilen das Verfahren auf Grund ihrer Beobachtungen.

Zuckerlösungen. Über den Gebrauch von Zuckerlösungen (gewöhnlich Glucose) für intravenöse Einspritzungen bei Sepsis, Pneumonie und anderen infektiösen Krankheiten ist wiederholt mit einigen Anzeichen klinischer Nützlichkeit berichtet worden. Der Injektion folgt gewöhnlich eine leichte Temperaturreaktion und eine Leukocytose von 5000—20000.

AUDAIN und MASMONTEIL verabreichen 500—2000 ccm täglich und berichten zufriedenstellende Ergebnisse bei Sepsis, Erysipel und Rheumatismus. Die isotonischen Lösungen werden wie folgt hergestellt: für Glucose 47,6‰, für Saccharose 103,5‰, für Lactose 108,9‰.

Der Gebrauch der Einspritzung von Zuckerlösung bei der Behandlung von Tuberkulose veranlaßte HASENBEIN anzunehmen, daß Zuckerinjektionen im allgemeinen Herdreaktionen hervorbringen. Er benützte eine 50%ige Lösung von Rohrzucker in Dosen von 3—5 ccm, welcher er 1 ccm einer 2%igen Lösung von Novocain hinzufügte (intramuskuläre Injektion). Bei gonorrhöischen Frauenleiden erfolgte eine typische Herdreaktion mit einer zuerst erhöhten, dann verminderten Sekretion. Über die Grundlage der Behandlung mit hypertonischen Mitteln siehe die Ausführungen von SCHITTENHELM S. 84.

Destilliertes Wasser. Es wurde über Reaktionen berichtet, wenn dest. Wasser in verhältnismäßig großer Menge intravenös eingespritzt wurde.

Formalin. TORRY, der akuten und chronischen Rheumatismus behandelte, injizierte Formaldehyd intravenös um die Shokreaktion hervorzurufen. Das toxische Mittel, welches nach TORRY die Reaktion verursacht, ist wahrscheinlich eine Formaldehydproteinzusammensetzung. Die Dosierung ist folgende: Formalin wird verwendet als 37%ige Lösung von Formaldehyd; davon werden 1,5—3 ccm injiziert, nach Auflösung in 200—300 ccm physiologischer Salzlösung.

Während der Anwendung besteht etwas bronchiale Reizung und Tränenabsonderung, nach der Injektion erfolgt ein typischer Proteinshok innerhalb ungefähr einer halben Stunde, d. h. Schüttelfrost, Fieber, Schwitzen usw.

Solusin. Aus SZILYS Laboratorium wurde eine andere chemische Mischung, die mehr interessant als nützlich ist, veröffentlicht. Diese besteht aus 1,4 Teilen Quecksilberbichlorid, 0,5 Teile Natriumarsenat, 24 Teilen Jod-Natrium und 100 Teilen Wasser. Von dieser Mischung werden 1—2 ccm injiziert und der Patient soll mit einem typischen Schüttelfrost, Fieber und Schweiß usw. reagieren. Ammoniakalisches Kupfersulfat in einer 4%igen Lösung ist von NOIRE für intravenöse Einspritzung bei puerperalen Infektionen angewandt worden.

Hetol, das Natriumsalz der Zinnsäure, Natrium-Succinat, Succinimid, Levurin und Tylmarin, Ameisensäure (KRULL), um nur einige der Drogen zu nennen, die als unspezifische Reizmittel angewandt wurden, werden alle durch eine Leukocytose gekennzeichnet, die ihrer Injektion folgt.

Der Gebrauch des wirksamen toxischen Mittels von Bienenstichen und Schlangengift ist für eine Anzahl Krankheiten berichtet worden, das erstere mit besonderem Erfolg von TEIC und LANGER bei der Behandlung von Gicht.

Jodide. Eine Erörterung des wahrscheinlichen Mechanismus der therapeutischen Wirkung der Jodide könnte in diesem Zusammenhang von Nutzen sein, aber da dieser Gegenstand zusammen mit einer Anzahl verwandter chemischer Probleme in ausgedehntem Maße behandelt werden müßte, bietet sich dafür in der gegenwärtigen Abhandlung keine passende Gelegenheit. JOBLING und PETERSEN haben einige der kennzeichnenden Merkmale in einer Arbeit in den „Archives of Internal Medicine", wo die Literatur nachgesehen werden kann, veröffentlicht. Es ist sehr wahrscheinlich, daß die Jodide eine bedeutende Rolle bei der Anregung der Gewebe spielen, besonders bei den Enzymreaktionen SHERRICKS. SOLLMANNS bemerkenswerte Beobachtungen über die Wiederbelebung der Haut nach cutanen Injektionen, über die Reaktion der tuberkulösen (PETERSEN) und der Carcinompatienten (MORESOWA) sind nur einige Beispiele dieser Wirkung. Die Eigenschaft der Jodide, die Diffusion einer Anzahl von Substanzen im kolloidalen System zu erhöhen, ist augenscheinlich nahe mit ihren therapeutischen Wirkungen verwandt.

Terpentin. Die Anwendung von Terpentin für subcutane Einspritzungen ist ein altes Verfahren, das in veränderter Form erst kürzlich bei der Behandlung von Hautkrankheiten und Entzündungszuständen wieder eingeführt wurde. FOCHIER hatte in den frühen neunziger Jahren den „Fixationsabsceß", wie er genannt wurde, eingeführt, der durch subcutane oder intramuskuläre Injektion von ungefähr 1 ccm Terpentin hervorgerufen wurde. Der Absceß wurde bei akuten Infektionen, einschließlich Pneumonie, Puerperalfieber, adnexaler Entzündung usw. angewandt. Dieses war in mancherlei Hinsicht nur die

Wiedereinführung des sehr alten Verfahrens einen „Ausfluß" durch den Gebrauch des Haarseils oder der Fontanelle hervorzurufen.

Todd macht auf die Tatsache aufmerksam, daß der Fixationsabsceß ausgiebig in Frankreich gebraucht worden ist und in Anbetracht dessen, daß dieses anscheinend klinisch erfolgreich der Fall war, wandte er ihn bei einer Anzahl von Fällen an. Genau so wie bei den anderen unspezifischen Methoden hat er am meisten Erfolg bei frühzeitiger Anwendung gehabt.

Bei 15 von 18 Fällen, bei welchen eine Terpentininjektion gemacht wurde, um einen Fixationsabsceß hervorzurufen, war eine ausgesprochene Besserung vorhanden und jeder Fall dieser Gruppe erholte sich. Bei den anderen drei Fällen gab die Injektion keine Reaktion und diese drei starben alle. Je eher die Injektion gemacht wurde, desto ausgesprochener war der Erfolg, welcher der Entwicklung des Abscesses folgte.

Probst hat den Gebrauch des Fochierabscesses bei der Behandlung von Grippe als sehr vorteilhaft erkannt, da er häufig, besonders bei Bronchopneumonie und anderen pneumonischen Komplikationen von deutlichem Vorteil war.

In Anbetracht dessen, daß der Fixationsabsceß einschließlich der Injektion von Terpentin wahrscheinlich die Nieren schädigen oder eine bestehende Nephritis erschweren kann, hat Janowski andere chemotaktische Mittel versucht, z. B. Silbernitrat (5—20%, 1—3 ccm, 1—2 ccm Petroleum, 1—3 ccm Kreolin). Das Ergebnis ist dasselbe wie beim Fixationsabsceß.

In neuerer Zeit haben die französischen und deutschen Kliniker, vor allem Klingmüller, diese Methode abgeändert und spritzen nun winzige Mengen Terpentin (20% Terpentin in Olivenöl) intramuskulär in häufig wiederholten Dosen ein. Die Absicht ist nur die Herstellung einer Menge kleiner steriler Entzündungsbezirke und Nekrose mit Gewebeanregung durch diese Herde. Man soll diese Behandlungsweise mit Erfolg bei einer Anzahl von Hautkrankheiten angewandt haben, und die französischen Beobachter haben sie ausgiebig bei Influenzapneumonie usw. gebraucht.

Nach Karo läßt sich die Terpentinmischung in Olivenöl (4 Teile auf 16 Teile Olivenöl) viel besser vertragen, wenn man ein Beruhigungsmittel wie z. B. Eukupin hinzufügt. Dieses verringert den Schmerz an der Injektionsstelle. Natürlich muß man sorgfältig die subcutanen Gewebe vermeiden und vollständig intramuskulär impfen.

Karo hat neuerdings den Gebrauch von „Terpichin" empfohlen. Dieses ist absolut frei von Rosin und Oxyden und mit Chinin verbunden, das die Wirksamkeit zu erhöhen scheint. Die Einspritzungen, welche denen von Terpentin ähnlich sind — intraglutaeal und gewöhnlich 2 mal wöchentlich —, sind von einer ausgesprochenen allgemeinen Anregung des Patienten ebenso wie von einer Leukocytose gefolgt.

Nach Klingmüller macht Terpentin keine Herdreaktion im gewöhnlichen Sinne. Es hemmt die Entzündung, bringt die Sekretion akut zum Stillstand, erregt kein Fieber und hat keinen wesentlichen Einfluß auf das Blutbild. Die Wirkungen treten bei intravenöser und auch bei intraglutaealer Verabreichung sehr schnell ein, so daß man den Eindruck hat, als ob eine primäre Einwirkung des Terpentins die Hauptsache ist, die sekundären indirekten aber mindestens sehr in den Hintergrund treten. Klingmüller spricht die Ansicht aus, daß die reaktionsauslösenden Stoffe verhindert werden sich nach dem Krankheitsherd einen Weg zu bahnen. Es schwächt z. B. die örtliche Einwirkung des Tuberkulins ab. Die Bakterien, z. B. Gonokokken, werden, solange Terpentin kreist, unfähig gemacht, ihre gewebsschädigenden Wirkungen auszuüben. Wir können also die Terpentintherapie nicht ohne weiteres der Proteinkörpertherapie gleichstellen[1]).

Antipyretische Mittel. Die unspezifische Wirkung — Plasmaaktivierung (WEICHARDT, s. S. 14) — die nach dem Gebrauch gewisser Drogen folgt, ist kürzlich durch KÖNIGER erforscht worden. Er ist zu dem Schluß gekommen, daß die antipyretischen Mittel eine Wirkung haben, die ganz abseits von der gewöhnlichen bisher erforschten pharmakologischen Wirkung liegt. Diese Wirkung kann gezeigt werden, wenn die Dosierung in besonderen Intervallen gegeben wird; sie ist diphasisch, wie bei allen anderen unspezifischen Mitteln.

Hefe. Die Anwendung von Hefe ist in der Therapie schon alt. Hippokrates hat sie vermutlich bei der Behandlung von Leukorrhöe angewandt. Während des Mittelalters wurde sie angeblich gegen Pest verschrieben. Erst in der Mitte des letzten Jahrhunderts jedoch ist sie in größerem Umfange angewandt worden (MOSSE) und seitdem ist ihre Beliebtheit Schwankungen unterworfen gewesen. Bei Furunculose, bei Milzbrand, bei Diabetes, bei eitrigen Prozessen, bei Krankheiten des Magen- und Darmkanals, bei Gicht und Sepsis fand sie viele Anhänger während des früheren Wiederaufkommens, aber am Ende des Jahrhunderts war sie wieder fast vollständig als therapeutische Maßnahme verschwunden. BROCQ erneuerte ihren Gebrauch 1899. Von 1900—1907 wurden eine große Anzahl klinischer Berichte veröffentlicht, verbunden mit einigen experimentellen Feststellungen (LARDIER, KRAUSE, HEDRICH); neuerdings haben HAWK und seine Mitarbeiter eine Reihe von Fällen veröffentlicht, hauptsächlich Acne (vulgaris und rosacea) und Furunculose, bei welchen ausgezeichnete Erfolge mit der Hefetherapie erhalten wurden. Außer bei Hautkrankheiten berichteten HAWK und seine Mitarbeiter günstige Erfolge bei akuter Bronchitis, Urethritis, Conjunctivitis, Arthritis deformans usw. Bei allen diesen Zuständen ist berichtet worden, daß neben irgend einem Einfluß auf den örtlichen Krankheitszustand die allgemeine Nahrungsaufnahme des Patienten sich besserte. Selbst wenn man die Hefe per os gibt, sind Beweise einer anregenden Wirkung der Hefe in der Leukocytose gegeben, die nach ihrer Anwendung bemerkt wird.

Kürzlich haben WOLF und LEWIS sich bemüht, eine Grundlage für den therapeutischen Gebrauch von Hefe festzustellen, indem sie erforschten, ob die Einnahme von Hefe in irgend einer Weise den Antikörpertiter des Serums von Versuchstieren beeinflussen könne. Ihre Ergebnisse waren negativ.

Lichtstrahlen, Röntgenstrahlen, Radium, Photodynamische Mittel. Diese Mittel können bis zu einem gewissen Grade eine Systemreaktion bei den Kranken hervorbringen, die wie die Dosierung von dem Organ oder dem bestrahlten erkrankten Gewebe abhängt und davon, wie weit die schon bestehende oder von den obengenannten Mitteln hervorgerufene Gewebsschädigung verbreitet ist. Alle diese Mittel regen zuerst die Gewebezellen an und verursachen später nach verlängerter Anwendung den Tod der Zelle. In beiden Fällen treten Stoffe in den Blutstrom, die eine allgemeine Reaktion von seiten der Patienten verursachen; diese Reaktion kann als geringfügige auftreten

---

[1]) Zitiert nach SCHITTENHELM.

oder als schwere Fieberreaktion, oder einen vollkommenen Shok mit erniedrigtem Blutdruck, große Schwäche und sogar den Tod zur Folge haben. Nach den mäßigen Reaktionen dieser Art, wenn der Kranke sich in ziemlich gutem Zustand befindet und imstande ist zu reagieren, kann eine deutliche Euphorie, eine Verbesserung des Appetits, des Ernährungszustandes und ein allgemeines Wohlbefinden einsetzen, genau so wie nach anderen unspezifischen Mitteln.

In diese Gruppe muß die Wirkung der Strahlentherapie bei der Behandlung von Tuberkulose und anderen chronischen Infektionen eingeordnet werden, ebenso wie schwache Röntgenbestrahlung bei Asthma (SCHILLING-DREY und LOSSER usw.), bei der Beschleunigung von Knochenbildung (STETTNER), bei der Furunculose (SCHOEWS), bei lokalen Entzündungsprozessen (KAZNELSON und ST. LORENT) und die Wirkung des Radiums auf Arthritis, Gicht, adnexale Entzündung usw. (GUDZENT).

Der Shok nach wirklichen Verbrennungen, oder nach der Wirkung von photodynamischen Mitteln, wie sie v. TAPPEINER einführte und erforschte, haben hier gleichfalls ihren Platz (PFEIFFER).

Biologische Veränderungen. Wie ausführlicher in dem Kapitel über die Herdreaktion gezeigt werden wird, ist es sehr wahrscheinlich, daß verschiedene Veränderungen im Organismus Wirkungen auf pathologische Prozesse hervorrufen können, die denen ähnlich sind, die wir künstlich mit unspezifischer Therapie hervorbringen. Die menstruale Periode und Schwangerschaft, Frösteln, angestrengte Körperbewegung, Vergiftung durch falsche Magen- und Darmabsorption, Hunger, sogar endokrine Störungen und die Wirkung von nervöser Aufregung müssen von diesem Gesichtspunkt aus betrachtet werden.

In gleicher Weise können die Produkte einer Entzündungsreaktion im Gewebe eine unspezifische Reaktion des ganzen Organismus hervorrufen und so irgendwo pathologische Vorgänge ändern.

Eine Reihe von Dermatologen haben in Verbindung mit der klinischen Beobachtung, daß bei ausgiebigen luetischen oder tuberkulösen Erkrankungen der Haut die inneren Organe dazu neigen verhältnismäßig verschont von der Krankheit zu bleiben, auf diese Möglichkeit aufmerksam gemacht. Die Besprechung dieser Fragen wird in einem späteren Kapitel aufgenommen werden. Hier sei nur auf die Ähnlichkeit der Veränderungen in der Zusammensetzung der Blutflüssigkeit hingewiesen, die nach den verschiedensten Eingriffen gleichmäßig auftreten, so auf die von H. SACHS und von OETTINGEN studierte Labilität der Plasmaeiweißkörper, die nach Proteinkörperinjektion vermehrt sind, sowie bei allen Zuständen, die mit vermehrter Blutkörperchensenkungsgeschwindigkeit einhergehen, s. ferner S. 73).

Erschöpfungsimmunität. Sogar akute Krankheiten werden infolge der Begleitzustände ernstlich durch Shokwirkungen verändert. So ruft der Malariaanfall bei einem Typhuskranken häufig entweder eine zeitweise oder dauernde Entgiftung hervor (ZUPNIK, v. MÜLLER und LEINER) und v. JAUREGG hat sogar Patienten zu Heilzwecken mit Malariaplasmodien (bei Fällen von Parese) geimpft. Die Beschleunigung der Wundheilung nach Erysipel (GOEBEL) oder die Wirkung von Erysipel auf Tumorwachstum und die Wirkung der Schwangerschaft auf Tumorwachstum (SLYE) sind lauter bekannte Erscheinungen. MORGENROTH, BIBERSTEIN und SCHNITZER haben kürzlich Immunitätsbedingungen erforscht, die sich auf diese Fragestellung gründen. Sie haben mit Superinfektion oder einer zweiten nachträglichen Infektion Versuche gemacht. Sie gingen von der allgemein anerkannten Annahme aus, daß der infizierte Organismus Immunität gegen Superinfektion und gegen eine zweite nachträgliche gleiche Infektion erlangt, aber sie zogen auch die Forschungen von LANDSTEINER und FINGER in Betracht, welche behaupten, daß der mit Syphilis infizierte Organismus keineswegs gegenüber einer neuen syphilitischen Infektion immun sei, wie allgemein angenommen wurde. Die Versuche MORGENROTHS und seiner Mitarbeiter zeigten, daß Mäuse mit einer versuchsweisen chronischen Streptokokkeninfektion (Streptokokken wurden im Blut und in den Organen gefunden) Immunität gegen eine Superinfektion mit Streptokokken besitzen. Dieses wird durch die Tatsache gezeigt, daß wenn man ihnen eine Streptokokkendosis, die normale Tiere innerhalb 24 Stunden töten würde, gibt, sie keine Veränderung in ihrem Zustand zeigen. Sie sind nicht nur immun gegen den Streptokokkenstamm, mit dem sie zuerst infiziert wurden, sondern auch gegen fremde Streptokokkenstämme. Jedoch ist diese Immunität nicht absolut, sondern relativ, denn sie wird durch einen besonders stark virulenten Stamm zerstört, in welchem Fall die Infektion einen akuten tödlichen Verlauf hat, wie bei den Kontrollen. Diese teilweise Immunität liegt nicht in der Tatsache, daß die Überinfektion nicht „eingreift", im Gegenteil, die für die Superinfektion gebrauchten Streptokokken erscheinen im Blut und in den Organen, und mit Hilfe von besonders „charakterisierten Stämmen" konnte sie als längere Zeit vorhanden gezeigt werden. Die partielle Immunität besteht deshalb nur aus einer Erschöpfung der Virulenz der Infektion. Diese Immunität entwickelte sich innerhalb 6—24 Stunden nach der experimentellen Infektion. Sie scheint nichts mit Anaphylaxie zu tun zu haben, sondern stellt eine neue Art der Immunität dar. Die Annahme geht dahin, daß der Übergang einer akuten Infektion in einen chronischen Verlauf durch die Entwicklung dieser „Erschöpfungsimmunität" bedingt ist. Diese ist nicht die Folge der chronischen Infektion, sondern jede Infektion, die nicht schnell tödlich ist, hat ihren durch diese Erschöpfungsimmunität bestimmten Verlauf. Jede Phase der Infektion ist das Ergebnis des Antagonismus zwischen dem verursachenden Keim und dem Grad der augenblicklichen Erschöpfungsimmunität. Diese Annahme erklärt die natürliche Immunität und alle anderen Formen von Immunität, die nicht in das Bild der Immunität durch Antikörperbildung passen.

OTTO WIEGAND hat kürzlich denselben Gegenstand bearbeitet und BERLINER und CITRON arbeiteten mit Hühnercholera bei Meerschweinchen, wobei sie die Befunde MORGENROTHS und seiner Mitarbeiter bestätigten.

Es sei hier auf die S. 65 beschriebenen Untersuchungen WEICHARDTS und seiner Mitarbeiter über aktivierende Substanzen, welche aus dem Körper gewonnen werden, hingewiesen. Vielleicht sind es diese chemisch charakterisierbaren Stoffe, welche zur Erklärung dieser Erscheinung herangezogen werden können, denn wie gezeigt werden kann, ist ihre Wirkung von ihrer Verteilung abhängig und die verschiedenen Fermentfunktionen der Mikroorganismen werden von ihnen in ganz verschiedener Weise beeinflußt. Bei Mischinfektion fand WEICHARDT diese Stoffe vermehrt, so daß man sich leicht vorstellen kann, daß diese Vermehrung bis zu einem gewissen Grade fortschreitet, welcher eine bestimmte Fermenttätigkeit der Erreger eher lähmt als die anderen. Diese Studien werfen ein Licht auf das merkwürdige Verhalten mancher Dauerträger (z. B. der bei Diphtherie), bei denen wir die Vermehrungsfähigkeit der Mikroorganismen nur wenig, ihre Giftbildung aber stark herabgesetzt sehen.

Sechstes Kapitel.

Die unspezifische Reaktion.

Die intravenöse Injektion von Bakterienaufschwemmungen, z. B. Typhusbacillen, Colibacillen oder Staphylokokken, ihre intramuskuläre Injektion von größeren Dosen, die intravenöse Injektion von bakteriellen oder anderen Proteinspaltprodukten, z. B. Proteosen (s. S. 60), von kolloidalen Metallen, von dest. Wasser oder hypertonischer Salzlösung, von verschiedenen Seren und Antitoxinen, die intramuskuläre Injektion von Milch oder Casein, die subcutane

Injektion von Nucleinsäure oder Natriumnucleat, die Produktion steriler Abscesse durch geringe Terpentininjektionen werden alle von einer Reaktion gefolgt, die sich von einer bloßen Anregung der Leukocyten und leichten Fieberreaktion bis zu ausgesprochenen Shokbildern verbunden mit starken vasomotorischen Paralysen erstreckt. Die Reaktion wechselt mit der angewandten Substanz, der Art ihrer Verabreichung und Absorption und ihrer Dosierung, ebenso mit dem Typus der Infektion, um die es sich handelt, mit der Zahl früherer Injektionen, mit dem Zustande des Patienten, mit der Dauer der Krankheit, mit der Temperatur des Patienten zur Zeit der Injektion und anderen individuellen Erscheinungen.

Wir wissen noch nicht, wieviel von der Reaktion, die wir hervorrufen, nötig ist, um die Heilwirkung, die wir haben wollen, zu verursachen. Wir wissen, daß einige Stoffe weniger Erscheinungen, die dem Patienten unbequem sind, auslösen, und doch scheinen sie ganz genau so wirksam zu sein. Andererseits sind einige Substanzen nur von einer schwachen Reaktion gefolgt und scheinen viel weniger wirksam zu sein als solche, die offensichtlich drastischer in ihrer Wirkung und bei weitem unerfreulicher für den Kranken sind. Gewisse Mittel geben immer eine Reaktion bei normalen Individuen und Kranken, und zwar in verhältnismäßig kurzer Zeit nach der Einspritzung. Die Typhusvaccine gehört in diese Gruppe. Der Colibacillus gibt öfters eine verzögerte Reaktion, während einige der Proteinspaltprodukte, z. B. Albumosen, nur bei erkrankten Individuen eine Reaktion hervorrufen können, aber nicht bei normalen Personen, wenn dieselbe Dosis angewandt wird.

Als Holler mit Deuteroalbumose bei Kranken arbeitete, versuchte er die Wirkung an sich selbst über 2 Wochen lang. Bei Patienten folgte der intravenösen Einspritzung von 1 ccm einer 10%igen Lösung ohne Unterschied ein leichtes Sinken, dann ein Anstieg der Temperatur von 2—3° C, ein Schüttelfrost, gelegentlich Schweiß, selten eine Urticaria usw. Als er sich selbst injizierte, fehlten diese Erscheinungen vollkommen; er gewann sogar an Gewicht dabei.

Dieses sind im allgemeinen unsere Erfahrungen bei normalen Individuen gewesen, wenn wir kleine Dosen von sekundären Proteosen intravenös verabreichten. Die Reaktion von seiten des Patienten hängt von der Größe der Bakterienzerstörung, welche der Injektion folgt, ab oder davon, wieweit das Gewebe abgestorben ist.

Wieviel gerade bei der unspezifischen Reaktion wesentlich ist, ob das Unbehagen der intravenösen Bakteriotherapie eingeschränkt werden kann, ob die Proteinspaltprodukte unbedingt nötig sind, ohne daß man irgend eines der bemerkenswerten Ergebnisse, die zur Zeit erlangt wurden, opfert, ist zur Zeit nicht zu bestimmen, muß aber der Gegenstand weiterer klinischer Forschung sein. Bechhold glaubt in der bereits erwähnten neueren Arbeit die Wirkung der Proteinspaltprodukte ablehnen zu müssen und setzt alles auf Rechnung des kolloiden Zustandes der eingespritzten Mittel. Zu Orientierungszwecken verweisen wir auf die auf S. 44 ff. beschriebene Reaktion, welche der intravenösen Verabreichung von Typhusbacillen in mäßiger Dosierung (25—50 Millionen Mikroorganismen) folgt; nicht weil sie die vorbildliche Form der Therapie dieser Art sein dürfte, sondern weil es die klinisch bekannteste Reaktion ist, und weil die Vaccine am leichtesten für experimentelle Arbeit zu erhalten ist. Es ist praktisch unmöglich, im voraus den Grad der hervorgerufenen Reaktion zu bestimmen wegen der variierenden individuellen Faktoren. Wenn wir jedoch mit einem bestimmten Präparat Erfahrung gewonnen haben und mit einer gewissen Gruppe von klinischem Material, ist es gewöhnlich möglich die zu erwartenden Ergebnisse mit einiger Sicherheit abzuschätzen. Man braucht nicht besonders zu betonen, daß es die allereinfachste Vorsicht gebietet mit einer kleinen Dosis anzufangen, wenn man die Wirkung auf Patienten ausprobieren will.

Der Schüttelfrost. Die erste Erscheinung, die dem Kranken nach der Injektion auffällt, ist gewöhnlich Schüttelfrost oder Fieberfrost. Dieser kann schon innerhalb 15 Minuten nach der Einspritzung von Typhusbacillen oder Proteoselösung eintreten, gewöhnlich aber erst innerhalb 30 Minuten, doch kann er auch um mehrere Stunden verzögert werden. Wenn man Colibacillen und einige andere Mikroorganismen anwendet, braucht der Schüttelfrost nicht innerhalb mehrerer Stunden beobachtet zu werden, in einem unserer Fälle nicht vor 8 Stunden nach der Einspritzung. Bei intramuskulären Milchinjektionen fängt der Fieberfrost innerhalb 2—3 Stunden an. Der Grad der Reaktion wechselt von einem bloßen Zucken der Bein- und Armmuskeln bis zu einem Schüttelfrost oder Fieberfrost, der ganz allgemein und heftig sein und von 20 Minuten bis zu einer Stunde dauern kann. Gewöhnlich beginnt dieser Teil der Reaktion innerhalb einer halben bis dreiviertel Stunde nach seinem Beginn abzunehmen. Während dieser Zeit klagt der Patient über ein tatsächliches Frostgefühl und verlangt besonderes Einhüllen und heiße Wasserflaschen, bei anderen Fällen ist nur ein Muskelziehen und Zittern ohne sensorische Störung vorhanden. Bei der akuten Gelenkentzündung kann dieser Abschnitt der Reaktion für den Kranken sehr unbequem sein, wegen der hinzukommenden Unruhe und den daraus sich ergebenden Schmerzen in den in Betracht kommenden Gelenken. Die analgetische Wirkung, die kurz nach dem Schüttelfrost folgt, gleicht in der Regel diese kurze Periode der erhöhten Schmerzen wieder aus.

Die Temperaturkurve. Die Temperaturreaktion des Patienten variiert sehr nach der angewandten Vaccine oder dem angewandten Protein, und selbst wenn man an einem einzigen Mittel, wie der Typhusvaccine, festhält, so haben Altersunterschiede der Vaccine, die Dosierung, der Bacillenstamm und die Art der Abtötung der Bakterien bei der Herstellung der Vaccine eine bestimmte Wirkung auf die Reaktion, und dazu kommen noch die individuellen Unterschiede, denen wir bei den Patienten begegnen, Unterschiede, die, wie wir bereits erwähnten, von der Krankheit, ihrer Dauer, der vorhergegangenen Temperatur und den vorhergegangenen Injektionen usw. abhängen. Mit der Abnahme des Schüttelfrostes oder während seiner späteren Stadien fängt in der Regel die Temperatur des Patienten an zu steigen. Bei typischen Gichtfällen steigt das Fieber auf 38° bis 38,5° C, die Injektion von Typhusvaccine wird die Temperatur bis auf ungefähr 39,5° C oder 40° C erhöhen, die größte Zunahme wird innerhalb 3—4 Stunden nach der Einspritzung beobachtet. Bei intramuskulären Milchinjektionen kann der Höhepunkt der Temperatur nicht vor 6 oder 8 Stunden nach der Anwendung erreicht werden. In der Regel geht die Entfieberung schneller bei den intravenösen Injektionen vor sich, aber selbst im Fall von Milchinjektionen wird das frühere Niveau erst innerhalb 24 Stunden wieder erreicht. Subcutane Nucleineinspritzungen sind von einer Fieberreaktion gefolgt, die später beginnt und langsamer wieder zurückgeht, als bei anderen Verfahren beobachtet wurde.

SCHMIDT hat die Reaktionen nach Milcheinspritzungen in 5 Gruppen eingeteilt, nach dem Grad der Fieberreaktion des Patienten, die einer gleichen Menge intramuskulär verabreichter Milch folgte. In der ersten Gruppe sind die Fälle, die mit 37° C oder darunter reagieren, in der zweiten die mit 37° bis 38° C, in der dritten mit 38°—39° C, in der vierten mit 39°—40° C, in der fünften die mit 40°—41° C reagieren.

SCHMIDT und KAZNELSON arbeiteten hauptsächlich mit Milchinjektionen, indem sie 10 ccm intraglutaeal verabreichten. Der Temperaturanstieg kam gewöhnlich innerhalb 6—8 Stunden und war zuweilen aber doch ziemlich selten von einem Schüttelfrost, öfter von Schweiß und etwas Kopfschmerz begleitet. Der Blutdruck war nicht verändert. Herpes wurde selten bemerkt. Die Temperaturzunahme dauerte zuweilen von 24—48 Stunden. Unter den 5 Gruppen, in welche SCHMIDT und KAZNELSON ihre Patienten einreihten, wird es lehrreich sein, einige von den Fällen der ersten drei Gruppen zu beachten. Sie sind folgende:

Temperatur unter 37° C	
37° C Gruppe I (Normal)	Carcinom
	Sekundäre Anämie
	Myotonie (THOMSENS Krankheit)
	Diabetes
	Influenza
37°—38° C Gruppe II	Hysterie
	Achylie
	Ikterus
	Akromegalie
	Chlorose
	Posthämorrhagische Anämie
	Gonitis
	Polyarthritis
	Chronische Arthritis
	Carcinom
	Diabetes
	Cholecystitis
38°—39° C Gruppe III	Tuberkulose
	Gumma (Leber)
	Hämophilie

SCHITTENHELM faßt diese Vorgänge als Eigenheiten der Konstitution auf; nach ihm ist diese der Ausdruck der Reaktionsfähigkeit des Körpers auf exogene und endogene Reize, und eine Konstitutionsstörung muß sich daher in einer veränderten Reaktionsfähigkeit der Gewebe auf Reize äußern. Wie BORCHARDT jüngst ganz richtig ausführte, gibt es zwei Gruppen, die sich hinsichtlich ihrer Reaktionsfähigkeit unterscheiden, einen Status irritabilis, der gesteigert reagiert, und einen Status asthenicus, dem die Reizbarkeit mangelt. Je nachdem der eine oder andere Typus vorliegt und je nachdem der Reiz richtig gewählt wird oder nicht, wird eine Heilwirkung zustande kommen können oder ausbleiben.

Es ist von besonderem Wert, die verhältnismäßige Resistenz der Carcinomfälle dieser Serien gegenüber der Temperaturreaktion nach den Injektionen zu beobachten. (Die meisten davon waren Magen- und Oesophagusfälle.) Die Reaktion des Neoplasmas variiert sehr, einige Beobachter berichten ziemlich heftige Reaktionen; andere wie SCHMIDT sprechen den Neoplasmen eine entschiedene Resistenz zu. Es ist sehr wahrscheinlich, daß die Reaktion zum großen Teil von der Nekrosemenge im Tumor abhängt, seinem Gefäßsystem und seiner anatomischen Lage. SCHMIDT brachte diese relative Resistenz gegenüber Milchinjektionen in Wechselbeziehung zu seinen früheren Beobachtungen, welche den verhältnismäßig niedrigen „Infektionsindex" der Carcinompatienten und ihre Resistenz gegenüber Vaccine betreffen. WETZEL glaubt, daß das Fehlen einer Fieberreaktion bei parenteraler Milchinjektion nicht beständig genug ist, um zur Diagnosestellung zu dienen, obgleich es gelegentlich bei Diabetes und Krebs in die Augen fällt.

SCHMIDT bemerkte, daß die Reaktion bis zu einem bedeutenden Grade von der Dosierung unabhängig war, obgleich nach Verabreichung einer oder mehrerer Dosen die Reaktion weniger deutlich wurde. Sie hing zum großen Teil von dem Individuum und dem Krankheitstypus ab. So kann man einer normalen Person bis zu 1 ccm einer 10 $^0/_0$igen Lösung von Albumose einspritzen ohne bedeutende Temperaturreaktion oder körperliche Wirkung irgendwelcher Art. Bei einem Gichtkranken kann dieselbe Injektion die Temperatur um 2 bis 3 Grade erhöhen; bei einem Typhus- oder Tuberkulosepatienten sogar um 2,2^0 C. Andererseits, wenn man dieselbe Dosis einem Pneumoniepatienten injiziert, der schon eine hohe Temperatur hat (sagen wir 39,8^0 C), braucht die Temperatur nicht höher zu werden, es kann sich tatsächlich eine Verringerung ohne vorherige Zunahme nach der Injektion zeigen.

HABETIN, der 0,5 g Natriumnucleat subcutan bei einer Reihe von ungefähr 60 an verschiedenen Krankheiten leidenden Patienten gebrauchte, klassifizierte seine Reaktion nach dem System von SCHMIDT.

Man wird beobachten, daß die deutlichste pyrogene Wirkung sich bei Krankheiten zeigt, welche hämatopoetische Organe betreffen, und bei solchen, bei denen bestimmte Herde pathologischen Gewebes vorhanden sind, wie z. B. Sarkom, Tuberkulose usw. Die Heftigkeit der Fieberreaktion ist bis zu sehr hohem Grade von dem Mittel oder der Dosierung unabhängig; sie hängt von der Infektion und dem Zustand des Patienten ab, d. h. von einem individuellen Faktor:

	I	II	III	IV	V
Malaria	2	5	4	4	0
Tuberkulose	0	2	4	1	1
Akute Arthritis	0	2	3	6	0
Gonitis	0	1	1	0	0
Multiple Sklerose	0	3	3	1	0
Diabetes	0	1	0	0	0
BANTIsche Krankheit	0	0	1	0	0
Coxitis	0	1	0	0	0
Morbus Maculosis Werlhofii	0	0	1	0	0
Typhus	0	0	1	3	0
Perniziöse Anämie	0	0	1	2	0
Chlorose	0	0	1	0	0
Sarkom	0	0	0	1	0
Pyämie	0	0	0	0	1
Endokarditis	0	0	0	0	1

GOW, der frühzeitig Heterovaccine gebrauchte, kam schließlich zu dem Gebrauch von Colivaccine, da er sie am zuverlässigsten fand, während andere Vaccine wie Streptokokken usw. nur von einer geringen Temperaturwirkung gefolgt waren. Er bemerkte, genau so wie SCHMIDT, die Tatsache, daß die Reaktion bei verschiedenen Individuen stark wechselte. Eine Dosis von 50 Millionen kann bei einem Fall eine heftige Reaktion verursachen, bei einem anderen nur eine geringe. Für den Heilerfolg erachtete Gow eine mäßige Reaktion für wesentlich.

Leimdörfer fand durch Stoffwechselversuche am physiologischen Institut der Universität Wien, daß parenteral verabreichtes Eiweiß eine Steigerung der Oxydationsvorgänge hervorruft, und zwar dann, wenn die parenterale Eiweißzufuhr einen Temperaturanstieg zur Folge hat. So wie sich dieser nicht einstellt, ändert sich der Gaswechsel nicht.

Schon vor vielen Jahren wurde festgestellt, daß die Einspritzung von Bakterien Fieber zu verursachen pflegte, und daß die Reaktion bis zu einem gewissen Grade von der Verdauung der Bakterien abhing (Gamaléia). Roux und Lépine hatten schon früher die pyrogene Wirkung von anderen Proteinsubstanzen beobachtet, während Charrin und Ruffer zeigten, daß die pyrogene Wirkung der Bakterien thermostabil war, d. h. sie erhitzten die Bakterienemulsionen auf 110° C und waren noch imstande die ursprüngliche pyrogene Wirkung bei der Injektion zu erhalten.

Die späteren Untersuchungen von Buchner, Schittenhelm und Weichardt, v. Friedberger, Vaughan usw. sind natürlich bekannt.

Der Puls. Entsprechend der Temperaturreaktion ist der Puls meistens ohne Unterschied erhöht, gewöhnlich um 15 bis 30 Schläge in der Minute. Mit dem Einsetzen des Schwitzens bringt die Erweiterung der peripheren Gefäße ihn wieder fast bis auf die Zahl zurück, die vor der Injektion vorhanden war. In der Regel ist die Qualität des Pulses nicht verändert; Arrhythmie, falls vorher vorhanden, ist nicht verstärkt. Cyanose ist ungewöhnlich; ich habe sie nur einmal nach einer Injektion von Proteosen bei einem Typhusfall beobachtet; doch war sie nur eine vorübergehende Erscheinung und der Kranke erholte sich vollkommen von seinem Typhus innerhalb 2 Tagen. Cyanose ist nur sehr selten in der Literatur beschrieben. Gow hat kürzlich den Puls bei Patienten nach intravenösen Peptoneinspritzungen erforscht. Er findet, daß je höher die Leukocytose ist, desto größer auch die Pulsbeschleunigung nach Injektionen. Die Zunahme des Pulses wechselte bei seinen Fällen von 5—20 Schlägen in der Viertelminute. Der Pulsschlag wurde wieder normal innerhalb 3—5 Minuten nach den Einspritzungen. Bei Vaccinen sind diese Wirkungen natürlich sehr verzögert.

Der Charakter des Pulses und die Zahl seiner Schläge ist von entschiedener Wichtigkeit bei der Bestimmung der Fälle, die sich für die Injektion eignen. Bei Typhus bietet ein schneller Pulsschlag (über 100) eine schlechte Vorbedingung für unspezifische Therapie. Experimentell ist gezeigt worden, daß kleine Dosen von Proteosen die Herztätigkeit anregen, indem dabei die Häufigkeit und die Kraft des Schlages erhöht wird. Diese Einwirkung, welche von Weichardt zuerst am ermüdeten Froschherzen gezeigt wurde, ist von Popielski und von Wieland am Warmblüterherzen ebenfalls nachgewiesen worden.

Bei mehreren Fällen von lang andauernden Herzerkrankungen verbunden mit Arthritis haben wir die Größe des Herzens nach der unspezifischen Injektion beobachtet — während der akuten Reaktion und der Entfieberung. Bei diesen Fällen verbreiterte sich der linke Rand um ungefähr 1 ccm und ging innerhalb 24—48 Stunden wieder zu seiner Größe vor der Injektion zurück. Die Patienten zeigten nichts von einer etwaigen Herzdekompensation. Natürlich wurden nur Herzleidende in gutem Zustand zu den Injektionen herangezogen.

Der Blutdruck. Scully war einer der ersten, der systematische Beobachtungen des Blutdruckes bei Patienten nach Typhusvaccineinjektionen unternahm. Es ist natürlich außerordentlich schwer, genaue Ergebnisse während der Zeit, in welcher der Kranke einen Schüttelfrost hat, zu erhalten, aber es sind genug Beobachtungen berichtet worden, die zeigten, daß eine geringe

Zunahme im Blutdruck während dieser Zeit stattfindet. Wenn der Schüttelfrost überwunden ist und die Zeit des Schweißes einsetzt, zeigt der Blutdruck eine fortgesetzte Erniedrigung um 20—25 mm; er erreicht einen Höhepunkt innerhalb 6—8 Stunden und kehrt zum normalen Druck innerhalb 24 Stunden zurück. Bedeutende Variationen sind jedoch bei einzelnen Fällen bemerkt worden, die von der Dosierung, dem angewandten Mittel und der Infektion des Patienten abhängen.

Wenn bei einem Typhuskranken im späteren Verlauf der Krankheit Einspritzungen gemacht wurden, wo Zeichen eines unsicheren vasomotorischen Systems nach der lang dauernden Toxämie klar zutage lagen, haben wir eine vasomotorische Paralyse beobachtet, die über 48 Stunden dauerte, und der Anregung gegenüber refraktär verblieb. Bei einem einzigen solchen Fall sank der systolische Druck bis zu 55 mm und blieb 24 Stunden lang sehr tief. Dieser Kranke ertrug 4 Wochen lang eine sehr hohe Typhustemperatur ohne irgend ein Zeichen der Besserung. Nach der Erholung von der Injektion blieb die Temperatur normal und der Patient genas vollkommen. Eine Reihe von Umständen sprechen bei der Wirkung auf den Blutdruck mit. So ist z. B. bemerkt worden, daß die subcutane Injektion von verhältnismäßig großen Dosen einer Typhusvaccine während des Typhus, trotz viel weniger ausgeprägter Erscheinungen in Gestalt von Schüttelfrost, Fieber oder Schweiß, weit größere erschöpfende Wirkungen auf das Herzgefäßsystem hat als die intravenöse Injektion kleiner Mengen einer Typhusvaccine (Besredka oder Vincent). Nach Milchinjektionen beobachtet Müller zuerst eine geringe Abnahme, dann eine Zunahme des Blutdruckes.

Während die Wirkung auf den Blutdruck von individuellen Umständen abhängt: der Krankheitsdauer, dem gebrauchten Mittel usw., hängt das Fallen des Blutdruckes, der die Shokwirkungen begleitet, hauptsächlich von der Ausdehnung des Gefäßbettes im Eingeweidebereich ab. Die periphere Erweiterung, die man bei Schweiß der Patienten beobachten kann, verursacht nicht das außerordentliche Sinken des Blutdruckes, das der Blutandrang in den Eingeweiden verursacht.

Verschiedene Tiere reagieren auf die Einspritzung mit Proteinspaltprodukten, wie Pepton, Histamin usw. mit verschiedenen Wirkungen auf den Blutdruck, was abhängig davon ist, welcher Teil des Gefäßbettes Gegenstand der Verengerung ist oder von der Anregung der vasomotorischen Nerven usw. Die Leber der Fleischfresser reagiert zusammen mit einem Krampf der Blutgefäße mit einer resultierenden Verringerung der Blutzufuhr zum rechten Teil des Herzens und einer Erniedrigung des Blutdruckes. Der primären Wirkung folgt eine Ausdehnung. Die Leber der Pflanzenfresser ist ganz indifferent, indem sie nur einen Unterschied in der Nerventätigkeit zeigt. Der Krampf der Arteriolen im Bereich der Pfortader reagiert mit einer passiven Anfüllung dieser Gefäße, während wir in den Lungen auch eine Zusammenziehung des arteriellen Systems mit einer daraus sich ergebenden Verengung der rechten Herzkammer haben, begleitet von einem Sinken des Druckes in der linken Herzkammer und dem allgemeinen Kreislauf. Als Mautner und Pick diesen Mechanismus besprachen, machten sie auf die Tatsache aufmerksam, daß der Unterschied in der Wirkung der Shokgifte bei Pflanzen- und Fleischfressern leicht durch die Unterschiede im Verhalten der verschiedenen Capillarsysteme erklärt werden könnte. Simmonds hat kürzlich diesen selben Unterschied in dem Verhalten der Muskulatur der Lebervene bemerkt und hat daraus ähnliche Schlüsse wie Mautner und Pick gezogen. Dales Ansicht von dem Zustandekommen des Mechanismus folgt nicht ganz dem hier Dargestellten.

Durch Betrachtung des möglichen Mechanismus beim Hund und beim Menschen nach solchen Shokwirkungen wird es klar, warum Reizmittel, wie z. B. Adrenalin, verhältnismäßig unwirksam sind, während gefäßerweiternde Mittel, wie Coffein mehr Wirkung im akuten Stadium des Shoks entfalten sollen, die von einer derartigen Zusammenziehung der Lebervene und ihren Zweigen herrührt.

Die Möglichkeit, daß andere Umstände bei der Veränderung des Blutdruckes eine Rolle spielen, ist nicht ausgeschlossen. v. Behring legte großen Nachdruck auf das Auffinden der Thromben in den Capillaren der Lungen bei akutem anaphylaktischem Shok, und Hanzlik und Karsner haben kürzlich auf die Tatsache aufmerksam gemacht, daß die intravenöse Injektion einer Anzahl von kolloidalen und typischen unspezifischen Mitteln von solchen Veränderungen in den feineren Capillaren gefolgt sein könne.

Schweiß. Kurz nach der Abnahme des Schüttelfrostes kann der Patient übermäßig stark in Schweiß geraten; bei arthritischen Patienten findet man dieses am häufigsten; Typhus- und Pneumoniepatienten pflegen weniger leicht nach den Injektionen zu schwitzen, aber es kann auch bei ihnen der Fall sein, wenn die Injektion von einer Zunahme der Temperatur und einem kritischen Herabsinken gefolgt ist. Eine Anzahl Forscher haben betont, daß das bloße Auftreten eines reichlichen Schweißes arthritische Erscheinungen zu erleichtern pflegt und verschiedene therapeutische Maßnahmer sind ausgearbeitet worden, welche das Hervorbringen eines Schweißes, entweder durch Anwendung äußerlicher Hitze oder durch Verabreichung verschiedener Drogen zum Gegenstand haben. Es scheint wenig Zweifel zu bestehen, daß vielen Kranken bis zu gewissem Grade durch diese Maßnahmen Erleichterung verschafft wird, aber fast ohne Unterschied folgt eine Rückkehr der Erscheinungen, wenn seit dem Schweißausbruch 24 Stunden vergangen sind. Der mögliche Mechanismus, der bei irgend einer therapeutischen Anregung der Haut mitspielt, z. B. wenn der Patient im Zustand des Schwitzens ist, wird im Kapitel über die Beziehung der Haut zu inneren Krankheiten besprochen.

Übelkeit und Erbrechen. Dies wird gelegentlich nach verhältnismäßig großen Vaccinedosen oder nach besonders toxischen Bakterienstämmen beobachtet. Es ist gewöhnlich ein Zeichen, daß die Dosis zu groß war, oder daß der Kranke besonders empfindlich ist. Der gesamte Magen- und Darmtraktus wird häufig erhöhte Peristaltik zeigen. Schittenhelm und Weichardt beschreiben bei Hunden nach intravenösen Injektionen gewisser Proteine, vor allem, wenn die Tiere überempfindlich waren und deshalb durch die Einspritzung schwer angegriffen wurden, hochgradige Darmschädigungen entzündlicher Art, die sie Enteritis anaphylactica nennen.

Fühlbare Milz. Gow hat beobachtet, daß die Milz sofort nach der Reaktion fühlbar ist.

Wirkung auf die Menstruation. Lux hat gefunden, daß die Menstruation nach unspezifischer Injektion verstärkt auftritt.

Nervöse Reizbarkeit. Kling zeigte vor einigen Jahren, daß während der Sensibilisierungsdauer nach der parenteralen Injektion einiger Proteine die nervöse Reizbarkeit der Tiere bedeutend zugenommen hatte.

Es wurde beobachtet, daß nach unspezifischen Einspritzungen eine ähnliche Veränderung um sich greift, aber die Wirkung zu Beginn der Nervenreaktion ist eine diphasische. Während eines kurzen Zeitraumes nach der Injektion macht sich eine Zunahme der Schmerzen und eine allgemeine übermäßige Aufgeregtheit klinisch bemerkbar. Dann folgt eine Zeit, in der der Kranke für Schmerzen weniger empfänglich ist und schläfrig wird. Die klinischen Anzeichen einer Euphorie zeigen sich, die fast von jedem Forscher berichtet worden sind, der Erfahrung mit unspezifischer Therapie hat. Weichardt, der zuerst darauf aufmerksam machte, bringt diese Erscheinung mit der positiven Phase der aktiven Immunisierung in Zusammenhang, und nennt sie ein entscheidendes Merkmal wohlgelungener Aktivierung, d. h. einer Leistungssteigerung des Gesamtorganismus, die auf einer Reizung der verschiedensten Organsysteme beruht.

Herpes und Urticaria. Nach einer Reihe von intravenösen Injektionen wurde Herpes beobachtet. Wir haben Lippenherpes nach dem Gebrauch von Typhus- und Colivaccinen festgestellt (gewisse Stämme scheinen mehr geneigt zu sein, Herpes zu verursachen, als andere). AULD hat gelegentlichen Herpes nach intravenöser Einspritzung von kolloidalen Metallen berichtet. GOW beobachtete solche Ausbrüche nach Heterovaccination, ebenso sind sie auch nach Milchinjektionen berichtet worden.

Urticariaausbrüche sind nicht so allgemein. Wir haben einen ganz allgemeinen Hautausschlag bei einem arthritischen Patienten bemerkt, der innerhalb 3 Stunden nach der Injektion anfing und nach 24 Stunden verschwand. Andere Beobachter berichten, daß sichtbare Veränderungen der Haut nach ihrer Erfahrung ungewöhnlich sind.

Kopfschmerz. Kopfschmerzen im Stirnbereich sind eine gewöhnliche Erscheinung nach Typhus- und Colivaccineinjektionen. Nach Milch und anderen Stoffen werden sie weniger häufig beobachtet. Die Kopfschmerzen sind in der Regel kurz und dauern gewöhnlich nicht länger als 2 oder 3 Stunden nach dem Schüttelfrost.

Delirium. Bei Krankheiten, die mit ausgesprochener Intoxikation verbunden sind, wie z. B. bei typhösen Krankheiten und Erysipel, kann die intravenöse Injektion von unspezifischen Mitteln bisweilen von einer Verstärkung der Krankheitszeichen gefolgt sein und unter diesen kann manchmal Delirium beobachtet werden. Es ist gewöhnlich eine sehr flüchtige Erscheinung, die gleich mit der Verminderung der febrilen Reaktion verschwindet; nur selten kann man irgend eine Desorientierung beobachten, die länger dauert als die Reaktionsdauer nach den Injektionen. Vorsicht muß natürlich beobachtet werden, daß Alkoholiker von unspezifischen Injektionen ausgeschlossen werden, denn solche Patienten können während der Reaktion ein Delirium tremens entwickeln, das, einmal ausgebrochen, zu tödlichem Ende führen kann. Mehrere solcher Fälle sind uns berichtet worden.

Drüsentätigkeit. WEICHARDT hat eine Anzahl Versuche ausgeführt, bei denen er zeigen konnte, daß die Injektion von mäßigen Mengen von Proteinspaltprodukten die Drüsentätigkeit erhöht. Er wies dieses an milchgebenden Ziegen nach, ebenso wie an den Speicheldrüsen mehrerer Tiere. Bei der stillenden Frau machte man die gleiche Beobachtung (NOLF, LOENNE, MEYER, WEIL, H. LÖHR u. a.). Es wurden weiterhin vermehrte Speichel-, Magensaft-, Pankreas- und Tränensekretion festgestellt (POPIELSKI, DÖLLKEN u. a.), vermehrter Gallenfluß (ASHER u. a.), vermehrte Lymphbildung infolge Anregung der Sekretion der Capillarzellen (HEIDENHEIM) u. a. m. Besonders höhermolekulare Eiweißspaltprodukte lösen diese Erscheinungen aus.

Bei der Durchsicht der Literatur gewinnt man den Eindruck, daß die Autoren, welche eine leistungssteigernde Wirkung auf die Drüsentätigkeit nicht erreicht haben, die wichtige Tatsache außer acht lassen, daß Anregung nur bei einer

Dosierung zu erreichen ist, die im richtigen Verhältnis zu dem Zustande des zu beeinflussenden Organes steht.

Stickstoffstoffwechsel. Das N-Gleichgewicht zeigt nach der parenteralen Einführung von Proteinen und ihren Spaltprodukten klinisch und experimentell bedeutende Schwankungen. Es kann natürlich hier nicht die sogenannte spezifisch dynamische Wirkung der Proteine in ihrer allgemeinen Wirkung auf den normalen Stoffwechsel besprochen werden, obgleich gewisse Tatsachen, welche sich aus der Erforschung dieses Gebietes ergaben, zeigen, daß grundlegende Unterschiede einerseits in der cellulären Reaktionsfähigkeit, die mit der Verdauung der Proteine verbunden ist, bestehen und andererseits in der Absorption und dem Stoffwechsel der Kohlehydrate und Fette.

v. GRUBER macht auf der 9. Tagung der deutschen Vereinigung für Mikrobiologie in Würzburg 1922 darauf aufmerksam, daß bei der Erforschung der Heilwirkung der Proteinkörpereinspritzungen die „spezifisch-dynamische" Wirkung der Eiweißkörper nicht außer acht gelassen werden dürfe.

Die Aufnahme von Eiweiß vermag, wie vor allem durch RUBNERS Untersuchungen bekannt ist, den Energieverbrauch des Organismus, die Intensität des Verbrennungsprozesses gegenüber dem Umsatz bei völligem Hunger um 10—25 und mehr Hundertel zu steigern. Da in einem ausreichend ernährten Organismus alles überschüssige dem Blutstrom zugeführte Eiweiß zerlegt wird, lag es nahe auch die stickstoffhaltigen Spaltungsprodukte des Eiweißes auf ihre Fähigkeit, die Intensität des Stoffwechsels zu steigern, zu prüfen. Versuche zeigen, daß gewisse Spaltprodukte diese Fähigkeit besitzen. v. GRUBER weist insbesondere auf die Arbeiten von LUSK hin, der diesen Nachweis für Aminosäuren führte.

DUBOIS hat kürzlich nachgewiesen, daß im Fieber nach intravenösen Injektionen von fremden Proteinen der Stoffwechsel höher als normal ist. Seine Betrachtung gilt vor allem der Periode des Schüttelfrostes. DUBOIS gewann den Eindruck, daß der Typ der Reaktion bei all den Infektionen, die er beobachtete, ganz gleich demjenigen ist, der auf die Injektion von fremden Proteinen folgt und im einzelnen vergleichbar mit den Folgeerscheinungen, die bei Malaria nach dem Schüttelfrost auftreten. Speziell der Eiweißstoffwechsel scheint verändert, der Fett- und Kohlehydratstoffwechsel normal zu sein.

Italienische Forscher bemerkten, daß bei normalen Tieren die Einspritzungen kleiner Dosen von Toxinen und Tuberkulin von einer Erhöhung des Stickstoffstoffwechsels gefolgt waren (N-Ausscheidung), und zwar nach einer Periode, in welcher ein Plus von N angesammelt wurde. Tiere, die mit kleinen Mengen von Tuberkulin behandelt wurden, pflegten an Gewicht im Gegensatz zu den normalen unbehandelten Tieren zu gewinnen. Viel Arbeit ist im Verlauf der Anaphylaxieforschung geleistet worden und soweit dadurch das Bild ergänzt wird, das wir bei unspezifischer Therapie bis zu einem bedeutenden Grade erhalten, sind die Ergebnisse in diesem Zusammenhang nicht unwichtig. SCHITTENHELM und WEICHARDT stellten die sofortige Zunahme der Stickstoffausscheidung bei anaphylaktischen Hunden nach einem Shok fest. Ein Hund mit einer normalen Ausscheidung von 1,88 g pro Tag, schied in den Tagen nach dem Shok 2,8, 3,3, 2,65, 2,41 aus, also Mengen, die weitaus größer sind als die Menge des injizierten Proteins, die nötig war, um den Shok hervorzurufen. Daraus geht hervor, daß ein Abbau des körpereigenen Eiweißes stattgefunden haben muß, was vor allem bei sensibilisierten Tieren zu bemerken war. Über weitere Arbeiten nach dieser Richtung ist auf S. 72 berichtet.

SEGALE stellte die gleiche Wirkung fest, und MANOILOFF beobachtete eine erhöhte Ausscheidung von Stickstoff bei Kaninchen, trotz der Tatsache, daß sich die Temperatur verringerte. Auf die Kurven von WEICHARDT und SCHITTENHELM auf S. 13 sei hingewiesen. Es geht aus ihnen hervor, daß die N-Ausscheidung keinesfalls mit der Beeinflussung der Temperatur und den Leukocytenwerten im Einklang steht.

HIRSCH und LESCHKE haben denselben Gegenstand in sehr sorgfältiger Weise erforscht. Sie fanden, daß mit ziemlich großen Dosen eines Anaphylatoxins ein negatives N-Gleichgewicht erhalten wurde, während kleinere Dosen oder leichte Shoks oft zu einem positiven Gleichgewicht führten. Sie bemerkten ebenfalls, daß die Stickstoffausscheidung nicht notwendigerweise eine direkte Beziehung zur Temperatur des Tieres hatte, die sich durch die verschiedenen pyrogenen Mittel ergab. BREEDS Untersuchungen sind auch in diesem Zusammenhang von Bedeutung.

Bei dem Kranken ist die Injektion von unspezifischen Mitteln mit der daraus sich ergebenden Reaktion mit einer Zunahme in der Stickstoffausscheidung verbunden, ebenso wie solche Shoks mit einem erhöhten Stoffwechsel bei Tieren verbunden sind. Bei einer Anzahl von Fällen, die wir verfolgt haben, stieg die Gesamtstickstoffausscheidung des Urins um 20% bis 30%. Nach ungefähr 2 Tagen wurde die Stickstoffausscheidung wieder normal, und während eines wechselnden Zeitraumes nach dieser Zeit besteht bei vielen Patienten eine Verminderung in der Ausscheidung.

Wirkungen auf die Gewichtskurve. UDDGREN verfolgte das Gewicht bei einer Reihe von Kranken, denen intramuskuläre Milcheinspritzungen gegeben worden waren. Sie wurden in 4 Gruppen eingeteilt. In der ersten waren Patienten, die „Markt"-Milch erhielten und ziemlich schwere Temperaturreaktionen hatten. In der zweiten waren solche, die wechselnde Dosen von entweder „steriler" oder „Markt"-Milch bekamen. In der dritten Gruppe waren solche, welche eine Reihe von Injektionen entweder von der einen oder von der anderen Art bekamen. In der vierten Gruppe waren Patienten, welche die „sterile" Milch ausschließlich erhielten.

Die Ergebnisse waren folgende:

1. Gewöhnlich etwas Zunahme des Gewichtes während der Zeit der Injektionen. Öfter aber zuerst eine geringe Abnahme, danach später eine Zunahme.
2. Gut bemerkbare Gewichtszunahme.
3. Gewöhnlich leichte Abnahme während der ersten Reihe von Injektionen, später eine Zunahme.
4. Geringe Veränderung, wenn überhaupt eine solche eintrat. Bei einigen Fällen gut bemerkbare Gewichtszunahme.

Wir müssen uns in dieser Verbindung an die Möglichkeit erinnern, daß solche Gewichtsveränderungen, wie wir sie hier bemerken konnten, mehr durch Veränderungen im Wassergleichgewicht der Gewebe veranlaßt sein können, als durch eine wirkliche Zunahme in der Gewebesubstanz.

Albuminurie. Allen klinischen Beobachtungen entsprechend sind die Einspritzungen von keinen Veränderungen im Urin gefolgt, die eine Reizung des Nierenparenchyms anzeigen könnten. Die einzige Ausnahme in dieser allgemeinen Feststellung ist die Wirkung, die zuweilen der intravenösen Verabreichung von kolloidalen Metallen folgt. Bei diesen wurde beobachtet, daß nach der Verminderung des Fiebers (bei Influenza) die Injektion zuweilen von dem Wiederauftreten von Formelementen und von etwas Eiweiß im Urin gefolgt sein kann, wenn diese schon während der akuten Krankheit vorhanden waren. In diesem Falle scheint das Mittel eine geringe Entzündung anregen zu können, die vielleicht noch vorhanden war.

Uddgren beobachtete bei ungefähr 100 mit Milch injizierten Fällen keine Nierenreizung. Bei nur 2 Fällen wurde eine Spur von Eiweiß bemerkt, jedoch war das eine ganz vorübergehende Erscheinung. v. Aaron, der das Verhalten des intravenös bei Tieren injizierten Caseins untersuchte, fand, daß 58% davon durch den Urin ausgeschieden wurde, eine Tatsache, die in Betracht gezogen werden muß, wenn Spuren von Albumin im Urin nach Milcheinspritzungen berichtet werden.

Andererseits haben mehrere Beobachter (Döllken, Schmidt usw.) berichtet, daß, wenn unspezifische Injektionen während des Verlaufes einer akuten Krankheit, die von Albuminurie und Formelementen im Urin begleitet war, gemacht wurden, sich der Urinbefund sehr schnell nach den Injektionen besserte. Döllken bemerkte dieses besonders bei seinen an Weilscher Krankheit leidenden Patienten, bei denen eine hochgradige Albuminurie sofort nach den Einspritzungen sich besserte.

Diurese. Injektionen sind häufig von einer ziemlich ausgedehnten Diurese gefolgt. Riedel hat auf diese Tatsache aufmerksam gemacht.

Nach Schittenhelm ist diese Steigerung der Diurese in Beziehung zu setzen zu der nachgewiesenen lymphagogen Wirkung (s. S. 84), die vermehrte osmotische Strömung im Gefolge hat. Auf die Vermehrung der Tätigkeit der übrigen Drüsen und der anderen Zellfunktionen sei hier in Beziehung zu S. 14 hingewiesen.

Eng mit diesen Vorgängen verknüpft ist die mehrfach besprochene Durchlässigkeit der Blutgefäße.

Die lymphagoge Wirkung. Es ist sehr wahrscheinlich, daß — wie aus den erwähnten Beobachtungen vor allem von Siegert, R. Schmidt, Starkenstein u. a. hervorgeht — viele unspezifische Injektionen die Wirkung haben, die Durchlässigkeit der Capillargefäße für eine kurze Zeit zu erhöhen, um später eine endgültige Verminderung der Durchlässigkeit zu verursachen. Die Reaktion und die Richtung ihrer Maximalwirkung wird zum größten Teil von der angewandten Dosis und bis zu gewissem Grade von dem gebrauchten Mittel abhängen.

Man weiß sehr wohl, daß gewisse Substanzen, die Heidenhain als Lymphagoge erster Klasse klassifizierte, unter ihnen Peptone, Eialbumine, Gewebeextrakte usw. eine deutliche Zunahme des Lymphstromes verursachen, der vermutlich zum größten Teil von der Leber herrührt (Starling). Dieses erhöhte Fließen des Lymphstromes kann eine lange Zeit nach solcher Injektion anhalten. Teague und Mc. Williams haben kürzlich die Erklärung aufgestellt, daß diese lymphagoge Wirkung für die Heilwirkung der Proteininjektionen verantwortlich ist, weil dadurch die Antikörper des Blutstroms in die Lymphräume hineingezwungen werden, und dort den sie an sich reißenden Mikroorganismus zerstören. Davis und Petersen durchforschten diese Wirkung auf den Lymphstrom; sie benutzten große Hunde, bei denen eine Lymphfistel am Thoraxkanal angebracht wurde. Alsdann impften sie intravenös abgetötete Colivaccine, um die Shokwirkung hervorzurufen. Wo es nötig war, wurden kleine

Dosen Morphium gegeben. Wenn die Tiere zu bald nach der Operation injiziert wurden, ehe eine vollkommene Erholung von dem Betäubungsmittel stattgefunden hatte, machte sich eine bedeutende Resistenz gegenüber dem Shok bemerkbar und die Temperaturreaktion verzögerte sich um mehrere Stunden.

Die Zunahme der Schnelligkeit des Lymphstromes folgte sofort nach der Einspritzung, und bei schweren Intoxikationen zeigten sich zwei Perioden von Maximalfluß, die erste unmittelbar nach der Injektion, 20—30 Minuten dauernd, die zweite nach annähernd einer Stunde, wobei sich letztere Zunahme über eine längere Zeitspanne erstreckte. Wenn die Intoxikation nicht so schwer war, wurde die Zweiphasenkurve nicht bemerkt, indem die Zunahme geringer ausgedehnt war, aber länger dauerte.

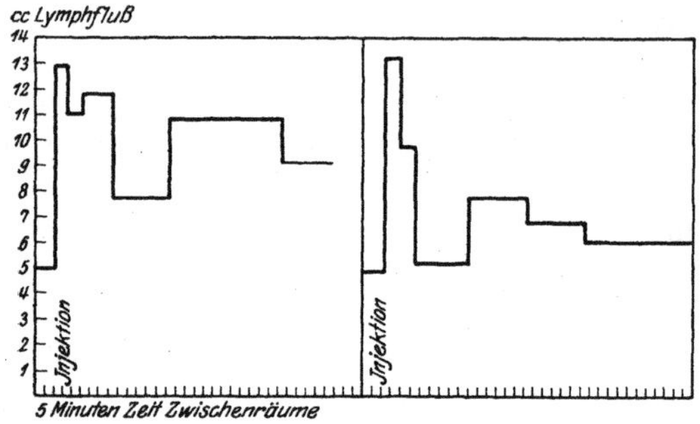

Abb. 6. Lymphfluß-Volumen.

Konzentration der Lymphe und des Serums. Die Konzentration der Lymphproteine nimmt bedeutend nach der Einspritzung zu, wie durch die KJELDAHL-Methode für die Gesamtproteinstickstoffmenge festgestellt wurde; aber die Konzentration des Nichtproteinstickstoffs kann abnehmen.

Die Leukocyten. Nur wenige Veränderungen nach unspezifischer Therapie haben die Aufmerksamkeit so stark auf sich gelenkt wie die leukocytische Reaktion. Die frühesten Forscher der unspezifischen Behandlungsmethoden verfolgten das leukocytische Bild mit großer Sorgfalt, besonders weil einige der früheren Methoden — Fixationsabsceß, Hefe, Nucleininjektionen, kolloidale Metalle usw. — sich zu einer Zeit entwickelten, in der die Kliniker begannen, der Leukocytenzählung große Aufmerksamkeit entgegenzubringen. Die Rolle der Leukocyten bei Immunitätsvorgängen ist keineswegs ein erschöpftes Forschungsgebiet, sondern im Gegenteil noch nach vielen Richtungen außergewöhnlich anziehend wegen seiner unzähligen noch dunklen Probleme. NÄGELI vermutete in seinen „Blutkrankheiten", daß eine Leukocytose, die sich als Ausdruck einer Immunreaktion von seiten des Knochenmarks ergab, von ausgesprochenem therapeutischem Nutzen sein könnte. FISSINGER und MARIE haben viele Jahre lang die Wichtigkeit der Enzyme der Leukocyten bei Infektionskrankheiten betont, während die Arbeiten METSCHNIKOFFS und seiner Schüler so sorgfältig das allgemeine Gebiet der Phagocytose durchgegangen haben, daß es unnötig ist, ein Gebiet zu betreten, das so wohlbekannt und dessen Literatur so leicht erreichbar ist. Die Besprechungen in ZINSSERS „Infektion und Resistenz" geben einen umfassenden Begriff dieses Gegenstandes.

Die experimentelle Hervorrufung und Erforschung der Leukocytose, wie sie der Injektion verschiedener bakterieller Substanzen, von Proteinen oder von Chemikalien folgt, ist lange Zeit fortgesetzt worden und soweit die Ergebnisse mit den beim Menschen erhaltenen zu vergleichen sind, mag es gut sein den gegenwärtigen Stand unseres Wissens über diesen Gegenstand einen Augenblick zu betrachten.

Die Wirkung der Einspritzung von Bakterien und bakteriellen Extrakten auf die Leukocyten wurde von einer großen Anzahl Forscher in Versuchen geprüft. LANGE, der Kaninchen Typhusbacillen injizierte, bemerkte nach großen Dosen eine sofortige Leukopenie, der später eine Erholung und eine Leukocytose folgte, die bei einem seiner Fälle bis zu 43900 ging. Polymorphkernige herrschten vor, später sah man Übergangs- und große mononucleäre Zellen. Er beobachtete sowohl das Vorhandensein von Normoblasten als auch Polychromatophilie; Myelocyten wurden auch festgestellt. GOLDSCHEIDER und JAKOB beobachteten bei der Verwendung von Staphylokokken eine ähnliche Reaktion, obwohl die rückwirkende Leukocytose nicht den äußersten Grad erreichte, den LANGE feststellte. SCHLESINGER, der Streptokokken benützte, konnte nur Leukopenie feststellen. Wenn Typhusbacillen für eine wiederholte Reihe von Injektionen verwendet wurden, entdeckte HIRSCHFELD, daß das Knochenmark atrophisch wurde. STUDER untersuchte die Wirkung von typhösem und Colitoxin auf die Leukocyten, und FRIEDLÄNDER beobachtete bei Verwendung von Staphylokokken, daß er mit diesen Mikroorganismen eine Maximalleukocytose erhielt mit vorhergehender minimaler Leukopenie. SAMSON-HIMMELSTJERNA, einer der früheren Forscher, stellte Leukopenie nach Peptoninjektionen fest.

ANDREWS entdeckte, daß der Colibacillus die größte Leukopenie bei Kaninchen hervorrief, Staphylokokken und Diphtheriebacillen in geringerem Grade als Colibacillen. Er war der Ansicht, daß bei immunisierten Tieren eine deutlicher ausgesprochene rückwirkende Leukocytose vorhanden ist als bei normalen Tieren.

GAY und CLAYPOLE berichteten in ihrer Arbeit über den Heilungsmechanismus bei typhösem Fieber über Untersuchungen, welche den strittigen Punkt zu verteidigen schienen, daß in immunisierten Tieren die leukocytische Reaktion auf wiederholte Einspritzung größer wäre als bei normalen Tieren, und daß dies eine spezifische Reaktion sei. MC. WILLIAMS konnte diese Ergebnisse nicht bestätigen. Es ist sehr wahrscheinlich, daß der ganze Organismus infolge der Sensibilisierung empfänglicher wird und bereitwilliger und intensiver auf eine Wiedereinimpfung reagieren wird, aber neue Forschungen, wie z. B. jene von BIELING, würden vielmehr beweisen, daß es bis zu einem beträchtlichen Grade unwesentlich ist, welches das injizierte Agens ist, insofern es nur aufhebende oder anreizende Wirkung hat.

SCHITTENHELM, WEICHARDT und GRIESSHAMMER kamen zu folgenden Schlüssen:

Die intravenöse Injektion von nativem Protein, Pepton und bakteriellem Protein erzeugt beim Hund unmittelbare Leukopenie, die nicht nur von der Größe der Dosis abhängig ist, sondern auch von der Eigenschaft des Agens. Natives Protein ruft solche Leukopenie nur nach Empfindlichmachung hervor, Pepton schon bei der ersten Injektion. Unter den bakteriellen Agenzien erzeugt der Typhusbacillus, sobald er injiziert wird, die hartnäckigste Leukopenie; einige Arten von Tuberkulin, Colibacillen und Staphylokokken haben ebenfalls die nämliche Wirkung. Bei Wiedereinimpfung wird die Leukopenie schwächer an Grad und Dauer. Die Autoren vermuten, daß diese Wirkung einer funktionellen Paralyse oder Schwäche des Knochenmarkes zugeschrieben werden müsse. Es ist wahrscheinlich, daß die so beobachtete periphere Leukopenie zum großen Teil der Anhäufung der Leukocyten in den inneren Organen — Milz, Leber usw. — zuzuschreiben ist. Wenn die verabreichte Dosis zu groß ist, so stirbt das Tier natürlich an diesem Anfall oder in dem Schwächungsstadium.

Dem Stadium der Leukopenie folgt eines der Leukocytose, welches 3—6 Tage lang andauert; der Grad der Reaktion wird bei weiteren Einspritzungen herabgemindert. Von den bakteriellen Injektionen rufen Typhusbacillen und Staphylokokken die deutlichste Leukocytose hervor.

Diese reaktive nachfolgende Leukocytose ist von myeloider Form— d. h. es sind neutrophile, polymorphkernige, große mononucleäre und Übergangsformen vorhanden. Auch eosinophile Zellen werden manchmal vermehrt. Der Lymphapparat ist verhältnismäßig passiv. Die Proteinspaltprodukte und die bakteriellen Proteine reizen auch das hämatopoetische System, wie sich aus dem Auftreten von Normoblasten, Megaloblasten und polychromatischen roten Blutkörperchen in den Tagen nach der Injektion ergibt.

Zwei oder mehr Umstände kommen noch zu diesen Veränderungen hinzu, die in Verbindung mit den Leukocyten nach nichtspezifischen Injektionen beobachtet wurden. Die unmittelbar folgende Leukopenie ist einer Anhäufung der Leukocyten in den inneren Organen — Lungen, Milz, Leber, Verdauungsorgane und Knochenmark — zuzuschreiben. DALE neigt zu der Ansicht, daß die Leukocyten wegen der Veränderungen im Innern der Capillargefäße und kleineren Gefäße sich gerne an die Wandungen heften und deshalb nicht im kreisenden Blut vorkommen. Die nach der Leukopenie auftretende Leukocytose ist eine reaktive Erscheinung, welche der Reizung des Knochenmarkes zuzuschreiben ist. ANDREWS verfolgte das Arnethergebnis und fand, daß die Neutrophilen mit ungeteilten Zellen die geteilten an Zahl übertrafen. Das Vorhandensein vor Knochenmarkzellen verschiedener Art nach der Reaktion war ein weiterer Beweis für die Reizung des Marks.

Während des Höhepunktes der Reaktion sind die Leukocyten aktiver phagocytisch als in normaler Weise; man hat nämlich nach Einspritzung mit Typhusimpfstoff beobachtet, daß die polymorphkernigen Leukocyten rote Blutkörperchen phagocytierten.

Daß subcutane Injektion von Nucleinen Leukocytose im Gefolge hatte, wurde beobachtet, als sie vor ungefähr 30 Jahren bekannt geworden waren; BAUER untersuchte die Leukocytose, die nach dem Fixationsabsceß auftrat, und eine ähnliche Reaktion von seiten der Leukocyten wurde bis zu einem gewissen Grade nach Seruminjektionen beobachtet, ebenso nach der intravenösen Injektion von kolloidalen Metallen mit als Folgeerscheinung von Autoserotherapie usw.

Im Zusammenhang mit der Entwicklung der unspezifischen Therapie und dem Bemühen, eine befriedigende theoretische Grundlage für die erreichten Heilerfolge zu finden, wendeten sich eine Anzahl Forscher natürlicherweise dem Studium der leukocytischen Reaktion und ihrer möglichen Tragweite für das Problem zu. Einige glauben, daß der wichtigste Umstand für das therapeutische Ergebnis in der leukocytischen Reizung liegt, andere sehen nur einen akzessorischen Faktor in dem leukocytischen Reagens, wieder andere sprechen den Leukocyten jede Bedeutung für den Heilungsverlauf nach nichtspezifischen Verfahren ab. WEICHARDT weist schon seit langem darauf hin, daß die Leukocytenreaktion eines der vielen Merkmale ist, an dem Leistungssteigerung oder -minderung bei Proteinkörpertherapie gemessen werden kann. Die Frage ist von beträchtlicher Bedeutung und man tut wohl gut daran, die berichteten Tatsachen zu überlegen.

SCULLY studierte die Leukocytose, indem er ziemlich auf Einzelheiten einging. Bei seinen arthritischen Fällen, die er mit intravenös eingeimpfter Typhusvaccine behandelte, folgte auf die Injektion zunächst Leukopenie (wobei die Leukocyten von durchschnittlich 14000 bis auf 5000 zurückgingen), darnach kam Leukocytose zum Vorschein. Diese erreichte häufig 30000 bis 40000. In einem Fall ergab die Berechnung 62000. Wenn aufeinanderfolgende Einspritzungen gemacht wurden, war die Reaktion gewöhnlich weniger stark ausgeprägt.

Bei der primären Leukopenie fand SCULLY, daß die absolute Zahl polymorphkerniger Leukocyten abnahm, später aber von der Norm von ungefähr 60% bis über 90% der Gesamtsumme stieg. SCULLY fand Verminderung der großen Mononucleären während der ersten 3 Stunden, darnach aber wieder den normalen Prozentsatz. Die Lymphocyten wurden relativ und absolut weniger, wie es bei den Eosinophilen der Fall war, obwohl diese letzteren manchmal später eine leichte Vermehrung zeigten.

ROHONYI bemerkte, daß die Leukocyten nach Injektionen mit Typhusvaccine sich vermehrten, daß aber die Leukocytose keine Beziehung zu der erhaltenen Heilwirkung aufwies. Er stellte auch eine gewisse Vermehrung bei den Eosinophilen fest. GOW studierte auch die Blutkörperchenveränderung in denjenigen Fällen, die er mit Heterovaccinen und Peptoninjektionen behandelte. Er beobachtete die primäre Leukopenie, welche alle Elemente umfaßte, und stellte fest, daß die polymorphkernigen Leukocyten nach einer Stunde immer noch die Lymphocyten an Zahl übertrafen, daß aber von dieser Zeit an die Neubildung von Neutrophilen zahlreicher wurde (die Neutrophilen mit ungeteilten Zellen übertrafen an Zahl diejenigen mit geteilten Zellen). Nach 72 Stunden hatte er den Eindruck, daß die Zustände vor der Injektion wieder hergestellt waren. Während des Höhepunktes der leukocytischen Reaktion wiesen seine Zahlen einen Durchschnitt von 20000 bis 30000 auf, Myelocyten und Normoblasten konnten ebenfalls beobachtet werden.

Holler und Weiss untersuchten die Leukocytose, die nach Milchinjektionen beobachtet werden konnte; ebenso beschäftigten sich Schmidt und Kaznelson damit. Die letzteren Beobachter fanden eine sehr geringe Zunahme bei den Eosinophilen, nachdem die ersten Stufen der Reaktion abgenommen hatten. Ihre Beobachtungen über die Lymphocyten könnten zu der Ansicht führen, daß die Wirkung auf diese Blutelemente mehr verzögert wurde, als Gows Beobachtungen anzeigen. Sie stellten Vermehrung über das Normale auf die Dauer von mehreren Tagen fest, nachdem die polymorphkernigen Leukocyten die Formen vor der Injektion erreicht hatten.

Schmidt und Kaznelson stellten die leukocytische Reaktion auf parenterale Milchinjektion in 3 Gruppen zusammen. Sie beobachteten zuerst eine Gruppe, bei welcher auf primäre Leukopenie eine Leukocytose mit zahlreichen polymorphkernigen Neutrophilen folgte. In einer zweiten Gruppe mit schon vorhandener Leukocytose (wie bei Leukämien) folgte auf die Einspritzung eine zahlenmäßige Abnahme der Neutrophilen. Bei der dritten Gruppe bestand die Reaktion hauptsächlich in einer Zunahme der Zahl mononucleärer Elemente.

Müller betonte besonders die myelocytische Reizung durch Milchinjektionen. Während der lymphatische Apparat praktisch unangegriffen war, wurden Myelocyten in reichster Zahl in den Kreislauf geworfen und zeigten so eine deutliche Reizung des Knochenmarkes an.

In neuester Zeit untersuchte Nagaó die Zellveränderungen infolge intravenöser Injektion von getöteten nichthämolytischen Streptokokken bei Meerschweinchen. Die meisten der Kokken wurden innerhalb 5 oder 10 Minuten in den Leukocyten aufgenommen. Kokken konnten in zirkulierenden Leukocyten noch 3 Stunden lang gefunden werden. Die Kokken und polymorphkernigen Leukocyten sammeln sich in den Lungen während der ersten 10 Minuten an, und gerade hier erreichen die meisten Kokken das Innere der Phagocyten. Zur nämlichen Zeit ist eine allgemeine Leukopenie vorhanden, und die polymorphkernigen Leukocyten der Milz werden auf ungefähr $^1/_4$ der normalen Anzahl vermindert. Eine ähnliche Verminderung solcher Leukocyten geht im Knochenmark vor sich. Nach 30 Minuten sind die Lungen beinahe normal, ganz gleich, ob die Zahl der Leukocyten im Blut normal oder größer geworden ist, und wir haben den Beginn einer Leukocytenanhäufung in Leber und Milz. Es ist auch eine deutliche Proliferation der endothelialen Zellen der Leber und der Milz vorhanden und der Leukocyten des Knochenmarks. Innerhalb 2 bis 3 Stunden besteht eine deutliche Ansammlung von Leukocyten mit eingeführten Kokken in Leber und Milz, die Zahl der Leukocyten im Blut wird vermehrt, und unreife Leukocyten erscheinen im Blut und im Knochenmark, was eine

Erschöpfung der leukocytenbildenden Kraft des Markes anzeigt. NAGAÔ meint, daß die Reaktion eines Kranken auf Vaccinebehandlung in gewissem Grade durch häufige Blutprüfung bestimmt werden kann, da das Auftreten von unreifen Leukocyten im Blute die Gefahr der Erschöpfung leukocytenerzeugender Centren im Mark und an anderen Stellen anzeigt.

COWIE und CALHOUN machten auf diesem Gebiet eine ins Einzelne gehende Untersuchung der leukocytischen Reaktion auf intravenöse Typhusvaccine-Injektionen. Sie beobachteten die primäre Leukopenie und fanden, daß die Maximalreaktion zwischen der 4. und 9. Stunde nach der Injektion auftrat, wobei ihre Leukocytenzahlen sich um 30000 bewegten. Die erscheinenden polymorphkernigen Zellen waren neue Zellen mit großen Kernen. Häufig verschwanden große Lymphocyten zu einer gewissen Zeit nach der Injektion. Die kleinen Lymphocyten verschwanden niemals vollständig, obwohl sie stark vermindert waren, in einem Fall bis zu 200 Zellen auf den Kubikmillimeter. Die Übergangszellen waren gewöhnlich an Zahl unter der Norm, während die Eosinophilen nicht vermehrt wurden. Sie beobachteten das Auftreten von großen Mengen von Myelocyten, die sich manchmal innerhalb $1^1/_2$ Stunden nach der Impfung vorfanden und in einem Fall die Gesamtzahl von 800 Zellen im Kubikmillimeter erreichten. Unter diesen wurden Basophile häufig beobachtet. Kernhaltige rote Zellen, sowohl Megaloblasten als auch Normoblasten wurden ebenfalls beobachtet. Auch TÜRCKS Reizungsformen wurden festgestellt (acidophile granuläre lymphocytische Formen) und irreguläre kleine Lymphocyten. COWIE und CALHOUN sind der Ansicht, daß Leukopenie einer Auswanderung der Leukocyten nach den inneren Organen hin zugeschrieben werden muß. Nach ihrer Beobachtung erhielten sie höchst befriedigende klinische Ergebnisse bei denjenigen Patienten, die am besten mit einer hochgradigen Leukocytose antworteten.

Andererseits betrachtet HOLLER Leukocytose nicht als wesentlichen Umstand für den Heilerfolg. LÜDKE stellte wie HOLLER eine leichte Eosinophilie nach den Albumoseinjektionen fest.

Andere nichtspezifische Agenzien rufen Leukocytose von wechselnder Stärke hervor, und es wurden Studien über die Blutveränderung nach Injektionen gemacht mit Serum, Nucleinen, kolloidalen Metallen, Salzlösung, Terpentin, Jodlösungen und einer Anzahl verwandter Stoffe (PFENNINGER, HAMMETT, KESSLER und BROWNING, PAASCHEN, FIESSINGER und MARIE usw.).

MÜLLER ist der Ansicht, daß Verdauungsleukocytose nur die leukocytische Reaktion auf die Proteinspaltprodukte darstellt, welche während des Verlaufs der Verdauung absorbiert werden. PUSEDDA beobachtet eine erhöhte Phagocytose nach Milchinjektionen, welche durch eine Zunahme der Opsonine des Blutserums bedingt wurde.

Die Erythrocyten. SCHITTENHELM, WEICHARDT und GRIESSHAMMER beobachteten die erythropoetische Reizung auf verschiedenartige Bakterieneinspritzungen, gerade wie andere Beobachter vor ihnen das Vorhandensein von vielen kernhaltigen roten Zellen nach solchen intravenösen Injektionen festgestellt hatten. Es wurde beobachtet, daß die Zahl der roten Blutkörperchen bei Anämie nach nichtspezifischen Injektionen vermehrt wurde; bei perniziöser Anämie ist die Zunahme gewöhnlich vorübergehend und unsicher.

Blutplättchen. DUKE beobachtete, daß geringe Dosen Typhusvaccine die Anzahl der Blutplättchen vermehren, während größere Dosen eine Verminderung verursachen. Gleiche Beobachtungen liegen von BUSSON vor, auch COWIE und CALHOUN berichten, daß die Blutplättchen nach Typhusinjektionen an Zahl und Größe zunehmen. Andererseits fand DÖLLKEN keine feststehende Veränderung bei den Blutplättchen nach Milchinjektionen, obgleich er eine ausgesprochene styptische Wirkung solcher Einspritzungen bei Fällen von hämorrhagischer Diathese fand. Er schließt aus seinen Beobachtungen, daß die Blutplättchen wahrscheinlich nichts mit der Veränderung des Koagulationsgrades zu tun haben.

Blutzucker. LÖWY beobachtete eine sehr schnelle Zunahme der Blutzuckermenge nach unspezifischen Injektionen (Milch). [Res. von LÖHR s. Nachtrag S. 249.]

Fibrinogen. Die Menge des Fibrinogens im Blut wird ungefähr 6 Stunden nach der Milchinjektion erhöht und bleibt ungefähr 8 Tage lang auf einer ziemlichen Höhe (LÖWY, VON DER VELDEN). MOLL beobachtete die Zunahme an Fibrinogen nach der Injektion von Gelatine und Serum. Auch TOGERI bemerkte eine Zunahme.

Thrombokinase. Thrombokinase wird sehr kurz nach Milchinjektionen erhöht. Deuteroalbumosen, Bakterien und kolloidale Metalle haben geringe Wirkung auf den Mechanismus der Koagulation.

Serum- und Lymphenzyme. JOBLING und seine Mitarbeiter stellten im Verlauf einer Reihe von Untersuchungen über die Veränderungen der Serumenzyme bei Tieren nach anaphylaktischem Shok infolge intravenöser Injektionen von Proteinspaltprodukten, von Bakterien, Kaolin, Trypsin usw., die Tatsache fest, daß als Ergebnis dieser verschiedenen Injektionen Tiere mit einer Mobilisation der proteolytischen Enzyme ebenso wie der Lipasen reagierten. Diastase wurde nicht bis zu dem Grade, wie die anderen Enzyme beeinflußt. Die Zunahme des Titers der Protease war sehr auffallend nach schweren Intoxikationen, wie sie z. B. durch Typhus oder Colibacillen verursacht werden.

Angesichts der Tatsache, daß der Lymphstrom deutlich vermehrt und das Blut verdünnt ist, und daß die Blutmenge nach einem Shok wegen der erhöhten Durchlässigkeit der Gefäße stark vermindert ist (DALE hat kürzlich eine Verminderung der Menge nach Histamininjektionen sogar um 40% beobachtet), untersuchten DAVIS und PETERSEN die Enzyme des Blutes und der Lymphe nach intravenösen Einspritzungen von Colivaccine getrennt. Die Ergebnisse dieser Versuche waren folgende:

Protease. Der bakterielle Shok vermehrt den Proteasegehalt der Lymphe und des Serums. Drei Reaktionstypen konnten unterschieden werden: a) die Titerschwankungen können gleichzeitig vorkommen, b) diejenigen des Serums können denen der Lymphe vorausgehen, und endlich c) braucht keine Beziehung zwischen beiden da zu sein.

Peptidase. Die Schwankungen der Peptidase oder des Ereptasetiters gehen nicht mit denen der Protease parallel; die Kurven können sogar ganz ungleich sein. In der Regel erscheint ihre Zunahme später als die der Protease und ist weniger ausgedehnt. Wenn Titerschwankungen vorkommen, so erscheinen sie meistens gleichzeitig in der Lymphe und im Serum, obwohl bei einigen Versuchen die Anregung zuerst im Serum wahrgenommen werden konnte. Jedenfalls ist es klar, daß das Eintreten in den Blutstrom direkt sein kann und nicht den Weg durch die Lymphkanäle zu nehmen braucht, obwohl bei normalen Bedingungen, d. h. Fütterung, diese die einzige Eingangspforte zu sein scheinen.

Lipase. Obwohl die Zunahme dieses Ferments nach dem Shok sowohl in der Lymphe wie im Blut vorkommt, so scheint sie doch im Serum zuerst aufzutauchen.

Bei Patienten sind die Wirkungen der unspezifischen Injektionen auf die Enzyme nicht so ausgesprochen, wie bei Versuchstieren.

Petersen verfolgte die zu beobachtenden Veränderungen in einer Studie über Serumveränderungen bei Patienten nach unspezifischer Therapie

a) durch stalagmometrische Ablesungen,
b) durch die Gesamtstickstoffmenge des Serums (Konzentration des Serums),
c) durch den nicht koagulierbaren Stickstoff und den Enzymtiter,
d) Protease,
e) Ereptase,
f) Diastase und
g) Esterase.

Die Ergebnisse waren folgende: Konzentration des Serums. — Der nicht eiweißhaltige Stickstoff war praktisch unverändert. — Die Serumprotease verringerte sich beinahe unterschiedslos nach dem Shok, nahm aber allmählich während eines Zeitraumes von 3—4 Tagen wieder zu. — Die Serumpeptidase nahm gewöhnlich bei Fällen, die klinische Besserung zeigten, wieder zu. — Die diastatische Tätigkeit des Serums verringerte sich gewöhnlich. — Die lipolytische Tätigkeit des Serums zeigte keine konstante Veränderung.

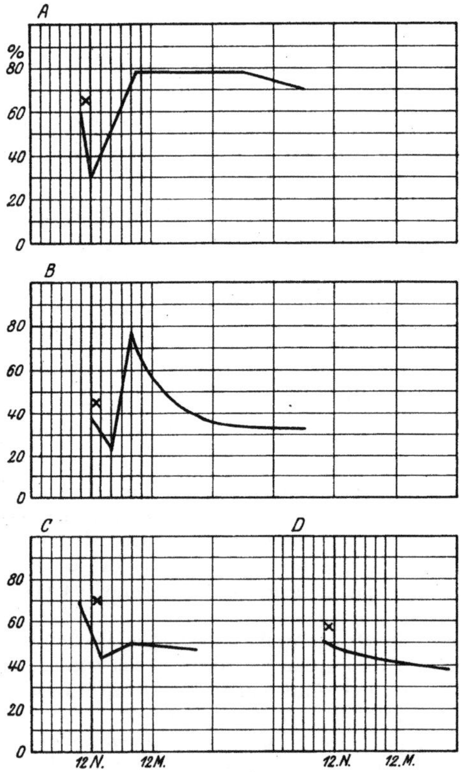

Abb. 7. Veränderungen im Antiferment des Blutserums.

Das Antiferment. Im Verlaufe von Studien, die sie vor einigen Jahren machten, zeigten Jobling und Petersen Beweismaterial, welches sehr stark dahin zu deuten schien, daß die Antienzyme (Antitrypsin) des Serums aus fein verteilten Lipoiden beständen, die noch ungesättigte Kohlenstoffketten in ihrer chemischen Struktur enthielten. Neuere Untersuchungen haben im allgemeinen die Ansicht bestärkt, daß das Antienzym lipotropisch ist, und nicht mit den Proteinen verwandt ist, obgleich es physikalisch eng an einige dieser Serumbestandteile gebunden sein kann.

Beim Tierversuch stellten Jobling und Petersen fest, daß eine Zunahme des Antiferments nach jeder Form des Shoks — sei es anaphylaktischer, bakterieller oder Proteinshok usw. —, welchen das Tier durchmachen mußte, vorkommt. Klinisch ist beobachtet worden, daß das Antiferment bei Kachexie, während akuter febriler Krankheiten, bei Schwangerschaft, nach Vaccineinjektion, Serumkrankheiten usw. zunimmt.

Bei intravenös mit Vaccinen geimpften Patienten wurden von Petersen die Schwankungen im Antifermenttiter verfolgt, und die Typen der Reaktion sind durch die begleitende Abbildung illustriert.

Die Veränderungen im Antiferment des Blutserums sind gewöhnlich sehr deutlich und ganz übereinstimmend bei den Fällen, welche günstig von der Shoktherapie beeinflußt werden. Tafel A zeigt die Veränderungen, die während 3 tägiger Beobachtung bei einem Fall vollständiger Genesung von akuter Arthritis nach intravenöser Einspritzung von 60 mg einer primären Proteose vorkommen. Das Beharren des erhöhten Antifermenttiters kann viel kürzer dauern, wie auf der Tafel B gezeigt wird. Dieser Fall, K. H., war eine der vielfachen subakuten Arthritiden, die sich nicht erheblich nach Injektion von Typhusvaccine besserten, obgleich eine zeitweise Erleichterung vorkam.

Endlich zeigen die Fälle, die keine dauernde Besserung zeigten, selten irgend eine Zunahme im Antiferment, tatsächlich kommt fast immer eine Verringerung des Titers nach dem Shok vor, wie auf der 3. u. 4. Tafel, C und D, gezeigt wird.

Eine Vermehrung der katalytischen Vorgänge im Blut nach Proteinkörperinjektion, sowie bei verschiedenen Vorgängen, die mit Eiweißzerfall einhergingen, stellten WEICHARDT und SCHLEE fest, ein Befund, den BUSSON bestätigt.

Antikörper. Mit der Einführung moderner Methoden der unspezifischen Therapie wandten sich die Immunologen natürlich der Erforschung der Frage zu, ob die heilende Wirkung der Injektionen wirklich durch irgendwelche Veränderungen im Antikörpertiter des Serums des Patienten verursacht würde oder nicht. Tatsächlich ist die Bemühung, die Antikörperbildung durch Anregung des Organismus auf verschiedene Weise zu erhöhen, keineswegs ein Gegenstand, dessen experimentelle Bearbeitung neueren Datums wäre. SALOMONSEN und MADSEN fanden, daß wenn man Pferde mit Diphtherietoxin immunisierte und dann mit Pilocarpin injizierte, der Titer viel höher als vor den Pilocarpineinspritzungen war. OBERMEIER und PICK, die 5%ige und 10%ige Peptonlösung für Injektionen gebrauchten, fanden, daß 3 Monate vorher sensibilisierte Tiere mit einer deutlichen Zunahme an Präcipitinen auf die Einspritzung reagierten. DIEUDONNÉ immunisierte Kaninchen mit Typhusbacillen, injizierte dann Hetol, und beobachtete eine ausgesprochene Zunahme im Antikörpertiter. Ähnliche Beobachtungen sind bei Nucleinen, kolloidalen Metallen und paraspezifischen Seruminjektionen berichtet worden.

FLECHSEDER sah Erhöhung des Agglutinintiters beim Menschen durch subcutane Einspritzung „pyrogener“ Stoffe des Eiweißabbaues (Deuteroalbumose, Nucleinsäure), und zwar war die Deuteroalbumose in bezug auf zuverlässige und unverzügliche Wirkung dem Natrium nucleinicum überlegen. Während bei ersterer die Agglutininvermehrung bereits am selben Abend oder am folgenden Tage nach der Injektion einsetzte, verstrichen nach der Nucleinsäureeinspritzung bis zu dieser Wirkung einige Tage.

WEICHARDT und SCHRADER fanden ebenfalls Agglutininanstieg bei bereits mit Typhusbacillen behandelten Tieren, deren Agglutinintiter stabil geworden war, nach Einspritzung von Deuteroalbumose, Natrium nucleinicum, Casein usf., wobei die Deuteroalbumose dem Natrium nucleinicum überlegen zu sein schien. In scharfem Gegensatz zu den bereits einmal behandelten sensibilisierten Tieren standen die unbehandelten. Hier war eine erhebliche Antikörperbildung nicht festzustellen.

HEKTOEN, der mit Kaninchen arbeitete, die lange vorher mit Pferdeserum sensibilisiert waren, fand, daß wenn in einer späteren Periode dieselben Tiere mit irgendeiner anderen Serumart injiziert wurden, die Tiere wieder das zuerst gebildete spezifische Pferdeagglutinin hervorbrachten. Dieses plötzliche Abstoßen eines spezifischen Antikörpers durch die Anregung irgend eines anderen und ganz verschiedenen Proteins ist als eine Hauptursache der therapeutischen Wirkung unspezifischer Therapie gedeutet worden.

Müller und Weiss glaubten, hierin die Erklärung für ihre Ergebnisse bei der Behandlung gonorrhöischer Komplikationen mit Gonokokken und anderen Vaccinen zu finden, aber serologische Proben versagten die Bestätigung. Ischikawa nahm auf gleicher Grundlage seine Versuche mit Typhus vor.

Die Experimente von Conradi und Bieling sind in diesem Zusammenhang von besonderer Bedeutung und es könnte scheinen, als ob die Tatsachen in Bielings neuer Arbeit einen direkten Einfluß auf eine Anzahl wichtiger Fragen bei infektiösen Krankheiten gehabt hätten. Conradi und Bieling behandelten Kaninchen mit Typhusbacillen und bestimmten den Agglutinintiter. Alsdann injizierten sie Coli-, Dysenterie- und Diphtheriebacillen und beobachteten die gleiche Zunahme der Agglutinine, wie sie in Hektoens Arbeit beschrieben woreen ist. Bieling hat diese Versuche fortgesetzt und dabei gefunden, daß für Dysenterie sensibilisierte Tiere imstande sind, Antikörper gegen Typhusbacillen zu bilden, wenn ihnen nur winzige Dosen Typhusantigen injiziert werden. Die sensibilisierten Tiere können also spezifische Antikörper hervorbringen, wenn nur ein winziger Bruchteil der Menge des neuen Antigens, das bei einem normalen Tier erforderlich wäre, injiziert wird. Mit anderen Worten, die erste Immunisation bringt das Tier in einen Zustand von unspezifischer Hypersensibilisierung, in welchem es viel mehr auf alle möglichen Reizmittel reagiert.

Die Ergebnisse dieser Versuche, die von Pinner und Ivančevic bestätigt und weiter ausgebaut wurden, haben einen direkten Einfluß auf die in Rede stehende Frage und helfen uns, einige der auseinandergehenden Beobachtungen zu erklären, die von Klinikern nach unspezifischen Injektionen berichtet worden sind. Wir dürfen erwarten, daß Patienten, die kurz vorher immunisiert worden sind, auf Einspritzungen mit einer Zunahme des Antikörpertiters des Serums antworten; falls sie während des Verlaufes einer Krankheit injiziert werden, können die Antikörper, die in den Zellen gebildet, aber noch nicht abgeworfen wurden, abgestoßen werden, wie Larson vermutet hat, und es läßt sich dann eine Zunahme im Serum feststellen. Wenn sie andererseits während des Verlaufs einer Krankheit ebenso schnell in die Zirkulation geworfen werden, wie sie gebildet wurden, können wir keine Zunahme des Titers erwarten. Wir dürfen auch annehmen, daß mit der Anregung der cellulären Tätigkeit („Plasmaaktivierung“, Weichardt, s. S. 14) die Zellen reagieren werden, indem sie eine erhöhte Menge Antikörper erzeugen, falls sie noch einer solchen Reaktion fähig sind.

Baluit fand, daß bei intravenös mit Typhusvaccine geimpften Typhuskranken keine deutliche Veränderung in den Antikörpern erfolgte, außer vielleicht einer Zunahme der Opsonine. Die Agglutinine und bactericiden Substanzen waren nicht vermehrt.

Lüdke fand das Komplement etwas verringert, stellte aber keine beständige Zunahme der Antikörper fest. v. Gröer sowohl wie Svestka und Marek beobachteten keine Zunahme der Agglutinine nach der Injektion von „Typhin“ bei Typhuspatienten. Döllken, der Milch benutzte, bemerkte keine Veränderung des Titers der Dysenterieagglutinine bei Dysenteriekranken nach den Einspritzungen. Als er spezifische Vaccine gebrauchte, beobachtete er Zunahme dieser Antikörper, aber klinisch bestand kein Unterschied in der

Wirkung von Milch oder spezifischer Vaccine auf die Krankheit. REIBMAYR fand ebenfalls keine Veränderungen in den Agglutininen nach der Anwendung von Typhusvaccinen.

BORCHARDT stellte fest, daß Organextrakte (Adrenalin, Spermin, Thyroid usw.) den Agglutinintiter von Versuchstieren erhöhten; bei einem Falle von 1 : 20 auf 1 : 5120 und bei einem anderen Fall von 1 :1280 auf 1 : 12240.

CULVERS Forschungen sind auf diesem Gebiete vielleicht die umfangreichsten. Die Opsonine und bactericiden Substanzen wurden in dem Serum von 16 Patienten beobachtet, die an gonorrhöischer Arthritis litten. Abgetötete Gonokokken oder Proteoselösung wurde intravenös alle 72—96 Stunden gegeben, bis 3—5 Einspritzungen erfolgt waren. Das Serum wurde zu Untersuchungszwecken kurz vor jeder Injektion entnommen. 10 von diesen Kranken bekamen aufeinanderfolgende Injektionen von Proteose und 6 bekamen abgetötete Gonokokken. Kein deutlicher Unterschied zeigt sich zwischen den Ergebnissen der beiden Gruppen. CULVERS Schlußfolgerungen sind: „Primäre und sekundäre Proteosepräparate regen die Antikörperbildung oder Mobilisation für spezifische Mikroorganismen bei Gonokokkenarthritis in einer Weise an, die nicht von der durch die Injektion der spezifischen Mikroorganismen selbst erzeugten zu unterscheiden ist.

Bei Gonokokkenarthritis ist kein Wechsel im Antikörpergehalt des Serums innerhalb der ersten 24 Stunden nach intravenösen Injektionen zu beobachten; eine Ausnahme bildet nur die erste Einspritzung, bei der die lytischen Substanzen während dieser Zeit leicht erhöht zu sein scheinen.

Bei günstigen Fällen verursacht die erste Einspritzung gewöhnlich den größten klinischen Erfolg. Jedoch können refraktäre Patienten eine ähnliche Lysinzunahme während der ersten 24 Stunden nach einer Injektion ergeben; deshalb kann die subjektive und objektive Besserung bei günstigen Fällen nicht bestimmt einer Zunahme der Antikörper allein zugeschrieben werden. So wenig jedoch diese Substanzen mit der frühzeitigen Besserung der Erscheinungen bei Gonokokkenarthritis etwas zu tun haben mögen, so kann es doch sein, daß sie viel mit der endgültigen Erholung von der Infektion durch ihren Einfluß auf den primären Herd zu tun haben.

CULVER beobachtete, daß der opsonische und der bakteriolytische Titer des Serums der Patienten, die an Gonokokkenarthritis leiden, normal oder unter normal waren, ehe irgendwelche Injektionen gemacht wurden. Dasselbe ist kürzlich von IRONS und anderen für den Opsoningehalt des Serums dieser Patienten beobachtet worden. IRONS wies auch auf das Vorkommen spontaner Schwankungen im Antikörpergehalt bei Gonokokkenarthritis hin und zeigte, daß durch Massage der angegriffenen Gelenke oder der infizierten Prostata sich eine Opsoninzunahme ergab, die durchaus nicht derjenigen unähnlich ist, welche durch eine Injektion abgetöteter Gonokokken hervorgerufen wird. CULVER glaubt, daß irgendwelcher Antikörperwechsel, der durch die Injektion einer Schüttelfrost verursachenden Substanz hervorgerufen ist, sich gut durch die Bewegung der affizierten Teile während des Schüttelfrostes erklären läßt. Da aber die Kurven regelmäßig eine Zunahme an Lysin und eine Abnahme an Opsonin nach der ersten Injektion und Reaktion zeigen, während jede nachfolgende Injektion gewöhnlich unmittelbar von einer Antikörperabnahme ohne Rücksicht auf die Heftigkeit der Reaktion gefolgt ist, so scheint es nicht, als ob die Gelenkbewegung hier viel damit zu tun hätte. Die oben angegebenen Antikörperveränderungen kommen im Serum von Patienten mit akuten, subakuten oder chronischen Gelenkschmerzen vor ohne bemerkenswerte Unterschiede in diesen drei Gruppen. Einige Sera wurden geprüft, nachdem eine kleine Menge Protein injiziert wurde, groß genug um die Leukocyten und die Temperatur zu vermehren, aber nicht genügend um Fieber hervorzurufen. Diese Einspritzungen waren von Antikörperveränderungen gefolgt, die den durch schwerere Reaktionen hervorgerufenen nicht unähnlich waren.

Man gewinnt bei Durchsicht der Literatur den Eindruck, daß diejenigen Autoren, welche eine Antikörpererhöhung bei spezifisch vorbehandelten (sensibilisierten) Tieren nicht erreichen konnten, das wichtige Gesetz außer acht ließen, daß eine Leistungssteigerung nur zu erzielen ist, wenn die reizende Dosis im richtigen Verhältnis zum jeweiligen Zustande des Individuums steht.

Die Wirkung auf die Wassermannsche Reaktion. Uddgren fand, daß nach Milchinjektionen Wassermann-negative luetische Patienten häufig Wassermann-positiv wurden. Zeisl führt an, daß gonorrhöische Patienten nach Injektion von „Gonargin“ oder „Arthigon“ eine positive Reaktion geben können. Diese Beobachtung ist verwandt mit der von Strickler, Munson und Sidlick, die fanden, daß nach Salvarsaninjektionen nichtsyphilitische Patienten serologisch positiv werden können. Conradi und Sklarek haben auch Veränderungen bei der Wassermannschen Reaktion nach intravenösen Injektionen von Typhusvaccine beobachtet.

Siebentes Kapitel.

Die Herdreaktion.

In dem vorhergehenden Kapitel sind die Veränderungen im einzelnen besprochen worden, die nach unspezifischen Injektionen im Organismus eintreten. Wir werden nun einen verwandten Gegenstand zu betrachten haben, der von äußerster Wichtigkeit ebenso vom therapeutischen Standpunkt, wie vom theoretischen ist, nämlich die Herdreaktion, die bei Entzündungsherden nach unspezifischen Injektionen auftritt. Genau so wie die allgemeinen Krankheitserscheinungen des Patienten nach den Injektionen deutlich hervorgehoben sein können, so wurde auch beobachtet, daß vorher bestehende entzündliche Veränderungen endogenen oder exogenen Ursprungs sehr häufig akuter werden, mit einer sichtbaren Zunahme der Schmerzen, der Empfindlichkeit und Hyperämie. Diese erhöhte Reaktion ist gewöhnlich von einer Verringerung der objektiven Entzündungszeichen gefolgt bis in vielen Fällen eine vollkommene Wiederherstellung zum normalen Stand herbeigeführt wird. Um die mögliche Bedeutung und therapeutische Wichtigkeit dieser Erscheinung zu verstehen, wird es nötig sein, einen kurzen Überblick über unsere gegenwärtige Auffassung von solchen Herdreaktionen zu geben.

Nachdem schon früh, in den neunziger Jahren, die Tuberkuline eingeführt wurden, ist der Begriff der fokalen Reaktion, „Herdreaktion“, an der Entzündungsstelle immer schon so eng in Verbindung gebracht worden mit den diagnostischen und therapeutischen Prinzipien des Tuberkulins, wie sie von Koch aufgestellt sind, daß das Gebiet zum großen Teil auf die Betrachtung dieser besonderen Krankheit begrenzt wurde. Diese Anschauung von der Herdreaktion, erläutert an einer örtlichen Erkrankung, wie Lupus, oder einer Spitzenaffektion, bedarf keiner weiteren Erklärung. Von einigen ist der Ausdruck „lokale Reaktion" jedoch synonym gebraucht worden; er sollte natürlich für jene Reaktionen vorbehalten bleiben, die bei der Injektion des Tuberkulins vorkommen.

Mit Zustimmung aller können wir annehmen, daß positive örtliche und allgemeine Reaktionen als bestätigender Beweis angesehen werden, daß irgend einmal der Organismus mit Tuberkelbacillen infiziert worden ist; der Herdreaktion legen wir im allgemeinen größere Bedeutung bei, insofern als die Beobachtung der Herdreaktion nach Tuberkulininjektion als Beweis nicht nur der Infektion, sondern auch ihrer Wirkung angesehen wird. Sie wird als streng spezifisch in dem Sinne betrachtet, daß nur tuberkulöse Vorgänge auf Tuberkulininjektionen reagieren. Hierauf haben die Immunologen Theorien gebaut, um die Vorgänge an der Reaktionsstelle zu erläutern. Nach WASSERMANN und BRUCK tritt die Reaktion ein, wenn das injizierte Tuberkulin sich mit einem „Antituberkulin" am Herd verbindet, und das Komplement durch diese beiden reagierenden Körper gebunden ist. Das fixierte Komplement ist dann imstande das Herdmaterial zu „verdauen" und so die wohlbekannten lytischen Erscheinungen zu verursachen, die mit der Herdaktivierung verbunden erscheinen. Nach dem Schema der von R. PFEIFFER beobachteten Bakteriolyse der Cholerabacillen wurde der Gedanke geäußert, daß alle Tuberkulinreaktionen durch die früher gebildeten spezifischen „Lysine" verursacht werden. Diese brechen das atoxische Tuberkulin auf; nur das so veränderte Tuberkulin kann die verschiedenen Reaktionen einleiten. Der ganze Verlauf hängt nach humoralen Gesichtspunkten von der Gegenwart der Lysine ab, d. h. „viel Lysin — große Reaktion".

Tatsächlich sind geringe oder gar keine Beweise beigebracht worden, um diese humorale Theorie zu stützen, aber im Gegenteil viele überzeugende Gegenbeweise. Es sind keine Antikörper dieser hypothetischen Art gezeigt worden. Auch besteht kein Parallelismus zwischen den lokalen, Herd- und allgemeinen Reaktionen, wie es begründet wäre, wenn die Reaktion eine humorale wäre. Im Gegenteil, während eine allgemeine Reaktion unmittelbar hinter der Herdreaktion folgt, ist unter diesen Umständen die lokale Reaktion unterdrückt. Praktisch aber ist jede klinische Erscheinung nichtsdestoweniger nach diesen Theorien ausgelegt worden, woraus sich Verwirrung ergab. Ein einziges Beispiel wird genügen. MENZER bemerkte, daß tuberkulöse Herde mit einer typischen „Herdreaktion" nach der Injektion einer Streptokokkenvaccine zu reagieren pflegten und daß tuberkulöse Patienten sehr häufig eine allgemeine Reaktion hatten. Daraus zog er die Schlußfolgerung, daß solche Reaktionen nur eine zu dem Herde hinzugekommene sekundäre Infektion mit Streptokokken anzeigten und daß die von ihm beobachteten Reaktionen lediglich den spezifischen Begriff bestätigten.

Tatsächlich gewann durch die Demonstration der fokalen oder Herdreaktion die Annahme der Spezifität für die Tuberkuline ausgiebigeren Anklang. Wir paßten eine Theorie der Beobachtung an und fuhren fort, jede klinische Beobachtung auf diesem oder den verwandten Gebieten so auszulegen, daß sie mit unserer Annahme im Einklang war. Da man regelmäßig wiederkehrend mangelhaft urteilte, wurde das Studium der aktuellen klinischen Bedingungen verzögert, und besonders das wirkliche Erkennen gewisser Faktoren in der Zellresistenz zurückgehalten, die nicht nur bei Tuberkulose, sondern bei Entzündungen im allgemeinen von großer Wichtigkeit sind.

Da jedem Arzt Erfahrungen bei Tuberkulose geläufig sind, ist die Betrachtung der Herdreaktion bei Tuberkulösen vielleicht von größter Wichtigkeit, aber die Frage ist so eng mit Entzündungsreaktionen im allgemeinen verbunden, daß es erlaubt sein mag, gewisse Hinweise auf Zustände nicht tuberkulösen Ursprungs in diese Besprechung einzuflechten.

Über die Spezifität der Herdreaktion. Es muß die Tatsache, daß die Herdreaktion keine spezifische Reaktion ist, in erster Linie betont werden. Praktisch wird jeder Entzündungsherd, ungeachtet seiner Ätiologie, auf Tuberkulin ebenso reagieren (Herdreaktion) wie auf sehr viele verschiedene andere Mittel chemischer oder biologischer Natur. Tuberkuloseforscher haben schon lange erkannt, daß tuberkulöse Veränderungen mit einer Herdreaktion auf verschiedene Stoffe reagieren. BALDWIN erwähnt Nucleoprotein, Nuclein, Albumosen, Zimtsäure, Cantharidin, Pilocarpin. FISHBERG fügt Kaliumjodid und Kreosot hinzu. Aber die Erkenntnis, daß nichttuberkulöse Entzündungsherde in gleicher Weise auf solche Mittel zu reagieren pflegen, ist erst in neueren Jahren besprochen worden. Vielleicht ist die Arbeit von SCHMIDT in diesem Zusammenhang von größtem Wert.

SCHMIDT fing seine Beobachtungen mit dem Poncettypus der Arthritis an. Diese tuberkulös-toxische Form der Krankheit zeigt eine sehr deutliche Herdreaktion nach der Tuberkulinreaktion — d. h. das Gelenk wird schmerzhafter und geschwollen, eine erhöhte Behinderung der Bewegung tritt ein, und die Gewebe werden hyperämisch. Diesem Stadium folgt später eine Besserung des klinischen Bildes (der negativen Phase folgt eine positive); die Endergebnisse sind gewöhnlich eine Erholung, welche die vor der Tuberkulininjektion übertrifft.

Aber SCHMIDT fand, daß er bei Anwendung von Milch an Stelle von Tuberkulininjektionen genau die gleiche Reaktion von seiten der krankhaften Veränderung während der gleichen Zeit und mit derselben positiven Phase unmittelbar nach der Reaktion, d. h. eine therapeutische Wirkung erhielt. Ferner erhielt er eine ähnliche Herdreaktion, als er sich mit nichttuberkulösen Gelenkveränderungen beschäftigte und winzige Dosen (0,001 g Alttuberkulin, das verhältnismäßig reich an unspezifischen Proteinen ist). Demgegenüber betont SCHITTENHELM, daß die Herdreaktion mit Tuberkulin, obgleich sie in ihrer klinischen Auswirkung im Grunde dasselbe wie die Herdreaktion nach Proteinkörperinjektion ist, sich doch von letzterer in grundlegender Weise unterscheidet. Tuberkulin ist nach diesem Autor nicht auf eine Stufe mit einem unspezifischen Reizkörper zu stellen. Nach den Feststellungen zahlreicher Autoren handelt es sich um einen *spezifischen* Körper, was schon daraus hervorgeht, daß von Tuberkulin nur außerordentlich kleine Mengen nötig sind um beim Tuberkulösen starke Reaktionen hervorzurufen.

Klassifizierung der Herdreaktionen. Die deutschen Kliniker haben viele Angaben über die Reaktionen gesammelt, die den Milchinjektionen folgen, wobei die Milch lediglich als passendes, unspezifisches Protein gebraucht wurde, und SCHMIDT hat die Reaktionen mit einer typischen Herdreaktion nach Milch und anderen Injektionen in folgende Gruppen geordnet:

I. Entzündungsherde infektiösen Ursprungs.
II. Örtlich begrenzte Entzündungsvorgänge endogenen oder traumatischen Ursprungs.
III. Diathesen.

I. Entzündungsherde infektiösen Ursprungs. In die erste Gruppe schließen wir Lungenherde tuberkulösen Ursprungs ein.

SCHMIDT und KRAUS, PETERSEN, HOLLER, DÖLLKEN und andere haben in neueren Arbeiten auf diese Erscheinung aufmerksam gemacht. Proteosen, Jod, Milch, Nucleine und andere Mittel pflegen eine Herdreaktion und eine schwere allgemeine Systemreaktion zu verursachen. Tuberkulöse Herde in den Lymphdrüsen, in der Niere und in den Harn- und Geschlechtswegen und andere reagieren in ähnlicher Weise. Eng verwandt finden wir die Wirkung auf lepröse Veränderungen. JOSEPHSON beschreibt die Aktivierung eines Falles von Lepra nach der zufälligen Injektion einer verhältnismäßig großen intravenösen Vaccinedosis.

Unter die nichttuberkulösen Entzündungsherde können die Tonsillen mit eingereiht werden, die zuweilen nach einer unspezifischen Injektion sich nach außen hin erweitern. SCHMIDT beschreibt solch einen Fall, bei dem eine Milchinjektion eine latente Angina aktivierte, mit gleichzeitigem Auftreten von geringen Gelenkschmerzen. Entzündungsaktivierung kann nach Milchinjektionen in Fällen von Furunculose beobachtet werden, und es liegen Beispiele vor, daß mehr als die gewöhnliche Stärke der natürlichen Reaktion erreicht wurde. Der Diabetiker reagiert für gewöhnlich nicht mit einem Temperaturanstieg auf Milchinjektionen, aber falls er an Furunkeln leidet, kann es häufig der Fall sein. Wir bemerken auch Arthropathien, bei denen eine negative Phase mit erhöhten Schmerzen, Anschwellung und Bewegungsbeschränkung keine ungewöhnliche klinische Beobachtung darstellt, und ausgiebig von einer Anzahl Beobachtern besprochen worden ist. Entzündungsherde im Wurmfortsatz und der Gallenblase, Erysipel, Entzündungsveränderungen des Auges, Entzündungsveränderungen des Respirationstraktus, der weiblichen Adnexe und der männlichen Harn- und Geschlechtswege usw. werden ebenfalls gefunden, SCHITTENHELM beobachtete, daß nach der Einspritzung von Typhusvaccine alte Fisteln gewöhnlich eine stärkere Sekretion zeigten, Bronchitispatienten mehr Schleim absonderten, chronische appendikale Veränderungen pflegten schmerzhafter und empfindlicher zu werden usw.

Die Aktivierung von ruhenden Malariaherden hat diagnostische Wichtigkeit angenommen, und wird ausgiebiger besprochen werden. Papeln syphilitischen Ursprungs reagieren mit einer erhöhten Hyperämie, genau so wie andere Entzündungsherde.

Man kann allgemein feststellen, daß jeder begrenzte Entzündungsvorgang, unabhängig von seiner bakteriellen Ätiologie oder seiner Lage, häufig mit einer typischen Herdreaktion nach einer unspezifischen Injektion reagiert, und zwar gewöhnlich innerhalb 24 Stunden nach der Einspritzung. Von diesen verschiedenen Prozessen sind tuberkulöse Veränderungen vielleicht viel empfindlicher wegen tieferer Sensibilisierung der Gewebezellen des Wirtes gegen Protein im allgemeinen.

II. Lokalisierte Entzündungsprozesse endogenen oder traumatischen Ursprungs. In diese Kategorie müssen gewisse toxische Formen von Arthritis, wie der Poncettypus, ebenso wie Gicht aufgenommen werden. Entzündungsveränderungen der Niere und Entzündungsveränderungen des Auges, Iritis, albuminuritische Retinitis usw. eingeschlossen, sind auch unter die örtlichen Prozesse zu rechnen. Heilende Frakturen, wie DÖLLKEN sie beschrieben hat, reagieren mit einer typischen Herdreaktion; auch Neuritis muß in diese Gruppe eingeschlossen werden.

III. Lokalisierte Veränderungen auf Grund einer Diathese. Wenn man diesen Ausdruck in breiterer Bedeutung gebraucht, so wie ihn PFAUNDLER auslegte, können folgende Zustände eingeschlossen werden:

Die stechenden Schmerzen der Tabes, welche zuweilen auf unspezifische Injektionen folgen, ebenso wie eine gelegentliche gastrische Krise. Bei Paralyse kann der psychische Zustand entschieden gestört sein, und die Krankheitszeichen werden nach unspezifischen Injektionen offensichtlicher. Dies ist keine ungewöhnliche Erfahrung nach unspezifischen Injektionen, wie es von v. JAUREGG geschildert wurde. Bei Epilepsie kann ein Anfall verstärkt auftreten, wenn eine große Dosis eines unspezifischen Mittels gegeben wurde (Adrenalin-Benedek), ebenso wie bei chronischen Alkoholikern nach solcher Injektion ein Anfall von Delirium tremens folgen kann.

Bedenken wir, daß so eine latente Symptomatologie plötzlich nach Proteininjektionen ihre verschiedenen Krankheitsanzeichen entfalten kann.

Aktivierende Mittel. Wir müssen für einen Augenblick mit der Betrachtung der Mittel aufhören, die diese unspezifischen Reaktionen hervorrufen. Mit Rücksicht auf die frühere Forschung auf diesem Gebiet sehen wir die unspezifische Reaktion gewöhnlich so an, als ob sie der intravenösen Injektion einer Vaccine folgt, sagen wir nach Typhusvaccine, oder nach solchen Proteinderivaten wie Proteosen, oder neuerdings nach der intramuskulären Anwendung von Milch. Aber es kommen nicht nur solche Injektionen als Ursache der Reaktion und der Herdaktivierung in Betracht, sondern auch gewisse allgemeine biologische Veränderungen, wie z. B. zusammentreffende, aber schwache Krankheitsvorgänge, Stoffwechselveränderungen endokrinen Ursprungs, starke Anstrengung, Darmvergiftung, Aderlassen, Röntgenbestrahlung, Trauma, Veränderungen der Haut, Schüttelfrost — Gegenreizung —, ebenso verursachen gewisse Drogen genau die gleiche Herdreaktion. Die Aktivierung einer Tuberkulose durch eine Angina, ein schwaches Trauma, die menstruale Periode, durch Influenza oder Masern, die Provokation eines Malariaparoxysmus (das Ergebnis einer Milzherdaktivierung) durch eine dazwischentretende Krankheit, durch prophylaktische Vaccination, durch schwere Ermüdung, lange Eisenbahnfahrten, Überhitzung, Einwirkung von intensivem Licht, Schüttelfrost oder durchnäßt werden, Diätfehler, alkoholischen Exzeß und die verschiedenen anderen Umstände, die die Erfahrung des Krieges zutage gebracht hat, die Herdreaktion bei latenten arthritischen Veränderungen, welche PEMBERTON nach Bestrahlung, Radium, Thyroidextrakt, Aufregung usw. beobachtet hat; die klassische Aktivierung gonorrhöischer Prozesse durch verschiedene anscheinend geringe, fernliegende Ursachen; die Beschleunigung der stechenden Schmerzen oder einer tabischen Krisis nach einem „Schnupfen"; die Ursache eines Delirium tremens nach einem Trauma; das Einsetzen von Pellagraerscheinungen nach der Einwirkung des Sonnenlichtes; das sind nur wenige Beispiele eines allgemeinen Phänomens, welches bis jetzt durchgehend beobachtet, aber nicht als einen gemeinsamen Hintergrund besitzend erkannt wurde (s. WEICHARDT, S. 9).

Es ist sehr wahrscheinlich, daß viele verwirrende klinische Krankheitszeichen und ungewöhnliche Erscheinungen gewisser Krankheiten leicht erklärt werden können und uns in einem sehr einfachen Licht erscheinen, wenn wir uns die grundlegende Idee vergegenwärtigen, daß der zu erforschende besondere Symptomenkomplex allein durch die Aktivierung eines Entzündungsherdes exogenen oder endogenen Ursprungs in der Weise einer „Herdreaktion" verursacht sein kann. Viele der merkwürdigen Stoffwechselstörungen, die zeitweise mit Diabetes und Nephritis verbunden sind, können leicht auf einer solchen Grundlage beruhen. Sogar die pharmakologische Forschung findet Beweise dieser gleichen unspezifischen Wirkung auf Entzündungsveränderungen. So ist die allgemein beobachtete Jarisch-Herxheimer-Reaktion ein Beispiel[1]) (das Aufflackern syphilitischer Hautveränderungen unter spezifischer Behandlung), während die Aktivierung einer tuberkulösen Veränderung nach Jodmedikamenten eine sogar ältere Beobachtung ist. So können wir auch einen geschwürbildenden, katarrhalischen Zustand bekommen, wenn eine urämische Kolitis nachlässig mit Kalomel behandelt wird, während KÖNIGER in einer neuen Abhandlung sogar imstande war nachzuweisen, daß die antipyretischen Mittel, wenn in besonderen abwechselnden Dosen gegeben, alle eine unspezifische „Plasmaaktivierung" hervorbringen und deshalb zu jenen Mitteln gerechnet werden müssen, die potentiell fähig sind Herdreaktionen hervorzubringen.

Diese erweiterte Auffassung der Herdreaktion verleiht ihr entscheidende Wichtigkeit in der speziellen Pathologie der inneren Krankheiten. Akute Zustände können oft nichts weiter sein als die Verschlimmerung eines bisher latenten Prozesses von bestimmter bakterieller Ätiologie oder vielleicht einer Diathese. Auf dieser Grundlage kann die Tatsache erklärt werden, daß bei Kindern oft eine schwere Angina auf einen Diätfehler folgt, daß eine Appendicitis akut wird nach einer Angina, einer leichten Verletzung oder der Injektion einer prophylaktischen Vaccinedosis, daß eine gastrische Krise oder stechende Schmerzen nach irgend einer fernliegenden aufregenden Ursache entstehen oder ein asthmatischer Anfall unter dem Einfluß irgend einer meteorologischen Veränderung vorkommt.

Nach vielen Richtungen scheint diese Basis für die plötzliche Entstehung einer Blinddarm- oder einer Gallenblasenentzündung vernünftiger zu sein als die Vermutung, daß es sich um eine spezifische Lokalisation von Bakterien handelte, die so verändert in ihren Stoffwechselansprüchen und Besonderheiten seien, daß sie nur in gewissen Geweben wüchsen. Bei letzterer Auffassung, die ROSENOW entwickelt hat, wird die Tatsache übersehen, daß man bei der Betrachtung akuter Entzündungsvorgänge ein vorhergehendes Vorhandensein von fernliegender Verletzung oder Shok irgend einer Art, oder einer Stoffwechselstörung nicht bakteriellen Ursprungs genau so oft, wenn nicht häufiger bemerken kann wie eine vorhergehende Infektion.

---

[1]) Die sogenannte Sensibilisierung der Haut für metallische Kolloide ist ähnlich im Charakter. HIFT fand z. B., daß wenn er Elektrargol intravenös injizierte, nachdem er kleine Dosen vorher unter die Haut gespritzt hatte, die zurückgebildeten Hautpapeln wieder aufflackerten.

Der diphasische Charakter der Herdreaktion. Während in den vorhergehenden Seiten die Aufmerksamkeit sich auf die Tatsache richtete, daß verschiedene Mittel gebraucht werden können, um die Tuberkulinreaktion (Herd-) hervorzurufen, kann man andererseits auch feststellen, daß nichttuberkulöse Prozesse mit einer Herdreaktion auf Tuberkulin reagieren. SCHMIDT erläutert dies an zwei erholten Fällen von Polyarthritis, welche mehr als 2 Wochen frei von Fieber und von örtlichen Erscheinungen, Schmerz usw. gewesen waren. Beide Fälle reagierten mit heftigen Schmerzen in den vorher angegriffenen Gelenken, leichter Gelenkschwellung und einiger Bewegungsbeschränkung, als sie subcutan 0,001 g T. bekamen, die Dauer der Reaktion war natürlich vorübergehend. Ich hatte Gelegenheit, diese Beobachtungen SCHMIDTS nachzuprüfen und bei einem bedeutenden Prozentsatz der erforschten Fälle fand ich, daß sich die Beobachtung bestätigte. Bei Prozessen, die äußerlich am Körper beobachtet werden können, besonders bei der heftigen Aktivierung der chronischen Entzündungsvorgänge, kann man die dualistische Natur der Reaktion beobachten, und das ist von ungeheurer Wichtigkeit für die therapeutische Anwendung derselben. Erst zeigt sich eine negative Phase in dem Sinne, daß das Gewebe stärker verändert ist als bisher, d. h. die Beweise der Entzündung sind erhöht, Schmerz und Schwellung verstärkt, die Funktion vermindert usw., dann eine positive Phase, während welcher die Entzündung ständig abnimmt bis der Zustand vor der Injektion wieder erreicht oder überschritten ist; das Gleichgewicht nach dieser Richtung schwankt, bis die normalen Verhältnisse wieder hergestellt sind. Die Verstärkung der Entzündung wird von einer Verminderung gefolgt, bis die Heilung vollkommen ist — das Pendel schwingt von einer Seite zur anderen in einer wellenähnlichen Kurve, die wir allgemein bei vielen biologischen Vorgängen finden —, in der Opsoninkurve, der Antifermentkurve, in der leukocytischen Reaktion, in dem Koagulationsverlauf, in der Zelldurchlässigkeit; alle diese Vorgänge deuten die außerordentliche Labilität des Gleichgewichts an, welche im lebenden Protoplasma besteht.

Die Herdreaktion hat ihr Gegenstück in der allgemeinen Reaktion des Patienten, die gelegentlich bei tuberkulösen, öfter bei akuten Infektionen die Herdreaktion begleitet, und welche unverkennbar WEICHARDTS Periode der „Plasmaaktivierung“ entspricht. Dieser in der Herdreaktion sowie in der allgemeinen Reaktion beobachtete Dualismus ist von äußerster therapeutischer Bedeutung.

Es ist einleuchtend, daß wir die negative Phase, die eine Zunahme des Entzündungsprozesses darstellt, möglichst abzukürzen suchen und die positive Phase verhältnismäßig auszudehnen. Aber nach klinischen Beobachtungen besteht die Möglichkeit, daß der Grad und die Ausdehnung der positiven (heilenden) Phase eng von der negativen Phase abhängt und in Wechselbeziehung zu ihr steht, d. h. ihre gegenseitige Intensität ist proportional. Wir können uns die negative Phase, die zeitlich immer der positiven vorausgeht, als einen exogen hervorgerufenen reizenden Prozeß vorstellen, andererseits die positive als einen endogen vorbereiteten, mehr oder weniger physiologischen Prozeß vitaler Wiederherstellung. In diesem Dualismus der Reaktion liegt die Nützlichkeit der Herdreaktion als therapeutische Maßnahme.

Mechanismus der Herdreaktion.

Vascularisierte Entzündungsherde. Während des Verlaufes der letzten 5 Jahre sind wir mit den biologischen Veränderungen vertraut geworden, die im Organismus nach Tuberkulininjektionen sowohl wie nach den sogenannten unspezifischen Mitteln vorkommen. Diese Veränderungen, wie sie im vorhergehenden Kapitel beschrieben sind, sind zahlreich und verwickelt, aber die wichtigeren können in 2 Gruppen eingeordnet werden:

1. diejenigen, bei denen es sich um celluläre Anregung handelt, und
2. diejenigen, die sich primär aus Veränderungen in der Durchlässigkeit der Zellen ergeben.

Die ersteren sind allgemein von WEICHARDT unter dem Ausdruck „Plasmaaktivierungen" zusammengefaßt worden. Durch Reizung mit mäßigen Dosen von unspezifischen Mitteln wird die Zelltätigkeit bedeutend erhöht. Dieses findet seinen Ausdruck in erhöhter sekretorischer Tätigkeit der Drüsenzellen, in der erhöhten Tätigkeit der Muskelzellen (Myokardium), in der erhöhten Tätigkeit der Leukocyten (Phagocytose) usw. Die Veränderungen, die in der Durchlässigkeit der Zellmembran eintreten, sind von LUITHLEN, von STARKENSTEIN und anderen erforscht worden und stellen eine ausgesprochen diphasische Erscheinung dar. Die Durchlässigkeit der Capillaren ist zuerst erhöht, wie es die starke Zunahme des Lymphflusses und die Blutkonzentration beweist; die Durchlässigkeit der Gewebezellen ist erhöht — mit einem daraus sich ergebenden Ausströmen der Enzyme, des Fibrinogens und Prothrombins, der Immunkörper usw.; die erhöhte Durchlässigkeit der Nervenzellen ist mit einem Herabsinken der Schwelle für nervöse Impulse verbunden, und wird klinisch offenkundig durch erhöhte Schmerzempfänglichkeit, allgemeine Reizbarkeit, Kopfschmerz usw. Wenn diese erste Phase vorüber ist, tritt ein Ausgleich ein mit einer verringerten Durchlässigkeit der Zellen mit Wirkungen, die vorauszusehen waren — verringerte Empfänglichkeit für Intoxikation, verringerte nervöse Reizbarkeit —, verringerte Exsudation —, ein Herabsinken der Enzymkonzentration usw.

Zahlreiche andere Beobachtungen sind gemacht worden, die nach meiner Meinung gegenüber diesen beiden fundamentalen Veränderungen in der Durchlässigkeit der Zellmembrane und der allgemeinen Anregung des Protoplasmas von untergeordneter Wichtigkeit sind.

Wenn wir uns diese Überlegungen vor Augen halten, können wir uns dem Studium des Mechanismus, der möglicherweise in der Herdreaktion eingeschlossen liegt, bei Entzündungsgeweben von einem verhältnismäßig einfachem Standpunkt nähern.

Bei einem Entzündungsherd, der mit reichlich vascularisiertem Granulationsgewebe versehen ist, werden die Wirkungen einer Tuberkulininjektion oder der Injektion eines unspezifischen Mittels: 1. eine Zunahme in der Exsudation der Flüssigkeiten hervorbringen, mit erhöhter Rötung und Schwellung wegen der vorübergehenden Zunahme in der Durchlässigkeit. Damit ist 2. eine Zunahme der Schmerzen und Empfindlichkeit infolge des erhöhten Druckes verbunden, 3. wird eine erhöhte Verdauung am Entzündungsherd stattfinden; wenn kein nekrotisches Material im Herd ist, kann auch kein Anzeichen erhöhter Intoxikation eines Systems vorhanden sein;

ist aber die Menge der abgestorbenen Zellen groß, wird sich zuerst eine Zunahme in der Intoxikation ergeben, wenn das aufgespaltene Material absorbiert ist. Mit vollständigerer Verdauung in der Gegend des Herdes kann vollkommene Entgiftung verbunden sein.

Alle diese Veränderungen verbinden wir mit der Herdreaktion, die unspezifischen Injektionen folgt. Dazu kommt noch ein anderer und viel verwickelterer Umstand. Er betrifft die Beobachtung, daß irgendeine Zelle, die vorher entzündlich angegriffen war, auf Reizmittel aller Art schneller als eine normale Zelle antwortet. Nach SCHITTENHELM faßt deshalb die Proteinkörperwirkung an der entzündeten Zelle besonders an, weil sich hier die Zellen in einem veränderten Reizzustand befinden, oder überhaupt Bedingungen vorliegen, die die klinische Äußerung der Reizwirkung deutlich erkennbar machen. Die Steigerung der entzündlichen Abwehrvorgänge mag als heilender Faktor wirken (Zweckmäßigkeit der Abwehrreaktion, ASCHOFFS defensive Entzündung). Objektiv können wir dieses bei abgelaufenen Hautveränderungen beobachten. Die Verstärkung der Entzündungsreaktion, die wir herbeigeführt haben, bringt, wie wir gesehen haben, einen verstärkten Lymphstrom mit sich. Gleichzeitig damit ist eine relative Zunahme der Enzyme vorhanden — Protease, Ereptase (Peptidase), Lipase usw. —, eine Zunahme der Antikörper (falls der Patient kurz vorher immunisiert wurde, oder falls die Infektion während einiger Zeit bestand), eine Zunahme der Leukocyten (nach der anfänglichen Leukopenie) zusammen mit einer Zunahme ihrer phagocytischen Tätigkeit und eine erhöhte Koagulierbarkeit des Blutes (s. o.). Die Antikörper, die leukocytische und die Enzymveränderungen müssen eine bedeutende Wirkung auf ein infizierendes Agens, ebenso wie auf die Entfernung nekrotischen Materials ausüben; das Streben nach Wiederherstellung der Norm pflegt vergrößert zu sein. Gerade diese Phase sehen wir in der sogenannten zweiten oder positiven Phase. Ihre gleichzeitige körperliche Wirkung, die wir in der Euphorie beobachten, in dem Herabsinken der Temperatur, Besserung der Zirkulation usw. ist durch wenigstens 3 Umständen bedingt:

a) die Zerstörung von toxischem Material am Herd nach der ersten Zunahme der Verdauungstätigkeit,

b) verringerte Empfänglichkeit der Zellen des Körpers für Intoxikation (verursacht durch verringerte Durchlässigkeit) und

c) aktuelle Protoplasmaanregung (zum Teil verursacht durch das unspezifische oder spezifische injizierte Mittel, zum Teil durch das toxische Material, das aus dem Entzündungsherd frei geworden ist). Dieser letztere Umstand wechselt sehr, und die klinische Einschätzung des möglichen Grades dieser Verschiedenheit erfordert Erfahrung und Sorgfalt.

Tuberkulöse Herde. Wenn wir uns vom vascularisierten Entzündungsherd dem des Tuberkels zuwenden, so finden wir andere Verhältnisse. In SCHMIDTS Arbeit ist die Ansicht hervorgehoben, daß wir es bei der allgemeinen Tuberkulinreaktion wahrscheinlich mit spezifischen und unspezifischen Faktoren gleichzeitig zu tun haben, eine Ansicht, ähnlich derjenigen, die wir in einer neueren Arbeit ausgeführt haben. SCHMIDT hat diese Annahme folgendermaßen ausgedrückt: „Es ist aber wahrscheinlich, daß es in der Frage der Spezifität oder Unspezifität ein Fehler ist, die eine der anderen entgegenzustellen, daß es vielmehr die Erforschung der Spezifität und der Unspezifität sein sollte,

d. h., daß beide Faktoren in die Reaktion eintreten, und es sollte festgestellt werden wie weit jeder Faktor dabei mitspielt.“ Unsere Auffassung ist die gewesen, daß, während die Allgemeinreaktion hauptsächlich unspezifisch ist, insofern als die angewandten Mittel, die sie hervorbringen, nicht spezifisch zu sein brauchen, die Herdreaktion selbst, wenn sie einmal in Gang gekommen ist, sofort eine wirkliche spezifische Anregung bringt, weil die Entzündungsreaktion zu der Befreiung von zerfallendem bakteriellem Material und möglicherweise sogar lebender Bakterien führen kann. Diese Substanzen würden sekundär zu einer spezifischen Erwiderung von seiten des Körpers führen[1]).

Wenigstens 3 Umstände müssen in dem Verlauf der Herdreaktion bei Tuberkulose neben den anatomischen Besonderheiten des Tuberkels beachtet werden, soweit sie im Gegensatz zu anderen Entzündungsvorgängen stehen. Diese betreffen primär eine Gewebesensibilisierung gegen Tuberkuloseprotein, streng spezifisch ihrer Natur nach cellulär in ihrer Lokalisation und nicht notwendigerweise mit der älteren Auffassung verbunden, die auf den humoralen Antikörpern aufgebaut war. In der Tat bin ich der Meinung, daß den letzteren sehr gut eine untergeordnete Bedeutung auf dem Gebiet der Tuberkulose zugewiesen werden kann. In Anbetracht dessen, daß dieser Gegenstand der Gewebesensibilisierung von einer Anzahl von Forschern ausgiebig besprochen worden ist, in Amerika besonders von Krause, wird es unnötig sein hier auf dieses Gebiet einzugehen.

Plasmaaktivierung. Der Tuberkel würde reagieren, wie ein seminekrotischer Herd von anderer Ätiologie reagieren würde, wäre es nicht Tatsache, daß der Tuberkel praktisch avasculär ist. Tuberkel reagieren auf unspezifische Reaktionen (oder auf unspezifische Reizmittel anderen Ursprungs) nur, wenn sie von exsudativem Typus sind, oder wenn die Bindegewebeabgrenzung des Tuberkels entweder unvollständig oder außerordentlich labil ist. Man muß sich erinnern, daß als Ergebnisse der Plasmaaktivierung proteolytische Enzyme im Serum und in Entzündungsherden erscheinen, und daß die polymorphkernigen Leukocyten an Zahl und Tätigkeit zugenommen haben. Die erhöhte Verdauungstätigkeit ergibt einen Verlust der Bindegewebeverteidigung des Tuberkels. Falls sie genügend stark ist, kann sich auf diesem Wege eine typische Herdreaktion ergeben — Anregungsabsorption des nekrotischen Materials und Systemreaktion —, genau wie nach Anregung durch spezifische Tuberkuline.

---

[1]) Gerade diesen Umstand hat Klemperer in seiner neuen Kritik über Schmidts Forderungen außer acht gelassen. Klemperer fand, daß nach Milchinjektionen bei tuberkulösen Patienten diese nicht resistent wurden für nachfolgende Tuberkulininjektionen und umgekehrt bringen Milchinjektionen eine Fieberreaktion bei einem großen Prozentsatz von Individuen hervor; sie bringen eine Herdreaktion in einer nur begrenzten Anzahl von tuberkulösen Patienten hervor, genau so wie Tuberkulininjektionen von Herdreaktionen in einer unregelmäßigen Zahl gefolgt sind. Falls die Milchinjektion (in dem tuberkulösen Individuum) eine Systemreaktion ohne Herdaktivierung hervorbringt, so kann eine folgende Injektion von Tuberkulin noch eine allgemein typische Reaktion entstehen lassen. Falls sich andererseits eine Herdreaktion ergibt, entweder durch spezifische oder unspezifische Mittel, so sind lokale Tuberkulinreaktionen für einige Zeit nach der allgemeinen Reaktion unterdrückt. Klemperer hat jedoch ganz recht in seiner Kritik der von Schmidt berichteten lokalen Reaktionen nach Milchinjektionen bei tuberkulösen Patienten, wie in seinen Ansichten, welche die möglichen Schäden durch Aktivierung tuberkulöser Herde nach Milchinjektionen betreffen.

Die therapeutische Verwendung der Herdreaktion. SCHMIDT ist der Ansicht, daß die lokale Reaktion durch spezifische oder unspezifische Mittel (wie Milch) von ausgesprochenem Wert bei Tuberkulose ist, und zusammen mit KRAUS zitiert er einige zwanzig Fälle, um seine Ansicht zu stützen. Während es natürlich nicht zu leugnen ist, daß dieses bei einer sehr begrenzten Zahl von Fällen zutreffen mag, sind wir trotzdem der Meinung, daß der Tuberkel eine ausgesprochene Ausnahme von der allgemeinen Regel, daß die aktive Anregung eines chronischen Entzündungsherdes von therapeutischem Wert ist, bildet. Wir haben gezeigt, daß für die Entzündungsveränderungen in vascularisierten Partien eine solche Anregung eine rationelle Methode der Therapie erfordert. Beim Tuberkel handelt es sich um die beständige Gefahr, daß die Begrenzung der krankhaft veränderten Stelle durch Bindegewebeeinkapselung so zerstört werden kann, daß daraus eine Ausdehnung des Prozesses und nicht wieder gut zu machende Schädigung hervorgeht. Ungeachtet der theoretischen Wahrscheinlichkeiten, daß therapeutische Herdaktivierung wohltuend sein kann, ist sie doch bei der tuberkulösen Veränderung ein gewagtes Verfahren (LEWIN). Ehe wir den Gegenstand verlassen, muß noch gezeigt werden, daß unspezifische Anregung des tuberkulösen Patienten (Herdreaktionen nicht eingeschlossen) durch gewisse Drogen (diese schließen Kreosot, Succinate, Arsenik usw. ein), ebensowohl wie durch Seruminjektionen, wie CZERNY und ELIASBERGER kürzlich berichteten, sich als sehr nützlich erwiesen hat. Daß die schwächeren unspezifischen Injektionen eine ausgesprochen anregende Wirkung auf den Stoffwechsel bei jungen Kindern zu haben scheinen, ist kürzlich berichtet worden (PLANTENGA usw.). SCHITTENHELM weist in dieser Hinsicht auf die Erfahrungen verschiedener Kinderärzte hin, welche die aktivierende Wirkung parenteraler Proteinsubstanzen in hervorragender Weise an der raschen Besserung mancher Pädatrophien sahen. Schon die alten Ärzte beobachteten bei Blut- und Milchtransfusionen, daß nach Überwindung der anfänglichen schweren Erscheinungen öfter ein auffallender Wechsel des Allgemeinbefindens, eine subjektive Besserung mit Hebung des Appetits folgte, die eine rasche Heilung einleitete. Nach SCHITTENHELM handelt es sich dabei um eine allgemeine Wirkung ohne Herdreaktion oder Fieber, um eine Umstimmung der Gesamtkonstitution. Die einen reagieren auf den Reiz mit Besserung, bei den anderen bleibt die Reaktion aus, oder es tritt sogar eine schädigende Wirkung hervor.

Die besondere therapeutische Wichtigkeit, die sich an den diphasischen Charakter der Herdreaktion knüpft, ist weiter oben besprochen worden. Durch das Vorhandensein der Entzündungsherde in verschiedenen Organen wird die omnicelluläre Anregung mit Hilfe der verschiedenen unspezifischen Mittel (die Ergotropie von v. GRÖER) bis zu einem gewissen Grade eine Organotropie. In diesem Sinne müssen wir die Wirkung der Behandlung von Paralyse mit Tuberkulininjektionen und ähnlichen therapeutischen Maßnahmen betrachten. Eine kombinierte Therapie von unspezifischen und ätiotropen Mitteln kann von Wert sein, und nach dieser Richtung ist über Versuche von KYRLE und SCHERBER berichtet worden, die Milchinjektionen in Verbindung mit Quecksilber bei der Behandlung von Syphilis anwandten, oder den Gebrauch von Milchinjektionen und Salicylaten bei der Behandlung von Arthritis, den Gebrauch von Milchinjektionen und Licht bei der Behandlung von Epilepsie, oder die Behandlung von Lupus mit Tuberkulin und Salvarsan (wobei das letztere in diesem Fall als das unspezifische Mittel dient). Unser älteres Verfahren der Syphilisbehandlung mit wechselndem Gebrauch von Quecksilber und Jodpräparaten machte von dieser Form einer kombinierten spezifischen und unspezifischen Methode viele Jahre lang Gebrauch; die unspezifische Wirkung der Jodpräparate ist jedoch nicht deutlich, die Wirkung muß vielmehr in der Wirkung der Jodpräparate die Verteilung des Quecksilbers zu erleichtern gesucht werden.

Während so die lokale Reaktion therapeutische Möglichkeiten hat, welche erforscht und entwickelt werden sollten, müssen wir uns immer erinnern, daß auch Möglichkeiten für Schädigungen in der Reaktion vorhanden sind. Genau so, wie während eines Malariaanfalles eine Syphilis aufflackern kann (NOEL), so kann eine tuberkulöse Veränderung durch eine Salvarsaninjektion oder eine prophylaktische Vaccination aktiviert werden. VEILCHENBLAU hat einen apoplektischen Anfall (alter Syphilitiker) bei einem Patienten beschrieben, dem eine Arthigoninjektion gegen eine komplizierte Gonorrhöe gegeben wurde.

Achtes Kapitel.

Indikationen und Kontraindikationen.

Proteintherapie bietet ein starkes, vielleicht das stärkste Mittel, das uns zur Verfügung steht, um den Verlauf der cellulären Tätigkeit in zwei diametral entgegengesetzten Richtungen zu verändern: Beschleunigung der Funktion und Abschwächung der Funktion. Falls das Mittel, das wir injizieren, sehr toxisch und die Dosis groß ist, macht die Beschleunigung bald einer Ermüdung, dann der vollkommenen Erschöpfung und endlich dem Tode Platz. Wenn verhältnismäßig große Dosen wiederholt gegeben werden, kann der Zustand einer Proteinkachexie, der bei vielen Versuchstieren beobachtet wurde (Proteinogene Kachexie SCHITTENHELM, WEICHARDT), hinzukommen. Durch geeignete Dosierung andererseits kommt eine vorübergehende, aber wohl ausgeprägte Anregung ohne klinisch augenscheinliche Leistungsminderung zustande, und wenn dies eine Zeitlang fortgesetzt wird, zeigt sich die Veränderung der Stoffwechselvorgänge klinisch deutlich an Gewichtszunahme und erhöhtem allgemeinem Wohlbefinden.

Es ist augenscheinlich, wie ausgedehnt das Anwendungsfeld sein muß und wie schwer bestimmte Regeln für die Maßnahme aufzustellen oder gewisse Methoden oder Präparate zu verteidigen sind. Der Umfang der Nützlichkeit einer Methode, die eine wirkliche „Plasmaaktivierung“ im strengen Sinne des Wortes ist, verbietet eine bestimmte Einschränkung in enge Grenzen. Aber trotz theoretischer Möglichkeiten könnte vielleicht die wirkliche Praxis die klinische Anwendung bis zu einem sehr bescheidenen Umfang vermindern. In diesem Zusammenhang möchte ich die Meinung von SCHMIDT anführen, welcher glaubt, daß wir eines Tages dazu kommen werden das Proteintherapieverfahren in dem gleichen Lichte anzusehen, wie wir jetzt z. B. einen Wechsel in der Diät, im Klima oder eine Bäderkur ansehen; d. h. neben ihrer Nützlichkeit bei akuten Krankheiten sollen wir Proteintherapie mit ihren verschiedenen

Modifikationen als eines der allerersten und der gebräuchlichsten Heilverfahren ansehen.

Wenn wir das bedenken, können wir verständigerweise Proteintherapie bei infektiösen Krankheiten nur anwenden, wenn wir an der Auffassung festhalten, daß unspezifische Therapie nur eine Maßnahme der Anregung ist, wodurch alle Kräfte der cellulären und humoralen Resistenz eine kurze Zeitlang auf die höchste Note gestimmt werden, und aus diesem Grunde ist die Anregung dieser Art nutzlos, wenn die Zellen des Körpers stark erschöpft sind.

Wie bei anderen neuen therapeutischen Maßnahmen besteht immer noch Ungewißheit über die geeignete Dosierung. Besonders ist dieses der Fall, weil die Dosierung bis zu einem gewissen Grad von dem Kräftezustand des Patienten abhängt, von dem Typus der Infektion, welche die Krankheit verursacht, wie auch von dem Stadium der Krankheit. Es besteht keine Übereinstimmung, ob es gut ist eine oder zwei ziemlich große Injektionen zu geben, oder mehrere kleinere. Was für ein Verfahren auch gebraucht wird, es ist jedenfalls gut, vorsichtig zu sein, besonders wenn es sich um solche toxische Substanzen wie Vaccine handelt.

Bevor man die Behandlung bei irgend einer akuten Krankheit anwendet, würde die Klugheit eine gründliche Vertrautheit mit der Stärke der Reaktion und dem Grad der Toxizität des Präparates, welches wir zu gebrauchen beabsichtigen, erforderlich erscheinen lassen, die durch vorherige Anwendung bei einigen arthritischen Fällen zu gewinnen ist. Bei Arthritis sind die Gefahren für ungünstige Wirkungen durch die Reaktion sehr gering, wenn wir Alkoholiker und alte kardiale Fälle ausschließen; bei vernünftiger Vorsicht ist die unspezifische Reaktion nicht nur ohne Risiko, sondern sie hat in der Tat häufig erfreuliche klinische Besserung zur Folge. Nur im Lichte der so gewonnenen Erfahrung würde uns der Versuch erlaubt erscheinen, diese Form der Therapie auf andere akute Infektionen auszudehnen.

Im allgemeinen ist zu bedenken, daß Injektionen frühzeitig im Verlauf der Krankheit gegeben werden müssen; daß die Injektionen langsam erfolgen, daß verhältnismäßig kleine Dosen das erstemal angewendet werden, und daß Vorsicht nötig ist, wenn intramuskuläre Injektionen gemacht werden, damit die Einspritzung aus Versehen nicht intravenös wird (s. S. 85).

Für intravenöse Injektionen sind die Proteinspaltprodukte, aus einleuchtenden Gründen, zufriedenstellender als Vaccine; falls eine verhältnismäßig milde Reaktion gewünscht wird, sind die verschiedenen Sera sehr nützlich. Wo eine mäßige Reaktion (allgemeine und Herdreaktion) erwünscht ist, kommen intramuskuläre Einspritzungen von gekochter Marktmilch in Betracht; falls geringe allgemeine, aber etwas Herdwirkung erwünscht wird, glaubt Uddgren, daß Milch mit einem geringen bakteriellen Gehalt vorzuziehen ist.

Die Möglichkeit eines gewissen Grades selektiver Wirksamkeit bei einigen der Mittel darf nicht übersehen werden; der Gebrauch von Staphylokokken und Pyocyaneusvaccinemischungen bei der Behandlung von Neuritis ist solch ein Fall. Bei hämorrhagischer Erkrankung ist der Gebrauch von Seren und von Milch oder Salzlösungen den Vaccine- oder Proteoseinjektionen vorzuziehen, wegen der deutlicheren Wirkungen auf die Hämostase.

Es ist selbstverständlich, daß die unspezifische Behandlungsweise unter keinen Umständen als ein Rivale oder ein Ersatz für die erprobten spezifischen

Maßnahmen, die uns zur Verfügung stehen, angesehen werden kann. Daß ein unspezifischer Faktor zuweilen und möglicherweise oft mit der spezifischen Reaktion verbunden ist, mag wahr sein; um so mehr Grund ist vorhanden, daß beide erforscht werden, und beide zur geeigneten Zeit und an geeigneter Stelle gebraucht werden sollte. Nach der so weit gesammelten Erfahrung ist der Gebrauch der spezifischen Maßnahmen immer da am Platz, wo ein wirkliches Toxin durch ein Antitoxin neutralisiert werden soll; andererseits finden die unspezifischen Maßnahmen ein nützliches Feld als Hilfsmittel für Drogentherapie bei der Behandlung von Syphilis, früh sowohl wie spät, mit Chinin bei Malaria, mit Salicylaten bei Arthritis, mit Luminal bei Epilepsie usw. Hier dienen die Injektionen wenigstens zwei Zwecken: sie erleichtern die Diffusion und die Verteilung der Droge und erhöhen die allgemeine Widerstandskraft des Kranken.

Neben dem frühzeitigen Gebrauch der unspezifischen Mittel bei hämorrhagischen Krankheiten ist ihr Gebrauch bei Desensibilisierungsmethoden nicht nur bei Fällen von Asthma, wo wir keine spezifische Ursache finden können, sondern auch bei angioneurotischen Ödemen, Urticaria und gewissen Magen- und Darmzuständen, auf welche Danysz besonders hingewiesen hat, von bedeutender Wichtigkeit.

Schließlich haben wir die therapeutische Anwendung dieser Mittel bei der Herdreaktion ins Auge zu fassen, wo sowohl die scharfe Wirkung von intravenösen Vaccineinjektionen (wie bei Iritis) als auch die geringere Wirkung von wiederholten Terpentininjektionen sich als nützlich erwiesen haben.

Kontraindikationen. Es ist mehrfach darauf hingewiesen worden, daß die unspezifische Reaktion eine diphasische ist; die erste Wirkung besteht in einer Verstärkung der allgemeinen wie lokalen Krankheitsanzeichen, die zweite Wirkung dagegen ist aufbauender Natur mit allgemeiner Euphorie, Verminderung von Krankheitserscheinungen sowohl allgemeiner, wie lokaler, zuweilen mit vollkommener Wiederherstellung zum Normalen. Allgemein gesprochen: Es hat sich herausgestellt, daß je schwerer die erste Phase ist, desto besser das klinische gute Ergebnis ist. Diese Zunahme der Krankheitserscheinungen muß man fest im Auge behalten. Deshalb sollte kein Patient eine intravenöse Injektion erhalten, auf die normalerweise eine schwere Reaktion folgt (Typhus- oder Colibacillen, Proteinspaltprodukte usw.), außer es sind alle Anzeichen vorhanden, daß die Behandlung mit gutem Gewissen durchgeführt werden und der Kranke die durch die Injektion hinzutretende Schädigung ertragen kann. Falls unspezifische Therapie bei den ungewisseren Fällen wünschenswert ist, können einige der weniger eingreifenden Methoden mit viel geringerer Gefahr angewendet werden, wie intramuskuläre Injektionen von Milch, Nucleinen, Terpentin usw. Eine andere und gleich wichtige Schlußfolgerung kann aus der Erkenntnis gezogen werden, daß die Reaktion eine diphasische ist, die von der Reizung der Zellen abhängt. Heilerfolge können nicht erwartet werden, wenn der Organismus nicht mehr fähig ist auf Anregung zu erwidern. Wenn vollkommene Erschöpfung erreicht worden ist, wird keine Menge der Reizung helfen und das hinzukommende Plus, welches durch das injizierte Material auferlegt wird, kann dem Patienten nur schaden.

Man beobachtet nicht selten in der amerikanischen Literatur den Gebrauch von relativ großen Dosen solcher Mittel wie Typhusvaccine, Colivaccine und ähnlich toxischen Substanzen. Es muß nicht nur unnötig, sondern ganz unverantwortlich erscheinen, den Patienten solchen schweren Methoden auszusetzen. Man kann gewöhnlich eine sehr zufriedenstellende Reaktion mit mäßiger Dosierung erhalten und das ohne ungewöhnliches Wagnis und ohne Unbehagen für den Patienten.

Man muß sich besonders bemühen, in der Anamnese Anhaltspunkte für Überempfindlichkeit des Patienten zu erlangen: Serumkrankheit, Asthma, Urticaria, angioneurotische Ödeme oder Epilepsie oder andere ernste Nervenleiden. Bei solchen Fällen dürfen die wirksameren Mittel nicht gebraucht werden.

Alkoholismus von der Art, die man nicht selten in Armenkrankenhäusern trifft, ist eine vollkommene Kontraindikation. Wir haben Berichte über mehrere Patienten, die Delirium tremens nach unspezifischen Injektionen entwickelten; einer von ihnen endete tödlich.

Schwangerschaft muß in ähnlicher Weise als eine völlige Kontraindikation angesehen werden.

Bei den verschiedenen kardialen krankhaften Veränderungen muß große Sorgfalt beobachtet werden. Wir würden nicht nur schwere Klappenschädigungen, sondern auch Fälle mit hohem Blutdruck, mit Arteriosklerose, Myokarditis, oder mit Anzeichen von vasomotorischer Unbeständigkeit darunter rechnen. Bei Typhus haben wir es als eine gute Regel befunden, alle Fälle mit einem Pulsschlag über 100 auszuschließen; in der Tat sollte jeder Fall von akuter infektiöser Krankheit sorgfältig auf Anzeichen von myokardialer Schädigung untersucht werden, ehe Einspritzungen erfolgen. Bei gut ausgeglichenen Klappenveränderungen haben wir Typhusvaccine mit verhältnismäßig schweren allgemeinen Reaktionen ohne schlimme Wirkungen verabreicht. Die linke Herzgrenze kann sich, wie beobachtet wurde, ungefähr einen Zentimeter nach auswärts ausdehnen, aber in der Regel sind keine Anzeichen von Dekompensation vorhanden. v. Gröer hat Patienten, deren Blutdruckverhältnisse zu wünschen übrig ließen, dadurch widerstandsfähiger gemacht, daß er kleine Dosen Digitalis ungefähr 2 Tage vor den Injektionen gab.

Lindig gibt auch Diabetes als Kontraindikation an; er hatte den Eindruck, daß wegen der vasculären Veränderungen, die oft mit dem diabetischen Zustand verbunden sind, Diabetes ausgeschlossen werden sollte. Uddgren schließt Diabetiker ebenfalls aus.

Bei Typhus haben wir die älteren Fälle (3. Woche) von der Behandlung ausgeschlossen, ebenso Fälle, die septisch waren oder Anzeichen von septischen oder Lungenkomplikationen boten. Natürlich schließt irgend ein Anzeichen von Blutung aus Nase, Magen oder Leib unspezifische Therapie aus. Die früheren Forscher beobachteten mehrere Todesfälle durch Epistaxis auf intravenöse Typhusinjektionen, wenn diese Vorsichtsmaßnahmen nicht beachtet wurden.

Weder hohes Alter noch Kindheit wird von Uddgren als eine Kontraindikation angesehen.

Der Patient wird nicht sensibel für die Injektion von Heterovaccinen oder von Proteosen; im Gegenteil, bei nachfolgenden Dosen ist erhöhte Toleranz vorhanden bis zu mehreren Vielfachen der Originaldosis, um die geeignete Reaktion herbeizuführen. Empfindlichkeit für Serum ist nicht nur möglich, sondern kommt nicht selten vor, gewöhnlich nicht in einem Grade, der Beunruhigung zu verursachen braucht. Smith hat Gebrauch von dieser vermehrten

Empfindlichkeit für Serum gemacht, um Shokreaktionen und Heilerfolge dadurch zu erhalten. Bei Milch sind die Bedingungen etwas verschieden. Einige Beobachter, einschließlich BESSAU, DECASTELLO und MÜLLER, betrachten die Milchinjektion und die Wirkung als durch den bakteriellen Gehalt verursacht, d. h. als Heterobakteriotherapie. In Anbetracht der Beliebtheit von Milchinjektionen in Europa sind verhältnismäßig wenig Berichte von Empfindlichkeit durch sie oder von schwerem Kollaps nach wiederholten Dosen vorhanden.

WEICHARDT weist auf die Tatsache hin, daß durch das Kochen die Milch dedifferenziert wird und zeigt am Tierversuch, daß die chemisch und physikalisch veränderte Milch im Gegensatz zur frischen unveränderten den Körper um so weniger überempfindlich zu machen vermag je mehr sie verändert wurde. HECHT machte intracutane Injektionen von Milch bei vorher mit Milch injizierten und auch bei nichtinjizierten Patienten. Es zeigte sich kein Unterschied in der Hautreaktion, auch konnte er keine Milchantikörper nachweisen. Als die Heterobakteriotherapie zuerst eingeführt wurde, und Dosierung und Ergebnisse noch sehr unsicher waren, waren tödliche Zwischenfälle, wie sie von EGGERTH, KRAUS und MAZZA, BORAL, v. REUSS und anderen mitgeteilt wurden, vielleicht entschuldbar. Große Dosen von Typhusvaccinen wurden infolge der Auffassung, daß solche Mengen wesentlich seien, um die Reaktion herbeizuführen, gebraucht. Mit weiterer Erfahrung sind solche Unglücksfälle ausgeschaltet worden und weniger eingreifende Methoden kamen zur Anwendung, sobald der Patient in keinem guten Zustand war. Unerwartete Ergebnisse können nicht länger einem Fehler in der Art der Therapie zugeschrieben werden, jedoch dem Urteil des Arztes.

Es versteht sich von selbst, daß unspezifische Therapie Urteil erfordert, sorgfältige Aufmerksamkeit und am Krankenbette ein fortgesetztes Beobachten von seiten des Arztes, vielleicht in größerem Maße, als bei irgend einem anderen therapeutischen Verfahren. Sie sollte niemals Gewohnheit werden. Um zweckmäßig zu sein, muß sie eine individualisierte Therapie sein, die in der Dosierung, Herstellung und Zeit der Verabreichung, in ihrer Intensität und ihrer Dauer der Widerstandskraft des Patienten angepaßt wird. In dieser Weise dürfte die unspezifische Therapie sich als eine unserer nützlichsten Maßnahmen bei akuten infektiösen Krankheiten sowohl, wie bei chronischen entzündlichen Veränderungen erweisen.

Neuntes Kapitel.

Die Beziehung der Haut zur unspezifischen Widerstandskraft.

Hautreaktion. Die Tatsache, daß die Haut und ihre Reaktionsfähigkeit durch verschiedene pathologische Systemveränderungen und therapeutische Maßnahmen beeinflußt werden kann, ist viele Jahrhunderte lang von Ärzten beobachtet worden, seitdem die Reaktion mittels Zugpflaster und chemischer Reizmittel eingeführt wurde (ungefähr im Jahre 1600). „Wir finden oft bei Fällen von intensiver Reizung der inneren Organe, daß Zugpflaster auf der Haut keine Blasen ziehen, daß sie aber, sobald die Krankheit gemildert ist, ihre gewöhnliche Wirkung hervorzubringen pflegen", schrieb STOCKES (nach Zitat von GILLIES). Mit unseren neuzeitlichen Methoden finden wir dieselbe Erscheinung, wenn wir die Tuberkulinreaktion auf der Haut eines Patienten während irgend einer akuten Krankheit, bei Schwangerschaft oder Kachexie anwenden und bemerken, daß die Reaktion, die wir sonst normalerweise fast ausnahmslos bei jedem Erwachsenen erhalten, nicht auftritt.

Ähnliche Beobachtungen sind über Vaccine berichtet worden. So haben MATTHES und RAUTENBERG kürzlich gezeigt, daß die Verdauungsprodukte von Typhusbakterien, die als Vaccine gebraucht wurden, eine weit größere örtliche Wirkung bei dem normalen Individuum entwickeln, als bei einem an Typhus erkrankten.

HOKE, der mit dem intracutanen Applikationsversuch arbeitete, fand, daß sowohl die traumatische Reaktion, als auch die intracutane Tuberkulinreaktion bei Leukämie ebenso erhöht war wie nach Thyroidfütterung, während bei Fällen von Kachexie, bei Fieber, bei lokaler Infektion und bei stark pigmentierter Haut die Reaktion schwächer auftrat.

Es ist nicht nötig, in diesem Zusammenhang mehr als einen kurzen Überblick über neuere Ideen zu geben, die verschiedene Forscher betreffs der direkten Reaktionen der Haut gegenüber verschiedenen Reizmitteln oder über die veränderte Hauttätigkeit nach gewissen allgemeinen Veränderungen des Organismus entwickelt haben. Es sei hier auf die entsprechenden Kapitel in der ausführlichen Zusammenfassung von R. DÖRR in den Ergebn. d. Hyg., Bakteriol., Immunitätsforsch. u. exp. Therapie. Bd. V, S. 71 hingewiesen.

Gewisse allgemeine Zustände des Körpers ganz verschiedenen Ursprungs sind imstande, die Reaktionsfähigkeit der Haut auf Tuberkulin zu hemmen. Diese allgemeinen Zustände sind offensichtlich nicht spezifisch, d. h. sie brauchen keine Beziehung zur Tuberkulose zu haben. Auch hat man beobachtet, daß die Reaktionsfähigkeit der Haut durch verschiedenerlei Infektionen gehemmt werden konnte, durch heterologe und homologe Sera, kolloidale Metalle, Stärke usf.

LUITHLEN nahm das experimentelle Studium der veränderten Reaktionsfähigkeit der Haut von der vasculären Seite in Angriff. Beim Gebrauch von Krotonöl als Reizmittel beobachtete er, daß nach der Injektion von normalem Serum irgendwelcher Art, sowohl homologem als heterologem, nach Plasmainjektionen oder Bluttransfusion, nach Gelatine oder Witte-Pepton, nach kolloidalem Silicat und nach Stärkeinjektionen die Reaktionsfähigkeit der Haut deutlich unterdrückt war. Kristalloide veränderten sie nicht, bei einigen Beispielen dienten sie sogar tatsächlich dazu die Reaktion zu erhöhen. LUITHLEN erkannte bald, daß diese Veränderung nichts mit irgend einer gewöhnlichen bekannten biologischen oder Antikörperwirkung von seiten des Serums zu tun hat, sondern tatsächlich durch jedes injizierte Kolloid hervorgerufen wird. Diese Veränderung betrachtete er als abhängig von einer Änderung in der Durchlässigkeit der Capillaren. Seine Versuche sind bereits auf S. 25 beschrieben.

Aktivierung. Wenn die Reaktionsfähigkeit der Haut durch unspezifische Faktoren im Sinne einer Abschwächung verändert werden kann, so müssen wir folglich auch annehmen, daß diese Faktoren auch imstande sein können, die cutane Reaktion zu beschleunigen. Dafür haben wir ausgiebiges Beweismaterial in der Wirkung von Thyroidfütterung und von Jodtherapie, worauf

SHERRICK vor einigen Jahren aufmerksam machte, und welches von anderen Forschern bestätigt und ausgedehnt wurde — KOLMER, SOLLMANN, STOCKES usw.

Wir werden deshalb zu dem unvermeidlichen Schluß geführt, daß Elemente, die an sich vollkommen unspezifisch im gewöhnlichen Sinne immunologischer Spezifität sind, von ausgesprochener Wichtigkeit für den Ablauf der Hautreaktionen sein können.

Auch klinisch sind wir zu demselben Schluß gezwungen infolge der Beobachtungen bei den verschiedenen Hautreaktionen, welche innerhalb der letzten Jahre ausgearbeitet wurden. Die Luetinreaktion wurde nicht nur als unzuverlässig befunden, wenn Jode eingegeben wurden, sondern die Spezifität der Reaktion läßt überhaupt zu wünschen übrig. So hat BLECHMANN erst kürzlich eine Reihe von 80 Fällen veröffentlicht, denen er Luetin injizierte. In dieser Gruppe von Kindern war sein Luetin bei ungefähr 35% der kongenitalen Luetiker positiv, während er bei ungefähr 40% nichtluetischer Kinder ebenfalls eine positive Luetinprobe erhielt. So fand man auch die Typhoidinreaktion als einen vollkommen unzuverlässigen Maßstab für die Immunität des Patienten. Andere Hautreaktionen, z. B. die Gonokokkenreaktion, die placentare Reaktion für Schwangerschaft und die Pneumokokkenreaktion, haben aus dem gleichen Grunde versagt. Nur wenn es sich um eine Krankheit handelt, die sehr wahrscheinlich von einer ausgesprochenen Hypersensibilisierung des Patienten abhängt, wie Asthma, sind die Hautreaktionen nützlich. Wenn Hautreaktionen besprochen werden, denkt man unwillkürlich an die Tuberkulinreaktion (entweder an die v. PIRQUETsche oder an die intracutane Probe), als die typischste und bestbekannte der ganzen Gruppe. Die allgemeine Reaktion — subcutane Injektion — sollte keineswegs auf der gleichen Stufe eingeordnet werden. Es ist sehr wahrscheinlich, daß die Tuberkulinreaktion, die wir für gewöhnliche klinische Zwecke als spezifisch ansehen können, ein sehr großes unspezifisches Element in ihrem Mechanismus hat, viel größer als für gewöhnlich angenommen wird, wie ausgiebig im Kapitel über die Herdreaktion dargelegt worden ist. Eine solche Erscheinung würde keineswegs etwas Außergewöhnliches in der Medizin bedeuten; in der Tat ist unsere WASSERMANNsche Reaktion ein Beispiel für genau dieselbe Erscheinung. Ausgearbeitet auf einer Theorie von strenger Spezifität hat sie sich als eine spezifische klinische Probe erwiesen, die auf einem physikalischen Mechanismus beruht, bei welchem die Antigenantikörperreaktion keine Rolle spielt. Wir müssen auch erkennen, daß die schnell vorübergehenden Reaktionen oder Bläschen, die wir bei der Bestimmung der Sensibilisierung für Proteine (Asthma usw.) beobachten, in vieler Hinsicht von Grund aus von der Tuberkulinreaktion verschieden sind.

Klinisch hat man festgestellt, daß von der Geburt des Individuums an der Organismus sich in seiner Reaktionsfähigkeit der Haut zu ändern beginnt. Zuerst für Tuberkulin negativ, nimmt die Reaktionsfähigkeit beständig mit dem Alter des Individuums zu bis bei reifem Alter ein Höhepunkt erreicht und dauernd innegehalten wird, mit Ausnahme gewisser Zeiten der Abschwächung, von denen wir einige erwähnt haben. Aber während dieser Zeiten wird die Haut nicht nur empfindlich für Tuberkulin, sondern auch zunehmend sensibel für eine Reihe anderer bakterieller und Pflanzenproteine und deren Extrakte; so für Coli-, Dysenterie- und Choleraproteine, für bakterielle Toxine, Peptone usw. Es handelt sich offenbar um eine mehr oder weniger allgemeine „Sensibilisierung“ oder „Umstimmung“ oder „Allergie“, wie wir diesen Zustand benennen wollen.

Diese Allergie kann nun eine mehr oder weniger spezialisierte Eigenschaft der Haut sein; sie kann tatsächlich in gewissen Bereichen der Haut lokalisiert sein. Als Ergebnis davon erlangen die Gewebe die Fähigkeit, stärker und schneller auf äußere Reizmittel zu reagieren, entweder spezifisch wie bei Tuberkulin oder unspezifisch bei anderen Proteinen, wenn sie in einen Bereich oder in der Nähe eines Bereiches, der kurz vorher mit Tuberkulin behandelt worden ist, injiziert werden oder schließlich wenn Stoffe nichtproteiner Natur, wie Zucker oder Stärke, gebraucht werden (STOCKES). Sogar diejenigen Forscher, die bis dahin die glühendsten Verteidiger des spezifischen Charakters der Tuberkulinreaktion waren, sind gezwungen worden die unvermeidliche Schlußfolgerung anzunehmen, daß bei dem tuberkulösen Individuum die Haut und der Körper als Ganzes nicht nur für Tuberkulin überempfindlich sind, sondern für Proteine überhaupt.

In einer zusammen mit SEXSMITH veröffentlichten Arbeit haben JOBLING und PETERSEN eine mögliche Grundlage gezeigt, auf welcher sowohl die klinischen Erfahrungen, als auch die widersprechenden experimentellen Feststellungen leichter verständlich gemacht werden könnten.

Enzyme bei Hautreaktionen. Wenn wir die phylogenetische und ontogenetische Entwicklung der Haut und ihrer Funktion betrachten, so wird es augenscheinlich, daß ihre Fähigkeit Enzyme abzusondern eine Eigenschaft ist, die mehr oder weniger in der epithelialen Zelle liegt — letzten Endes stark spezialisiert und differenziert in einigen ihrer entwickelten Anteile, rudimentär und potentiell vielleicht in den Strukturen, die später mehr zum Schutz als für die aktiven Stoffwechselvorgänge dienen. In ihrer Eigenschaft als schützendes Gefüge wird ihre Wirksamkeit zum großen Teil von ihrer Fähigkeit abhängen, sehr schnell und sehr stark gegen Infektion oder Intoxikation zu reagieren. Untersucht man die Enzyme der Haut, so kann man einen deutlichen Unterschied in den Enzymen der kindlichen oder jugendlichen Haut im Gegensatz zu der Haut der Erwachsenen feststellen. Die jugendliche Haut enthält mehr Ereptase (Erepsin oder Peptidase) und wenig lytische Protease, die Haut des Erwachsenen andererseits wenig Ereptase und mehr Protease. Keine Hautart enthält viel Antienzym.

Wir wollen annehmen, daß wir Pepton in die junge Haut injizieren. Die Ereptase könnte sofort das eingespritzte Material entgiften, und es wäre kein zwingender Grund für eine Entzündungsreaktion vorhanden. Falls wir ein natives Protein anwenden, das nur giftig wird, wenn es gespalten wird, so ist die kindliche Haut nicht imstande (da sie weniger Protease als die der Erwachsenen enthält) das Protein zu spalten, es werden keine toxischen Produkte gebildet und deshalb erfolgt keine Reaktion. In der Tat scheint die Wirksamkeit von jeder Art Protease der jugendlichen Haut ausgesprochener synthetisch als lytisch zu sein.

Wenn wir nun das Bild beim Erwachsenen betrachten, so finden wir genau das Umgekehrte. Falls ein Pepton injiziert wird, ist wenig Ereptase vorhanden um es zu entgiften, und das Material bleibt lange genug in den Geweben, um eine Entzündungsreaktion zu verursachen. Falls wir andererseits das native

Protein gebrauchen, wird das Vorhandensein von genügender Protease in der Haut die Auflösung unter Bildung von Proteinspaltprodukten ermöglichen, die für die Zellen giftig sind, und eine Entzündung wird das Ergebnis sein. Die verhältnismäßig geringe Menge von Ereptase wird hier die Entgiftung hemmen.

In Anbetracht dessen, daß unsere gewöhnlichen Mittel, die wir gebrauchen, um Hautreaktionen in die Wege zu leiten, zumeist mehr Mischungen sind als reines Protein oder Proteinspaltprodukte, wird sich die Enzymreaktion selten so klar zeigen, wie hier geschildert wurde.

Aber warum die Gewebe bei zweiter Injektion bereitwilliger reagieren, ist eine Frage, die von weiter biologischer Bedeutung ist. Leider können wir bloß einige der mehr oberflächlichen und offensichtlichen Veränderungen mutmaßen, die dabei vorkommen. Selbst wenn wir nur Antikörperreaktionen im immunologischen Sinne zu betrachten hätten, würde die neuere Forschung zeigen, daß diese Veränderung — Allergie — nicht notwendigerweise spezifisch ist. BIELING hat festgestellt, daß irgendeine primäre Sensibilisierung den Körper in einem Zustand hochgradiger Überempfindlichkeit läßt. So erfordern z. B. für Cholera immunisierte Tiere nur einen winzigen Bruchteil der gewöhnlichen Dosis von Typhusantigen, um einen hohen Grad von Immunität für Typhus zu erreichen. Die Tatsache, daß eine zweite Injektion eines heterologen Proteins oder eines anderen unspezifischen Mittels die Antikörper, welche gegen ein vorher verabreichtes Antigen gebildet wurden, zu mobilisieren pflegt, ist natürlich wohlbekannt, und ist ausgiebig von BIELING, HEKTOEN, JOHNSON und anderen erforscht worden. Die Zelle ist so verändert worden, daß ihre Reaktionsfähigkeit erhöht ist, wie wenn ein stumpfes Instrument plötzlich zur Rasiermesserschärfe geschliffen worden wäre. Es ist natürlich reine Mutmaßung, ob das Protoplasma der Zelle hierbei betroffen ist, oder das die Zelle umgebende Plasma.

STERN machte eine sorgfältige Untersuchung über die Abschwächung der Tuberkulinreaktion während der Schwangerschaft, in der der Antifermenttiter des Serums natürlich stark erhöht ist. BLÖTE bestätigte diese Arbeit und zeigte, daß dies keineswegs eine spezifische Erscheinung ist, da er, wenn er einen Extrakt von Jequirity an Stelle von Tuberkulin anwandte, ein ähnliches Ergebnis erhielt. Diese Zunahme im Antifermenttiter, die nach unspezifischen Injektionen verschiedener Arten vorkommt, wie auch nach Serumkrankheiten und während der Antianaphylaxie, geht Hand in Hand mit der Veränderung in der Durchlässigkeit des capillaren Endothels, welcher LUITHLEN, VON DEN VELDEN u. a. die Veränderung in der Reaktionsfähigkeit zuschreiben, und welche auch einen großen Anteil am Mechanismus haben muß.

Es ist beobachtet worden, daß alte Tuberkulinpapeln wieder aufflackern, wenn eine subcutane Injektion von Tuberkulin in irgend einem fernliegenden Bereich des Körpers gegeben wird, wenn Milch eingespritzt wird, oder kolloidale Metalle intravenös gegeben werden. Bis zu welchem Grade Elemente von Spezifität sich bei dieser Reaktion geltend machen, ist keineswegs bestimmt. MUNZER beobachtet, daß bei der Injektion von Partialantigenen (DEYCKE-MUCH) die oft alten intracutanen Tuberkulinpapeln wieder aufflackern, während Milchinjektionen nicht diese Wirkung hervorbrachten.

Eng verwandt ist die Wirkung der Jodide und anderer chemischer Mittel, welche nach Einnehmen zurückgehende Papeln aktivieren. Falls intracutane Hautproben mit Luetin oder Tuberkulin während aktiver Jodisation des

Patienten gemacht werden, geht die Hautreaktion, anstatt sich auf bloße Papelbildung zu beschränken, weiter bis zu dem vollständigen Pustelstadium der Entzündung. Nun wirken die Jodide, wie auch die verwandten chemischen Mittel, entweder durch Verringerung des Antifermenttiters (JOBLING und PETERSEN) oder durch unspezifische Anregung der Gewebe (und erhöhen so die Menge an Protease und anderen Enzymen in den Gewebeflüssigkeiten) oder schließlich wegen ihrer Wirkung in der Beschleunigung der Schnelligkeit der Diffusion anderer Salze (und Kolloide) in den kolloidalen Systemen. Das Endergebnis ist natürlich das gleiche — die Verdauungsvorgänge werden beschleunigt. Bei Leukämie und nach Thyroidgaben, wo die Hautreaktion erhöht ist, zeigt sich eine Verminderung des Antifermenttiters und erhöhte Enzymtätigkeit[1]).

Wenn deshalb bei unspezifischen Injektionen sich rückbildende Papeln neu aufflackern, müssen wir die Möglichkeit bedenken, daß die nachfolgenden Veränderungen die Grundlage der Entzündungsreaktion bilden können. Mit der Größe der unspezifischen Reaktion (negative Phase) wird eine bedeutende Menge von Protease örtlich und allgemein mobilisiert und das Antiferment vermindert. Falls in einem sich zurückbildenden Bereich eine gewisse Menge von unverdautem Proteinmaterial noch vorhanden ist, wird die Verdauung anfangen; Proteinspaltprodukte werden in dem Herd frei werden, und die kranke Stelle wird wiederaufflackern, d. h. wir können eine Herdreaktion wahrnehmen. Die lokalen Zellen, daran sei erinnert, sind in einem solchen Zustand besonders sensibilisiert. Wenn der Patient mit Jod behandelt ist und eine intracutane Probe gemacht wird, so scheint es sich nur einfach um einen Zustand zu handeln, bei dem die Verdauung imstande gewesen ist viel weiter und schneller vorwärts zu gehen als bei dem nicht jodisierten Patienten. Durch die Einspritzung wird eine gewisse Gewebsschädigung verursacht. Einige der Zellen werden durch die Verletzung sowie durch das injizierte toxische Material geschädigt werden. Bei den nicht mit Jod behandelten Patienten hindert die durch Antiferment verursachte Hemmung der Verdauung die Autolyse bis zu einem gewissen Grade; der Prozeß wird genügend verzögert, so daß keine große Menge von Spaltprodukten zu irgend einer Zeit vorhanden ist. Der Grad der Bildung wird den Grad der Diffusion nicht übersteigen. Beim jodisierten Patienten andererseits, bei dem der Grad der Verdauung stark beschleunigt ist, werden sich Proteinspaltprodukte in den cutanen Geweben in einer Menge anhäufen, die größer ist als der Grad der Diffusion; mehr Gewebeschädigung wird verursacht; durch Autolyse werden die Leukocyten angezogen und Pusteln verursacht, wo unter gewöhnlichen Zuständen nur Papeln gebildet worden wären, oder Papeln werden bei einem Individuum verursacht, bei dem normalerweise die Reaktion gefehlt haben würde.

Während durch diese Beobachtungen augenscheinlich gemacht wird, daß unspezifische Faktoren zweifellos die Tuberkulinreaktion oder die anderen Hautreaktionen im Sinne der Abschwächung oder der Beschleunigung der

[1]) Die Tatsache, daß Jodide keine direkte Wirkung auf Gewebeautolyse in vitro zu haben brauchen, wie ALBRECHT kürzlich zeigte, ist nicht für die Schlußfolgerung von Bedeutung, welche mehr in vivo die Mobilisierung von Protease aus normalen Geweben und ihre Wirkung auf Gewebe betrifft, die eine degenerative Veränderung durchgemacht haben.

Hautreaktion beeinflussen können, dürfen wir keineswegs die Tatsache aus den Augen verlieren, daß ein spezifisches Element in die cutane Reaktion eintritt.

Haut und Konstitution. Während im allgemeinen diese Untersuchungen vom Gesichtspunkt des Dermatologen aus gemacht worden sind, hatte in einer Anzahl von Arbeiten ein weiterer Gesichtspunkt Ausdruck gefunden, der die Beziehung der Haut und ihrer Reaktion zu Fragen der inneren Medizin einschließt. Besonders das Studium der verschiedenen Diathesen hat eine Gruppe von Forschern beschäftigt. So stellte SCHULZ, indem er Hautreaktionen mit Verdünnungen von Carbolsäure hervorrief, fest, daß Kinder mit exsudativer Diathese gewöhnlich eine erhöhte Reizbarkeit der Haut zeigten. Es ist wahrscheinlich, daß die Heftigkeit der Vaccinereaktion und der Reaktion auf die parenterale Proteininjektion, die solche Kinder oft zeigen, mit dieser Veränderung in Verbindung gebracht werden muß. Aber die Überempfindlichkeit ist nach SCHULZ nicht auf Kinder beschränkt; viele Erwachsene, die an Ekzemen leiden, sind von ihm als ausgesprochen überempfindlich befunden worden.

BROCQs Forschungen sind in diesem Zusammenhang von Wichtigkeit. Es ist BROCQs umstrittener Standpunkt gewesen, daß bei solchen überempfindlichen Individuen (und Familien) ein sog. „arthritisches Milieu" besteht, weswegen sie besonders empfänglich für eine Anzahl pathologischer Veränderungen sind. Sie reagieren auf ganz geringgradige äußere Verletzung oder Reizmittel, die beim normalen Individuum entweder gar keine oder höchstens eine sehr unbedeutende Reaktion hervorrufen würden. Ekzeme, Flechten, Urticaria, Nahrungs- und Drogenidiosynkrasien, Herpes, Furunculose, Pruritus und Psoriasis werden von ihm als zu dieser Gruppe gehörig betrachtet. Dazu fügt er auch Heufieber, Asthma, Gicht, Adipositas, Migräne und Neuralgie. Sogar BLOCH nimmt die ersten fünf der Hautkrankheiten als zu dieser „arthritischen" Gruppe von Krankheiten gehörend an. Die französischen Kliniker haben diese Auffassung bis zu ihrem logischen Schluß durchgeführt und sprechen nicht von Ekzemen als Krankheit, sondern von „Ekzematisation" (BESNIER, DARIER, RAPIN und v. HIRSCHBERG usw.). Es ist keineswegs ausgeschlossen, daß diese Sensibilisierung ihren Ursprung aus irgend einer primären bakteriellen Infektion nimmt — Tonsillen, Magen- und Darmkanal (Gallenblase und Wurmfortsatz) oder Respirationstraktus.

Es ist interessant die Anschauungen eines deutschen Klinikers über die verschiedene Reaktionsfähigkeit anzuführen. Es seien deshalb die kurzen Betrachtungen SCHITTENHELMS auf der Versammlung der deutschen mikrobiologischen Gesellschaft zu Würzburg im Mai 1922 hier beigefügt:

„Die Konstitution ist der Ausdruck der Reaktionsfähigkeit des Körpers auf exogene und endogene Reize, und eine Konstitutionsstörung muß sich daher in einer veränderten Reaktionsfähigkeit der Gewebe auf Reize äußern. Ich habe darauf bereits früher hingewiesen (Kongr. f. inn. Med. 1920). Wie BORCHARDT jüngst ganz richtig ausführte, gibt es zwei Gruppen, die sich hinsichtlich ihrer Reaktionsfähigkeit unterscheiden, einen Status irritabilis, der gesteigert reagiert und einen Status asthenicus, dem die Reizbarkeit mangelt. Je nachdem der eine oder andere Typus vorliegt und je nachdem der Reiz richtig gewählt wird oder nicht, wird ein therapeutischer Effekt zustande kommen können oder ausbleiben.

Reiz ist jede Veränderung in den Lebensbedingungen, sagt VERWORN, mag er von außen oder von innen an die Zelle herankommen. Krankheit ist Leben unter veränderten Lebensbedingungen und diese sind Reize. Dabei verändert sich die Reizschwelle. Wenn Geschwindigkeitsänderungen nur einzelne labile Partialprozesse, mit denen die spezifischen Leistungen des Systems verknüpft sind, betreffen, spricht VERWORN von funktionellen Reizen, und andererseits von cytoplastischen, wenn die Geschwindigkeitsänderung sich auf alle Partialprozesse, auch auf die an sich stabileren, erstreckt. Dabei ist er sich aber klar, daß infolge der engen Korrelation der einzelnen Partialprozesse bei dem funktionellen Reiz, der nur ein System betrifft, stets auch die anderen mehr oder weniger mitbeteiligt sein müssen. Der VERWORNschen Vorstellung entspricht die WEICHARDTsche Protoplasmaaktivierung".

Esophylaxie (HOFFMANN). Die Verbindung der Hautreaktion mit inneren Zuständen ist kürzlich durch Versuche verschiedener Natur beleuchtet worden. Bei Forschungen über den Ablauf von Intoxikation und Tod durch Verbrennungen beobachtete H. PFEIFFER, daß eine deutliche Mobilisation von proteolytischen Enzymen sogar nach oberflächlichen Verbrennungen der Haut vorkam. Als Ergebnis dieser und anderer eng verwandter Beobachtungen glaubt er berechtigt zu sein, die Intoxikation durch Verbrennungen unter jene einzuordnen, welche durch Proteinspaltprodukte verursacht werden.

Neuerdings teilt dieser Autor Versuche mit, durch welche gezeigt wird, daß an Kohle adsorbiertes Trypsin im Tierkörper seine schwer akuten Giftwirkungen verliert und daß es möglich ist, vor der Trypsinwirkung dadurch zu schützen, daß zeitlich und räumlich getrennt Kohle und Ferment in den Kreislauf gebracht werden. Die schützende Wirkung beruht darauf, daß der reticuloendotheliale Apparat sich mit Tusche belädt. Dieser Autor konnte ferner zeigen, daß die Lähmung der Wärmeregulierung nach Hautverbrennungen, photodynamischen Schädigungen und Eindringen von Trypsin in den Kreislauf zu einer Kältenarkose führt. Vorsichtige Erwärmung kann derartige Tiere dauernd heilen. Ferner können von vorneherein warm gehaltene Tiere gleich schwere Vergiftungen rascher überwinden, als die Kontrollen. Neben der Wärmeregulierung leidet die Atemregulierung. Die besondere Beeinflussung des Atem- und Wärmezentrums nach Injektion höhermolekularer Eiweißspaltprodukte hatte WEICHARDT schon früher beschrieben, indem er zeigte, daß die Tiere nach einer bestimmten Latenzzeit bei hochgradig verlangsamter Atmung und niedriger Temperatur stundenlang am Leben bleiben und daß die Atmung zuerst erlischt, während das Herz noch eine geraume Zeit weiter schlägt.

BLOCH hat die Überzeugung ausgedrückt, daß die Haut eine biologische bis dahin in ihrem Wert noch nicht bekannte Funktion besitzt, mittels welcher die vitalen Organe vor Bakterien geschützt werden, so daß sie meistens nur mit einer winzigen Menge von geschwächten Bakterien zu tun haben. Indem er die neuere Forschung über die Erscheinung der „Allergie", über die Trichophytoninfektion und über Tuberkulose und Syphilis beobachtet, betont er die Tatsache, daß die Haut vor allen anderen Organen eine führende Rolle in der allergischen Immunität und Sensibilisierung spielt, im Gegensatz zur Serumimmunität, wie bei Diphtherie, Tetanus usw., wo das Serum der Träger des die Krankheit heilenden Mechanismus ist."

Die allergischen Veränderungen — Vaccination gegen Pocken —, die grundlegenden Beobachtungen von KOCH über die Produktion von Tuberkeln in der Haut, welche beim infizierten Tiere einen viel stürmischeren und schnelleren Verlauf nehmen — die Untersuchungen von v. PIRQUET über die Vaccinationsallergie bei Tuberkulose, Syphilis und Pilzinfektionen —, alle deuten auf die grundlegende Wichtigkeit der Haut für die Resistenz hin. Vielleicht spielt sie sogar eine gewisse Rolle in der Genesung bei den akuten Exanthemen, wie Masern und Scharlach; bei Pocken ist ihre Wichtigkeit offensichtlich. HEIMS hat kürzlich die Meinung ausgesprochen, die vor vielen Jahren geläufig war und auch jetzt noch immer in der Volksmedizin mehr oder weniger beliebt ist, daß der Hautausschlag der akuten exanthematischen Krankheiten einen Teil des Mechanismus der Genesung darstellt. Nach seiner Auffassung ist der Organismus bestrebt sich selbst der toxischen Substanzen durch die Haut zu entledigen, dadurch daß eine Leukocytose einsetzt. Diese soll von großer Wichtigkeit für die Verdauung des toxischen Materials sein. Wenn auch in diesem dürftigen Umriß die Theorie roh erscheinen mag, so ist es doch möglich, daß irgend eine Verbindung, wie HEIMS vermutet hat, zwischen dem Hautausschlag und dem Genesungsablauf besteht, was ich später zu zeigen bemüht sein werde.

HOFFMANN schenkt der klinischen Beobachtung besondere Aufmerksamkeit, daß die inneren Organe häufig von schweren Angriffen sowohl bei Syphilis wie bei Tuberkulose verschont bleiben, wenn ausgedehnte krankhafte Hautstellen vorhanden sind. Um die Wichtigkeit der Haut in ihrer Beziehung zur inneren Medizin zu betonen, macht er auf eine Anzahl anderer Tatsachen aufmerksam, die mehr oder weniger treffend sind. Erstens, daß eine Intoxikation folgt, wenn große Bereiche der Haut durch Anstrich oder Verbrennung außer Tätigkeit gesetzt werden; zweitens, daß die große Masse epithelialen Gewebes mit seinem sorgfältig ausgearbeiteten Netzwerk von intracellulären Kanälen und seiner Nähe zum vasculären Corium die Aufsaugung von Ausscheidungen erleichtern würde; dann, daß die Volkslehre vieler Geschlechter den Gedanken ausdrückt, daß bei den mit Ausschlag verbundenen Krankheiten die inneren Organe um so mehr verschont bleiben, je stärker der Ausschlag sich in der Haut zeigt, und daraus den Schluß zieht, daß irgend etwas, das den Ausschlag verstärkt, den Patienten günstig beeinflußt (HEIMS macht auch auf diese Überlieferung aufmerksam): Alles das zeigt, wenn auch nur in allgemeiner Weise, daß die Haut bei der Überwindung von Infektionen von Wichtigkeit sein kann.

Hoffmanns Theorie. HOFFMANN macht die kurze Feststellung, daß „die Haut das Grab der Parasiten ist“. Die Tatsache, daß so viele akute Infektionen die Haut in Mitleidenschaft ziehen (Masern, Scharlach, Pocken, Typhus, Syphilis usw.) hat zu dem Schluß geführt, daß die Haut irgend eine aktive Rolle in der Immunität spielt. Die Fähigkeit, schnell mit einer Entzündung zu antworten, könnte mit der phylogenetischen sowohl wie mit der ontogenetischen Entwicklung zusammengebracht werden. So reagiert die Haut des Erwachsenen schneller und auf zahlreichere Stoffe, als die des Kindes; die Haut des Menschen schneller als die der niederen Tiere.

Lichtstrahlen. Die Wirkung von Licht auf die Haut und der neue Gebrauch, den man von dieser Wirkung in der Therapie der inneren Krankheiten macht, ist von besonderer Bedeutung. Sie gibt uns Aufschluß über den Grad, bis zu welchem die Hautreaktion ihren Einfluß auf den Stoffwechsel der inneren

Organe und der vorhandenen Krankheitsherde zeigen kann. Wenn ein Patient Lichtstrahlen in der von BERNHARD, ROLLIER und anderen entwickelten Weise ausgesetzt wird, so kommen gewisse Systemveränderungen vor, die in vieler Hinsicht sehr der Reaktion ähneln, die wir als Proteinshokreaktion oder als unspezifische Reaktion beschrieben haben. ROLLIER beobachtete eine Zunahme an Eosinophilen sowohl wie an Hämoglobin und roten Blutzellen. D'OELSNITZ beobachtete Veränderungen in der Temperatur, der Respiration und der Blutcytologie. Die Temperatur und die Respiration sind beide anfangs erhöht, der Puls kann bis zu gewisser Ausdehnung beschleunigt sein, alle Reaktionen hängen größtenteils von individuellen Umständen und besonders von der Krankheit ab, an welcher der Patient leidet, bei Tuberkulose besonders von dem Typus der tuberkulösen Veränderung, ob aktiv oder latent usw. Die Leukocyten, die hervorgelockt werden, sind gewöhnlich junge Formen, obgleich bei der Reaktion mononukleäre vorherrschen; eosinophile Zellen wurden auch von D'OELSNITZ beobachtet.

Die zweifache Wirkung der Heliotherapie. Genau so, wie bei anderen unspezifischen Reaktionen, ist die Wirkung des Sonnenlichtes auf die Haut und die Wirkung auf pathologische Zustände eine zweifache. So kann sie einen Entzündungsherd aktivieren. Bei aktiver progressiver Tuberkulose mit Hämorrhagien und einem septischen Temperaturtypus kann eine Belichtung ausgesprochenes Unglück verursachen. In ihrer allgemeinen Wirkung ist die verursachte Reaktion der durch Tuberkulin hervorgerufenen nach Art und Dauer ähnlich und die Gegenindikationen sind die gleichen. So kann eine latente Tuberkulose nach verlängerter Bestrahlung mit Sonnenlicht mit einer typischen Temperatur, Zunahme des Pulses und dem allgemeinen schlechten Befinden, das wir mit der Tuberkulinreaktion verbinden, reagieren. Und genau wie bei einer zweiphasischen Reaktion folgt der negativen Phase eine positive. Das heißt, der Unterschied zwischen Reizung und Anregung und Überreizung ist eine Sache von sehr kleinem Spielraum, und hängt vom Individuum ab, wie POTTENGER gezeigt hat. Sonnenlicht hat keine spezifische Wirkung auf Tuberkulose; es ist keine Heilung im gewöhnlichen Sinne des Wortes. Es ist bloß ein Reizmittel ähnlich vielen anderen unspezifischen Mitteln, die imstande sind eine Herdreaktion zu verursachen und dadurch den Prozeß zu beeinflussen. Ihr Unterschied von einigen der anderen Formen der Therapie liegt darin, daß die leukocytische Gegenreaktion, welche der Heliotherapie folgt, mehr eine lymphocytische als eine polymorphkernige Reaktion zu sein scheint. Bei nichttuberkulösen Affektionen ist sie bei allgemeiner Entkräftung empfohlen worden, wo ihr eine Besserung der Anämie folgt (Wirkung auf das hämatopoetische System) und im Gewicht des Patienten. AIMES hat sie als sehr nützlich bei akutem Gelenkrheumatismus, bei tracheobronchialer Adenopathie und bei neurasthenischen Patienten befunden (KELLOGG). LOVETT hat von ausgezeichneten Erfolgen bei chronischen Infektionen berichtet.

Heliotherapie als Proteintherapie. Es ist sehr wahrscheinlich, daß man statt die Ursache der therapeutischen Wirkung des Sonnenlichtes in irgend einer hypothetischen inneren Sekretion der Haut, welche den ganzen Organismus anregt, zu suchen, sie viel einfacher finden wird, wenn man bedenkt, daß die Wirkung der Sonnenstrahlen auf die Hautgewebe eine milde, oder je nach dem Grad der Einwirkung eine schwerere Art von unspezifischem Shok hervorbringt.

Wir wissen aus PFEIFFERS Arbeit, daß Verbrennung derartiges verursacht. Zwischen dem Erythem einer durch Hitze verursachten Verbrennung und dem durch Sonnenlicht verursachten ist nicht viel Unterschied, was die Wirkung auf den Organismus anbetrifft. Die epithelialen Gewebe werden hyperämisch und die Absorption ist beschleunigt.

Hautenzymprotease und Lipase, vielleicht etwas Ereptase bei jüngeren Individuen, werden zusammen mit einigen Proteinspaltprodukten infolge der verdauenden Anregung in der Haut in den Kreislauf geschwemmt. Die Mittel, die gewöhnlich die unspezifische Reaktion hervorrufen, sind deshalb wertvoll: die im Serum anwesenden Enzyme können jetzt halb und ganz abgestorbene Herde angreifen und dort die vorher schon bestehende Entzündungsreaktion beschleunigen, d. h. eine Herdreaktion verursachen, z. B. eine Tuberkulinreaktion mit ihrer daraus sich ergebenden Folge von erhöhter Temperatur, schlechtem Befinden usw. Durch die aus der Haut stammenden Proteinspaltprodukte ist der Organismus natürlich in der typischen unspezifischen Weise angeregt und die Wirkung auf das hämatopoetische System, auf die Reizbarkeit der Nerven (SINGER, POTTENGER), auf den allgemeinen Stoffwechsel ist ähnlich derjenigen, welche wir bei den anderen unspezifischen Reaktionen gesehen haben. Unterschiede bestehen im Typus der leukocytären Gegenreaktion, welche eine lymphocytäre bei der Sonnenlichtbehandlung zu sein scheint. Eine andere, besonders wertvolle Möglichkeit bei Tuberkulose kann in dem verhältnismäßigen Reichtum der epidermalen Gewebe an Lipasen gefunden werden, welche sich, wenn sie nach der Heliotherapie mobilisiert sind, theoretisch von ausgesprochenem Wert in der Resistenz gegen Tuberkulose erweisen können.

Die Wirkung der Sonnenlichtbehandlung auf das Entstehen einer Herdreaktion kann am besten beleuchtet werden, wenn man die Wirkung auf einen tuberkulösen Herd verfolgt, wie bei Lupus. Selbst wenn alle direkten Wirkungen der Strahlen durch schwarzes Papier ausgeschlossen werden, pflegt eine Lupusveränderung mit einer typischen Herdreaktion nach einem allgemeinen Sonnenbad zu reagieren, genau so wie nach Tuberkulininjektion, nach Milchinjektion oder nach irgend einem anderen unspezifischen Mittel. Es ist beobachtet worden, daß tuberkulöse Herde nach allgemeiner Sonnenlichtbehandlung viel stärker „sensibel“ oder für andere Reizmittel, wie Röntgenstrahlen oder konzentrierte rote Strahlen usw., empfänglich wurden.

Lokale Anwendungsarten. HOFFMANN macht auf die Tatsache aufmerksam, daß andere therapeutische Maßnahmen, Seifeneinreibungen, Senfbäder, Schwitzen, Gegenreizung usw., genau denselben Mechanismus in sich schließen. Wenn wir uns von diesem Standpunkte die akuten Exantheme ansehen, wird es augenscheinlich, daß die Hauterscheinungen und ihre Heftigkeit wohl einen gewissen Einfluß auf den allgemeinen Verlauf der Krankheit haben können. Zugegeben, daß die unspezifische Reaktion, wie sie durch Einspritzung verschiedener Stoffe hervorgerufen wird, eine infektiöse Krankheit plötzlich beenden kann — und das klinische Beweismaterial ist verschieden genug, um eine solche allgemeine Feststellung zu erlauben —, so haben wir gesehen, daß es unwesentlich ist, wie diese Reaktion ausgelöst wird. Zur Erzielung heilender Wirkungen hat man gewisse Mittel wirksamer befunden als andere, aber innerhalb bestimmter Grenzen sind sie alle mehr oder weniger wirksam.

Akute Exantheme. Wenn wir bei einem akuten Exanthem die starke Hautaffektion im Lichte einer Entzündungsreaktion sehen, so folgt daraus, daß dabei nicht nur Enzyme, sondern auch toxische Spaltprodukte bei ausgesprochener Hyperämie, die ein Teil der Entzündungsreaktion ist, sehr schnell absorbiert werden. Wenn die Hautreaktion ihren Höhepunkt erreicht, so wissen wir, daß sie klinisch von einer Temperaturzunahme begleitet ist, und daß dieser Zunahme gewöhnlich sofort Entfieberung folgt. Der normale Ablauf der Genesung bei diesen akuten Krankheiten kann deshalb genau dieselbe unspezifische Reaktion in sich schließen, die wir jetzt therapeutisch für andere Bedingungen anzuwenden suchen.

Bei Pocken tritt das Erscheinen des Hautausschlages natürlich gleichzeitig mit der Besserung im Allgemeinzustand auf, der so kennzeichnend für die Krankheit ist — Abnahme der Temperatur und des Pulses, ausgesprochene Euphorie usw. —. Das sekundäre Fieber ist nur ein Absorptionsfieber, wenn Eiterung einsetzt, die im Charakter und Verlauf irgend einem eitrigen Zustande anderen Ursprungs ähnlich ist.

Herdaktivierung durch intracutane Injektionen. Vielleicht eine der auffallendsten Illustrationen für die Wichtigkeit der Hautanregung und ihre Wirkung auf fernliegende Krankheitsvorgänge ist in MÜLLERS neuer Arbeit gegeben. Er hat die interessante Tatsache beigebracht, daß die intracutane Dosierung, die zu einer Herdaktivierung nötig ist, sehr viel geringer sein kann als die Dosis, die nötig ist, wenn intramuskulär oder intravenös injiziert wird; es ist natürlich unwesentlich, was für ein Mittel für die Hautinjektion gebraucht wird. So fand er, daß „Arthigon“, Typhus- und Choleravaccine, Tetanus- oder Diphtherieantisera und sogar Salzlösungen imstande waren provozierende Herdreaktionen hervorzubringen, wie sie an gonorrhöischer Urethritis nachwiesen. Seine Ergebnisse betonen die Tatsache, daß verhältnismäßig winzige und anscheinend unbedeutende Hautreaktionen eine ungeheuere Wirkung auf entfernte krankhafte Veränderungen ausüben können und daß wir den Mechanismus dieser Erscheinung in Stoffwechselveränderungen suchen müssen, die in der Haut hervorgebracht worden sind, nicht in Besonderheiten des Mittels, das wir zufällig gebrauchten um die Reaktion hervorzubringen. Wir brauchen wohl nicht festzustellen, daß die Tuberkulintherapie von PONNDORF, welche aus intracutaner Einverleibung von Tuberkulin besteht, mit den Veränderungen verwandt ist, die MÜLLER untersucht hat. Und es ist, wie wir erwarten mußten, über verschiedene klinische Zustände berichtet worden, die sich nach der PONNDORFschen Technik besserten. So fand KROSCHINSKI, daß Neuralgie, Neuritis, tabische Schmerzen, Acne und Furunculose auf die in dieser Weise gemachten Tuberkulineinverleibungen reagierten.

Syphilis. Wenn wir uns jetzt dazu wenden, die oft gemachte klinische Feststellung zu untersuchen, daß bei Syphilis, wenn sie von ausgiebigen Hautzerstörungen begleitet ist, oder bei Tuberkulose, die ihren Hauptsitz in der Haut hat, die inneren Organe in der Regel frei von krankhaften Veränderungen sind, so finden wir bedeutendes Beweismaterial klinischer Art zur Stütze.

Allgemeine Paralyse, Tabes und tertiäre Veränderungen sollen in Ländern sehr ungewöhnlich sein, in welchen die Hautveränderungen sich am meisten zeigen; auch Rassenunterschiede scheinen eine gewisse Rolle in den Verschiedenheiten der Ausbreitung zu spielen. Beim amerikanischen Neger ist festgestellt, daß die parasyphilitischen Anzeichen weniger häufig sind als bei der weißen Rasse, obgleich vasculäre Veränderungen sicherlich allgemein genug sind. Nach einigen Syphilidologen neigt sogar bösartige Syphilis, wenn sie sich in ihrem frühen Stadium hauptsächlich in der Haut zeigt, dazu die inneren Organe zu verschonen. Nach einer Anzahl von Forschern muß die Möglichkeit erwogen werden, daß diese Wirkung einer selektiven Affinität gewisser Spirochätenstämme zuzuschreiben ist (NICHOLS, MATZENAUER usw.); HOFFMANN würde lieber die immunisierende Wirkung, welche durch die frühzeitige Hautaffektion verursacht ist, dafür verantwortlich machen. Klinisch ist gezeigt worden, daß Tabiker und allgemeine Paralytiker selten Erscheinungen von schwerer luetischer Hautaffektion geben; das gewöhnliche Bild dabei ist, daß die Hautaffektionen nur vorübergehend und keine anderen sekundären Anzeichen vorhanden waren. BLOCH nimmt an, daß der Hauptgrund das Versagen der „Hautallergie" besonders bei Nervensyphilis ist, entweder wegen der körperlichen Unfähigkeit der Haut, zu reagieren, oder weil der Haut keine Gelegenheit zu reagieren gegeben wurde. Die weite Verteilung der Spirochäten bald nach ihrer Aufnahme im Körper würde nach PETERSENS Meinung diese letztere Erklärung eher ausschließen. Aber man muß sich in diesem Zusammenhang daran erinnern, daß die Spirochäte oder vielmehr die Reaktion, welche die Spirochäte in den Geweben verursacht, verhältnismäßig leicht durch unspezifische Mittel beeinflußt wird. Man hat sich bloß an die Wirkung von Tuberkulin auf die Rückbildung der syphilitischen Papeln zu erinnern, an die Wirkung der Injektion von kolloidalen Metallen (besonders Silber), auf den Grad der Proliferation der Spirochaeta pallida bei Versuchstieren, an die Wirkung von gleichzeitigen Erkrankungen auf die Syphiliserscheinungen, die ausgesprochene Wirkung der Jodide auf die Absorption von Gummata und bei der Veränderung der Hautreaktion auf Luetin usw. Es ist sehr wahrscheinlich, daß die Entzündungsreaktion in der Haut, auf welche Weise sie auch hervorgerufen sein mag (selbst durch den spezifischen, erregenden Mikroorganismus), als ein unspezifisches Mittel wirken und therapeutische Wirkung auf innere Veränderungen haben kann. Denn die sekundäre Veränderung und Gumma sind so leicht durch diese genannten Mittel beeinflußbar. Es handelt sich um eine durch die Entzündungsreaktion veranlaßte Absorption von Enzymen und von Proteinspaltprodukten. Es ist sogar vermutet worden, daß die Wirksamkeit der Quecksilberinunktion vor anderen Methoden der Quecksilbertherapie dadurch verursacht wird, daß die Haut mechanisch angeregt wird.

Die Tatsache, daß die Gewebe des Zentralnervensystems einen sehr günstigen Boden für die Spirochäten, die einmal hereingedrungen sind, bieten, darf nicht außer acht gelassen werden. Die Hirnhäute, welche verhältnismäßig leicht von der Spirochäte durchdrungen werden, sind frühzeitig und oft bei Syphilis infiziert. Die ektodermale Gehirnsubstanz hat die hauptsächlichsten der durch die Spirochäten verursachten Veränderungen zu tragen, denn die Pia, obgleich frühzeitig angegriffen, scheint sich viel schneller zu befreien. Die Gehirnsubstanz sowohl wie die Cornea, die weder Lymphocyten noch adventitielle Zellen enthalten, reagieren nur spärlich auf die Spirochäten, und die Wirkung der Syphilis ist bei beiden Organen auffallend ähnlich, wie GÄRTNER kürzlich gezeigt hat. Spezifische therapeutische Maßnahmen sind bei syphilitischen Veränderungen in beiden Geweben gleich unbefriedigend befunden worden.

Gelingt es uns, eine unspezifische Anregung hervorzubringen, so scheinen wir zuweilen eine viel schnellere Wirkung auf die luetische Veränderung auszuüben; die therapeutische Grundlage ist bei der diesbezüglichen Gelegenheit besprochen worden.

Es ist wahrscheinlich, daß der klinische Eindruck erhöhter Resistenz der inneren Organe gegenüber Syphilis bei ausgedehnten Hautaffektionen eine bestimmte Grundlage darin haben kann, daß eine heftige Entzündungsreaktion in der Haut während der Inkubation infolge unspezifischer Anregung des Körpers die Widerstandsfähigkeit gewisser Gewebe, die normalerweise empfänglicher für die Spirochäten sind, erhöht. Falls diese Reaktion frühzeitig genug eintritt, könnte verhütet werden, daß das Virus einen festen Halt in dem empfänglichen Gewebe gewinnt. Auf diese Weise würden spätere parasyphilitische Veränderungen weniger häufig bei solchen Individuen auftreten.

Hautkrankheiten. RAVAUT erklärte kürzlich: „Hautkrankheiten ganz ohne lokale Applikationen zu behandeln ist ebenso unvernünftig, wie die Hautveränderungen der Syphilis durch lokale Applikationen allein zu behandeln. Und doch ist der Dermatologe nur zu leicht geneigt, seine Aufmerksamkeit ausschließlich auf den örtlichen Vorgang einzustellen. Er muß Biologe und nicht nur Botaniker sein." RAVAUTS Feststellung ist ziemlich allgemein; trotzdem liegt sehr viel Wert in der Betonung der Tatsache, daß der Dermatologe, auf Grund des Ergebnisses der neueren Arbeiten in der allgemeinen Pathologie und Physiologie der Haut, nicht zufrieden sein darf mit einer rein lokalen Auffassung der Pathologie und Therapie der besonderen Krankheit, um die es sich gerade handelt.

Wir müssen nicht nur die Tatsache bedenken, daß allgemeine Systemreaktionen die Reaktionskraft der Haut stark verändern können — Entzündungsprozesse verschlimmern sowie verzögern —, sondern wir müssen auch Kenntnis von der Tatsache nehmen, daß das Integument auf bakterielle Infektion oder Proteininjektion, vielleicht sogar auf chemische oder physikalische Mittel, durch eine Allergie, eine Veränderung in der Reaktionsfähigkeit zu erleiden scheint, die um so bedeutender ist, da sie eine bestimmte örtlich festgelegte Erscheinung, eine erworbene Eigenschaft der individuellen Zelle zu sein scheint. Die einmal begründete Allergie kann verpflanzt werden, wenn die Zelle verpflanzt wird, aber der Gesamtorganismus braucht nicht an irgendwelcher Veränderung teilzunehmen.

In gleicher Weise interessant ist die Wirkung der Anregung des Hautstoffwechsels und die Wirkung auf Systemerkrankungen, wie HEIMS gezeigt hat und wie es BLOCH und HOFFMANN in größerer Ausführlichkeit besprochen haben (s. S. 150ff.).

Während der letzten 2 Jahrzehnte ist eine bedeutende Zahl von Beobachtungen über die Wirkungen der Systemveränderungen bei Hautkrankheiten gesammelt worden, aber auch vorher schon findet man vereinzelte Mitteilungen, die von besonderer Bedeutung sind. Man braucht nur an die Feststellung zu erinnern, daß zahlreiche Drogen — Thyophen, Benzol, Aceton, Taurin und Amine (SPIEGLER), Atoxyl (MORO und STHEEMAN), Cantharidin, Säuren und Salze (LIEBREICH) — wenn sie injiziert werden, eine Reaktion bei einem Lupusherd zu verursachen pflegen; daß Diätfehler ein Ekzem verschlimmern; daß Begleitinfektionen auf eine vorher bestehende krankhafte Hautveränderung meist günstig einwirken (RESTREPO hat erst kürzlich einen solchen Fall berichtet), oder daß Hefetherapie eine Furunculose beeinflußt.

Hautkrankheiten lieferten besonders günstiges Material für die Vaccinebehandlung und die Behandlung von Acne und Furunculose wurde mehr oder weniger das Spezialgebiet der Vaccinetherapeuten. Auch serologische Verfahren, wie die Autoserotherapie bei Psoriasis hatten ihre Anhänger. Die Tatsache, daß die Ergebnisse ganz objektiv beurteilt werden konnten, hat dieses Gebiet zu einem interessanten und wertvollen gemacht.

LINSER, der über die Dermatosen bei Schwangerschaft arbeitete, fand, daß die Injektion von Serum (normal) zuweilen eine deutliche Besserung ergab. Die Anwendung wurde auf Urticaria, Purpura, Strophulus, Pruritus ausgedehnt und auf verwandte Zustände, bei denen vasculäre Veränderungen als Grundlage der Pathologie vermutet werden mochten. ZIELER, BINGEL, HENCK, LÖWENBERG und andere haben über bestätigende Ergebnisse berichtet. Man wählte vorgeschrittene Psoriasis für diese Behandlungsart und eine Anzahl amerikanischer Forscher haben ihre Beobachtungen bei diesem Heilverfahren berichtet (Lit. bei LUITHLEN).

Eine ganze Anzahl unspezifischer Verfahren sind in den letzten Jahren von den Spezialisten für Hautkrankheiten angewandt worden. Der Gebrauch von autogenen Seruminjektionen bei Psoriasis hatte gelegentlich eine Besserung zur Folge, obgleich das Verfahren zu mühselig für den gewöhnlichen Gebrauch war. PERRY verwendete normales Pferdeserum an Stelle von autogenem Serum mit zufriedenstellenden Erfolgen. 6—9 Einspritzungen waren nötig, um heilende Wirkungen hervorzurufen.

Milchinjektionen wurden kurz nach ihrer Einführung von SCHMIDT und anderen angewandt. Von BLOCH wurde berichtet, daß die sekundären Veränderungen bei Syphilis infolge Tuberkulins einer Involution unterworfen würden, während SCHOLZ die Tatsache besprach, daß Tuberkulose der Haut auf Einspritzungen von Trichophytin ebenso reagiert, wie auf verschiedene andere Substanzen. ENGMANN und MC GARRY fingen den Gebrauch von Typhusvaccine (Dosierung 75—500 Millionen) bei der Behandlung verschiedener Hautkrankheiten an, unter ihnen einige Fälle von Syphilis, exfoliativer Dermatitis, Lupus erythematodes und Psoriasis.

SCULLY berichtete 1917 über die Behandlung mehrerer Fälle von Psoriasis mit Typhusvaccine. 8 Fälle wurden mit Injektionen behandelt, die zwischen 75 und 100 Millionen Mikroorganismen schwankten. Die Ergebnisse waren nicht sehr zufriedenstellend; SCULLY stellte fest, daß die Wirkung der Injektionen auf Temperatur und Leukocytenkurve nicht so deutlich bei diesen Hautfällen hervortrat, wie bei den von ihm behandelten Fällen von Arthritis. REZENDES Berichte zeigen die schnelle und gründliche Heilung von ausgedehnter Psoriasis durch „Proteinshokbehandlung". 20 ccm normales Pferdeserum wurden in die Bauchwand injiziert. Eine Einspritzung von 10 ccm 2 Tage vorher hatte keine bemerkenswerte Reaktion hervorgebracht, aber die 20 ccm verursachten 5 Tage lang Fieber, das am dritten Tage 39,5° C erreichte. Am 8. oder 10. Tag war der Ausschlag deutlich verringert.

Diese Forscher wendeten ziemlich schwere Reaktionen an; es ist möglich, daß zufriedenstellendere Resultate erhalten werden könnten, wenn mit kleineren

Dosen weniger schwere Reaktionen eine längere Zeit dauernd hervorgerufen werden könnten, wie VAN ALSTYNE vermutet.

Neuerdings hat KLINGMÜLLER die Injektion von Terpentin wieder zur Behandlung von Hautkrankheiten eingeführt. Terpentin ist, wie im Abschnitt über den „Fixationsabsceß" gesagt wurde, früher in der Heilkunst zu subcutanen Injektionen gebraucht worden. KLINGMÜLLER hat jedoch das Verfahren so abgeändert, daß ganz winzige Dosen während einer langen Zeit injiziert werden. 20% Terpentin werden bei dieser Methode in Olivenöl aufgelöst und Einspritzungen von ungefähr 4 Tropfen (0,01 Terpentin) in 3tägigen Zwischenräumen gemacht. KARO und andere verbesserten das Verfahren, indem sie eine winzige Menge Eucupin oder Novocain zu der Ölmischung hinzufügten, um bei dem Patienten jedes Unbehagen zu verhüten.

KLINGMÜLLER fand, daß die Injektionen nicht nur bei Trichophytoninfektionen günstige Wirkungen zur Folge hatten, sondern auch bei Acne, akuter Dermatitis, Ekzem, Salvarsandermatitis und Strophulus. Über die Unterschiede gegenüber der Injektion von Proteinkörpern s. S. 103. Auf die Einspritzungen folgte kein Zeichen von Nierenreizung.

Zahlreiche Forscher arbeiteten mit dieser Methode. HOLZHÄUSER und WERNER berichteten über ausgezeichnete Ergebnisse bei der Behandlung von Beingeschwüren. Auch APPEL hat sie bei einer Reihe von Fällen erprobt. Bei allen Staphylokokkeninfektionen (Furunculose, acneähnlichen Hautausschlägen und Pyodermie), bei feuchten Ekzemen, bei Pruritus universalis — essentiellem wie symptomatischem — und bei Urticaria berichtet APPEL ganz bemerkenswerte Besserung in den meisten Fällen. Lupus reagierte auf die Injektionen genau so wie auf Tuberkulin. Bei den tieferen Knötchen der Trichophytoninfektion wurde eine allmähliche Verminderung der Infiltration und der Größe der Herde bemerkt. GEWALT berichtete über die Behandlung von Pemphigus nach dem gleichen Verfahren.

LÖWENFELD und PAULAY haben die Trichophytoninfektion sehr sorgfältig erforscht und behandelten Fälle auf drei verschiedene Arten: eine Reihe auf einer streng spezifischen Grundlage mit Trichon, einem autolytischen Produkt des infizierenden Mikroorganismus; eine Reihe behandelten sie mit einem unspezifischen Proteintuberkulin; die andere mit einem unspezifischen chemischen Mittelterpentin; sie kamen zu dem Resultat, daß die Terpentininjektion eine Form der Proteintherapie darstelle, wobei in diesem Falle homologes Protein aus dem Entzündungsherd durch das Terpentin hervorgerufen wurde. Es zeigte sich wenig oder gar kein Unterschied im therapeutischen Endergebnis, ob die spezifischen oder unspezifischen Verfahren zur Anwendung kamen. Die tieferen Knötcheninfiltrationen wurden allmählich im Verlaufe der Injektionen absorbiert, die mehr an der Oberfläche vorhandenen Veränderungen zeigten geringere Besserung. LÖWENFELD und PAULAY meinen, daß dieses Ergebnis insofern zu erwarten sei, als die mehr oberflächlichen Veränderungen, wie bei Favus, Mikrosporie, Pityriasis versicolor, Erythrasma usw., viel weniger für die allgemeine Stoffwechselstörung, die durch spezifische oder unspezifische Therapie hervorgerufen wird, empfänglich wären.

FISCHL behandelte 50 Fälle von Trichophyton-Infektion mit Terpentininjektionen und Resorcin, indem er dabei Resorcin örtlich anwendete und alle 2 Tage Terpentininjektionen gab. Er fing mit einer Dosis von 0,25 ccm des

20 $^0/_0$igen Terpentin in Olivenöl an, fuhr fort mit 0,5 ccm, dann folgten 0,75- und 1 ccm-Dosen während des Verlaufes der Behandlung. Er fand diese von großem Wert bei den tiefen verhärteten Formen; hierbei erwiesen sich Injektionen von Trichophytin ebenfalls als nützlich. Die Fälle wurden in der Regel in ungefähr 3 Wochen geheilt; der Fungus verschwand aus den Veränderungen allgemein während des Verlaufes der ersten Woche. Bei 4 Fällen (von 30) war eine kleine Temperaturreaktion nach den Injektionen bemerkbar, einer von diesen Fällen erreichte 39,5° C, aber FISCHL glaubt nicht, daß die klinische Wirkung in irgend einer Weise von dem Grad der Temperaturzunahme abhängt.

MÜLLER gebrauchte mit Paraffinöl verdünntes Terpentin bei der Behandlung von Trichophytoninfektionen mit zufriedenstellenden Erfolgen. Er wendete keine örtliche Behandlung an. Es war kein Zeichen von Nierenreizung nach den Injektionen vorhanden. GRABISCH fing den Gebrauch von Terpentininjektionen bei dem gleichen Zustand an und dehnte deren Gebrauch allmählich auf akute Ekzeme, Dermatitis, Drogeneruptionen, gonorrhöische Komplikationen, Urticaria, Strophulus, Erythema multiforme, Dermatitis herpetiformis, Furunculose, Pyodermie usw. aus.

RUETE fand andererseits, daß Terpentininjektionen nicht besonders günstige Ergebnisse bei Trichophytoninfektionen zur Folge hatten, obgleich er sehr zufriedenstellende Erfolge bei Furunculose hatte. H. F. SCHMIDT kam zum gleichen Schluß. Er behandelte nach KLINGMÜLLERS Verfahren 8 Oberflächenfälle und 6 mit tief gelagerten Veränderungen. Bei den letzteren Fällen waren die Ergebnisse weit besser als bei den oberflächlichen, aber selbst diese wurden nicht geheilt. Bei 5 Fällen von Furunculose waren seine Resultate sehr zufriedenstellend. SCHEDLERS Erfolge waren noch befriedigender.

SACHS empfiehlt intravenöse Injektionen von Hexamethylenamin (40 $^0/_0$ige Lösung) bei der Behandlung von tiefer Trichophytoninfektion mit großen Knötchen. Als erste Dosis werden 6 g (15 ccm Flüssigkeit) gegeben, am zweiten oder dritten Tage nach der ersten Injektion wird die Dosis auf 8 g erhöht. In einem Falle wurden 8 g als erste Dosis gegeben, die bis auf 12—14 g erhöht wurde. Die Zahl der erforderlichen Einspritzungen und die notwendigen Mengen von Hexamethylenamin können nicht im voraus genau bestimmt werden. Von 10 so behandelten Patienten wurde einer nach einer einzigen Einspritzung von 4 g geheilt, ein anderer nach 3 Injektionen von 4 resp. 6 und 8 g in 10 Tagen; ein anderer Patient bekam 4 Injektionen (einmal 6 g und dreimal 8 g) und wurde in 14 Tagen geheilt.

SINGERMANN fand Terpentineinspritzungen (10 $^0/_0$) bei Furunculose und Ekzemen nützlich, und BECKER berichtet über Erfolge bei der Behandlung verschiedener Dermatosen.

REESE gebrauchte Milchinjektionen (Aolan) bei 175 Fällen von Trichophytoninfektion. Er fand, daß die Fälle in der Regel in ungefähr 3 Wochen geheilt wurden; die Zahl der Injektionen war dabei durchschnittlich 3. SCHOLZ und KRAUS und auch MÜLLER berichten günstig auf Grund von Milch- und Aolaninjektionen. LOEB gebrauchte „Leukogen“, eine Staphylokokkenvaccine, von welcher große Dosen mit Erfolg angewendet wurden. ANTONI fand „Aolan“ zufriedenstellend bei Trichophytoninfektion. SELLEI fand bei dem Vergleich des Wertes von Milch- und Terpentininjektionen, daß die Milchwirkung mehr half und anhaltender war. Er erhielt sehr zufriedenstellende Ergebnisse bei allgemeinem Pruritis und oberflächlichen Hauteiterungen, bei den tieferen Veränderungen war die Wirkung weniger offensichtlich. Bei Ekzem erzielte er keine Erfolge.

Die Arbeiten von ENGMANN und MC. GARRY, von SCULLY und von VAN ALSTYNE über die Behandlung von Psoriasis sind schon erwähnt worden. CEMACH hat Tuberkulomucin bei einem Fall mit günstigen Erfolgen angewendet, während KONTESCHWELLER darauf aufmerksam macht, daß alle kolloidalen Injektionen, genau wie Vaccine und Heterovaccine, auf das allgemeine Körpersystem des Patienten wirken und seinen physischen Zustand bessern, und insofern bei der Behandlung von Psoriasis nützlich sind. Gerade diese Tatsache betont auch SABOURAUD. Er glaubt, daß die Behandlung von Psoriasis seit kurzem in ein neues Stadium getreten ist, und zwar seit der Entdeckung, daß gewisse Maßnahmen, welche nur das eine gemein haben, daß sie alle eine Art von Aufrüttelung des Organismus verursachen, sich bei gewissen Fällen als wirksam erweisen, wenn auch nicht bei allen. Darunter befindet sich auch die Injektion von Quecksilbersalzen, von antitoxischen Seren und von Emulsionen abgetöteter Mikroben aus dem Stuhl des Patienten. Er hofft, daß noch mehr wirksame Mittel, die das Aufrütteln oder den Shok verursachen, gefunden werden können. Das Gebiet für Versuche scheint ungeheuer und beinahe unbegrenzt zu sein. SABOURAUD findet DANYSZS Enterovaccine aus dem Stuhl harmlos, und es scheint, als ob eine große Besserung durch sie bei vielen Fällen hervorgerufen wird, die auch länger anhält als nach irgend welchen anderen bis jetzt bekannten Mitteln.

Bei 5 Fällen, die CADBURY mit Typhusvaccine behandelte, wurden ausgezeichnete vorübergehende Erfolge erzielt, aber sie hatten alle früher oder später Rückfälle.

Genau so wie Furunculose sehr zufriedenstellend mit Vaccine aller Art behandelt wurde, so ergaben auch andere und weniger spezifische Behandlungsmethoden bedeutenden klinischen Erfolg. KAISER behauptet, Erfolge nach der Injektion von „Tebelon“ (Isobutylen-Ester von öliger Säure) erhalten zu haben, SCHEDLER gebrauchte Terpentininjektionen, MORRIS und LEVINSON kolloidale Metalle, auch Milcheinspritzungen fanden ausgiebige Verwendung.

Die Ekzeme, trockene sowohl wie exsudative Typen, sind gegen unspezifische Therapie mehr oder weniger widerspenstig gewesen. SPURGIN versuchte Salzinjektionen ohne offenbare Wirkungen, während CADBURY 4 Fälle mit Typhusvaccine behandelte und so gut wie keine Besserung beobachtete.

Eine Anzahl anderer krankhafter Hautveränderungen haben mehr Aussicht auf erfolgreiche Behandlung gegeben. SCHRAMECK berichtet über einen Fall von erfolgreich behandeltem Pemphigus. CADBURY behandelte 2 Fälle von Lichen planus mit Typhusvaccine, die sich besserten, und einen Fall von Erythema nodosum, der nach 2 Injektionen geheilt wurde. HABERMANN war erfolgreich bei der Behandlung hysterischer Dermatosen. SPITZER fand, daß er bei Lichen ruber gute Heilwirkungen mit Salvarsaninjektionen erhielt, vorausgesetzt, daß eine typische HERXHEIMER-Reaktion der Einspritzung folgte, d. h. das Salvarsan wirkte als unspezifisches Mittel, indem es eine Plasmaaktivierung erzeugte.

ZIEMBOWSKI ist bis jetzt der einzige, der über Fälle von Aktinomykose, welche mit unspezifischen Injektionen behandelt wurden, berichtete. Er gebrauchte Milch bei 3 Fällen mit ausgezeichneten Erfolgen.

Kingsbury und Bechet haben erst kürzlich auf den günstigen Einfluß des Aderlasses auf gewisse Dermatosen aufmerksam gemacht. Venenpunktion stellt nach den Forschungen von Luithlen eine unspezifische Methode dar, welche mit den anderen und milderen Behandlungsweisen eng verbunden ist, die ihre Hauptwirkung in Veränderungen in der Durchlässigkeit der Capillaren haben. Achard und Flandin machen von der gleichen Erscheinung Gebrauch. Sie stellen fest, daß bei Zuständen, bei welchen der Faktor der Anaphylaxie offenkundig ist, das Serum der betreffenden Personen kryptotoxische Eigenschaften, wie sie es nennen, erwirbt und zum Desensibilisieren gebraucht werden kann. Sie geben es in winzigen Dosen unter dem Niveau derjenigen, welche Shok oder gar eine hämoklasische Krise hervorrufen, und injizieren subcutan 0,5 ccm des Autoserums, 12 Stunden später 1 ccm und am nächsten Tage 1 oder 2 ccm; 2 ccm am folgenden Tage und dann jeden 2. oder 3. Tag. Rückfällige Urticaria, angioneurotische Ödeme und Heufieber reagierten auf die Behandlung schnell, bei Asthma war dagegen nur geringe Wirkung zu sehen. Ihre Erfahrung mit Heufieber ist begrenzt, aber ein 1918 geheilter Fall zeigte im folgenden Jahre nur sehr geringe Erscheinungen. Die Wirkung dieser Behandlung ist nicht die einer gewöhnlichen Serotherapie, scheint aber eine wirksame Desensibilisierung zu sein.

Anhang.

Proteinkörpertherapie bei einigen Erkrankungen.

Arthritiden. Die Behandlung der Arthritis ist eines der Gebiete gewesen, auf welchem die unspezifische Therapie mit den befriedigendsten Ergebnissen angewandt wurde. Kontraindikationen gibt es wenig, die Zeichen der Besserung sind für den Patienten wie für den Arzt erstaunlich klar, und die Befreiung von Schmerz so willkommen, daß die Unbequemlichkeit, die dem Verfahren anhängen mag, für gewöhnlich gern ertragen wird.

Miller und Lusk waren die ersten, die während ihres Dienstes am Cook County Hospital in Chicago über Arthritisfälle berichteten, welche mit Proteosen und Typhusvaccine behandelt wurden. Diese Serien von 24 Fällen versprachen ausgezeichnete Erfolge und in einer kurz hinterher erschienenen zweiten Arbeit veröffentlichten sie die Ergebnisse von 85 weiter hinzugekommenen Fällen.

In dieser zweiten Serie wurden ihren Patienten etwas kleinere Dosen der Typhusvaccine (von 40000000—75000000) gegeben. Sie gebrauchten Proteose- oder Pollenextrakt und die erhaltenen Ergebnisse zeigten, daß bei besonderer Dosierung eine ähnliche Besserung wie nach dem Gebrauch von Typhusvaccine eintrat. Bei dieser zweiten Gruppe waren 45 Fälle von akuter Arthritis, 4 davon gonorrhoischen Ursprungs; der Zeitabschnitt, der seit dem Anfall verstrichen war, betrug 2—45 Tage. Vor der Behandlung durch die Autoren waren 33 Fälle unter mehr oder weniger aktiver Drogenbehandlung gewesen; gewöhnlich waren Salicylate angewendet worden. 29 zeigten nach der Behandlung keine Besserung, 4 machten mäßige Fortschritte. Durch Typhusvaccine erholten sich 29 von den 45 Patienten schnell; d. h. Schmerz, Röte und Schwellung verschwanden in 1—5 Tagen, gewöhnlich innerhalb 24—48 Stunden. 1—4 Injektionen waren nötig um diese Ergebnisse hervorzurufen. Von den noch übrigen Patienten zeigten 8 erhebliche Besserung mit nur leichtem zurückbleibendem Schmerz. Sechs zeigten nur mäßige Besserung; bei 2 wurde kein Erfolg durch die Behandlung erzielt, obgleich einer von diesen 11, der andere 13 Injektionen bekam. Neun der Patienten hatten Rückfälle, 5 von diesen wurden geheilt entlassen, 4 von ihnen gebessert. Sieben wurden neu eingespritzt und genasen entweder oder zeigten deutliche Besserung. Bei den 4 akuten gonorrhöischen Fällen dieser Serie wurde durch die Behandlung weniger Erfolg erreicht als bei jenen anderer Ätiologie.

12 Patienten mit subakuter Arthritis wurden behandelt; bei 10 besserte sich der Zustand innerhalb 3—5 Tagen nach 1—4 Injektionen, obgleich bei 2 Kranken noch leichte Steifheit oder Schmerzhaftigkeit in einem oder mehreren Gelenken zurückblieb, nachdem die Behandlung eingestellt wurde, was sich aber einige Tage später wieder besserte. 2 zeigten deutliche Besserung nach 2 oder 3 Injektionen, nachfolgende Einspritzungen brachten jedoch keine weitere Besserung hervor. Unter den als geheilt Entlassenen wurden 2 Rückfälle berichtet, 1 von dieser erholte sich nach weiterer Injektion, der andere Patient kam nicht ins Krankenhaus zur weiteren Behandlung zurück.

Neun Fälle von chronischer Arthritis mit deutlicher akuter Verschlimmerung wurden behandelt; bei 8 besserten sich die akuten Erscheinungen schnell nach 1—3 Injektionen.

19 Patienten mit Arthritis von einer Dauer von einigen Monaten bis zu mehreren Jahren wurden unter chronische Arthritis eingereiht. Nur jene Fälle wurden ausgewählt, bei denen sich deutliche Beweise der Wirksamkeit zeigten und Ankylose nicht ausgesprochen war. Bei 10 dieser Patienten trat nach 1 bis 5 Injektionen deutliche Besserung ein, die Empfindlichkeit und das Unbehagen bei Bewegung war stark gebessert. Die Bewegungsmöglichkeit der Patienten besserte sich. In der Regel zogen nicht alle angegriffenen Gelenke Nutzen daraus. Die Ergebnisse waren jedoch derartige, daß dem Anschein nach die Behandlung wirklich vorteilhaft gewesen war. Nicht alle von diesen Fällen sind verfolgt worden, jedoch wurde bei mehreren nach Verlauf von mehreren Monaten Besserung erlangt. 5 zeigten nur mäßige Besserung, 4 zogen keinen Nutzen daraus. Die Höchstzahl von Injektionen, die irgend einem dieser Patienten gegeben worden war, war 13, im Anfang täglich, später alle 2 oder 3 Tage. Bei 5 Patienten dieser Gruppe war die Arthritis offensichtlich gonorrhöischen Ursprungs, 3 von ihnen zeigten so deutliche Besserung, daß sie als geheilt angesprochen werden konnten. Dieses steht im Gegensatz zu der Resistenz bei Behandlung akuter gonorrhöischer Fälle. Einer davon war von mehrmonatlicher Dauer; 3 Monate lang vor dem Eintritt ins Krankenhaus war der Patient gezwungen gewesen Krücken zu gebrauchen. Nach 3 Injektionen konnte er ohne Hilfe aus dem Bett gehen; bis jetzt (4 Monate) hatte er noch keinen Rückfall. Gerade die sehr auffallenden Erfolge bei einigen Fällen dieser Art haben die Autoren zu der Annahme geführt, daß bei gewissen Fällen die erhaltenen Ergebnisse nicht mit denen irgend einer anderen der gegenwärtigen Behandlungsweisen verglichen werden können. Die Resultate bei Fällen von chronischer Arthritis sind im ganzen jedoch nicht besonders auffallend. Die Neigung zum Rückfall ist groß, vielleicht infolge der Hartnäckigkeit einer Herdinfektion. Es ist deshalb wesentlich, daß wir vor Anwendung dieser Behandlungsart

zuerst die gewöhnlichen Bemühungen, eine Lokalisation und die Entfernung der lokalen Infektion herbeizuführen, vorausgehen lassen.

Die durch die intravenöse Injektion von Typhusvaccine hervorgerufene Reaktion war schwer. Es gab immer einen sehr bedeutenden Temperaturanstieg und mit wenig Ausnahmen einen ausgesprochenen Schüttelfrost. Der Kopfschmerz war in der Regel heftig, Übelkeit von mehrstündiger Dauer sehr häufig. Bei 3 Fällen, alle Alkoholiker, entwickelte sich auf der Höhe des Fiebers Delirium, das bei einem Falle 30 Stunden andauerte. Bei einigen Fällen wurde ausgesprochene Dyspnoe beobachtet. Bei nur 5 ihrer Patienten schien es MILLER und LUSK empfehlenswert, in Anbetracht der Heftigkeit der Reaktion, die Behandlung nach einer einzigen Injektion abzubrechen. Die Behandlung hatte keine Todesfälle zur Folge, aber man muß daran denken, daß Symptome von kardialer Schwäche oder Überspannung als Gegenindikation für die Behandlung angesehen und solche Patienten nicht injiziert wurden.

SCULLY berichtete später von anderen 24 Fällen, von denen 40% sich schnell nach einer einzigen Einspritzung besserten und THOMAS, der am St. Lukas-Krankenhaus arbeitet, behandelte noch 20 Fälle. Von diesen wurden 30% dauernd von Schmerzen befreit.

Andere amerikanische Forscher haben über ausgedehnte Reihen berichtet. So gebrauchte CECIL das Verfahren bei 40 Fällen, 26 von dem gewöhnlichen rheumatischen Typus, 7 akute toxische Arthritiden und 7 gonorrhöischen Ursprungs. CECIL gab Typhusvaccine intravenös, indem er eine Dosierung von 30—100 Millionen gebrauchte. Zufällig bekamen einige Patienten eine größere Dosis (400—500 Millionen), die Reaktion war aber nicht viel schwerer. Von den rheumatischen und toxischen Arthritiden erholten sich 40% vollkommen innerhalb 2—10 Tagen ohne den Gebrauch von Salicylaten. Die übrigbleibenden 20 Patienten bekamen alle Salicylate während ihres Aufenthaltes im Krankenhaus, entweder vor oder nach ihrer Vaccinebehandlung. Von diesen wurden 17 durch die kombinierte Behandlung geheilt oder sehr günstig beeinflußt. CECIL bemerkte, daß, während der Gelenkschmerz häufig vollkommen aufhörte, ein Grad von Muskelschmerzen bestehen blieb, besonders in den Muskeln des Rückens. Die 7 Patienten, die an allgemeiner gonorrhöischer Arthritis litten, machten sehr langsame Fortschritte durch die Vaccinebehandlung.

WAGGONER gebrauchte bei der Anfangsbehandlung eine Durchschnittsdosis von 20—50 Millionen von toten Typhusbacillen und wählte akute oder chronische Gelenkveränderungen aus. Bei akuten Fällen war deutliche Besserung und Heilung bei 50% der Fälle zu erkennen nach einer bis zu 5 Injektionen, die jeden 3. oder 4. Tag gegeben wurden. Bei diesen Fällen waren keine Komplikationen vorhanden.

CECIL schließt daraus, daß das Verfahren zweifellos bei vielen akuten Fällen von Arthritis wirksam, aber unangenehm für den Patienten ist, und gefährlich sein kann in seiner Anwendung bei ungeeignet ausgewählten Patienten. Es ist interessant festzustellen, daß sich bei mehreren seiner Patienten Herpes labialis nach Typhusvaccinen entwickelte. (Wir hatten dieselbe Erfahrung bei gewissen Vaccinestämmen; bei anderen folgte niemals Herpes.) Bei einem Kranken entwickelte sich Delirium tremens.

SYNDER hat über eine Reihe von 110 Fällen berichtet, bei welchen eine verhältnismäßig kleine Dosis — 5—10 Millionen Mikroorganismen — mit ausgezeichneten Ergebnissen gebraucht wurde. SYNDER sieht das Verfahren als zufriedenstellender an, als irgend ein anderes gegenwärtig gebräuchliches. Nach der Injektion wurde keine Nierenschädigung beobachtet. PEMBERTON behandelte 19 Fälle von Arthritis mit intravenösen Impfungen von Typhusvaccine, indem er 25 Millionen Mikroorganismen der U. S. Armeevaccine gebrauchte. 7 dieser Gruppe besserten sich entschieden (36%), bei zweien waren die Ergebnisse unsicher; bei den übrigen gab es keine Veränderung, wenn auch einer der Patienten augenscheinlich kränker wurde. Bei mehr als der Hälfte der Patienten stieg die Temperatur zu mehr oder weniger einheitlicher Höhe (39,5° bis 40° C).

COWIE glaubt, daß Fremdproteintherapie nur gebraucht werden sollte, wenn alle Herdinfektionen sorgfältig in Betracht gezogen worden sind. Die akuten Prozesse bessern sich meistens, ebenso wie jene Teile, die mit Blut versorgt sind. COWIE wendet selten eine Dosis unter 500000000 Typhusbacillen an und Kinder sowohl wie Erwachsene haben Billionendosen erhalten. Die Reaktionen sind gewöhnlich stark und schließen die unangenehmen Symptome von Übelkeit, Kopfschmerz und zuweilen Erbrechen ein. Er erhielt niemals ein unerwartetes Resultat. COWIE glaubt, daß es vollkommen sicher ist, die Durchschnittsdosis für ein Kind oder einen Erwachsenen auf 100000000 tote Typhusbacillen und die Maximaldosis auf 500000000 festzusetzen. Aufeinanderfolgende Dosen können bei gewissen Individuen und bei gewissen Fällen erhöht werden. Ein Fehlen der klinischen Reaktion mit der gleichen Dosis kommt vor. Andererseits kann mit der gleich großen Dosis eine deutliche Reaktion vorkommen, sowie eine deutliche Abnahme in der Blutreaktion. Kardiale Dekompensation, akute kardiale Schwierigkeiten und Zustände, die mit Hyperthyroidismus verbunden sind, müssen als Kontraindikation angesehen werden. Man glaubt auch, daß intravenöse Proteininjektionen die Magen- und Darmperistaltik erhöhen, deshalb muß sorgfältig überlegt werden, ob man sie bei Darmhämorrhagien anwenden darf, da die Blutkoagulierbarkeit erhöht wird. COWIE sagt, daß er Jahre nach der Fremdproteinbehandlung keine Kenntnis von schlechten Resultaten erhielt, die der Behandlung zugeschrieben werden konnten.

PEMBERTON, der mit militärischen Fällen arbeitete, macht auf die Tatsache aufmerksam, daß viele dieser Soldaten wiederholte Injektionen von Typhusvaccine subcutan bekamen ohne Wirkung auf die arthritischen Prozesse, während schon eine einzige intravenöse Injektion, welche die Stoffwechselprozesse des Körpers als Ganzes anzuregen scheint, eine augenscheinliche klinische Besserung hervorrufen kann.

HARDING behandelte ebenfalls eine Anzahl Fälle (17) während seines Militärdienstes, aber er berichtet, daß seine Ergebnisse nicht zufriedenstellend waren.

CROSS behandelte 14 Fälle mit Typhusvaccine, indem er intravenös eine Dosis von 25—250 Millionen Organismen gab. Die Ergebnisse waren ganz zufriedenstellend, die meisten Fälle besserten sich sehr schnell; keine schlimmen Wirkungen und keine Endokarditis traten darnach im Verlaufe der Krankheit auf. Obwohl er eine Leukocytose nach den Injektionen beobachtete, sieht er dieses nicht als den einzigen Faktor für die Heilung von Arthritis an. Nach seiner Erfahrung „hat der Patient durch größere Dosen und größere Heftigkeit des Schüttelfrostes bessere und schnellere Genesung (Erholung) erlangt als durch kleinere Dosen"; dieses trifft zusammen mit der Erfahrung anderer Beobachter bei Arthritis.

CADBURY behandelte 27 Fälle von Arthritis verschiedener Ätiologie mit intravenösen Injektionen von Typhusvaccine. Die Ergebnisse waren folgende:

4 akute Arthritisfälle (nicht kompliziert): geheilt.

1 Rheumatismus mit Herzkomplikationen und Sepsis: gebessert.

16 chronische Arthritisfälle { 2 geheilt, 7 bemerkenswert gebessert, 7 leicht gebessert.

5 gonorrhöische Arthritisfälle { 1 geheilt 4 gebessert.

1 luetische: gebessert.

Gow hat ebenfalls seine Erfahrungen mit unspezifischer Therapie veröffentlicht, er verwendet entweder Proteosen oder Heterovaccine und schließt daraus, daß bei gewissen Formen von Arthritis sich durch intravenöse Proteintherapie große Vorteile ergeben. Vaccine wird ausschließlich zur Erzielung einer Shokwirkung gegeben. Der Typus von Gelenkkrankheit, der am besten nach Gows Erfahrung reagiert, ist die multiple infektiöse Arthritis, für die keine wirksame Quelle von primärer Infektion oder Aufnahme septischen Materials nachgewiesen werden kann. Obwohl Gow intravenöse Proteintherapie als von großer Wichtigkeit bei gewissen sorgfältig ausgesuchten Fällen erachtet — im besonderen Arthritisfälle, die Septicämien und coliartigen Infektionen —, betont er ganz ausdrücklich, daß sie kein Universalmittel für alle Krankheiten ist; selbst bei jenen Krankheiten, bei denen sie von Nutzen ist, ist sie bloß als eine Hilfswaffe anzusehen, die in Verbindung mit anderen Heilmitteln gebraucht werden muß und nicht an Stelle von solchen.

COWIE und CALHOUN haben sehr in Einzelheiten gehende und sorgfältige Studien über eine kleine Reihe von Arthritisfällen gemacht, die sich als unbehandelbar für andere Arten der Therapie erwiesen hatten, einschließlich zweier Fälle von chronischer multipler Periarthritis deformans; je ein Fall von hypertrophischer Arthritis deformans, chronischer multipler Periarthritis deformans, atrophischer Arthritis und hypertrophischer spinaler Arthritis, zwei von akutem Rheumatismus; auch 2 andere Fälle wurden behandelt: eine gonorrhöische Vulvovaginitis und eine eiternde Mastoiditis, kompliziert durch chronische Lungentuberkulose. Es wurde Typhusvaccine in verhältnismäßig großen Dosen — 1 Billion Mikroorganismen — gegeben, um eine Reaktion hervorzurufen, die bei einigen Fällen ganz schwer auftrat. Unter der Vaccinebehandlung zeigten die meisten der arthritischen Fälle bemerkenswerte Besserung, obgleich nicht zu erwarten war, daß pathologische Veränderungen, die chronisch geworden waren, sich wahrnehmbar veränderten oder modifiziert würden. Der Fall von Vulvovaginitis wurde trotz mehrerer Injektionen nicht vollkommen geheilt. Die chronische Eiterung des Ohres wurde nach der zweiten Injektion vollkommen geheilt. In einer neuen Arbeit hat COWIE kurz seine Erfahrung mit der Proteintherapie wiedergegeben. Er findet sie sehr nützlich bei akuter und subakuter Arthritis.

BOYD hat auch Typhusvaccine gebraucht, indem er sie in verhältnismäßig geringen Dosen (50 Millionen) mit Erfolg bei verschiedenen Krankheiten anwandte, die ihren Ursprung in Herdinfektion hatten, einschließlich Arthritis.

Die Mehrzahl der von Snyder und Ramirez untersuchten Patienten war während der letzten drei Jahre mit Typhusvaccine sowohl, wie mit sekundären Proteosen intravenös behandelt worden. Nach dem Gebrauch von sekundären Proteosen wurde weniger häufig Übelkeit, Kopfschmerz und Schwäche beobachtet als nach der Injektion von Typhusvaccine. Bei dem Gebrauch von sekundären Proteosen schienen die Patienten weniger an Gewicht zu verlieren als bei Typhusvaccine. Die Proteose scheint überhaupt weniger toxisch zu sein, und es ist von Bedeutung, daß die Patienten, die mit Typhus und Proteose behandelt worden sind, die Proteose für nachfolgende Injektionen stark bevorzugen. Befreiung von Schmerzen und die Besserung der Bewegung in den Gelenken scheinen Proteose sowie Typhusvaccine gleichmäßig zu bewirken. Fälle von chronischer Arthritis, die nicht auf die gewohnheitsmäßige Behandlung mit Natrium salicylic., Salicylsäure, Colichinin, Cineophen, heiße Packungen, Bäder oder Massage ansprachen, besserten sich in der Regel durch die intravenöse Einspritzung von kleinen Dosen von Fremdprotein. Der Erfolg ist je nach dem Fall verschieden und ist beinahe immer in den Gelenken der oberen Extremitäten am größten.

In einem früheren Bericht im Journ. of the Americ. med. assoc., Jan. 4. 1921 stellt Snyder fest, daß er niemals irgend einen Fall gesehen hatte, der sich dauernd durch Proteose, Milch oder Typhus-Vaccineinjektionen besserte, obgleich häufig die Fremdproteininjektion vorhandene Symptome verschwinden ließ. In der Tat beobachtet Richards schlechte Wirkungen nach der Injektion von unspezifischen Proteinen, einschließlich Nephritis und dauerndem Erbrechen. Ich glaube, daß Richards Beobachtungen die einzigen sind, die über schlechte Wirkungen dieser Art nach Proteintherapie berichtet haben.

In der europäischen Literatur findet man zahlreiche Beobachtungen über die Anwendung unspezifischer Therapie bei Arthritis. Typhusvaccine ist weniger häufig gebraucht worden, gewöhnlich Milchinjektionen nach Originalempfehlung von Müller und Weiss (Edelmann, Panczyscyn usw.). Kolloidale Metalle haben auch Anklang gefunden, während Edelmann fand, daß eine kombinierte Therapie, Salicylate und Milchinjektionen, sozusagen ausnahmslos bei jedem Fall Erfolg sicherte.

Voigt, Moewes, Voigt und Corinth (Jodsilber, Kolloid), Mukerjee (kolloidaler Schwefel und Quecksilber), Reichmann (kolloidales Silber) berichten über Arthritis, die sie durch intravenöse Injektion von kolloidalen Metallen behandelten.

Zimmer gebrauchte Caseininjektionen intravenös und intramuskulär; die Dosis wechselte von 1—5 ccm einer 5%igen Lösung. Er berichtete über 150 ambulatorisch in der Poliklinik und ungefähr 30 in der Privatpraxis behandelte Fälle. Die Fälle schlossen Arthritis deformans ein, alte rheumatische und traumatische Arthritisfälle, auch eine Anzahl anderen Ursprungs. Seine allgemeine Erfahrung führte ihn zu der Ansicht, daß die wünschenswertesten Resultate erhalten wurden, wenn die Injektionen eine heftige Herdreaktion mit einer verhältnismäßig milden allgemeinen Reaktion hervorriefen. Seine Fälle von subakuter Arthritis und gonorrhöischer Arthritis wurden entweder geheilt oder deutlich gebessert. Die Unbeweglichkeit, die bei den älteren gonorrhöischen Komplikationen vorkommt, wurde nicht geändert.

Bei Arthritis deformans wurde entschiedene Besserung in der Beweglichkeit wie in dem Nachlassen der Schmerzen verursacht.

Gicht. Bei diesen Fällen kam eine Herdreaktion von bedeutender Ausdehnung durch schnelle Resorption zustande.

Bei mehreren Fällen von Neuritis kam es zu schneller Besserung.

Über den Gebrauch von HEILNERS Knorpelextrakt, ,,Sanarthrit", bei chronischen Gelenkleiden ist von UMBER und MEYER und auch von REINHART, SONNTAG und LÄMPE berichtet worden.

UMBER berichtete über zufriedenstellende Ergebnisse bei Patienten, während MEYER einige experimentelle Forschungen über Arthritis bei Tieren machte. REINHART behandelte 23 Fälle von chronischer Arthritis mit anhaltenden pathologischen Veränderungen, z. B. schon lange dauernden, deutlich durch Röntgenuntersuchung sichtbaren Knochenveränderungen. Bei 22% dieser Fälle war eine beinahe vollkommene Genesung die Folge, einige der Patienten, die lange Zeit hindurch bettlägerig gewesen waren, konnten nach 2 oder 3 Injektionen aufstehen; die Besserung war dauernd. Bei 48% gab es etwas Besserung, welche bei einem Teil auch von Dauer war. Die anderen Fälle zeigten, trotz wiederholter Einspritzungen keine Besserung irgendwelcher Art.

REINHART hegte keinen Zweifel, daß die Wirkung des ,,Sanarthrit" allein der unspezifischen Reaktion zuzuschreiben war, die auf die Injektionen erfolgte.

ROOS beschäftigt sich in seiner neuen Besprechung über die Behandlung von Arthritis mit Sanarthrit und berichtet über einen Fall.

STERN hat ungefähr 25 Fälle von Arthritis mit HEILNERS Sanarthrit behandelt, wovon 10 keine Besserung zeigten. Bei 4 Fällen wurde der Zustand verschlimmert; nur bei 8 waren einige Zeichen von Besserung vorhanden, doch war dies gewöhnlich ein subjektiver Befund. DENECKE hat die Wirkungen von Sanarthrit und Caseininjektionen bei 30 Fällen verglichen. Milch-, Casein- und ,,Gonargin"-Injektionen hatten eine geringere Herdreaktion zur Folge; er erachtet die Wirkungen als nicht ganz den mit ,,Sanarthrit" erhaltenen gleich.

Diskussion. Bei vielleicht 40% der Fälle beenden eine oder zwei Injektionen die Krankheit vollkommen, bei anderen 30% ist die Besserung bemerkenswert und die Gesundung wird vollkommen nach weiteren Injektionen; an der Grenze ist entweder eine vorübergehende Besserung mit späterem Rückfall oder keine ausgeprägte klinische Besserung vorhanden. Wohl sind die angewandten Maßnahmen nicht angenehm für den Patienten; Typhusvaccine oder Vaccine irgend einer Art in genügender Dosierung zur Erzielung einer heftigen Reaktion, Proteosen oder Milch, alle ziehen Schüttelfrost, Kopfschmerz, heftige Fieberreaktion, gelegentlich Erbrechen und allgemeines schlechtes Befinden nach sich. Und doch ist die allgemeine klinische Erfahrung die gewesen, daß eine heftige allgemeine Reaktion die beste Wirkung im Gefolge hat. Es sind natürlich Bemühungen gemacht worden, Substanzen zu injizieren, welche die gleiche heilende Wirkung ohne die heftige Reaktion ergeben sollten. BROOKS und STANTON haben z. B. die niedrigeren Fraktionen der Verdauungsprodukte aus Ochsenfibrin für Injektionen bei Arthritis gebraucht. Mit diesem Erzeugnis behaupten sie zufriedenstellende klinische Erfolge nahezu ausnahmslos ohne unangenehme Reaktion irgend eines Organes des Patienten erhalten zu haben, Die Dosierung dieser niedrigeren Spaltprodukte war ungefähr 12 mg für die intramuskuläre, $^1/_4$ oder $^1/_3$ dieser Dosis für die intravenöse Injektion. Sie beobachteten Besserung bei allen mit diesem Präparat behandelten 8 Arthritisfällen.

Ihre Erfahrung unterscheidet sich von derjenigen der Mehrzahl der klinischen Forscher dadurch, daß es ihnen gelang, heilende Wirkung ohne deutliche allgemeine Reaktion zu erzielen. Sie machten bei der Behandlung von Arthritis die Erfahrung, daß mit Ausnahme des Falles, bei dem eine heftige Reaktion durch die erste Injektion hervorgerufen wurde, die nachfolgenden Injektionen in der Regel geringere oder keine klinische Besserung zur Folge hatten. Sie haben bemerkt, daß Arthritis eine der Krankheiten ist, wo eine solche heftige Reaktion gerechtfertigt ist, und wobei Typhusvaccine, obgleich sie toxisch ist, die glänzendsten Erfolge zu geben scheint. Gewöhnlich ist der Arthritispatient ein ausgezeichnetes Versuchsobjekt, er ist nicht sehr toxisch infiziert und hat wenig Gegenindikationen, so daß ein mehr oder weniger eingreifendes Verfahren der Therapie weniger Gefahr nach sich zieht, als bei anderen Krankheitsformen.

Neben der sofortigen Heilung der Krankheit kommt noch ein anderer Faktor von Wichtigkeit in Betracht, wenn es sich um Arthritis handelt, nämlich die Endokarditis, die so oft das Krankheitsbild kompliziert. Unspezifische Therapie scheint wenig oder gar keinen Einfluß auf einen einmal vorhandenen endokarditischen Prozeß zu haben, es sei denn, daß kleine Dosen während einer langen Zeitspanne gegeben werden; aber sogar dann ist ihr absoluter Wert nicht gewiß. Einzelne große Dosen mögen zuweilen die Temperatur solcher Fälle für einen oder zwei Tage beeinflussen, aber in der Regel nicht für eine lange Zeitspanne (Kinsella). Es ist jedoch wahrscheinlich, daß die frühzeitige Beendigung des arthritischen Prozesses durch unspezifische Therapie das Festsetzen einer Endokarditis bei einer bestimmten Anzahl von Fällen verhütet; mehr in der Verhütung als in der Heilung von Endokarditis bietet also diese Art der Therapie vielleicht eine wertvolle Hilfe.

Von dem Gesichtspunkt der Krankenhausbehandlung arthritischer Fälle aus muß ein anderer wichtiger Umstand betont werden, nämlich die verhältnismäßigen Kosten der Unterhaltung des arthritischen Falles. Falls irgend eine Art der Therapie den Krankenhausaufenthalt von 5—6 Wochen durchschnittlich bis auf eine oder zwei Wochen kürzen kann, so wird ihre Nützlichkeit vom wirtschaftlichen Standpunkt aus offensichtlich werden.

Möglicherweise wird ein unparteiischer Überblick des Gegenstandes, wie der kürzlich von Torrey veröffentlichte von größerem Wert sein, als mein persönlicher Eindruck, der vielleicht zugunsten dieser Form der Behandlung voreingenommen sein mag.

Torrey erinnert zuerst an die ziemlich wichtige Arbeit von Terc, der eine große Anzahl rheumatischer Fälle mit Bienenstichen behandelte, nach welchen die Patienten oft mit einer typischen allgemeinen Reaktion — Fieber, schlechtem Befinden usw. — reagierten. Wenn der Stich nach einer bestimmten Zeit wiederholt wurde, wurde der Patient mehr oder weniger refraktär, und während dieser refraktären Zeitspanne verschwanden die Erscheinungen der Arthritis. Langer wiederholte später diese Arbeit, indem er ein Extrakt von Bienengift benützte, aber seine klinischen Beobachtungen waren weder so ausgedehnt noch berechtigten sie zu solchen Schlüssen wie jene von TERC. Neuerdings hat DOLD das Gift der Biene erforscht und versucht, Tiere für das Bienentoxin zu sensibilisieren, aber ohne Erfolg. Außerdem meint TORREY: „Der Mangel eines Erfolges mit Seren und Vaccinen, außerdem daß der Anwendung eine bestimmte febrile Reaktion folgt, und die guten Wirkungen solcher Reaktion, durch was für ein Mittel sie auch angeregt worden sein mag, deutet darauf hin, daß ein unspezifisches Mittel körperliche Zustände wesentlich verändert. Es ist nicht klar, ob aktuelle Infektion durch allergische oder anaphylaktische Reaktion beeinflußt wird. Mehr Grund besteht für die Anschauung, daß die Veränderung die toxische Wirkung der Infektion angreift, und daß, während die Organismen noch in lebensfähiger Form zurückgehalten werden, ihre Gegenwart oder ihre Produkte, davon eine Erwiderung durch deutliche Gewebeveränderung nicht hervorrufen. Es wird wahrscheinlich eine schnelle entgiftende Tätigkeit im Blut oder in den Geweben ausgelöst durch die Überempfindlichkeitsreaktion auf die Einführung eines fremden Proteins in den Blutstrom. Wie eine ähnliche Erwiderung bis zu einem geringeren Grad durch subcutane oder intramuskuläre Injektion von toxischen Proteinen hervorgerufen werden kann, so wird die plötzliche und volle Wirkung nur durch intravenöse Injektion erreicht, bei der das Protein unverändert auf dem Wege durch andere Gewebe und unverändert durch auswählende Zell- oder Membranwirkung ins Blut gelangt. Die gewöhnliche prophylaktische Typhusanfangsdosis von 500 Millionen getöteter Typhusbacillen subcutan gegeben, veranlaßt selten eine heftige Reaktion; falls intramuskulär gegeben, ist sie mehr geneigt eine deutlichere febrile Erwiderung zu verursachen, während $^1/_{10}$ von jener Dosis intravenös gegeben in der Regel schnell einen Schüttelfrost und einen plötzlichen Temperaturanstieg von 39,5 bis 40,5° C hervorrufen wird. Der endgültige Gewinn bei spezifischer Immunität gegen typhöse Infektion wird in dem vorhergehenden Fall viel größer sein; jedoch wird eine entgiftende Wirkung und die Beendigung von akuten Entzündungsvorgängen schnell nach einer heftigen Reaktion auf die kleine intravenös gegebene Dosis erfolgen, aber nicht nach der schrittweisen Absorption der größeren subcutanen Dosis.

Zwei Fragen erheben sich: Darf nun, nachdem die Erfahrung ausgiebiges Beweismaterial bietet, daß Arthritis schnell durch solche intravenöse Therapie beendet werden kann, letztere als eine sichere Maßnahme gelten und zeigt sie für diesen Zweck irgendwelche ausgesprochene Vorteile gegenüber der Salicylattherapie? b) Zugegeben, daß Arthritis durch diese Mittel eingeschränkt werden kann, sind dann irgendwelche Anzeichen vorhanden, daß Endokarditis verhütet oder günstig beeinflußt wird?

a) Betreff der Sicherheit des Verfahrens ist zu sagen, daß bakterielle Extrakte oder Emulsionen so sehr in ihren toxischen Wirkungen verschieden sind, daß große Sorgfalt angewandt werden muß bei der Wahl des Stammes und der Einschätzung der Dosis.

Wie MILLER feststellt, ist es immer nötig bei Vaccine mit einer Mindestdosis anzufangen bis ihr toxischer Index abgemessen ist. Der Verfasser hat von einem Unglücksfall gehört, der sich aus dem intravenösen Gebrauch von Typhusbacillen ergab. Die Reaktion ist so schwer, daß es geradezu scheinen möchte, daß der Spielraum der Sicherheit ein enger wäre. Andererseits ist über große

Reihen von so behandelten Fällen von MILLER und LUSK, von CECIL und anderen amerikanischen Forschern berichtet worden.

Was den Gebrauch von unbekannten Mengen verschiedener Mikroorganismen anbetrifft, ohne Mittel, welche sicher die gebrauchten Stämme unschädlich machen, so würde es außerordentlich gewagt erscheinen, solche Erzeugnisse intravenös zu gebrauchen; und wo es sich um solche heftige Reaktionen handelt, würde es in jedem Fall sehr schwierig sein, die Dosierung zu beurteilen.

Es würde sicherer sein eine bestimmte Zusammensetzung, wie sie von JOBLING (Proteosen) vorgeschlagen ist, zu gebrauchen, bei welcher die Dosierung genau nach dem Gewicht bestimmt werden kann und die Stabilität sicher ist.

Der Verfasser hat Formaldehyd intravenös gebraucht, um dieselbe Reaktion zustande zu bringen. Das hier entstehende toxische Mittel ist wahrscheinlich eine Kombination von Formaldehyd und Serumprotein. Die Resultate sind den durch die bakterielle Injektion hervorgerufenen ähnlich.

Vor 2 Jahren behandelte der Verfasser mit seinen dort beamteten Ärzten am Allgemeinen Krankenhaus in Philadelphia 29 Fälle von akuter und chronischer Arthritis auf diese Art. Dabei wurden sorgfältige Nachforschungen angestellt nach Anzeichen von Nierenveränderungen, Hämaturie oder anderen Zeichen von Nierenschädigung, aber er konnte keine deutlichen schlimmen Wirkungen finden.

Man möchte sagen, daß es sich, obwohl sich schlechte Ergebnisse bei sorgfältigen therapeutischen Maßnahmen nicht gezeigt haben, um ein äußerst starkes Mittel handelt und die Sicherheit dieses Verfahrens nicht gewährleistet ist. Es ist wahrscheinlich nicht zu rechtfertigen, diese Behandlungsart gewohnheitsmäßig zu gebrauchen, es sei denn, daß mehr als nur Erleichterung bei Arthritis zustande gebracht werden soll. Bei den meisten Fällen werden Salicylate und gute Pflege dieses Ergebnis innerhalb einiger Tage zustandebringen.

b) Nun zum zweiten Einwurf: Wird die Entwicklung von Endokarditis verhütet oder günstig beeinflußt durch diese Form der Behandlung? Eine viel größere Sammlung von Fällen wird zur Beantwortung dieser Frage notwendig sein. Es scheint, daß bestehende aktive Endokarditis nicht gänzlich beseitigt wird; ferner, daß Arthritis, wenn Endokarditis vorhanden ist, nach intravenöser Behandlung zu Rückfällen neigt; dadurch zeigt sich, daß die Infektion bestehen geblieben ist.

Der Verfasser hat intravenöse Therapie nicht bei Fällen mit heftiger Endokarditis gebraucht oder bei solchen, welche Anzeichen von schwerer myokardialer Degeneration zeigten. Die Patienten wurden in der Regel unter jüngeren Erwachsenen ausgewählt, die entweder mit Salicylaten nicht reagierten oder einen sehr heftigen Grad von Arthritis zeigten; auch hatten manche die Erfolge bei anderen Kranken beobachtet und wünschten diese Art der Behandlung. Diese Patienten waren gewöhnlich Arbeiter aus Eisenbahnbautrupps oder aus Munitionsfabriken; es ist zwar unmöglich gewesen diese Fälle besonders zu verfolgen, aber man muß sagen, daß beim Verlassen des Krankenhauses keiner von ihnen irgendwelche kardiale Schädigung zeigte. Verf. bemühte sich, alle rheumatischen Patienten 3 Wochen lang im Bett zu halten, nachdem die Temperatur das Normalmaß erreicht hatte; dadurch hatten sie bei den meisten Patienten Erfolg.

Jede Maßnahme, die gegen Endokarditis schützte, würde von ungeheurer Wichtigkeit sein, und da wir in diesem Falle auch nach einem Strohhalm greifen müssen, sollte der Gegenstand sorgfältig erforscht werden. Es ist bekannt, daß Infektionen dazu neigen sich auf das Herz zu verpflanzen, wenn dort Gewebeschädigungen vorgekommen sind und es ist mehr als wahrscheinlich, daß zuerst als toxischer Ausdruck endokardiale Veränderungen wie bei Gelenkschädigung hervortreten können und daß dagegen die Angriffe einer dauernden Infektion durch die entgiftende Tätigkeit der allergischen Reaktion vermindert werden können. Des Verfassers Meinung ist, daß sich weniger leicht ernste kardiale Störungen entwickeln, wenn diese Art der Therapie gebraucht wird. Obwohl er sich klar ist über das Wagnis, das mit ihrem Gebrauch verbunden ist, ist er doch noch geneigt es an jungen und kräftigen Individuen zu versuchen, bei denen das Myokardium nicht stark geschädigt ist.“

Diese vorsichtige Zusammenfassung von TORREY ist ganz wiedergegeben wegen des unbefangenen, kritischen Ausblickes und weil sie mehrere Punkte betont, die man sich merken sollte. Handelt es sich um ein gefährliches Heilverfahren? Wenn nicht, ist es eine bessere Methode als unsere gegenwärtige, und schließlich, verhütet sie kardiale Komplikationen?

Während wir keineswegs glauben, daß das Höchste der Therapie erreicht worden ist, wenn wir Typhusvaccine intravenös injizieren — andere Mittel mögen viel besser und viel weniger unangenehm für den Patienten sein —, so haben wir doch niemals irgendwelche schlimme Wirkungen durch mäßige Dosen von intravenös injizierter Typhusvaccine gesehen, wenn vernünftige Sorgfalt geübt und Alkoholiker und schwere Herzfälle ausgeschaltet wurden. Sie wird als sicher genug angesehen, einem Krankenhaus zu gestatten, die Injektion für alle ihm vorkommenden rheumatischen Fälle zu einem gewohnheitsmäßigen Verfahren zu erheben.

Unsere gegenwärtig in Ausbildung begriffene Therapie und die Salicylattherapie versagten in einem bestimmten Prozentsatz von Fällen. Bei einer großen Anzahl sind sie zeitweise wirksam und dann von einem Rückfall gefolgt. Bei anderen werden kardiale Komplikationen sogar während des Verlaufes der Salicylatbehandlung noch vermehrt. Diese ist zudem eine langsam wirkende Therapie und deshalb eine teuere. Unspezifische Therapie bewirkt häufig Besserung und Heilung der Krankheit, wo Salicylate ohne Nutzen gebraucht worden sind. Gewöhnlich werden eine oder zwei Injektionen Aufklärung darüber schaffen, ob wir viel Erleichterung durch das unspezifische Mittel zu erwarten haben oder nicht. Wenn dieses wirksam ist, so zeigt sich das schnell. Mein eigener Eindruck ist der, daß sie wesentlich die Zahl der kardialen Komplikationen verringert, obgleich ich nach dieser Richtung keine bestimmten statistischen Angaben vorlegen kann.

Durch die plötzliche Beendigung der Krankheit verringern wir zudem die Zahl der chronischen arthritischen Fälle, welche, erst einmal vorhanden, so schwer der Besserung zugänglich sind.

Dem Kliniker, der zufrieden mit seiner gegenwärtigen Art der Behandlung von Gelenkrheumatismus oder chronischer Arthritis ist, hat die unspezifische Therapie natürlich nichts zu bieten. Denjenigen von uns aber, die nicht so zufrieden sind, glaube ich, bietet sie ein neues, entschieden nützliches und zuweilen sehr mächtiges Mittel. In der Tat bilden die arthritischen Fälle für diejenigen, welche die unspezifische Therapie oder der mitspielende Mechanismus interessiert, ein besonders wertvolles Forschungsgebiet. Es ist so gut wie kein Wagnis für den Patienten — wie es etwa bei mehr oder weniger experimenteller Arbeit an dem mehr akuten Kranken der Fall ist —, die Zeichen der Besserung oder des Rückganges stehen objektiv unter der Kontrolle des Arztes und die wichtige Herdreaktion, welche durch die unspezifischen Mittel an der Entzündungsstelle hervorgerufen wird, kann sorgfältig beobachtet werden, besonders bei dem mehr chronischen Arthritistyp. Der Mechanismus, unter dem die Erholung des Patienten vor sich geht, ist noch ganz dunkel. Man darf mit Bestimmtheit annehmen, daß wir zu allererst versuchen müssen, jeden sichtbaren Infektionsherd zu entfernen. Ob die Gelenkerkrankung immer eine aktuelle bakterielle Invasion darstellt, oder zuweilen nur eine Herdreaktion von überempfindlichen Geweben, ist eine keineswegs geklärte Frage. Wir wissen bestimmt, daß die unspezifische Injektion eine Herdreaktion hervorbringt, und daß der Verlauf der Erholung von dieser Reaktion abhängt. Ob die örtlichen Gewebe infolge der Reaktion gegen die toxische Wirkung der im Herd noch lebenden Bakterien immun werden, ob es nur eine erhöhte Toleranz bedeutet gegenüber den toxischen Spaltprodukten, die an anderen Stellen frei gemacht werden, und für welche die örtlichen Gewebe vorher sensibel gewesen waren, oder ob wir es mit der tatsächlichen Zerstörung von Bakterien zu tun haben, die in dem Gelenk lokalisiert worden sind, ist nicht bestimmt. Wir können einfach auf die Analogie hindeuten, die zwischen der Haut und den Gelenkgeweben von bestimmter lokaler Sensibilisierung besteht, und auf die Tatsache, daß die Reaktion, die eine Herdreaktion ist, durch eine große Zahl verschiedener Mittel und Stoffwechselveränderungen hervorgerufen werden kann (die neue Arbeit von GAISBECK über akute Arthritis und Hemiplegie ist in diesem Zusammenhang von Wichtigkeit); als solche ist sie typisch in ihren Erscheinungen, sowohl in der negativen Phase (erhöhte Entzündung) als auch in der positiven Phase (verringerte Entzündung). Für den Therapeuten ist gerade die letztere von größter Bedeutung.

Die Behandlung von Typhus und Paratyphus. Forschungen über die Behandlung von Typhus bildeten die Grundlage, auf welcher unsere moderne Auffassung von den unspezifischen Faktoren in der Therapie begründet ist. Beiträge dazu finden wir nicht nur in der neuesten Literatur, sondern auch in den älteren Arbeiten, wie in der von RUMPF.

Typhusvaccine. In dem Jahrzehnt vor dem Kriege war der therapeutische Gebrauch von Typhusvaccinen bei Typhus besonders von den französischen Gelehrten (CHANTEMESSE und WIDAL, VINCENT usw.) entwickelt worden und eine Anzahl von Vaccinen wurden von ihnen sorgfältig ausgearbeitet, wobei man bei einer jeden einen Punkt der Überlegenheit voraussetzte. Die sensibilisierte Vaccine von BESREDKA ist bis zu einem gewissen Grade mit Erfolg gebraucht worden. STERN hatte vor vielen Jahren die Anwendung eines antitoxischen Mittels vorgeschlagen, während der Gebrauch von Rekonvaleszentenserum von HAMMERSCHLAG eingeführt und auch von KÖNIGSFELD, von JAKSCH und POLLAK befürwortet wurde. Ein umfassender Überblick über diesen Zeitraum und über die Vaccinetherapie bei Typhus im allgemeinen wird man in GAYS Monographie finden und auch in dem Bericht von KRUMBHAAR und RICHARDSON. Die letzteren kamen zu dem Schluß: Je größer die

Vaccinedosis ist, desto bessere Heilerfolge gibt es. Aber große Vaccinedosen waren nicht gebräuchlich; man zögerte, große wirksame Dosen bei chronischen Krankheiten zu geben, bei denen wenig Wagnis vorhanden war; natürlicherweise wurde diese Vorsichtsmaßregel mehr als genau beobachtet bei solchem akuten Zustand wie Typhus, bei dem es logischerweise ausgesprochen ungerechtfertigt scheinen würde, noch mehr Toxin einem schon überlasteten Organismus zuzuführen.

Intravenöse Injektionen. Von zwei ganz unabhängigen Stellen aus wurde diese aufgestellte Ansicht ziemlich plötzlich umgeworfen. In Argentinien fand eine Gruppe von Klinikern, daß gewisse bemerkenswerte kritische Heilungen bei Typhus beobachtet werden konnten, wenn sie Typhusvaccine intravenös während des Verlaufes der Krankheit injizierten; bei anderen Fällen endete die Krankheit kurz nach der Injektion durch Lyse. Sogar jene, die nicht hinsichtlich ihres Temperaturverlaufes beeinflußt wurden, schienen weniger toxisch zu sein als vor der Injektion. Diese Arbeiten, von Peuna, Torres, Dessy, Grafiolo, Fossati u. s. ausgeführt, bildeten die Grundlage, auf welcher Kraus später seine Arbeit mit Heterovaccination bei Typhus anfing.

Zu ungefähr der gleichen Zeit veröffentlichte Ichikawa eine Reihe von Typhusfällen, welche mit intravenösen Injektionen von Typhusvaccine behandelt wurden, mit ähnlich auffallenden Ergebnissen. Er gebrauchte eine sensibilisierte Vaccine für diesen Zweck, die folgendermaßen zusammengesetzt war: 10 Ösen frischer Typhuskultur wurden in 10 ccm menschlichem Typhusrekonvaleszentenserum aufgeschwemmt, und 5 oder 6 Stunden lang bebrütet. Die Mikroorganismen wurden dann vom Serum zentrifugiert, 3 mal in physiologischer Salzlösung gewaschen, in 100 ccm physiologischer Salzlösung mit 0,3% Phenol aufgeschwemmt und schließlich 1 Stunde lang geschüttelt. Die Vaccine wurde nicht erhitzt. Von dieser Emulsion wurden 0,5 ccm mit Metallsalz (eine Spritze voll) verdünnt und das ganze langsam intravenös injiziert.

Bei den meisten von Ichikawas Fällen genügte eine einzige Einspritzung, um den febrilen Verlauf der Krankheit zu beenden; bei einigen war das Ergebnis nicht ganz so deutlich. Nach dem kritischen Fall der Temperatur pflegte die Temperatur bei diesen Fällen wieder zu steigen, und blieb gewöhnlich im Typus zeitweise aussetzend und viel niedriger als vorher. Der allgemeine Zustand dieser letzteren Patienten war immer viel besser nach der Injektion als vorher. Bei den hartnäckigen Fällen wurde die Injektion gewöhnlich ein- oder sogar zweimal wiederholt bis das gewünschte Ergebnis erlangt war.

Ichikawa nimmt an, daß die Wirkung auf die Temperaturkurve durch eine Mobilisation von Antikörpern verursacht wurde, die in den Zellen während des Verlaufes der Infektion gebildet, aber noch nicht in den allgemeinen Kreislauf geworfen worden waren, bis die Vaccine intravenös injiziert wurde.

Die Sterblichkeit in dieser ersten Serie belief sich auf 11%, an sich ziemlich hoch, aber nicht hoch im Vergleich mit den unbehandelten Fällen im Osaka-Krankenhaus, wo sie rund 30% betrug.

Ichikawa beobachtete keine schlimmen Wirkungen infolge der Vaccineinjektion; vielmehr sieht er es als ungerechtfertigt an, die Vorteile der intravenösen Therapie bloß deshalb zu vernachlässigen, weil gewisse ihr anhängende Gefahren theoretisch bedacht werden müssen. Er achtete besonders auf kardiovasculäre Veränderungen, hatte aber keinen Kollapsfall, auch Hämorrhagien waren weniger häufig bei seinen mit Vaccine behandelten Fällen, als bei den nicht behandelten Fällen. Einige Male beobachtete er jedoch Hämorrhagien 1 bis 3 Tage nach den Injektionen; gewöhnlich waren sie leicht und von nicht weiter Besorgnis erregender Natur. Bei zwei Fällen beobachtete er Hämoptoe, zweimal Nasenbluten und bei zwei Fällen Hämorrhagien unter die Haut, aber sie waren alle milder Natur und kehrten nicht wieder. Die Reaktion, welche auftrat, war vorübergehend, Schüttelfrost, Fieber bis zu 40° C, verhältnismäßig hoher Puls, gelegentliches Erbrechen, Dyspnoe usw.; selbst die erhöhte Temperatur überdauerte niemals 24 Stunden.

Kietz hat 40 Fälle intravenös mit Typhusvaccine behandelt. Nur 14% zeigten irgend eine Wirkung; er setzt daher die Vaccinebehandlung der Proteintherapie gleich.

Heterovaccine. Kraus und Mazza berichteten in ihrer Arbeit im Jahre 1914, in welcher nicht nur die mit intravenöser Injektion von Typhusvaccine bei Typhus erhaltenen Resultate beschrieben wurden, sondern auch der Gebrauch von Heterovaccinen aufgenommen wurde. Ichikawa hatte früher bekannt gemacht, daß er mit Typhusvaccinen Paratyphus ebenso gut wie Typhus behandeln konnte. Kraus und Mazza fanden das gleiche bei Colivaccine und berichteten außerdem noch über die Wirkung der intravenösen Injektion von solchen Vaccinen bei Puerperalinfektion, wo verhältnismäßig lang anstehende Infektionen schnell beendet wurden und die Krankheit geheilt wurde. Kraus schlug die Ausdehnung der Behandlungsweise auf eine Anzahl von Krankheiten, wie Scharlach, Pest, Septicämie usw. vor. Andere Berichte, bei denen es sich um unspezifische Therapie bei Typhus handelte, wurden bald veröffentlicht; die meisten Forscher gebrauchten zuerst Typhusvaccine. So versuchte Rhein sie bei 33 Fällen. Er stellte seine Vaccine folgendermaßen her: Zu 5 ccm von Halletyphusvaccine und 0,5 g reinem Phenol wurde physiologische Salzlösung bis zu einem Volumen von 100 ccm gefügt. Von diesem Präparat gebrauchte er 0,6—1,4 ccm verdünnt mit 8 ccm physiologischer Salzlösung für intravenöse Injektion. Innerhalb 1—$2^1/_2$ Stunden kam ein Temperaturanstieg und ein Schüttelfrost von unterschiedlicher Heftigkeit und Dauer (5—30 Minuten) bei 94% der Fälle. Die Injektionen wurden nur bei Patienten gemacht, bei denen die Diagnose klinisch oder bakteriologisch klar war. Drei der Behandelten zeigten Paratyphus-A-Bacillen im Blut. Patienten, die die stufenähnliche Kurve der Entfieberung zeigten, wurden ausgeschlossen, ebenso solche, die an Komplikationen wie Pneumonie, Pleuritis, Nephritis oder Myokarditis litten. Status typhosus mit Delirium und Bronchitis, aber mit gutem Puls wurde nicht als Kontraindikation für Vaccinebehandlung angesehen. 33 Patienten bekamen eine Injektion und 6 von diesen noch eine zweite. Bei 9 Fällen war ein kritischer Temperaturabfall innerhalb eines Tages nach der ersten Einspritzung vorhanden, bei einem Fall nach der zweiten. Bei 13 Fällen wurde eine günstige Wirkung auf die Temperaturkurve nach der ersten Injektion bemerkt, bei 3 Fällen nach der zweiten. Bei 8 Patienten zeigte sich keine Wirkung irgendwelcher Art auf die Temperaturkurve und bei zwei von diesen blieb eine zweite Injektion ebenfalls ohne sichtbare Wirkung. Andererseits reagierten 3 Kranke, die von der ersten Injektion nicht beeinflußt wurden, günstig nach der zweiten. Bei den 3 Fällen von Paratyphus wurde kein kritischer Temperaturabfall beobachtet, aber ein allmähliches Herabsinken des Fiebers. Von den injizierten Patienten starben 3; bei keinem konnte der Tod der Injektion zugeschrieben werden. Von allen Behandelten litt nur einer an intestinaler Hämorrhagie, die 6 Tage nach der Einspritzung auftrat. Andere Komplikationen wurden bei den injizierten Patienten nicht beobachtet. Ein Anzeichen von Kollaps wurde selbst bei Kranken mit schwachem Puls nicht gesehen. Die Reaktion des Patienten auf die Einspritzung wurde hinsichtlich folgender klinischer Zeichen oder Erscheinungen beobachtet: Bronchitis, fühlbare Milz, Roseolen, Diazoreaktion, Leukocytenzahl, Zahl der Eosinophilen und Bakteriämie. Eine günstige Erwiderung auf die Injektion konnte nicht in Wechselbeziehung zu irgendeiner dieser Erscheinungen gebracht werden. Nach der Krise jedoch erschienen verhältnismäßig viele Eosinophile (innerhalb 24 Stunden 100—200 per cmm) im Blut trotz der Leukopenie, und die Diazoprobe blieb 3 Tage lang positiv, nachdem die Temperatur normal geworden war. Es war bemerkbar, daß mit größerer Dosierung (4 ccm) die Krise von kurzer Dauer war. Da keine ungünstigen Wirkungen der Injektion folgten, im Gegenteil, bei 48% der Fälle das Fieber verkürzt wurde und bei 30% Genesung innerhalb zweier Tage folgte, so glaubt Rhein, daß bei jedem Fall von unkompliziertem Typhus die Bakteriotherapie versucht werden sollte.

Auch Biedl und Eggreth berichteten über ihre Erfahrungen mit der Vaccinebehandlung von Typhus. Biedl behandelte eine Serie von 22 Fällen von schwerem Typhusfieber im Anfang der 2. Woche; die Blutkultur war bei allen diesen, mit 2 Ausnahmen, positiv. Beides waren Männer mit hohem Fieber, Status typhosus und rückfälliger Epistaxis; das letzte Nasenbluten kam bei jedem Fall einen Tag vor der Behandlung vor. Zwei Stunden nach der Injektion der Vaccine ereignete sich bei jedem eine unstillbare Hämorrhagie aus der Nase, die zum Tode führte. Von den restlichen 20 Fällen erhielten 11 Vincents-Vaccine (durch Äther getötete Typhusbacillen), zuerst 100 Millionen, später 250—300 Millionen in 2 ccm Salzlösung und 9 wurden mit Besredkas Vaccine intravenös behandelt (sensibilisierte lebende Typhusbacillen) in Dosen von 250—300 Millionen in 2 ccm Salzlösung. Das Endergebnis war folgendes: Von den mit Vincents Vaccine behandelten Fällen starben 3; 2 bekamen subcutane Injektionen und starben 14 bzw. 18 Tage danach; ein intravenös Behandelter starb nach anfänglich günstigen Zeichen in der 3. Woche an schwerer Bronchopneumonie und Herzschwäche. Augenscheinlich wurde keiner dieser Todesfälle durch die Vaccine verursacht. Die übrigen 8 Fälle erholten sich. Alle mit Besredkas Vaccine behandelten Patienten genasen; Biedls Eindrücke waren ausgesprochen günstig. Nach intravenöser Injektion stieg die Temperatur in einer bis zwei oder drei Stunden von 39° auf 40° C, in einem Fall sogar bis auf 42° C, worauf sich nach 12—18 Stunden ein kritischer Temperaturabfall bis zur normalen Höhe einstellte. Zeichen von Kollaps wurden nicht beobachtet; tatsächlich wurde bei 2 Fällen die Einspritzung gemacht, als die Kranken in einem Kollapsstadium waren mit einem Puls, der nicht gezählt werden konnte. Innerhalb 3 Stunden stieg die Temperatur, der Puls wurde viel kräftiger mit einer Schnelligkeit von 100 in der Minute. Nach der Krise fühlte sich der Patient viel besser. Die mit Besredkas Vaccine behandelten Kranken blieben fieberfrei. Einige andere hatten geringe Abendtemperaturerhöhungen; bei keinem über 38° C. Eggreth behandelte eine Reihe von 43 Typhusfällen mit einer einzigen intravenösen Einspritzung von 0,5—1,0 ccm von Besredkas Vaccine.

Subcutane Injektionen hatten keinen Erfolg. Bei 34 Fällen von EGGRETHS Serie folgte ein kritischer Temperaturabfall innerhalb 3—12 Stunden nach der Injektion, häufig mit starkem Schweiß und deutlicher Genesung von Kopfschmerz und Delirium. Von diesen Kranken blieben 31 fieberfrei; die übrigen 3 entwickelten Fieber nach 12, 14 und 15 Tagen, verursacht durch Endokarditis resp. bilaterale eitrige Parotitis und durch eiternde Osteoperiostitis. Die Mehrzahl der Kranken bekam die Einspritzung zwischen dem 7. und 16. Krankheitstag. Bei einer Gruppe von 8 Fällen in der vierten und fünften Woche der Krankheit, welche an Broncho- oder mit Pleuritis komplizierter Pneumonie litten, war die Injektion unwirksam. Der 43. Fall starb 3 Stunden darnach. Die Sektion ergab typische typhöse Veränderungen im Dünndarm, Pneumonie und Myokarditis. Der Patient war bewußtlos ins Krankenhaus gebracht worden, war hoffnungslos krank und man hatte bloß einen Versuch gemacht. PALTAUF, auf dessen Bitte BIEDL und EGGRETH über ihre Erfahrungen aus den Militärkrankenhäusern berichtet hatten, äußerte warnende Worte, als er von einigen Beispielen von Kollapsen nach dem intravenösen Gebrauch von BESREDKAS Vaccine gehört hatte.

In den früheren Erfahrungen waren Kollapse und sogar Todesfälle nach der intravenösen Injektion verhältnismäßig großer Dosen von Typhus- und anderen toxischen Vaccinen nicht ungewöhnlich (KRAUS und MAZZA, BORAL, v. REUSS), und die von PALTAUF anempfohlene Vorsicht ist daher mehr als gerechtfertigt. Die früher angewandten Dosen waren sehr groß und würden selbst ein gesundes Individuum beträchtlich schädigen; daß schwerkranke Patienten gelegentlich der Behandlung erliegen würden, mußte deshalb erwartet werden.

Bei einem Kongreß der Gesellschaft für Ärzte in Wien (18. Juni 1915) wurde eine Anzahl klinischer Berichte vorgelegt, die von Wichtigkeit sind. NOBEL behandelte 14 Fälle von Typhus intravenös mit Typhusvaccine. Von diesen wurden 11 nach einer Injektion geheilt, 3 starben. ZUPNIK, der Typhus-, Meningokokken- und Albumoseinjektionen gebrauchte, stellte die Tatsache fest, daß kleine Dosen den vorher gebrauchten größeren Dosen viel mehr vorzuziehen wären, weil der Heilerfolg genau so gut und die Gefahr für den Patienten viel geringer sei. FLECKSEDER behandelte 41 Typhusfälle intravenös mit BESREDKAS Vaccine. Von diesen erwiesen sich 21 als hartnäckig. Bei 20 Fällen fiel die Temperatur nach mehreren Injektionen. Er gebrauchte ziemlich große Dosen und sah mehrere Fälle von vasomotorischem Kollaps. Bei 2 Fällen entwickelte sich eine hämorrhagische Nephritis. Er betrachtet deshalb die Behandlung als von zweifelhaftem Wert, besonders bei schweren Fällen. STOERK gebrauchte Albumosen und erhielt Ergebnisse, die den mit Typhusvaccine erhaltenen ähnlich sind.

MEYER berichtete über eine Reihe von Fällen, deren Behandlung mit Typhusvaccine typische Ergebnisse zeitigte, aber in einer späteren Besprechung neigt er mehr zu der Annahme, daß die intravenöse Injektion von Typhusvaccine zu heftig wirkt. Er kommt zu dem Schluß, daß einige der milderen Mittel für den allgemeinen Gebrauch sich als viel zufriedenstellender erweisen. LUKSCH zieht dieselben Schlüsse. Andere frühere Berichte kommen von v. CZYLHARZ, v. CZYLHARZ und NEUSTADTL, NEUSTADTL, REIBMAYR und DECASTELLO, SLADEK und KOTLOWSKY.

REIBMAYR und auch DECASTELLO berichteten über eine Reihe von Fällen, welche sie mit Cholera- und Colivaccinen behandelten. DECASTELLO injizierte 30 Millionen Mikroorganismen (Coli), die eine heftige Reaktion ergaben. Bei 10 Typhusfällen erwiderten 4 mit Entfieberung durch Krisis, 1 mit Lyse nach der ersten Injektion. 3 weitere Fälle wurden normal durch Lyse nach der dritten Injektion; bei 2 Fällen wurde keine Wirkung auf den Krankheitsverlauf nach den Einspritzungen beobachtet.

So hat sich die Heterovaccinetherapie klinisch wenigstens endgültig durchgesetzt und die Vaccine wurden auch subcutan verwendet. STEIN fand bei Besprechung der Ergebnisse von ungefähr 1500 Typhusfällen, die von ihm sowohl subcutan als auch intravenös behandelt worden waren, daß Colivaccine bei beiden Anwendungsweisen vergleichbare Erfolge zeitigte.

Die Theorie konnte noch dahin weiter ausgebaut werden, daß man annahm, die angewandten Vaccine wären mehr oder weniger biologisch verwandt und Gruppenreaktionen könnten immunologisch für das Ergebnis verantwortlich sein, ein Gedanke, den ICHIKAWA aufgestellt hatte, um den Erfolg der Typhusvaccine bei Paratyphus zu erklären.

Milch und Albumosen. Auch die letzte Stütze unserer älteren Auffassung wurde mit der Feststellung, daß Typhus mit gleich guten klinischen Erfolgen durch intramuskuläre Injektionen von Milch oder intravenöse Injektionen von Proteinspaltprodukten behandelt werden konnte, umgestoßen.

LÜDKE berichtete 1915 über 23 Fälle von Typhus, die mit intravenösen Injektionen von Deuteroalbumosen behandelt wurden, und berichtete später über eine Reihe von 78 Fällen von Typhus und Paratyphus B mit den folgenden Ergebnissen:

Bei 26 Fällen vollkommene kritische Entfieberung.
,, 10 ,, ,, Entfieberung innerhalb 3—5 Tagen.
,, 31 ,, wurde die Temperatur normal innerhalb 7—12 Tagen.
,, 11 ,, war keine merkliche Wirkung auf die Temperaturkurve vorhanden.

Die von LÜDKE gebrauchte Deuteroalbumose enthielt ungefähr 15% Salz und etwas Protalbumose und wurde bei der Mehrzahl von Fällen in 10% Lösung angewendet. Beim normalen Individuum verursachte die Einspritzung von 1—$1^1/_2$ ccm dieser Lösung keine Reaktion. (Bei einem normalen Individuum rief eine zweite Injektion, welche nach einer Pause von 2 Wochen vorgenommen wurde, leichten Schüttelfrost und Temperaturerhöhung hervor von ungefähr 4 Stunden Dauer.)

LÜDKE hat niemals eine ungünstige Wirkung auf den Puls nach Proteoseinjektionen bei irgend einer akuten Infektion gesehen. Kein Todesfall trat bei diesen 78 Fällen von Typhus oder Paratyphus ein. Die durchschnittliche Dauer der Krankheit belief sich bei diesen Fällen auf ein bis zwei Wochen, und er stellte fest, was andere auch immer berichteten, daß je früher die Behandlung beginne, desto besser die Erfolge seien.

Vielleicht die größte mit Deuteroalbumose behandelte Reihe ist die von HOLLER (350 Fälle). Sein Verfahren unterschied sich wesentlich von den bis dahin gebrauchten dadurch, daß er täglich Injektionen gab, indem er gewöhnlich mit 1 ccm einer 10%igen Lösung anfing und die Dosis jedesmal um 0,5 ccm erhöhte; die Injektionen machte er von der Reaktion abhängig. Seine Fälle wurden alle bei flüssiger Diät gehalten; es wurde ihnen Tierkohle sowohl wie Urotropin gegeben, aber keine Arzneistoffe neben den Proteoseinjektionen. Die von ihm beobachtete Sterblichkeit betrug nur $^1/_2\,^0/_0$; auch nahm er keine Schwächung oder Hämorrhagie von Bedeutung bei der ganzen Reihe wahr. Im Durchschnitt dauerte die Krankheit 10 Tage. Je eher die Fälle behandelt wurden, desto offensichtlicher und zufriedenstellender waren natürlich die Erfolge. Er gebrauchte Ovalbumin, Adrenalin, Typhusrekonvaleszentenserum, Pferdeserum und Pleuraexsudat intravenös, erhielt aber für den allgemeinen Gebrauch die befriedigendsten Ergebnisse mit Proteose.

Jobling und der Verfasser behandelten eine Reihe von Typhusfällen mit einem sekundären Proteosepräparat, deren einige in einer 1916 veröffentlichten Arbeit beschrieben wurden, und Miller und Lusk, und Miller berichteten über die Behandlung von Typhus sowohl mit Typhusvaccine als auch mit Proteosen und Pollenextrakt. Nolf hat auch Pepton bei Typhus mit zufriedenstellenden Erfolgen gebraucht.

Während des Krieges haben eine Anzahl Forscher Gelegenheit gehabt, unspezifische Heilmittel bei Typhus zu versuchen. Darunter befanden sich Deuteroalbumose, Salzlösung, kolloidale Metalle, Rekonvaleszentenserum und Vaccine verschiedener Art.

Holler fand, daß diese Art der Therapie — tägliche Injektionen von Deuteroalbumose, intravenös — sich am wirksamsten bei Typhus zeigte, wenn es möglich war, die Behandlung innerhalb der ersten beiden Tage nach dem Einsetzen der Krankheit anzufangen. In diesem Falle war er häufig imstande, die Krankheit durch Krise zu beenden. Bei späterer Anwendung waren die Erfolge nicht so auffallend, trotzdem sie den Verlauf der Krankheit verkürzte und ausgesprochene Wirkung auf die Verminderung der Toxizität hatte.

Bei 15 unbehandelten Fällen betrug die Sterblichkeit ungefähr 50 $^0/_0$. Bei 50 behandelten Fällen starben nur 3 Patienten.

Gleich günstige Erfolge sind von Tagle beschrieben worden, der solche Therapie auf Grund der Arbeit von Nolf und von Opazo anfing. Tagle wandte die Injektionen bei 59 Typhusfällen an. Außer einem Patienten, der in weniger als 48 Stunden starb, hatte er ungefähr 5 $^0/_0$ Todesfälle. Er erklärt, daß das Fehlen aller schlimmen Wirkungen die Harmlosigkeit des Verfahrens für alle Lebensalter bestätigt. Der allgemeine Gesundheitszustand bessert sich, die Krankheitsdauer wird verkürzt und Rekonvaleszenz tritt früher ein. Der Vorteil war desto ausgesprochener, je früher die Injektionen gemacht worden waren.

Sein Bericht stellt die ausgiebige Forschung der verschiedenen Ärzte des Krankenhausstabes dar; viel experimentelle und Laboratoriumsarbeit ist bei Vorarbeiten und im Verlaufe der klinischen Erfahrungen ausgeführt worden. Nolfs Technik wurde genau befolgt, nur wurde der Säuregehalt der Peptonlösung in physiologischer Salzlösung auf 4,3 pro 1000 verringert und das Mittel in 5 ccm-Kapseln aufgehoben. Ungefähr 10 ccm wurden kräftigen Erwachsenen als erste Dosis gegeben, sonst 4 oder 5 ccm. Für ältere Kinder wurden 6—8 ccm gegeben und danach nur ungefähr die Hälfte der Anfangsdosis mit Unterbrechung von 48 Stunden. Bei beinahe allen Fällen wurde eine zweite Injektion gegeben und ausnahmsweise eine dritte mit nur 1 oder 2 ccm. Eine subcutane Injektion von 2 oder 3 ccm von 20 oder 25 $^0/_0$ Campheröl wurde alle 6 Stunden Tag und Nacht gegeben mit 0,25 ccm 1 $^0/_{00}$

Epinephrin in jeder Spritze. Der Patient muß ruhig gehalten werden. Der Blutdruck fällt während und sofort nach der intravenösen Peptoninjektion; wird sie langsam (1 ccm pro Minute) und mit Epinephrin verabreicht, geschieht das Fallen langsam. Die Koagulationszeit des Blutes wird sehr verzögert. Die Analyse des Blutes zeigte, daß der Harnstoffgehalt bei dieser Proteintherapie außer acht gelassen werden konnte, da letztere ihn nur leicht erhöhte und er bald wieder unter seine vorherige Zahl herabfällt infolge der schnellen Reaktion auf die Injektion. Die Analyse des Urins zeigte ebenfalls, daß die Peptoninjektionen keinen schädlichen Einfluß auf die Nieren hatten. Es waren daher keine Kontraindikationen von seiten der Nieren vorhanden, ausgenommen natürlich bei schwerer Nephritis. Es gibt keine charakteristischen Befunde im Urin bei Typhus. Die sich ergebenden Fiebertabellen zeigen den vermindernden und abkürzenden Einfluß der Proteintherapie besser, als irgend etwas anderes. Eine interessante Eigenheit der Fälle lag darin, daß, wenn die Temperatur niedriger als vor der Injektion war, eine weitere Injektion keine irgendwelche merkliche Reaktion veranlaßte. Die Antitoxinbildung kann dann als genügend angesehen werden, und der Fall als geheilt. Die Besserung des allgemeinen Zustandes war jedesmal unverkennbar.

Opazo berichtet über die Anwendung von Nolfs Methode bei 27 Typhusfällen mit 14 Heilungen, 4 Rekonvaleszenten und 7 noch unter Behandlung stehenden Patienten; zwei Kranke starben, aber in einem Stadium, in dem eine Reaktion nicht mehr möglich war. Er wiederholt, daß die Proteintherapie eine günstige Reaktion verursachte, welche die Krankheit und alle Symptome modifizierte. Nach seiner Erfahrung war die Reaktion schneller und wirksamer bei Kindern als bei Erwachsenen. Er wendet jetzt diese Proteintherapie gewohnheitsmäßig bei allen Typhusfällen an.

Kalberlah berichtet über gute Erfolge mit intravenöser Injektion von Typhusvaccine. Bouygues verwendete kolloidale Metalle und Coglievina, der mit Dispargin, einem kolloidalen Silberpräparat, arbeitete, berichtet, daß der Krankheitsverlauf viel weniger toxisch war und die Sterblichkeit geringer als bei unbehandelten Fällen. Er gab durchschnittlich 4 Injektionen. Tietze gebrauchte 3% Lösung von Collargol (5 ccm) und bemerkte ein Nachlassen der Toxizität.

Der Gebrauch von Silber- und Antimonkolloiden ist von Uhlenhut und Fromme vorgeschlagen worden, aber die Zahl der von ihnen behandelten Fälle ist zu gering gewesen, um daraus endgültige Schlüsse zu rechtfertigen.

Gyözi behandelte eine Anzahl von Fällen mit Autoserotherapie und fand, daß sie von entschiedenem Vorteil besonders bei den älteren Fällen zu sein schien. Gudzent behandelte 2 Fälle mit Rekonvaleszentenserum ohne augenscheinlichen Erfolg. Raubitschek behandelte 25 Fälle mit subcutanen Injektionen von normalem Pferdeserum. Die Sterblichkeit betrug ungefähr 6%. v. Zielinski wandte intravenöse Injektionen von des Patienten eigener Cerebrospinalflüssigkeit an. Von 20 schweren Fällen starben 5.

Munk veröffentlichte eine vergleichende Studie über die Behandlung von Typhus mit normalem Pferdeserum, Pepton und Nucleohexyl. Kürzlich haben Schultz, Charlton und Hatziewassilow eine Heterovaccinemethode besprochen, welche, wie sie behaupten, gute Erfolge ergab. Sie gebrauchten 2 Ösen von 48stündigen Typhuskulturen (getötet bei 60° C), die mit 5 ccm vom Serum des Patienten gemischt wurden. Diese sensibilisierte Vaccine wurde dann injiziert. Eine ziemlich scharfe Reaktion folgte, aber die klinischen Erfolge schienen sehr zufriedenstellend. Alle 5 Fälle erholten sich.

Vielleicht ein ebenso erfolgreiches Verfahren ist das von DANIELOPOLU in seiner neuen Abhandlung über Typhus beschriebene. Der Autor gebraucht tägliche Injektionen von hypotonischer Salzlösung (0,065), die intravenös gegeben werden. Bei seiner unbehandelten Reihe war die Sterblichkeit sehr groß, bei der behandelten erholten sich volle 90%.

1916 führten SCHMIDT, LUITHLEN, SAXL, BRUCK und KIRALIHYDA, MÜLLER und WEISS intramuskuläre Milchinjektionen ein. Zwei Umstände führten dazu, das Mittel beliebt zu machen; die verhältnismäßige Bequemlichkeit der Anwendung (intravenöse Injektionen sind zuweilen mehr oder weniger zu fürchten) und die Nützlichkeit der Milch. Infolgedessen findet man in den letzten 3 Jahren wohl die meisten Berichte über die Wirkungen der unspezifischen Therapie auf die mit Milchinjektionen gewonnene Erfahrung gegründet. SAXL, BRUCK und KIRALIHYDA berichteten zuerst über den Gebrauch von Milch bei gonorrhöischen Komplikationen, und SAXL berichtete kurz über 26 Typhusfälle, welche mit Injektionen dieser Art behandelt worden waren. Bei beinahe allen Fällen wurde die Temperatur nach einem anfänglichen Anstieg, der ungefähr 2 Tage lang dauerte, normal durch Lyse. CORINALDESI gab nach LÜDKES Technik intravenöse Injektionen von 1 ccm einer 2%- oder 4%igen Lösung von Deuteroalbumose in einem Fall von Typhus und einem von Paratyphus, wobei sich kein Vorteil zeigte. Dann versuchte er intramuskuläre Injektionen von 5 oder 10 ccm sterilisierter Milch bei 5 Patienten mit Lungen- oder Bronchopneumonie oder -Typhus und war überrascht über die schnelle und dauernde Besserung, die nach einer, zwei oder drei Injektionen erfolgte, ohne Störungen oder starke örtliche Reaktion nach sich zu ziehen. Nur selten war leichter Schüttelfrost von milder Form vorhanden. Seine Befunde zeigen so den Weg, auf welchem die parenterale Einverleibung irgend einer Proteinsubstanz imstande ist, die Verteidigungskräfte anzuregen und dazu beizutragen, die Krankheit unabhängig von der Art des injizierten Proteins zu überwinden.

GALAMBOS bemühte sich zu bestimmen, welchem von diesen bisher beschriebenen Mitteln der größte Wert zugemessen werden könnte. In 136 Fällen gebrauchte er Deuteroalbumose, Vaccine (Coli, Gonokokkus, Staphylokokkus) und Salzlösung. Bei 25 Kranken, welche er mit Injektionen von 1 ccm einer 4%igen Lösung von Deuteroalbumose behandelte, erhielt er einen kritischen Temperaturabfall bei 50% der Fälle. Die Vaccine schienen viel weniger wirksam zu sein; mehr und wiederholte Injektionen mußten gegeben werden, um das gleiche Ergebnis zu erzielen. Die Dosierung wechselte; ungefähr 25 Millionen Colibacillen und Gonokokken wurden injiziert, 250 Millionen Staphylokokken, um eine zufriedenstellende Reaktion zu bekommen. Wenn 100 ccm physiologischer Salzlösung injiziert worden waren, stellte sich Entfieberung bei 70% der Fälle ein.

Insgesamt betrug die Sterblichkeit 6% und die Ergebnisse können folgendermaßen zusammengefaßt werden:

Kritische Entfieberung	22%	Mäßige Besserung	10%
Prompte Lyse	22%	Keine Wirkung	28%
Deutliche Besserung	18%		

Auf Grund seiner Forschung neigt GALAMBOS zu der Behandlung mit Proteinspaltprodukten.

Über die Behandlung durch Einspritzung von Salzlösung wurde zuerst von ENGLÄNDER berichtet. ENGLÄNDER injizierte, als er einen blutenden Typhusfall behandelte, ungefähr 300 ccm Salzlösung intravenös und fand, daß darauf ein typischer Schüttelfrost und Entfieberung am nächsten Tage folgte. MITLÄNDER berichtete später über dasselbe Verfahren.

Vergleichende Ergebnisse. GALAMBOS, der die intravenöse Therapie von Typhus und Paratyphus mit BESREDKAS Vaccine und mit Albumose, Heterovaccinen und Salzlösung, wie soeben erwähnt, studierte, berichtete später über die Behandlung von 120 Fällen mit Methylenblau.

Er betrachtet die intravenöse Behandlung aus mehreren Gründen als in ihrem Gebrauch begrenzt: sie erfordert eine gewisse Geschicklichkeit und Erfahrung von seiten des Arztes, der über Fälle mit Kontraindikationen (Myokarditis, pneumonische Komplikationen usw.) entscheiden muß. Mit den Einspritzungen sind gewisse Gefahren wegen Hämorrhagien und Kollaps (1%—2%) verbunden; die gebrauchten Substanzen sind nicht chemisch definiert und es muß erst Erfahrung mit der Dosierung gewonnen werden, ehe man ziemliche Sicherheit im Gebrauch der Methode erreicht. Darauf war GALAMBOS aufmerksam geworden, als er seine früheren und seine späteren Ergebnisse mit unspezifischer Therapie überblickte. Bei seinen letzten 50 Fällen, wo er nur eine kleine Dosis von BESREDKA-Vaccine intravenös ($^1/_4$ ccm) anwandte, hatte er überhaupt keine Hämorrhagie noch einen Kollaps, und ebenso sah er keine schlechten Wirkungen bei seinen Reihen von 60 mit Albumose behandelten Fällen. Die intravenöse Injektion von größeren Mengen von Salzlösung erwies sich für den gewohnheitsmäßigen Gebrauch als zu beschwerlich.

Um einige dieser tatsächlichen Bedenken zu überwinden, fing er mit dem Gebrauch von Methylenblau an, das als eine chemisch bestimmte Substanz standardisiert, und in seiner Eigenschaft als protoplasmatisches Reizmittel wie die anderen durch den Mund gegeben werden konnte ohne ausgeprägte Reaktion. Er gab 1,2 g pro Tag in Dosen von 20 cg alle 4 Stunden. Die Wirkung auf die Temperatur war gewöhnlich in einigen Tagen ersichtlich; sie nahm zumeist ab durch Lyse. Die so allgemein bei unspezifischer Therapie beobachtete Euphorie war bei den meisten Beispielen augenscheinlich. Das Arzneimittel wurde einige Tage, nachdem die Temperatur wieder normal geworden war, weitergegeben. Falls zu früh aufgehört wurde, wurde ein gelegentliches Wiederschlimmerwerden beobachtet.

Bei so behandelten Fällen zeigt sich die Heftigkeit der Krankheit im großen und ganzen folgendermaßen:

63 mäßig schwere: Typhus 2; Para A 35; Para B 4; unbestimmbare 22.
23 schwere: Typhus 5; Para A 11; Para B 1; unbestimmbare 6.
9 sehr schwere: Typhus 2; Para A 4; Para B 1; unbestimmbare 2.

Von den Typhusfällen hatten viele eine prophylaktische Injektion kurz vor ihrer Einlieferung ins Hospital erhalten. (Wahrscheinlich hatte keine Impfung gegen Paratyphus stattgefunden, obgleich dies nicht besonders in der Arbeit von GALAMBOS festgestellt wird.)

Die Ergebnisse der Methylenblautherapie waren folgende:

Bei 13% trat Lyse sofort nach der Behandlung ein.
Bei 26% war Lyse etwas verzögert,
13% günstig beeinflußt, aber nicht viel Wirkung auf die Temperatur,
44,6% nicht beeinflußt,
3,4% starben.

Verglichen mit den Erfolgen der vorher angewandten Vaccinetherapie war die Sterblichkeit etwas geringer; aber die allgemeine Wirkung auf die kritische oder lytische Beendigung der Krankheit war nicht so offensichtlich.

Wenn man zu Vergleichszwecken den Wert der intravenösen Therapie im Gegensatz zur subcutanen Vaccineinjektion bei der Behandlung von Typhus erforschen will, sind die Statistiken von BARRENSCHEEN von Wert.

BARRENSCHEEN behandelte über 200 Typhusfälle und gebrauchte dabei BESREDKAS Vaccine intravenös sowohl wie subcutan; eine kleine Reihe wurde auch mit der VINCENT-Vaccine subcutan behandelt.

		Geheilt	ungünstig beeinflußt	nicht beeinflußt	gestorben
Besredka intravenös	136 Fälle	87 = 63%	5 = 3,6%	34 = 25%	10 = 7,35%
Besredka subcutan	52 Fälle	26 = 50%	3 = 5,7%	17 = 32%	6 = 11%
Vincent subcutan	19 Fälle	4 = 21%	3 = 15%	12 = 63%	0 = 0%

Die intravenöse Dosis war 100 Millionen (sensibilisierte Vaccine), und falls der Kranke nach der ersten Injektion nicht fieberfrei war, wurde nach 2 oder 3 Tagen eine zweite Dosis gegeben. Mehr wie 3 Dosen wurden nicht angewendet, da BARRENSCHEEN fand, daß es nutzlos wäre, fortzufahren, wenn der Patient sich refraktär zeigte. Bei 30% der Fälle wurde eine kritische Beendigung der Krankheit nach einer einzigen Injektion erreicht.

Für subcutane Injektionen gebrauchte er 500 Millionen Mikroorganismen, darauf 2 Tage später 1000 Millionen, falls keine Wirkung auf die Temperatur vorhanden gewesen war. Diese Dosis wurde für die 3. Injektion etwas erhöht, aber er gab niemals mehr als eine Gesamtmenge von 9000 Millionen Mikroorganismen während der ganzen Dauer der Behandlung.

Auf Grund seiner Ergebnisse sieht BARRENSCHEEN, wie es andere Forscher auch tun, die erste Woche oder die ersten 10 Tage der Krankheit als die beste Behandlungszeit an; nach der 3. Woche erachtet er die Behandlung nicht nur als wertlos, sondern sogar als gefährlich (wegen der Gefahr der Hämorrhagie oder Perforation).

Er wendet sie bei keinem Falle mit Puls über 100 an, bei dem irgend ein Anzeichen von Lungenkomplikation vorhanden ist, oder eine Neigung zu Hämorrhagien besteht, Nasenbluten, Blut im Stuhl usw. Unter Beobachtung dieser Bedingungen würde die Sterblichkeit sogar niedriger sein als bei seinen Serien, denn viele seiner Ergebnisse, die nicht zufriedenstellend waren, waren die Folgen seiner früheren Bemühungen, als er noch nicht genügend Erfahrung besaß. In nur einem Falle fand er tatsächlich, daß der Tod durch eine Komplikation verursacht wurde, die deutlich von der Injektion stammte. Es handelte sich um eine Perforation, die sofort nach der Injektion in Erscheinung trat.

Bei vier Fällen wurden ziemlich ausgedehnte Roseolen kurz nach der Einspritzung beobachtet. Dies hat keine weitere Bedeutung, aber es könnte einen unerfahrenen Arzt stören.

Die intravenöse Injektion schien der subcutanen sehr überlegen zu sein, wie es nicht nur aus den zahlenmäßigen Aufstellungen ersichtlich ist, sondern auch aus der schnellen Besserung des allgemeinen Zustandes des Patienten. Kopfschmerz und Schlaflosigkeit verschwanden, der Appetit besserte sich, und das Sensorium klärte sich immer auf. Andererseits war diese Wirkung niemals so augenscheinlich nach den subcutanen Injektionen und es schien ihm kein Zweifel zu bestehen, daß die Wirkung der subcutanen Dosierung für den Puls schlecht war. Sowohl nach der Besredka-Vaccine, als noch häufiger nach der Vincent-Vaccine wurde die schlechte Wirkung auf den Puls beobachtet und bei einigen Fällen mußten zur Herstellung des Gleichgewichts Anregungsmittel ausgiebig angewendet werden.

Nach den intravenösen Injektionen wurde die gewöhnliche Reaktion beobachtet mit Temperaturen von 40—41° C, bei einem Beispiel bis auf 42° C. Der Puls ging niemals über 120 und blieb immer gut und der Patient ohne Anzeichen von Herzschwäche, ohne Dyspnoe, Cyanose usw. Nach der zweiten Injektion war die Temperaturreaktion nicht so hoch wie nach der ersten, auch war die Leukocytenzahl nicht so stark verändert.

Während der Rekonvaleszenz sollte der Kranke streng im Bett gehalten werden, wenigstens während einer Woche nach Normalwerden der Temperatur, und sorgfältig sollten Nahrung und Stuhlgang beobachtet werden. Bei einigen Fällen, bei welchen der Patient an Verstopfung litt, wurde eine Temperaturreaktion beobachtet, die mehrere Tage dauerte. Gelegentlich wurde eine ausgesprochene Bradykardie während der Rekonvaleszenz gefunden. Pulszahlen, so niedrig wie 36—50, waren bei diesen Fällen nicht ungewöhnlich, da eine Arrhythmie zuweilen vorhanden war. Barrenscheen steht unter dem Eindruck, daß keine Myokarditis bei seinen Fällen vorhanden war, aber die Tatsache, daß er zwei Fälle verlor, die aufstanden und zwei Tage nach der Genesung durch Krise umhergegangen waren, könnten andere Gedanken aufkommen lassen.

Grote behandelte 24 Typhusfälle mit Milchinjektionen mit guten Erfolgen, kam aber zu dem Schluß, daß die Einspritzungen frühzeitig gegeben werden müssen, wenn sie wirksam sein sollen.

Mark White hat über die Behandlung mit normalem Pferdeserum berichtet; E. F. Müller über den Gebrauch von Caseininjektionen, beide mit günstigen Erfolgen. Ullmann behandelte Typhus mit „Dispargin", einem Silberkolloid; Salomon hat über günstige Ergebnisse bei 141 Fällen berichtet, welche er mit einem kolloidalen Goldpräparat behandelte; auch Labbe und Moussaud haben Gebrauch von letzterem Mittel gemacht.

Svestka und Marek gebrauchten „Typhin", das aus Typhusbacillen präparierte Nucleohiston. Bei 60 so behandelten Fällen ordneten sie die klinischen Ergebnisse folgendermaßen: Bei einem Fall stieg die Temperatur am Tage nach der Injektion, fiel dann und blieb normal. Bei 14 Fällen traten Erschlaffungen ein, die Temperatur fiel dabei mit dem gewöhnlich normalerweise beobachteten Nachlassen in den späteren Typhusstadien. An der Grenze der Fälle wurde die Abnahme größer, aber die Krankheit zog sich während der gewöhnlichen Zeitdauer fort. Bei 21 Fällen wurden 2 Injektionen gemacht; bei 11 Fällen drei. Sie beobachteten keine Zunahme im Agglutinintiter des Serums nach den Injektionen.

Neustadt und Marcovici behandelten 25 Fälle von Typhus mit „Typhin" und gaben gewohnheitsmäßig Digitalis 2 Tage vor der Injektion, um irgendwelcher Kollapsneigung von seiten des Gefäßsystems entgegenzuwirken. Bei 21 Fällen wurde die Einspritzung intravenös gemacht. Bei 11 davon war ein ausgesprochener Einfluß auf den Krankheitsvorgang offenbar — bei 5 von diesen 11 endete das Fieber durch Krise; 4 Fälle gaben Anzeichen irgendeiner Veränderung und offensichtlicher Verkürzung des Krankheitsverlaufes; 3 Fälle waren viel weniger toxisch nach den Injektionen; 3 Kranke starben, einer durch Kollaps. Von 4 intramuskulär injizierten Fällen wurden 2 günstig beeinflußt, aber die Wirkung war nicht so deutlich wie bei den intravenösen Injektionen.

Svestka und Marek glauben, daß die Methode ohne Schädigung für den Patienten gebraucht werden kann und von entschiedenem Wert ist, wenn sie frühzeitig während der Krankheit angewendet wird. Dennoch zögerten sie nicht, sie auch spät bei der Krankheit anzuwenden, falls Herz- und Gefäßsystem gut war. Sie sehen den Zustand des Zirkulationsapparates als in erster Linie wesentlich für die Beurteilung an, ob der Kranke für dieses Wagnis geeignet ist oder nicht; trotzdem schlossen sie deutlich kachektische Patienten aus. Nach der Injektion wurde Besserung im Allgemeinbefinden des Patienten nahezu ausnahmslos offenbar.

Slaymaker berichtete über einige Fälle, die Typhusvaccine intravenös bekamen, wobei die Dosierung von 25—100 Millionen wechselte. Nur 9 Fälle wurden behandelt und dabei zeigten sich keine deutlichen Erfolge, abgesehen von einigen Reaktionsanzeichen und der Besserung bei 2 von den Fällen. Ein Patient starb. Nach dieser Erfahrung war Slaymaker nicht geneigt, diese Behandlungsweise fortzusetzen. Silvestri, der Milchinjektionen gebrauchte, fand, daß diese die Tendenz für Shok und Hämorrhagien bei den 12 Fällen, die er beobachtete, zu erhöhen schienen.

Bei der Beurteilung der verhältnismäßigen Sicherheit oder Gefahr der Behandlungsart mag es gut sein, kurz die neuerdings von Vaughan in der amerikanischen Armee und aus anderen militärischen Quellen gesammelten

Forscher	Fälle	Impfungen	Sterblichkeit %
Bernard und Paraf	26	—	0,0
Hunermann	—	4	2,6
Hunermann	—	2	6,6
Crossonini	28	3	7,1
Crossonini	50	1—2	8,0
Campani und Gallotti	—	—	8,6
Hawn, Hopkins und Meader	38	—	13,1
Bonnel	15	3—4	13,3
Vaughan	270	—	11,0
Total, A. E. F., Monate	1242	—	13,0
Bourges, H.	5	—	0,0
Freund	—	—	8,3

Statistiken vorzuführen. Sie stellen die Ergebnisse bei geimpften Truppen dar und können unter militärischen Verhältnissen als ganz zufriedenstellend betrachtet werden.

Wenn wir eine solche Serie, wie die von HOLLER (350 Fälle), mit ihrem Sterblichkeitsgrad von ungefähr $^1/_2$—1 $^0/_0$ mit den von VAUGHAN gesammelten Statistiken vergleichen, so dürfte der Schluß berechtigt erscheinen, daß die unspezifische Therapie bei vernünftigen Vorsichtsmaßregeln viel zufriedenstellender ist als die rein abwartende Behandlung.

KIBLER und MC. BRIDE bemerkten, daß die sofortigen Wirkungen der intravenösen Injektion von Typhusvaccine, wie Schüttelfrost, Steigen und Fallen der Temperatur, Leukocytose und Veränderungen in der Konzentration von Agglutinin und Opsonin, letztere gewöhnlich im Sinne einer Zunahme, die gleichen beim normalen Menschen wie beim Typhuspatienten sind. Sie entwickelten keine besonderen, vorgeschritteneren Gesichtspunkte, um die Wirkung der intravenösen Injektion von fremdem Protein bei infektiösen Krankheiten zu erklären, ausgenommen die Feststellung, daß Leukocytose ziemlich konstant nach der Vaccineinjektion auftritt. Die Zahl der beobachteten Fälle (6) ist wohl zu klein, um irgendwelche Schlüsse hinsichtlich der heilenden Faktoren von Typhusvaccine bei Typhus zu erlauben, doch scheinen die Ergebnisse recht gut mit den bei größeren Serien erhaltenen übereinzustimmen.

Bacillenträger sind mit zufriedenstellenden Erfolgen sowohl mit Milchinjektionen behandelt worden als auch intravenös mit Typhus-(Para-)vaccine. KARRELL und LUKSCH haben Milch angewendet, HERZ Vaccineinjektionen, womit er 4 von 5 Patienten bessern konnte.

Diskussion. Eine bedeutende Anzahl Forscher haben sich bemüht festzustellen, ob eine Zunahme der Antikörper im Serum vorhanden ist oder nicht, welche für die Genesung des Patienten nach unspezifischer Therapie verantwortlich wäre.

Das allgemeine Endergebnis der Beobachtungen über diese besondere Frage ist, daß, obgleich eine solche Zunahme zuweilen nachgewiesen werden kann, diese keineswegs eine regelmäßige Folge der Injektion ist und deshalb nicht als einzige Ursache der raschen Genesung des Patienten angesehen werden kann. Der Agglutinintiter, der am meisten erforscht wurde, wird normalerweise als ziemlich hoch befunden, nachdem das frühe Stadium des Typhus vorbei ist; nach unspezifischen Injektionen ist er zuweilen erhöht, zuweilen verringert. Auch hat die Zunahme oder Abnahme gar keine Beziehung zu dem Heilerfolg.

So fand ROHONYI bei einigen seiner Patienten, die sich nach einer einzigen Injektion durch einen kritischen Temperaturabfall erholten, keine Zunahme an den Agglutininen, an Opsoninen oder an Bakteriolysin; bei einigen Fällen konnte er tatsächlich eine positive Blutkultur bekommen, 2 Tage nachdem der Patient klinisch frei von jedem Anzeichen einer aktiven Krankheit war, eine Beobachtung, die DECASTELLO nicht bestätigen konnte. LÜDKE konnte gar keine konstante Zunahme in der Menge der Agglutinine oder der Opsonine nach seinen Deuteroalbumoseinjektionen feststellen. BÁLUIT beobachtete keine Veränderung bei den Agglutininen oder den baktericiden Antikörpern, fand aber einige Beweise, daß die Opsonine zugenommen hatten.

Svestka und Marek sahen keine Zunahme an Agglutininen. Fleckseder behauptet andererseits eine Zunahme an Agglutinen nach Albumoseinjektionen bei Typhus beobachtet zu haben.

Während es offensichtlich ist, daß die Befunde zu unregelmäßig sind, um die Antikörper als einzige Faktoren bei der Genesung anzunehmen, kann doch die Möglichkeit bestehen, daß sie infolge ihres plötzlichen Durchflutens der Lymphräume, nachdem die Durchlässigkeit der Capillaren nach dem Proteinshok erhöht ist, einen vitalen Umstand für die Überwältigung der Infektion bilden.

Ob Zellreceptoren (sessile Antikörper, die an Zahl nach der Immunisierung oder Infektion zugenommen haben mögen, ohne in den allgemeinen Kreislauf geworfen worden zu sein) unter Shokverhältnissen mobilisiert werden und auf diese Weise den Titer nach unspezifischer Therapie steigern oder nicht, ist hier ein strittiger Punkt. Daß Kaninchen, welche gegen irgend ein spezifisches, bakterielles oder anderes Protein immunisiert worden sind, auf unspezifische Anregung reagieren können durch das ,,Ausschütten" des spezifischen Antikörpers ist eine alte Beobachtung. Dieudonné beobachtete, daß mit Typhusbacillen immunisierte und dann mit ,,Hetol" injizierte Kaninchen durch eine Zunahme in der Antikörperbildung reagierten. Salomonsen und Madsen fanden dasselbe bestätigt bei Diphtheriepferden nach Pilocarpineinspritzung, und Obermeier und Pick sahen, daß eine Injektion von 5% oder 10% Pepton den Agglutinintiter von Kaninchen, die vor mehr als 3 Monaten immunisiert waren, erhöhte. Kutcher hat beobachtet, daß gegen Typhus und Cholera immunisierte Patienten gewöhnlich eine Zunahme in den Agglutininen für Dysenterie (paraspezifische Agglutinine) zeigen, und die Massenimmunisierung großer Mengen von Menschen mit Typhusvaccine bot während der Kriegszeit Gelegenheit zu beobachten, daß auf viele Arten von Shok (akute infektiöse Erkrankungen verschiedener Arten usw.) ein Überfluten des Serums solcher Individuen mit großen Mengen von Agglutininen erfolgte. Conradi und Bieling und auch Johnson machten experimentelle Beobachtungen nach derselben Richtung, während Parlovecchio fand, ebenso wie dies Chantemesse getan hatte, daß die Injektion von Nucleinen den Agglutinin- und Alexintiter erhöhte. Weichardt und Schrader sahen bei Vergleichen, daß Albumosen sowohl wie Natrium nucleinicum den Agglutinintiter bei bereits vorbehandelten Tieren in die Höhe trieben. Bei nicht behandelten fehlte eine deutliche Steigerung. Dabei schienen die Albumosen dem Natrium nucleinicum überlegen zu sein, eine Beobachtung, die bereits Fleckseder am Menschen gemacht hatte. Während bei ersteren die Agglutininvermehrung bereits am selben Abend oder am folgenden Tage nach der Injektion einsetzte, verstrichen nach der Nucleinsäureeinspritzung bis zu dieser Wirkung einige Tage. Ardin-Delteil, Negri und Raynaud haben auch über eine Zunahme an Agglutininen und baktericiden Substanzen im Serum nach unspezifischen Injektionen berichtet. Andere Maßnahmen schließen die Anregung des sympathischen Nervensystems ein (Stuber), die Injektion von Alkohol (Friedberger), Arsenik (Agazzi), Salvarsan (Friedberger und Masuda), Blutlassen (Friedberger und Dorner); sie alle haben eine Zunahme im Antikörpertiter zur Folge.

Es ist sehr wahrscheinlich, daß, wenn die Zellen im Verlauf der Krankheit immun geworden sind, eine gewisse Anzahl von Receptoren zur Verfügung steht, aber nicht ausgeschüttet worden ist. Diese Receptoren werden möglicherweise mobilisiert, wenn unspezifische Injektionen gemacht werden.

KANAI fand nach intravenöser Injektion von Typhusbacillen und Typhustoxin, daß der Reststickstoff im Blut und der Gesamtstickstoff im Harn proportional der Leukocytenzahl schwankt. Immunität tritt immer in dem Zeitpunkt auf, wenn im Blut eine deutliche Zunahme der Leukocyten, der Rest N-Menge und einer adrenalinähnlichen Substanz, die auf die Nebennierenfunktion eine deutliche Wirkung zeigt, nachzuweisen ist. Typhusbacillen und -toxin haben in bezug auf die adrenalinähnliche Substanz eine dem Immunblut ganz entgegengesetzte Wirkung.

In einem früheren Kapitel ist der mögliche Mechanismus, der der Genesung bei Typhus mit Hilfe der unspezifischen Therapie zugrunde liegt, ausführlich besprochen worden, so daß es nicht nötig ist, hier auf den Gegenstand zurückzukommen.

Eine Anzahl anregender Fragen ergeben sich jedoch aus den klinischen Beobachtungen der letzten Jahre, welche die normale Genesung von Typhus betreffen. Bei Personen, die vorher sensibilisiert oder immunisiert worden sind, ist der Verlauf der Krankheit häufig stürmischer und etwas gekürzt, während der Unterschied in der Sterblichkeit gegenüber den Ungeimpften nicht so bedeutend sein mag. Andererseits wissen wir, daß die Genesung ohne das Erscheinen von Antikörpern im Blutstrom stattfinden kann, wie MORESCHI es bei Leukämie gezeigt hat. Das Vorhandensein oder Nichtvorhandensein der Antikörper darf gewiß nicht länger für den klinischen Verlauf der Krankheit verantwortlich gemacht werden.

Andererseits läßt die Zeit der Entfieberung mit ihren großen Schwankungen in der täglichen Temperaturkurve stark die Reaktion des Organismus auf unspezifische Injektionen vermuten.

Man kann sich vorstellen, daß die tägliche Anhäufung von toxischen Proteinen eine Häufung von toxischen Wirkungen hervorruft mit einer daraus sich ergebenden Beeinflussung der Temperaturkurve. Nachdem die Shokwirkung vorüber ist, setzt die Erschlaffung mit ihrer Veränderung in der Durchlässigkeit und cellulären Anregung ein, und wenn der Vorgang anhält, wird der Organismus nach und nach resistent gegenüber der Intoxikation, bis schließlich die Entfieberung vollständig ist. Die Forschungen von HOLLER würden diese Auffassung ziemlich bestärken; er zeigt eine Anzahl interessanter Beispiele, welche im einzelnen an dieser Stelle nicht besprochen werden können. HOLLERS Arbeiten könnten dazu führen, eine solche Grundlage für den normalen Ablauf der Genesung zu vermuten, denn wenn er täglich in kleinen Dosen seine Proteosen injizierte, wurden ähnliche Temperaturwirkungen erreicht und der Patient wurde bald vollkommen fieberfrei. LÜDKE hat kürzlich die nämliche Ansicht ausgesprochen.

So kann man auch sogar nach einer einzigen unspezifischen Injektion sehr verschiedene Temperaturkurven beobachten. Die Krise kann schnell und vollständig sein. Bei anderen Fällen, wo eine fortgesetzte hohe Temperatur beobachtet worden ist, werden tägliche Abnahmen in der Temperaturkurve nach einer einzigen Injektion einsetzen; bei anderen kann die Durchschnittshöhe der Temperaturkurve verändert sein, so daß, ausgehend von einer Continua von ungefähr 39° C die Temperatur nach der Injektion eine Höhe von rund 38° C haben wird, wie wenn die Wärmeregulierung einem neuen Niveau angepaßt worden wäre.

Die Frage des Mechanismus der Genesung bringt die Anfrage mit sich: „Wann ist der Patient geheilt?“ „Stellt Freisein von Symptomen Heilung dar?“. Es ist gezeigt worden, daß nach der therapeutischen Krise noch eine positive Blutkultur erhalten werden kann, die Milz noch einige Tage fühlbar sein kann, die Roseolen eine kurze Zeit bleiben, die Diazoreaktion andauern kann usw., während der Patient fieberfrei ist und sich ausgezeichnet befindet. Als Ergebnis der Behandlung reagiert der Körper nicht auf die Typhusbakterien. Er ist desensibilisiert, aber nicht notwendigerweise frei von der Infektion. Sehr wahrscheinlich tritt jedoch häufig ein ähnlicher Zustand während der normalen Genesung von Typhus ein, wie durch die Dauerhaftigkeit der Bakterien im Gallentraktus, in den Magen- und Darm- und Urogenitalsystemen oder in den örtlich begrenzten Herden bewiesen wird, die sich Wochen nach der klinischen Genesung vom Fieber noch zeigen. Tatsächlich fand Holler keine Fälle von Trägern bei seinen 350 Typhusfällen, welche er mit Proteosen behandelt hatte und Herz stellte fest, daß Typhusträger nach Proteintherapie frei werden können. Rückfälle kommen gelegentlich vor, aber Lüdke beobachtete, daß diese ihrer Natur nach viel milder und kürzer in der Dauer waren als bei unbehandelten Fällen. Bresler bringt in seinem Überblick über moderne Typhusbehandlung die Tatsache, daß die kleine Zahl von Rückfällen bei mit unspezifischen Injektionen behandelten Fällen ganz augenscheinlich ist, und er glaubt auch, daß eine deutliche Besserung der Zirkulation eintritt, selbst wenn keine direkte Wirkung auf die Temperatur vorhanden war.

Die Beobachtung von Wiesner, daß die Typhusgeschwüre sofort nach der therapeutischen Injektion zu heilen anfangen, ist in diesem Zusammenhang von Bedeutung. Vom therapeutischen Standpunkt aus ist natürlich wichtig, daß der Kranke, sogar nach der Entfieberung, ruhig wenigstens 10 Tage lang im Bett gehalten werden sollte und noch länger, wenn irgend ein Anzeichen von myokardialer Schädigung vorhanden ist.

Therapeutische Vorsichtsmaßregeln. Es gibt drei Hauptgefahren, an die man bei der Behandlung von Typhus durch unspezifische Therapie denken muß. Die erste betrifft die Intoxikation. Wenn wir es mit einem schwer toxischen Patienten zu tun haben, müssen wir vernünftigerweise gewiß sein, daß er imstande ist die Zunahme an Intoxikation zu ertragen, die anscheinend nach der unspezifischen Injektion vorkommt und die wahrscheinlich der schnellen Zerstörung der Typhusbakterien zuzuschreiben ist. Wir haben einen solchen Fall bei einem schwer toxischen, äußerst fetten Typhuspatienten beobachtet, der trotz des Ernstes des damit verbundenen Wagnisses mit einer kleinen Dosis von Proteosen injiziert wurde und innerhalb einer Stunde nach dem Schüttelfrost starb. Bei der Leichenöffnung wurden keine anderen von Krankheit befallenen Stellen als die durch Typhus entstandenen beobachtet, und eine deutliche trübe Schwellung aller parenchymatöser Gewebe, sowie eine toxische Myokarditis wurden festgestellt.

Die anderen beiden Gefahren beziehen sich auf den Magen- und Darmtraktus. Bei unspezifischer Therapie wird der Darmtraktus in einem bedeutenden Grade, der von der Heftigkeit der Reaktion, dem angewandten Mittel usw. abhängt, angegriffen. Es besteht zu allererst eine erhöhte Peristaltik, damit verbunden ist ein Blutandrang in den Gefäßen des Darms.

Diese beiden Umstände können eine erhöhte Möglichkeit der Perforation und der Hämorrhagie verursachen.

Kliniker, welche die größte Erfahrung in der Behandlung von Typhus haben, stellen sehr entschieden fest, daß diese Gefahren mehr in der Einbildung als tatsächlich bestehen. Wenn Unglücksfälle nach der Behandlung vorkommen, so kann die Dosierung, die angewandt wurde um die Reaktion hervorzurufen, zu groß oder das ausgewählte Mittel nicht das Beste für den Gebrauch gewesen sein. Die Injektion von Typhusbacillen sowohl als auch von Proteosen hat nicht die styptische Wirkung zur Folge, die wir nach Milchinjektionen sehen, auch hat die Vaccine den weiteren Nachteil an sich entschieden toxisch zu sein, beides Umstände, die die Neigung befördern könnten, irgend einem der anderen Mittel den Vorrang vor der Typhusvaccine zu geben. Die Frage der Dosierung ist noch nicht endgültig beantwortet worden. Selbstverständlich sollten die massiven Dosen von Typhusbacillen, die zuweilen von amerikanischen Forschern gebraucht worden sind (1 Billion und mehr) und auf die natürlicherweise Unglücksfälle verschiedener Art erfolgt waren, nicht bei Typhus begünstigt werden, wenn sie auch bei anderen Fällen gut geduldet werden können.

Wenn Typhusvaccine gebraucht wird, sollten nur so viel Mikroorganismen injiziert werden, um eine milde Reaktion hervorzurufen (10—25 Millionen), und ähnlich mäßige Dosen mit anderen bakteriellen Vaccinen. Wenn verhältnismäßig giftige Mittel gebraucht werden, wie Proteosen, kolloidale Metalle, Nucleine usw. kann man zwei Wege einschlagen: entweder genügend geben, um eine allgemeine Reaktion hervorzurufen, und vielleicht die Dosis nach mehreren Tagen wiederholen, wenn sich das Fieber nicht geändert hat, oder kleine tägliche Dosen geben, von denen an sich keine genügend ist, um eine schwere Reaktion hervorzurufen. HOLLER hat diesen letzteren Weg mit Erfolg beschritten, es ist dieselbe Art, die JOBLING und der Verfasser bevorzugten, wenn es sich um Typhus handelte. Die sofortigen Erfolge mögen nicht ganz so glänzend sein wie bei größeren Dosen, aber es ist gewiß viel weniger Gefahr vorhanden, irgendwelche entschieden ernste Komplikation zu beschleunigen. Für den allgemeinen Gebrauch können wir nicht eindringlich genug diese Bedenken betonen.

Um einige dieser möglichen Gefahren zu überwinden, bereiteten NEUSTADL und MARCOVICI gewöhnlich ihre Patienten, besonders jene, die einige Zeitlang krank gewesen waren und bei welchen Anzeichen von vasomotorischer Unsicherheit vorhanden waren, mit Digitalis vor. JOBLING und der Verfasser versuchten die motorische Tätigkeit des Magendarmtraktus und die daraus sich ergebende Gefahr für Hämorrhagien und Perforation zu überwinden, indem sie vorher Opiate gebrauchten. Es schien jedoch nur wenig Einfluß auf die Peristaltik vorhanden zu sein. ZUPNIK, MÜLLER und LEINER, MATKO und HOLLER regten ihre Fälle mit vor den Injektionen gegebenem Coffein an.

Falls der Puls über 100 ist und Anzeichen von vasomotorischer Unsicherheit vorhanden sind, wenn der Patient stark toxisch oder kachektisch ist, wenn sich irgendwelche Blutung zeigte (Epistaxis, Magen und Darm usw.), wenn Cyanose bemerkt wird, wenn die Krankheit schon mehrere Wochen gedauert hat, ehe die Behandlung anfing, oder wenn irgendwelche Anzeichen für Pneumoniekomplikationen vorhanden sind, dann ist es nicht ratsam, unspezifische Therapie zu versuchen. Will der Kliniker sie unter solchen Verhältnissen anwenden, dann muß er die darin liegenden Gefahren bedenken und ernstlich die gegebenen Möglichkeiten für Kollaps oder Hämorrhagien oder Perforation abwägen und bestimmen, ob sie von den möglichen Vorteilen überwogen werden oder nicht.

Paratyphus. Es wird wiederholt, daß ICHIKAWA eine Anzahl von Paratyphusfällen mit guten Erfolgen durch Typhusvaccine behandelte.

HOLLER behandelte unter seinen infektiösen Erkrankungen 140 Fälle von Paratyphus mit kleinen täglichen Injektionen von Deuteroalbumose. Er hatte dabei 7 Todesfälle.

Die Indikationen und Gegenindikationen sind die, welche schon in dem Abschnitt „Typhus“ besprochen worden sind.

Gonorrhöe und ihre Komplikationen. Die intravenöse Injektion von Vaccinen bei der Behandlung von gonorrhöischen Komplikationen ist ein Verfahren, das um einige Jahre der mehr allgemeinen Anwendung vorausgeht, welche wir jetzt unter dem Thema Proteintherapie betrachten. BRUCK und SOMMER hatten 1912 und 1913 von einer polyvalenten Gonokokkenvaccine für intravenöse Injektionen bei verschiedenen Komplikationen wie Arthritis, Epididymitis und akuter Prostatitis mit bemerkenswerten Erfolgen Gebrauch gemacht. Innerhalb gewisser Grenzen gingen ihre Resultate parallel mit der Schwere der Gegenreaktion, die der Vaccineinjektion folgte. Die beobachtete Reaktion bestand aus dem gewöhnlichen Temperaturanstieg, einer Leukocytose, gelegentlichem Schüttelfrost und Schweiß usw. Es wird daran erinnert, daß neuerdings die morphologische Ähnlichkeit des Gonokokkus und Meningokokkus HERESCU und STROMINGER dazu geführt hat, Antimeningokokkenserum zu Heilzwecken bei Gonokokkeninfektion zu gebrauchen.

Daß Fieber oder wenigstens nebenherlaufende Infektionen zuweilen eine ausgesprochene Wirkung haben, den Verlauf einer venerischen Infektion und ihrer Komplikationen zu verändern, war schon vor einer Anzahl von Jahren festgestellt und von FINGER, GOHN und SCHLAGENHAUFER 1895 besprochen worden. 1916 berichteten MÜLLER und WEISS ausgezeichnete Erfolge bei gonorrhöischen Komplikationen mit ihren interglutaealen Milchinjektionen und einem Nucleinat, ähnlich demjenigen von BRUCK und SOMMER. Eine Anzahl von Forschern machten sofort Vorversuche mit diesem Verfahren auf klinischem Gebiete (SCHMIDT, v. TANNER, FRIEDLÄNDER, ELSCHNIG, LUITHLEN usw.).

SMITH war in Amerika unabhängig zu einem ähnlichen Gesichtspunkt in der Behandlung von Patienten gekommen, die an gonorrhöischen Komplikationen litten, indem er spezifische Sera oder normales Pferdeserum gebrauchte. Einige wurden mehr oder weniger für das Serum sensibilisiert und reagierten bei weiterer Injektion mit einer ausgesprochenen allgemeinen Reaktion. Das waren besonders diejenigen Patienten, welche die vielversprechendsten klinischen Erfolge zeigten, so daß SMITH die Wichtigkeit dieses Stadiums der Sensibilität und des gleichzeitigen Temperaturanstiegs für den erhaltenen Heilerfolg betonte. Die experimentelle Forschung, wie sie von ARLOING, DUFOURT und LANGERON berichtet wird, bestätigt die klinische Beobachtung, daß es möglich sein kann, gewisse Infektionen durch Hervorrufen eines anaphylaktischen Shoks zu heilen. Man machte Versuche an Meerschweinchen, die mit Pyocyaneuskulturen geimpft wurden. Sogar ein leichter Shok genügte, um den infektiösen Vorgang anzuhalten. Die klinische Genesung war von einer Zerstörung der Keime im Blut und von der Erwerbung der Immunität begleitet.

CULVERS Erforschung der gonorrhöischen Arthritis. Diese Berichte veranlaßten CULVER die Spezifität des therapeutischen Verfahrens zu erforschen. Er suchte eine Reihe von Fällen aus, die an Gonorrhöe und einigen Komplikationen (Arthritis usw.) litten; diese wurden in 4 Gruppen eingeteilt, von denen die erste durch intravenöse Injektion mit einer Gonokokkenvaccine behandelt wurde, die zweite mit einer ähnlichen Dosis von Meningokokken, die dritte mit Colibacillen, die vierte mit einer Deuteroalbumoselösung. Außer den Injektionen wurde keinerlei andere örtliche oder allgemeine Behandlung angewandt.

Gonokokkenvaccine. Bei der ersten Reihe gab CULVER 100 Millionen getötete Gonokokken und wiederholte die Dosis jeden 4. oder 5. Tag. Die größte Zahl der einer Person gegebenen Injektionen war 6, die meisten von ihnen bekamen 5, einer erhielt nur eine Injektion. Auf die Einspritzungen folgte Schüttelfrost von unterschiedlicher Heftigkeit, der innerhalb 20 Minuten bis zu einer Stunde auftrat und 15—30 Minuten dauerte. Der Schüttelfrost war zuweilen von Kopfschmerz begleitet, der gewöhnlich von kurzer Dauer war. Ausnahmsweise war Übelkeit und Erbrechen während der ersten wenigen Stunden vorhanden, aber nicht heftig und immer vorübergehend. Dies kam oft bei Patienten vor, die den Vorschriften entgegen, innerhalb einiger Stunden nach der Injektion tüchtig gegessen hatten.

Bei Beginn und während des Schüttelfrostes klagten die Kranken oft über heftige Schmerzen in den befallenen Organen (Herdreaktion).

Ohne Unterschied verschwanden die unangenehmen Wirkungen der Reaktionen, wenn überhaupt solche auftraten, innerhalb 24 Stunden; während der nächsten 24—72 Stunden wurde ein unterschiedlicher Grad von Behagen erreicht. Der Schmerz und die Empfindlichkeit zusammen mit der Schwellung der Gelenke wurden stark gebessert. Diese schnelle Besserung war meistens nur von 2—4tägiger Dauer, danach war Steifheit der affizierten Gelenke mit etwas Bewegungsschmerzen vorhanden, aber gewöhnlich in viel weniger schwerer Form.

Diese Rückfälle nahmen allmählich an Heftigkeit nach erfolgreichen Injektionen ab, bis schließlich keine mehr eintraten. Bei einigen Fällen kam sogar schon nach der ersten Injektion kein Rückfall.

Die Injektionen wurden am 3. und 5. Tag wiederholt, oder gewöhnlich gerade dann, wenn die Gelenke anfingen ein Zurückgehen in ihren alten Zustand zu zeigen. Dies scheint ein wirksameres Verfahren zu sein als tägliche Injektionen. Denn hier befindet sich der Patient meistens gerade im Stadium einer Reaktion oder erholt sich von einer. Sein allgemeiner Zustand ist nicht so gut, auch reagiert die lokale Erkrankung nicht so gut.

Es ist im allgemeinen so, daß die Schwere der Reaktion nach wiederholten Injektionen abnimmt und diese Abnahme scheint direkt proportional zu sein zu der Anzahl der vorher gegebenen Injektionen.

Bei zwei Patienten, die zahlreiche subcutane Injektionen von Gonokokkenvaccine erhielten, erschien sofort nach jeder intravenösen Injektion eine sehr vorübergehende Reaktion, gekennzeichnet durch Rötung des Gesichts, Cyanose, Dyspnoe und ein stechendes Gefühl auf der Oberfläche des ganzen Körpers.

Diese Reaktionen dauerten 1—2 Minuten, nach welchen der Patient sich vollkommen behaglich fühlte, bis die gewöhnliche Reaktion nach 20 Minuten bis 1 Stunde erschien. Die anaphylaxieähnliche Reaktion konnte durch eine teilweise Sensibilisierung infolge der früheren subcutanen Injektionen verursacht sein. Drei andere Patienten entwickelten in schwächerer Art einen sehr ähnlichen Zustand auf die dritte intravenöse Injektion.

Die typische Temperaturkurve zeigte auf diese Injektionen hin ein leichtes Fallen während des ersten Teils des Schüttelfrostes, dem ein allmählicher Anstieg folgte, welcher seinen Höhepunkt in 4—6 Stunden erreichte und allmählich nach 24 Stunden wieder auf das Normale fiel.

Die Leukocytenzahlen waren während einer Reaktion und danach etwas verschieden. Gewöhnlich wurde eine milde Leukocytose gerade vor oder während des ersten Teiles des Schüttelfrostes beobachtet, bald von einer deutlichen Leukopenie gefolgt, die gegen das Ende des Schüttelfrostes erschien; eine so niedrige Zahl wie 2000 wurde wiederholt während dieses Zeitpunktes der Reaktion beobachtet. Diesem Zustand folgte bald eine schrittweise sich entwickelnde Leukocytose, die ihr Maximum in 5—7 Stunden erreichte und 24 bis 30 Stunden lang mäßig hoch blieb. Eine Rückkehr zum normalen Zustand trat ungefähr nach 48 Stunden ein.

Meningokokkenvaccine. Die zweite Reihe von 15 Patienten wurde mit abgetöteten Meningokokken in derselben Dosis und in ähnlichen Zwischenräumen behandelt wie die mit Gonokokken behandelte Serie.

Die Reaktionen waren, soweit wie festgestellt werden konnte, bis ins kleinste denen durch die Gonokokkenvaccine hervorgerufenen ähnlich. Eine doppelte Reaktion kam nach der ersten Injektion vor; bei einem Patienten entwickelte sich dieser Zustand nach 2 Injektionen. Keiner von dieser Reihe hatte vorher subcutane oder intravenöse Einspritzungen erhalten.

Die Leukocytenkurve folgte im allgemeinen in gleicher Weise sehr eng derjenigen der ersten Serie. Ein sehr überraschender Unterschied wurde zwischen den beiden Gruppen beobachtet. Mehr als zur Hälfte entwickelte die Meningokokkenserie einen mehr oder weniger schweren Herpes der Lippen und der Schleimhaut des Mundes, welcher nach 48 Stunden zuerst erschien und 4—7 Tage dauerte. Dieser Zustand folgte immer nur auf die erste Injektion und wurde nicht ernster und kam auch nicht wieder, wenn weitere Injektionen bei einer empfänglichen Person gemacht wurden.

Colibacillenvaccine. Diese Reihe enthielt nur 9 Patienten. Die Reaktionen waren in jeder Weise den durch Meningokokken und Gonokokken hervorgerufenen gleich, mit der Ausnahme, daß die zur Erreichung derselben Erfolge nötige Dosis sehr viel geringer war. Zuerst wurde eine Dosis von 100 Millionen Mikroorganismen gegeben, aber die Reaktionen waren so schwer, daß 25 Millionen schließlich als Anfangsdosis gegeben wurde, die, wenn nötig, erhöht werden muß, um die gewünschten Erfolge hervorzurufen.

Deuteroalbumose. Eine sekundäre aus Casein hergestellte Proteose wurde in 4% Lösung (80 mg) bei einer Reihe von 4 Patienten gebraucht, wobei die Anfangsdosis 2 ccm war. Die Reaktion zeigte einige Unterschiede von den durch bakterielle Aufschwemmungen hervorgerufenen insofern, als der Schüttelfrost niemals vor 1 Stunde nach der Einspritzung kam und weder Kopfschmerz noch Übelkeit auf irgend eine der Injektionen folgte; auch Fieber und Leukocytose erreichten nicht die Höhe wie bei bakteriellen Aufschwemmungen. Es wurden mit dieser Lösung genügende Erfahrungen gewonnen, um die Überzeugung zu erwecken, daß die Reaktion und die therapeutischen Wirkungen sehr ähnlich und genau so wirksam sind, wie die durch bakterielle Aufschwemmungen hervorgerufenen, und daß die Reaktionen weniger unangenehm sind.

Was die Heilerfolge anbetrifft, so zeigte sich kein bemerkenswerter Unterschied zwischen den drei bakteriellen Aufschwemmungen oder der Albumoselösung. Eine Reaktion ist nötig, d. h. es muß ein Schüttelfrost, der regelmäßig von Temperatursteigerung und den bemerkten Leukocytenveränderungen gefolgt ist, auftreten. Bei einer Dosis, die nicht genügte, um einen ausgesprochenen Schüttelfrost hervorzurufen, war der Temperaturanstieg nicht so deutlich wie die leukocytische Reaktion; klinisch ergab sich nicht nur kein Heilerfolg, sondern zuweilen fühlten sich die Patienten noch weniger behaglich als vorher. Die Reaktionen nach Einspritzungen bei nicht gonorrhöischen Kranken waren nicht von denen bei infizierten Patienten zu unterscheiden.

Diese Beobachtungen wurden gemacht, als eine Reihe von Patienten mit chronischen Hauterkrankungen injiziert wurden, die keine Anzeichen einer bestehenden oder früher abgelaufenen Gonokokkeninfektion boten.

Die Größe der erforderlichen Dosis, der Schüttelfrost, der Temperaturanstieg und die Leukocytose waren in jeder Hinsicht ähnlich bei den infizierten und den nichtinfizierten Patienten.

31 Kranke, die an Arthritis verbunden mit gonorrhöischer Urethritis litten, wurden behandelt. Die meisten dieser Fälle waren akut oder subakut, aber einige dauerten schon 5 Monate und viele waren von mehr als 10 wöchentlicher Dauer zur Zeit, als die Behandlung anfing.

Wie zu erwarten war, wurden die auffallendsten Erfolge bei den akuten und subakuten Fällen erhalten; jedoch waren die am meisten refraktären Fälle ebenfalls in der akuten Klasse. Diejenigen, welche seit langer Zeit leidend waren, schienen langsamer auf die Behandlung zu reagieren, schienen aber glücklicherweise an keinem Rückfall oder neuen Gelenkverwicklungen während des Verlaufes der Behandlung zu leiden. Alle bis auf drei der arthritischen Patienten wurden augenscheinlich vollkommen geheilt oder zeigten ausgesprochene Besserung. Die Behandlungsdauer wechselte von 2 Tagen bis zu einem Monat.

Ungewöhnliche Wirkungen wurden bei 3 Kranken mit akuter Arthritis gesehen. Die Erscheinungen waren so schwer, daß Beruhigungsmittel nötig waren, um den Kranken für die ersten beiden Tage im Krankenhaus Beruhigung zu geben. Nach einer einzigen wirksamen Dosis fühlte sich jeder der Behandelten so wohl, daß sie darauf bestanden, aufzustehen; und 3 Tage später verließen sie das Krankenhaus. 2 der Patienten hatten in den Kniegelenken Ergüsse, die vor ihrer Entlassung aus dem Krankenhaus vollkommen verschwanden. Genau so auffallend war die Krankengeschichte eines Mannes, der mit Arthritis an beinahe jedem Gelenk der unteren Extremitäten 4 Wochen lang ans Bett gefesselt war. Diese Erkrankungen waren während der dritten Woche der Gonorrhöe in die Erscheinung getreten. Nach der dritten Injektion stand er auf und ging herum, und nach der 6. Injektion war er offensichtlich vollkommen geheilt.

Die erwähnten 3 hartnäckigen Fälle waren alle akut und schienen überhaupt nicht oder nur sehr langsam auf die Behandlung zu reagieren. Einer pflegte bedeutende Besserung einen oder zwei Tage lang zu zeigen, fiel aber beständig wieder zurück in seinen ursprünglichen Zustand; ein zweiter erholte sich vollkommen, behielt nur ein krankes Kniegelenk, das einen deutlichen Erguß enthielt und durch wiederholte Injektionen nicht beeinflußt zu werden schien, während der dritte auf die erste und wiederholte Injektionen von Albumoselösung nicht reagierte.

Bruck bemerkte ähnliche Fälle, deren Hartnäckigkeit er durch die Abwesenheit des homologen Gonokokkenstammes in seiner polyvalenten Vaccine erklärte. Es ist klar, daß diese Erklärung nicht genügen kann, aber ob dies durch eine besondere Widerstandskraft des in Frage stehenden infizierenden Gonokokkus verursacht ist oder durch irgendeine Eigenart des infizierten Wirtes ist unmöglich zu sagen. Solche Patienten reagieren mit Fieber und Leukocytose wie alle anderen.

Epididymitis. 12 Patienten mit akuter Epididymitis wurden behandelt und regelmäßig verschwand der Schmerz nach der ersten Injektion. Gewöhnlich waren nicht mehr als zwei Injektionen nötig und tatsächlich erwies sich bei den meisten Fällen eine als genügend, um eine Heilung zu bewirken. Die Anschwellung fing nach der ersten Injektion innerhalb 24 Stunden an zu verschwinden. Bei keinem Beispiel blieb der Kranke mehr als eine Woche im Krankenhaus, ausgenommen ein Fall, bei welchem eine Überdosierung gegeben worden war.

Daß diese Injektionen nicht der Entwicklung neuer Komplikationen vorbeugen, wird durch die Tatsache bewiesen, daß man gelegentlich während der Behandlung bei einem Patienten eine akute Epididymitis oder ein Angegriffenwerden eines neuen Gelenkes sieht. Auch kann ein Kranker als offensichtlich von Arthritis geheilt entlassen werden und nach einigen Wochen zurückkehren, weil er an einer Epididymitis leidet.

In Anbetracht der Tatsache, daß die Reaktion nach diesen Injektionen von einem Schüttelfrost und einer mehr oder weniger heftigen allgemeinen Reaktion gefolgt ist, ist vorher eine vollständige Untersuchung nötig. Eine solche Reaktion erfordert notwendigerweise erhöhte Herztätigkeit, darum sollte man mit Vorsicht vorgehen, wenn ein Kranker mit gleichzeitig bestehender organischer Herzerkrankung sich vorstellt. Die kleinste wirksame Dosis von Meningokokken wurde einem Manne gegeben, der an chronischer Mitralinsuffizienz, die aber vollkommen kompensiert war, litt und zugleich an akuter Epididymitis. Er ertrug den Schüttelfrost ohne weiteres, aber innerhalb 3 Stunden nach der Injektion wurde er cyanotisch, sein Puls wurde unregelmäßig und schwach und er hatte deutliche Angina pectoris. Dieser Zustand dauerte 10—15 Minuten ohne weitere nachfolgende Störung. Bei allen Fällen wurden keine anderen Störungen seitens des Herzens bemerkt. Arnold und Holzel führen Lewinskis Fall von akuter Herzschwäche an, die sich nach der intravenösen Injektion von Gonokokken entwickelte. Von einer Herzkrankheit war nichts bekannt. Andererseits berichtet Luithlen über einen Fall von gonorrhöischer Endokarditis, welcher in dieser Weise erfolgreich behandelt wurde. Es sind jedoch viele Beispiele berichtet worden von Symptomen seitens des Herzens, die sich bei organischer Herzkrankheit nach diesen Injektionen entwickelten, so daß man

Sorgfalt und genaue Beurteilung bei der Auswahl der Fälle üben sollte. Hat nun bei der Entstehung der akuten Epididymitis das dadurch hervorgerufene Fieber irgend etwas mit der spontanen Heilung der Gonorrhöe zu tun? Viele Patienten, deren Infektion so endete, hatten während des Beginns der Komplikation bedeutendes Fieber. Andererseits gab es Kranke, deren Infektion in ähnlicher Weise endete, die aber dabei durchweg normale Temperatur aufwiesen: es scheint sich also nicht um gleichmäßig auftretende Erscheinung zu handeln.

Experimentelle Urethritis kann beim Menschen hervorgerufen werden, aber FINGER, GOHN und SCHLAGENHAUFER hatten regelmäßig Mißerfolg, wenn der Versuchspatient infolge irgend einer vorherbestehenden Krankheit eine Temperatur von 39°—40° C hatte.

CULVER macht auf einen Kranken aufmerksam, der ins Krankenhaus mit akuter Urethritis von 3tägiger Dauer kam. Positive Gonokokkenkultur wurde beim Eintritt erhalten. Am zweiten Tag im Krankenhaus bekam er einen Schüttelfrost, gefolgt von einer Temperatur von 41° C. Im Blut wurden Malariaparasiten gefunden; die Schüttelfröste und das Fieber dauerten noch 4 Tage lang; am Ende dieser Zeit verschwand jedes Zeichen einer örtlichen Infektion. Der Kranke blieb zwei Wochen lang im Krankenhaus ohne Rückfall, obwohl gar keine örtliche Behandlung erfolgt war. Der Einfluß von Fieber auf diese Infektionen ist bei den medizinischen Abteilungen natürlich wohl bekannt; man sieht selten, wenn überhaupt, eine gonorrhöische Infektion gleichzeitig mit irgend einer Fieber hervorrufenden Krankheit, wie Pneumonie, Typhus oder Malaria, während gonorrhöische Infektionen verhältnismäßig häufig bei den chronischen nicht fieberhaften Zuständen sind.

Die Heilerfolge in der Gruppe, von welcher hier berichtet wird, stimmen sehr bemerkenswert mit der Temperaturerhöhung und der Hyperleukocytose überein. Wenn man die Tatsache bedenkt, daß der Gonokokkus in vitro und in vivo für Hitze sensibel ist, daß Fieberpatienten experimentell mit dem Gonokokkus nicht infiziert werden können, daß eine Fieber verursachende Krankheit vorher bestehende gonorrhöische Infektionen spontan heilt, so kann es nur wenig Zweifel geben, daß künstlich hervorgerufenes Fieber eine Rolle bei der Heilung von diesen Krankheiten spielt.

Wieviel Einfluß, wenn überhaupt welcher vorhanden ist, die Leukocytenzunahme auf die periphere Zirkulation hat, kann nicht leicht bestimmt werden, denn Fieber und Hyperleukocytose sind regelmäßig gemeinsam vorhanden, wenn sie künstlich in der hier angewandten Weise hervorgerufen worden sind.

Es ist klar, daß die gewöhnliche Behandlung gonorrhöischer Arthritis nicht in allen Fällen zufriedenstellend ist, da man fast täglich ein Gelenk mit Ankylose und atrophische Muskeln als Folge dieses Zustandes sehen kann.

Sollte die Behandlung durch intravenöse Proteininjektionen sich bewähren um dauernde Erfolge bei diesem Zustand zu erzielen, wie es die vorliegenden Ergebnisse zu zeigen scheinen, sind wir dann zu dem Gebrauch einer solchen Maßnahme berechtigt? Sie würde angesichts der Langwierigkeit der Krankheit und der zerstörenden Komplikationen, die sich gewöhnlich ergeben, bei richtiger Anwendung und Beherrschung als eine vernünftige Maßnahme erscheinen. Solange jedoch nicht eine Substanz gefunden ist, deren Dosierung bestimmter standardisiert werden kann, sollte diese Form der Behandlung nicht allgemein von denen gebraucht werden, die nicht sorgfältig vertraut mit der Reaktion und der Bemessung und den Pausen der Dosierung sind, so wie sie in der hier berichteten Arbeit angewendet sind.

In einer kürzlich erschienenen Übersicht seiner Forschungsarbeit stellt CULVER fest, daß während seiner Tätigkeit in einem militärischen Lager während des Krieges, wo jeder Fall von Epididymitis mit intravenösen Injektionen von Gonokokkenprotein behandelt wurde, die Ergebnisse sehr zufriedenstellend waren; der Durchschnittsaufenthalt im Lazarett betrug 5—6 Tage. Sogar die primäre Lokalisation des Mikroorganismus in der Urethra oder Ausdehnungen der Infektion auf die Prostata und auf die Samengefäße wurden rascher beeinflußt durch die örtliche Behandlung nach unspezifischen Injektionen dieser Art als nicht injizierte Fälle.

Seit der Veröffentlichung dieser Arbeiten von CULVER hat sich eine bedeutende Literatur über den Gegenstand angesammelt; alle zeigten nahezu die gleiche allgemeine klinische Erfahrung — nämlich, daß unspezifische Therapie von ausgesprochener Nützlichkeit ist bei der Behandlung gonorrhöischer Komplikationen, lokaler oder entfernterer, daß aber bei der Behandlung der primären Infektion der Schleimhaut selbst unsere älteren Verfahren von größerem Wert und mehr Zuverlässigkeit sind, obgleich gewisse Forscher die Meinung hegen, daß sie als beigeordnete Behandlungsmethode sogar hier von bestimmtem Wert sei.

KEYES macht folgende Feststellung: Es wird nicht allgemein gewürdigt, daß der Grund für das außerordentlich häufige Auftreten von Rückfällen bei Gelenkerkrankungen bei jeder Gonorrhöe, bei einem Kranken, der einmal Arthritis gehabt hat, in einer Disposition des Gelenkes und nicht in der Urethra besteht. Zu Anfang kann der Gebrauch von Vaccinen oder Serum von Wert sein. 2 oder 3 Dosen Antigonokokkenserum im Augenblick, wo ein Gelenk sich entzündet, können die Infektion vertreiben, wie es auch eine große Dosis Gonokokkenvaccine tun kann.

„Aber wenn einmal die Gelenkinfektion vorhanden ist, kann man sich nicht auf Vaccine verlassen. Ich habe alle mir empfohlenen spezifischen und unspezifischen Arten versucht, einschließlich Pferdeserum und intravenös gegebener Typhusvaccine. Falls diese in genügender Dosis gebraucht werden, kann ein zeitweiser Erfolg erreicht werden und gelegentlich ein dauernder Vorteil. Aber in der Regel beeinflussen die Behandlungen den Verlauf der Krankheit nicht merklich.“

LUITHLEN hat bedeutende Erfahrung in der Behandlung gonorrhöischer Komplikationen gehabt; er gebrauchte dabei in der Regel eine intravenöse Injektion von Gonokokken (100 Millionen auf den Kubikzentimeter), um die Reaktion hervorzubringen; doch empfiehlt er besonders, daß örtliche Behandlung niemals vernachlässigt werden sollte. Bei der Behandlung von alten trägen venerischen Geschwüren, weichen Schankerfällen und Geschwüren, die nach Bubo noch bestehen bleiben, injiziert er ungefähr 50 Millionen Mikroorganismen intravenös 2—3mal in Zwischenräumen von mehreren Tagen, oder falls intramuskuläre Einspritzungen vorgezogen werden, gibt er 300—500 Millionen, bei einigen Fällen sogar 800 Millionen Mikroorganismen.

BLOCH, der erkannte, daß die Vaccinetherapie, wie sie bei intravenösen Injektionen angewandt wird, tatsächlich mit unserer älteren Art der Gegenreizung oder „Ableitungstherapie“ verwandt ist, hat auch Gonokokkenvaccine und Typhusvaccine bei gonorrhöischen Komplikationen gebraucht, die letztere besonders bei gonorrhöischem Rheumatismus. Er erhielt das beste klinische Ergebnis mit der schwersten klinischen Reaktion; bei einigen Fällen erreichte die Temperatur 42° C.

Gow hat auch Diphtheriebacillen intravenös bei einem Falle von gonorrhöischer Arthritis versucht, er gebrauchte zuerst eine Dosis von 40 Millionen, später 200 Millionen. Durch diesen Mikroorganismus kam eine verhältnismäßig geringe Reaktion zustande, ungefähr 14 Stunden nach der Injektion wurde ein Schüttelfrostgefühl bemerkt, ein Temperaturaufstieg von 1° C zwei Stunden später und etwas Kopfschmerz. Eine Leukopenie folgte der Injektion. Das Ergebnis war nicht sehr befriedigend.

Konteschweller stellt in seinem Überblick über „Pyretotherapie" fest, daß er sehr zufriedenstellende Erfolge bei der Behandlung von gonorrhöischem Rheumatismus erhielt. Er gebrauchte Milch, Kefir und Pepton, um die Reaktionen hervorzubringen. Pakauscher verwendete „Fulmargin", ein elektrisch präpariertes kolloidales Metall; dieses gibt wenig allgemeine Reaktion, scheint aber trotzdem bei der Behandlung von gonorrhöischen Komplikationen nützlich zu sein. Ullmann erwähnt den erfolgreichen Gebrauch von Milch bei gonorrhöischer Arthritis; Fraser und Duncan haben kürzlich über die Behandlung einer kleinen Reihe von solchen arthritischen Fällen mit intravenösen Vaccineinjektionen berichtet. Die Vaccine, welche sie gebrauchten, waren mehrere Monate nach ihrer Herstellung aufgehoben worden und waren deshalb wahrscheinlich mehr oder weniger entgiftet. Ob eine entgiftete Vaccine irgendwelche spezifischen Eigenschaften hat oder nicht, erfordert eine Prüfung. Sie vermuten, daß eine Vaccine minus ihrem Endotoxin einfach aus unspezifischen Proteosen in kolloidaler Form besteht. Die Injektion von diesen möglicherweise unspezifischen Bestandteilen hat, so könnte es scheinen, die Bildung spezifischer Antikörper verursacht. Klinisch schienen sie die gleichen Ergebnisse durch Injektion von T. A. B.-Vaccine wie durch eine Gonokokken- oder gemischte Vaccine zu bekommen. Der Hauptgrund für den Gebrauch einer Gonokokkenvaccine war, daß sie vorrätig und sehr leicht stufenweise zu dosieren war. Frisch hergestellte Typhusvaccine verursacht oft eine so schwere Reaktion, daß die Verfasser nicht wagen würden, sie intravenös zu geben. Injektionen von Endotoxinen rufen immer toxische Symptome hervor mit nur geringer oder gar keiner Zunahme der Antikörper. Deutliche Besserung folgte bei allen der 15 behandelten Fälle. Kein Vorteil schien sich aus einer, nicht von einer Pyrexie gefolgte Injektion zu ergeben. Als die Behandlung begann, waren die Kranken außerordentlich geschwächt, mit ziemlich schnellem und schwachem Puls, der leicht beschleunigt wurde. Die Injektionen waren alle intravenös. Die Größe der gebrauchten Dosen ist gut mit den von Thomson empfohlenen Dosen seiner entgifteten Vaccine zu vergleichen. Die größte Dosis von Gonokokken betrug 2000 Millionen.

Myositis gonorrhöischen Ursprungs ist günstig durch intravenöse Injektionen von „Arthigon" von Sachs beeinflußt worden, während Reichmann einen günstigen Einfluß von Kollargoleinspritzungen bei der Behandlung von Gonokokkenendokarditis beschrieben hat.

Örtliche Injektionen. Der von Müller und Weiss empfohlene Gebrauch von Milch ist ganz ausgiebig nicht nur zu intraglutaealen Injektionen und

Erzeugung von Systemreaktionen (GELLIS und WINTER), sondern auch zu örtlichen Injektionen bei oder in der Nähe der Komplikation erfolgt. Infolge der besonderen Dosierung bei diesen Fällen wurden keine anderen den Injektionen zuzuschreibenden Symptome bemerkt. Besondere Aufmerksamkeit wurde der Nierenfunktion geschenkt, besonders bei 3 Patienten, die große Dosen Colibacillen bekommen hatten. Bei keinem Fall erschien Albumin im Urin, noch ergab sich irgend ein Anzeichen dafür, daß die Nieren von einer Erkrankung befallen waren. Ein Patient, der eine chronische diffuse Nephritis mit bedeutend Albumin im Urin hatte, bekam zwei Injektionen ohne merkliche Veränderung der Nierentätigkeit.

Dieses scheint wichtig zu sein, da BREED und andere gefunden haben, daß nach einer solchen Reaktion eine ganz deutliche Zunahme in der N-Ausscheidung vorhanden ist, die ihren Höhepunkt am 6. Tag hat. Sie empfiehlt vor solchen Injektionen eine proteinarme niedrige Diät für einige Tage, um eine mögliche Nierenstörung zu verhüten.

FOEKLER berichtete über plötzliche Krampfanfälle nach ähnlichen intravenösen Injektionen und FISCHER bemerkte bei einem Fall cerebrale Symptome, die nach 24 Stunden verschwanden.

Delirium wurde bei 3 Patienten dieser Reihe bemerkt, die alle große Dosen von Colibacillen bekommen hatten.

WEISS hat eine Anzahl Fälle von Epididymitis in dieser Weise behandelt, indem er 5—10 ccm Milch subcutan in die Skrotalhaut injizierte; er erhielt dabei ausgezeichnete Ergebnisse.

Diese Behandlung durch lokale Injektionen an der angegriffenen Stelle wurde von R. MÜLLER begonnen, der beobachtete, daß sie örtliche Krankheitsvorgänge besserte, wenn Serum so injiziert wurde. SANDEK behandelte danach einige 100 Fälle von gonorrhöischen Komplikationen auf diese Art und erhielt ausgezeichnete Erfolge. Die Analgesie nach den Injektionen war erstaunlich. SANDEK fand, daß, wenn er Salzlösung oder Kaliumjodid in 1—5% Lösung injizierte, er nach vielen Richtungen hin ähnliche Ergebnisse erhielt.

EISEL hat die Beobachtungen über örtliche Injektionen von physiologischer Salzlösung fortgesetzt und berichtet über 30 Fälle, bei welchen 10—15 ccm physiologischer Salzlösung zwischen dem Scrotum und der Tunica vaginalis injiziert wurden. Er stellt fest, daß der Schmerz sehr schnell verringert und die Aufsaugung des Entzündungsexsudates bei allen diesen Fällen von so behandelter Epididymitis erleichtert war.

Andere Beobachter haben Gonorrhöe und gonorrhöische Komplikationen mit Tuberkulin (E. F. MÜLLER) und mit Terpentininjektionen behandelt.

PÜRCKHAUER, der das letztere bei akuter Urethritis versuchte, sieht solche Injektionen als wertvolle Hilfsmittel an, die aber nicht ausreichen um eine vollständige Genesung von der akuten Infektion hervorzubringen; seine Erfahrung stimmt deshalb mit den Berichten über den Gebrauch der anderen verwandten Mittel überein. KARO hat ebenfalls Terpentininjektionen bei gonorrhöischen Komplikationen gebraucht, indem er eine geringe Menge Eukupin zur Verminderung des örtlichen Schmerzes hinzufügte, der eintritt, wenn nur Terpentin injiziert wird. Die größte Reihe ist die von KREBS, der einige hundert Fälle akuter und chronischer Gonorrhöe in dieser Weise behandelt hat, und zwar mit besonders guten Erfolgen bei den schwereren Infektionen. Nach seinem Bericht wurde der Verlauf der akuten Krankheit verkürzt und die Komplikation verringert. Injektionen wurden alle 3—5 Tage gegeben; nach der zweiten wurde die örtliche Behandlung mit Choleval oder mit Kaliumpermanganat angefangen. Obwohl zu berücksichtigen ist, daß jedem Fall örtliche Behandlung zuteil werden sollte, hat doch die allgemeine Behandlung mit den Terpentininjektionen nach sehr kurzer Zeit eine deutliche Wirkung auf die Verringerung des Schmerzes und der Sekretion.

Reenstierna machte von einer kombinierten spezifischen und unspezifischen Behandlungsweise bei geschlossenen gonorrhöischen Komplikationen Gebrauch. Er injizierte nicht nur ein spezifisches Antigonokokkenserum, sondern zusammen mit ihm noch eine Typhusvaccine um eine allgemeine Reaktion zu erreichen. Mit dieser kombinierten Methode glaubt er sehr zufriedenstellende Erfolge erhalten zu haben.

Franzmeyer hat sich guter Ergebnisse bei der Behandlung akuter Gonorrhöe mit intravenöser Injektion von Collargol und damit verbundener örtlicher Behandlung gerühmt.

Sommerfeld, der 42 Männer und 10 Frauen, die an akuter Gonorrhöe erkrankt waren, mit Collargol intravenös behandelte, fand die Ergebnisse nicht so zufriedenstellend, wie bei örtlicher Therapie. Cohn berichtete über 86 Männer, von denen sich nur 13 refraktär gegenüber der unspezifischen Therapie erwiesen. Weber berichtete auch, daß als Hilfsmittel die intravenöse Injektion kolloidaler Metalle von Vorteil bei der Behandlung der akuten Gonorrhöe sei. Auch Nuclein ist angewendet worden (Boas), während Brown über Ergebnisse mit normalem Pferdeserum und mit Diphtherieantitoxin berichtet hat. Er beobachtete, daß von normalem Serum die benötigte Dosis viel größer war, als von Diphtherieantitoxin.

Andererseits berichtet Riecke, er habe niemals eine einzige Genesung von akuter Gonorrhöe nach der Fiebertherapie beobachtet, es sei denn, daß noch örtliche Behandlung erfolgt sei. Auf Grund unseres gegenwärtigen Wissens über die Infektionen der Schleimhäute ist es wahrscheinlich, daß bei akuten Infektionen die unspezifische Therapie ein begrenztes Feld als Hilfsmittel neben der örtlichen Therapie hat, wogegen sie bei gonorrhöischen Komplikationen viel weitere und nützlichere Anwendung findet.

Bubofälle. Stark und Odstreil fingen mit dem Gebrauch von Milchinjektionen bei der Behandlung von Bubofällen an, die wie die anderen gonorrhöischen Komplikationen sehr gut darauf zu reagieren schienen. Müller und Weiss hatten schon bemerkt, daß gewisse gonorrhöische Komplikationen recht gut auf Milchinjektionen reagieren, und Müller selbst hat einige 25 Fälle von Bubo veröffentlicht, die in dieser Weise behandelt wurden. Mit einer einzigen Ausnahme wurden sie alle (17 neue Fälle, 7 ältere) ohne chirurgischen Eingriff geheilt. Müller gab jeden 3.—4. Tag Milchinjektionen; er gebrauchte 5—6 ccm Milch für diesen Zweck. Gewöhnlich erreichte die örtliche Reaktion ihren Höhepunkt in ungefähr 8—9 Stunden, wo der größte Schmerz bemerkt wurde, danach wurde der affizierte Teil analgetisch. Bei der Behandlung der älteren Fälle wurden durchschnittlich 5 Milchinjektionen gemacht; bei den frischeren Fällen genügten 3 bis 4 für eine vollkommene Heilung. Trossarello berichtete ebenfalls über den erfolgreichen Gebrauch von Milchinjektionen bei der Behandlung von Bubofällen. Bei 15 Fällen verschwanden die krankhaften Veränderungen auf die Injektionen. TROSSARELLO berichtet weiter über beinahe 100 neue Fälle von venerischen Drüsenerkrankungen, denen als regelmäßige Maßnahme parenterale Milchinjektionen gegeben wurden, und zwar durchschnittlich im ganzen vier. Er fängt mit 5 ccm an und steigt bis zu 10 oder 15 ccm und stellt fest, daß die beobachteten Resultate diese Proteintherapie bei allen venerischen Drüsenkrankheiten als überlegen erwiesen, besonders bei Anfangsfällen und bei Komplikationen von Gonorrhöe, Arthritis, Prozessen der Adnexe und Epididymitis.

SCHNELLER behandelte nur zwei Fälle mit Milchinjektionen, aber beide erholten sich vollkommen ohne chirurgischen Eingriff.

GUSZMANN berichtete, daß Milchinjektionen von ausgezeichneten Erfolgen bei der Behandlung von weichem Schanker gefolgt waren, während ANTONI Aolan (Casein) gebrauchte und gleich gute Erfolge bei weichem Schanker und Bubofällen erhielt.

BONNET und JUVIN berichten über 13 Fälle von Adenitis und Bubonen, die mit Proteintherapie behandelt wurden. Dosis 5 ccm. Nach der ersten Injektion ging die Entzündung und der Schmerz zurück, nachfolgende Injektionen führten zu gleichen Erfolgen. Virulente Bubonen gewannen das Ansehen von kalten Abscessen und wurden dann wie gewöhnlich mit dem Galvanokauter punktiert.

REICHENSTEIN gebrauchte Milch bei Bubo- sowie bei Epididymitisfällen. Die Bubo wurden gewöhnlich rapid weich und wurden dann geschnitten. Die Epididymitis zeigte bald nach Beginn der Behandlung einen Rückgang. Niemals waren mehr als 3 Injektionen nötig.

ALMKVIST behandelte 8 Fälle von Bubo mit Terpentin, mit Tuberkulin- und mit Nucleininjektionen. Die Fälle erholten sich alle schnell und vollkommen.

KRAUS behandelte andererseits 20 Fälle von Gonorrhöe (akut) mit Milchinjektionen (5—8 ccm) ohne viel augenscheinlichen Erfolg. Bei 7 Fällen folgte keine allgemeine Reaktion auf die Einspritzungen; die Herdreaktion war ebenfalls bei keinem der Fälle ausgesprochen. GRABISCH, der Terpentininjektionen gebrauchte, erhielt günstige Ergebnisse bei gonorrhöischen Komplikationen, wie Bubo, Cystitis und sogar Pyelitis.

KARO, der kürzlich „Terpichin" gebrauchte, ein Terpentinpräparat mit Chinin kombiniert, hat über den Gebrauch dieses Mittels bei einer sehr großen Anzahl von Fällen berichtet. Bei akuter Gonorrhöe wendete er es in Verbindung mit der gewöhnlichen örtlichen Behandlung an, er ist der Ansicht, daß die Injektionen den Krankheitsverlauf sowohl kürzen als auch Komplikationen verhüten. Die gewöhnlichen Komplikationen bessern sich in sehr kurzer Zeit und sogar Arthritis wird sehr günstig beeinflußt.

Provokative Reaktion. In einer neueren Arbeit hat MÜLLER einen Gegenstand besprochen, der von bedeutender und zunehmender Wichtigkeit ist, nämlich die provokative Reaktion bei männlicher Urethralgonorrhöe. Da ich darüber ausgiebig im Kapitel über Herdreaktionen berichtet habe, soll nur eine Erwähnung an dieser Stelle gemacht werden.

Wir sind mit der Wirkung alkoholischer Exzesse auf den Verlauf einer akuten Gonorrhöe vertraut. Viele unserer modernen therapeutischen Methoden, wie die Anwendung von Kathetern, Kollmannweitung, Silbersalze in höheren Konzentrationen, Wasserstoffperoxyd usw., sind häufig von einer ähnlichen Provokation einer latenten Gonorrhöe gefolgt. Ihre Anwendung hat eine Zunahme des Ausflusses und die Auffindung von Mikroorganismen im Abstrich zur Folge. Nach Untersuchung ist beobachtet worden, daß der reichliche leukocytische Ausfluß aus frischen Leukocyten besteht, nicht aus alten Formen, die im Herd während längerer Zeit anwesend gewesen sein mögen. Sie sind das Ergebnis einer Anregung des myeloischen Systems, die durch die Reaktion eintritt, wenn die Gonokokken im Herd aufgestört werden, und sie sind deshalb als Verteidigungsreaktion anzusehen. Jede Maßnahme, die zuerst die Resistenz verringert — entweder örtlich, wie durch die verschiedenen erwähnten Traumen, oder allgemein, wie nach Alkohol, nach einer nebenherlaufenden Krankheit, nach einer unspezifischen Impfung —, ist durch die Anregung des myeloischen Systems gefolgt von einer Zunahme des Ausflusses. Falls durch örtliche Maßnahmen hervorgerufen, können neue Wege für die Verbreitung der Infektion eröffnet werden, und sie enthält deshalb ein Element der Gefahr. MÜLLER bemerkte, daß die zuerst von HECHT eingeführte intracutane Injektion von Aolan (Casein) von deutlicher Wirkung auf die Infektionen der Schleimhäute war, und als er dasselbe Mittel bei Gonorrhöe anwandte, fand er, daß innerhalb 6—8 Stunden nach der Injektion deutliches Jucken der Urethra bemerkt wurde, gefolgt von erhöhtem Eiterausfluß; gewöhnlich trat auch die Möglichkeit ein, die Anwesenheit des Mikroorganismus innerhalb 24 Stunden nach der Injektion nachzuweisen. NEVERMANN hat diese Reaktion mit Erfolg bei Frauen angewandt.

Entzündung der Adnexe. Man wird sich erinnern, daß KRAUS bei seinen früheren Arbeiten mit Heterovaccinen fand, daß er mittels intravenös injizierter Colivaccine endgültig das Fieber bei einer puerperalen Sepsis bei einer Anzahl von Fällen beenden konnte. Seitdem haben eine Anzahl Forscher nicht nur solche Fälle behandelt, sondern auch Frauen mit entzündlichen Prozessen an den Adnexen, welche durch andere Ursachen, venerische Infektion, Tuberkulose usw. veranlaßt waren. Zu diesem Zwecke sind mehrere Verfahren angewendet worden — Milchinjektionen, Salzinjektionen, kolloidale Metalle, Terpentininjektionen usw. Im allgemeinen kann als festgestellt gelten, daß bei dieser Art Entzündung eine einzige Shokdosis — entweder Milch oder Vaccine oder kolloidales Metall — weniger zufriedenstellend wirkt, als ein Heilverfahren, das sich über längere Zeit erstreckt und milder im Charakter ist.

Wenn man an die Ausdehnung der entzündlichen Veränderungen und ihren besonderen Charakter denkt, konnte dieses Ergebnis erwartet werden. Im allgemeinen kann man feststellen, daß die Befunde bei venerischer Infektion beim männlichen und weiblichen Geschlecht gleiche Geltung haben, d. h. daß die akute Infektion, entweder cervical, urethral oder uteral, nicht sehr stark durch diese Art der Therapie beeinflußt wird, daß andererseits die Komplikationen der Behandlung deutlich zugänglich sind und zuweilen ausnahmsweise gute Erfolge geben.

MENZI behandelte 117 Fälle mit Collargolinjektionen, indem er 2—10 ccm einer 2%igen Lösung alle 2 Tage anwandte. Er stellt fest, daß von 24 Fällen von Urethralgonorrhöe, akuter und subakuter, 23 bakteriologisch negativ wurden. Von 7 Fällen von chronischer Urethritis wurden alle negativ. Von 24 Fällen cervicaler Infektion wurden 23 negativ. 2 Fälle von Uterininfektion waren unverändert. LUX hatte gute Erfolge bei gonorrhöischen Komplikationen mit Injektionen von Kollargol, aber negative Ergebnisse bei akuten Infektionen, und auch SOMMERFELD fand, daß bei akuten Fällen diese Behandlung ebenso unwirksam wie die örtliche wäre. KLEEMANN behandelte 51 Patienten dieses Typus mit Injektionen von 2% Collargol; davon wurden 11 geheilt, 20 gebessert, während 20 klinisch nicht verändert wurden. KLEEMANN hat den Eindruck, daß die Injektionen den Krankheitsverlauf kürzen und eine ausgesprochene Hilfe bedeuten, wenn sie mit örtlicher Behandlung kombiniert werden. Infektionen des Uterus wurden von ihm ebenfalls refraktär befunden. KONTESCHWELLER empfiehlt als wertvoll bei Tubenentzündung „Pyretotherapie", hervorgerufen durch irgend eines der gewöhnlichen unspezifischen Mittel.

GERSTEIN hat Milchinjektionen angewendet, aber die allgemeinen Wirkungen waren zuweilen ziemlich unangenehm, so daß KAUERT zuerst Aolan gebrauchte (Caseinpräparat). Damit behandelte er 16 Fälle von Pyosalpinx. Nur ein Fall reagierte mit einer Temperaturzunahme und es war so gut wie keine leukocytische Reaktion vorhanden. Bei diesen Fällen sah KAUERT sehr geringe klinische Veränderung. Da KAUERT keine Erfolge mit Aolan erhielt, kehrte er zu Milchinjektionen zurück, war aber auch damit nicht erfolgreich. Dies stimmt überein mit den von CHIAUDANO berichteten Ergebnissen.

CHIAUDANO war nicht imstande irgend einen Einfluß auf Adnexerkrankungen und Adnexphlegmonen festzustellen, auch der Erfolg bei Salpingitis war unbedeutend. Bei Mastitis schien der Krankheitsprozeß rascher zur Heilung zu kommen; die Spannung ließ nach der ersten Injektion nach.

TROSSARELLO gab parenterale Milcheinspritzungen bei der Behandlung von 45 Fällen von Gonokokkeninfektion und bei 15 Fällen von venerischem Bubo. Bei dem fieberfreien Kranken zeigt sich ein Zwischenraum von 2 oder 3 Stunden, ehe der Schüttelfrost der Injektion folgt, und dadurch ist ambulatorische Behandlung möglich, da die Patienten imstande sind, vorher nach Hause zu kommen. Kein Erfolg trat bei den Fällen von Urethritis, Prostatitis, Epididymitis und Arthritis ein, aber bei Ovarien- und Tubenerkrankung zeigte sich ein deutlich günstiges Ergebnis. Alle besserten sich, einige nach einer einzigen Injektion. Seine Erfolge bei den 20 Fällen von Adnexerkrankung übertrafen, sagt er, jene mit spezifischen Vaccinen oder Antisera erhaltenen; die Schmerzen verschwanden schnell, sogar ehe irgend eine objektive Besserung augenscheinlich wurde. Er injizierte in das Gesäß 5 oder 10 ccm gewöhnlicher Milch in Zwischenräumen von 3 oder 4 Tagen, bis zu einer Gesamtmenge von 5 Injektionen. Die fieberhafte Reaktion scheint dabei der Hauptfaktor zu sein; die besten Ergebnisse wurden bei den Patienten bemerkt, die die stärksten Reaktionen hatten.

ARWEILLER, der mit LINDIG über intravenöse Caseininjektionen arbeitete, berichtet von zufriedenstellenden Erfolgen bei Entzündungen der Adnexe, indem die entzündlichen Veränderungen deutlichen Rückgang zeigten und bei den Patienten eine allgemeine Besserung des Zustandes eintrat.

SCHÖNFELD versuchte die von v. SZILY und STRANSKY empfohlene Methode (Salzabsceß) bei 36 Fällen von akuten und subakuten gonorrhöischen Infektionen bei Frauen. Er erhielt sehr spärliche Ergebnisse; nur jene erholten sich, bei denen es zur Absceßbildung kam. Das Verfahren ist schmerzvoll und gewiß nicht zu empfehlen.

Neuerdings haben eine Anzahl Kliniker die Terpentininjektion mit augenscheinlich mehr Erfolg angewendet.

FUCHS sowohl wie SCHUBERT hatten während ihres militärischen Dienstes intramuskuläre Terpentininjektionen bei eiternden Wunden ohne irgendwelche

Wirkung versucht (wo wir schon eine große eiternde Oberfläche haben, von welcher nekrotische Produkte absorbiert werden, ist dieses Ergebnis zu erwarten); aber sie fanden, daß sie bei Entzündung der Adnexe ganz bemerkenswerte Erfolge erzielten; Zoeppritz und Kleemann hatten kürzlich über eine ziemlich große Reihe von Fällen berichtet, ebenso Fuchs über 30 gynäkologische, jeden 4. Tag intramuskulär mit Injektion von 0,5 ccm behandelte Fälle (4 Teile Terpentin, 0,2 Teile Eukupin und 16 Teile Olivenöl). Injektionsstelle war die axillare Linie gerade unter dem Darmbeinkamm; die Injektion wurde sehr tief gemacht.

Kleemanns Fälle zählten über 60 und schlossen alle Arten von Entzündung der Adnexe ein. Von dieser Reihe wurden 36 vollkommen geheilt, 21 gebessert und 3 nicht gebessert. Er beobachtete, daß sich das Fieber in der Regel nach kurzer Zeit verringerte und die Größe der adnexalen Schwellung abnahm, bis es bei vielen Fällen nicht länger möglich war, die Größe zu fühlen. Er gebrauchte Terpentin mit einer kleinen Menge Novocain, um örtlichen Schmerz nach der Einspritzung zu verhüten.

Die ausgesuchten Fälle waren bilaterale adnexale Entzündungen, mit 2 bis 10 cm im Durchmesser, großen Verdickungen mit gelegentlicher Temperaturerhöhung, menstrualer Störung, Schmerzen, Blutungen usw. Bei 5 von den Fällen zeigte sich chronische Gonorrhöe. Die Erfolge der Behandlung waren sehr zufriedenstellend, Rekonvaleszenz trat viel eher ein als bei der gewöhnlichen örtlichen oder abwartenden Behandlung. Es wurde nicht nur die lokale Verdickung an Umfang verringert — Fuchs stellt fest, daß die großen Massen in zwei Wochen bis zur Größe einer Walnuß abnahmen —, sondern die Kranken fühlten sich auch im allgemeinen besser und der Appetit wurde angeregt. Gelegentlich wurde eine Temperaturreaktion von 1°—2° C auf die Injektion hin beobachtet; diese Fälle gaben die auffallendste klinische Besserung. Niemals zeigte sich eine unangenehme Wirkung, oder irgendwelche Schädigung durch die Behandlung; bei über 200 Injektionen kam es zu keiner Absceßbildung.

Nach Fuchs ist die Behandlung von sehr bestimmtem gynäkologischem Wert, sogar bei der Behandlung von frühzeitiger adnexaler Entzündung, welche von akuten Symptomen, viel Schmerzen und ausgiebiger Hämorrhagie begleitet ist.

Der Schmerz verschwindet nach der zweiten Injektion, die Menstruation wird normal nach der nächsten Periode und die adnexale Anschwellung ist vermindert. Die Tatsache, daß diese Ergebnisse durch ambulatorische Behandlung erreicht werden können, ist von weiterem Vorteil.

Sonnenfeld berichtete über 115 Fälle von gonorrhöischen, wie nichtgonorrhöischen entzündlichen Veränderungen der Adnexe, die mit Terpentininjektionen behandelt wurden. Er sieht das Verfahren als außerordentlich vorteilhaft bei der konservativen Behandlung von Entzündungszuständen dieser Art an.

Hellendall stellt fest, daß Zöppritz, der auf Grund von 30 Fällen diese Methode kürzlich vor dem Verein der Ärzte in Düsseldorf besprach, keine Anhänger des Verfahrens während der folgenden Diskussion fand. Pankow legte 2 Reihen von Fällen vor, die eine mit und die andere ohne Terpentin behandelt, und betonte, daß die Ergebnisse keinen Unterschied zwischen der alten konservativen Behandlung und der Terpentinbehandlung, soweit es die Endwirkung anbetraf, zeigten. Bei HELLENDALLS eigenem Fall, dem einer jungen Frau von 19 Jahren, wurde die Unwirksamkeit von Terpentininjektionen durch eine spätere Operation gezeigt, obgleich es ein Fall war, bei welchem vor allem gute Wirkungen erwartet werden konnten. KRONNENBERG ist ebenfalls der Meinung, daß die Terpentininjektionen ohne Einfluß auf den Verlauf von adnexaler Entzündung sind.

HINZE berichtet 205 Fälle, von denen 35 operiert wurden; 65 wurden mit der gewöhnlichen konservativen Methode behandelt. Er injizierte 0,5 ccm einer Mischung von 0,1 g Terpentinöl und 0,4 g Olivenöl, an der hinteren Axillarlinie 2—3 Finger breit unter dem Darmbeinkamm. Die lange Kanüle verhütet das Absetzen der Flüssigkeit in den Muskel oder das subcutane Gewebe, was den Schmerz unnötig verstärken würde. Dazu kam bei den meisten Fällen feuchte Hitze, heiße Luft- oder heiße Wasserbehandlung. Das Unbehagen auf die Injektionen war nicht heftig und verschwand gewöhnlich innerhalb 4 bis 5 Stunden, nur bei einigen Fällen dauerte der Schmerz 3—4 Tage, zuweilen in das Bein derselben Seite übergehend. Bei 8 von den Pyosalpinxfällen wurde entweder Heilung oder deutliche Besserung bewirkt. Die Erfolge waren sehr günstig bei den 52 leichten Fällen. In der Regel konnten diese als geheilt innerhalb 2—3 Wochen entlassen werden. Bei den chronischen Fällen verschwanden die Schmerzen gewöhnlich nach einigen Injektionen, und wenn die Patienten in 3—4 Wochen entlassen wurden, hatte die Schwellung bedeutend an Größe abgenommen. HINZ urteilt deshalb, daß Terpentininjektionen einen Fortschritt in der konservativen Behandlung von Affektionen der Adnexe bedeuten. Daß jedoch Rückfälle nicht ungewöhnlich sind, ist selbstverständlich.

Andere Beobachter haben Autoserotherapie angewendet (ISHIKAWA), und HASENBEIN benützte Injektionen von Zuckerlösungen.

Milzbrand. Die Behandlung von Anthrax durch Injektionen von normalem Rinderserum ist ein von KRAUSS und seinen Mitarbeitern eingeführtes Verfahren und ist in einer Anzahl Artikeln von ihnen besprochen worden. Sie gebrauchen zweimal 30 Minuten lang auf 56° erhitztes Rinderserum und injizieren 30—50 ccm oder auch mehr intravenös oder intramuskulär. Nach KRAUSS letzter Arbeit sind über 380 Fälle von ihm auf diese Weise behandelt worden, und zwar mit einer Sterblichkeit von weniger als 6,2% im Gegensatz zu einer Mortalität von ungefähr 10% bei abwartender Behandlung. Die Injektionen werden wiederholt gemacht, gewöhnlich in 12stündigen Zwischenräumen, obgleich in der Regel nicht mehr als drei Injektionen nötig sind. Serumkrankheit ist selten beobachtet worden.

SOLARI berichtet über die Ergebnisse bei 6 Fällen, von denen sich alle erholten. LANGON behandelte 13 mit ähnlich zufriedenstellenden Erfolgen; LIGNIÈRES jedoch war nicht imstande diese Befunde zu bestätigen.

Kürzlich ist über mehrere experimentelle Studien berichtet worden, die sich mit der Frage beschäftigen, u. a. von TURRO, von v. HUTYRA und MANNINGER, GERLACH, KRAUS und BELTRAMI und von KOLMER, WANNER und KOEHLER. Die letzteren Beobachter waren imstande einen gewissen Grad baktericider Eigenschaft in normalem Rinderserum festzustellen, der aber wohl kaum genügt, um für die deutliche klinische Wirkung, die sich bei Seruminjektionen zeigte, verantwortlich zu sein. Bis dahin wurde von einer Anzahl von Klinikern angenommen, daß die Wirkung des Rinderserums durch den Gehalt an natürlichen Antianthraxamboceptoren im Serum der Tiere, von denen das Serum stammt, verursacht sein könnte, weil möglicherweise ein Grad von Immunität im Serum von Vieh, bei welchem Anthrax vorherrscht, bestehen kann.

v. Hutyras und Manningers tabellarische Ergebnisse zeigen, daß Kaninchen, die mit Anthrax geimpft worden waren, durch Behandlung mit normalem Rinder-, Pferde- oder Schafserum kein Schutz gewährt wurde.

Diphtherie und Diphtherieträger. Einer der bemerkenswertesten Berichte über die Anwendung unspezifischer Methoden in der Therapie ist der von Bingel gewesen, welcher ausgiebige Diskussion verursachte, weil er Zweifel hegt gegen den spezifischen Wert eines unserer ausgiebigst gebrauchten und vorbildlichsten spezifischen Sera, nämlich des Diphtherieantitoxins.

Bingel behandelte abwechselnd 471 Diphtheriefälle mit Diphtherieantitoxin und 466 Fälle mit leerem, d. h. normalem Pferdeserum, das kein Antitoxin enthielt. Die Ergebnisse, soweit sie bei den beiden Gruppen beurteilt werden konnten, zeigten keinen Unterschied in der Sterblichkeit, der Krankheitsdauer oder der Zahl der Komplikationen. Tatsächlich soll Bertin bei Diphtherie schon 1895 Injektionen von normalem Serum gebraucht haben, wie auch Rolly und v. Strümpell. 1912 machte Lorey wieder darauf aufmerksam.

Bingels Arbeit beansprucht Interesse, nicht weil sie wünschenswerte Maßnahmen beschreibt, die zu empfehlen sind, sondern wegen ihrer theoretischen und praktischen Wichtigkeit. Es kann kein Zweifel bestehen, daß spezifisches Antitoxin unvergleichliche Überlegenheit über normales Pferdeserum zeigen wird, bei geschickter therapeutischer Anwendung und auch bei Tierversuchen. Aber in der Praxis wurde die Beobachtung von Bingel durch Dorn und von Meyer bestätigt, wenn auch nicht bei einer großen Reihe von Fällen; Klotz hat neuerdings einen Überblick über den ganzen Gegenstand gegeben.

Es ist eine von einer Anzahl Klinikern oft ausgesprochene Beobachtung in den letzten Jahren gewesen, daß das moderne hochkonzentrierte Diphtherie-Antitoxin nicht immer die gleichen zufriedenstellenden Erfolge gibt, wie unsere älteren weniger konzentrierten Präparate. Von den älteren Präparaten mußten größere Serummengen injiziert werden. Die Arbeit von Bingel wirkt hier klärend. Das heißt, es handelt sich bei Diphtherieantitoxin um zwei Faktoren, die von therapeutischem Wert sind, um den spezifischen Antitoxingehalt wie um die unspezifische anregende Eigenschaft der Serumproteine. Je höher konzentriert das Präparat ist, desto weniger wird von dem unspezifischen Element zurückbehalten werden. Dies ist wahrscheinlich der Grund, warum die moderneren Sera zuweilen von geringerer therapeutischer Wirkung gefolgt zu sein scheinen, als die früheren Präparate. Tatsächlich findet man, wenn man einiges aus der älteren Literatur durchsieht, Beobachtungen, welche die zeitweilige Temperaturerhöhung nach Diphtherieantitoxininjektionen betreffen, wie auch die zeitweilige Leukopenie und die spätere Leukocytose, die wir jetzt als einen Teil der Erscheinungen erkennen, welche auf die verschiedenen unspezifischen Injektionen folgen (Ewing).

Eine Anzahl Forscher haben Bingels Methode wiederholt, indem sie das Verfahren der Toxinneutralisation bei Meerschweinchen anwendeten. Calhoun, z. B., ebenso auch Kraus und Sordelli erzielten einen leichten Schutz mit normalem Pferdeserum, andere Beobachter geringeren oder keinen Schutz. Mangelnde Bestätigung durch Tierversuche entscheidet jedoch nicht über die therapeutische Wirkung bei menschlicher Diphtherie. LÜDKE hat z. B. 15 Fälle von Diphtherie bei Erwachsenen mit Albumosen behandelt (2—3 Injektionen von 3—5 ccm einer 10%igen Lösung). Die heilenden Wirkungen waren ganz mit den bei spezifischer Serumtherapie erhaltenen zu vergleichen. Bei 7 Fällen erfolgte auf die erste Injektion ein vollkommenes Verschwinden der Diphtheriemembrane und innerhalb 24 Stunden der Rückgang der Temperaturkurve zum Normalen. Bei 3 Fällen, bei welchen schon eine Stenose bestand, folgte auf die Injektionen eine Zunahme der Anschwellung und der stenotischen Symptome, was die gewöhnliche Wirkung unspezifischer Injektionen auf örtliche Entzündungsvorgänge ist. In 5 Fällen wurde auf den Krankheitsverlauf keine offensichtliche Wirkung ausgeübt.

PASCHEN verwendete Milchinjektionen, um Diphtherieträger von ihrer Halsinfektion zu befreien. Von 54 Fällen wurden 37 in 4—6 Tagen frei, 7 in 14 Tagen, während bei 10 Fällen keine Wirkung auf die Keime im Halse vorhanden war. PASCHEN bemerkt unter Betonung der Tatsache, daß das hohe Fieber einer der Faktoren ist, der bei der Überwindung des Zustandes hilft, daß von diesen 10 hartnäckigen Fällen 5 nicht irgendwie mit Fieber auf eine Milchinjektion reagierten.

MÜLLER hat ebenfalls berichtet, daß unspezifische Injektionen (Milch und Casein) bei Dauerträgern wirksam sind, um die Schleimhäute des Halses und der Nase von Diphtheriekeimen zu befreien.

Bacilläre Dysenterie. Der Krieg mit seinen damit verbundenen Epidemien von Dysenterie, bei dem Militär sowohl als auch bei der Zivilbevölkerung, bot den europäischen Klinikern beträchtliche Gelegenheit, nicht nur die Prophylaxe, sondern auch die Therapie der Krankheit zu erforschen, und wir haben jetzt aus einer Anzahl von Quellen nützliche für uns verwertbare Berichte. Unter diesen hat NOLF mehrere Schriften veröffentlicht, die in der amerikanischen Literatur verfügbar sind, und sich mit spezifischer und unspezifischer Therapie beschäftigen. ADLER war vielleicht der erste, der über den Gebrauch von Milchinjektionen bei Dysenterie berichtete; HOLLER hat in seine große Serie von infektiösen Krankheiten, die er mit Deuteroalbumoseinjektion behandelt hatte, 50 Dysenteriefälle mit eingeschlossen und auch DÖLLKEN hat über eine Anzahl mit Milchinjektionen behandelter Fälle berichtet.

In Anbetracht dessen, daß NOLF sehr ausgedehnte Erfahrungen zuerst bei spezifischer Serumtherapie, dann bei subcutaner Vaccinebehandlung, und später bei intravenöser Bakteriotherapie gesammelt hat, mag es von Interesse sein, ausgiebig aus seiner neuen Arbeit zu zitieren:

„Die Behandlung von Dysenterie mit Geschwürbildung gab uns nur zeitweise Resultate, solange wie wir zu den Methoden der Bücher Zuflucht nehmen mußten. Spezifische Serotherapie erwies sich als wirkungslos. Wegen der Unzulänglichkeit dieser Methoden wendeten wir deshalb gegen Ende der Epidemie von 1917 Vaccinetherapie bei den chronischen Fällen an. Wenn es uns möglich war, einen Dysenteriestamm aus dem Darm zu isolieren, stellten wir eine autogene Vaccine her; andernfalls gebrauchten wir eine Vaccine von einem Flexnerbacillentypus, die aus einer durch Hitze getöteten Agarkultur gemacht wurde. Zu dieser Zeit wurde die Vaccine subcutan gegeben, in progressiv steigenden Dosen; die gewöhnlich angewandte Anfangsdosis war 10 000. Um das gewünschte Ergebnis zu erhalten war es nötig, die Dosis häufig auf 5—10 Billionen zu erhöhen. Diese großen Mengen abgetöteter Kultur werden regelmäßig gut vertragen, obgleich sich oft innerhalb 12—24 Stunden nach den Injektionen leichtes Fieber, Kopfschmerz und Mattigkeit, mit häufigeren und weniger festen Stühlen, zuweilen auch leichte Kolik bemerkbar machte und an der Injektionsstelle eine geringe Infiltration mit mäßigem Schmerz auftrat. Alle diese Folgen gehen schnell vorüber und stören in der Regel den Patienten nur wenig.

Im Winter 1917—1918 bekamen wir noch Fälle von chronischer Dysenterie, deren Beginn mehrere Monate oder mehrere Jahre zurücklag. Wir wandten dieselbe Behandlung an, aber mit dem Unterschied, daß die Anfangsdosis regelmäßig eine Million Keime betrug und daß die Dosis progressiv bis zu 5—10 Billionen gesteigert wurde. Die erhaltenen Erfolge waren fortdauernd günstige. Bei jedem Fall wurde der allgemeine Zustand gebessert und die Darmerscheinungen verminderten sich beständig. Bei der Mehrzahl war die Heilung vollkommen und endgültig. Zuweilen schien eine völlige Genesung am Ende der Behandlung zu bestehen, aber später kehrten die Erscheinungen zurück. Bei einigen Fällen blieben die Stühle, obgleich sie regelmäßig und nur ein- oder zweimal am Tage und ohne Blut und Schleim auftraten, trotzdem weich; und es blieb eine geringe intestinale Unbeständigkeit und Unbehagen zurück.

Wir würden wahrscheinlich mit der subcutanen Vaccineanwendung fortgefahren haben, hätten wir nicht bei anderen Affektionen, besonders bei Bakteriurie, die auf Colibacillen oder Staphylokokken zurückzuführen war, beobachtet, daß die intravenöse Anwendung deutlicher und schneller wirkt. Wir fingen deshalb mit der Anwendung der Vaccine auf intravenösem Wege bei bacillärer Dysenterie an.

Wir wandten die Behandlung nicht nur bei denjenigen mit erwiesener Dysenterie mit Geschwürbildung an, sondern auch bei allen Patienten an, bei denen der Krankheitsverlauf die Entwicklung der geschwürartigen Form fürchten ließ, d. h. in jedem Fall, bei welchem nach einer Woche eine Diät- oder Drogenbehandlung keine Heilung hervorgebracht hatte, oder wenigstens keine Aussicht auf eine schleunige Heilung bot.

Die Dosen wurden in 4 tägigen Zwischenräumen gegeben; die Anfangsdosis war regelmäßig 10 000 Keime, dann 30 000, dann 50 000, dann 1 000 000 usw. Im allgemeinen ließ die Besserung nicht lange auf sich warten. Das Fieber fiel durch Lyse, mit einer mehr oder weniger deutlichen Verschlimmerung an den Tagen der Vaccinetherapie und am darauffolgenden Tage; die Darmerscheinungen besserten sich gleichzeitig. Bei vielen Fällen von mäßiger Schwere wurde vollkommene Heilung bewirkt, sobald die Dosis von 500 000 erreicht worden war. Bei den hartnäckigeren Fällen war es nötig, die Vaccine bis auf ungefähr 10 Millionen hinaufzuschrauben.

Bei 52 in dieser Weise behandelten Fällen hatten wir nur 2 Todesfälle. Alle anderen Patienten verließen das Krankenhaus geheilt, ausgenommen 2, bei denen militärische Notwendigkeit uns zwang, sie zu bald zu entlassen. Wir haben keinen Zweifel, daß auch bei diesen 2 Fällen die Fortsetzung der Behandlung eine Heilung in verhältnismäßig kurzer Zeit ergeben hätte. Durch Vaccinetherapie waren wir auf diese Art imstande, die gefährliche Neigung zum Chronischwerden zu verhüten, die 1917 bei einer bedeutenden Anzahl unserer Patienten vorlag. Dieses letztere Ergebnis sahen wir als besonders befriedigend an.

Das vollständige Protokoll über die Epidemie der bacillären Dysenterie von 1918 zeigt vollkommene Heilung bei 500 Fällen spätestens innerhalb einiger Wochen, mit Ausnahme von nur 2 Patienten, welche starben, und 2, die fortgingen, ehe die Heilung beendigt war.

Ich glaube, ich bin berechtigt aus diesen Beobachtungen zu schließen, daß Vaccinetherapie und besonders intravenöse Impfung das wirksamste Heilverfahren bei bacillärer Dysenterie ist, sowohl in ihren chronischen als in den akuten Formen, die wenig Neigung zur Heilung zeigen. Es scheint auch, daß die Methode wirksamer ist, wenn sie frühzeitig angewandt wird. Der intravenöse Weg hat den Vorteil, daß er Erfolge ermöglicht durch Dosen, die $^1/_{1000}$ der Größe der subcutanen Dosen betragen. Da ich keine Gelegenheit gehabt habe, diese Behandlungsweise bei Fällen von Shigabacillendysenterie anzuwenden, kann ich nicht von ihrer Nützlichkeit bei dieser Form der Dysenterie sprechen. Bei akuter Dysenterie heilt die intravenöse Vaccinetherapie schnell solche Fälle, die längeres Fieber und dauernde Diarrhöe mit hämorrhagischen und schleimigen Stühlen zeigen; es sind die Fälle, die gegenüber anderen Heilverfahren, wie auch gegenüber der Serotherapie hartnäckig sind."

Natürlich ist die Bakteriotherapie keine spezifische Maßnahme; die gleiche Wirkung läßt sich erreichen, wenn die Reaktion durch irgend eines der anderen Mittel hervorgerufen wird.

Milchinjektionen, zuerst von ADLER bei Dysenterie und Cholera gebraucht, wurden auch von DÖLLKEN angewandt, der sie wegen der deutlichen styptischen

Wirkung nach intramuskulären Injektionen benutzte; er beobachtete jedoch keine wirksame Änderung in der Koagulationszeit des Blutes von Dysenteriepatienten vor und nach der Behandlung. Es muß angenommen werden, daß in den frühen Stadien der Dysenterie, wenn die Hyperämie der Mucosa noch nicht ausgesprochen ist und es sich lediglich um kleine Blutungen und eine Hypersekretion handelt, die Injektionen die besten klinischen Erfolge zeitigen; dieses hat sich tatsächlich in der klinischen Praxis erwiesen.

Döllken injizierte 5 ccm Milch intramuskulär (gelegentlich auch weniger). Zuweilen konnte nach 5 oder 6 Stunden eine bestimmte Herdreaktion in Form gesteigerter Entleerungen, die mehr Blut enthielten, beobachtet werden. Die Erholung nach dieser Periode erfolgte sehr schnell. Gewöhnlich war am ersten Tage nach der Injektion bedeutend weniger Blut in den Stühlen, fehlte sogar bei einigen ganz. Dies setzte sich, wie beobachtet wurde nach der zweiten Injektion fort. Nach 5 Tagen zeigte sich gewöhnlich kein Blut mehr. Der Krampf des Dünndarms wurde fast immer nach der ersten Injektion gelindert; der Tenesmus innerhalb 4—5 Stunden nach der ersten Injektion. Eine wichtige Tatsache wurde bei den Fällen bemerkt, die Albuminurie gehabt hatten. Diese verschwand unterschiedslos nach der Injektion.

Im Gegensatz zu der Erfahrung von Nolf bemerkte Döllken nach den Milchinjektionen keine große Wirkung auf die Temperaturkurve, obgleich bei einigen Fällen nach der zweiten Injektion Entfieberung eintrat. Dasselbe Fehlen der Wirkung auf den Temperaturverlauf machte sich auch bei den mit spezifischen Seren und Vaccinen behandelten Fällen bemerklich.

Bei fortgeschritteneren Fällen unterwirft sich das Geschwür nicht so bereitwillig der Behandlung. Nach ungefähr 5 Tagen jedoch wurde Besserung des Tenesmus und der Hartleibigkeit festgestellt, aber die Hämorrhagien neigen dazu, länger anzuhalten. Bei Fällen mit diphtheritischen Membranen hatte Döllken gute Erfolge nach wiederholten Einspritzungen.

Von theoretischer Bedeutung war die Tatsache, daß bei geheilten Fällen Döllken zuweilen noch imstande war, den verursachenden Mikroorganismus (Flexner) aus dem Stuhl zu züchten. Der Agglutinationstiter des Patientenserums wurde ohne Rücksicht auf das klinische Ergebnis nicht durch die Milchinjektionen verändert, war aber nach spezifischer Impfung erhöht.

Deuteroalbumose, welche Döllken bei mehreren Fällen ausprobierte, wirkte nicht so zufriedenstellend. Andererseits behandelte Holler 50 Fälle von bacillärer Dysenterie (Kruse und Shiga) mit täglichen Injektionen von Deuteroalbumose und hatte bei dieser Gruppe nur zwei Todesfälle.

Lüdke behandelte 14 Fälle von schwerer Dysenterie (12 Shiga- und 2 Flexnertypen) mit Deuteroalbumoseinjektionen (3—6 Einspritzungen von 1—2 ccm einer $10^0/_0$igen Lösung). Neben absoluter Bettruhe, heißen Packungen und besonderer Diät wurde keine andere Therapie bei diesen Fällen angewandt. Innerhalb von 3—6 Tagen wurden 12 Patienten deutlich gebessert — die Stühle wurden normal und frei von Blut oder Schleim, Tenesmus war verschwunden und der allgemeine Zustand und der Appetit wurden sehr schnell normal. Bei zwei Fällen, wo eine frühere Bemühung mit Serumtherapie wertlos gewesen war, verfehlten die Injektionen von Deuteroalbumose ebenfalls ihre Wirkung.

Furno behandelte 5 Fälle von hämorrhagischer, dysenterieartiger Colitis, welche möglicherweise durch Mischinfektion verursacht waren, mit intravenösen

Injektionen von Proteosen (10—12 ccm einer 10%igen Lösung). Er fand, daß durch schnelle Therapie dieser Art die Krankheit angehalten wird, ehe sie das Geschwürstadium erreicht.

Reiter fand andererseits, daß bei einer kleinen Reihe von Fällen sich nur ein Fall wirklich besserte. Schelenz, der polyvalentes Serum und auch Injektionen von Dysenterievaccine benützte, bemerkte, daß das Blut aus dem Stuhl verschwand, die Diarrhöe abnahm und der allgemeine Zustand des Patienten sich besserte, während die Fieberkurve sich nur wenig änderte,

Während spezifisches Serum von vielen Klinikern gebraucht wurde, scheint die allgemeine Meinung die Schlußfolgerungen Nolfs zu bestätigen, daß es keinen großen Wert besitzt, es sei denn bei intramuskulär oder intravenöser und häufig wiederholter Anwendung in sehr großen Dosen. Pfeiffer gebrauchte 100 ccm polyvalentes Serum ohne Rücksicht auf den bakteriologischen Befund und gab 5—6 Injektionen; gewöhnlich konnte eine leichte Systemreaktion nach den Injektionen bemerkt werden. Die Größe der erforderlichen Dosis und die Tatsache, daß sie sehr frühzeitig gegeben werden muß, wenn sie überhaupt nützen soll, führt zu dem Schluß, daß die Wirkung mehr nur in der unspezifischen Anregung durch das Serum gefunden werden kann, als in irgend einem spezifischen Antikörpergehalt. Schittenhelms Ergebnisse würden zu dem gleichen Schluß führen. v. Szilly und Vertes machten Gebrauch von diesem Charakteristikum, indem sie ihre Kranken mit „Solusin" injizierten, einem ziemlich toxischen Mittel, das an anderem Ort beschrieben ist, und von dessen Gebrauch sie Erfolge erhalten zu haben behaupteten, die gleich befriedigend wie die durch spezifische Seruminjektionen wären.

Erysipel. Die Behandlung von Erysipel mit Antistreptokokkenserum durch gewöhnlich subcutane Injektionen ist keineswegs ein neues Verfahren. Eine Übereinstimmung der Kliniker über ihren Wert ist noch nicht erreicht. Chantemesse gebrauchte Marmorekserum bei einigen 500 Fällen und gewann den Eindruck, daß die Erholung beschleunigt wurde. Nach 24 Stunden begannen die Anschwellung, die Verhärtung und die Schmerzen sich zu vermindern, während sich schon innerhalb einiger Stunden nach der Injektion der allgemeine Zustand des Patienten besserte. Jochmann, der über bedeutende Erfahrung verfügt, zog den Schluß, daß da, wo die örtliche Entzündung beeinflußt werden mußte, die subcutane Therapie nutzlos war, daß aber bei den schwer toxischen Fällen mit Delirium, schnellem Puls usw. die Wirkung des Serums sich deutlich in der Besserung des allgemeinen Zustandes zeigte.

Seit der Einführung der intravenösen Anwendung des Antistreptokokkenserums oder unspezifischer Verfahren, läßt sich eine deutlichere wie auch allgemeine Wirkung auf den Kranken feststellen. Zusammen mit Jobling und Manier begannen wir die Behandlung von Erysipel 1915 mit intravenös injizierten Proteosen. Die Ergebnisse bei mehreren Fällen sind von Jobling dargelegt worden. Seit jener Zeit hat der Verfasser Gelegenheit gehabt ungefähr 15 weitere Fälle zu beobachten, die entweder mit Proteosen, Milch oder Typhusvaccine behandelt wurden, wobei die Erfolge stets sehr zufriedenstellende gewesen sind, bei einigen Fällen anscheinend sogar ganz bemerkenswerte. Die schnelle Abnahme der Intoxikation, die allgemeine Besserung des Sensoriums und des kardiovasculären Apparates gaben auffallende Anzeichen der Verringerung der Intoxikation. Der örtliche Verlauf wird ebenfalls beeinflußt, jedoch gewöhnlich nicht eher bis Anzeichen der Wirkung in der Euphorie vorhanden sind und in der Verminderung der Vergiftungserscheinungen bei den Patienten.

Französische Kliniker haben subcutane Injektionen und per os gegebenes Normalserum wie auch Diphtherieantitoxin bei der Behandlung von Erysipel jahrelang mit einigem Erfolg gebraucht (Launois, Darier, Apostolleaun, Pollak und Mayweg). Die neuerdings angewandte intravenöse Injektion solcher Sera ist augenscheinlich deutlichere Wirkungen auf den Verlauf der Krankheit zur Folge.

Koller, Uhlig, Basset, Campani, Frank und Bugolli berichten über so behandelte Fälle. Boyksen, der normales Pferdeserum gebrauchte, behandelte eine ziemlich große Reihe. Bei schwer toxischer oder ausgedehnter Infektion gab er 20 ccm intravenös und 10 ccm subcutan; bei den milderen Fällen wurden nur 10 ccm intravenös gegeben.

Auch die kolloidalen Metalle sind angewendet worden, zuweilen mit Erfolg (Eberstadt, Cholewa, Capitan usw.).

Holler macht auf eine Tatsache aufmerksam, die wir verschiedene Male beobachtet haben, nämlich, daß auf intravenöse Injektionen dieser Art eine sehr deutliche Reaktion von seiten des Patienten erfolgen könne, so daß sogar verhältnismäßig kleine Dosen eine schwere allgemeine Reaktion zu verursachen imstande seien. Holler behandelte 32 Fälle von Erysipel mit kleinen täglichen Injektionen von Deuteroalbumose, welche sich alle schnell erholten und eine unkomplizierte Genesung zeigten. Die Reaktion war jedoch zuweilen ganz schwer, bei einigen Fällen bekamen die Patienten kurze Zeit nach dem Schüttelfrost Delirium. Nolf beschrieb den Gebrauch von Peptonen, Kraus, Turnheim und Reichenstein erhielten zufriedenstellende Ergebnisse mit Milchinjektionen, während Blumenau 77 Fälle mit Nucleininjektionen behandelte. Bei diesen Gruppen zeigte sich die günstige Wirkung augenscheinlicher in dem allgemeinen Zustand der Kranken als in dem örtlichen Vorgang. Audain und Masmonteil gebrauchten Zuckerlösungen; Engländer berichtet, daß auf die intravenöse Injektion von Salzlösung (100—150 ccm) die Temperatur gewöhnlich sehr schnell normal wurde; v. Scily und Schiller wendeten erfolgreich Typhusvaccine an. Eine Anzahl Forscher erhielten zufriedenstellende Ergebnisse entweder mit direktem oder künstlichem Sonnenlicht (Bruce und Hodgson, Capelle, Klapp usw.).

Schmidt hat kürzlich über 51 mit Milchinjektionen behandelte Fälle berichtet. Von diesen betrafen 39 das Gesicht, 6 die oberen Extremitäten, 5 die unteren und in einem Fall war die Bauchhaut angegriffen.

Die Ergebnisse waren folgende:

Entfieberung	Gesichtsfälle	Obere Extremitäten	Untere Extremitäten	Abdomen
1. Tag nach der Injektion	27	2	1	1
2. „ „ „ „	8	2	2	—
3. „ „ „ „	4	2	2	—

Von den 4 Gesichtsfällen, die erst am 3. Tage reagierten, hatte einer eine Angina und zwei hatten eine Lymphadenitis am Halse (tuberkulös). Die fünf übrigen Fälle, die länger als 3 Tage anhielten, waren alle durch andere Infektionen kompliziert.

Influenza. Die neue Influenzapandemie gab Gelegenheit, die Wirkung einer großen Zahl unspezifischer Mittel auf den klinischen Verlauf zu erforschen, besonders bei komplizierter Bronchopneumonie. Eine ausgiebige Literatur hat sich entwickelt, die hier nur kurz durchgesehen werden kann.

Kolloidale Metalle. TELLER berichtete zufriedenstellende Erfolge mit Kollargol. CAPITAN, der 321 Fälle unkomplizierter Influenza und 208 Fälle von grippöser Bronchopneumonie behandelte, gebrauchte ein kolloidales Arsenikpräparat, welches er früher als nützlich bei Tuberkulose und Syphilis befunden hatte. Das Präparat enthielt 3 mg Arsenik und 2 mg Silber per Kubikzentimeter, und davon wurden 6—9 ccm entweder intramuskulär oder intravenös injiziert. Er stellte eine günstige Wirkung auf den Puls und den allgemeinen Zustand des Patienten fest; die Temperatur verminderte sich in ungefähr 3 Tagen nach dem Beginn der Behandlung. VAN ANDEL und HEYMANS gebrauchten beide mit günstigen Erfolgen Kollargol bei einer kleinen Reihe von Fällen. HODEL fand sowohl Kollargol als auch den Fixationsabsceß bei Influenza nützlich. HOLDEN verwendete kolloidales Silber und RICHARD, REMOND und NETTER berichteten ebenfalls über den Gebrauch von ähnlichen metallischen Präparaten.

TAILLENS behandelte einige 300 Fälle von Influenza und Komplikationen mit einer Anzahl verschiedener Mittel. Salvarsan war nicht wirksam, auch Enesol und Galyl wurden als nutzlos befunden, kolloidale Metalle nützten nur in sehr großen Dosen.

WACHTER gebrauchte Kollargol bei Influenza mit gutem Erfolg, wenn er es genügend früh gab. Auch bei Pleuritis nach Pneumonien war es nützlich. Er empfiehlt Vorsicht, wenn etwa Nephritis vorhanden ist, da er beobachtete, daß mehrere Fälle ein Wiederauftreten von Formelementen und Albumin nach den Kollargolinjektionen zur Folge hatten.

WITTE empfiehlt ebenfalls solche intravenösen Injektionen, wenn sie früh genug gegeben werden können.

Fixationsabsceß und Terpentininjektionen (Collobiose) scheinen mit beträchtlichem Erfolg angewendet worden zu sein. TAILLENS berichtet, daß ihm Terpentininjektionen bei 30 Fällen bessere Ergebnisse lieferten, als die anderen von ihm gebrauchten Mittel. NETTER, der 230 einfache Influenzafälle und 309 Fälle mit Komplikationen behandelte, hatte ungefähr 22% Todesfälle. Fälle, die mit Injektionen von kolloidalem Zinnoxyd behandelt wurden, wurden nicht besonders beeinflußt. Auch normales Serum und Kollargol blieben ohne große Wirkung. Ein Fixationsabsceß ergab bei einigen Fällen vielleicht bessere Erfolge.

PEHU und PILLON wollen Terpentininjektionen bei der Behandlung von Bronchopneumonie, besonders bei Kindern, als nützlich befunden haben. NETTER, VERGELY, ROUMAILLAC und auch KLINGMÜLLER gebrauchten Terpentininjektionen. Schweizer Kliniker wendeten den Fixationsabsceß mit offenbarem Erfolg an. So behandelte HODEL 156 Fälle von Influenzapneumonie. Von diesen wurden 102 mit intravenösen Injektionen von Elektargol behandelt, wobei die Dosierung 5—20 ccm betrug. Die Sterblichkeit war 20%. Viel besser waren die Ergebnisse bei 15 mit dem Fixationsabsceß behandelten Fällen. PROBST beschreibt seine Erfahrung bei der Epidemie von 1920 sowohl wie von 1918 und 1919. Seine damalige und seine neuere Erfahrung hat die früher von ihm gemachten Angaben in bezug auf das günstige Ergebnis eines Fixationsabscesses, der durch subcutane Injektion von 1 ccm Terpentin hervorgerufen wird, bestätigt. Er schreibt seine Wirksamkeit der Hyperleukocytose zu, die er hervorruft, wie Influenza von einer ausgesprochenen Leukopenie begleitet ist. Er denkt, daß dies auch erklärt, warum Influenza post partum mild ist, weil die Hyperleukocytose der Geburtsarbeit die Infektion mild macht. Es gibt nichts so Wirksames, erklärt er, um Hyperleukocytose zu veranlassen als den Fixationsabsceß. Er warnt davor, den Absceß zu schneiden ehe die Krankheit nachläßt (Apyrexie); dann soll man einen großen Schnitt machen und den Absceß gründlich säubern.

Niemeyer gebrauchte intravenöse Injektionen von Gelatine, aber nur bei einigen Fällen.

Milch ist von einer Anzahl Klinikern angewendet worden. Von den Velden behandelte ungefähr 90 Fälle mit Serum und mit Milch, seine Erfolge sieht er als sehr zufriedenstellend an. Von der Milch wurden 10—20 ccm 2- oder 3 mal während der Krankheit intramuskulär injiziert.

Münzer und Ptitz fanden ebenfalls, daß Milchinjektionen die Krankheit günstig beeinflußten. Patschkowski behandelte 40 Fälle von Influenzapneumonie mit Milchinjektionen (10 ccm). Die Einspritzungen wurden wiederholt, falls die Wirkung nach der ersten Dosis nicht ausreichte. Bei dieser Reihe starben 8 Patienten. Er beobachtete, daß die typische Reaktion mit erhöhtem Fieber und Schüttelfrost oft fehlte, wenn die Injektionen bei solchen pneumonischen Patienten gemacht wurden. Zalewski und Müller berichten sehr günstig über Injektionen von Aolan, einem Milchpräparat, auf welches keine schwere Reaktion folgte.

Sera. Mit Diphtherieantitoxin wurden wiederholt Versuche gemacht. Kautsky gebrauchte Injektionen von ungefähr 3000 Einheiten und behauptet gute Erfolge erhalten zu haben. Vaubel wendete Injektionen von 1 ccm bei 20 Fällen mit günstigen Ergebnissen an. Bettinger behandelte 18 Fälle zufriedenstellend und Lustig 100 Fälle, von denen alle Lungenkomplikationen hatten, mit Injektionen von 10 ccm Antitoxin. Die Erfolge befriedigten sehr im Gegensatz zu den unbehandelten Fällen der gleichen Klinik. Crohn berichtet über 17 so behandelte Fälle von unkomplizierter Influenza.

Antistreptokokkenserum wurde von Hughes und auch von Grote angewendet. Der Letztere behandelte einige 40 Fälle mit Antistreptokokkenserum, Pferdeserum und Rekonvaleszentenserum und Maale berichtete über ähnliche Ergebnisse. Friedemann gebrauchte ein polyvalentes Serum bei 20 Fällen und betrachtete die Wirkung als günstig.

Normales Serum und Rekonvaleszentenserum haben ausgedehnte Anwendung gefunden, anscheinend mit zufriedenstellenden klinischen Resultaten. Reiss gebrauchte normales Serum, Rekonvaleszentenserum, normales Pferdeserum, und Diphtherieantitoxin, indem er 20—200 ccm intravenös mit ausgezeichnetem Erfolg injizierte. Die Temperatur fiel gewöhnlich innerhalb 36—48 Stunden. Grigant und Montier machten Gebrauch von Serumplasma nach Richet — einem gemischten Kaninchenplasma- und menschlichen Serum —, das, wenn es frühzeitig im Verlaufe der Krankheit injiziert wurde, zufriedenstellend wirkte. Über andere klinische Beobachtungen ist berichtet worden von Pfeiffer und PRAUSNITZ, BRODIN, LESNÉ und SAINT-GIRONS, AGUIRRE, EHRENBERG und BACHMANN, HUFF-HEWITT, FRANCIS, HALL und GAINES, HOLST, ROSS und HUND, LUITHLEN und WINTERBERG, BOGARDUS, PAULY, REDDEN, FÖLDES und HAJOS, O'MALLEY und HARTMAN, STOLL, LIEBMANN u. a.

Vaccine. Wenn auch eine bedeutende Anzahl von Klinikern spezifische Vaccine als Heilmittel gebraucht haben, so ist doch die Reaktion auf die Injektion von Influenzabacillen nicht sehr deutlich und die unspezifische Wirkung deshalb nicht ausgesprochen. GOW z. B. injizierte 75 Millionen Mikroorganismen oder mehr intravenös ohne einen Schüttelfrost hervorzurufen, aber er bemerkte doch eine Temperaturerhöhung etwa von 1° C nach 3 Stunden. Die beobachtete Leukocytose war gering. J. BLACK-MILNE berichtete über gemischte Vaccine und SNYDER behandelte 20 Fälle intravenös mit Typhusvaccine. Todesfälle kamen nicht vor; SNYDER betrachtet das Verfahren als von ausgesprochenem Wert. COWIE und BEAVEN haben Typhusvaccine bei der Behandlung von Pneumonie gebraucht, sehen sie aber nur von Wert an in den frühen Stadien der Krankheit. Über eine ausgedehnte Reihe von 200 Fällen ist von ROBERTS und CARY berichtet worden, welche eine Vaccine gebrauchten, die aus je 100 Millionen Influenzabacillen, Pneumokokken, Staphylokokken und Streptokokken im Kubikzentimeter hergestellt war. Von dieser Vaccine injizierten sie 0,5 bis 1 ccm intravenös. Bei ihren so behandelten Kranken zeigte sich keine Schädigung irgend welcher Art. Die Sterblichkeit der behandelten Fälle war 9,5%; bei 86 Patienten, die nicht mit Vaccine behandelt worden waren, betrug sie 31,2%. Bei den behandelten Kranken erholten sich 36% durch Krise, bei den unbehandelten Serien 20%.

MUCHS Vaccine. MUCH, SCHMIDT und PEEMÖLLER berichteten über den Gebrauch einer unspezifischen aus folgenden Bestandteilen hergestellten Vaccine: Reaktive Proteine, die von einer Anzahl nichtpathogener Bakterien abstammten, eine Lipoidmischung aus Galle und eine Fettmischung tierischen Ursprungs. Diese sogenannte „Immunvollvaccine" wurde auf der Basis der „Partialantigen"-Theorie von MUCH hergestellt. Sie berichten über zufriedenstellende Erfolge mit der Vaccine bei Influenza.

Hypertonische Salzlösung. BORCHARDT und LADWIG berichten, daß sie bei 98 Fällen gute Erfolge auf die intravenöse Injektion kleiner Mengen von Salzlösung (5—10%) erhielten, ebenso wie mit Rekonvaleszentenserum. Sie äußern sich besonders über die Entgiftung, die bei den schwereren Fällen ersichtlich war.

Albumosen. 10 schwere Influenzafälle wurden von LÜDKE mit Albumoseinjektionen behandelt. Bei 5 von ihnen war eine sofortige Wirkung einer einzigen Injektion offenbar, die Patienten erholten sich durch Krise. Bei 2 Fällen entwickelte sich Pneumonie zusammen mit Empyem. Beide erholten sich verzögert. Bei 3 Fällen fiel die Temperatur erst nach einer Anzahl von Injektionen.

Encephalitis lethargica. LAUBIE und MARINESCO berichten über die schnelle Erholung von an lethargischer Encephalitis erkrankten Patienten nach intraspinalen Injektionen von Tetanusantitoxin. BRILL gebrauchte ebenfalls spinale Seruminjektionen. GRUNWALD hat 80—100 ccm Rekonvaleszentenserum intraglutaeal bei Fällen von lethargischer Encephalitis angewendet. Die Wirkung auf die Temperatur und den Puls war schnell, Lyse trat innerhalb 3 Tagen nach der Injektion ein. Neuralgien blieben noch einige Zeit lang bestehen, nachdem die Temperatur normal geworden war. VOORTHIUS behauptet, den Fixationsabsceß bei Encephalitis als nützlich befunden zu haben.

Masern. HOLLER und MÜLLER haben Fälle mit Albumose und mit Milchinjektionen behandelt. PEHU und PILLON berichten, daß Injektionen von Terpentin sehr zufriedenstellend wirkten.

Parotitis und Orchitis. SALVANESCHI berichtet, daß die Injektion von Diphtherieantitoxin von bedeutendem Wert bei der Behandlung der Parotitis ist, sowie bei der Orchitis, die häufig Parotitis kompliziert. Neuerdings haben BONNAMOUR und BARDIN über 65 Fälle von Mumps berichtet, die mit 20 ccm Serum subcutan behandelt worden waren. Von diesen traten 57 den Dienst wieder an ohne komplizierende Orchitis und bei keinem von ihnen entwickelte sich diese Komplikation; bei 8 war testikulärer Schmerz bei der Applikation vorhanden mit beginnender Orchitis, welche sich schnell nach der ersten oder zweiten Injektion zerteilte. Sie sehen die Seruminjektionen nicht nur als wertvoll bei der Behandlung der Orchitis an, sondern auch als ein Prophylaktikum gegen deren Entwicklung.

WILLEGAS fand auch den Gebrauch von normalem Serum oder Diphtherieantitoxin von günstigen klinischen Resultaten bei Mumps gefolgt.

CHENISSE glaubt, daß die Behandlung von Mumps mit Diphtherieantitoxin die Ansicht unterstützt, daß Serotherapie unspezifisch ist.

MALLIÉ stellte die Erfolge, die in der Behandlung von Mumps mit Diphtherieantitoxin erzielt wurden, an Hand einer großen Zahl von Fällen, meist Soldaten zusammen. Alle Referenten berichten, daß es die Symptome erleichtert und den Heilungsprozeß abkürzt. Der Erfolg ist so konstant, daß die Kranken bei dem leichtesten Anzeichen von Orchitis darnach verlangten. Präventiv angewandt — SALVANESCHI berichtet so — entwickelte sich in keinem von 26 behandelten Fällen eine Orchitis, andere waren weniger glücklich, 9 mal trat Orchitis auf unter 128 Fällen. Die Dosis betrug 20—80 ccm. Andere verwandten Normalpferdeserum mit dem Erfolg von 2 mal Testikelkomplikationen unter 9 Fällen und einem Fall von primärer Mumpsorchitis. MALLIÉ behandelte 74 Soldaten mit Mumps mit intramuskulärer Injektion von kolloidalem Silber nach nachfolgender — $^1/_2$ Stunde später — innerlichen Darreichung von Acetylsalicylsäure. Orchitis entwickelte sich in $15^0/_0$, aber es zeigte sich prompte Besserung und Abkürzung des Heilvorganges. Die Erfolge waren so dieselben wie bei Behandlung mit Antitoxin. In der Zusammenfassung bemerkt er, daß diese Versuche die Harmlosigkeit der Methode erkennen lassen und er von einem tatsächlichen Erfolg überzeugt ist. Auf Grund dieser Versuche behandelte er 163 Fälle von Masern ebenso, er war erstaunt über den kurzen und milden Verlauf, ausgenommen bei Lungenkomplikationen.

Pneumonie (lobäre). In dem Kapitel über den Mechanismus der Proteinreaktion ist die Wirkung von Injektionen auf den Verlauf der Lungenpneumonie besprochen worden. Wie wir erwarten möchten, kann auf schwere Reaktionen zeitweilige Entfieberung folgen, aber erstere wirken in der Regel nicht auf einmal vorhandene Lungenschädigungen. Man findet gelegentliche Hinweise in der Literatur, daß Fremdproteintherapie mit Erfolg gebraucht worden ist (MONGUZZI, Milch- und Gonokokkenvaccine, TALAMON; Diphtherieantitoxin usw.). Das Verfahren kann jedoch nicht als von feststehendem Wert angesehen werden. Andererseits ist es keineswegs ausgeschlossen, daß bei spezifischer

Serumtherapie (Hühnerserum, Menschenserum, Pferdeserum) oder spezifischer Vaccinetherapie (z. B. ROSENOW-Pneumokokken-Autolysat) ein Teil der Heilwirkung nicht auf das injizierte Protein zurückzuführen sein mag. Injektionen, wie die von HUNTOON beschriebenen (lösliche Antikörper) bringen immer von seiten des Patienten eine ausgesprochene Reaktion zuwege und sind nur wirksam, wenn sie frühzeitig im Verlauf der Krankheit gegeben werden; diese Beobachtungen lassen unspezifische Wirkungen vermuten.

AULD stellt in einer neueren Arbeit fest, daß er bei einer Anzahl von Krankheiten die besten Resultate nach Injektionen von Typhusvaccine und Caseosan erhielt, während Injektionen von Witte-Pepton nicht zufriedenstellend waren. Er fand diese Injektionen bei ungelöster Pneumonie und Pleuritis vorteilhaft, aber er erhielt keine Resultate bei akuter Pneumonie. Seine Dosierung bei Typhusvaccine unterscheidet sich je nach dem Alter der Kultur (bei frischen Kulturen Injektionen von 50—10 Millionen, bei alten Kulturen 100—500 Millionen Mikroorganismen). Er gibt die Injektionen gewöhnlich früh am Tage. Unter den Beobachtungen, die er gemacht hat, bemerkte er eine zunehmende Entfärbung des Oxyhämoglobins. Er betont hauptsächlich die Tatsache, daß die febrile Reaktion im wesentlichen derart wirkt, daß die bloße Schwächung des Organismus Wirkungen auf die Leukocytose hervorbringen kann, die vollkommen mit denen der Vaccineinjektionen zu vergleichen sind. Neben anderen Beobachtungen stellte er fest, daß nach unspezifischen Injektionen Mäuse gegen Krebszellenimplantation resistent wurden.

Puerperale Infektionen. LINDIG versuchte Caseininjektionen bei mehreren Fällen von puerperaler Infektion. Ein Fall hatte 2 Monate lang fortgesetzt Fieber gehabt. 3 Injektionen von je 1 ccm wurden intravenös gegeben. Darauf folgte immer Schüttelfrost, der gewöhnlich eine Stunde nach der Injektion anfing; auch etwas Kopfschmerz wurde bemerkt. Nach der ersten Injektion zeigte sich keine Temperaturzunahme, auch nicht nach der zweiten am folgenden Tage, aber nach der dritten Injektion, vier Tage später, war eine Reaktion von 2° C vorhanden. Die Patientin wurde nach der dritten Injektion vollkommen geheilt. LINDIG behandelte mehrere andere Fälle mit ähnlichen Erfolgen.

Die in der Temperaturkurve hier bemerkte Wirkung spiegelte sich in der Wirkung auf die Leukocyten wieder. Nach der ersten Injektion war gewöhnlich nur eine leichte Leukocytose vorhanden, die aber nach der 2. oder 3. Injektion viel deutlicher auftrat. Eine deutliche Euphorie wurde bei jedem Fall bemerkt.

KRAUS fand bei seiner früheren Arbeit über Heterovaccine, daß er den febrilen Verlauf von puerperaler Infektion durch intravenöse Injektion von Typhus- und Colivaccine zu einem schnellen Ende bringen konnte.

LEVY-SOLAL berichtet einen interessanten Fall von Puerperalsepticämie, der am 15. Tag der Krankheit behandelt wurde und bei welchem der Zustand progressiv schlimmer geworden war. Dieser Patientin wurden 10 ccm eines Peptons (Witte-Pepton) intravenös gegeben. Eine schnelle Erholung war die Folge. Kopf- und Rückenschmerzen folgten der Injektion und die Temperatur erhöhte sich zeitweise etwas, wurde aber innerhalb 12 Stunden nach der Injektion wieder normal. Am dritten Tage später stieg die Temperatur wieder bis auf 40°. Die zweite Peptoninjektion führt zu einer vollkommenen Erholung der Patientin.

Arweiler berichtet in einer sehr ins Einzelne gehenden Dissertation über den Gebrauch von Caseininjektionen und Lindig hat über solche Injektionen als Vorbeugungsmittel bei Puerperium berichtet. Sein Bericht umfaßt 61 Fälle.

Die kolloidalen Metalle sind mit einigem Erfolg gebraucht worden (Siegel); Whitehouse berichtet über Erfolge nach der intravenösen Injektion von Flavine; Werner hat die früheren Berichte von Kraus über Typhusvaccine bestätigt. Gow gebraucht Witte-Pepton. Die erste Dosis, die einer septicämischen Erwachsenen intravenös gegeben werden kann, beträgt 8—10 ccm. Die Menge wird um 2 ccm alle zwei Tage erhöht, bis 16, 18 oder 20 ccm schließlich gegeben werden. Die Injektion muß langsam erfolgen, und aus diesem Grund gebraucht Gow die Technik von Nolf, indem er eine Rekordspritze und eine sehr feine gehöhlte Nadel benützt. Bei Fällen von puerperaler Septicämie verursacht die Injektion von Pepton leicht ein sofortiges und schnelles Sinken des Blutdruckes, eine Beschleunigung des Pulses, und falls die Patientin Leukocytose hat, veranlaßt sie schnell einen hohen Grad von peripherer Leukopenie. Alle diese Erscheinungen sind von sehr kurzer Dauer. Unter all diesen Veränderungen ist die Beschleunigung des Pulses der am leichtesten zu kontrollierende Führer; während die Injektion vor sich geht, zählt die Pflegerin den radialen Puls, indem sie die Zahl nach jeder Viertelminute nennt. Obwohl Gow überzeugt ist, daß Pepton ein sehr wertvolles Hilfsmittel bei sensibilisierter Vaccine bildet, behauptet er doch nicht steif und fest, daß sie immer eine Septicämie beende, und er gibt jedem, der nach ihrem Gebrauche nach einem kritischen und anhaltenden Temperaturabfall Ausschau hält, warnend zu bedenken, daß er meistens enttäuscht sein wird.

Bianchi gab parenterale Injektionen von Milch bei 36 geburtshilflichen und 21 gynäkologischen Fällen. Er berichtet, daß sie die Genesung bei gewissen Fällen zu fördern und zu beschleunigen und vor ernsten Störungen zu schützen schienen, aber wenn schwere puerperale Septicämie im Gange war, konnte kein günstiger Einfluß nachgewiesen werden. Unter allen Umständen übertraf die Wirkung nicht sehr diejenige der gewöhnlichen Maßnahmen, Drogen, Vaccine, Fixationsabsceß, Quecksilberchlorid durch die Vene usw. Aber die Harmlosigkeit dieser Proteintherapie mit Milch, ihre Nützlichkeit und ihr ausgezeichneter Einfluß bei der Verminderung des objektiven und subjektiven Schmerzes und bei der Verstärkung der Verteidigungskräfte des Organismus geben ihr ein weites Anwendungsbereich, besonders während des frühen Stadiums, wo sie am wirksamsten ist.

Scharlach. Die Behandlung von Scharlachfieber durch Seruminjektionen datiert aus dem Jahre 1897, als v. Leyden und Weisbecker das Serum von genesenden Patienten bei einer Reihe von Scharlachkranken gebrauchten. Jochmann und Rumpel versuchten 1903 subcutane Injektionen, indem sie eine Dosis von ungefähr 20 ccm anwandten, ohne besonders auffallende Erfolge zu erhalten. In der Tat sind die Resultate bei subcutanen Injektionen im allgemeinen ziemlich unbefriedigend gewesen, außer wenn sehr große Dosen gebraucht wurden. Erst als Reiss und Jungmann einige Jahre später ihren Bericht veröffentlichten, wurde man auf den Gegenstand aufmerksamer. Seit jener Zeit haben russische und österreichische Kliniker ausgiebig über den Gebrauch von Antistreptokokkenserum mit zuweilen ausgezeichneten Erfolgen berichtet. Neben Rekonvaleszentenserum ist das Antistreptokokkenserum von

Moser mit beträchtlichem Erfolg angewandt worden. Es wird hergestellt, indem man Pferde mit Streptokokkenstämmen immunisiert, welche frisch von tödlich verlaufenen Scharlachfällen isoliert worden sind (Axenow). In früheren Zeiten wurde das Serum subcutan gegeben, wobei die Erfolge niemals auffallend waren. Reiss und Jungmann gebrauchen jedoch ihr Serum intravenös und mit dieser Injektionsmethode sind die Ergebnisse bei weitem zufriedenstellender gewesen. Da Rekonvaleszentenserum ziemlich schwer in großen Mengen zu haben ist, sind die Injektionen in der Regel auf 20—90 ccm beschränkt worden, während von anderen Seren mehrere 100 ccm gebraucht wurden. Jochmann, der eine Anzahl von Jahren diese Art der Therapie pflegte, glaubt, daß intravenöse Seruminjektionen, wenn sie frühzeitig bei toxischen Fällen gegeben werden, die Toxizität verringern, gewöhnlich die Entfieberung beschleunigen und die Zahl und Schwere der dem Scharlach nachfolgenden Komplikationen zu verringern scheinen.

Synnott hat ebenfalls über den Gebrauch von Rekonvaleszentenserum berichtet und Weaver hat die Frage ausgiebig besprochen.

Glaser berichtete kürzlich über eine Reihe von ernsten Scharlachfällen, welche er mit gemischtem Rekonvaleszentenserum behandelte. Bei 15 Fällen wurde es intramuskulär in Dosen von 50—80 ccm gegeben. Bei 40% dieser Fälle fiel die Temperatur durch Lyse. Komplikationen schienen nicht durch die Behandlung beeinflußt zu werden. Bei 28 Fällen, wo das Serum intravenös gegeben wurde, war die Wirkung auf die Temperaturkurve in jedem Falle offensichtlich. Gelegentlich folgte auf die intravenöse Injektion Schüttelfrost, etwas Kopfschmerz und zeitweise Schwäche, aber sonst kein ungünstiges Ergebnis. Alle neueren Forscher betonen, daß falls Wirkungen von dem Serum erwartet werden sollen, dasselbe innerhalb der ersten 3 Tage der Krankheit gegeben werden muß (Rowe, Bennecke, Zingher, Koch, Moog, Reiss und Hertz usw.).

Moog sowohl wie mehrere andere Kliniker gebrauchten normales Serum in Dosen von 80—100 ccm. Bei 25 Fällen reagierten 7 mit einem kritischen Temperaturabfall; 13 genasen durch Lyse, 2 Fälle starben, während bei 3 keine Wirkung vorhanden war.

Rehde, der 89 Fälle behandelte, gebrauchte bei 14 normales Serum. Bei beiden Gruppen waren die Erfolge in gleicher Weise zufriedenstellend. Gewöhnlich wurde eine leichte allgemeine Reaktion nach der intravenösen Injektion bemerkt, das heißt, die Temperatur war eine kurze Zeit lang erhöht, Schüttelfrost, sowie etwas Kopfschmerz traten auf. Griesbach beobachtete bei 21 Fällen diese Reaktion wiederholt (8 von 21 reagierten mit Schüttelfrost) und 4 Patienten hatten einen Kollaps. Kraus, der 28 Fälle von Scharlachfieber mit Rekonvaleszentenserum behandelte, beobachtete Kollapserscheinungen bei einem großen Prozentsatz (25%). Er hatte jedoch nur 4 Todesfälle zu verzeichnen und bei 24 fiel die Temperatur schnell nach den Injektionen.

Dieser von Griesbach und Kraus beobachtete Kollaps ist jedoch ganz ungewöhnlich, und Reiss, der bis jetzt 221 Fälle behandelte, stellt fest, daß er niemals einen Fall hatte, bei welchem Kollaps und Tod der Injektion folgten. Schultz und Ehrmann haben eine große Anzahl von Fällen mit intravenösen Seruminjektionen behandelt. Ehrmanns Fälle zählten über 200 und seine

Ergebnisse waren sehr günstig. Er betonte die Wichtigkeit der frühen Injektion im Krankheitsverlauf, falls Erfolge erzielt werden sollen.

SCHULTZs Fälle betrugen 184, von denen 102 mit normalem Serum, 67 mit Rekonvaleszenten- und 15 mit beiden Arten von Serum behandelt wurden. Er berichtet über sehr augenscheinliche Besserung bei ungefähr 60% der Fälle nach den Einspritzungen.

PRINZING studierte die Wirkung der Serumbehandlung auf die Komplikationen mit den folgenden Ergebnissen: Lymphadenitis am Halse kam bei 15,5% der injizierten Fälle vor und bei 34% der nichtinjizierten; Otitis media bei 9,3% der injizierten und bei 10,8% der nichtinjizierten; Nephritis bei 8,2% der behandelten und bei 18,9% der unbehandelten Fälle.

HOLLER veröffentlichte 32 Fälle von Scharlach, die er mit Injektionen von Deuteroalbumose behandelte (2 mal täglich 1 ccm einer 10%igen Lösung). Es traten weder Todesfälle noch Komplikationen dabei auf. Der Verlauf der Krankheit wurde bei jedem Fall gekürzt.

LÜDKE behandelte 14 schwere Scharlachfieberfälle mit Albumoseinjektionen. Das Fieber hörte sehr häufig schnell nach einer einzigen Injektion auf, der Hautausschlag verschwand ebenfalls und die Abblätterung fing sehr schnell an. Komplikationen und Nephritis wurden nicht beobachtet. Es besteht nach LÜDKEs Meinung kein Zweifel, daß die Injektionen eine wesentliche Verkürzung des Krankheitsverlaufes verursachten.

Im allgemeinen kann festgestellt werden, daß nach der intravenösen Injektion von menschlichem Rekonvaleszentenserum, normalem Serum, ebenso wie Pferdeserum oder anderen Seren, bei schweren Scharlachfällen der Kranke mit einer leichten Temperaturzunahme und gelegentlich mit Schüttelfrost reagiert. Bei den meisten Fällen folgt darauf eine schnelle Lyse oder Krise. Die toxischen Anzeichen der Infektion werden gewöhnlich vermindert, der Patient fühlt sich besser, Komplikationen treten seltener neu hinzu, früher schon bestehende werden jedoch nicht merklich beeinflußt.

Es scheint wenig Spezifisches in der Reaktion zu sein, denn es ist unwesentlich, ob Immunstreptokokkenserum, Rekonvaleszentenserum, normales Menschen- oder Tierserum gebraucht wird, oder ob Proteosen (Albumosen) angewendet werden. Nach JOCHMANN hat sogar Salvarsan eine typische Reaktion von seiten des Patienten zur Folge, welche der Seruminjektion in der Wirkung ähnlich ist, so daß er den Gebrauch des einen oder des anderen Mittels bloß als eine Sache des persönlichen Vorzugs ansieht.

Septicämie. Die Behandlung von Septicämie mit unspezifischen Injektionen hat zuweilen zweifellos glänzende klinische Erfolge ergeben, öfter ist jedoch auch unglücklicherweise keine augenscheinliche Wirkung auf den Verlauf der Krankheit eingetreten. Vielleicht ist bei den versagenden Fällen die Tatsache schuld, daß die unspezifische Therapie fast ohne Unterschied als eine letzte Zuflucht genommen wurde, wenn der Kranke ganz erschöpft und für Anregung unfähig war. Man muß sich erinnern, daß gerade die Tatsache, daß es sich bei einer wirklichen Septicämie um eine bakterielle Ausstreuung in den Blutstrom handelt und daß dabei alle Teile des Organismus schon angeregt oder jenachdem überreizt sind, jede therapeutische Maßnahme dieser Art praktisch schon von vornherein hoffnungslos macht. Trotzdem ist man zuweilen Zeuge von ganz bedeutenden und kritischen Erholungen durch Krise oder Lyse nach unspezifischen Injektionen.

Die ältere Literatur, in welcher die Injektion von kolloidalen Metallen besprochen wird, ist sehr ausgedehnt und braucht hier nicht durchgesprochen zu werden. Die Ergebnisse waren im ganzen nicht beweiskräftig. Wurden Genesungen beobachtet, so schien die therapeutische Injektion einen bestimmten Anteil daran zu haben. Bei anderen Fällen war kein augenscheinlicher Erfolg vorhanden.

In der neueren Literatur sind andere Maßnahmen erwähnt worden, von denen einige sehr günstige und dauernde Erfolge gebracht zu haben scheinen. BROWN hat die Anwendung von metallischen kolloidalen Präparaten besprochen. Hypertonische Zuckerlösungen fanden Anhänger (BARADULIN, AUDAIN und MASMONTEIL), auch Immunblut ist gebraucht worden (STEEL). WRIGHT schlug ein Verfahren vor, wie man solches immunisiertes Blut zur Transfusion verwenden kann. Die Herstellungsweise ist die, daß man das Blut eines gesunden Individuums mit Vaccine behandelt und dann bei dem infizierten Individuum eine Transfusion mit solchem immunisierten Blut macht.

KALBERLAH behauptet sehr gute Erfolge nach Injektion von Typhusvaccine beobachtet zu haben.

Gow hat neuerdings Peptoninjektionen für intravenöse Injektionen bei Septicämien gebraucht und hat sie mit subcutanen Injektionen von Streptokokkenvaccinen (sensibilisiert) kombiniert. Auf diese Weise behauptet er ausgezeichnete Ergebnisse erhalten zu haben; auch NOLF hat Erfolg mit Peptoninjektionen gehabt.

Bei 2 Fällen von Streptokokkensepsis trat innerhalb 4 resp. 8 Tagen Genesung nach intravenöser Injektion von Deuteroalbumose ein (LÜDKE). Ein sehr schwerer Schüttelfrost folgte der Injektion. In einem Falle von Tetragenussepsis erfolgte prompte Genesung nach einer einmaligen Injektion.

MERKLEN und seine Mitarbeiter haben kürzlich über einen Fall von Septicämie berichtet, welcher noch 30 Tage nach der Vaccinetherapie anhielt. Durch Proteinshokdosen erholte er sich sehr schnell. Bei diesem Fall ist kolloidales Metall ebenso wie Antipneumokokkenserum ohne Wirkung gegeben worden und erst als der Shok vom kolloidoklastischen Typus erwirkt wurde, erholte sich der Patient.

Unter den neueren eingeführten kolloidalen Metallpräparaten scheint „Argochrom", eine Methylenblau-Silberverbindung, große Gunst gefunden zu haben. WENDT behandelte 14 Fälle mit diesem Mittel und betrachtet es als wertvoll.

WEICHARDT stellt in einer neueren Abhandlung, die sich mit der Wirkung der Proteintherapie bei der Pneumokokkensepsis von Mäusen befaßt, fest, daß Proteinkörperinjektionen nur Erfolg hatten, wenn die Schutzeinrichtungen des Körpers, die aktiviert werden, den Mikroorganismen gegenüber noch überwiegen.

Windpocken. HOLLER berichtet über die Behandlung von Pocken durch tägliche intravenöse Injektionen von Deuteroalbumose. Die Ergebnisse werden als zufriedenstellend beschrieben.

Tetanus. Eine ziemlich bemerkenswerte Erfahrung berichtete LÜDKE über die Behandlung von 7 Tetanusfällen. Bei allen hatten sich schwere Krämpfe nach Inkubationsperioden von 7—11 Tagen entwickelt. Die Behandlung bestand aus Injektionen von Deuteroalbumose, 3—5 ccm einer 10%igen Lösung, in 24—48stündigen Zwischenräumen. Spezifisches Serum und Magnesiumsulfat wurden nicht gebraucht. Alle Fälle erholten sich innerhalb 7—22 Tagen. LÜDKE beobachtete die charakteristische Wirkung unspezifischer Therapie auf die Erregbarkeit der Nerven darin, daß die Krämpfe nach der Injektion zuerst vermehrt waren und dann an Heftigkeit abnahmen. KAZNELSON behandelte 2 Fälle mit Albumoseinjektionen. Ein Fall erholte sich, der andere endete tödlich.

Laufgrabenfieber. PAUL JUNGMANN behandelte eine große Reihe von Laufgrabenfieberfällen (Wolhynisches Fieber) mit kolloidalen Metallen ohne Erfolg, obwohl eine typische unspezifische Reaktion mit schwerem Schüttelfrost, Fieber usw. hervorgerufen wurde. Oft wurde der Patient anscheinend geheilt, d. h. die Temperaturkurve und die anderen Symptome zeigten sich normal, aber schließlich setzte der klinische Verlauf der Krankheit wieder ein.

Typhusvaccine und Alttuberkulin wirken in ähnlicher Weise günstig wie eine Nebeninfektion mit Pneumonie usw.

Tuberkulose. Bei der Besprechung der Herdreaktion und der Beziehung der Hautreaktionen zu unspezifischen Faktoren ist Beweismaterial beigebracht worden, daß Tuberkuline auch als unspezifische Mittel wirksam sind und man sollte annehmen, daß ihre Heilwirkung zum größten Teil auf dieser Grundlage beruhen könne. Im allgemeinen sind die Erfahrungen mit Tuberkulin folgende gewesen: Große Dosen verursachen bei offenen Fällen einen schnellen Fortgang der Krankheit mit Kavernenbildung, erhöhter Neigung zu Hämorrhagien usw. Sogar kleine Dosen sind bei offenen Fällen nicht ohne einige Gefahr. Bei geschlossenen (inaktiven) Fällen können große Dosen den Herd aktivieren; mäßige Dosen können eine Besserung zur Folge haben, aber auch ohne offensichtliche Wirkung auf den Herd bleiben. Bei beginnenden Fällen kann auf große Dosen gelegentlich vollkommene und schnelle Erholung folgen, obgleich die Wirkung öfter eine gefährliche ist.

Wenn wir uns daran erinnern, daß die Resistenz gegen Tuberkulose zum größten Teil cellulär ist und daß die Wirkung der unspezifischen Anregung immer zuerst mit erhöhten Enzymreaktionen verbunden ist, so können diese Wirkungen vorausgesagt werden. Ein aktiver Prozeß wird noch aktiver gemacht werden, ein inaktiver kann aktiviert werden; andererseits kann ein kleiner beginnender Prozeß durch Aktivierung, Ferment-Verdauung usw. gelegentlich schnell geheilt werden. MILIAN macht in einer Diskussion in der Société de Médecine des Hôpitaux de Paris über die Wirkung der Proteine auf die Tatsache aufmerksam, daß eine intravenöse Pepsininjektion zuweilen eine latente Tuberkulose aktivieren kann. Bei einem seiner Fälle verursachte die subcutane Injektion eines halben Gramm Pepsin eine solche Aktivierung, die von einer tuberkulösen Rippenfellentzündung gefolgt war. Im allgemeinen stimmt dies mit der Erfahrung überein, die mit Proteintherapie bei der Behandlung von Lungentuberkulose gewonnen wurde. HOLLER fand, daß, während frühe Fälle gut reagieren und zunehmende allgemeine Resistenz aufweisen können, bei fortgeschrittenen Fällen merkbare Anzeichen von Autolyse und ausgedehnte Höhlenbildung vorkommen. MÜLLER fand, als er Fälle mit leichten Spitzenveränderungen und nur mäßigen Anzeichen von Aktivität behandelte, daß der ganze Vorgang nach einigen Milchinjektionen gebessert werden konnte.

Natürlich rufen wir in solchen Fällen eine bestimmte Herdreaktion hervor, und der Organismus muß in einem derartigen physischen Zustand sein, daß er widerstehen und alles nekrotische Material entgiften kann, das durch die Verdauung an der Infektionsstelle frei geworden ist, um die gleichzeitig frei gewordenen Bacillen zu zerstören. Falls er das nicht kann, wird man bloß die Infektion erweitern.

SCHMIDT und KRAUS teilen sehr bemerkenswerte Erfolge nach Milchinjektionen bei früher Tuberkulose mit. KLEMPERER beschäftigte sich mit einer etwas größeren Reihe von Fällen, konnte aber ihren Befund nicht bestätigen.

CZERNY und ELIASBERGER haben die Frage von einem anderen Gesichtspunkt angefaßt. Sie nahmen sehr abgezehrte tuberkulöse Kinder (26), und und gaben ihnen häufige Einspritzungen von Pferdeserum (täglich $^1/_2$—1 ccm). Während die Injektionen keine direkte Wirkung auf den tuberkulösen Prozeß hatten, zeigten 12 von den Kindern eine auffallende Besserung im allgemeinen Zustand. Über diese Wirkung auf die Ernährung und auf den allgemeinen Zustand der Kinder ist auch von anderen Forschern berichtet worden.

Tuberkulöse Meningitis. HOLLIS und PARDEE machen auf den Gebrauch von intraspinalen Injektionen von Fremdprotein (sie gebrauchten Antimeningitisserum) bei der Behandlung von tuberkulöser Meningitis aufmerksam und berichten über die Genesung von 5 Patienten unter 8 Fällen. Sie sehen die Therapie als unspezifisch an und machen darauf aufmerksam, daß bei der Behandlung von Syphilis des Spinalstranges der Gebrauch von Serum — wenn auch mit einer spezifischen Droge kombiniert — als eine Form der Therapie angesehen werden muß, die sich auf die Reizung der Meningen gründet und deren nachfolgende therapeutische Wirkung eine Folge der Reaktion ist.

BALDWIN und L'ESPERANCE haben experimentell etwas Zunahme an Fibrose bei tuberkulösen Meerschweinchen nach der Behandlung mit Typhusvaccine bemerkt. BOEHME, der verschiedene unspezifische Substanzen gebrauchte, Vaccinurin, Eiter, Influenzabacillen, Streptokokken und Milch, konnte keine Veränderung im Verlauf der Tuberkulose beim Meerschweinchen feststellen.

VINCENTS Angina. CAPITAN behandelte 200 Fälle von VINCENTS Angina mit intramuskulären Injektionen von kolloidalem Arsenik (6 ccm). Die Heilung war innerhalb 24—48 Stunden vollkommen. Örtliche Behandlung war nicht nötig. STUHL berichtet über eine ähnliche Art unspezifischer Therapie, indem er Tuberkulin bei der Behandlung von VINCENTS Angina gebrauchte. Bei der Behandlung einer allerdings kleinen Anzahl von Fällen waren die Erfolge ganz auffallend.

Spirochäten- und Protozoeninfektionen. Rückfallfieber. BOUYGUES berichtet, daß er die Injektion von kolloidalen Metallen bei Rückfallfieber als nützlich befunden hat.

Syphilis. Die Tatsache, daß nebenherlaufende Erkrankungen, besonders die akuten infektiösen Krankheiten, eine bestimmte Wirkung auf syphilitische Erscheinungen haben, ist häufig von Klinikern beobachtet worden (ZEHNER). Die Wirkung kann sich zeigen in der Verzögerung des Auftretens von sekundären Hautausschlägen, oder in der Beschleunigung der Involution schon vorhandener Hautveränderungen. NEUMANN hat den Gegenstand sehr gründlich in NOTHNAGELS „Spezielle Pathologie" besprochen.

Bei der auffälligen Temperaturwirkung war es natürlich, daß man sich bemühte zu bestimmen, welche Wirkungen auf syphilitische Hautveränderungen sich nach unspezifischen Injektionen zeigten. BIACH sowohl wie KYRLE, WEISS und LUITHLEN haben die Involution der Hautveränderungen nach Proteintherapie beschrieben. Natürlich ist die Frage von größerer theoretischer als praktischer Bedeutung, weil wir so glücklich sind, viel wirksamere spezifische Mittel zu besitzen. In den letzten 2 Jahren ist dem Studium der Silberpräparate und ihrer Anwendung bei Syphilis beträchtliche Aufmerksamkeit gewidmet worden. Die Injektion von kolloidalem Silber verhütet, wie sich experimentell erwiesen hat, die Proliferation der Spirochäten in den Geweben von Kaninchen (KOLLE und RITZ) und Silberpräparate (Kollargol) sind klinisch mit offenbarem Erfolg gebraucht worden (siehe v. NOTTHAFFT). Silbersalvarsan ist nicht in dieser Kategorie eingeschlossen, weil seine Wirkung im wesentlichen spezifisch ist.

Die Jodide sollten zweifellos in die Gruppe der unspezifischen Mittel mit eingeschlossen werden, weil die Art der Wirksamkeit in der Anregung der Gewebeautolyse ganz analog ist (wenn auch nicht unmittelbar, wie JOBLING und PETERSEN zeigten). Es ist sehr wahrscheinlich, daß die unspezifischen Mittel einen Platz bei der Behandlung der Syphilis einnehmen werden, und zwar als Hilfsmittel, die uns erlauben, die spezifische Behandlung eindrucksvoller zu gestalten durch die Erleichterung der schnellen Verteilung des spezifischen Mittels.

Diese Theorie ist von SCHACHERL, HAUBER und von SZEDLAK angenommen worden.

SCHACHERL berichtete über die kombinierte spezifische und unspezifische Behandlung von 10 syphilitischen Neuroarthropathiefällen. Von diesen Fällen wurde nur einer vorübergehend geheilt, 5 zeigten etwas rückgängige Veränderung, während 8 unverändert blieben.

Bei 16 Fällen von cerebraler Lues waren die Ergebnisse folgende: Bei 5 Fällen von Hämoplegie wurde einer geheilt, 3 wurden gebessert. Von 5 (disseminierte Lues) wurden 2 geheilt und 3 gebessert. 3 Fälle zeigten nur Augensymptome. Einer von diesen wurde geheilt, einer gebessert und einer blieb unverändert.

SCHACHERL bemerkte, daß die WASSERMANNsche Reaktion viel schneller unter der kombinierten Behandlung als durch die Quecksilberbehandlung allein verändert wurde. Wahrscheinlich wird das Quecksilber viel schneller absorbiert, da Stomatitis häufiger bei dem kombinierten Verfahren bemerkt wurde, als wenn Quecksilbersalycilat allein gegeben wurde.

STÜCKGOLD, der eine Anzahl Fälle von kongenitaler Lues mit der Milch-„Fieber"-Therapie behandelte, beobachtet richtig, daß man nicht erwarten kann, auf diesem Wege dauernd Syphilis zu heilen; alles, was man erwarten kann, ist ein Rückgang der Krankheitserscheinungen. Aber er ist überzeugt, daß die Kombination der unspezifischen Reaktion mit spezifischen Mitteln von besonderem Wert ist. Er beobachtete, daß man mit der kombinierten Therapie viel kleinere Dosen der spezifischen Drogen benötigte, um Heilerfolge zu erhalten und die WASSERMANNsche Reaktion zu beeinflussen.

GOUGEROT stellt fest, daß die Behandlung von Syphilis durch die kombinierte Methode der Proteintherapie und Arsaphenamin gute Resultate gegeben hat. Er nennt eine Anzahl Kliniker, die diese Methode angewandt haben. SCHREINER z. B. gibt eine intravenöse Peptoninjektion 4 Stunden nach der Injektion von

Arsaphenamin. Er stellt fest, daß die klinischen Anzeichen des zweiten Stadiums ebenso schnell durch parenterale Injektion von Pepton wie durch Arsaphenaminbehandlung verschwanden.

SCHREINER gebrauchte Milch- und Peptoninjektionen neben spezifischer Behandlung bei Syphilis und fand, daß die WASSERMANNsche Reaktion bei solchen Fällen viel eher negativ wurde als bei denjenigen, welche nur auf spezifische Behandlung beschränkt wurden. Die Wirkung auf die WASSERMANNsche Reaktion ist von mehreren Beobachtern erforscht worden, nachdem UDDGREN auf die Tatsache aufmerksam machte, daß bei Luetikern eine einzige Milchinjektion das Serum positiv machen kann (das vorher negativ war). SCHERBER fand, daß bei Luetikern eine nebenherlaufende fieberhafte Erkrankung die gleiche Wirkung haben kann. Bei der Syphilistherapie mittels Salvarsan ist die Herbeiführung eines antianaphylaktischen Stadiums von seiten des Patienten für wertvoll befunden worden um eine Salvarsanshokreaktion zu verhüten. BUSHMAN beschreibt das Verfahren von STOKES, das darin besteht, eine einleitende Dosis Salvarsan zu geben ($^1/_{10}$ der Gesamtdosis); diese genügt zweifellos, um eine Veränderung in der Durchlässigkeit der Zellen zu verursachen, und so die Möglichkeit späterer Intoxikation zu verringern. Die Tatsache ist schon erwähnt worden, daß JUNGMANN abwechselnd Salvarsan und Serum bei der Behandlung von Scharlach anwandte.

Weilsche Krankheit. Eine Anzahl Beobachter berichteten, daß Weilsche Krankheit günstig durch Injektion von Rekonvaleszenten- und normalem Serum beeinflußt wird. (HEIDENHEIM, HERBACH, MANN, KLEINBERGER erhielten keine beweiskräftigen Ergebnisse.) In Anbetracht dessen, daß Milchinjektionen sehr wirksam die Leber zu beeinflussen scheinen (Zunahme an Thrombokinase, Fibrinogen, Ausschütten von Glykogen usw.), beschloß DÖLLKEN, Milchtherapie an Stelle des Serums — sowohl des normalen als des Rekonvaleszentenserums — zu gebrauchen. Man durfte erwarten, daß sich die styptische Wirkung der Milchinjektionen im Verlauf der Krankheit zeige. Bei einem sehr schweren und ganz hoffnungslosen Fall injizierte er 3 ccm Milch; die Blutung aus dem Darm hörte nach 5 Stunden auf, aber der Patient starb trotzdem. Bei anderen weniger toxischen Fällen beobachtete DÖLLKEN eine ausgesprochene Wirkung auf die Pigmentierung der Haut. Bei mehreren Fällen injizierte er Albumose und Milch und es war tatsächlich eine Besserung der Gelbsucht innerhalb 48—72 Stunden vorhanden. Ein geringer Grad von Gelbsucht blieb jedoch bei diesen Fällen trotz weiterer Injektionen bestehen. Die Wirkung auf die Albuminurie war ebenfalls ganz deutlich, indem eine einzige Injektion genügte, um den Urinbefund vollkommen zu bessern. DÖLLKEN war nicht imstande, seine Fälle lange Zeit zu verfolgen, so daß es nicht möglich ist, positive Schlüsse aus der Arbeit zu ziehen. Es scheint wenig Zweifel zu bestehen, daß unspezifische Injektionen, besonders von Milch, imstande sind, auf den Leberstoffwechsel beträchtlich einzuwirken und so Krankheitsprozesse ändern zu können, die ihre Hauptwirkung auf das Leberparenchym haben. Auch INADA und seine Mitarbeiter haben die Wirkung der Seruminjektion auf den Verlauf der Weilschen Krankheit erforscht. Über die Stoffwechseluntersuchungen, welche eine Veränderung des Eiweißgehaltes der Leber nach Proteininjektion sicherstellen, s. S. 72.

Malaria. Aktivierung: Von der provokatorischen Wirkung der unspezifischen Injektionen ist nicht nur bei der Aktivierung latenter Gonokokken Gebrauch gemacht worden, sondern auch bei Fällen von verdächtiger Malaria.

THALLER bemerkte, daß nach Milchinjektionen bei Fällen, welche als Malariainfektion verdächtig waren, bei einer gewissen Anzahl die Plasmodien nach der Reaktion nachgewiesen werden.

Bei 30 so injizierten Fällen reagierten 13 mit dem gewöhnlichen Milchfieber, bei 12 wurde ein Fieber vom Malariatyp angeregt, bei 5 war keine Wirkung vorhanden. HABETIN gebrauchte subcutane Injektionen von Nucleinsäure, um die Plasmodien zu mobilisieren, und HESSE fand, daß nach unspezifischen Injektionen Plasmodien nachgewiesen werden konnten und eine Woche darnach Paroxysmen anfingen. SCHLESINGER beobachtete, daß Malariaplasmodien nach Typhusimpfung mobilisiert wurden. FREUND beobachtete auch die Aktivierung einer alten Malaria nach einer intravenösen Typhusinjektion, während ZUPNIK, VON MÜLLER und LEINER über einen interessanten Fall einer doppelten Infektion von Typhus und Malaria berichten, wobei die Malariaparoxysmen zu einer typischen unspezifischen Entfieberung des Typhus führten.

SILVESTRI will die spezifische Behandlung von Malaria mit Injektionen von Fremdprotein, Serum, Adrenalin, Strychnin usw. unterstützen, wobei er betont, daß die kombinierte Behandlung besser sei, als wenn Chinin allein gebraucht werde. Es ist sehr gut möglich, daß solche Maßnahmen nützlich zur Erleichterung der Diffusion der spezifischen Drogen und für das Hervorrufen größerer Wirkung auf latente Herde der Plasmodien sein können. SCHIMERT berichtet über die Behandlung einiger 70 Fälle von tropischer Malaria, welche gegen Chinin refraktär geworden waren. Es handelte sich um chronische Fälle in schlechter körperlicher Verfassung. Er versuchte Autoserotherapie und erhielt klinische Genesung bei 85% der Fälle, d. h. die Kranken besserten sich körperlich, gewannen an Gewicht und waren imstande zu arbeiten, obwohl die Parasiten durch die angewandte Behandlung nicht beeinflußt wurden.

Asthma. Die Erkenntnis, daß Asthma und Heufieber zu den Krankheiten gerechnet werden müssen, die durch Sensibilisierung des Patienten nach Art einer Anaphylaxie verursacht werden (W. WEICHARDT), hat eine Reihe außerordentlich wertvoller und interessanter Forschungen und klinischer Fragestellungen eröffnet. Natürlicherweise können Asthmafälle, welche kardialen Schädigungen oder anatomischen Veränderungen infolge Tuberkulose zuzuschreiben sind, nicht in eine solche Kategorie eingeordnet werden, aber es häufen sich Beweise, daß wir in dieser letzteren Gruppe von Fällen gewisse Elemente der Sensibilisierung gelten lassen müssen. In WOLFF-EISNERS neuer Besprechung findet man das Zugeständnis, daß das tuberkulöse Individuum eine bestimmte Überempfindlichkeit für eine Anzahl von Proteinen nichttuberkulösen Ursprungs zeigt, so daß asthmatische Erscheinungen bei tuberkulösen Individuen zu erwarten sind. So müssen wir auch bei dem wirklichen Asthmatiker erwarten, daß Anfälle nicht nur durch spezifische Antigene beschleunigt werden, sondern auch durch allerlei Stoffwechselveränderungen oder Shoks, welche eine Herdaktivierung hervorbringen können, wie sie in dem Kapitel über Herdreaktionen besprochen worden ist. Während der Schwangerschaft kann sich Asthma zeigen (HEPWORTH, SALABERRY), obgleich in der Regel das Umgekehrte öfter vorkommt, d. h. Asthmatiker sind dann gewöhnlich frei von Anfällen. Das Einsetzen von Anfällen nach weitzurückliegendem Trauma (LOEPER und CODET) oder psychischen Störungen sind gewöhnliche Erscheinungen.

Solange die Überzeugung festgehalten wurde, daß die Desensibilisierung ebenso spezifisch wie die Sensibilisierung sei, konzentrierten sich die therapeutischen Bemühungen natürlich auf die Bestimmung des besonderen Proteins, welches die Erkrankung verursacht haben könnte, und auf das Bemühen eine erhöhte Resistenz oder Toleranz durch subcutane Injektion des Antigens hervorzubringen. WALKERS Veröffentlichungen auf diesem Gebiet sind von besonderer Wichtigkeit. Sein Verfahren der Desensibilisierung durch Vaccination hat gewöhnlich ganz zufriedenstellende und oft dauernde Erfolge.

Auf Grund von Beobachtungen bei der Behandlung von Asthmatikern, die für verschiedene Proteine sensibel waren, und auch von solchen, bei denen keine spezifische Sensibilisierung festgestellt werden konnte, beschreibt WALKER das therapeutische Resultat bei dieser letzteren Gruppe von 150 Patienten. Es mag gut sein WALKERS Beobachtungen zu zitieren:

„Viele der nichtsensiblen oder infektiösen Typen von Asthmatikern sind mit verschiedenen Proteinen behandelt worden. Drei Kranke, die sich wegen schweren Asthmas im Krankenhaus befanden, bekamen jeden Tag intravenös Typhusvaccine jedoch ohne Besserung der asthmatischen Erscheinungen. Eine Woche später wurde ohne Erfolg eine größere Dosis gegeben. Darnach wurde den Patienten subcutan zweihundert Millionen autogene Streptokokkenvaccine gegeben, hergestellt aus ihrem Sputum in Dextrose-Bouillon. Einige Tage später besserte sich ein Patient etwas, ein anderer schien ein wenig besser, nur der dritte zeigte keine Besserung. Noch eine Woche später wurde die autogene Vaccine auf 250 Millionen erhöht gegeben und einige Tage darnach war der eine Patient sehr viel, der andere bedeutend und der dritte etwas gebessert. Die autogene Vaccine wurde jede Woche bei zunehmender Besserung gegeben, bis 2 Patienten 3 Wochen später das Krankenhaus verließen, und der dritte imstande war, in 5 Wochen fortzugehen. Die intravenöse Typhusvaccine war daher von keinem Vorteil gewesen, während die autogene Streptokokkenvaccine eine allmähliche aber deutliche Besserung ergab. Mehreren der nichtsensiblen Sommerasthmatiker und einigen der anderen nichtsensiblen Fälle wurde Behandlung mit verschiedenen Pollen ohne Erfolg zuteil. Einigen nichtsensiblen Patienten wurden Weizenproteine und einigen anderen große subcutane Dosen von Pepton ohne Erfolg gegeben. Diese letztere Behandlungsweise ist gefährlich, es sei denn, daß der Patient auf Pepton geprüft ist, um die Möglichkeit seiner Sensibilität dafür auszuschalten."

Auf Grund der Tatsache, daß bei Antianaphylaxie (oder Desensibilisierung) zuweilen ein unspezifisches Element beobachtet wird, sind andere Verfahren ersonnen worden, die zuweilen leichter angewandt werden, als die spezifischen, die WALKER gebrauchte. Nur größere klinische Erfahrung wird es uns ermöglichen, Schlüsse zu ziehen. Man muß auch daran denken, daß unsere Auffassung von der Proteintherapie nicht auf die intravenöse Injektion von Typhusvaccine oder Pepton begrenzt zu werden braucht. Viele der milderen Reaktionen können längere Zeit fortgesetzt als viel wirksamer befunden werden.

AULD hat über den Gebrauch von Peptoninjektionen berichtet (in physiologischer Salzlösung aufgelöst, wozu eine kleine Menge Natriumcarbonat hinzugefügt wird), welche entweder intravenös oder subcutan gegeben werden.

Diese Behandlung ist in bezug auf die Gruppierung von asthmatischen Fällen lehrreich gewesen. Zwei Hauptgruppen bestehen, die keine Neigung zeigen, ineinander überzugehen. Eine Gruppe umfaßt solche, welche schnell auf die Behandlung reagieren, wobei die Wirkung mehr oder weniger dauernd ist, die Rückfälle nicht häufig und milderer Art sind. Die andere Gruppe ist resistent und kann wieder eingeteilt werden in solche, die vollkommen resistent sind und solche, bei denen durch sorgfältige Immunisierung, die Krankheit zum größten Teil überwunden werden kann. PAGNIEZ und WIDAL, ABRAMI und BRISSAUD gaben Pepton per os und CORDIER gebraucht Peptonklistiere. Das Pepton scheint polyvalent zu sein für die meisten Substanzen, welche Anaphylaxie verursachen. Einige fordern den fortgesetzten Gebrauch von Pepton, andere haben bessere Erfolge, wenn es 3—8 Tage lang gegeben wird und dann eine Pause von der gleichen Länge folgt. Dadurch ist es ihnen gelungen die Disposition frühzeitig günstig zu beeinflussen; die Zeit, die für die vollkommene Desensibilisierung nötig ist, hängt jedoch von dem persönlichen Ausgleich ab. Andere Forscher benützten kolloidale Metalle und BOYD teilte mit, daß er mehrere Asthmafälle erfolgreich mit Typhusvaccine behandelt habe (50 Millionen Mikroorganismen intravenös). DANYSZ glaubt, daß die Darmflora die Unterlage für das Antigen bildet, welches den Patienten bei Asthma, bei gewissen Haut-, Magen- und Darmkrankheiten sensibilisiert. Bei einer anaphylaktischen Behandlung gebraucht er die aus dem Stuhl isolierten Bakterien für subcutane Injektion mit augenscheinlich guten Erfolgen.

Zusammen mit MILLER haben wir intravenöse Injektionen von Typhusvaccine bei Asthma mehrfach gebraucht. Einige Male waren die Ergebnisse ganz zufriedenstellend, bei anderen zeigte sich keine offenbare Wirkung auf die Anfälle; die letztere Gruppe enthielt besonders die Fälle, bei denen sich Nahrungssensibilisierung zeigte. Es ist möglich, daß das Verfahren der Terpentininjektionen zufriedenstellender sein könnte, weil die Wirkung sich auf eine bedeutende Zeitspanne erstreckt.

STERLING machte Mitteilungen über den Gebrauch von unspezifischen vegetabilischen Proteinen bei Asthma; eine Anzahl Forscher berichteten über zufriedenstellende Erfolge mit Extrakten endokriner Drüsen: Ovariensubstanz (FISCHBERG), Pituitrin (BENSAUDE und HALLION, ZUEBLIN), ebenso wie mit normalem Pferdeserum (ZENER) und den verschiedenen Antitoxinen (Diphtherie und Tetanus). DANYSZ besprach in einer neuen Arbeit die allgemeine Theorie der Antianaphylaxie oder Desensibilisierung in Verbindung mit verwandten Erkrankungen, welche durch Anzeichen der Hypersensibilisierung in der Haut und im Magen- oder Darmtraktus charakterisiert werden. Der unterschiedslose Gebrauch von Seren verschiedener Arten bei Asthmatikern sollte nicht unterstützt werden, denn eine Anzahl von Todesfällen ist als Folge solcher Injektionen berichtet worden (BOUGHTON). Man muß immer daran denken, daß es sich bei diesem Zustand um Kranke handelt, die stark empfindlich für Proteinshok sind; daher sollte große Sorgfalt geübt werden.

VAN LEEUWEN gehört zu den Forschern, die glauben, daß es unmöglich ist, die für die Sensibilisierung bei Asthma notwendige, genaue Proteinreaktion bei einem großen Prozentsatz von Fällen zu erreichen und meint deshalb, daß es am besten sei bei diesen Fällen allgemeine Maßnahmen anzuwenden, um die Empfänglichkeit abzuschwächen. Eine purinfreie Nahrung und große Dosen von

Calciumchlorid sind empfehlenswert, aber noch wirksamer ist die Behandlung mit kleinen Dosen Tuberkulin. Der Grund, der zu Tuberkulinversuchen führte, war die Erscheinung, daß Menschen, die eine heftige Reaktion auf Fremdproteine zeigten, immer auf die Tuberkulinhautprobe reagierten. Er bemerkte auch, daß eine Heufieberpatientin ihre Symptome zwei Tage lang sehr gebessert fand nach einer diagnostischen Tuberkulinprobe. Er stellte folglich die Theorie auf, daß der akute Asthmaanfall und Heufieberanfall eine allergische Reaktion ist, ebenso wie die allergischen Reaktionen im allgemeinen.

In einer zweiten Arbeit „Die Tuberkulinbehandlung von Asthma und Heufieber", die im Lancet veröffentlicht ist (1921, 2, 1366), berichten LEEUWEN und WAAREKAMP über eine weitere Gruppe von 34 Fällen von Bronchialasthma, die mit Tuberkulin behandelt wurden.

Angioneurotische Ödeme. SCHULMANN berichtet, daß die Entdeckung einer vorübergehenden Phase von Hämolyse, die „Crise hémoclasique", bei einer Anzahl von Fällen von QUINCKEs Krankheit deren Analogie mit anderen Affektionen, bei denen mit Anaphylaxie gerechnet werden muß, bestätigt hat, und eine Behandlung auf dieser Annahme erwies sich erfolgreich. Er wendete Autohämotherapie an, indem er 2 ccm Blut in eine Spritze aus einer Vene an der Ellenbogenbeuge nimmt, und das Blut wieder in das benachbarte subcutane Gewebe injiziert, wobei er die Nadel bloß aus der Vene zieht und die Spitze in anderer Richtung in die Gewebe des Armes sticht. Er machte Hunderte von diesen Injektionen und hatte niemals einen Unglücksfall, jedoch kann die Desensibilisierung bis zu 2 Monaten dauern, obwohl sich eine Erleichterung fast von der ersten Injektion an zeigt. Drei typische Fälle werden beschrieben. Eine Frau von 31 Jahren hatte an Anfällen von angioneurotischen Ödemen schon vor der Pubertät gelitten, die in verschiedenen Zeiten wiederkehrten, später häufiger wurden und drei oder vier Tage lang dauerten. Ihr wurden drei Injektionen wöchentlich gegeben, und am Ende des dritten Monats schien die Neigung zu den Ödemen zum Stillstand gekommen zu sein. Sie kommt alle 3 oder 4 Monate wieder, um einige Injektionen dieser Art zu erhalten. Bei einem anderen Fall kehrten die Anfälle alle 2 oder 3 Tage 6 Monate lang nach einer Geburt wieder und waren von Kopfschmerz und Urticaria begleitet. Es kam kein Rückfall nach 35 Injektionen während eines Jahres vor.

Sekundäre Anämie. Eine Anzahl Forscher behaupten zufriedenstellende Anregung des hämatopoetischen Systems nach unspezifischer Injektion, besonders von Milch, erhalten zu haben, und gebrauchten sie bei der Behandlung von Anämie. MILLER beschreibt ihre Anwendung bei der Behandlung von sekundärer Anämie.

Bei perniziöser Anämie erhielt GROTE ziemlich gute Ergebnisse mit Milchinjektion; ein Fall erhöhte die Blutkörperchenzahl auf über 900000 innerhalb 8 Tagen. In der Regel trat geringe fieberhafte Reaktion nach den Einspritzungen ein, im Gegensatz zu den Erfahrungen von SCHMIDT bei solchen Fällen. MÜLLER behauptet günstige Erfolge nach Milchinjektionen (Aolan) erhalten zu haben; die Blutkörperchenzahl wurde erhöht und gesteigertes Wohlbefinden des Patienten bewirkt.

HOLLAENDER sowohl wie FISCHER berichten über einige Erfolge mit Kollargolinjektionen. Die Wirkung ist niemals eine dauernde.

Hämorrhagische Diathese. DÖLLKEN hat der Wirkung von unspezifischer Therapie auf Blutkrankheiten besondere Aufmerksamkeit geschenkt. Daß Seruminjektionen der verschiedenen Art als nützlich befunden wurden und tatsächlich in vielen Fällen die einzige Zuflucht bei hämorrhagischen Krankheiten gewesen sind, ist natürlich wohlbekannt. Die Literatur ist leicht erreichbar, so daß es nicht nötig ist, darauf hier einzugehen (P. EMILE WEIL, CHALIER, KURTZ, LEWISOHN, BERGHAUSEN, KNOW, PETERSON[1]).

DÖLLKEN vermutet, daß die Blutung bei Purpura größtenteils durch zwei Umstände verursacht wird — durch eine erhöhte Durchlässigkeit der Blutgefäße und durch die Veränderung in der Gerinnungsfähigkeit des Blutes. DÖLLKEN sieht die Veränderung in der Blutplättchenzahl mehr als ein Symptom als einen verursachenden Faktor an, weil er bei lange geheilten Fällen beobachtete, daß die Verminderung der Blutplättchenzahl bestehen bleiben kann.

Die Leukocytose durch spontanes Fieber nach Vaccineinjektion und nach der intravenösen Injektion von Deuteroalbumose hat praktisch keine Wirkung auf den Verlauf von Purpura; die Reizung der Milz und des Knochenmarks, welche dabei beteiligt sind, scheint nicht zu genügen um den Krankheitsprozeß zu ändern. (Siehe auch die Arbeit v. RADOVICI und JAGNOV.)

Andererseits scheinen Milchinjektionen eine besondere Wirkung auf die Capillaren und auf den Koagulationsmechanismus zu haben, dadurch, daß die styptische Wirkung sehr augenscheinlich ist. Thrombokinase sowohl wie Fibrinogen werden vermehrt und die Durchlässigkeit der Capillaren wird verändert, wobei kleine Dosen die Durchlässigkeit zu erhöhen, größere sie zu verringern scheinen.

DÖLLKEN entschied sich deshalb für Milch bei Purpura und war überrascht über die schnelle Wirkung auf die Krankheit. Er machte Injektionen von ungefähr 5 ccm alle 3 Tage intramuskulär. Sie verursachten nur geringes Unbehagen; im Gegenteil, es wurde eine deutliche Euphorie nach den Injektionen beobachtet. Bei nur einem Beispiel erschien ein Hämatom an der Stelle der Injektion und dieses verschwand nach 24 Stunden.

Die Blutungen in die Gewebe hörten 5 Stunden nach der Injektion auf; sehr wesentlich war dabei die Beobachtung, daß dieses klinische Ergebnis sich ohne Wirkung auf die Zahl der Blutplättchen in der Zirkulation zeigte. Die Durchlässigkeit der Gefäße scheint nicht ebenso schnell verändert zu werden wie die Wirkung auf den Koagulationsmechanismus sich bemerkbar macht, da Petechien ungefähr 24 Stunden nach der Injektion noch erschienen.

Die Resorption von Blut aus den Geweben fing schnell an, nachdem die Veränderungen in der Koagulation eingetreten waren. Nach 7—8 Stunden konnte beobachtet werden, daß kleine Hämorrhagien in den Schleimhäuten des Mundes an Größe abnahmen; innerhalb weiterer 8—10 Stunden waren die

---

[1]) Die Wirkungen der Seruminjektion werden möglicherweise durch die Veränderungen in der Fibrinogen- und Thrombokinasemenge verursacht, die den unspezifischen Injektionen der verschiedenen Arten folgen. MOLL beobachtete diese Zunahme und v. D. VELDEN und LÖWY haben sie für Gelatine, Serum, Peptone und parenteral injizierte Proteine im allgemeinen bestätigt. MODERAKOWSKI und ORATOR erforschten auch die Wirkung auf Fibrinogen und bestätigten die früheren Forscher. WOHLGEMUT hat in einer ganz neuen Arbeit gezeigt, daß die Zunahme an Fibrinogen sich wahrscheinlich aus einer Leberanregung ergibt, daß aber die Thrombokinase anderswo herstammt.

kleineren verschwunden und die größeren Bereiche zeigten bemerkenswerte rückgängige Veränderung. Große Blutungsbereiche zeigten einen breiten gelben Streifen der Entfärbung von 1—2 cm Weite um den Rand innerhalb 18—24 Stunden, wo der Rückgang eintrat, und die Spannung des Hämatoms verringert wurde.

Döllken beschreibt bis ins einzelne seine Erfahrung bei einem schweren Fall von Purpura. Der Patient blutete 2 Stunden lang aus einer kleinen Hautabschürfung und die Blutung fing von neuem an nach der geringsten Verletzung des Schorfes. Das paraffinierte Blut koagulierte in 9 Minuten. Deuteroalbumose (0,5 g intravenös) verstärkte bloß die Blutung, die mehrere Tage lang aus einem kleinen Hautstich am Ohre kam. Am folgenden Tage blutete ein Stich noch 14 Stunden lang; das paraffinierte Blut koagulierte in 14 Minuten. Während dieser Zeit wurden zahlreiche frische Hämorrhagien am Körper beobachtet. Dem Patienten wurden dann 5 ccm Milch intramuskulär gegeben. Innerhalb 5 Stunden hörte jede Blutung auf. Nach 8 Stunden verringerten sich die Blutflecken (Petechien) in der Schleimhaut des Mundes an Größe. Blutungen aus einem neuen Hautstich am Ohrläppchen hörten innerhalb 20 Minuten auf und das paraffinierte Blut koagulierte innerhalb $8^1/_2$ Minuten. Blutplättchen fehlten während der ganzen klinischen Veränderung. Die Leukocytose war mäßig. Alle Fälle, die vorher Albuminurie hatten, besserten sich und hatten nach den Injektionen albuminfreien Urin.

Bosanyi fand, daß ihm intravenöse Injektionen von Salzlösung Erfolge brachten, die bei Purpura simplex, Morbus Werlhofii und Hämophilie zufriedenstellender waren als jede andere Methode, die er angewendet hatte. Er beschreibt die bei 7 Fällen erhaltenen Resultate, von denen die beiden ersten Patienten Injektionen von 5 ccm einer $3^0/_0$igen Salzlösung erhielten. Später gebrauchte er größere Dosen (ungefähr 10 ccm einer $5^0/_0$igen Lösung); die Erfolge damit waren auffallend. Die Blutung hörte gewöhnlich nach wenigen Stunden auf. Täglich gegebene Injektionen waren von seiten des Patienten ohne Reaktion. Er steht unter dem Eindruck, wobei er sich auch auf die Arbeiten von den Veldens stützt, daß das Ergebnis auf die Koagulation durch die Umkehrung des Austausches zwischen den Capillaren und Geweben verursacht wird, so daß ein Einstrom von „Gewebeflüssigkeit" und koagulationsbeschleunigenden Substanzen aus den Geweben durch den Blutstrom stattfindet.

Vines konnte auf hämorrhagische Zustände durch anaphylaktische Shokwirkungen oder Sensibilisierung einwirken. Er gründet sein Verfahren auf folgende Betrachtungen:

Die intradermale Reaktion ist eine veränderte Form von anaphylaktischem Shok von allgemeiner sowohl wie von lokaler Bedeutung, bei welcher die Anregung der thrombogenetischen Funktionen der somatischen Zellen ein hervorragendes Kennzeichen ist. Die Veränderungen in der Koagulationsfähigkeit des Blutes bei anaphylaktischem Shok sehen wir in zwei Stadien: eine Periode der Beschleunigung, die früh eintritt, und der eine Periode der Verzögerung folgt; außerdem hängt das Vorherrschen der ersteren oder der letzteren von der geringeren oder größeren Schwere des Shoks ab. Die entgiftende Injektion bei einem sensibilisierten Individuum kann als anaphylaktisches Mittel wirken bei der Herbeiführung der intracellulären Reaktionen, welche die anaphylaktischen Erscheinungen ausmachen. Bei Fällen von Hämophilie, sagt Vines, ist die Dauer der Wirkung der intradermalen Reaktion abhängig von der Dauer der anaphylaktischen Periode. Aber die kürzere oder längere Dauer dieser Wirkung ist auch direkt abhängig von der größeren oder geringeren Schwere des hämophilen Zustandes.

Er beschreibt drei so behandelte Fälle, die alle für Schafserum sensibilisiert wurden; kleine Dosen von Schafserum wurden intradermal nach der Sensibilisierung injiziert. Bei den ersten zwei Fällen verursachte die zweite Injektion eine Abnahme in der Blutgerinnungszeit des Individuums, welche offenbar ganz anhaltend war; bei dem dritten Fall war die Wirkung weniger offensichtlich. ROUCHETTI bestätigt VINES Beobachtungen und berichtet zwei schwere Fälle von hämorrhagischer Purpura, die plötzlich verschwand, als Serumkrankheit mit Urticaria auf eine intravenöse Injektion von normalem Pferdeserum und von Serum aus der Nierenvene von Ziegen folgte.

DUFOUR und LE HELLOW gebrauchen Serotherapie für die Behandlung von hämorrhagischen Krankheiten und erhalten ihr Serum auf folgende Weise: Kaninchen werden mehrere kleine intravenöse Injektionen von menschlichem Serum gegeben. Das Blut wird 3 Wochen nach der ersten Injektion entnommen und das Serum von diesem Blut wird alsdann therapeutisch angewandt. Sie injizieren ungefähr 10—20 ccm subcutan.

Andere Forscher, wie NEIROTTI und VIOLA, haben auch den Proteinshok bei der Behandlung von hämorrhagischen Krankheiten mit guten Resultaten angewandt.

Ein ähnliches Verfahren ist von NEIROTTI und VIOLA angewendet worden um Blutungen nach Operationen zu stillen. NEIROTTI und VIOLA teilen zwei Fälle von anhaltenden Hämorrhagien nach einer geringfügigen Operation mit, die schließlich durch den anaphylaktischen Shok auf die subcutane Injektion von normalem Pferdeserum hin, 18 Stunden nach einer Anfangsinjektion von 10 ccm aufhörten.

RADOVICI und JAGNOW berichten einen Fall von Hämophilie, bei welchem 3 Brüder, 2 Onkel, 2 von 5 Neffen und 1 Großneffe auch Hämophiliker waren. Bei diesem Fall verringerte die subcutane Injektion von 5 ccm einer 5%igen Peptonlösung die Koagulationszeit von 2 Stunden auf eine halbe Stunde, aber der Effekt hielt nicht länger als 24 Stunden an.

VOIGHT behandelte mehrere Skorbutfälle mit Milchinjektionen und bemerkte sowohl eine schnelle styptische Wirkung wie allgemeine Besserung der Patienten.

Erkrankungen der Harnorgane. Die Albuminurie, die viele akute fieberhafte Krankheiten begleitet, wird sehr schnell durch unspezifische Injektionen beeinflußt, wie eine Anzahl von Beobachtern feststellt.

Über die Behandlung eines Falles von Pyelonephritis ist von GOW berichtet worden, der bei diesem Fall von einem coliähnlichen Mikroorganismus für intravenöse Injektionen Gebrauch machte. Schüttelfrost trat jedesmal in ungefähr 3—$3^1/_2$ Stunden auf, Übelkeit und Kopfschmerz waren vorhanden und der Temperaturanstieg ging gewöhnlich bis 39,5° C oder 40° C. Dieser Mikroorganismus wurde zuerst in einer Dosierung von 50 Millionen angewendet; später wurden 75 und 125 injiziert, aber die Schwere der Reaktion verringerte sich mit jeder weiteren Injektion. Wenn so die Dosis von 75 Millionen injiziert wurde, stieg die Reaktion nur bis zu 38,5° C mit etwas cutaner Hyperästhesie. Dieser Fall von Pyelonephritis wurde vollkommen geheilt.

Bei Coli- und Staphylokokkenpyelitis mit begleitender Blasenreizung hat KARO sehr günstige Erfolge mit Einspritzungen von Terpichin mitgeteilt. Bei Staphylokokkeninfektionen der Harnwege und bei der Cholecystitis von Kindern sind die Ergebnisse ähnlich zufriedenstellende gewesen. Bei Fällen von einfacher Bakteriurie jedoch wurden keine Erfolge erlangt. Bei der Cystitis, die von vergrößerten Vorsteherdrüsen begleitet war, erwiesen sich die Injektionen auch als nützlich.

Neuritis. DÖLLKEN stellte ein Autolysat von Staphylokokken und Bacillus prodigiosus her, das ziemlich ausgiebig gebraucht wurde und käuflich unter dem Namen „Vaccinurin" verbreitet ist. DÖLLKEN probierte eine Reihe von bakteriellen Extrakten, einschließlich Tuberkulin, und Vaccinen bei Neuritis und zog den Schluß, daß die oben erwähnte Kombination die besten Erfolge brachte. Durch seine Versuche kam er zu der Ansicht, daß wir es bei Heterovaccination nicht ganz allein mit einer unspezifischen Plasmaaktivierung zu tun hätten, sondern daß ein Grad von Selektivität bei der Wirkung der verschiedenen Vaccine bestünde, d. h. sie wären mehr oder weniger organotrop. Hierauf weisen auch SCHITTENHELM und WEICHARDT mit Nachdruck hin.

In die erste Serie der von DÖLLKEN behandelten neuritischen Prozesse (51 Fälle) sind trigeminale und intercostale Neuralgie, Ischias und eine große Anzahl von Neuritiden verschiedener Ätiologie mit aufgenommen — Kälte-, Berufs-, Druck-, alkoholische, posttyphoidale, luetische, diphtherische. Er beobachtete, daß die Druckneuralgien und sogenannten rheumatischen Lähmungen am leichtesten zu beeinflussen sind.

HOLTZL berichtet über die Behandlung von einigen 90 Fällen mit Vaccinurin. Von diesen erholten sich 61 vollkommen und 28 wurden gebessert. In die Serien waren Fälle von Ischias mit aufgenommen, von denen sich 16 schnell und vollkommen erholten. Auf die Injektion folgte eine charakteristische Wirkung; die therapeutische Maximalwirkung wurde ungefähr 6 Stunden nach der Injektion beobachtet.

CADBURY beschrieb die Resultate, welche er mit Typhusvaccine bei einer Gruppe von Fällen mit neuritischen Schmerzen verschiedener Herkunft erzielte.

Darunter war ein Fall von Brustcarcinom mit vorübergehender Linderung des Schmerzes; 4 Flintenschußverletzungen, von denen alle geheilt wurden — eine fibröse Phthisis, die gelindert wurde; 1 „tic douloureux", der für 6 Monate sich besserte usw.

BOYD berichtet auch über die erfolgreiche Behandlung von Neuritis mit mäßigen Dosen von intravenös gebrauchter Typhusvaccine. Nach unspezifischen Injektionen bei Neuritiden kann sich eine deutliche Herdreaktion zeigen. Es kann vorübergehende Zunahme der Schmerzen und der anderen Äußerungen der angegriffenen Stellen vorkommen, die ihren Höhepunkt innerhalb 4 bis 8 Stunden erreicht, je nach der Art, wie die Reaktion hervorgerufen wird, worauf eine Analgesie folgt, die bei einigen Fällen vorübergehend, bei anderen dauernd sein kann.

WISHURA, der „Vaccinurin" gebrauchte, fand, daß weder die Herd- noch die allgemeinen Reaktionen sehr schwer waren. Die Injektionen waren bei schwerer degenerativer Entzündung der Nervenstämme sehr erfolgreich.

Ohraffektionen. RAUCH macht Mitteilung über die Erfolge von Milchinjektionen (5 ccm) bei 41 Fällen akuter Mittelohrinfektionen, die alle sehr günstig verliefen; nur drei der Fälle erforderten operativen Eingriff. GOMPERZ andererseits wurde nicht zufriedengestellt und HIRSCH, der Terpentininjektionen bei Fällen von Furunculose und Ekzemen des Gehörganges gebrauchte, wie auch bei akuten und chronischen eiternden Zuständen des Ohres erhielt vollständig negative Ergebnisse.

Der erste Bericht über diesen Gegenstand war der von ALEXANDER, der seine Ergebnisse bei Ohrkrankheiten und Sinusinfektionen mitteilte; später berichtete LAWNER über einige Fälle von Mittelohrkrankheiten, welche er mit Milchinjektionen mit ausgezeichneten Erfolgen behandelte.

Bösartige Neubildungen. Während des Verlaufes der letzten Jahre sidn eine Anzahl Verfahren für Carcinome sowohl wie für Sarkome verfochten worden, welche zur Grundlage ihres Mechanismus die Veränderungen hatten, die wir jetzt als durch unspezifische Anregung verursacht erkennen. Ich brauche nur die Behandlung von Krebs mit Trypsin- und Amylopsininjektionen von BEARD zu nennen und die Behandlung von Sarkomen durch die Injektion von COLEYs Flüssigkeit, einem bakteriellen Autolysat, oder den Gebrauch von Tumorautolysaten oder Serum (LEWIN) für Immunisationszwecke. Diese und alle anderen Maßnahmen, welche eine ähnliche Gegenreaktion verursachen, ergeben die eine oder andere Reaktion von seiten des Patienten:

Wenn der Tumor klein ist, nicht nekrotisch oder geschwürartig, kann eine geringe oder auch keine Temperaturreaktion oder schlechtes Befinden auf die Injektion folgen, wie auch verhältnismäßig geringe örtliche Wirkung. Es kann eine leichte Zunahme des Schmerzes am Herd vorhanden sein, ebenso wie einige Anzeichen einer erhöhten Entzündungsreaktion, aber die Größe des Tumors wird sich nicht wesentlich ändern. In der Tat wird zuweilen die Schnelligkeit des Wachstums erhöht.

Wenn es sich um eine große Tumormasse, mit zentraler Nekrose oder Geschwürbildung handelt, ergeben unspezifische Injektionen in der Regel einen entschiedenen Temperaturanstieg und schlechtes Befinden. Der weitere Verlauf wird durch die Wirkung auf die lokalen Veränderungen bestimmt. Gewöhnlich ist eine deutliche Zunahme der Schmerzen neben Anzeichen der Entzündung vorhanden, Verdauung des nekrotischen Materials tritt ein, und der Tumor kann offensichtlich an Größe abnehmen. In dieser Zeit wird der allgemeine Zustand des Patienten je nach der Menge der Proteinspaltprodukte, die absorbiert werden, schwanken. Wenn das nekrotische Material in großer Menge und nur teilweise verdaut vorhanden ist, wird die Temperatur für eine Periode von mehreren Tagen hochbleiben; wenn es gering oder vollständiger am Herd vor der Absorption verdaut ist, kann die Temperaturreaktion innerhalb der Grenzen der provokativen Temperatur des injizierten unspezifischen Mittels fallen.

Die Erholung von einer unspezifischen Reaktion und von der Reaktion, wie sie durch die Absorption der autolytischen Tumorprodukte verursacht ist, bedeutet jedesmal einen Schritt zur Besserung; eine allgemeine Euphorie mit Appetitszunahme, verringerten Schmerzen und Reizbarkeit, verbesserte Ernährung und ein Gefühl der Kraft kann einsetzen und eine unterschiedliche Zeitlang anhalten. Falls gleichzeitig eine Verminderung der Tumorgröße (durch die Verdauung von nekrotischem Material) bemerkbar wird, so wird diese Wirkung den Patienten sowie den Arzt weiterhin ermutigen. Diese klinische Reaktion bildet die Grundlage fast aller Therapiemethoden und es ist ganz gut möglich, daß sie auch bei der Reaktion eine Rolle spielt, welche auf Röntgen- und Radiumbehandlung erfolgt, obgleich sie keineswegs für alle dabei erreichten Wirkungen verantwortlich gemacht werden darf.

Wir dürfen jedoch nicht übersehen, daß die unspezifische Reaktion wenig oder keine Wirkung auf die Schnelligkeit des Wachstums des malignen Gewebes hat, solange dieses gut mit vasculären Verbindungen versorgt ist. Wenn die Tumorzellen einmal nekrotisch werden oder vielleicht einige der frühzeitig auftretenden degenerativen Veränderungen durchmachen, dann hat die verdauende Anregung, wie sie auf unspezifische Therapie folgt, eine offenbare Wirkung, die der bei anderen pathologischen Zuständen beobachteten im Charakter und an Ausdehnung ähnlich ist.

Auf wiederholte Injektionen zeigt sich die Wirkung weniger deutlich und die Reaktion ist gewöhnlich weniger schwer, was natürlich von dem Grade der Tumornekrose abhängt. Man findet, daß nicht nur die gewöhnlich gebrauchten unspezifischen Mittel, sondern sogar Jodinjektionen Veränderungen im Tumor und eine febrile Reaktion, welche einer Herdverdauung zuzuschreiben ist, zur Folge haben. Moresowa zeigte diese Tatsache bei einer Reihe von Fällen. Die neue experimentelle Arbeit von Murphy und anderen, die sich mit den Lymphocyten als einem Faktor in der Resistenz gegen maligne Infiltration beschäftigt, ist nicht in die hier beschriebene unspezifische Reaktion mit einbezogen, da die lymphocytische Reaktion nach solchen Injektionen nicht ins Gewicht fällt. Müller hat jedoch auf die Tatsache aufmerksam gemacht, daß epitheliale Gewebe — er beobachtete neugebildete epitheliale Brücken, die das Granulationsgewebe bedecken — besonders empfindlich für die verdauenden Veränderungen schienen, welche durch Milchinjektionen usw. herbeigeführt werden.

Ein anderer Weg ist von Opitz und Friederich eingeschlagen worden, indem sie versuchten die unspezifische Reaktion in Verbindung mit der Röntgenbestrahlung anzuwenden. Obwohl ihre Ergebnisse nur experimenteller Art sind, bieten sie doch wenigstens die Möglichkeit der Entwicklung.

Bei ihren Untersuchungen über die Carcinombehandlung mit Hilfe der Röntgenbestrahlung und des Radiums wurden sie bald gewahr, daß das Wachstum nicht ganz von dem den Tumorzellen eigenen schnellen Wachstum abhängt, sondern von der Resistenz der Gewebe, die der Sitz des Angriffs sind. Diese wechselt nicht nur bei den Individuen, sondern auch unter gewissen physiologischen Bedingungen. v. Groff, sowohl wie Slye, haben z. B. auf die verminderte Schnelligkeit des Tumorwachstums bei Mäusen während der Schwangerschaft aufmerksam gemacht. Slye scheint anzunehmen, daß die erhöhten Stoffwechselanforderungen des mütterlichen nebst dem fötalen Organismus für diese Hemmung der Schnelligkeit des Tumorwachstums verantwortlich sind.

Ein ähnlich vermindertes Wachstum kann zuweilen während des Verlaufes infektiöser Krankheiten beobachtet werden nach Seruminjektionen und anderen verwandten Maßnahmen, bei denen sich eine Zunahme im Antiferment des Serums findet mit einer daraus sich ergebenden Erhöhung des Schutzes des

Bindegewebes sowie eine Abschwächung des Proteinstoffwechsels, die auf alle diese unspezifischen Veränderungen folgt. Natürlich können während der akuten Shokwirkungen — entweder bei infektiösen Krankheiten oder nach unspezifischen Injektionen oder nach Geburten —, wenn proteolytische Enzyme mobilisiert werden, deutliche Verdauungserscheinungen an Stelle der malignen Invasionen beobachtet werden, aber dies betrifft gewöhnlich die Verdauung von schon nekrotischem Gewebe oder von Bindegewebshyperplasie.

Bergel hat über Beobachtungen berichtet, welche die Beschleunigung des Wachstums von Knochengewebe nach unspezifischen Injektionen betreffen und Hoke, Doberauer und Pittroff sahen eine ähnliche Wirkung auf das Bindegewebe.

Opitz und Friederich nahmen an, daß nach Bestrahlung die Bindegewebezellen bis zu einem gewissen Grade erschöpft seien, und daß diese Zellen durch unspezifische Injektionen angeregt werden könnten und so der Erschöpfung Herr würden. Auf dieser Grundlage würden diese verjüngten Zellen dann wie junge Zellen reagieren und es würde eine atreptische Immunität hergestellt; die Carcinomzellen würden an Entkräftung sterben, würden „eingeschnürt" und nekrotisch werden.

Während ihre Ergebnisse nicht ausgedehnt genug sind, um irgendwelche Schlüsse zu sichern, so ist doch festzustellen, daß sie ermutigend waren. Warnekros hat Seruminjektionen mit Röntgenstrahlen in einer ähnlichen Behandlungsweise kombiniert.

Kinderheilkunde. Freemann war einer der ersten, der Gebrauch von der therapeutischen Wirkung der Blutseruminjektion bei der Anregung des Stoffwechsels von Kindern machte. Er gebrauchte Pferdeserum für diesen Zweck. Slawik hat über die Behandlung von Säuglingen mit unspezifischer Therapie berichtet; er injizierte menschliche Milch intramuskulär in Dosen von 1—5 ccm gewöhnlich in zweitägigen Zwischenräumen.

Bei den meisten Fällen wurde die Milch zuerst gekocht; bei einigen Fällen gebrauchte er rohe Milch, ohne auf irgendwelche ungünstige Wirkungen zu stoßen.

Slawik fand, daß die erhaltene Reaktion unabhängig von dem Alter des Kindes war, aber durch den Ernährungsstand beeinflußt wurde, d. h. durch die Vitalität des Patienten, durch die Nahrung und bis zu einem gewissen Grad durch den besonderen Krankheitsprozeß, an dem das Kind litt. Es zeigten sich keine schlechten Wirkungen infolge der Injektionen, und wenn man zu Vergleichszwecken gesunde Kinder mit Injektionen von ähnlichen Mengen behandelte, so ergab sich keine Veränderung in der Gewichtskurve. Durch wiederholte Einspritzungen wurden die Reaktionen weniger heftig und Slawik macht auf die wohlbekannte Tatsache aufmerksam, daß Menschen normalerweise verhältnismäßig resistent gegenüber anaphylaktischer Sensibilisierung sind, so daß die Gefahr aus dieser Quelle nicht überschätzt werden sollte.

Unter den 26 von ihm behandelten Fällen waren folgende: 3 Ophthalmoblennorrhöen. Bei diesen ergab sich eine ausgesprochene Herdreaktion; einer besserte sich sofort, die anderen nach wiederholten Injektionen.

3 Erysipele. 1 besserte sich sofort, einer nach 3 Wochen, der andere wurde chronisch und entwickelte später Meningitis.

4 multiple Abscesse. Diese wurden innerhalb 7—10 Tagen geheilt.

1 Phlegmone bei einem marantischen Kind. Der allgemeine Zustand besserte sich nach den Injektionen und trotz der fortgesetzten Kachexie heilte die Phlegmone.

2 marantische Kinder. Eines von diesen mit Mundfäule, dieses Kind wurde lebhafter, trank besser und erholte sich. Das andere änderte sich nicht.

3 mit chronischer exsudativer Diathese; sie veränderten sich nicht.

6 schwere Dysenterien, von denen 4 starben. Nach den Injektionen wurde ein sehr hoher Agglutinintiter bei allen Fällen beobachtet.

In späteren Fällen behandelte SLAWIK verschiedene pathologische Zustände bei Kindern parenteral mit dem Weißen vom Ei, Brustmilch oder anderen Stoffen. Die Ergebnisse enttäuschten wahrscheinlich wegen der ungenügenden Entwicklung der Verteidigungskräfte in diesem Alter. Tatsächlicher Vorteil wurde nur bei Pyodermatitis und Gonokokkeninfektion erreicht.

LANGER studierte besonders die Furunculose bei Kindern. Er bemerkte, daß nach der Injektion von verschiedenen Vaccinen ohne Rücksicht auf das klinische Ergebnis wenig oder gar keine Antikörperreaktion vorhanden war. Er kam zu dem Schluß, daß der klinische Vorteil kein spezifischer sein konnte. Er gab deshalb große Dosen (500—1000 Millionen) von Staphylokokkenvaccine (Opsonogen) intramuskulär. Die Injektionen wurden täglich gemacht, gewöhnlich 2 oder 3, um den Krankheitsvorgang zum Stillstand zu bringen; die Erholung des Patienten erfolgte gewöhnlich in kurzer Zeit. Vorhandene Phlegmonen wurden natürlich geöffnet und drainiert.

LAURENT bemühte sich atreptische Säuglinge zu immunisieren, welche gegen Milchproteine sensibel zu sein scheinen. Er fand eine deutliche Besserung im Allgemeinbefinden. Er schreibt diese Besserung den Eigenschaften der Menschenmilch zu, die er für seine Injektionen gebrauchte, aber es ist wahrscheinlich, daß die Anzeichen, die er beobachtete, nur durch die Plasmatätigkeit veranlaßt werden, die andere Forscher bei Kindern sahen, wenn Kinder mit Serum oder Milchinjektionen parenteral behandelt wurden.

MUGGIO berichtet, daß die Behandlung von Kinderkrankheiten mit Kolloiden wie mit Vaccinen bei praktisch allen infektiösen Krankheiten nützlich ist. Er behandelte Meningitisfälle, Purpura sowohl wie Typhus und fand den Verlauf der Krankheit stark verkürzt.

MORFAN hat einige ermutigende Resultate erzielt, als er 2 ccm tyndalisierter Menschenmilch injizierte, aber er hat diese Therapie mehr mit der Absicht ausgeführt, gewisse Enzyme zu verabreichen, die in der Marktmilch vorhanden sein könnten, als Proteintherapie in Anwendung zu bringen. Er macht darauf aufmerksam, daß ROCAZ aus Bordeaux ausgezeichnete Resultate durch die subcutane Injektion von 4 ccm roher Brustmilch, 3 oder 4 mal in der Woche, erzielt hat. Diese Injektionen wurden am Bauch gemacht und RACAZ stellt fest, daß bei praktisch allen Fällen, die keine Brustmilch bekommen hatten, keine Besserung folgte und er bemerkte, daß diese Kinder einen erhöhten Schutz gegen allgemeine Infektion zu haben schienen.

VILLEGAS-RUIZ stellte fest, daß die parenterale Injektion von 5 oder 10 ccm Mutter- oder anderer Milch schnell und dauernd 13 Säuglinge mit schweren Störungen von Intoleranz gegen Milch heilte. Die Säuglinge waren 4 Monate bis zu 2 Jahre alt. Anhaltendes Erbrechen, Kolik mit Verstopfung oder Diarrhöe und Fieber waren die hauptsächlichsten Krankheitssymptome, diese kamen allein oder zusammen vor und wurden nach jeder Fütterung mit Brust-, Kuh- oder Eselmilch von guter Qualität schlimmer. Nur eines der Kinder zeigte nach Behandlung Rückkehr der Symptome. Dieser Fall lehrt, daß nebenherlaufende Infektionen beim Säugling oder bei der Amme die Wirkungen der Impfung hemmen können und eine Wiederholung der Impfung erfordern.

Die Vulvovaginitis der Säuglinge und Kinder eignet sich nicht für unspezifische Therapie (Kollargol: VOLLBRANDT).

Normales Pferdeserum ist erfolgreich als Reizmittel bei schwach entwickelten Säuglingen von FERREIRA gebraucht worden. Es scheint den trägen Stoffwechsel und die Ernährung im allgemeinen anzuregen, so daß das Kind hinterher mehr oder weniger normale Fortschritte macht. Er injizierte es bei drei hier beschriebenen Fällen. Einer der Säuglinge wog nur 3750 g im zehnten Monat, als die Serotherapie einsetzte, und der Erfolg war so unverkennbar, daß man sie 16 Monate lang fortsetzte; dem Kinde wurden so 2386 g Serum gegeben und sein Gewicht zeigte eine regelmäßige Zunahme. Er fing mit 2,5 ccm an, erreichte aber bald die Dosis von 20 ccm, was 2- oder 3 mal in der Woche wiederholt wurde. Ein 3 Monate alter Säugling erholte sich so schnell nach dem Beginn der Serotherapie, daß man bald damit aufhörte; die Besserung hielt an. Keines der 3 Kinder war ausschließlich an der Brust gestillt. BINZ hat über ähnliche Fälle berichtet.

CZERNY und ELIASBERG haben diese Wirkung der unspezifischen Therapie dazu benützt, das allgemeine Befinden von tuberkulös erkrankten Kindern anzuregen. Von 26 so behandelten Fällen (täglich Injektionen von normalem Pferdeserum in Dosen bis zu 2 ccm) starben 9; bei 12 war eine bemerkenswerte Besserung vorhanden trotz der Tatsache, daß einige der Fälle an Tuberkulose des Peritoneums und der Lungen erkrankt waren.

VALLAGUSSA arbeitete sehr sorgfältig über Proteinkörpertherapie bei akuten Krankheiten von Kindern; in seinem Bericht werden die Temperaturkurven der verschiedenen Gruppen wiedergegeben, welche mit verschiedenen Proteinen behandelt worden waren. Bei 51 an Typhus erkrankten Kindern von 14 Monaten bis zu 12 Jahren hatte die intramuskuläre Injektion von Pepton nach NOLF in der Mehrzahl einen sehr günstigen Einfluß auf den Krankheitsverlauf. Bei 31 Fällen von Influenza bei Kindern injizierte er verschiedene Sera und Antisera; wenn diese Serotherapie frühzeitig einsetzte, intensiv und fortgesetzt durchgeführt wurde, waren die Ergebnisse ausgezeichnet. Es kamen nur 3 Todesfälle unter diesen 31 schweren Influenzafällen vor. Seine experimentellen Forschungen über die Autolysate von Bierhefe in kolloidaler Suspension bekräftigten deren Wirksamkeit Opsonine zu vermehren usw., dies wurde auch bei 33 Fällen von Pneumonie oder Typhus bestätigt, wohingegen keine Wirkung bei 3 Keuchhustenfällen zutage trat.

Die drei Antigentypen in Form von Pepton, Pferdeserum und organischen Fermenten verhalten sich gleichmäßig; der einzige Unterschied besteht in der Intensität der herbeigeführten Erscheinungen. Die Hefeautolysate sind am schwächsten und in ihrer Wirksamkeit am langsamsten, aber alle dienen dazu, dem Organismus in seinem Kampf gegen die Infektion neue Kraft zuzuführen. Bei Hefe treten keine anaphylaktischen Erscheinungen auf, es kommt nur zu einer lokalen Reaktion und Wirkung auf die Temperatur. Er empfiehlt diese als harmloses Mittel, um die kataphylaktischen Kräfte des Organismus bei jeder bakteriellen Infektion zu aktivieren und zu erhöhen. „Mit diesem Extrakt der Zellen der Sacharomyces schaffen wir eine Polyantigentherapie, und wir können bei der Behandlung einer Krankheit nicht fehlgehen, wenn wir den natürlichen Index der Resistenz und der Verteidigungskräfte erhöhen."

Die größte Zahl von Säuglingen ist von PLANTENGA behandelt worden (300 Fälle). Diese umfaßten verschiedene marantische Säuglinge, gewöhnlich mit Ernährungsintoxikationen. Er injizierte in der Regel etwa 30 ccm eines „Anticoli"-Serums, welches er von Tieren, die gegen Colibacillen immunisiert waren, erhielt. Die Erfolge waren ganz bemerkenswert.

Neuerdings hat PUTZIG auch eine Anzahl von Fällen beschrieben. Er fand, daß Seruminjektionen (er gebrauchte Diphtherieantitoxin) bei marantischen Kindern eine Gewichtszunahme verursachen und eine Besserung in dem allgemeinen Befinden und daß diese Besserung keine zeitweise (verursacht durch Wasserverhaltung usw.) war, sondern einer Anregung der Körpergewebe und einem tatsächlichen Gewebewachstum zuzuschreiben war. Von 7 Fällen wurden 5 bemerkenswert gebessert.

Behandlung der allgemeinen Paralyse, Tabes usw. Während die ätiologische Bedeutung der Spirochaeta pallida in ihrer Beziehung zu Tabes und allgemeiner Paralyse sicher festgestellt worden ist, ist die Therapie dieser Krankheiten niemals sehr zufriedenstellend gewesen, trotz der Entwicklung unserer intensiveren Methoden der Quecksilberbehandlung und der intravenösen und intraspinalen Anwendung von Salvarsan. Die einmal dem zentralen Nervensystem angetane Schädigung ist nicht wieder gut zu machen, und die Therapie befaßt sich mehr mit der Frage der Verhütung des Fortschreitens der Krankheit als mit dem Gedanken an Genesung. Sogar dieses bescheidenste Ergebnis wird selten erlangt. Milderungen kommen bekanntlich spontan während des Verlaufes der Krankheit vor und diese Tatsache ist häufig geeignet, den Forscher zu beeinflussen, der mit einem neuen Präparat arbeitet, und er schreibt diesem therapeutische Wirkungen zu, die nicht wirklich dem Heilmittel zukommen.

Allgemeine Paralyse. Es scheint wenig Zweifel an der klinischen Beobachtung zu bestehen, die von zahlreichen Forschern viele Jahre lang gemacht wurde, daß begleitende Infektionen (Malaria, Typhus, Eiterungsprozesse usw.) nicht selten einen Stillstand des Krankheitsvorganges und sogar offenbare Besserung im allgemeinen Zustand des Patienten, der an progressiver Paralyse leidet, zur Folge haben (v. HALBAN, MARRO und RUATA usw.).

Sehr frühe Bemühungen, diese Kenntnis zu verwerten, sind bekannt. JACOBI berichtete 1854 über den Gebrauch von künstlichen Abscessen bei der Behandlung von allgemeiner Paralyse und 1877 nahm MEYER dieses Verfahren wieder auf.

Einige ziemlich aufhellende Statistiken sind in diesem Zusammenhang von MATAUSCHEK und PILCZ zusammengestellt worden. Sie fanden, daß von 4134 Syphilisfällen 4,7% eine allgemeine Paralyse entwickelten. Bei einer Gruppe von 157 luetischen Fällen dagegen, bei denen aus der Vorgeschichte eine gleichzeitige Infektion wie Erysipel, Pneumonie usw. bekannt war, entwickelte sich nicht ein einziger Fall von allgemeiner Paralyse. Obwohl keineswegs von der Kritik verschont, bestätigen sie trotzdem bis zu einem gewissen Grade die klinischen Beobachtungen, von denen oben gesprochen wurde.

Auf dieser Grundlage fing auch v. JAUREGG den Gebrauch von Tuberkulin bei der Behandlung der allgemeinen Paralyse an; Tuberkulin wurde dabei als pyrogenes Mittel wegen seiner Nützlichkeit und der Gewißheit der febrilen Reaktion ausgewählt. v. JAUREGG hatte zuerst eine Pyocyaneusvaccine bei einer Reihe von akuten Psychosen versucht mit Erfolgen, die ihn ermutigten seine Versuche auch auf andere Formen innerlicher Krankheiten auszudehnen. Sein Mitarbeiter BOECK hat die Ergebnisse der Behandlung von allgemeiner Paralyse in v. JAUREGGS Klinik veröffentlicht.

PILCZ setzte die Methode fort. Er gab Alttuberkulin in 10%iger Lösung, wobei er die Behandlung mit 0,01 g anfing und bis zu 0,5 g fortsetzte. Injektionen wurden alle zwei Tage gemacht. Die Patienten reagierten mit einer Temperatur bis zu ungefähr 39,5° C, Kopfschmerz und Abspannung waren damit verbunden. PILCZ bemerkte, daß zuweilen eine Zunahme der psychischen Störung zur Zeit der Reaktion vorhanden war, welche aber gewöhnlich schnell verschwand. Bei dem Vergleich von 66 behandelten Fällen mit 66 nicht behandelten betrug die Sterblichkeit 20 resp. 39 während des ersten Jahres der Beobachtung. Am Ende einer vierjährigen Beobachtungszeit lebten noch 8 von der Behandelten und 5 von den Unbehandelten.

1911 veröffentlichte PILCZ eine weitere Reihe von 86 Fällen, denen eine kombinierte Behandlung von Kaliumjodid und Tuberkulin zuteil wurde.

Von diesen reagierten 40% nicht auf die Behandlung,

23% blieben in ihrem Zustand, ohne gebessert zu werden,

10% wurden befähigt, ein normales Leben anzufangen,

26% wurden bis zu einem beinahe normalen Zustand wiederhergestellt.

1912 wurde ein weiterer Bericht veröffentlicht. Zu dieser Zeit lebten noch 26, 12 davon beschäftigungsfähig; die Zeit der Milderung dauerte bei 3 Fällen 4—5 Jahre, bei 15 Fällen über 1 Jahr.

Diese Forscher gebrauchten Tuberkulin, weil es bequem zu erhalten war und sicher wirkte. Sie beobachteten, daß Patienten, die für Tuberkulin überempfindlich zu sein schienen und heftig reagierten, gerade den größten therapeutischen Nutzen aus dem Verfahren zogen.

HUDOVERNIG, BATTISTESSA, DÖLLKEN, JUCKOW und JOACHIM bestätigten diese Befunde.

Nach der grundlegenden Theorie von v. JAUREGGS ist die therapeutische Wirkung bei Paralyse der erhöhten Temperatur zuzuschreiben. Die Arbeit von JAHNEL und WEICHBRODT — sie fanden, daß bei luetischen Kaninchen, die mehrere Male Temperaturen von 42—43° C unterworfen waren, lebende Spirochäten nicht länger gefunden werden konnten (andere Spirochäten waren für hohe Temperaturen nicht so empfänglich) — ist in diesem Zusammenhang von besonderer Bedeutung. DONATH verwendete kürzlich Salzinjektionen und fing jetzt mit anderen Neurologen die Behandlung der allgemeinen Paralyse mit leukocytischen Reizmitteln an, da er die hierbei erhaltene Leukocytose als den wichtigen Faktor des Erfolges für den Patienten ansah. Da HORBACZEWSKI anfangs der neunziger Jahre darauf aufmerksam machte, daß Nucleinsäure (wie auch Pilocarpin und Zimtsäure) als kräftige leukocytische Reizmittel wirken, so gebrauchten FISHER und DONATH Nucleine bei der Behandlung der allgemeinen Paralyse.

FISHERS erste Serie enthielt 22 so behandelte Fälle, und 22 unbehandelte als Kontrolle. Die Behandlung bestand aus Injektionen eines halben Gramms Nuclein in 10% Lösung. Die Durchschnittslebensdauer der behandelten Fälle betrug 15 Monate, die der unbehandelten 7 Monate. Später wendete er bei einer weiteren Reihe größere Dosen, $^1/_2$—3 g in 10%iger Lösung alle 3—5 Tage an. 10 Fälle wurden behandelt, 10 blieben unbehandelt. Die behandelten Fälle ergaben 5 Milderungen (drei wurden wieder progressiv aktiv). Bei den 10 Kontrollfällen war nur eine Milderung vorhanden und diese nach einem langdauernden septischen Zustand.

DONATH behandelte 21 Fälle alle 5 oder 7 Tage mit Injektionen, wobei jede Injektion eine febrile Reaktion ergab, die einen oder zwei Tage dauerte. Durchschnittlich wurden den Kranken 8 Einspritzungen gegeben; die leukocytische Reaktion war ganz deutlich, einmal bis zu 61000. Von diesen Fällen zeigten 70% ausgesprochene Anzeichen von Besserung — bei 47% war die Besserung so stark, daß sie selbst für ihren Unterhalt sorgen konnten. Er bemerkte, daß der Tremor abnahm, die Aufregung verschwand, auch eine Besserung des Gedächtnisses und der geistigen Beweglichkeit eintrat. Die längste Dauer der Milderung, welche durch die Therapie eingeleitet wurde, war 3 Jahre.

Bei einer zweiten Reihe zeigten 15,9% ausgesprochene Besserung, von denen 3% wieder fähig wurden sich selbst zu ernähren.

HAUBER wendete eine kombinierte antiluetische und unspezifische Behandlung bei 36 Patienten an. Von diesen besserten sich 13, aber 23 zeigten keine Anzeichen therapeutischer Wirkung.

SZEDLAK behandelte 25 Kranke einfach mit Nucleinsäure und eine gleiche Anzahl mit Nucleinsäure und Quecksilber mit folgenden Ergebnissen:

	Nuclein allein	Nuclein und Hg
Deutliche Besserung . . .	8%	40%
Leichte Besserung	24%	24%
Keine Besserung	31%	16%
Unterbrochene Behandlung.	4%	4%
Gestorben	33%	16%

In einer neueren Arbeit berichtete v. JAUREGG über die Behandlung von 33 Fällen mit Staphylokokkenvaccine an Stelle von früher gebrauchtem Tuberkulin. Dabei besserten sich 61%, 10 Patienten wurden beinahe wieder auf normale Gesundheit gebracht. v. ECONOMO berichtete über ähnliche Ergebnisse. SCHACHERL behandelte 38 Fälle von allgemeiner Paralyse ambulatorisch kombiniert mit Tuberkulin und Quecksilber. Bei 13 wurde die Behandlung vollständig durchgeführt, 7 von diesen wurden sehr gebessert, 5 von ihnen waren wieder imstande ihren Lebensunterhalt zu verdienen. Bei einem entwickelte sich eine Phlegmone nach einem schweren Ekzem. Das Sensorium dieses Patienten wurde klar und er war dauernd geheilt.

Diese günstigen Erfolge sind nicht unangefochten geblieben. HÜSSELS, LÉPINE, JOLOWICZ, PLANGE und HOPPE gelang es nicht, irgendwelchen therapeutischen Vorteil durch den Gebrauch von Tuberkulin oder injizierten Nucleinen zu erlangen. LÖWENSTEIN und KLEINBERGER behaupteten in der Tat, daß die Injektionen wirkliche Schädigungen verursacht hätten.

BOUMAN, der Tuberkulin, Nucleinate und Salvarsan gebrauchte, hatte sehr geringe Erfolge mit jedem der drei Mittel; die erhaltene Wirkung war bei den meisten vorübergehend.

Brown und Ross haben diese Behandlung der Geisteskrankheiten durch Hervorrufen einer Leukocytose besprochen, nachdem sie 9 Fälle mit Hilfe von Nucleininjektionen behandelt hatten. Es ergab sich keine große geistige Besserung, obwohl eine Leukocytose von 17000—20000 bei vielen Fällen erhalten wurde.

Bruce berichtete über den Gebrauch von Terpentin und von zimtsaurem Natrium (Sodiumcinnamat); Kollargol wurde von Vergueira in einer Dosis von 5—10 ccm einer 1%igen Lösung versucht.

Friedländer hat intravenöse Typhusinjektionen gebraucht; Plaut erprobte die Wirkung von Injektionen von Streptokokken- und Staphylokokkenvaccinen ohne deutliche Ergebnisse; die leukocytische Reaktion war von geringem Grade. Kürzlich ist von v. Jauregg sogar vorgeschlagen worden, den Patienten mit Malariaplasmodien zu infizieren, um eine fieberhafte Reaktion in bestimmten Zwischenräumen zu erhalten. Weichbrodt und Jahnel berichten über eine Anzahl von so behandelten Fällen und Mühlens, Weygandt und Kirschbaum haben kürzlich über 33 Fälle berichtet, die durch Infektion der Patienten mit dem Spirillum Obermeier und mit Malariaplasmodien behandelt wurden. 12 der Fälle waren so neuen Datums, daß das Endergebnis eigentlich nicht beurteilt werden konnte. Von den übrigen 21 starben 4 Fälle (nicht direkt durch die Infektion), während 12 sich deutlich besserten, mit Milderungen, die eine bedeutende Zeitlang anhielten.

Die Schriften von Steiner und Pagniez sind im nämlichen Zusammenhang von Interesse. Einen Überblick über den ganzen Gegenstand wird man in den Artikeln von Enge und von Raecke finden. Daß begleitende Infektionen den degenerativen Vorgang, oder wenigstens die Schnelligkeit der Zerstörung beeinflussen, ist dem sehr ähnlich, was wir über ihre Wirkung auf andere pathologische Zustände wissen, und es ist kein Grund vorhanden, warum die verschiedenen vorgeschlagenen unspezifischen Maßnahmen nicht zuweilen irgendwelche klinische Besserung im Gefolge haben sollten. Es scheint möglich zu sein, daß bei einer kombinierten ergotropen und ätiotropen Methode doch einige zuverlässige Ergebnisse erhalten werden können.

Tabes. Döllken hat einige Fälle von Tabes behandelt; über eine größere Reihe ist von Schacherl berichtet worden. Letzterer gebrauchte eine kombinierte spezifische und unspezifische Therapie, indem er mit 0,001 g Tuberkulin anfing und dann 0,1 g Quecksilbersalicylat bei jeder dritten Dosis Tuberkulin gab. Er beobachtete, daß frühzeitig im Verlauf der Behandlung, d. h. wenn der Patient durch das Tuberkulin eine bedeutende Reaktion hatte, auch die Wirkung des Quecksilber sich viel mehr zeigte; Speichelfluß machte sich dabei viel häufiger bemerkbar.

Bei dieser Art der Behandlung waren die Ergebnisse bei 76 Fällen, mit einer Ausnahme, sehr gut. Zuweilen wurde eine anfängliche Steigerung der Krankheitserscheinungen bei Beginn der Behandlung beobachtet, was aber später nachließ. Während die Ataxie nicht sehr beeinflußt wurde, war eine Zunahme in der Schnelligkeit der Übertragung der sensorischen Reize bei allen Fällen augenscheinlich und die Fähigkeit des Patienten zu arbeiten, stark erhöht.

Eine Aufzählung der Behandlungsergebnisse der 76 Fälle folgt:

53 waren von ataktischem Typus, 36 wurden sehr gebessert, 17 wurden im Gehen leicht gebessert,

46 litten an lancierenden Schmerzen — 38 von diesen wurden geheilt, 5 wurden gebessert,

24 gastrische Krisen; von diesen wurden 23 geheilt,

25 hatten Blasensymptome — 12 wurden geheilt, 11 gebessert.

MILLER soll beobachtet haben, daß die lancierenden Schmerzen nach Milchinjektionen verschwanden (BOAS). WODAK behandelte eine Anzahl Tabiker mit Tuberkulin und fand, daß der Patellarreflex bei mehreren seiner Patienten nach der Behandlung wieder vorhanden war. FRIEDLÄNDER soll ein ähnliches Ergebnis erhalten haben.

Man muß sich in diesem Zusammenhang daran erinnern, daß wir zuweilen die bei dem Tabiker bestehenden Symptome bessern können, daß aber zu anderen Zeiten eine unspezifische Injektion eine gastrische Krise oder lancierende Schmerzen verstärken kann. SCHMIDT macht in der Tat auf diese Möglichkeit aufmerksam, da sie nach unspezifischen Injektionen so häufig als Zeichen der Herdaktivierung beobachtet wird.

ITTEN versuchte unspezifische Therapie bei der Behandlung von Dementia praecox und behandelte eine Reihe von 9 Fällen mit Injektionen einer 2%igen Lösung von Nuclein (0,5—1,4 g wurden gegeben), ohne Besserung zu erreichen. DÖLLKEN behandelte 21 Fälle, von denen 16 sich zeitweise nach Injektionen von Pyocyaneus- und Dysenterievaccinen besserten.

RAPHAEL und GREGG haben kürzlich einige Versuche bei Dementia praecox gemacht, um die Wirkung von intravenösen Injektionen von Typhusvaccinen im Verlauf der Krankheit zu bestimmen. Sie gaben eine große Dosis (500000 Millionen bis zu einer Billion) in 2—5tägigen Intervallen, aber sie fanden, daß sie keine Wirkung auf die klinischen Anzeichen hatte. Nach den Injektionen folgte in der Regel eine Zunahme im Blutdruck. Bei zwei Fällen verursachten die ziemlich großen Injektionen schwere Anämien und einen Gewichtsverlust der Patienten.

BUIA hat Nucleinsäure bei der Behandlung von Paralyse agitans in verschiedenen Dosen gebraucht, von $^{1}/_{200}$ bei $^{5}/_{100}$ mg in Form von 5—10%iger Lösung.

Epilepsie. SCHMIDT-VALECIENS berichtete bereits 1665—68 von einem Fall von Epilepsie bei einem Mädchen, die er mit intravenösen Einspritzungen von in Alkohol gelösten Abführmitteln behandelte. Die Patientin blieb mehrere Monate frei von Anfällen. Ähnlich behandelte er eine Anzahl Arthritisfälle.

Bei der Behandlung von Epilepsie sind eine Anzahl von Verfahren besonders unspezifischer Natur versucht worden, 1903 begann CENI mit Seruminjektionen, 1911 gebrauchte LION Gehirnextrakt, 1914 GORDON Cerebrospinalflüssigkeit und HELD immunes Kaninchenserum. TURNER behandelte 23 Fälle mit Injektionen von kolloidalem Platin und bemerkte eine Verminderung in Zahl und Heftigkeit der Anfälle.

Neuerdings sind zwei interessante Berichte von DÖLLKEN und von EDGEWORTH veröffentlicht worden.

DÖLLKEN gebrauchte eine kombinierte Milch- und Luminaltherapie; den Milchinjektionen fügte er eine geringe Menge von Vaccine (nicht virulenter Mikroorganismen) hinzu; die Injektionen wurden gewöhnlich zweimal in der Woche gegeben. Nach eingetretener Besserung wurde die Anzahl der Injektionen vermindert.

12 Fälle wurden 18 Monate lang frei von Anfällen, 60 ein Jahr lang. In der Regel waren für die Behandlung 4—6 Monate erforderlich. Bei 13 Fällen bestand das Ergebnis nicht in vollkommener Heilung, sondern nur in Besserung.

EDGEWORTHS Serie war kleiner und der Behandlungsverlauf kürzer. Bei 23 Fällen wurde eine 5⁰/₀ige Peptonlösung gebraucht, hergestellt nach der Vorschrift von AULD. Sie wurde injiziert in der Menge von 5 minims[1]). In den folgenden Wochen wurden 7, 10, 15 und 20 minims gegeben, wenn keine toxischen Erscheinungen vorkamen. Größere Dosen als 20 minims wurden nicht injiziert. Falls 14 Tage ohne Anfall vergingen, wurde die Dosis nicht weiter erhöht. Zeigten sich nach 3 Dosen von 20 minims keine Erfolge, wurde die Behandlung aufgegeben. Bei 4 Fällen wurden toxische Erscheinungen beobachtet: Starrheit, Erbrechen, zeitweise Pyrexie, entweder einzeln oder in irgendeiner Kombination. Kam dies vor, so wurde die nächste Dosis verringert. Bei solchen Fällen ergab es sich, daß die Dosis später bis zur alten Zahl oder sogar darüber erhöht werden konnte, ohne daß irgendwelche ungünstigen Symptome eintraten. Bei 3 Fällen von posthemiplegischer Epilepsie zeigte sich keine Besserung. Bei 11 Fällen von Epilepsie ohne Zeichen irgendeiner schweren krankhaften cerebralen Veränderung wurde kein dauernder Stillstand hervorgerufen. Bei 4 von diesen hörten die Anfälle auf, kamen aber später wieder, obgleich weniger schwer, und bei 2 Fällen wurde die Häufigkeit vermindert. Das Durchschnittsalter der Patienten war 18 Jahre, die Durchschnittsdauer der Krankheit 10 Jahre, und die Durchschnittshäufigkeit der Anfälle 1 in der Woche. Bei 9 Fällen von Epilepsie ohne Zeichen irgend einer schweren cerebralen Veränderung hörten die Anfälle auf. Dieser Stillstand hat zur Zeit der Berichterstattung sogar mehr als einen Monat bei allen Fällen angehalten, bei einigen 3 Monate. 5 Kranke waren geistig defekt, bei einem war geistige Besserung vorhanden, bei dreien etwas und bei einem wurde bedeutende Besserung bemerkt. Die Durchschnittszahl der gegebenen Injektionen war $5^1/_2$.

PAGINEZ macht in einem neueren Überblick auf die Tatsache aufmerksam, daß der Beginn der Epilepsie häufig mit Veränderungen im Blutserum verbunden ist, und er ist der Überzeugung, daß durch eine anti-anaphylaktische Behandlung gewisse Fälle von wirklicher Epilepsie therapeutisch beeinflußt werden können, besonders durch die neuen unspezifischen Methoden.

CROCHETT berichtet über einige Fälle von Epilepsie, welche durch Tuberkulinbehandlung geheilt wurden. Bei 5 Fällen nahmen die Anfälle an Häufigkeit ab, während 3 nicht beeinflußt wurden.

Erkrankungen des Auges. Während der letzten 10 oder mehr Jahre sind vereinzelte Beispiele erfolgreicher Vaccinetherapie bei gewissen Augenkrankheiten berichtet worden, wenn große Mengen von Mikroorganismen gebraucht wurden, so z. B. von GREY, GORBUNOW, BRYAN und ALLEN. RÖMER behandelte Hypopyonkeratitis mit großen Dosen von Vaccinen und gebrauchte auch Autoserotherapie mit einigem Erfolg, indem er das Patientenserum aus einer Blase nahm. Eine große Anzahl anderer Beobachter, unter ihnen DARIER, W. ZIMMERMANN, FROMAGET, gebrauchten erfolgreich Diphtherieantitoxininjektionen. v. SZILY wendete sehr große Dosen von Gonokokkenvaccine (Arthigon) bei der abortiven Behandlung der Ophthalmoblennorrhöe mit überraschend

1) 1 minim = 64,799 mg.

guten Erfolgen an, aber erst nach dem Bericht von Müller und Thanner wurde dieser Art der Therapie viel Aufmerksamkeit geschenkt. In der Tat datiert die Anwendung unspezifischer Therapie bei der Behandlung von Augenkrankheiten seit ihren Beobachtungen.

Müller und Thanner injizierten 5 ccm Milch intramuskulär bei 4 Fällen von parenchymatöser Keratitis, von denen sich alle besserten, genau so wie 11 Fälle von Iritis. Sie bemerkten, daß, wenn die Iritis durch Gonokokken-Infektion verursacht wurde, die Besserung nicht so schnell vor sich ging wie bei Fällen rheumatischen Ursprungs oder bei Iritiden unbekannter Ätiologie. Bei diesen verschwand der Schmerz und die Lichtscheu innerhalb 24 Stunden. Bei 9 Fällen von cornealer Trübung (ohne Choroiditis) wurde nur geringe Besserung beobachtet, auch sahen sie gar keine Wirkung auf Choroiditis.

Friedländer fing die Behandlung bei Trachom an, indem er etwas größere Dosen (10 ccm Milch) intramuskulär injizierte. Bei 42 so behandelten Fällen wurden ausgezeichnete Erfolge berichtet. Injektionen wurden alle 4 Tage gegeben.

Hühn hatte vorher bemerkt, daß Trachomfälle unter seiner Obhut im Kinderhospital sich deutlich während des Verlaufes einer Scharlachepidemie besserten; auf Grund dieser Beobachtung probierte er dann auch den Gebrauch von Milchinjektionen aus. Er berichtet, daß er ausgezeichnete Erfolge erhielt. Rosenstein behandelte Trachom mit Milchinjektionen mit zufriedenstellenden Resultaten. Bei einer Diskussion in der Gesellschaft für Ärzte in Wien stellte Königstein fest, daß er bei einigen 30 Fällen erhöhte Entzündung und auch Besserungen bemerkte. Blatt glaubt nicht, daß das Verfahren nützlich ist. Pflugk, der ebenfalls Milch gebrauchte, erhielt gute Erfolge bei Iritis, bei Keratitis parenchymatosa und bei Blennorrhöe der Erwachsenen. Heinemann und Wilke berichten ausgezeichnete Resultate durch Milchinjektionen bei Blennorrhöe von Erwachsenen und schweren Augeninfektionen.

Drei ziemlich ausgedehnte Berichte sind kürzlich von Possek, Berneaud und von Jendralski veröffentlicht worden. Possek (ebenso wie Haab) gebrauchte eine Typhusvaccine, mit Phenol abgetötet und aus annähernd 500 Millionen Mikroorganismen auf den Kubikzentimeter hergestellt. Davon injizierte er 0,6—1 ccm subcutan am ersten Tage und 1 ccm am zweiten Tage. Darnach war gewöhnlich eine Temperaturreaktion milden Grades vorhanden.

Diese Vaccinetherapie wurde bei einer Reihe von Augenzuständen zweifellos luetischen Ursprungs angewandt; 52 davon waren lang veraltete Fälle, 32 waren neu. Von den alten Fällen waren 16 kongenitale Lues. Diese Fälle waren vor der Vaccinebehandlung während einer langen Zeit mit Quecksilber und Salvarsan behandelt worden, aber ohne augenscheinlichen Vorteil. Possek wählte die Fälle, die auf die spezifische Therapie nicht reagiert hatten, für seine Versuche mit Vaccinen aus. Bei einigen Fällen, wo zuerst keine luetische Grundlage vermutet wurde und die unspezifische Behandlung ohne vorherige spezifische Therapie angewandt wurde, wurden ausgezeichnete Erfolge erlangt, obgleich später die luetische Natur des Leidens serologisch festgestellt wurde. Von diesen Fällen wurden 4 von hereditärer Keratitis deutlich günstig beeinflußt. Die Entzündung der Iris ging zurück und die Cornea wurde klarer. Bei mehreren Fällen von Netzhautblutung wurde die Hämorrhagie resorbiert und bei Fällen von Trübung der Linse wurde eine bestimmte Klärung beobachtet. Gute Erfolge wurden auch bei Neuritis optica erhalten.

Eine große Reihe von Fällen (500) sind von BERNEAUD berichtet worden. BERNEAUD gab diesen Patienten über 2000 Injektionen von Milch und seine Resultate sind von bedeutender Wichtigkeit. Er erhielt wenig oder gar keine Ergebnisse bei der Behandlung von Glaukom, Amotio retinae, Tränengangentzündung, Neuritis, Neuroretinitis, multipler Sklerose, bei Keratitis parenchymatosa oder Ophthalmoblennorrhöe.

Andererseits wurde bei Keratitis eczematosa und scrophulosa und bei sekundärem Glaukom nach Iritis deutliche Besserung bemerkt. Unter 70 Fällen von Iritis wurden 60 geheilt oder deutlich gebessert nach der Injektion. Bei 24 Fällen von Choroiditis wurden 6 stark gebessert, 10 teilweise gebessert und 8 nicht verändert. Bei seinen Trachomfällen fand er, daß das corneale Geschwür sich besserte, während die Conjunctivitis nicht sehr beeinflußt wurde. Von 11 Fällen von gonorrhöischer Conjunctivitis reagierten 9 sehr gut. Auf eine gleichzeitig vorhandene Vulvovaginitis war bei einigen dieser Fälle keine augenscheinliche Wirkung vorhanden. Auch Herpes der Cornea wurde günstig beeinflußt.

JENDRALSKI behandelte 100 Fälle von Augenkrankheit mit Milchinjektionen. Bei phlyktenulärer Erkrankung wurde etwas Besserung beobachtet, öfters in der subjektiven Richtung als in objektiver Veränderung, Trachom wurde nicht verändert, und bei cornealer Geschwürbildung dringt JENDRALSKI auf große Vorsicht, aus Furcht, daß Perforation folgen könne. Bei Iritis waren die Ergebnisse ausgezeichnet; mehrere Fälle von Ophthalmoblennorrhöe besserten sich sehr schnell. Bei tuberkulöser Iridocyclitis war die Besserung nicht deutlich.

IGERSHEIM und KRAUPA erhielten bemerkenswerte Erfolge bei Iritis, und fanden, daß bei gonorrhöischer Krankheit die Resultate gewöhnlich sehr zufriedenstellend waren, bei Erwachsenen sowohl wie bei Kindern.

JICKELI, der Milch anwandte, behandelte Ophthalmoblennorrhöe, Iritis, Choroiditis und Ulcus corneae mit zufriedenstellenden Erfolgen. Die Milchtherapie hat viele Anhänger unter französischen und anderen romanischen Klinikern gefunden und die Berichte von CARRERAS, DARIER, DIMMER, MÜLLER, DOMEC, MANSILLA, ARGANARAZ, GAUPILLAT, GUIBERT sind nützlich, TITUS und NOLF haben intravenöse Injektionen von Pepton gebraucht. NOLF schenkte dieser Form der Therapie besondere Aufmerksamkeit bei Augenkomplikationen als Folge von Typhus, typhusartiger Erkrankung und Septicämie. GUIBERT war am erfolgreichsten bei skrofulösen Krankheiten. GAUPILLAT erhielt sehr zufriedenstellende Ergebnisse bei Hypopyonkeratitis und Infektionen des Bulbus. Er gebrauchte bei einem Fall Milch für subconjunctivale Injektion.

DARIER, einer der ersten Anhänger der paraspezifischen Therapie, gebrauchte Milchinjektionen zusammen mit oraler Anwendung von Serum, welche, wie CUMSTON kürzlich erwähnte, so häufig gewohnheitsmäßig von französischen Klinikern gebraucht wird. DARIERS Erfolge bei infektiösen Geschwüren der Cornea und bei Iritis — traumatisch sowohl wie postoperativ — waren sehr zufriedenstellend. Bei Keratitis parenchymatosa und bei Trachom sieht er seine Ergebnisse nicht als beweiskräftig an.

DARIER ist unermüdlich in seiner Verteidigung der oralen Anwendung von Serum gewesen, indem er behauptete, daß durch geringe Reaktion von seiten des Patienten das polyvalente Serum eine Systemreizung veranlasse, vergleichbar der Wirkung, wenn Milch, Pepton oder kolloidale Metalle dem Patienten injiziert werden. Nach DARIER wurden einige Krankheiten mehr von einem als von anderen dieser Mittel beeinflußt, so daß noch einige klinische Erfahrung gewonnen werden muß, ehe es möglich ist, sie mit größtem Erfolg zu gebrauchen.

Eine ganze Anzahl Beobachter haben über den Gebrauch der Milchinjektionen bei der Behandlung von Ophthalmoblennorrhöe berichtet, unter ihnen JICKELI, NASSBAUM, V. LIEBERMANN, PURTCHER, MÜLLER, HOLLER, SOMMER, HÖNIG und BACHSTEG, wobei alle außer dem letzteren deutliche Besserung nach den Milchinjektionen beobachteten. LIEBERMANN unternahm die Behandlung einer großen Reihe von Fällen von gonorrhöischer Ophthalmie bei Erwachsenen mit Milchinjektionen, versäumte aber nicht, gleichzeitig die gewöhnliche örtliche Behandlung fortzusetzen. Er fand, daß die Wirkungen der Injektionen auf die Erscheinungen folgende waren: Die Sekretion hörte gewöhnlich nach der ersten oder der zweiten Einspritzung auf und fing nur selten wieder an. Der Nachweis der Mikroorganismen im Exsudat wurde immer schwieriger, je deutlicher die Wirkung auf die Menge der Sekretion zutage trat; nur bei Ausnahmefällen erhielt er wirklich einen positiven bakteriellen Befund, nachdem die Sekretion sich vermindert hatte. Die primäre Wirkung der Injektionen war eine Chemose, nach welcher die Anzeichen der Entzündung sich schnell verminderten. Geschwüre der Cornea wurden verhütet; falls schon vorhanden, wurden sie angehalten; LIEBERMANN beobachtete nur eine einzige corneale Perforation in seiner ganzen Reihe von ungefähr 100 Fällen.

Die ausgedehnteste Abhandlung über diesen Gegenstand ist von UDDGREN in Stockholm veröffentlicht worden, während andere skandinavische Augenärzte widersprechende Resultate mitgeteilt haben — LUNDSGAARD, ANDERSEN usw. UDDGREN gebrauchte Milchinjektionen (sterile Milch, gekocht) mit sehr geringer Reaktion von seiten des Patienten bei ungefähr 100 Fällen von Augenkrankheiten. Die Ergebnisse waren folgende:

Conjunctivitis aestivalis. 3 Fälle; schnelle Erholung.

Trachom. 3 Fälle; gebessert.

Conjunctivitis phlyctaenulosa. 15 Fälle. Alle gebessert, subjektiv sowohl wie objektiv.

Keratitis parenchymatosa. 15 Fälle; von diesen 12 positiv luetisch, die anderen wahrscheinlich tuberkulös. Resultate nicht überzeugend.

Keratitis profunda. Fünf Fälle; 4 geheilt; der 5. hatte einen Rückfall nach 3 Monaten — Panophthalmitis.

Maculae corneae. 24 Fälle; bei einigen Fällen verbessertes Sehen; bei einigen von diesen war der Erfolg nicht dauernd.

Skleritis und Sklerokeratitis. 7 Fälle. Ohne spezifische Therapie verursachen die Milchinjektionen nur eine vorübergehende Besserung. Mit spezifischer Therapie verbunden, erhielt UDDGREN gute Erfolge.

Iritis und Iridocyclitis. 8 akute Fälle. Geheilt oder viel gebessert. 4 subakut gebessert. 4 chronische plastische Typen. Gebessert.

Opacitates corp. vitr. 11 Fälle. Anregende und resorbierende Wirkung der Injektion bei einigen Fällen deutlich.

Ablatio retinae. 3 Fälle. Keine anhaltende Besserung.

Augennervenveränderungen. Neuritis gebessert, und bei einigen Fällen vollkommene Heilung. Atrophie des Nervs nicht gebessert bei einem einzigen injizierten Fall.

Parese des Nervus abducens. 2 Fälle, Erholung beschleunigt.

CHEVALLIER hat Kollargol intravenös bei Fällen von septischer Iritis und bei Keratitis mit guten Erfolgen gebraucht, während BOYD über gute Resultate bei dem Gebrauch von intravenöser Typhusvaccine bei Fällen von Iritis berichtet hat. ZIMMERMANN hat 2 Fälle von cornealen Infiltrationen mitgeteilt, die sich nach Milchinjektionen besserten.

VEACH hat kürzlich einige experimentelle Ergebnisse beigesteuert, welche den Wert der unspezifischen Therapie bei Augeninfektionen idiopathischen Ursprungs betreffen. REBER beobachtete, daß Iritis gewöhnlich durch einen der folgenden 5 Mikroorganismen verursacht wird — der Spirochäte, dem Tuberkelbacillus, dem Gonokokkus, dem Pneumokokkus und dem Influenzabacillus. Die Spirochäte ist für ungefähr 30—60% der Fälle verantwortlich. Wenn wir auch gelten lassen, daß wir eine genügend zufriedenstellende Therapie für alle diese spezifischen Infektionen haben, so bleiben doch noch eine große Anzahl übrig, bei welchen sie anscheinend wirkungslos ist, Fälle von unbestimmter Ätiologie — rheumatischer Art, den Stoffwechsel betreffend usw. Gerade für diese Gruppe betrachtet VEACH unspezifische Therapie als äußerst nützlich.

VEACH rief experimentell Iritis hervor, indem er Streptokokken (viridans und haemolyticus) und Staphylococcus aureus in die Iris von Kaninchen injizierte. Diese wurden dann mit intramuskulären Milchinjektionen behandelt. Der Verlauf der Krankheit bei den behandelten Tieren war deutlich gekürzt im Vergleich zu ähnlich infizierten Kaninchen, welche aber nicht mit Milch behandelt waren. VEACH sieht die experimentellen Resultate als genügend ermutigend an, um den Gebrauch dieser unspezifischen Therapie in der klinischen Praxis bei allen Fällen von Iritis unbekannten Ursprungs zu sichern.

STOCKER hat Milch bei Augenfällen an Stelle von intramuskulärer Injektion intraperitoneal gebraucht. Das von ihm angewandte Verfahren besteht darin, 3—12 g Kuhmilch (3—4 Minuten lang gekocht) in die Peritonealhöhle zu injizieren. Ein 2—3 Tage dauerndes Fieber wird dadurch verursacht. Seine Erfolge sind sehr gut gewesen.

MUSY pasteurisiert Milch 15 Minuten lang und injiziert 5 ccm intraglutaeal alle 2—4 Tage. Er war überrascht, die Schnelligkeit zu beobachten, mit welcher Schmerz, Infektion, Lichtscheu und Anschwellung im Verlauf solcher Injektionen verschwanden.

Bei iridocyclitischen Prozessen waren die Ergebnisse ausgezeichnet; bei Iritis verminderte sich der Schmerz, die Pupille erweiterte sich und die cornealen Defekte zeigten frühzeitig Vascularisation; sogar bei luetischen Fällen mit der Bildung von Synechien unterstützte die Milchinjektion die systematische spezifische Behandlung.

Andererseits schien mit chronischer Iridochoriocyclitis bei Blennorrhoea neonatorum und bei tuberkulöser Iridocyclitis die Behandlung wenig Erfolg auf den Verlauf der Krankheit zu haben.

KLINGMÜLLER berichtet, daß sich durch Terpentininjektionen 5 Fälle von Ophthalmoblennorrhöe sehr schnell besserten.

PELTESOHN hat im besonderen skrofulöse Krankheiten des Auges und ihre Behandlung mit unspezifischen Mitteln und mit der PONNDORFschen Methode der intracutanen Tuberkulinbehandlung erforscht. Er fand, daß die schweren und mäßig schweren Fälle gut darauf reagierten, während beinahe hoffnungslose Fälle sehr günstig durch entsprechende kombinierte Behandlung mit Casein- und Tuberkulininjektionen beeinflußt wurden.

CASSIMATIS behandelte 134 Patienten, die vor längerer Zeit operiert worden waren. Er kam zu dem Schluß, daß falls die Injektionen bei allen Infektionen des cornealen und aurealen Traktus bei Geschwüren, bei Hypopyon, bei rheumatischer Iritis schätzenswert sind, dieses auch bei eitriger Conjunctivitis der Fall sein kann.

CHEINES hatte wechselnden Erfolg bei der Behandlung von Augenkrankheiten mit Milchinjektionen. Einige Fälle sprachen auf die Behandlung genügend an, während in anderen kein Resultat zu beobachten war.

COPPER glaubt, daß parenterale Milchinjektionen sehr nützlich bei der Behandlung von Augenkrankheiten sind, da er mit solchen Injektionen bessere Resultate erhielt als mit anderen Methoden unspezifischer Therapie. Der Proteinshok, der verursacht wird, hat sich besonders wirksam bei akuter Iritis erwiesen. Von der ersten Injektion an lassen die Schmerzen nach, der Erguß wird absorbiert und die Pupille erweitert sich. Traumatische oder operative Hämorrhagien in der vorderen Kammer des Glaskörpers werden schnell absorbiert. Bei Gonokokkenconjunctivitis nimmt die Sekretion ab, die lokalen Maßnahmen sind wirksamer und nebenhergehende Vulvovaginitis verschwindet auch. Nach einer Augenoperation ist die Milchinjektion als Prophylaxe gegen Infektion nützlich. Sie verhütet Exsudation. Die Reaktion tritt erst nach 4 Stunden auf. Die Temperatur geht dann bis auf 38,5 oder 40° C und bleibt ungefähr zwei Stunden lang erhöht. Am nächsten Tage ist gewöhnlich etwas Kopfschmerz und Appetitsverlust vorhanden. Man gibt gewöhnlich 3 oder 4 Injektionen in eintägigen Intervallen. Die Hyperthermie ist bei Jugendlichen ausgesprochener.

BORRIOS gebrauchte Menschenmilch zu intramuskulären parenteralen Injektionen bei einer Anzahl von Fällen, aber mit wenig Erfolg, so daß er wieder zu Kuhmilch überging. Er war hochbefriedigt von der Besserung, die bei 26 Fällen folgte. Die Liste schließt 14 corneale Geschwüre ein, 4 Fälle von Iritis und Cyclitis, 3 von Keratitis, 3 von gonorrhöischer Conjunctivitis und 2 von Dacryocystitis. Die beiden zuletzt erwähnten schienen nicht beeinflußt zu sein, aber die Geschwüre in der Cornea fingen an nach ein oder zwei Injektionen zu heilen und die Iritis nahm einen ausnehmend kurzen Verlauf. Er schreibt die Wirkung dem Casein in der Milch zu und berichtet, daß FASSETI aus Buenos Aires als Versuch Natriumcaseinat an Stelle von Milch gab. Es wird durch mehrmaliges Fällen frischer Kuhmilch hergestellt und durch Porzellan filtriert. So wurde eine klare Flüssigkeit erhalten, mit welcher FASSETI zufriedenstellenden Erfolg bei Injektionen von 5 oder 10 ccm, bei Fällen von Pleuraerguß, akutem Gliederrheumatismus, Chorea, gonorrhöischer Orchitis, Endokarditis, Pneumonie, epidemischer Meningitis, Typhus usw. erhalten haben soll.

DE HAAN rühmt die günstigen Berichte, die dauernd über die Wirkung von parenteralen Milchinjektionen bei verschiedenen Augenkrankheiten berichtet worden sind. Er sagt jedoch, daß wir versuchen müssen irgend eine Substanz zu finden, die die gleichen guten Resultate ohne die unangenehmen Nebenwirkungen, die man zuweilen bei Milch bemerkt, gibt. Diese sind ein sehr schnelles Aufweichen eines Corneaabscesses und sein Durchbruch; ebenso ein Absceß, der sich an der Injektionsstelle bildet. Eine andere Stelle als ein glutaealer Muskel kann für die Injektion vorgezogen werden. Bei Tuberkulose, Skrofulose und Typhus besteht Neigung zu einer Herdreaktion; sie kann eine Genesung beschleunigen oder kann eine Höhle anschneiden. Bei Typhus sind apikale katarrhalische Prozesse beschleunigt worden, und bei skrofulösen Kindern ist wochenlanges Fieber nach der parenteralen Injektion beobachtet worden. Herz- und Atemstörungen, sowie anaphylaktischer Shok ist bemerkt worden. Bei Status lymphaticus und Asthenie sind die Injektionen geneigt mehr Zerstörungen zu verursachen als bei anderen Zuständen. Die Gebrauchsdosis für Erwachsene ist 5—10 ccm Milch. Die Fieberreaktion fängt innerhalb 4 Stunden an und erreicht ihre Höhe in der achten und zehnten Stunde. Als allgemeine Regel gilt, je stärker die Reaktion, desto größer ist die wohltuende Wirkung.

Morin Amat berichtet über einen auffallenden Fall von schneller und vollkommener Heilung von Neuritis optica durch parenterale Milchinjektion. Es handelt sich um eine Frau von 44 Jahren; die heftige einseitige, intraokuläre Neuritis optica oder Papillitis entwickelte sich plötzlich in Verbindung mit sphenoidaler Sinuitis. Cocain auf die Nasenschleimhaut und Inhalation von Menthol, plus sieben subcutane Injektionen von 4 ccm Milch im Verlauf von 11 Tagen machten die Sehkraft nicht nur normal, sondern der Spezialist fand sogar keine weiteren Spuren der Sinuitis. Eine gleiche schnelle Heilung wurde in einem Fall von akuter retrobulbärer Neuritis, die durch Influenza verursacht wurde, erreicht. Er sagt, daß diese Proteintherapie viel versprechend bei akuten, septischen und Entzündungszuständen ist, besonders wenn diese Zustände durch Bakterien von mäßiger Virulenz verursacht wurden, und wenn sie in Organen, die eine gewisse Toleranz für diese Mikroorganismen haben, lokalisiert sind. Bei tuberkulösen Veränderungen, akuten sowie chronischen, wurde keine Wirkung erzielt.

Der Bericht von Heine muß schließlich noch erwähnt werden. Heine berichtet über die Ergebnisse seiner Experimente mit subcutanen Injektionen von Milch bei Retinitis albuminurica. Die Dosierung betrug 5—10 ccm. Wenn wir die Hemmung der Verschlechterung des Sehens bei allen Fällen als durch die Milchinjektion veranlaßt betrachten, so wurden von 17 Augen 15 günstig beeinflußt. Wenn wir nur solche Fälle als günstig beeinflußt betrachten, bei denen eine deutliche Besserung des Sehens vorhanden war, so zählen die günstigen Ergebnisse 11, während bei 4 der Krankheitsvorgang nur stehen blieb. Bei nur 2 ging der Krankheitsprozeß trotz der Injektion weiter. Auch eine Reihe von Fällen von infektiöser Retinitis und Choroiditis wurden mit Milchinjektionen behandelt. Die primären Erfolge waren oft ausgezeichnet, obgleich Rückfälle allgemein waren. Schwarte behandelte eine Reihe von schweren infektiösen Prozessen mit Milchinjektionen und berichtet, daß die Erfolge sehr offensichtlich waren, indem die meisten der Fälle günstig beeinflußt wurden.

Nachtrag.

Nach Drucklegung der Monographie bringt die Arbeit von W. u. H. LÖHR (Chirurg. und med. Univ.-Kl. Kiel) wesentlich Neues:

Die Autoren stellten exakte und genaue Untersuchungen über die Beeinflussung des Blutzuckers durch Proteinkörperinjektionen an, welche die bisherigen Angaben zum Teil richtig stellen. Die Autoren kommen zu folgenden Schlußfolgerungen:

Es gelang nicht, durch Proteinkörper oder Reizstoffe anderer Art, weder bei intramuskulärer noch bei intravenöser Verabfolgung, experimentell Hyperglykämie zu erzeugen.

Auch nach sterilen Operationen, die sich sonst im Sinne der Proteinkörpertherapie als einer der wirksamsten Reize erwiesen, wurde in zahlreichen Untersuchungen keine Beeinflussung des Blutzuckerspiegels beobachtet. Frakturen mit oder ohne Shokwirkung oder Gehirnerschütterung machen von dieser Feststellung keine Ausnahme.

Spontane Glykosurie trat nach Proteinkörperinjektionen, sterilen Operationen und Frakturen in keinem Falle auf.

Andererseits aber ließ sich insbesondere nach sterilen Operationen und Frakturen mit geringen Ausnahmen nach Belastung mit Dextrose, Lävulose und Galaktose eine über das Normale weit hinausgehende alimentäre Hyperglykämie erzeugen.

Der hyperglykämische Quotient überschritt nach Operationen und Frakturen in 75% den Normalwert bei Traubenzuckerzufuhr.

Der gleichfalls starke Anstieg des Blutzuckerspiegels nach Lävulose und Galaktose spricht für eine Störung des Kohlenhydratstoffwechsels in der Leber.

Alimentäre Glykosurie bestand unter 43 Fällen nur 12 mal (bis 27%). Eine gesetzmäßige Abhängigkeit zwischen Hyperglykämie und Glykosurie besteht nicht, weswegen eine Prüfung auf alimentäre Glykosurie allein ohne Blutzuckerkontrolle nicht genügt.

Die auftretende vorübergehende Störung des Kohlehydratstoffwechsels (erhöhter hyperglykämischer Quotient, alimentäre Glykosurie) ist auf eine Schädigung der Leberfunktion zu beziehen. Die Frakturen nehmen hierbei keine Sonderstellung ein, so, daß man die nach diesen beobachtete alimentäre Zuckerausscheidung auf eine alleinige Störung der zentralnervösen Zuckerzentren durch Fettembolien erklären müßte, wenn auch die Möglichkeit solcher Schädigungen nicht ganz von der Hand zu weisen ist.

Beziehungen zwischen Blutzuckerspiegel und Immunität ließen sich in keiner Weise feststellen. Hyperglykämie geht nicht mit erhöhtem Agglutinintiter oder beschleunigter Blutkörpersedimentierung parallel, auch bei vermehrter Gerinnung des Blutes spielt dessen Dextrosegehalt keine Rolle.

Literatur.

v. Aaron, B.: Das Schicksal des intravenös verabreichten Caseins. Zeitschr. f. physiol. Chem. Bd. 98, S. 49. 1916.

Abderhalden, E.: Zur Kenntnis des Vorkommens der peptolytischen Fermente. Zeitschr. f. physiol. Chem. Bd. 78, S. 344. 1912.

— Die Abderhaldensche Reaktion. (5. Aufl. der „Abwehrfermente".) Berlin 1922.

— und Schaumann: Beitrag zur Kenntnis von organischen Nährungsstoffen mit spezifischer Wirkung. Pflügers Arch. f. d. ges. Physiol. Bd. 172, S. 1. 1918.

Abelin: Beiträge zur Kenntnis der physiologischen Wirkung der proteinogenen Amine. Biochem. Zeitschr. Bd. 129, S. 1.

Achard, C. and Flaudin, C.: Autoserotherapy in Hay Fever etc. Bull. et mém. de la Soc. méd. des hôp. de Paris. Tom. 44, p. 723. 1920.

Adler: Wien. med. Wochenschr. 1917. S. 509.

Agazzi: Über den Einfluß einiger Serumpräparate auf die Intensität der Bildung von bakteriellen Antikörpern (Agglutininen) beim Kaninchen. Zeitschr. f. Immunitätsforsch. u. exp. Therap. Orig. Bd. 1, S. 736. 1909.

Aguirre, R.: Autoserotherapy of influenza. Siglo med. Vol. 66, p. 104. 1919.

Aimes, A.: L'héliothérapie dans les affections non tuberculeuses. Presse méd. Tom. 21, p. 223. 1913.

Albrecht, H.: Die intravenöse Kollargoltherapie bei puerperaler Sepsis und anderen septischen Erkrankungen. Münch. med. Wochenschr. 1909. S. 2621.

Albrecht, M.: Zur Behandlung der Diphtherie mit unspezifischem Serum. Therap. d. Gegenw. 1919. S. 404.

Albrecht, P. G.: Effects of iodids on the autolysis of liver tissue. Journ. of biol. chem. Vol. 41, p. 111. 1920.

Alexander: Die Verwendung von parenteralen Milchinjektionen bei Ohrenkrankheiten. Monatsschr. f. Ohrenheilk. u. Laryngo-Rhinol. 1917. Nr. 1.

Alexander, A.: Die Behandlung der septischen Erkrankungen mit Silberpräparaten. Therap. Monatsh. Bd. 32, S. 384. 1918.

Alexander, D. M.: The use of leukocytic extract in infective processes. Brit. med. Journ. Vol. 1, p. 355. 1911.

Allen, R. W.: „Vaccinetherapy; its theory and practice". Philadelphia 1913.

Almkvist, J.: Behandlung von Bubonen mit künstlicher Temperatursteigerung. Dermatol. Wochenschr. 1916. S. 1051.

Altstaedt, B.: Zit. bei Kämmerer: Was bedeuten die cutanen Reaktionen mit Alttuberkulin und Partialantigenen für die Prognose der Tuberkulose? Münch. med. Wochenschr. 1920. S. 375.

Alwens: Dtsch. med. Wochenschr. 1919. S. 626.

Amat, M. Marin: Proteintherapie bei Neuritis optica. Siglo med. Madrid 1921. S. 3523.

Anderson, C.: Lottrup, Hospitalstidende. Bd. 61, S. 244. 1918.

Andrewes, F. W.: The behaviour of the leucocytes in infection and immunity (Croonian Lectures). Lancet, London. Vol. 2. 8 und 83.

Antoni: Die Aolanbehandlung des weichen Schankers und entzündlicher Bubonen. Münch. med. Wochenschr. 1919. S. 746.

— Zur Behandlung der Trichophytien. Dermatol. Wochenschr. 1918. S. 775.

Appel: Über Behandlung von Hautkrankheiten durch Einspritzungen mit Terpentinöl. Münch. med. Wochenschr. 1919. S. 337.

Archibald, R. A. and Moore, G.: The therapeutic application of hypertonic salt-solution in conjunction with leucocytic extract. California State Journ. of med. Vol. 15, p. 345. 1917.

Ardin-Delteil, Nègre, L. and Raynaud, M.: Recherches cliniques et expérimentales sur la vaccinothérapie de la fièvre typhoide par le virus sensibilisé de Besredka. Ann. de l'inst. Pasteur. Tom. 27, p. 644. 1913.

Arganaraz, R.: Parenteral injections of milk in eye disease. Semana med. Buenos Aires Vol. 28, p. 57. 1921.

Arloing, F., Dufourt, A. and Langeron, L.: Therapeutic anaphylactic shock. Bull. de l'acad. de méd. Tom. 85, p. 241. 1921.

ARNOLD, W.: Intracutanreaktion unspezifischer Stoffe. Zeitschr. f. exp. Med. 26, S. 312. 1922.
ARONSON, H.: Experimentelle Untersuchungen über Tuberkulin und Tuberkulose. Dtsch. med. Wochenschr. 1914. S. 487.
ARWEILER, N.: „Beitrag zur Caseintherapie". In.-Diss. Freiburg i. B. 1919, ebenso Therap. Halbmonatschr. Bd. 34, S. 470. 1920.
AUDAIN, G. and MASMONTEIL, F.: Traitement des septicémies par les injections massives intraveineuses de sèrum sucre isotonique (action leucogéne). Presse méd. Tom. 25, p. 641. 1917.
AULD, A. G.: Pyrogenic therapy. Brit. med. Journ. Vol. 1, p. 195. 1918.
— Protein „shock" therapy. Brit. med. Journ. Vol. 1, p. 683. 1918.
— Further remarks on the treatment of asthma by peptone. Brit. med. Journ. Vol. 2, p. 49. 1918.
— Results of the peptone treatment of asthma. Brit. med. Journ. Vol. 1, p. 567. 1920.
AXENOW, L.: 1335 Scharlachfälle, die mit dem MOSERschen Serum behandelt wurden. Jahrb. f. Kinderheilk. N. S. Bd. 81, S. 132. 1915.
BACH, E. and TEALE, F. H.: Nature of serum antitrypsin etc. Proc. of the roy. soc. of med. Sect. Pathol. Vol. 13, p. 5. 1920.
BACHSTEZ, E.: Zur Behandlung der Gonoblennorrhöe des Auges mit Milchinjektionen. Wien. klin. Wochenschr. 1917. S. 1168; Klin. Monatsschr. f. Augenheilk. 1920. S. 554.
BAEHR, G. und PICK, E. P.: Über Entgiftung der peptischen Eiweißspaltungsprodukte durch Substitution im cyclischen Kern des Eiweißes. Arch. f. exp. Pathol. u. Pharmakol. Bd. 74, S. 73. 1913.
BAERTHLEIN, K. und THOMA: Über Bakteriotherapie bei Grippe-Lungenentzündung. Münch. med. Wochenschr. 1920. S. 563.
BALDWIN, H. and L'ESPÉRANCE, E. S.: The influence of typhoid vaccine on tuberculous guinea-pigs. Journ. of immunol. Vol. 2, p. 283. 1917.
BALUIT: Therap. Monatsh. Bd. 29, S. 307. 1915; Zit. bei ROTH, N.: Therapeutischer Brief aus Ungarn.
BANDELIER, B. und ROEPKE, O.: „Lehrbuch der spezifischen Diagnostik und Therapie der Tuberkulose." Bd. 8, S. 1015. Würzburg.
BARADULIN, G. I.: Russki Wratsch. Bd. 15, S. 833. 1916.
BARABÀS, Z. v.: Behandlung von Säuglingskrankheiten mit oralen Blutgaben. Zeitschr. f. Kinderheilk. Bd. 30, S. 86. 1921.
BARBIER, P.: Contribution à l'étude de l'iodoradiumthérapie dans la pratique antituberculeuse. Zeitschr. f. Tuberkul. Bd. 22, S. 433. 1914.
BARDACHZI, F.: Zur Behandlung des Rotlaufs. Dtsch. med. Wochenschr. 1919. S. 1250.
BARLOCCO, A.: Sul contenuto in lipoidi negli autolizzati posti a contatto di tossina difterica. Path. riv. quindicin Genova. Vol. 3, p. 7. 1910/11.
BARREAU: Über die Wirkung von Blutplättchenstoffen gegen Milzbranderreger. Arch. f. soz. Hyg. Bd. 70, S. 331. 1909.
BARRENSCHEEN, H. K.: Zur Vaccinebehandlung des Typhus abdominalis. Therap. Monatsh. 1916. S. 375.
BARR, D. P., RUSSEL, CECIL und DU BOIS: Temperaturregulierung nach der intravenösen Injektion von Proteose und Typhusvaccine. Arch. of internal Med. Vol. 29, Nr. 5.
BARVIOS, R. MARTINER: Proteintherapie. Rev. med. del Rosario Argentine. 1921. 155.
BASSET, A.: Des injections hypodermiques de sérum polyvalent de Lecleinche et Vallée dans le traitement de l'érysipèle de la face. Presse méd. Tom. 27, p. 237. 1919 (Ref. in Journ. of the Americ. med. assoc. Vol. 72, p. 1943. 1919).
BATTISTESSA, P.: Sulla cura delle paralisi progressiva con la tubercolina. Riv. ital. di neuropatol., psichiatr. et elettroterap. Vol. 5, p. 117. 1912.
BAUER, E.: Über die Wirkung der sogenannten Fixationsabscesse. Virchows Arch. f. pathol. Anat. u. Physiol. Bd. 156, S. 529. 1899.
BAUER, R., LATZEL, R. und WESSELY, E.: Unsere Erfahrungen über die Wirkung von Tumorautolysaten bei Behandlung maligner Neoplasmen. Zeitschr. f. klin. Med. 1915. S. 420.
BAUEREISEN, A.: Über Erfahrungen mit der Behandlung puerperaler Allgemeininfektion durch Kolloidsilberpräparate, Trypaflavin und Yatren. Zeitschr. Geburtsh. u. Gynäkol. Bd. 5, 45, S. 1205. 1921.

BAUMANN, E.: Die Erfahrung mit der ABDERHALDENschen Schwangerschaftsdiagnostik im Frauenspital Basel. Monatsschr. f. Geburtsh. u. Gynäkol. Bd. 42, S. 199. 1915.
BAYLISS: Ergebn. d. Physiol. 1906. Nr. 5.
BEARD, J.: „The enzyme treatment of cancer." London 1911. p. 219.
BECHHOLD: Tierexperimentelle Studien über Kolloidchemie. Münch. med. Wochenschr. 1922. S. 1447.
BECKER, H.: Terpentin-Behandlung. Dermatol. Wochenschr. 1920. S. 472 und 481.
BEHNE, KURT: Experimentelle Untersuchungen über das Wesen der Caseosantherapie. Münch. med. Wochenschr. 1921. S. 583.
BEHRENDT: Proteintherapie bei Anämien im Kindesalter. Arch. f. Kinderheilk. 1922. S. 94.
v. BEHRING, E.: Über Idiosynkrasie, Anaphylaxie, Toxin-Überempfindlichkeit, Disposition und Diathese. Schmidts Jahrb. Leipzig. Bd. 309, S. 113. 1914; ebenso: Experimentelle Analyse und Theorie der anaphylaktischen und apotoxischen Vergiftung. Dtsch. med. Wochenschr. 1914. S. 1857.
BELLIBONI, E.: Studio preparatorio per conoscere il meccanismo di azione e le indicazioni della autosieroterapia. Gazz. d. osp. ed. clin. (Milano) Vol. 37, p. 1058. 1916.
BENDIX, B. und BERGMANN, J.: Über das sogenannte Kochsalzfieber. Monatsschr. f. Kinderheilk. Orig. Bd. 11, S. 387. 1912/13.
BENNECKE, H.: Behandlung schwerster Sepsis mit intravenöser Infusion größerer Mengen menschlichen Normalserums nach vorausgegangenem Aderlaß. Münch. med. Wochenschrift 1913. S. 1926.
BENSAUDE, R. and HALLION, L.: La médication adrénalino-hypophysaire de l'asthme. Presse méd. Tom. 26, p. 185. 1918.
BERGEL, A.: Behandlung der Lungenentzündung mit Pferdeserum und Aderlaß. Therap. d. Gegenw. Bd. 8. 1921.
BERGER, W.: Hyperproteinämie nach Eiweißinjektionen. Zeitschr. f. d. ges. exp. Med. Bd. 28, S. 1. 1922; Klin. Wochenschr. 1922. S. 1053; Dtsch. med. Wochenschr. 1922. S. 782.
BERGHAUSEN, O.: Hemorrhagic disease in new born. Journ. of the Americ. med. assoc. Vol. 70, p. 514. 1918.
BERLINER, M. und CITRON, S.: Zur Frage der Depressionsimmunität. Dtsch. med. Wochenschrift 1920. S. 997.
BERNDT, Milchbehandlung bei Ulcus molle. Med. Klinik 1921. S. 164.
BERNEAUD, G.: Über den Wert der Milchinjektionen bei Augenerkrankungen. Münch. med. Wochenschr. 1919. S. 1040.
— Über den Wert der Milchinjektionen bei Augenerkrankungen. Klin. Monatsbl. f. Augenheilk. Bd. 61, S. 303. 1918.
— Milchinjektionen bei Augenleiden. Berl. klin. Wochenschr. 1919. S. 887.
BERNHARD, O.: „Heliotherapie im Hochgebirge." Stuttgart 1912.
BERTIN: Zit. bei SACHS, H. (siehe dort).
BERTRAM: Behandlung des Puerperalfiebers mit Serum. Zentralbl. f. Gynäkol. Leipzig. Bd. V, 45, S. 529. 1921.
BESNIER, E.: „La pratique dermatologique." Paris 1900.
BESREDKA: Antianaphylaxie. Jahresber. über die Ergebn. d. Immunitätsforsch. Bd. 8, S. 91.
BESSAU, G.: Über Typhusimmunisierung. Dtsch. med. Wochenschr. 1916. S. 499.
— Über die biologischen Vorgänge bei der Tuberkulinbehandlung. Münch. med. Wochenschrift 1915. S. 323.
— OPITZ, H. und PREUSSE, O.: Experimentelle Untersuchungen über Antianaphylaxie. Zentralbl. f. Bakteriol., Parasitenk. u. Infektionskrankh., Abt. 1, Orig. Bd. 74, S. 162 u. 310. 1914.
BETTINGER, H.: Über die Behandlung der Grippe mit Diphtherieserum. Münch. med. Wochenschr. 1919. S. 125.
BIACH, M.: Die Tuberkulinbehandlung der Frühlues. Wien. klin. Wochenschr. 1915. S. 1345.
BIANCHI, B.: Proteintherapy of puerperal infection. Rif. med. Napoli Vol. 36, p. 1026. 1920.
BIBERFELD: Zur Kenntnis der Gewöhnung. Biochem. Zeitschr. Bd. 122, S. 260. 1921.

Bichon, A.: Le soufre colloidal dans les affections rhumatismales de l'oeil. Progr. méd. Tom. 32, S. 3, 273. 1917.
Biedl: Therapeutische Verwendung von Typhusimpfstoffen beim Menschen. Prag. med. Wochenschr. 1915. S. 53.
Biedl, A. und Eggerth, H.: Zur Vaccinetherapie des Typhus abdominalis. Wien. klin. Wochenschr. 1915. S. 125.
— und Kraus, R.: Experimentelle Studien über Anaphylaxie. Wien. klin. Wochenschr. 1909. S. 363.
Bieling, R.: Untersuchungen über die veränderte Agglutininbildung mit Ruhrbacillen vorbehandelter Kaninchen. Zeitschr. f. Immunitätsforsch. u. exp. Therap. Orig. Bd. 28, S. 246. 1919.
Bieling, Gottschalk, Isaak: Untersuchungen über die Beeinflussung des Eiweißabbaues in der Leber durch unspezifische und spezifische Reize. Klin. Wochenschr. 1922. S. 1560.
Bier, A.: Die Transfusion von Blut usw. Münch. med. Wochenschr. 1901. S. 15.
— Über Entzündung. Zeitschr. f. ärztl. Fortbild. Bd. 5, S. 673. 1908.
— Beeinflussung bösartiger Geschwülste etc. Dtsch. med. Wochenschr. 1907. S. 29.
— Heilentzündung und Heilfieber. Münch. med. Wochenschr. 1921. S. 163.
— Versuche über nichtoperative Behandlung von Geschwülsten mit besonderer Berücksichtigung der Proteinkörpertherapie. Münch. med. Wochenschr. 1921. S. 415.
Bing, H. J. und Ellermann, V.: Ein Phosphatid als Aktivator für Tuberkulin. Biochem. Zeitschr. Bd. 42, S. 289. 1912.
Bingel, A.: Über Behandlung der Diphtherie mit gewöhnlichem Pferdeserum. Dtsch. Arch. f. klin. Med. Bd. 125, S. 284. 1918.
Black-Milne, J. and Rogers, K.: Influenzal broncho-pneumonia and pneumonia treated with the Army mixed vaccine. Lancet. Vol. 2, p. 731. 1919.
Blatt, N.: Klinische und experimentelle Studie über parenterale Milchinjektion bei Trachom. Klin. Monatsbl. f. Augenheilk. (November) Bd. 65. 1920.
Blechmann, G.: La prétendue liaison allergique des cutiréactions à la luétine et à la tuberculine. Ann. de méd. Tom 6, p. 200. 1919.
Blegvod: Behandling av mellenirelidelser med parenterale moelkinjektioner. Oversigt. artikel, Hospitalstid. Bd. 61, Nr. 9. 1918.
Bloch: Diathesen in der Dermatologie. Verhandl. d. 28. dtsch. Kongr. f. inn. Med. 1911. S. 86.
Bloch, B.: Kritisches zur Vaccinetherapie der Gonorrhöe, zugleich experimenteller Beitrag zur Begründung der „ableitenden" Therapie. Korrespbl. f. Schweiz. Ärzte. Bd. 44, S. 1377. 1914.
— Beitrag zur Lehre vom Ekzem. Korrespbl. f. Schweiz. Ärzte. Bd. 47, S. 1259. 1917.
Blöte, H. W.: Die Fontanelle (Ulcus artificiale) als Heilmittel gegen Lungenschwindsucht. Zeitschr. f. Tuberkul. Bd. 5, S. 141. 1903/04.
— Über die Ursache des ungünstigen Einflusses der Schwangerschaft auf Tuberkulose. Monatsschr. f. Geburtsh. u. Gynäkol. Bd. 43, S. 240. 1916.
Blumenau, E. B.: Die therapeutische Bedeutung des nucleinsauren Natriums beim Erysipel. Zeitschr. f. Immunitätsforsch. u. exp. Therap. (Ref. aus Wratschebnaja Gazeta 1911. Nr. 45, p. 1441).
Blumenthal, F.: Bemerkungen zu dem Aufsatz von G. Fichera: „Ausbau der Theorie des onkogenen Gleichgewichtsmangels usw." Zeitschr. f. Krebsforsch. Bd. 14, S. 327. 1914.
— und Wolff, H.: Über Fermentwirkung bei Krebsgeschwülsten. Med. Klinik 1905. S. 1.
Boas, H.: Parenteral injections of milk. Hospitalstidende Bd. 61, S. 309. 1918.
Bochalli: Grippe und Tuberkulose. Münch. med. Wochenschr. 1919. S. 330.
Bockemüller: Erfahrungen mit Elektrokollargol. Dtsch. med. Wochenschr. 1919. S. 495.
Bockhoff, A.: „Experimentelle Untersuchung über das Deutschmannsche Serum". Bern 1911.
Boeck, E.: Versuche über die Einwirkung künstlich erzeugten Fiebers bei Psychosen. Jahrb. d. Psychiatrie u. Neurol. Bd. 14, S. 199. 1895.
Bogardus, F. B.: Influenzal pneumonia treated by blood transfusion. New York med. Journ. a. med. record. Vol. 109, p. 765. 1919.

Böhme: Immunisierungsversuche gegen Meerschweinchentuberkulose mit artfremdem Antigen. Dtsch. med. Wochenschr. 1920. S. 1187.
Boehmke: Zur Bakteriotherapie der Ruhr. Dtsch. med. Wochenschr. 1918. S. 565.
Bokenham, T. J. A.: Discussion on serum therapeutics. Brit. med. Journ. Vol. 2, p. 416. 1895.
Bondy, S. und Strisower: Beeinflussung der Kältehämophilien durch Salzinfusion. Arch. f. inn. Med. 1920. S. 142.
Bonhoff: Zur Behandlung der Diphtherie mit gewöhnlichem Pferdeserum. Deutsche med. Wochenschr. 1918. S. 1153.
Bonnaire, E.: De l'action du collargol dans l'infection puerpérale. Presse méd. Tom. 14, p. 754. 1906.
Bonnet und Juvin: Proteinbehandlung des weichen Schankers. Lyon méd. 1922. p. 91.
Boral, H.: Beitrag zur Frage der Typhustherapie mit Besredka-Vaccine. Wien. klin. Wochenschr. 1915. S. 415.
Borchardt, L.: Über leistungssteigernde Wirkung des Adrenalins und Hypophysins. Münch. med. Wochenschr. 1919. S. 870.
— Über die allgemeinen Grundlagen organotherapeutischer Wirkungen. Therap. Halbmonatsh. Bd. 34, S. 97 u. 536. 1920.
— und Ladwig, B.: Therapeutische Erfahrung bei Grippe. Berl. klin. Wochenschr. 1920. S. 1123; Dtsch. med. Wochenschr. 1920. S. 729.
Bormamour, S. und Bardin, J.: Le Sérum Antidiphtérique dans le traitement des Oreillons etc. Presse méd. Tom. 28, p. 929. 1920.
v. Bosanyi, A.: Die Behandlung der hämorrhagischen Diathesen mit hypertonischen Kochsalzlösungen. Jahrb. f. Kinderheilk. Bd. 15, S. 1. 1919.
Bouché und Hustin: Proteintherapie in der Gynäkologie. 1921. S. 54. Gynécol. et obstétr., Paris.
— — Shokbehandlung bei chronischem Ödem. Arch. franco-bèlges de chirurg. 1921. p. 219.
Boughton, T. H.: Anaphylactic death in asthmatics. Journ. of the Americ. med. assoc. Vol. 73, p. 1912. 1919.
Boumann, L.: De Beginverochijnselen der organische zenuziekten. Nederlandsch. tijdschr. v. Geneesk. Bd. 2, S. 1401. 1915.
Bouygues, J.: Traitement du typhus exanthématique et du typhus recurrent par l'or et l'argent à l'état colloidal. Presse méd. Tom. 24, p. 391. 1916.
Boyd, W.: Some uses of nonspecific protein therapy. Journ. of laborat. a. clin. med. Vol. 5, p. 88. 1919.
v. Boyksen: Zur Serumbehandlung des Erysipels. Dtsch. Zeitschr. f. Chirurg. Bd. 136, S. 253. 1916.
Brandenburg, F.: Scarlatina und v. Pirquet-Reaktion. Dtsch. med. Wochenschr. 1910. S. 561.
Brasch, M.: Blutbefunde nach intravenösen Arthigoninjektionen. Münch. med. Wochenschrift 1914. S. 1334.
Braunstein, A. und Kepinow, L.: Weitere Untersuchungen über das Wesen der Antitrypsinbildung im Organismus. Biochem. Zeitschr. Bd. 27, S. 170. 1910.
Brenning und Hautsch: Dermatol. Zentralbl. Bd. 23, Nr. 5. 1920.
— Pemphigusheilung durch Terpentineinspritzung. Dtsch. med. Wochenschr. 1921. S. 187.
Bresler, J.: Die neueste Literatur über Typhusbehandlung, insbesondere spezifische. Psychiatr.-neurol. Wochenschr. Halle a. S. 1915/16. Nr. 17, S. 77, 87, 97, 108, 129, 138, 148.
Brill, I. C.: Autoserumtherapy (intraspinal) in encephalitis lethargica. Med. Rec. Tom. 97, p. 1079. 1920.
Brocq, L.: La levure de bière dans la furunculose. Presse méd. Tom. 7, p. 45. 1899.
— La question des éczémas. Ann. de dermatol. et de syphiligr. Tom. 1, S. 4, p. 1. 1900.
Brodin, P., Lesné, E. und Saint-Girons, F.: Autoplasmothérapie dans la grippe. Cpt. rend. des séances de la soc. de biol. Tom. 88, p. 252. 1919.
Brooks, C. and Stanton, F. M.: Nonspecific hemoprotein antigen in arthritis. New York med. Journ. Vol. 109, p. 452. 1919.

BROWN, G. V. A.: Colloidal silver in sepsis. Americ. Journ. of obstetr. a. gynecol. Vol. 78, p. 136. 1916.

BROWN, R. A.: Treatment of gonorrheal epididymitis. Glasgow med. Journ. Vol. 15, p. 280. 1918.

BROWN, R. D. und ROSS, D.: The production of leukocytosis in the treatment of mental diseases. Journ. of ment. science. Vol. 18, p. 389. 1912.

BRUCE, L. C.: „Studies in Clinical Psychiatry". London and New York 1906. p. 131.

BRUCE, J. and HODGSON: Brit. med. Journ. 1916 p. 2901.

BRUCK und SOMMER: Münch. med. Wochenschr. 1913. S. 1185.

— Die Behandlung von Bartflechten mit Trichon. Münch. med. Wochenschr. 1918. S. 347.

BRUNNER, G.: Untersuchungen über die Wirkung von Bakterien- und Pflanzengiften. I. Über die hypothetische fermentative Wirkung der Toxine. Arch. d. Biol. Wissensch. St. Petersburg. Bd. 6, Nr. 2. 1897 (Ref. Zentralbl. f. Bakteriol. Bd. 24, Abt. I. Ref. S. 184. 1898).

— Strychninvergiftung und Wundstarrkrampf. Fortschr. d. Med. Bd. 16, S. 365. 1898; Russk. arch. patol. klin. med. i Bacteriol., St. Petersburg. Bd. 5, S. 301. 1898 (Ref. Zentralbl. f. Bakteriol. Bd. 24, Abt. I, Ref. S. 629. 1898).

BRUNTZ, E. und SPILLMANN, L.: Mécanisme de l'action thérapeutique des injections des métaux colloidaux. Bull. méd. Paris. Tom. 25, p. 208. 1911.

BRYAN: Serum and vaccine therapy in connection with diseases of the eye. Brit. med. Journ. 1912. p. 663.

BUCHNER, H.: Tuberkulinreaktion durch Proteine nicht spezifischer Bakterien. Münch. med. Wochenschr. 1891. S. 841.

BUCHNER, H.: II. Über Hemmung der Milzbrandinfektion und über das aseptische Fieber. Berl. klin. Wochenschr. 1890. S. 216.

BÜTTNER, K.: Anaphylaxie bei Proteinkörpertherapie. Klin. Wochenschr. 1922. S. 2299.

BULL, C.: The influence of typhoid bacilli on antibodies of normal and immune rabbits. Journ. of exp. med. Vol. 23, p. 419. 1916.

BÜRGER, M. und HAGEMANN, E.: Über Osmotherapie. Dtsch. med. Wochenschr. 1921. S. 207.

BURKARD, O.: Behandlung des Puerperalfiebers mit PALTAUFschem Streptokokkenserum. Arch. f. Gynäkol. Ref. Journ. of the Americ. med. assoc. Vol. 47, p. 1600. 1906.

BURMEISTER, W. H.: Effect of the injection of nonspezific foreign substances on the course of experimental rabies. Journ. of infect. dis. Vol. 21, p. 95. 1917.

BURNET, E.: Réactions à la tuberculine chez les singes. Cpt. rend. des séances de la soc. de biol. Tom. 73, p. 248. 1912.

BURROWS, M. T. and NEYMANN, C. A.: Studies on the metabolism of cells in vitro. I. The toxicity of a-amino-acids for embryonic chicken cells. Journ. of exp. med. Vol. 25, p. 93. 1917.

BUSHAM, G. J.: Prevention of acute arsphenamin reaction by antianaphylaxis and atropin. Journ. of the Americ. med. assoc. Vol. 76, p. 1302. 1921.

BUSSON, B.: Die Proteinkörpertherapie und Vaccinebehandlung. Wien. klin. Wochenschr. 1922. S. 451.

CADBURY, W. W.: Injections of typhoid vaccine in various diseases. China med. Journ. Vol. 33, p. 213. 1919.

CALHOUN, H.: Effect of injection of nonspecific protein on diphtheria. Virulence tests in guinea-pigs. Americ. Journ. of dis. of childr. Vol. 21, p. 107. 1921.

CALLEJA, C.: Preventive immunization by caustico-therapy. Siglo med. Vol. 66, p. 536. 1919.

CAMPANI, A. and BERGOLLI, F.: Serotherapy in erysipelas and typhoid. Gazz. d. osp. Vol. 39, p. 6621. 1918 (Zit. Journ. of the Americ. med. assoc. Vol. 72, p. 315. 1919).

CANTOR, S. J.: Vaccine treatment of febris enterica. Med. Journ. Australia. Vol. 2, p. 63. 1919.

CAPELLO: Zentralbl. f. Chirurg. Bd. 43, S. 658. 1916.

CAPITAN, M.: Traitement abortif de l'érysipèle. Bull. de l'acad. de méd. Paris. Tom. 77, p. 669. 1917.

— Traitement de la grippe grave par l'arsenicet l'argent collo idaux purs. Bull. de l'acad. de méd. Paris. Tom. 80, p. 388. 1918.

Carnot, P. and Rathery, F.: Revue annuelle de thérapeutique. Paris méd. Tom. 33, p. 333. 1919.

Carra, J.: Contributo allo studio des meccanismo della terapia aspecifica dell' infezioni. Policlinico, Roma. Vol 26, p. 1020. 1919.

Carrel, A. and Hartmann, A.: Cicatrization of wounds. Journ. of exp. med. Vol. 24, p. 429. 1916.

Carreras, B.: Los Progres de la Clin. Tom. 27, p. 71. 1920.

Caspari, J.: Das antianaphylaktische Stadium. Med. Klinik. 1923. S. 338.

Cassimatis: Therapeutischer Wert von Milchinjektionen bei Augenkrankheiten. La clin. ophthalm. 1921. p. 378.

Cecil, R. L.: A report on forty cases of acute arthritis treated by the intravenous injection of foreign protein. Arch. of internal med. Vol. 20, p. 951. 1917.

Cemach: Arch. f. Dermatol. u. Syphilis, Orig. Bd. 125, S. 125. 1918.

Ceni: Neurol. Zentralbl. Bd. 22. 1903 (Zit. bei Döllken).

Cerioli, A.: Immunisierung und Fixationsabsceß. Gazz. d. Osp. Giugno 1915; Ref.: Journ. of the Americ. med. assoc. 1915. p. 467 (July 31).

Chalier, J.: Traitement de l'hémophilie congénitale par la sérothérapie maternelle. Rev. de méd. Tom. 36, p. 522. 1919.

Chantemesse: Prophylaxie et traitement de l'infection péritonéale par les injections de nucléinate de soude. Semaine méd. Tom. 27, p. 285. 1907.

— et Widal: Etude expérimentale sur l'exaltation, l'immunisation et la thérapeutique de l'infection typhique. Ann. de l'inst. Pasteur. Tom. 6, p. 755. 1892.

Charrin and Ruffer, A.: Mécanisme de la fièvre dans la maladie pyocyanique. Cpt. rend. des séances de la soc. de biol. Tom. 41, p. 63. 1889.

Cheines, L.: Proteintherapie bei Ophthalmitis. Méd. 1922. p. 269.

Cheinisse: Diphtherieantitoxinbehandlung bei Mumps. Presse méd. 1921. p. 666.

Chevalier: Contribution a l'étude du collargol dans ses applications oculaires. Ann. d'oculist. Tom. 156, p. 375. 1919.

— Contribution a l'étude du collargol dans ses applications oculaires. Clin. ophthalmol. Tom. 23, p. 257. 1919.

Chiari, R.: Beeinflussung der Autolyse durch die Narcotica der Fettreihe. Arch. f. exp. Pathol. u. Pharmakol. Bd. 60, S. 256. 1908/09.

Chiaudano, C.: Parenteral injections of milk in surgical diseases. Policlinico. Vol. 28, p. 50. 1921.

Citron, J.: Über die Bedeutung der Antikörper bei der Tuberkulose. Dtsch. Arch. f. klin. Med. Bd. 110, S. 184. 1913.

— Proteintherapie und spezielle Immunität. Zeitschr. f. ärztl. Fortbild. 1921. S. 241.

Clark, G. W.: Effects of intravenous injections of colloid. Journ. of immunol. Vol. 2, p. 147. 1918.

— The action of isus and lipoids up the frog heart. Journ. of gen. physiol. Vol. 47, p. 66. 1913.

Claus, M.: Eiweißkörpertherapie. Med. Klinik. 1920. S. 1016.

Claveaux, E. M.: Enterobacteriotherapy. Ann. de la Facultad de Med. Montevideo. Vol. 5, p. 411. 1920.

Coglievina, B.: „Dispargen“-Therapie des Fleckfiebers. Dtsch. med. Wochenschr. 1916. S. 813.

Cohn: Zit. bei Lux, F.: Zur Behandlung der Gonorrhöe mit Kollargol. Münch. med. Wochenschr. 1919. S. 592.

Colombino, C. und Pincharti: Proteinkörper bei akuten Infektionskrankheiten. Ibb. de Soc. Lomb. des sciences. 1921. p. 1.

Conradi, H. und Bieling, R.: Über Fehlerquellen der Gruber-Widalschen Reaktion. Dtsch. med. Wochenschr. 1916. S. 1280.

Conradi und Sklarek: Verhandl. d. 32. dtsch. Kongr. f. inn. Med. 1920.

Coppez, H.: Milchinjektionen in der Ophthalmologie. Méd. Paris 1921. p. 274.

Cordier, V.: Anaphylaxie alimentaire et crise d'asthme. Arch. des malad. de l'appar. dig. et de la nutrit. Tom. 10, p. 28. 1919. (Zitiert Pagniez, P.: Conceptions actuelles sur la nature anaphalactique et le traitement de l'asthma. Presse méd. Tom. 28, p. 65. 1920. Erwähnt auf p. 67.)

CORINALDESI, S.: Sull'azione terapeutica del latte e delle sostanza proteiniche introdotto par via paraenterica. Rif. med. Napoli. Vol. 36, p. 296. 1920.
COSTELLO, DE: Bakteriämie bei Typhus und der Effekt der Vaccinetherapie. Wien. Arch. f. inn. Med. 1921. S. 57.
COWADIAS, A.: Contribution a l'étude thérapeutique du soufre colloidal. Bull. de l'acad. de méd. Paris. Tom. 76, p. 329. 1917.
COWIE, D. M.: Nonspecific protein therapy in arthritis. Journ. of the Americ. med. assoc. Vol. 76, p. 310. 1920.
— and BEAVEN, P. W.: Nonspecific protein therapy in influenzal pneumonia. Journ. of the Americ. med. assoc. Vol. 72, p. 1117. 1919.
— and CALHOUN, H.: Nonspecific therapy in arthritis and infections. Arch. of internal. med. Vol. 23, p. 69. 1919.
— and KEMPTON, R. M.: Studies on the nature of the action of non specific proteins in disease processes. Journ. of med. research. Vol. 42, p. 227. 1921.
— and GREENTHAL: Nature of Action of Nonspezific Protein in disease. Journ. of med. research. Boston 1922. p. 21.
COZZOLINO, O.: Die Cutanreaktion auf Tuberkulin bei Keuchhusten. Zeitschr. f. Immunitätsforsch. u. exp. Therap. Orig. Bd. 9, Ref. S. 310. 1913/14.
CREDE: „Collargol". Leipzig 1896, Verlag Vogel.
CROHN, M.: Behandlung der Grippe mit Diphtherieserum. Münch. med. Wochenschr. 1920. S. 1521.
CROSS, J. G.: Foreign protein injections. Journ. Lancet. Vol. 37, p. 764. 1917.
CULVER, H.: The treatment of gonorrheal infections. Journ. of the Americ. med. assoc. Vol. 68, p. 362. 1917.
— Antibodies in gonococcal arthritis. Journ. of laborat. a. clin. med. Vol. 3, p. 11. 1917.
— The treatment of gonococcal infections by the intravenous injections of homologus and foreign protein. Proc. inst. of med. Chicago. Vol. 1, p. 93. 1916/17.
— Intravenous protein therapy in urology and dermatology. Journ. of the Americ. med. assoc. Vol. 76, p. 311. 1920.
CUMSTON, C. G.: Paraspecific serotherapy. New York med. Journ. Vol. 108, p. 903. 1918.
CZERNY, A.: Die Abhängigkeit der natürlichen Immunität von der Ernährung. Med. Klinik. 1913. S. 895.
— und ELIASBERG, H.: Proteinkörpertherapie der Kachexie tuberkulöser Kinder. Monatsschrift f. Kinderheilk. Orig. Bd. 18, Nr. 1. 1920.
CZERNY, V.: Die im Samariterhaus Heidelberg geübten Methoden der Krebsbehandlung. Münch. med. Wochenschr. 1910. S. 889.
v. CZYHLARZ, E.: Beitrag zur Lehre von der Milzbrandmeningitis. Wien. klin. Wochenschr. 1916. S. 768.
— und NEUSTADT, R.: Unsere Erfahrungen aus der letzten Dysenterieepidemie. Wien. klin. Wochenschr. 1915. S. 1337 und 1369.
DAHLENBURG, C.: Versuch mit Elektroferrol und Caseosan bei Maul- und Klauenseuche. Berl. tierärztl. Wochenschr. 1920. Nr. 41.
DALE, H. H. and LAIDLOW, P. P.: Histamin Shock. Journ. of gen. physiol. Vol. 52, p. 355. 1918/19.
— and RICHARDS, A. N.: The vasodilator action of histamin and of some other substances. Journ. of gen. physiol. Vol. 12, p. 110. 1918/19.
DANIELOPOLU, D.: „Le typhus exanthématique". Bukarest 1919.
DANYSZ, J.: Traitement anti-anaphylactique de l'asthma de certaines dermatoses et des troubles gastro-intestinaux. Presse méd. Tom. 26, p. 367. 1918.
— Antianaphylaxie curative. Traitement des maladies chroniques non contagieuses par les entéro-antigènes. Bull. méd. Paris Tom. 34, p. 155 et 657. 1920.
— Immunité et anaphylaxie. Journ. of infect. dis. Vol. 22, p. 427. 1918.
DARIER, A.: Action de la sérothérapie paraspécifique. Bull. gen. de thérap. Tom. 164, p. 353. 1912.
— Des injections parentérales de lait de vache. Clin. ophtalmol. Tom. 23, p. 131. 1919.
— Des vaccines en thérapeutique oculaire, stock-vaccins, autovaccins, vaccins sensibilisés, séro-bactérines etc. Clin. ophtalmol. Tom. 23, p. 195. 1919.
— Les médications biologiques. Sérum normal, sérums antitoxiques. Leur action collatérale ou para-spécifique: injections de peptones, d'albumoses, de képhir, de lait de vache etc. leurs alternances. Clin. ophtalmol. Tom. 23, p. 559. 1919.

Darier, J.: „Grundriß der Dermatologie.“ Berlin 1913.
Davis, B. F. and Petersen, W. F.: A comparative study of lymph and serum ferments during serum shock reactions. Journ. of exp. med. Vol. 26, p. 699. 1917.
Davis, D. J.: Specificity and non-specificity of vaccines. Ill. med. Journ. Vol. 32, p. 84. 1917.
Decastello, A.: Erfahrungen über die Heterovaccinetherapie des Abdominaltyphus. Mitt. d. Ges. f. inn. Med. u. Kinderheilk. Wien. Bd. 14. Beiblatt 4, S. 105. 1915.
— Über das Verhalten der Bakteriämie bei Abdominaltyphus und ihre Beeinflussung durch Vaccinebehandlung. Wien. Arch. f. inn. Med. Bd. 2, S. 1. 1921.
De Minicis: Gazz. d. osp. 1896, Juli.
De Paoli, E. und Calisti, A.: Beobachtungen und experimentelle Untersuchungen über den Wert der Injektion des nucleinsauren Natriums bei der Prophylaxe der operativen Infektion des Peritoneums. Mitt. a. d. Grenzgeb. d. Med. u. Chirurg. Bd. 24, S. 275. 1911/12.
Dessy, S., Grapiolo, F. L. and Fossati, V.: Nueva vaccina contra la fiebre tifoidea; notas experimentales y clinicas, Semana med. Buenos Aires Vol. 21, p. 357. 1914. (Zit. bei Kraus, R. und Mazza, S.: Dtsch. med. Wochenschr. 1914. S. 1556/7.)
Deutschmann, R.: Ein neues tierisches Heilserum gegen Mikroben-Infektionen beim Menschen. Münch. med. Wochenschr. 1907. S. 921 u. 1214 (Korrespondenz).
De Waele: Contribution à l’étude de l’anaphylaxie. Bull. de l’acad. roy. de méd. de Belgique. Tom. 21, p. 715. 1907.
Déaz Rodriguez: Proteintherapie bei Gastroenteritis der Kinder. Siglo med. Madrid 1922. p. 60.
Dieudonné: Über die Vererbung der Agglutinine bei choleraimmunisierten Tieren. Festschr. z. 50jähr. Bestehen des phys.-med. Ges. Würzburg 1899. S. 43.
— Steigerung der Agglutininbildung durch nichtspezifische Stoffe. Med. Klinik. 1906. S. 575. (Zit. Obermeier und Pick, S. 575; ebenso zit. Salomonsen und Madsen, S. 575.)
Dietrich: Dtsch. med. Wochenschr. 1920. S. 1080.
Dietrich, H. A.: Therapie des Kindbettfiebers. Therap. Halbmonatsschr. Bd. 5, 45, S. 773. 1921.
- Therap. Halbmonatsschr. Bd. 5, 35, S. 773. 1921.
Dold, H.: Die Kachexie nach parenteraler Einverleibung von arteigenem Organeiweiß. Zeitschrift f. Immunitätsforsch. u. exp. Therap. Orig. Bd. 24, S. 355. 1915/16.
— Immunisierungsversuche gegen das Bienengift. Zeitschr. f. Immunitätsforsch. u. exp. Therap. Orig. Bd. 26, S. 284. 1917.
— Weitere experimentelle Beweise für das Auftreten einer Leukocytenreaktion nach sterilen inneren Blutungen. Berl. klin. Wochenschr. 1917. S. 961.
— Weitere Untersuchungen über die wässerigen Organextraktgifte und die entgiftende Wirkung frischen Serums. Dtsch. med. Wochenschr. 1911. S. 1644.
— und Rados, A.: Die Bedeutung des Anaphylatoxins und des art- und körpereigenen Gewebesaftes für die Pathologie speziell die des Auges. Dtsch. med. Wochenschr. 1913. S. 1492.
Döderlein, D.: Über Eigenblutinfusion. Dtsch. med. Wochenschr. 1920. S. 449.
Döllken: Über Heilung tabischer Erscheinungen durch Arsen und durch Bakterienpräparate. Berl. klin. Wochenschr. 1913. S. 962.
— Heilung der Neuralgie und Neuritis durch Bakterientoxine. Berl. klin. Wochenschr. 1914. S. 1807 u. 1841.
— Zur Behandlung von Blutkrankheiten und Infektionskrankheiten mit Proteinkörpern. Berl. klin. Wochenschr. 1919. S. 226 (Zit. Siegert, p. 227).
— Über die elektiven Wirkungen der Heterovaccine und Proteinkörper. Münch. med. Wochenschr. 1919. S. 480.
— Wirkungen von Heterovaccine auf Nervenlähmungen. Neurol. Zentralbl. Bd. 38, S. 354. 1919.
— Zur Therapie und Pathologie der Abbaukrankheiten des Nervensystems. Heilwirkungen von Proteinkörpern auf die Epilepsie. Berl. klin. Wochenschr. 1920. S. 893 u. 926.
Donaldson, R.: Character and properties of „Reading“ bacillus. Journ. of pathol. and bacteriol. Vol. 22, p. 129. 1918.

DONATH, J.: Die Behandlung der progressiven Paralyse, sowie toxischer und infektiöser Psychosen mit Salzinfusionen. Ref. in Dtsch. med. Wochenschr. 1903. S. 110.
— Die Behandlung der progressiven allgemeinen Paralyse mittels Nucleininjektionen. Wien. klin. Wochenschr. 1909. S. 1289.
— Die Behandlung der progressiven allgemeinen Paralyse mittels Nucleininjektionen. Allg. Zeitschr. f. Psychiatr. Bd. 67, S. 420. 1910.
— Weitere Ergebnisse der Behandlung der progressiven Paralyse mit Natrium nucleinicum. Berl. klin. Wochenschr. 1910. S. 2343.
— Wien. med. Wochenschr. 1916. S. 1741.
DOERR, R.: Die Anaphylaxieforschung im Zeitraume von 1914—1921. WEICHARDTS Ergebn. d. Hyg. Bakteriolog. Immunitätsforsch. u. exper. Therapie. Bd. V. Springer 1922.
— und RUSS: Studien über Anaphylaxie. Zeitschr. f. Immunitätsforsch. u. exp. Therap. Bd. 2, S. 109; Bd. 3, S. 181. 1909.
— und BERGER, W.: Der Gehalt des Blutserums an artspezifischem Eiweiß. Zeitschr. f. Hyg. u. Infektionskrankh. Bd. 93, S. 147.
— — Globulin und Albumin aus demselben Blutserum als immunisatorische Antagonisten. Biochem. Zeitschr. Bd. 131, S. 13.
— — Über das Verhältnis der Fraktionsspezifität zur Artspezifität bei den Eiweißkörpern der Blutsera. Zeitschr. f. Hyg. u. Infektionskrankh. Bd. 96, S. 258.
— und KIRSCHNER, L.: Zur Malariabehandlung der progressiven Paralyse. Zeitschr. f. Hyg. u. Infektionskrankh. Bd. 92, S. 279. 1921.
DORN, K.: Zur Frage der Diphtheriebehandlung mit normalem Pferdeserum. Berl. klin. Wochenschr. 1919. S. 988.
DOS SANTOS, MARQUIS and PINTO, A.: Novimento medico Ciombra. 1905.
v. DRAGA, E.: Die experimentelle Aktivierung latenter Malariafälle. Wien. klin. Wochenschrift. 1917. S. 102.
DRESEL, G. und FREUND, H.: Experimentelles zur sog. „Proteinkörpertherapie". Arch. f. exp. Pathol. u. Pharmakol. 1921; Dtsch. med. Wochenschr. 1921. S. 1186.
— — Experimentelle Steigerung der Anthrakocidie im Blut. Arch. f. exp. Pathol. u. Pharmakol. 1921. S. 317.
DREY, L. und LOSSER, H.: Beseitigung chronischen Bronchialasthmas durch Fernwirkung der Röntgenstrahlen bei Milzbestrahlung. Strahlentherapie. Bd. 10, S. 1052. 1920.
DUFOUR, H. and DEBRAY, M.: Gonococcus arthritis. Bull. et mém. de la soc. méd. des hosp. de Paris. Tom. 44, p. 1399. 1920.
— und LE HELLO: Serotherapie bei Hämorrhagien. Progr. méd. Paris 1921. p. 353.
DUKE, W. W.: Variation in the platelet count. Journ. of the Americ. med. assoc. Vol. 65, p. 1600. 1916.
DUNCAN, C. H.: Autotherapy. Lancet-Clin. Vol. 106, p. 472. 1911.
DUNGER: Das Verhalten der Leukocyten bei intravenösen Kollargolinjektionen und ihre klinische Bedeutung. Dtsch. Arch. f. klin. Med. Bd. 16, S. 428. 1907.
DU NOÜY, P. L.: Cicatrization of wounds. III. The relation between the age of the patient, the area of the wound, and the index of cicatrization. Journ. of exp. med. Vol. 24, S. 461. 1916.
DUPLAN: Les colloides et la colloidothérapie. Rev. internat. de méd. et de chirurg. (Paris). Tom. 28, p. 46. 1917.
v. DZIEMBOWSKI, S.: Über den therapeutischen Wert parenteraler Milchzufuhr. Med. Klinik. 1916. S. 1174.
— Weitere Erfahrungen über den therapeutischen Wert der parenteralen Milchzufuhr. Med. Klinik. 1917. S. 1294.
EBBECKE: Lokale galvanische Reaktion der Haut. Pflügers Arch. f. d. ges. Physiol. 1921. S. 230.
EBERSTADT: Die Kollargolbehandlung bei Erysipel und chronischem Gelenkrheumatismus. Münch. med. Wochenschr. 1917. S. 1152.
ECKERT: „Objektive Studien über die Transfusion des Blutes." Wien 1876.
v. ECONOMO: Jahresk. f. ärztl. Fortbild. Bd. 5. 1914.
EDELMANN, A.: Über abortive Behandlung des akuten genuinen Gelenkrheumatismus. Münch. med. Wochenschr. 1917. S. 1632.
EDGEWORTH, F. H.: Antistreptococcus serum in influenza. Brit. med. Journ. Vol. 2, p. 515. 1918.

EDGEWORTH, F. H.: Intravenous protein therapy in epilepsy. Brit. med. Journ. Vol. 2, p. 780. 1920.
EHRENBERG, L. and BACHMANN, A.: Ungra försök med terapeutisk ock profylaktisk användning av konvalescentserum mot influensa. Hygiea. Bd. 81, S. 113. 1919.
EHRMANN, W.: Puerperalscharlach, geheilt durch Rekonvaleszentenserum. Zentralbl. f. inn. Med. Bd. 40, S. 530. 1919.
EIDELSBERG, J.: Observations of the use of milk injektions in the treatment of chronic arthritis. Journ. of the Americ. med. assoc. 1922. p. 1788.
EISEL, G.: Intraskrotale Kochsalzinjektionen zur Behandlung der Epididymitis gonorrhoica. Münch. med. Wochenschr. 1919. S. 931.
EISNER, G.: Experimentelle Untersuchungen über Autoserotherapie. Zeitschr. f. klin. Med. 1912. S. 34.
ELSCHNIG: Zwei Fälle von Blennorrhöe mit Milchinjektionen behandelt. Ver. dtsch. Ärzte zu Prag; Berl. klin. Wochenschr. 1917. S. 42.
EMBDEN: Zeitschr. f. physiol. Chem. Bd. 118, S. 1496; Bd. 120, S. 249.
EMRYS-ROBERTS, E.: The use of Normal Horse Serum inoculation in the treatment of sepsis. Journ. of the roy. army med. corps. London. Vol. 34, p. 321. 1920.
ENGE: Die nichtspezifischen Behandlungsmethoden der progressiven Paralyse. Fortschr. d. Med. Bd. 34, S. 23. 1916/17.
ENGELHORN, E. und WINTZ, H.: Über eine neue Hautreaktion in der Schwangerschaft. Münch. med. Wochenschr. 1914. S. 689.
ENGLÄNDER, M.: Über intravenöse Kochsalzinfusionen bei Typhus abdominalis. Wien. klin. Wochenschr. 1919. S. 1227.
— Die intravenöse Typhustherapie. Wien. klin. Wochenschr. 1915. S. 685. (Offizielles Protokoll der Ärzte in Wien, Juni 1915.)
— Erysipel. Berl. klin. Wochenschr. 1916. S. 126.
ENGMANN, M. F. and MC GARRY, R. A.: The treatment of certain diseases of the skin by the intravenous injection of a foreign protein. Journ. of the Americ. med. assoc. Vol. 67, p. 1741. 1916.
ENTZ, R.: Über das Verhalten der menschlichen Haut gegen verschiedene bakterielle Giftstoffe. Wien. klin. Wochenschr. 1908. S. 379.
EPSTEIN, B.: Proteintherapie der Tuberkulose bei Kindern. Jahrb. f. Kinderheilk. Berlin. Bd. 95, S. 64. 1921.
— Die Proteintherapie bei Pädatrophien und Frühgeburten. Med. Klinik. 1921. S. 842.
ESCH, A.: Baktericide Wirkungen der Leukocyten. Zeitschr. f. Hyg. u. Infektionskrankh. Bd. 77, S. 389. 1914.
ESCH, P.: Über den Erfolg und das wirksame Prinzip der Organextrakttherapie bei Menstruationsstörungen. Zentralbl. f. Gynäkol. Bd. 44, S. 461. 1920.
ESCOMEL, E.: Reaction to tuberculin tests in blastomycosis. Cronica Medica, Lima. Vol. 37, p. 257. 1920. (Ref. Journ. of the Americ. med. assoc. Vol. 75, p. 1458. 1920.)
EWING, J.: The leukozytosis of diphtheria under the influence of serum therapy. New York med. Journ. Vol. 62, p. 196. 1895.
EYTH, HILDEGARD: Zufall bei der intravenösen Kollargolinjektion. Therap. d. Gegenw. Bd. 61, S. 207. 1920.
FALLS, F. H. and WELKER, W. H.: Studies on blood serum. IV. The influence of the puerperium on the proteolytic activity. Journ. of biol. chem. Vol. 32, p. 519. 1917.
FANO: Das Verhalten des Peptons und Tryptons gegen Blut und Lymphe. Pflügers Arch. f. d. ges. Physiol. 1881. S. 277.
FAUTL, G.: Behandlung von Bubonen mit Milchinjektionen. Wien. med. Wochenschr. 1921. Nr. 17.
FEDE: Autoserotherapy of Gilbert. Rif. med. Napoli. Vol. 22, p. 39. 1906.
FEER, E.: Zur Behandlung der Diphtherie mit gewöhnlichem Pferdeserum. Münch. med. Wochenschr. 1919. S. 343.
FELLNER, B.: Überimpfungsversuche mit PIRQUETschen Papelnsubstanzen am Menschen. Wien. klin. Wochenschr. 1919. S. 936.
FENDEL: Abortivverlauf eines Falles von Encephalitis lethargica nach intralumbaler Verabreichung von Grippeserum. Münch. med. Wochenschr. 1920. S. 353.
FERMI, C.: Über die antitryptische Wirkung verschiedener Tiergewebe und Tieralbuminoide. Zentralbl. f. Bakteriol. Orig. 1. Abt. Bd. 1, S. 225. 1909.

FERRANNINI A.: La funzionalita nervosa nei tubercolotici. Rif. med. Napoli. Vol. 35, p. 153. 1919.
FERREIRA, C.: Serotherapy for Defective Development. Arch. Latin-Americ. de Pediatria, Buenos Aires. Vol. 14, p. 109. 1920.
FIESSINGER, N. and MARIE, P. L.: Les ferments digéstifs des leucocytes. Applications à la thérapeutique. Rev. de thérap. méd.-chir. Tom. 77, p. 613. 1910.
FINGER, J.: Erfahrungen in der antiseptischen Behandlung infizierter Wunden. Münch. med. Wochenschr. 1921. S. 631.
FINGER, E., GOHN, A. and SCHLAGENHAUFER, F.: Ein weiterer Beitrag zur pathologischen Anatomie des gonorrhoischen Prozesses. (Über Endokarditis, Arthritis, Prostatitis, Follicularis gonorrhoica.) Arch. f. Dermatol. u. Syphilis. Orig. Bd. 33, S. 323. 1895.
FIORI, L.: Dell'autosieroterapia in generale con speciale riguardo di risultate dell'autosieroterapia dell'idrocele. Riv. osp. Vol. 2, p. 2. 1912.
FISCHL, F.: Über Therapie der Trichophytie mit besonderer Berücksichtigung ihrer tiefen Formen. Wien. klin. Wochenschr. 1919. S. 941.
FISHBERG, M.: Treatment of certain forms of asthma with ovarian substance and corpus luteum. Med. and Surg. Vol. 2, p. 26. 1918.
— Autoserotherapy in serofibrinous pleurisy. Journ. of the Americ. med. assoc. Vol. 60, p. 962. 1913.
FISCHER, A. W.: Zur Frage des hämolytischen Ikterus. Dtsch. med. Wochenschr. 1920. S. 173.
FISCHER, O.: Über die Wirkung des Nucleins auf den Verlauf der progressiven Paralyse. Prag. med. Wochenschr. 1909. S. 401.
— Progressive Paralyse. Zentralbl. f. Nervenheilk. u. Psychiatr. Bd. 20/21, S. 464, n. F. 1909/10.
— Über die Aussichten einer therapeutischen Beeinflussung der progressiven Paralyse. Zeitschr. f. d. ges. Neurol. u. Psychiatr. Orig. Bd. 5, S. 482. 1910/11.
— Die unspez. Therapie und Prophylaxe der progressiven Paralyse. Ver. dtsch. Ärzte in Prag. Med. Klinik. Berlin 1921. S. 1509.
FLANDIN, C. und TZANCK, H.: Autoplasmathérapie. Bull. et mém. de la soc. méd. des hôp. de Paris 1921. p. 725.
FLEKSEDER, R.: Ausschwemmung von Typhusagglutininen durch Fieber verschiedener Herkunft. Wien. klin. Wochenschr. 1916. S. 637.
— Über die Wirkung der Vaccinebehandlung des Typhus abdominalis. Wien. klin. Wochenschrift. 1916. S. 641.
FLEMMING, A.: The action of chemical and physiological antiseptics in a septic wound. Brit. Journ. of surg. Vol. 7, p. 99. 1919/20.
FLOID, C. and LUCAS, W. A.: Study of leucocytic extract and its action on the course of pneumonia. Journ. of med. research. Vol. 21. 1909, n. S. Vol. 16, p. 223.
FOCHIER, A.: Thérapeutique des infections pyogènes généralisées. Lyon méd. Tom. 67, p. 555. 1891.
— Le traitement des affections pyogènes par la provocation d'abcès artificiel (abcès de fixation). Progr. méd. Tom. 15, p. 355, s. 2. 1892.
FÖLDES, E. und HAJOS, K.: Beiträge zur Serumbehandlung der Influenza. Wien. klin. Wochenschr. 1920. S. 360.
FRANCIS, F. D., HALL, M. W. and GAINES, A. R.: Early use of convalescent serum in Influenza. Military Surgeon. Vol. 67, p. 177. 1920.
FRANK, E. und SCHLOSS, E.: Vergleichende Untersuchung über die Wirkung von Lebertran und Phosphorlebertran bei künstlich ernährten rhachitischen Kindern. Zur Therapie der Rhachitis. Jahrb. f. Kinderheilk. Bd. 79, S. 539. 1914.
FRÄNKEL, E.: Über spezifische Behandlung des Abdominaltyphus. Dtsch. med. Wochenschrift. 1893. S. 985.
FRÄNKEL, M.: Streustrahlung oder endokrine Drüsenwirkung. Dtsch. med. Wochenschr. 1921. S. 242.
FRÄNKEL, S.: Über Lipoide. Wien. med. Wochenschr. 1913. S. 2198.
FRANZ, R.: Über die antiproteolytische Serumwirkung in Schwangerschaft, Geburt und Wochenbett und die Bedeutung der Antitrypsinmethode für die serologische Schwangerschaftsdiagnostik. Arch. f. Gynäkol. Bd. 102, S. 579. 1914.

FRANZMEYER, F.: Über die Behandlung weiblicher Gonorrhöe mit intravenösen Kollargolinjektionen. Zentralbl. f. Gynäkol. Bd. 43, S. 631. 1919.

FRASER, A. R. and DUNCAN, A. G. B.: Treatment of chronic gonorrheal rheumatism by vaccines given intravenously. Lancet. Vol. 1, p. 248. 1920.

FREEMANN, R. G.: The therapeutic use of blood serum. Arch. of pediatr. Vol. 34, p. 773. 1917.

FREUND, H.: Über Giftwirkung des defibrinierten Blutes. Berl. klin. Wochenschr. 1919. S. 668.

— Über die Entstehung von Giften im Blute. Med. Klinik. 1920. S. 437.

— Über die pharmakologische Wirkung defibrinierten Blutes. Arch. f. exp. Pathol. u. Pharmakol. Bd. 88, S. 1 u. 2. 1921.

FREUND und GOTTLIEB: Über die Bedeutung v. Zellzerfallsprodukten f. d. Ablauf pharmakolog. Reaktionen. Münch. med. Wochenschr. 1921. S. 383.

FREUND und GRAFE: Über die Beeinflussung des Gesamtstoffwechsels und Eiweißumsatzes beim Warmblüter durch operative Eingriffe am Zentralnervensystem. Arch. f. exp. Pathol. u. Pharmakol. Bd. 93, S. 285. 1922.

— Zur Pharmakologie des Blutserums. Klin. Wochenschr. 1922. S. 2092.

FREY-BOLLI, E.: Weitere Untersuchungen mit der KOTTMANNschen Schwangerschaftsreaktion. Korrespbl. f. Schweiz. Ärzte. Bd. 49, S. 299. 1919.

FRIEDBERGER, E.: Über die Intensität der Choleraamboceptoren beim Kaninchen unter dem Einfluß der Alkoholisierung und Mischinfektion. Berl. klin. Wochenschr. 1904. Nr. 10.

FRIEDBERGER und MATSUDA: Über den Einfluß des Salvarsans auf die Intensität der Antikörperbildung beim Kaninchen. Therap. Monatsschr. Bd. 25. 1911 (Mai).

— und DORNER: Zentralbl. f. Bakteriol., Parasitenk. u. Infektionskrankh. Abt. I Orig. Bd. 38. 1905.

FRIEDLÄNDER, W.: Therapeutische Erfahrungen bei parenteraler Injektion von Proteinkörpern und ihren Spaltprodukten in der Augenheilkunde. Wien. klin. Wochenschr. 1916. S. 1329.

FRIEDLÄNDER: Zit. bei SCHITTENHELM, A. und WEICHARDT, W.: Zeitschr. f. exp. Pathol. u. Therap. Bd. 11, S. 95. 1912.

FRIEDEMANN, V.: Über Serumtherapie der Grippepneumonie. Dtsch. med. Wochenschr. 1918. S. 1293.

FRIEDRICH, W. V.: Kann Milch das Alttuberkulin ersetzen? Zeitschr. f. exp. Pathol. u. Therap. 1921. S. 200.

FRISCH und STARLINGER: Chemisch-physiologische Blutuntersuchungen zur Frage der Protoplasmaaktivierung. Zeitschr. f. d. ges. exp. Med. 1922. S. 142.

FROMAGET, C.: Kératitis à pneumocoques guéries par le sérum antidiphtérique. Ann. d'oculist. Tom. 137, p. 59. 1907.

— Ophtalmies purulentes et pseudomembraneuses nondiphtériques guéries par le sérum antidiphtérique. Ann. d'oculist. Tom. 138, p. 182. 1907.

FUCHS, A.: Zur Behandlung entzündlicher Adnextumoren mit Terpentineinspritzungen. Zentralbl. f. Gynäkol. Bd. 44, p. 52. 1920.

FUJIMOTO, B.: Antitrypsin of Serum. Journ. of immunol. Vol. 3, p. 51. 1918.

FUNK, C.: Über percutane Proteintherapie. Med. Klinik. 1921. S. 1049.

FÜRST: Über die Steigerung der Antikörperproduktion durch unspezifische Reizwirkung intravenöser Methylenblauinjektionen. Arch. f. soz. Hyg. Bd. 89, S. 161. 1920.

— Zur Bakteriotherapie der Coliinfektionen und gonorrhoischer Erkrankungen. Münch. med. Wochenschr. 1920. S. 1520.

FURNO, A.: Riv. crit. di clin. med. Firenze. Vol. 21, p. 37. 1920.

GAISBOECK, F.: Akuter Gelenkrheumatismus und Hemiplegie. Dtsch. Arch. f. klin. Med. Bd. 121, p. 339. 1919.

GALAMBOS, A.: Über die Behandlung des Typhus abdominalis, Paratyphus A und B mit intravenösen Injektionen von Deuteroalbumose, Heterovaccine (Coli-, Gonokokken- und Staphylokokkenvaccine) und physiologischen Kochsalzlösungen. Wien. klin. Wochenschrift. 1916. S. 1041.

— Die Behandlung des Typhus abdominalis, Paratyphus A und B mit der BESREDKAschen Vaccine. Zeitschr. f. klin. Med. 1916. S. 127.

GAMLÉIA, M. N.: Sur la destruction des microbes dans les organismes fébricitants. Ann. de l'inst. Pasteur. Tom. 2, p. 229. 1888.

GAMMELTOFT, S. A.: Untersuchungen über die antiproteolytischen Stoffe des Blutes während der Gravidität. Gynäkol. Rundschau. Bd. 7, S. 543. 1913.
GAUMITZ, H.: Lokale Reaktion auf intracutane Aolaninjektionen. Münch. med. Wochenschr. 1921. S. 1585.
GÄRTNER: Dermatol. Wochenschr. 1919. Nr. 28; zit. bei HOFFMANN: Dtsch. med. Wochenschrift 1919. S. 1233.
GÄRTNER, W.: Über die Häufigkeit der progressiven Paralyse bei kultivierten und unkultivierten Völkern. Zeitschr. f. Hyg. u. Infektionskrankh. Bd. 92, S. 341. 1921.
GAUPILLAT: Diverses maladies des yeux traitées par le lait de vache. Clin. ophtalmol. Tom. 23, p. 73. 1919.
GAY, F. P.: Specific treatment in typhoid fever. Journ. of laborat a. clin. med. Vol. 1, p. 13. 1915/16.
— „Typhoid fever considered as a problem of scientific medicine." New York 1918.
— and CLAYPOLE, E. J.: Specific hyperleukocytosis. Studies in typhoid immunization IV. Arch. of internal med. Vol. 14, p. 662. 1914.
— and CHICKERING, H.: Treatment of typhoid fever by intravenous injections of polyvalent sensitized typhoid vaccine sediment. Arch. of internal med. Vol. 17, p. 303. 1916.
GELLHAUS: Einige Beobachtungen bei Kollargolinjektion in kleinen Dosen. Münch. med. Wochenschr. 1916. S. 191.
GELLIS, S. und WINTER, J.: Über Milchinjektionsbehandlung gonorrhoischer Komplikationen. Arch. f. Dermatol. u. Syphilis, Orig. Bd. 126, S. 267. 1918.
GENNERICH: Klinische Beiträge zur Kollargolbehandlung des Tripperrheumatismus und anderer akuter Folgezustände des Trippers. Münch. med. Wochenschr. 1912. S. 811.
GERMAIN: Bull. de l'acad. de méd. 1893.
GERONNA: Proteinkörpertherapie der Gelenkerkrankungen. Therap. d. Gegenw. 1921. S. 191.
GERONZI: Autoserotherapy. La Med. ital. Vol. 2. 1907; zit. in Zentralbl. f. Bakteriol., Parasitenk. u. Infektionskrankh. Ref. 1907. S. 86.
GERSTEIN: Zit. bei KAUERT: Münch. med. Wochenschr. 1919. S. 1033.
GERSTMANN: Zur Malariabehandlung der progr. Paralyse. Zeitschr. f. d. ges. Neurol. u. Psychiatr. 1922. S. 74.
GEWALT: Über Pemphigusbehandlung durch Terpentineinspritzungen. Dtsch. med. Wochenschrift. 1921. S. 104.
GEYELIN, H. R.: Fasting as a method of treating epilepsy; Section on Practice of Medicine. Journ. of the Americ. med. assoc. 1921. June 8.
GILBERT: Traitement de la pleurésie tuberculeuse par la sérotherapie. Gaz. des Hôp. civ. et milit. Tom. 67, p. 560. 1894.
GILBERT, V.: L'autosérothérapie de la pleurésie sérofibrineuse. Rev. méd. de la Suisse romande. Genève. Tom. 30, p. 24. 1910.
GILDEMEISTER und SEIFFERT: Zur Frage der Anaphylaxiegefahr bei Proteinkörpertherapie. Berl. klin. Wochenschr. 1921. S. 629.
GIRARD, L.: Les vaccines en thérapeutique. Bull. méd. Paris. Tom. 34, p. 297. 1920.
GLASER, F.: Die Behandlung des Scharlachs mit Rekonvaleszentenserum. Zeitschr. f. klin. Med. 1916. S. 41.
— Tonusschwankungen bei der Reizkörpertherapie. Med. Klinik. 1922. S. 688.
— und BUSCHMANN: Zur Frage der Reizkörpertherapie mit bes. Berücksichtig. usw. Med. Klinik. 1922. S. 271.
GLASS, E.: Zur Behandlung chirurgischer Tuberkulosen mit Terpentin. Dtsch. med. Wochenschrift. 1920. S. 687.
GLATARD, C.: Die Gefahr des therapeutischen kolloidalen Shoks. Bull. et mém. de la soc. méd. des Hôp. de Paris. 1921. p. 998.
GLINTSCHKOW, W. J.: Zit. in Zeitschr. f. Immunitätsforsch. u. exp. Therap. Ref. 1916. S. 509.
GOLDSCHNEIDER, A. und JACOB, P.: Über die Variationen der Leukocytose. Zeitschr. f. klin. Med. 1894. S. 373.
GOMIBUSCHI: Diphtherieantitoxinbehandlung bei Influenza. Japan med. world 1920. S. 840.
GOMPERZ: Parenterale Milchinjektion bei akuter Otitis im Kindesalter. Wien. med. Wochenschrift. 1917. Nr. 37.

GONZENBACH und UEMURA: Beitrag zur Gerinnung von Plasma durch Wirkung des Staphyl. pyogenes aureus. Zentralbl. f. Bakteriol., Parasitenk. u. Infektionskrankh. Orig. Bd. 78, S. 97. 1916.
GORBONOFF, G. A.: Die Beziehung zwischen Trachom und Gonorrhöe. Russk. Wratsch. Vol. 10, p. 965. 1911.
GORN: Über therapeutische Versuche mit kolloidalem Palladium hydrooxydul. Zeitschr. f. d. ges. Neurol. u. Psychiatr. Orig. Bd. 20, Heft 3.
GOSLINE, H. I.: The role of tuberculosis in dementia precox. Journ. of laborat. a. clin. med. Vol. 4, p. 186 and 397. 1918/19.
GOTTHEIL, W. S. and SATENSTEIN, D. L.: Autoserum injections in certain obstinate dermatoses. Med. rec. Vol. 85, p. 620. 1914.
Gow, A. E.: A note on certain phenomena associated with the protein shock reaction and intravenous vaccine therapy. Quart. Journ. of med. Vol. 13, p. 82. 1919.
— Concerning protein shock in intravenous vaccine therapy. Journ. St. Bartholomew's hosp. Vol. 26, p. 75. 1918/19.
— Certain effects of peptone injections in septicemia. Quart. Journ. of med. Vol. 14, p. 187. 1921.
— Intravenous protein therapy. Brit. med. Journ. Vol. 1, p. 284. 1920.
— Intravenous protein therapy in puerperal infection. Brit. med. Journ. Vol. 2, p. 268. 1920.
GRABISCH, A.: Anwendung und Wirkung des Terpentins bei der parenteralen Injektion. Dermatol. Wochenschr. 1918. S. 624.
GRABOIS, G.: Traitement du rhumatisme par des injections intraveineuses de soufre colloidal. Journ. de méd. de Paris. Tom. 27, p. 168. 1916.
v. GRAFF, E.: Über den Einfluß der Gravidität auf das Wachstum maligner Tumoren. Wien. klin. Wochenschr. 1914. S. 7.
— und v. ZUBRZYCKI, J.: Über den Antitrypsingehalt des Blutes bei Schwangerschaft und Carcinom. Zeitschr. f. Geburtsh. u. Gynäkol. Bd. 72, S. 303. 1912.
GRAY-EDWARDS: On the use of staphylococcic vaccine in the treatment of hypopyon ulcer. Ophth. year-book. 1908. p. 79.
GREENTHAL, R. M., BROWN, G. M. ANN ARBOR: Studien über unspezifisches Protein bei Krankheitsprozessen. Arch. of internal med. Vol. 30, Nr. 1.
GRIESBACH, W.: Über Serumtherapie des Scharlachs. Therap. Monatsh. Bd. 33, S. 22. 1919.
GRIGAUT, A. and MOUTIER, F.: Essai de traitement de la grippe par la plasmothérapie (injections intraveineuses de plasma de convalescent). Cpt. rend. hebdom. des séances de l'acad. des sciences. Tom. 167, p. 765. 1918.
v. GRÖER, F.: Zur Frage der sog. Vaccine- oder Bakteriotherapie: „Ergotrope" Therapie des Typhus abdominalis. Münch. med. Wochenschr. 1915. S. 1312.
— Ein dosierbares und haltbares Typhusergotropin. Therap. Monatsh. Bd. 30, S. 521. 1916.
— Zur Frage der Bedeutung aspez. ergotroper Wirkung des Serums bei der Heilserumtherapie d. Diphtherie. Zeitschr. f. d. ges. exp. Med. Bd. 7, S. 171. 1919.
— Off. Protokoll d. Ges. d. k. k. Ärzte in Wien. Wien. klin. Wochenschr. 1915. S. 686.
— Zur Frage der Ergotropinwirkung. Therap. Halbmonatsschr. 1921. S. 770.
GROTE: Über parenterale Eiweißkörperbehandlung (im besonderen Behandlung mit Milchinjektionen). Münch. med. Wochenschr. 1919. S. 307.
— Dtsch. med. Wochenschr. 1918. S. 1384.
GRUBER, M.: Bericht über die 9. Tagung der deutschen Vereinigung für Mikrobiologie 1922. Zentralbl. f. Bakteriol., Parasitenk. u. Infektionskrankh., Abt. I Orig. Bd. 89, S. 106. 1922.
GRUBER und FUTAKI: Seroaktivität und Phagocytose. Münch. med. Wochenschr. 1906. S. 249.
GRÜNEWALD: Rekonvaleszentenserum bei Encephalitis epidemica. Dtsch. med. Wochenschr. 1920. S. 1243.
GUAITA, A.: Semana med. Buenos Aires Vol. 25, p. 255. 1918.
GUDZENT, F.: Beiträge zur Kenntnis der WEILschen Krankheit. Zeitschr. f. klin. Med. 1917/18. S. 273.

GUDZENT, F.: „Grundriß zum Studium der Radiumtherapie." Berlin 1919.
GUGGENHEIMER: Zitiert von ZIMMER: Med. Ges. 1920 s. Berl. Klin. Wochenschr. 1920. S. 738.
GUIBERT: Injections sous-cutanées du lait de vache. Clin. opht. Tom. 23, p. 326. 1919.
GUIST: Erfahrungen mit Milchinjektionen an d. Augenklinik in Wien. Klin. Monatsbl. f. Augenheilk. 1920. S. 552.
GUSZMANN, J.: Über Latenzstadien bei einer chronischen Pilzerkrankung. Dermatol. Wochenschr. 1918. S. 807.
GYÖRI, L.: Weitere Erfolge der Autoserumbehandlung bei Fleckfieber. Dtsch. med. Wochenschr. 1918. S. 677.
HAAB: Über Erfahrung in der Behandlung der Augengonorrhöe usw. Med. Klinik. (Ref.) 1918. S. 20.
— Vaccinetherapie. Münch. med. Wochenschr. 1918. S. 24.
DE HAAN und RIERENS, L.: Proteintherapie in der Ophthalmologie. Nederlandsch. tijdschr. v. geneesk. Amsterdam 1921. S. 1421.
HABERMANN: Heterobakterio- und Proteintherapie. Dtsch. med. Wochenschr. 1918. S. 85 (Niederrhein. Ges. f. Natur- u. Heilk.).
HABETIN, P.: Studien über Nucleinwirkung. I. Pyrogene Wirkung. Wien. klin. Wochenschr. 1919. S. 1061.
— Studien über Nucleinwirkung. II. Nucleininjektionen bei Malaria. Wien. klin. Wochenschrift. 1919. S. 1091.
HAGA, S.: Behandlung habituellen Erbrechens bei Säuglingen mit Milchinjektionen. Ref. Zentralbl. f. inn. Med. 1921. S. 42. In.-Diss. Leyden 1920. S. 581.
v. HALBAN, H.: Zur Prognose der Paralyse. Jahrb. d. Psychiatr. u. Neurol. Bd. 22, S. 358. 1902.
HALL, C. C. and WHIPPLE, G. H.: Roentgen-ray intoxication: disturbances in metabolism produced by deep massive doses of the hard roentgen rays. Americ. Journ. of the med. soc. Vol. 157, p. 453. 1919.
HALLION, L.: Allgemeine Prinzipien d. endokrinen Therapie. Bull. méd. Paris. Tom. 34, p. 853. 1920.
HAMBURGER, R.: Behandlung der Toxikosen der Säuglinge mit Eigenserum. Jahrb. f. Kinderheilk. Bd. 93, S. 25. 1920.
HAMMERSCHLAG, A.: Ein Beitrag zur Serumtherapie. Dtsch. med. Wochenschr. 1893. S. 711.
HAMMETT, F. S., KESSLER, E. E. and BROWNING, C. C.: Sodium succinate and leukocytosis. Effect of the subcutaneous administration of the drug on the leukocyte content of human blood. Journ. of the Americ. med. assoc. Vol. 69, p. 31. 1917.
HANDOWSKI und PICK: Über die Entstehung vasokonstringierender Substanzen durch Veränderung der Serumkolloide. Arch. f. exp. Pathol. u. Pharmakol. Bd. 71, S. 862. 1912.
HANZLIK, P. J. and KARSNER, H. T.: Effects of various colloids and other agents which produce anaphylactoid phenomena on bronchi of perfused lungs. Journ. of pharmacol. a. exp. therapeut. Vol. 14, p. 449. 1920.
HARDING, M. C.: Group study of three hundred cases of arthritis. Cal. Stat. Journ. of exp. med. Vol. 19, p. 26. 1921.
HARMER, T. W.: A study of the efficiency of mixed toxins (Coley) in inoperable sarcoma; a critical analysis of 134 microscopically proven cases. Boston med. a. surg. journ. Vol. 172, p. 331, 411, 440. 1915.
HARTMANN, F. W.: New methods for blood transfusion and serum therapy. Journ. of the Americ. med. assoc. Vol. 71, p. 1658. 1918.
HASENBEIN, H.: Rohrzuckerinjektionen zur Erzeugung von Herdreaktionen. Münch. med. Wochenschr. 1920. S. 1222.
HASSE: „Die Lammbluttransfusion bei Menschen". St. Petersburg und Leipzig 1874.
HAUBER, R.: Therapeutische Versuche mit Nucleinsäureinjektion bei Psychosen. Zeitschr. f. d. ges. Neurol. u. Psychiatr. Bd. 24, S. 1. 1914.
HAUPT, F. W.: Über das Nucleogen und seine zweckgemäße subcutane Anwendung. Zeitschrift f. ärztl. Praxis. Bd. 21, S. 198. 1908.
HAUPT, H.: Beitrag zur Schutz- und Heilimpfung gegen die Tuberkulose bei Meerschweinchen und Kaninchen. Zeitschr. f. Tuberkul. Bd. 22, S. 209, 363, 463. 1914.

HAUPT, W.: Die intravenöse Behandlung der weiblichen Gonorrhöe mit Trypaflavin. Zeitschr. f. Gynäkol. 1921. S. 1225.
HAWK, P. B., KNOWLES, F. C., REHFUSS, M. E. and CLARKE, J. A.: The use of bakers' yeast in diseases of the skin and of the gastrointestinal tract. Journ. of the Americ. med. assoc. Vol. 69, p. 1243. 1917.
HAYEK, H.: Zur Proteinkörpertherapie. Wien. klin. Wochenschr. 1920. S. 768.
HAYNES, D.: Cell Permeability. Biochem. journ. 1921. p. 414.
HECHT: Zur Theorie der Milchbehandlung. Med. Klinik. 1917. S. 706.
HEDIN, S. G.: Über proteolytische Enzyme im Harn. Zeitschr. f. physiol. Chem. Bd. 112, S. 252. 1921.
HEDRICH, K.: Das Levuretin (eine völlig reine Trockenhefe) und die Saccharomycotherapie (Hefekur). Dtsch. Ärztezeitg. 1904. Nr. 49, S. 75.
HEILNER, E.: Die Behandlung der Gicht und anderer chronischer Gelenkentzündungen mit Knorpelextrakt. Münch. med. Wochenschr. 1916. S. 997; dasselbe II. Mitteilung: Münch. med. Wochenschr. 1917, S. 733; dasselbe III. Mitteilung: Münch. med. Wochenschr. 1918. S. 983.
— Die kausale Behandlung der Arteriosklerose mit meinem Gefäßapparat usw. Münch. med. Wochenschr. 1920. S. 501.
HEINE, L.: Über Milchinjektionen bei Retinitis usw. Münch. med. Wochenschr. 1920. S. 1221.
HEINEMANN, H. und WILKE, K.: Beitrag zur Behandlung der Blennorrhöe bei Erwachsenen. Münch. med. Wochenschr. 1921. S. 143.
HEINZ: Intravenöse Injektion von Elektroferrol zur Bildung von unspezifischen Abwehrstoffen. Dtsch. med. Wochenschr. 1920. S. 1437.
HEKTOEN, L.: Vaccine treatment. Journ. of the Americ. med. assoc. Vol. 66, p. 1591. 1916.
— Precipitin-production in allergic rabbits. Journ. of infect. dis. Vol. 21, p. 279. 1917.
HELD, W.: Eine neue Serumbehandlung der Epilepsie. Berl. klin. Wochenschr. 1920. S. 130.
HELLENDALL, H.: Zur Behandlung entzündlicher Adnextumoren mit Terpentineinspritzungen. Zentralbl. f. Gynäkol. Bd. 44, S. 767. 1920.
HEPWORTH, W. G.: Primary asthma in a pregnant multipara. Journ. of the Canad. med. assoc. Vol. 7, p. 1097. 1917.
HERBECK, C. O.: Yatren bei Gonorrhöebehandlung. Münch. med. Wochenschr. 1922. S. 399.
HERMSTEIN, A.: Terpentinbehandlung bei Puerperalsepsis. Zentralbl. f. Gynäkol. Leipzig. Bd. 5, 45, S. 683. 1921.
HERSCU, P. und STROMINGER, L.: Anmerkung über die Behandlung der lokalen und allgemeinen Komplikationen der Gonorrhöe durch Antimeningokokkenseruminjektion. Verhandl. d. dtsch. Ges. f. Urol. Bd. 4, S. 102. 1913/14.
HERMANNSTEIN, A.: Terpentinbehandlung der puerperalen Sepsis. Zentralbl. f. Gynäkol. Leipzig 1921. Nr. 19.
HERRMAN, E. und NEUMANN, J.: Über die Lipoide der Gravidität und deren Ausscheidung nach vollendeter Schwangerschaft. Wien. klin. Wochenschr. 1912. S. 1557.
HERRMANN, S. F.: Liberation of antibodies by foreign protein. Journ. of infect. dis. Vol. 23, p. 457. 1918.
HERRMANN, E.: Zur Frage der Sanarthritbehandlung der chronischen Gelenkaffektionen. Therap. d. Gegenw. 1921. S. 482.
HERZ, A.: Die Behandlung der Bacillenträger. Wien. klin. Wochenschr. 1916. S. 1290.
HERZFELD, E.: Über die Behandlung der Diphtherie mit Pferdeserum. Münch. med. Wochenschrift. 1919. S. 954.
HESSE: Münch. med. Wochenschr. 1919. S. 308; siehe GROTE.
HEYNEMANN, T.: Die Behandlung der entzündlichen Adnextumoren. Münch. med. Wochenschrift. 1921. S. 114.
HIFT, R.: Zur nichtproteinogenen Allergie. Wien. klin. Wochenschr. 1913. S. 1546.
HINZE, P.: Über Terpentintherapie bei Adnexerkrankungen. Zentralbl. f. Gynäkol. Bd. 44, p. 762. 1920.
HIRSCH, C.: Über die Wirkung von Terpentineinspritzung auf Eiterungen und Entzündungen. Arch. f. Ohren-, Nasen- u. Kehlkopfheilk. Bd. 105, S. 62. 1919.
HIRSCH, R. und LESCHKE, E.: Der gesamte Energie- und Stoffumsatz beim aktiven anaphylaktischen und beim Anaphylatoxinfieber. Zeitschr. f. exp. Pathol. u. Therap. Bd. 15, S. 335. 1914.

HIRSCHBERG, M.: Ekzem und innere Erkrankungen. St. Petersburger med. Zeitschr. Bd. 38, S. 313. 1913.

HIRSCHFELD: Zit. bei SCHITTENHELM usw.: Zeitschr. f. Pathol. u. Therap. Bd. 11, S. 103. 1912.

HISS, P. H.: Experimental and clinical studies on the curative action of leukocyte extracts in infections. I. Journ. of med. research. N. S. Vol. 14, p. 323. 1908.

— and ZINSSER, H.: Experimental and clinical studies on the curative action of leukocyte extracts in infections, II—IV. Journ. of med. research. n. S. Vol. 14, p. 399—469. 1908.

HODEL, H.: Zur Behandlung der Grippenpneumonie mit Kolloidmetallen und Fixationsabsceß. Korrespbl. f. Schweiz. Ärzte. Bd. 49, S. 310. 1919.

HÖBER-MOND: Physikalische Chemie der Blutkörperchensedimentierung. Klin. Wochenschr. 1922. S. 2412.

HOFER, G. und KOFLER, K.: Über Behandlungserfolg und Dauerheilung der genuinen Ozaena durch Vaccination. Wien. klin. Wochenschr. 1916. S. 1161 (Diskussion über Milchinjektionen bei Furunculose und Phlegmonen.)

HOFFMANN, E.: Experimentelle Untersuchungen über die Infektiosität des syphilitischen Blutes. Dtsch. med. Wochenschr. 1906. S. 496.

— Mitteilungen und Demonstrationen über experimentelle Syphilis, Spirochaeta pallida und andere Spirochätenarten. Dermatol. Zeitschr. Bd. 13, S. 561. 1906.

— Über die Bedeutung der Strahlenbehandlung in der Dermatologie nebst Bemerkungen über ihre biologische Wirkung. Strahlentherapie. Bd. 7, S. 1. 1916.

— Über eine nach innen gerichtete Schutzfunktion der Haut (Esophylaxie) nebst Bemerkungen über die Entstehung der Paralyse. Dtsch. med. Wochenschr. 1919. S. 1233.

HOHLWEG, H.: Zur Pathologie und Therapie der Grippe. Münch. med. Wochenschr. 1919. S. 122.

HOKE, E.: Wissenschaftl. Ges. dtsch. Ärzte in Böhmen, 1915. (Zit. bei KAZNELSON, P.: Berl. klin. Wochenschr. 1917. S. 410 in der Bibliographie.)

— Untersuchung über die Intracutanreaktion. Wien. klin. Wochenschr. 1920. S. 41.

HOLDEN, W. B.: An effective treatment of lobar and bronchial pneumonia, also of influenza and its complicating pneumonias. Med. Rec. Vol. 94, p. 720. 1918.

HÖLDER, H.: Zur Verwendung von kolloidalem Selen bei der Behandlung maligner Tumoren. Strahlentherapie. Bd. 5, S. 122. 1914/15.

HOLLAENDER, L.: Untersuchungen zur Therapie der perniziösen Anämie. Berl. klin. Wochenschr. 1920. S. 997.

HOLLER, G.: Erfahrungen über Bakteriotherapie des Typhus abdominalis. Med. Klinik. 1915. S. 639 u. 668.

— Zur Vaccinetherapie des Typhus abdominalis. Zeitschr. f. klin. Med. 1915. S. 462.

— Beobachtungen über die Wirkungsweise parenteral einverleibter Proteinkörper zu therapeutischen Zwecken bei Infektionskrankheiten. Med. Klinik. 1917. S. 1038.

— Zur Diagnose und Therapie einiger wichtiger Kriegsseuchen. Beitr. z. Klin. d. Infektionskrankh. u. z. Immunitätsforsch. Bd. 6, S. 92. 1918.

— Proteinkörpertherapie. Klin. Monatsbl. f. Augenheilk. Bd. 64, S. 553. 1920.

HOLLIS, S. W. and PARDEE, I. H.: Recovery from tuberculous meningitis after treatment with intraspinal injections of antimeningitis serum. Arch. of internal med. Vol. 26, p. 49. 1920.

HOLST, J.: Rekonvaleszentenserum bei der Behandlung von Influenza. Norsk. Magaz. f. laegevidenskaben, Kristiania, Bd. 58, Nr. 5. 1919. Ref. in Journ. of the Americ. med. assoc. Vol. 78, p. 1022. 1919.

HOLTEN: Das Tuberkulol und seine Wirkung im Verhältnis zu anderen Tuberkulinen. Beitr. z. Klin. d. Tuberkul. Bd. 30, S. 95. 1914.

HÖLZL: Über Vaccineurin, ein wertvolles Heilmittel für Neuralgien und Nervenentzündungen. Dtsch. med. Wochenschr. 1918. S. 291.

— Vaccineurin, ein wertvolles Heilmittel für Neuralgien und Nervenentzündungen. Therap. d. Gegenw. Bd. 59. N. F. Bd. 20, S. 373. 1918.

HOLZHAUSER und WERNER: Trichophytin, Vaccine und Terpentin in der Dermatologie. Dtsch. med. Wochenschr. 1918. S. 1253.

HÖNIG: Erfahrung auf dem Gebiete der Augenheilkunde. Wien. med. Wochenschr. 1918. S. 3.

HORBACZEWSKI, J.: Untersuchungen über die Entstehung der Harnsäure im Säugetierorganismus. Sitzungsber. d. Akad. Wien, Mathem.-naturw. Kl. Bd. 98, S. 301. 1889.
— Beiträge zur Kenntnis der Bildung der Harnsäure und der Xanthinbasen, sowie der Entstehung der Leukocyten im Säugetierorganismus nach Versuchen, die zum Teile von den Herren SADOWENJ, MRAZEK und FORMANEK ausgeführt wurden. Sitzungsber. d. Akad. Wien, Mathem.-naturw. Kl., Bd. 100, S. 78. 1891, ebenso Wien. med. Zeit. 1892.
HOWARD, J. W.: Anaphylaxie und Serotherapie. Revista de la assoc. med. Argentina, Buenos Aires 1921. p. 1195.
HOWELL, K. M.: The failure of antibody formation in leukemia. Arch. of internal med. Vol. 26, p. 706. 1920.
HUBER, F.: Autoserotherapy. New York med. Journ. Vol. 104, p. 20. 1916.
HUDOVERNIG, C.: Über Ergebnisse von Tuberkulinkuren bei Paralytikern. Psych.-neurol. Sekt. d. Budapester kgl. Ärzteges. April 22., 1912. (Ref. Neurol. Zentralbl. Bd. 32, S. 313. 1913.)
HUEPPE and SCHOLL: Über die Natur der KOCHschen Lymphe. Berl. klin. Wochenschr. 1891. S. 88 u. 193.
HUFF-HEWITT, W. E.: Human serum in influenza. Brit. med. Journ. Vol. 1, p. 575. 1919.
HUGHES, W.: The value of antistreptococcus serum in influenza. Lancet. Vol. 2, p. 782. 1919.
HÜHN, K.: Der Einfluß fieberhafter Erkrankungen und Milchinjektionen auf das Trachom und die Ophthalmogonorrhöe. Zeitschr. f. Augenheilk. Bd. 36, S. 305. 1917.
HUNTOON, F. M.: Solutions of Antibody. Address at soc. Americ. Bact. Chicago. Dec. 30. 1920.
HUSSELS, H.: Über die Behandlung der progressiven Paralyse mit Natrium nucleinicum. Arch. f. Psychiatr. u. Nervenkrankh. Bd. 48, S. 1113. 1911.
HUTINEL, V.: Les effects des injections sous-cutanées chez les enfants tuberculeux. Semaine méd. Tom. 15, p. 117. 1895.
v. HUTYRA, F. and MANINGER: Normal Serum in the Treatment of Anthrax. Semana med. Buenos-Aires. Vol. 27, p. 71. 1920; Zentralbl. f. Bakteriol., Parasitenk. u. Infektionskrankh., Abt. I Orig. Bd. 83, S. 518. 1919.
ICHIKAWA, S.: Abortivbehandlung von typhösen Krankheiten. Zeitschr. f. Immunitätsforschung u. exp. Therap. Orig. Bd. 23, S. 32. 1914/15.
— Mitt. d. med. Ges. zu Osaka. Bd. 10. 1912. Bd. 15.
IGERSHEIMER, J.: Spezifische und unspezifische Therapie in der Augenheilk. Therap. Halbmonatsschr. Bd. 35, S. 104. 1921.
IMHOFER: Zeitschr. f. Ohrenheilk. u. f. Krankh. d. Luftwege. Bd. 77, Nr. 2.
INADA, R. IDO, Y., HOKI, R., KANELO, R. and ITOM, H.: The etiology, mode of infection and specific therapy of WEILS disease (spirochaetosis icterohaemorrhagica). Journ. of exp. med. Vol. 23, p. 377. 1916.
INADA, R., IDO, Y., HOKI, R., ITO, H. and WANI, H.: The serum treatment of WEILS disease (spirochaetosis icterohaemorrhagica). Journ. of exp. med. Vol. 24, p. 485. 1916.
INADA, R., IDO, Y., HOKI, R., ITO, H. and WANI, H.: Intravenous serotherapy of WEILS disease (spirochaetosis icterohaemorrhagica). Journ. of exp. med. Vol. 27, p. 283. 1918.
INDELLE, A.: Alcune note chliniche e critiche sulla cura alla Gilbert. Fracastoro. Vol. 8, p. 173. 1912.
IRONS, E. F.: The treatment of gonococcus arthritis by injections of dead gonococci and the clinical reaction which follows the injections. Journ. of infect. dis. Vol. 5, p. 279. 1908.
ISHIKAWA, N.: Autoserotherapy of gynecological cases. Japan. med. World. Vol. 10, p. 1016. 1920.
JACOVIDES: Bull. of the ophthalmol. soc. of Egypt. 1919. p. 80.
JACOBY: Studien zur allgemeinen Vergiftungslehre. Biochem. Zeitschr. Bd. 76, S. 275.
— Intravenöse Injektion hoher Dosen Natrium nuclein. beim Menschen. Zeitschr. f. exp. Pathol. u. Therap. 1921. S. 256.
JALISCH: Zeitschr. f. klin. Med. 1894. S. 429.
JANEL and WEICHBRODT: Zit. bei RAECKE, R.: Therap. Monatsh. Bd. 34, S. 129. 1920.
v. JASCHKE: Gynäkol. Kongr. Berlin 1920; zit. bei WEICHARDT: Münch. med. Wochenschr. 1920. S. 1085.

v. Jaschke: Erfahrungen mit Proteintherapie bei Geburtshilfe und Gynäkologie. Therap. Halbmonatsschr. Bd. 5, 35, S. 539. 1921.
v. Jauregg, W.: Jahrb. f. Psychiatr. u. Neurol. Bd. 17. 1899.
— Über die Behandlung der progressiven Paralyse. Wien. med. Wochenschr. 1909. S. 2124.
— Über Behandlung der progressiven Paralyse mit Bakterientoxinen. Wien. klin. Wochenschrift. 1912. S. 61.
— Über Behandlung der progressiven Paralyse mit Staphylokokkenvaccine. Wien. med. Wochenschr. 1913. S. 2555.
— Psychiatr.-neurol. Wochenschr. 1918/19. S. 132 u. 251.
Jendralski: Parenterale Milchtherapie bei Augenleiden. Berl. klin. Wochenschr. 1921. S. 113.
Jendralski, F.: Parenterale Milchinjektionen bei Augenkrankheiten. Zeitschr. f. Augenheilk. Bd. 46, Nr. 1 u. 3. 1921.
Jeussen: Ein Beitrag zur Behandlung des Carcinoms mit Antimaristem. Dtsch. med. Wochenschr. 1910. S. 751.
Jickeli, K.: Beitrag zur Behandlung der Ophthalmoblennorrhöe mit parenteraler Milchinjektion. Klin. Monatsbl. f. Augenheilk. Bd. 62, S. 90. 1919.
Joachim: Über zehn Fälle von geheilter Paralysis progressiva nach Behandlung mit Tuberkulin. Wien. klin. Wochenschr. 1914. S. 1409.
Joannovics, G.: Zur Wirkung fermentativ gewonnener Spaltungsprodukte aus Geweben usw. Wien. klin. Wochenschr. 1920. S. 649.
Jobling, J. W. and Petersen, W. F.: Serum antitrypsin during inanition. Studies on ferment action, XIX. Zeitschr. f. Immunitätsforsch. u. exp. Therap. Orig. Bd. 24, S. 219. 1915/16.
— Eggstein, A. A. and Petersen, W. F.: Serum proteases and the mechanism of the Abderhalden reaction. Studies on ferment action, XX. Journ. of exp. Med. Vol. 21, p. 239. 1915.
— Petersen, W. F. and Eggstein, A. A.: Serum ferments and antiferment during trypsin shock. Studies on ferment action, XXII. Journ. of exp. med. Vol. 22, p. 141. 1915.
— — — The mechanism, of anaphylactic shock. Studies on ferment action, XXIII. Journ. of exp. med. Vol. 22, p. 401. 1915.
— — — The serum ferments and antiferment during pneumonia. Studies on ferment action, XXIV. Journ. of exp. med. Vol. 22, p. 568. 1915.
— — — The effect of Protein split products on the serum ferments and antiferment. Studies on ferment action, XXVI. Journ. of exp. med. Vol. 22, p. 597. 1915.
— — Bacteriotherapy in typhoid fever. Journ. of the Americ. med. assoc. Vol. 65, p. 515. 1915.
— — The nonspecific factors in the treatment of disease. Journ. of the Americ. med. assoc. Vol. 66, p. 1753. 1916.
— — Therapeutic action of iodin. Arch. of internal med. Vol. 15, p. 286. 1915.
— The influence of nonspecific substances on infections. Arch. of internal med. Vol. 17, p. 1042. 1917. (Harvey Lecture.)
Johnson, C. K.: Use of blood serum in the treatment of disease. Boston med. a. surg. journ. Vol. 187, p. 482. 1920.
Johnson, R.: Journ. of immunol. Vol. 1, p. 397. 1916.
Jolowicz, E.: Über Behandlung mit Natrium nucleinicum und Salvarsan bei progressiver Paralyse unter besonderer Berücksichtigung der Veränderungen des Liquor cerebrospinalis. Neurol. Zentralbl. Bd. 32, S. 210. 1913.
Josephson, E. M.: Protein shock reaction in leprosy. Med. Rec. Vol. 98, p. 607. 1920.
Jousset, A.: Sur l'autosérothérapie dans la pleurésie. Journ. de méd. et chir. prat. Paris. Tom. 83, p. 91. 1912.
— Les doses massives en sérothérapie. Bull. de l'acad. de méd. Paris. Tom. 79, p. 432. 1918.
Jukow, N. A.: Die Behandlung der progressiven Paralyse mit Tuberkulininjektionen nach Wagner. Russk. Wratsch. 1913. Nr. 24, S. 862; Ref. in Zeitschr. f. Immunitätsforsch. u. exp. Therap. 1913. Ref. S. 558.
Jungmann, P.: Wolhynisches Fieber. Berlin 1919.
Kaiser, A. D.: Serum and blood therapy. New York med. Journ. Vol. 106, p. 595. 1917.
Kaiser, F.: Die Anwendung von Tebelon bei mykotischen Entzündungen und Eiterungen. Münch. med. Wochenschr. 1920. S. 72.

KALBERLAH: Über die Behandlung akuter Infektionskrankheiten (Typhus, Sepsis) mit intravenösen Injektionen von Bakterienimpfstoffen. Therap. Monatsh. Bd. 32, S. 328. 1918.
KÄMMERER: Was bedeuten die cutanen Reaktionen mit Alttuberkulin und Partialantigenen für die Prognose der Tuberkulose? Münch. med. Wochenschr. 1920. S. 375; zit. ALSTAEDT, B. S. 375; KARCZAG S. 378.
KANAI, T. J.: Biochemische Untersuchungen über die Entstehung der Typhusimmunität. Biochem. Zeitschr. Bd. 132, S. 26. 1922.
KAPFERER: Beitrag zur Behandlung der Gonorrhöe mit heißen Vollbädern. Wien. klin. Wochenschr. 1920. S. 107.
KARCZAG: Zit. bei KÄMMERER: Münch. med. Wochenschr. 1920. S. 375.
KARO, W.: Über die Beeinflussung infektiöser Erkrankungen der Harnorgane durch Eukupin-Terpentin-Injektionen bei interner Verabfolgung von Buccosperin. Therap. d. Gegenw. N. F. Bd. 20, S. 120. 1918.
— Weitere Erfahrungen mit den Eukupin-Terpentin-Injektionen bei urologischen Krankheiten. Dtsch. med. Wochenschr. 1919. S. 266.
— Eine weitere Verbesserung der Terpentinbehandlung. Med. Klinik. 1919. S. 715.
— Terpichin bei entzündlichen Erkrankungen der Harnwege. Therap. d. Gegenw. Bd. 61, S. 103. 1920.
— Terpichin bei Krankheiten der Harnorgane. Zeitschr. f. Urol. Bd. 15, S. I. 1921.
— Intravenöse Terpichintherapie. Med. Klinik. 1921. S. 1392.
KARELL, W. und LUKSCH, F.: Die Befreiung der Bacillenausscheider von ihrem Übel durch Behandlung mit homologem Impfstoff. Wien. klin. Wochenschr. 1916. S. 187.
KAUERT, F.: Über Proteinkörpertherapie bei Adnexerkrankungen. Münch. med. Wochenschrift. 1919. S. 1033.
KAUFFMANN, M.: Über die Behandlung der Fettsucht mit kolloidalen Platinmetallhydroxyden (Leptynol). Münch. med. Wochenschr. 1914. S. 2089.
KAUSCH, W.: Über Kollargol bei Sepsis und bei Carcinom. Dtsch. med. Wochenschr. 1912. S. 1635.
— Die Infusion mit Invertzucker (Calorose). Dtsch. med. Wochenschr. 1917. S. 712.
KAUTSKY, K.: Zur Behandlung der schweren Grippefälle. Med. Klinik. 1919. S. 69.
KAZNELSON, P.: Über biologische und therapeutische Wirkungen parenteraler Zufuhr von Deuteroalbumosen verschiedener Proteine. Zeitschr. f. klin. Med. Bd. 83, S. 275. 1916.
— Vaccinebehandlung, Heterovaccine und Proteinkörpertherapie. Berl. klin. Wochenschr. 1917. S. 406. (Zit. HOKE, DOBERAUER und PETROFF: Wissenschaftl. Ges. dtsch. Ärzte in Böhmen 1915.)
— Die Proteinkörpertherapie. Therap. Monatsh. Bd. 31, S. 437. 1917.
— Die Grundlagen der Proteinkörpertherapie. Ergebn. d. Hyg., Bakteriol., Immunitäts-Forsch. u. exp. Therapie Bd. 4, S. 249. Berlin: J. Springer 1920.
— und ST. LORANT, J.: Allgemeine Leistungssteigerung als Fernwirkung therapeutischer Röntgenbestrahlungen. Münch. med. Wochenschr. 1921. S. 132.
KELLOGG: Zitiert von LUCAS, W. P.: Arch. of pediatr. Vol. 37, p. 193. 1920. Zitiert auf p. 201.
KEY, BEN WITT: Antidiphteritic serum in severe ocular infections etc. Americ. ophthalmol. soc. Transactions 1919.
KEYES, E. L.: Treatment of gonorrhea. Journ. of the Americ. med. assoc. Vol. 75, p. 1325. 1920.
KIBLER, C. S. and MC. BRIDE, L. F.: Intravenous injection of typhoid vaccine. Journ. of infect. dis. Vol. 21, p. 13. 1917.
KIESS, O.: Beitrag zur Caseosanbehandlung. Med. Klinik. 1921. S. 936.
KINGSBURY, J. and BECHET, P. E.: Venipuncture in the treatment of certain diseases of the skin. Journ. of the Americ. med. assoc. Vol. 75, p. 937. 1920.
KING-TURNER, A. C.: The treatment of epilepsy by colloidal palladium. Brit. med. Journ. Vol. 2, p. 255. 1918.
KINSELLA, R. A.: Bakteriologic studies in subacute streptococcus endocarditis. Arch. of internal med. Vol. 19, p. 367. 1917 (March).
KIRCHBERG: Die Behandlung der Febris wolhynica (5 Tage Fieber) mit Kollargol. Berl. klin. Wochenschr. 1918. S. 1237.

KIRCHHEIM, L. und TUCZEK, K.: Experimentelle Untersuchungen über die Wirkung von Deuteroalbumose auf gesunde und tuberkulöse Meerschweinchen. Arch. f. exp. Pathol. u. Pharmakol. Bd. 77, S. 387. 1914.

KIRSTEIN, F.: Eigenmilchinjektion und Brustsekretion bei Wöchnerinnen. Zentralbl. f. Gynäkol. Bd. 44, S. 292. 1920.

— Steigerung der GRUBER-WIDALschen Reaktion durch Vaccinevirus. Dtsch. med. Wochenschrift. 1917. S. 325.

KJAERGAARD, S.: Zur Frage der ABDERHALDENschen Reaktion bei Gravidität und Menstruation. Zentralbl. f. Gynäkol. Bd. 38, S. 264. 1914.

KLEEMANN: Gonorrhöebehandlung mit intravenösen Kollargolinjektionen. Zentralbl. f. Gynäkol. Bd. 43, S. 977. 1919.

— Zur Terpentinbehandlung entzündlicher Adnextumoren Zentralbl. f. Gynäkol. Bd. 44, S. 248. 1920.

KLEMENS: Die Haut als Angriffsorgan der Behandlung. Münch. med. Wochenschr. 1921. S. 31.

KLEINE, T. K.: Über Rotz. Zeitschr. f. Hyg. u. Infektionskrankh. Bd. 44, S. 183. 1903. (Zit. Zentralbl. f. Bakteriol., Parasitenk. u. Infektionskrankh. Ref. Bd. 31, S. 644. 1903/04.)

KLEMPERER, F.: Untersuchungen über die Tuberkulinreaktion. Beitr. z. Klin. d. Tuberkul. Bd. 30, S. 433. 1914.

— Über einige Behandlungsmethoden der Lungentuberkulose. Münch. med. Wochenschr. 1920. S. 1277; Berl. klin. Wochenschr. 1920. S. 1065.

— Die Beziehungen verschiedener Bakteriengifte zur Immunisierung und Heilung. Zeitschr. f. klin. Med. Bd. 20, S. 165. 1892.

KLEWITZ, F.: Kollargol bei Endokarditis. Münch. med. Wochenschr. 1916. S. 1572.

KLIENEBERGER, O. K.: Die Behandlung der progressiven Paralyse mit Natrium nucleinicum. Berl. klin. Wochenschr. 1911. S. 330.

KLING, C. A.: Über die elektrische Erregbarkeit der motorischen Nerven während des anaphylaktischen Zustandes. Zeitschr. f. Immunitätsforsch. u. exp. Therap. Orig. Bd. 13, S. 43. 1912.

KLINGMÜLLER, V.: Über Behandlung von Entzündungen und Eiterungen durch Terpentineinspritzungen. Dtsch. med. Wochenschr. 1917. S. 1294.

— Über die Wirkung von Terpentineinspritzungen auf Eiterungen und Entzündungen. Münch. med. Wochenschr. 1918. S. 896.

— Erfahrungen über die Behandlung von Eiterungen und Entzündungen mit Einspritzungen von Terpentinöl. Ref. Berl. klin. Wochenschr. 1918. S. 896.

KLOPSTOCK, F.: Zur Übertragung der Tuberkulinüberempfindlichkeit. Zeitschr. f. exp. Pathol. u. Therap. Bd. 15, S. 13. 1914.

KLOTZ, M.: Behandlung der Diphtherie nach BEHRING oder BINGEL. Berl. klin. Wochenschr. 1919. S. 987; Schmidts Jahrb. Bd. 331, S. 127. 1920.

KLOTZ, K. L. und KLOTZ, R.: Über Abortivbehandlung der Pneumonie. Münch. med. Wochenschr. 1916. S. 856.

KNOX, J. H. M. JR.: A case of hemorrhagic disease in the newborn treated by indirect transfusion. Arch. of pediatr. Vol. 34, p. 771. 1917.

KOENIGSFELD: Ein neues Prinzip der Serumtherapie bei Infektionskrankheiten usw. Münch. med. Wochenschr. 1915. S. 253.

KOCH, H.: Therap. Monatsschr. 1916. S. 52.

KOCH, R.: Über Scharlachrekonvaleszentenserum. Münch. med. Wochenschr. 1913. S. 2611.

— Beeinflussung septicämischer Prozesse durch Proteinkörpertherapie. Münch. med. Wochenschr. 1923. S. 206.

KOK: Über den Einfluß eines Entzündungsherdes auf das Blut. Zeitschr. f. d. ges. Med. Bd. 14, S. 220. 1921.

KOLB, K.: Über die Mißerfolge mit Antimarestem. Münch. med. Wochenschr. 1911. S. 1076.

KIENINGER, J.: Münch. med. Wochenschr. 1920. S. 1136.

KOLLE, W. und RITZ, H.: Experimentelle Untersuchungen über die Wirkung des Silbers und seiner Verbindungen auf die Kaninchensyphilis mit besonderer Berücksichtigung des Silbersalvarsans. Dtsch. med. Wochenschr. 1919. S. 481.

Koller, H.: Erysipel behandelt mit Diphtherieserum. Korrespbl. f. Schweiz. Ärzte. Bd. 45, S. 789. 1915.
Kollert, V.: Über die Stärke der verschiedenen Tuberkulinpräparate. Beitr. z. Klin. d. Tuberkul. Bd. 30, S. 173. 1914.
Kolmer, I. A., Matsunami, T. and Broadwell, S.: The effect of potassium iodid on the luetin reaction. Journ. of the Americ. med. assoc. Vol. 67, p. 718. 1916.
— Wanner, D. C. and Koehler, M. E.: The influence of normal beef serum on the anthrax bacillus. Journ. of infect. dis. Vol. 26, p. 148. 1920.
Koeniger: Über intermittierende Therapie. Münch. med. Wochenschr. 1919. S. 1410; 1920. S. 205.
Koenigsfeld: Autoserum-Behandlung von Typhus. Zitiert von Claus, M.
Königstein: Wien. med. Wochenschr. Bd. 66, Nr. 28. 1916; zit. bei Uddgren.
Konteschweller, T.: Pyrétothérapie. Presse méd. Tom. 27, p. 629. 1919.
— De la pyrétothérapie. Clin. ophtalmol. Tom. 23, p. 204. 1919.
Krannhals: Über Beeinflussung der lokalen Tuberkulinreaktionen durch fieberhafte Prozesse. Münch. med. Wochenschr. 1910. S. 836.
Kraupa: Milchinjektion in der Augenheilkunde. Zeitschr. f. Augenheilk. Bd. 42, S. 105. 1919.
Kraus, A.: Erfahrungen über Milchtherapie bei Hautkrankheiten mit besonderer Berücksichtigung parasitärer Hauterkrankungen. Dermatol. Wochenschr. 1918. S. 857.
Kraus, O.: Ein Beitrag zur Frage der Erysipelbehandlung. Med. Klinik. 1918. S. 732. (Siehe ebenso Schmidt, R. und Kraus, O.)
Kraus, R.: Bemerkung über Schutzimpfungen und eine Bakteriotherapie des Typhus abdominalis. Wien. klin. Wochenschr. 1914. S. 1443.
— Über Bakteriotherapie akuter Infektionskrankheiten, Heterobakteriotherapie, Mitt. II. Wien. klin. Wochenschr. 1915. S. 29.
— und Beltrami: Experimentelle Prüfung der Wirksamkeit des normalen Rinderserums gegenüber der Milzbrandinfektion. Zeitschr. f. Immunitätsforsch. u. exp. Therap., Orig. Bd. 31, S. 93. 1921.
— and Bonorino Cuenca: Revista do Instituto Bacteriol. Buenos Aires. Vol. 2, p. 1. 1920.
— und Mazza, S.: Über Bakteriotherapie der puerperalen Infektionen III. Mitt. Dtsch. med. Wochenschr. 1915. S. 1147.
— — Zur Frage der Vaccinetherapie des Typhus abdominalis, Mitt. I. Dtsch. med. Wochenschr. 1914. Nr. 40, S. 1556. (Zit. Dessy, Grapiolo and Fossati, p. 1556/57.)
— Löwenstein, E. und Volk, R.: Zur Frage des Mechanismus der Tuberkulinreaktion. Dtsch. med. Wochenschr. 1911. S. 389.
— Penna, I. und Bonorina Cuenca, I.: Über Heterobakteriotherapie u. Proteintherapie. Wien. klin. Wochenschr. 1917. S. 869. (Siehe ebenso Penna, I., Kraus, R. und Bonorino Cuenca, I.)
— — — Rev. med. de Chile Tom. 47, p. 333. 1919.
— — — and Comte: Soc. Sud. American de hig., Buenos Aires Vol. 1, p. 815. 1917.
— und Sordelli, A.: Experimentelles zur Frage der Heilwirkung des normalen Pferdeserums bei der Diphtherie. Zeitschr. f. Immunitätsforsch. u. exp. Therap. Orig. Bd. 31, S. 107. 1921.
Krause, C.: Über Serumtherapie bei Scharlach. Arch. f. Kinderheilk. Bd. 66, S. 29. 1917.
Krause, P.: Untersuchungen einiger Dauerhefepräparate des Handels mit besonderer Berücksichtigung ihrer biologischen Eigenschaften und therapeutischen Verwertbarkeit. Therap. d. Gegenw. Bd. 45. N. S. Bd. 6, S. 101. 1904.
Krausz, Wien. med. Wochenschr. 1917. Nr. 13. (Diskussion).
Krebs, G.: Erfahrungen mit Terpentinölinjektionen nach Klingmüller bei akutem und chronischem Tripper. Münch. med. Wochenschr. 1919. S. 1441.
— Über Erfahrungen mit „Staphar“ usw. Dtsch. med. Wochenschr. 1920. S. 486.
Krehl, L.: Versuche über die Erzeugung von Fieber bei Tieren. Arch. f. exp. Pathol. u. Pharmakol. Bd. 35, S. 222. 1895.
— und Matthes, M.: Über die Wirkungen von Albumosen verschiedener Herkunft sowie einiger diesen nahestehender Substanzen. Arch. f. exp. Pathol. u. Pharmakol. Bd. 36, S. 437. 1895.
Kreibich, H.: Iritis und Arthigon. Wien. klin. Wochenschr. 1913. S. 2024.
Kroese, H.: Caseosanbehandlung in der Dermatologie. Therap. d. Gegenw. 1921. S. 365.

KRONNENBERG, W.: Über Terpentininjektionen bei Adnexerkrankungen. Zentralbl. f. Gynäkol. Bd. 45, Nr. 8. 1921.
KROSS: Effect of Protein-Injections of Infections. Journ. of med. research, Boston 1922. p. 29.
KROSCHINSKI: Die PONNDORF-Cutanbehandlung. Münch. med. Wochenschr. 1921. S. 205.
KRÜGER und PFEILER: Protoplasma-Aktivierung zur Behandlung von Haut- und Haarleiden. Dermatol. Wochenschr. 1922. S. 105.
KRULL: „Die Ameisensäure und chronische Krankheiten". München 1911. 5. Aufl. (GMELIN).
KÜHNE, W.: Erfahrung über Albumosen und Peptone. Zeitschr. f. Biol. Bd. 29, S. 1. 1892.
KURTZ, A. D.: Hemorrhagic disease in the new-born. Journ. of the Americ. med. assoc. Vol. 72, p. 1363. 1919.
KUTSCHER, F.: Die Bildung von Nebenagglutininen. Münch. med. Wochenschr. 1915. S. 1213.
KYRLE: Fieber, ein wesentlicher Heilfaktor in der Syphilistherapie. Wien. klin. Wochenschr. 1917. S. 707.
LABBÉ, M. and MOUSSAUD: Traitement de la fièvre typhoide par l'or colloidal. Presse méd. Tom. 24, p. 105. 1916.
LAMPE, R.: Behandlung chronischer Arthritis mit Proteinkörpertherapie und Sanarthrit. Therap. d. Gegenw. Bd. 71, S. 93. 1921.
LANDMANN, G.: Über Autohämotherapie. Verhandl. d. Ges. dtsch. Naturforsch. u. Ärzte, Königsberg. Bd. 82, Teil 2, S. 67. 1911.
LANDSBERG, M.: Resorption des pleuritischen Exsudates. Wien. Arch. f. inn. Med. 1921. S. 2—3.
LANGE, F.: Experimentelle Untersuchungen über das Verhalten der Leukocyten nach Injektion von Bakterienextrakten. Dtsch. Arch. f. klin. Med. Bd. 94, S. 552. 1908.
LANGER, E.: Die Proteinkörpertherapie bei gonorrhöischen Komplikationen und bei Ulcus molle. Med. Klinik 1921. S. 684.
LANGER, H.: Zur Vaccinetherapie der Furunculose der Säuglinge. Therap. Monatsh. Bd. 34, S. 138. 1920.
LANGER, J.: Über das Gift unserer Honigbiene. Arch. f. exp. Pathol. u. Pharmakol. Bd. 38, S. 381. 1896/97.
LANGER, I.: Versuche zur Anwendung von Bienenstich und Bienengift als Heilmittel bei chronisch-rheumatischen Erkrankungen des Kindesalters. Jahrb. f. Kinderheilk. Bd. 81, S. 234. 1915.
LANGER und MANGERT: Heilprinzip der akuten Ernährungsstörung usw. Zeitschr. f. Kinderheilk. 1922, S. 319.
LANGON: Ann. d. Fac. di med. Vol. 3, p. 258. 1918.
LARDIER, J.: „De la levure de bière et son emploi." Thèse de Paris 1901/02. Nr. 478, p. 103.
LARSON, W. P.: Prinziples of foreign protein therapy. Minn. med. Vol. 2, p. 332. 1919.
LAUBIE: Deux cas d'encéphalite l'éthargique traités par les injections intrarachidiennes précoses de sérum antitétanique. Bull. de l'acad. méd., Paris Tom. 83, p. 246. 1920.
LAUMONIER, J.: Etat actuel de la colloidothérapie. Bull. gén. de thérap. Paris Tom. 169, p. 902 et 943. 1917/18; Tom. 60, p. 150, 251, 359, 405, 488, 609, 726, 759. 1918/19.
LAWNER: Milchinjektion bei Mittelohrentzündung. Wien. klin. Wochenschr. 1917. S. 17.
LECLAINCHE, E. et VALLÉE, H.: Le traitement sérique spécifique des plaies et des infections consécutive. Presse méd. Tom. 25, p. 187. 1917.
LEIMDÖRFER, A.: Über den Einfluß der parenteralen Eiweißzufuhr auf den Gasstoffwechsel. Biochem. Zeitschr. Bd. 130, Heft 4—6. S. 409.
LEONARD, G. F.: Use of leukocyte extract for the treatment of undetermined infections. Journ. med. soc. N. J. Vol. 91, p. 354. 1919.
LÉPINE, J.: Le nucléinate de soude et la leucothérapie en thérapeutique mentale. Presse méd. Tom. 18, p. 65. 1910.
LESNé, E., BRODIN, P. and SAINT-GIRONS, F.: Effects des injections intraveineuses de plasma humain au cours de la grippe et de quelques autres états pathologiques. Presse méd. Tom. 27, p. 181. 1919.
LEVY, F.: Über Fleckfieber. II. Teil: Über Behandlung mit Nucleohexyl. Beitr. z. Klin. d. Infektionskrankh. u. z. Immunitätsforsch. Bd. 5, S. 443. 1917.
LEVY-SOLAL: Proteintherapie bei puerperaler Septicämie. Gyn. u. Obstr. 1921. S. 48.
LEWIN, C.: Zur Immunotherapie des Krebses. Berl. klin. Wochenschr. 1919. S. 1233.

Lewin, R.: Über Milchbehandlung besonders bei Tuberkulose. Therap. d. Gegenw. N. S. Bd. 22, S. 138. 1920.

Lewisohn, R.: Blood transfusion (citrate method) in hemophilia neonatorum. Americ. Journ. of obstetr. a. gynecol. Vol. 77, p. 933. 1918.

v. Leyden, E.: Die Behandlung des Scharlachs mit Rekonvaleszentenserum. Dtsch. Arch. f. klin. Med. Bd. 173, S. 616. 1902.

v. Liebermann, L. und Acél, D.: Immunisierung gegen Typhus nach Art der Vaccination gegen Pocken. Berl. klin. Wochenschr. 1918. S. 450. (Zit. Münch. med. Wochenschrift 1918. S. 600.)

v. Liebermann, Jr.: Mit intramuskulären Milchinjektionen geheilte Fälle von Ophthalmoblennorrhöe. Ges. d. Ärzte in Budapest. Wien. med. Wochenschr. 1918. Nr. 27.

Liebmann, E.: Über die Behandlung schwerer Influenzafälle mit Rekonvaleszentenserum. Korrespbl. f. Schweiz. Ärzte. Bd. 48, S. 1393. 1918.

Lignières, J.: Sobre el tratamento del carbuncio con el suero normal de bovine. Rev. assoc. med. argent. Buenos Aires. Vol. 25, p. 587. 1916.

Lilienthal, H.: Serum therapy in acute surgical infectious diseases. Med. News. Vol. 71, p. 65. 1897.

Lindig, P.: Die biologische Einstellung des Neugeborenen auf Eiweißkörper des Brustdrüsensekrets. Arch. f. Gynäkol. Bd. 110, S. 545. 1918/19.

— Das Casein als Heilmittel. Ein Beitrag zur Frage nach dem Wesen und dem wirksamen Faktor der Milchtherapie. Münch. med. Wochenschr. 1919. S. 921.

— Resistenzveränderung und celluläre Leistungssteigerung usw. Münch. med. Wochenschr. 1920. S. 982.

— Zur Dosierung des Caseosans nach biologischen Gesichtspunkten. Dtsch. med. Wochenschrift 1921. S. 585.

Linser: Über die therapeutische Verwendung von normalem menschlichem Serum. Verhandl. d. dtsch. Kongr. f. inn. Med. Bd. 28, S. 125. 1911.

— Über einige mit Serum geheilte Fälle von Urticaria. Med. Klinik 1911. S. 136.

— und Mayer: Siehe Mayer.

Lion, M. D.: Treatment of Epilepsy. Wratsch. Gaz. St. Petersburg. Vol. 17, p. 1542. 1910.

Liss: Zur Caseosantherapie in Geburtshilfe und Gynäkologie. Dtsch. med. Wochenschr. 1921. S. 402.

Livingstone, D. Mc F.: Colloidalmanganese in gonorrhoreal ophthalmia. Brit. med. Journ. Vol. 1, p. 404. 1919.

Loeb: Zit. bei Löwenfeld und Pulay. Wien. klin. Wochenschr. 1919. S. 498.

Loehr, N.: Vaccineurinbehandlung. Therap. Halbmonatsschr. Bd. 35, S. 363. 1921.

Löhr, H.: Die Beeinflussung der Blutkörperchensenkungsgeschwindigkeit durch Reizstoffe. Zeitschr. f. d. ges. exp. Med. Bd. 27, S. 1. 1922.

— Die Beeinflussung des Agglutinintiters bei Typhus abdominalis durch unspezifische Reize. Zeitschr. f. d. ges. exp. Med. Bd. 24, S. 58. 1922.

— Haben perenteral einverleibte Proteinkörper und Nichteiweißkörper („Reizkörper") dieselbe Wirkung auf den intravitalen Eiweißabbau in der Leber? Zeitschr. f. d. ges. exp. Med. Bd. 30, Heft 1/6. 1922.

Löhr, W. und Löhr, H.: Über die Veränderung der phys.-chem. Struktur der Blutflüssigkeit bei beschleunigter Blutkörpersenkung im Gefolge von Reizkörpertherapie usw. Zeitschr. f. d. ges. exp. Med. Bd. 29, S. 139. 1922.

— — Blutzucker und alimentäre Glykosurie bei Proteinkörpertherapie und chirurgischen Erkrankungen sowie ihre Beziehung zur Hämagglutination und spezifischen Agglutination. 7. Mitteilung zur Proteinkörperwirkung. Zeitschr. f. d. ges. exp. Med. Bd. 31, Heft 1/2. S. 19.

Loeper, M., Bergeron, A. and Vahram, K.: L'association du soufre et du mercure dans le traitement de la syphilis. Progr. méd. Tom. 32, p. 29. 1917.

— and Codet, H.: L'asthme traumatique. Progr. méd. Tom. 32, p. 287. 1917.

Lo Monaco: L'avvelenamento per stricnina e i sieri ematici. Rendic. Acad. Lincei. Tom. 11, p. 196. (Zit. Zentralbl. f. Bakteriol., Parasitenk. u. Infektionskrankh. Abt. II, Ref. Bd. 34, S. 204. 1903/4.)

Lönne: Eigenmilchinjektion und Brustsekretion bei Wöchnerinnen. Zentralbl. f. Gynäkol. Bd. 43, S. 908. 1919.

LOTTRUP-ANDERSON, C.: Proteintherapie bei Augenkrankheiten. Hospitalstidende. Vol. 61, p. 244. 1918.

LOEWE: Über das Verhalten des R. N. im Blut bei der Reizkörpertherapie. Münch. med. Wochenschr. 1922. S. 1589.

LÖWENFELD, V. and PULAY, E.: Zur Frage der spezifischen und unspezifischen Therapie der Trichophytie. Wien. klin. Wochenschr. 1919. S. 498.

LOEWENHARDT, F. E.: Parenterale Proteinkörpertherapie. Zentralbl. f. inn. Med. 1921. S. 258.

LOEWENSTEIN, J.: Zur Behandlung der progressiven Paralyse mit Nucleinsäureinjektionen. Berl. klin. Wochenschr. 1911. S. 714.

LOEWENSTEIN: Therap. d. Gegenw. 1913. S. 331.

LOEW, H.: Schweiz. Arch. f. Neurol. u. Psychiatr. 1917. S. 1314.

LÖWY, J.: Über Fibrinogenvermehrung in menschlichem Blute. Zentralbl. f. inn. Med. Bd. 37, S. 833. 1916.

— Weitere Beiträge zur Blutzuckerfrage. Zentralbl. f. inn. Med. Bd. 38, S. 329. 1917.

— Über die Beeinflussung der Malariatertiana durch andere Infektionskrankheiten. Zentralblatt f. inn. Med. Bd. 38, S. 531. 1917.

— Aderlaß und Chlorämie. Zeitschr. f. inn. Med. Bd. 42, S. 330. 1921.

LÖWY, S.: Über die Wirkungsweise der vaccinalen Therapie bei Typhus usw. Zeitschr. f. exp. Pathol. u. Therap. Bd. 21, Nr. 2. 1920.

LOZADA, B.: Cron. méd. Lima. Tom. 36, p. 389. 1919.

LUBLINER, R.: Schwerer anaphylaktischer Shok nach Milchreinjektion. Dtsch. med. Wochenschr. 1918. S. 547.

LUCAS, W. P.: Heliotherapy: its general use in pediatrics. Arch. of pediatr. Vol. 37, p. 193. 1920. (Zit. KELLOGG, p. 201; SINGER, p. 203.)

LUCKSCH, F.: Die Heterovaccinebehandlung des Typhus abdominalis. Wien. klin. Wochenschrift 1915. S. 707.

LÜDKE, H.: Über Ursachen und Wirkungen der Fiebertemperatur. Ergebn. d. inn. Med. u. Kinderheilk. Bd. 4, S. 493. 1909.

— Die Behandlung des Abdominaltyphus mit intravenösen Injektionen von Albumosen. Münch. med. Wochenschr. 1915. S. 321.

— Die spezifische Behandlung des Abdominaltyphus. Beitr. z. Klin. d. Infektionskrankh. u. z. Immunitätsforsch. Bd. 4, S. 237. 1916.

— Über Tetragenussepsis. Münch. med. Wochenschr. 1920. S. 454.

— Über Albumosentherapie. Berl. klin. Wochenschr. 1920. S. 344.

— Therap. Leistungen. Bd. 21, S. 163. 1919.

LÜTH: Terpentin in der Dermatologie. Dtsch. med. Wochenschr. 1921. S. 776.

LUITHLEN, F.: Abortive Chemotherapie akuter Ophthalmoblennorrhöen. Münch. med. Wochenschr. 1919. S. 447.

— Demonstration. Wien. klin. Wochenschr. 1914. S. 493.

— Die Behandlung schlecht heilender Geschwüre mit Gonokokkenvaccine. Wien. klin. Wochenschr. 1919. S. 448.

— Tierversuche über Hautreaktion. Wien. klin. Wochenschr. 1911. S. 703.

— Über Chemie der Haut. Wien. klin. Med. Bd. 25, S. 658. 1912.

— Über die Einwirkung parenteral eingeführter Kolloide und wiederholter Aderlässe auf die Durchlässigkeit der Gefäße. Med. Klinik 1913. S. 1713.

— Über Veränderungen der Hautreaktion. Wien. klin. Wochenschr. 1913. S. 1836.

— Veränderungen der Hautreaktion bei Injektion von Serum und kolloidalen Substanzen. Wien. klin. Wochenschr. 1913. S. 653.

— Zur Kenntnis der Einwirkung fieberhafter Temperaturen auf den Verlauf der Syphilis. Wien. klin. Wochenschr. 1915. S. 1436.

— Zur Kenntnis der Wirkung der Vaccine. Wien. klin. Wochenschr. 1916. S. 253.

— Vorlesung über Pharmakologie der Haut. Berlin: Julius Springer 1921.

— und WINTERBERG, J.: Eigenserumbehandlung der Grippelungenentzündung. Wien. klin. Wochenschr. 1918. S. 1206.

LUNDSGAARD, K. K.: Nogle Forsog paa Behandling af Ojensygdomme med parenterale Moelinjektioner. Hospitalstidende. Bd. 61, S. 82 u. 826. 1918.

LUNKENBEIN: Zur Tumorextraktbehandlung maligner Geschwülste. Beitr. z. klin. Chirurg. Bd. 95, S. 626. 1915.
— Zur Behandlung maligner Geschwülste. Münch. med. Wochenschr. 1913. S. 1931.
LUSINI: Du un caso di difterite per contagio immediato in Soggetto adulto. Rif. med. 1897. Nr. 158. (Zit. Zentralbl. f. Bakteriol., Parasitenk. u. Infektionskrankh. Abt. II. Ref. Bd. 25, S. 195. 1899.)
LUSK, J.: Cornell Univ. Medical Bulletin. Vol. 3, Nr. 1. 1913.
LUSTIG, W.: Zur Serumtherapie Grippekranker. Med. Klinik 1919. S. 42.
LUX, F.: Zur Behandlung der Gonorrhöe mit Kollargol. Münch. med. Wochenschr. 1919. S. 592.
LYONS, R.: The influence of potassium iodid on the luetin test. South. med. Journ. Vol. 9, p. 487. 1916.
LYTER, J. V.: Autoserotherapy in tuberculous pleurisy with effusion. Americ. Journ. of med. science. Vol. 156, p. 665. 1918.
MAALE, C. N.: Spanish influenza experiments with serotherapy. Ugeskrift f. Laeger. Bd. 80, S. 1659. 1918.
MAC FARLANE, A.: The Treatment of general infections by sera and vaccines. New York State, Journ. of med. Vol. 16, p. 229. 1916.
MACK, J.: Zur Protoplasmaaktivierung mit Caseosan (LINDIG). Münch. med. Wochenschr. 1920. Nr. 34. S. 983.
MACKENZIE, J. A. SHAW: Mechanism of immunization. Lancet. Vol. 2, p. 825. 1919.
MALLIÉ: Serotherapie des Mumps. Journ. de méd. de Bordeaux 1922. p. 12.
MANOILOFF, E.: Weitere Erfahrungen über Idiosynkrasie gegen Brom und Chininsalze als Überempfindlichkeitserscheinung beim Kaninchen und Meerschweinchen. Journ. de physiol. et de pathol. gén. Tom. 15, p. 335. 1913.
MANSILLA, S. G.: Rev. de méd. y cirurg. práct. Tom. 125, p. 309. 1919.
MARINESCO, G.: L'encéphalite en Roumanie. Bull. de l'acad. de méd. Tom. 83, p. 248. 1920.
MARRO, A. and RUATA, A.: Effetti de prolungata e abbondanti suppurazioni nelle paralisi progressiva. Ann. di freniat, Torino. Vol. 5, p. 181. 1895.
MARUTAEW, A. S.: Der Zustand der fermentativen Funktionen im Blut und im Serum beim Typhus abdominalis. Wratschebnaja Gaz. 1913. Nr. 7, p. 243. (Ref. Zeitschr. f. Immunitätsforsch. u. exp. Therap., Ref. S. 90. 1913.)
MATKO, J.: Krankheitsbilder nach Typhusschutzimpfung, Typhotoxikose. Wien. med. Wochenschr. 1915. S. 689.
— Das Chinin und die Leukocyten. Zeitschr. f. klin. Med. Bd. 88, S. 260. 1920.
MATTAUSCHEK, E. und PILCZ, A.: Beiträge zur Lues-Paralyse-Frage. Zeitschr. f. d. ges. Neurol. u. Psychiatr. Bd. 8, S. 133. 1911.
MATTHES, M.: Über die Wirkung einiger subcutan einverleibter Albumosen auf den tierischen insonderheit auf den tuberkulös infizierten Organismus. Dtsch. Arch. f. klin. Med. Bd. 54, S. 39. 1894.
— Über Proteinkörpertherapie. Klin. Wochenschr. 1922. Nr. 44, S. 2169.
— und RANNENBERG, A.: Über die Wirkung von tryptischen Verdauungsprodukten aus Typhusbacillen. Münch. med. Wochenschr. 1915. S. 428.
MATZENAUER, R.: Zur Frage der endolumbalen Salvarsanbehandlung und über den Einfluß der Behandlung auf Immunkörperbildung und den weiteren Krankheitsverlauf der Syphilis. Wien. klin. Wochenschr. 1919. S. 831.
MAUREK, H.: Über Nucleininjektionen bei Lupus. Wien. med. Wochenschr. 1893. S. 1450.
MAUTNER, F.: Über Hautreaktion bei gesunden und ekzematösen Kindern. Zeitschr. f. Kinderheilk. Bd. 8, S. 461. 1913.
MAUTNER, H. und PICK, E. P.: Über die durch „Shokgifte" erzeugten Zirkulationsstörungen. Münch. med. Wochenschr. 1915. S. 1141.
MAYER, A.: Klinische und experimentelle Beiträge zur Klinik der Typhusschutzimpfung. Zeitschr. f. exp. Pathol. u. Therap. Bd. 19, S. 16. 1917/18.
— Über den Einfluß der Typhusschutzimpfung auf die cutane Allergie Gesunder und Tuberkulöser. Zeitschr. f. Tuberkul. Bd. 30, S. 281. 1919.
— Vereinigung spezifischer und unspezifischer Behandlung bei Behandlung der Tuberkulose. Zeitschr. f. Tuberkul. 1922. S. 346.

MAYER, A.: Ergänzung spezifischer Tetanustherapie bei Neugeborenen durch Aolan. Med. Klinik 1921. S. 260.
— und LINSER: Ein Versuch Schwangerschaftstoxikosen durch Einspritzungen von Schwangerschaftsserum zu heilen. Münch. med. Wochenschr. 1910. S. 2757.
MAYER, M.: Erfahrungen über Anwendung von Terpentinölen usw. Münch. med. Wochenschr. 1920. S. 572.
MAYR, J.: Über die Behandlung chronischer Gelenkentzündungen beim Haustier mit HEILNERS Knorpelpräparat, und Beziehungen zwischen Gelenkerkrankungen von Mensch und Tier. Münch. med. Wochenschr. 1918. S. 989.
MAC CALLUM: Preliminary report on the action of BEHRINGS serum in diseases not due to the KLEBS-LOEFFLER bacillus. Brit. med. Journ. Vol. 2, p. 1189. 1897. (Erwähnt in der Therap. Gaz. S. 3. Vol. 14, p. 37. 1898.)
MAC WILLIAMS, H.: Is the hyperleucocytosis following the injection of typhoid bacilli into immunized rabbits specific? Journ. of immunol. Vol. 1, p. 159. 1916.
MENZER, A.: Allgemeines und Besonderes über Vaccinetherapie. Med. Klinik 1912. S. 311.
MENZI: Vorläufige Mitteilung über Behandlung weiblicher Gonorrhöe mit intravenösen Kollargolinjektionen. Münch. med. Wochenschr. 1918. S. 71.
METALNIKOW, S. J.: Ein Beitrag zur Frage über die Ursachen der Immunität in bezug auf die Tuberkulose. Zeitschr. f. Immunitätsforsch. u. exp. Therap., Orig. Bd. 22, S. 235. 1914.
MEYER, F.: Spezifische Typhusbehandlung. Berl. klin. Wochenschr. 1915. S. 677.
— Intravenöse Typhusbehandlung mit der sensibilisierten Bacillenemulsion (HÖCHST). Berl. klin. Wochenschr. 1915. S. 870.
— Zur Typhustherapie. Berl. klin. Wochenschr. 1920. S. 37.
MEYER, HANS: Über die Behandlung der Diphtherie mit normalem Pferdeserum. Dtsch. med. Wochenschr. 1920. S. 1048.
MEYER, O. B.: Über die Wirkungen von Frauen- und Kuhmilch auf glatte Muskulatur. Münch. med. Wochenschr. 1919. S. 315.
MEYER, S.: Experimentelle Studien über den Einfluß antitoxischen und normalen Pferdeserums auf die Infektion des Meerschweinchens mit lebenden Diphtheriebacillen, mit Mischkulturen von Diphtheriebacillen und Streptokokken, sowie auf die Vergiftung mit reinem Diphtherietoxin. Münch. med. Wochenschr. 1919. S. 873.
v. MEYER, E.: Die Kollargolbehandlung in der Hand des praktischen Arztes. Allg. med. Zentral-Zeit. Berlin. Bd. 81, S. 331. 1912.
MICHAELIS, L. und EISNER, G.: Nachweis und Bedeutung des Antituberkulins in Blutserum von Phthisikern. Zeitschr. f. Immunitätsforsch. u. exp. Therap., Orig. Bd. 6, S. 571. 1910.
MIESCHER, F.: Verhandl. d. Baseler Naturforsch.-Vereins 1874.
— Physiologisch-chemische Untersuchungen über die Lachsmilch. Arch. f. exp. Pathol. u. Pharmakol. Bd. 37, S. 100. 1896.
MILIO, P.: Proteintherapie. Pediatria, Napoli 1921. p. 614.
MILLER, I. L.: The intravenous use of typhoid vaccine and foreign protein in the treatment of typhoid fever. Illinois med. journ. Vol. 29, p. 8. 1916.
MILLER, J. L.: The effect of foreign protein therapy in lobar pneumonia. Journ. of the Americ. med. assoc. Vol. 74, p. 1598. 1920. (Report of Americ. soc. clin. Invest. 1920. May 3.)
— Foreign protein therapy in acute infections. Journ. of the Americ. med. assoc. Vol. 66, p. 308. 1920.
— and LUSK, F. B.: The treatment of arthritis by the intravenous injection of foreign protein. Journ. of the Americ. med. assoc. Vol. 66, p. 1756. 1916.
MIRCOLI, S.: Pathologica. Vol. 5, p. 118. 1914.
MITLANDER: The treatment of typhoid with intravenous injection of salt solution. Journ. of the Americ. med. assoc. Vol. 66, p. 1321. Budapest: LETTER. 1916.
MADRAKOWSKI, G. und ORATOR, V.: Über positive und negative Fibrinogenschwankungen im Blute, abhängig von Erst- oder Wiederinjektion von Pepton und Eiweißsubstanzen. Wien. klin. Wochenschr. 1917. S. 1093.
MODINOS, P.: L'autoserothérapie dans les maladies infectieuses. Presse méd. Tom. 19, p. 1006. 1911.

MOLL, L.: Über Blutveränderungen nach Eiweißinjektionen. Beitr. z. chem. Physiol. u. Pathol. Bd. 4, S. 578. 1904.
MOLTSCHANOFF, W. I.: Beobachtung über v. PIRQUETS Tuberkulinreaktion bei akuten Infektionskrankheiten bei Kindern. Jahrb. f. Kinderheilk. Bd. 75, S. 345. 1912.
MONGUZZI, V.: Protein-Therapy in Pneumonia. Policlinico Rome Vol. 27, p. 1107. 1920.
MONTAGNON: Fixation Abscess for Infants. Lyon. méd. 1910. Dec. 4; ref. Journ. of the Americ. med. assoc. 1911. Jan. 21, p. 227.
MOOG: Beitrag zur Serumtherapie des Scharlachs. Therap. Monatsh. Bd. 28, S. 37. 1914.
MORESCHI, C.: Über antigene und pyrogene Wirkung des Typhusbacillus bei leukämischen Kranken. Zeitschr. f. Immunitätsforsch. u. exp. Therap. Orig. Bd. 21, S. 410. 1914.
MORGENROTH, J., BIBERSTEIN, H. und SCHNITZER, R.: Die Depressionsimmunität. Studien über Superinfektion mit Streptokokken. Dtsch. med. Wochenschr. 1920. S. 337.
MORO und STEEMANN: 1909 (zit. bei SACHS: Therap. Halbmonatsschr. Bd. 34, S. 379. 1920).
MOROSOWA, E. J.: Zeitschr. f. Immunitätsforsch. u. exp. Therap., Ref. Bd. 5, S. 1039. 1912.
MOSER und v. PIRQUET: Zur Agglutination der Streptokokken. Zentralbl. f. Bakteriol., Parasitenk. u. Infektionskrankh., Abt. I, Orig. Bd. 24, S. 560 u. 714. 1903.
MOSSE, J. R.: On the use of yeast in the treatment of boils. Lancet. Vol. 2, p. 113. 1852.
MOSTI, R.: La sieroterapia locale generale delli infezioni chirurgiche. Rif. med. Napoli. Vol. 34, p. 709. 1918.
MOXTER: Die Beziehungen der Leukocytosen zu den bakterienauflösenden Stoffen tierischer Säfte. Dtsch. med. Wochenschr. 1899. S. 687.
MUCH, H.: Über die unabgestimmte Immunität. Dtsch. med. Wochenschr. 1920. S. 483.
— SCHMIDT, H. und PEEMOELLER, F.: Zur Grippeerkennung und Behandlung. Münch. med. Wochenschr. 1920. S. 1057.
MÜHLENS, P. und MENK, W.: Über Behandlungsversuche chronischer Amöbenruhr mit Yatren. Münch. med. Wochenschr. 1921. S. 802.
— WEYDANDT, W. und KIRSCHBBAUM, W.: Die Behandlung der Paralyse mit Malaria und Recurrensfieber. Münch. med. Wochenschr. 1920. S. 831.
MÜLLER, F. H.: Die Behandlung der Trichophytia superficialis et profunda mit Terpentineinspritzungen. Münch. med. Wochenschr. 1918. S. 697.
MÜLLER, E. F.: Beitr. z. Klin. d. Infektionskrankh. u. z. Immunitätsforsch. Bd. 53, S. 34. 1919.
— Die Bedeutung des Caseins in der Milchtherapie. Münch. med. Wochenschr. 1919. S. 1233.
— Die myeloische Wirkung der Milchinjektion. Med. Klinik 1918. S. 440.
— Ein neues unspezifisches Provokationsverfahren bei der männlichen Harnröhrengonorrhöe. Münch. med. Wochenschr. 1920. S. 9. Zur Frage der spezifischen Wirkung bakterieller Vaccinen und Immunsera. Med. Klinik 1920. S. 579.
— Über Reizempfindlichkeit der Haut. Berl. klin. Wochenschr. 1919. S. 801.
— Über unspezifische Immunisierung bei Krankheiten mit unbekanntem Erreger. Münch. med. Wochenschr. 1920. S. 349.
— Zur Behandlung sekundärer Anämien. Dtsch. med. Wochenschr. 1919. S. 323.
— Zur Kenntnis der Verdauungsleukocytose. Zeitschr. f. exp. Pathol. u. Pharmakol. Bd. 21. 1920.
MÜLLER, E. R. und ZALEWSKI, E.: Über Möglichkeiten und Grenzen der Grippetherapie. Med. Klinik 1918. S. 1158. (Siehe ebenso ZALEWSKI, E. und MÜLLER, E. R.)
MÜLLER, E. S.: Unspezifische Immunitätstherapie der Staphylomykosen. Zeitschr. f. klin. Med. 1921. S. 315.
MÜLLER, F.: Über den Wirkungsmechanismus der parenteralen Proteinkörpertherapie bei lokalen Entzündungsherden mit besonderer Berücksichtigung der v. WAGNERschen Paralysebehandlung. Psychiatr.-neurol. Wochenschr. 1917. Nr. 1 u. 2.
MÜLLER, H.: Beitrag zur Aolantherapie. Münch. med. Wochenschr. 1920. S. 935.
MÜLLER, L.: Off. Protokoll k. k. Ges. d. Ärzte in Wien 1916. 1. Dez. Diskussion in Wien. Wien. klin. Wochenschr. 1916. S. 1604.
— Prophylaktische Milchinjektionen bei Augenoperationen. Heilung der Augenblennorrhöe durch Milchinjektionen. Wien. klin. Wochenschr. 1918. S. 933.
— und THANNER, C.: Heilung der Iritis und anderer Augenerkrankungen durch parenterale Eiweißinjektionen. Med. Klinik 1916. S. 1120.

Müller, O., Holland, M. und Meyer, L.: Beobachtungen an den Hautcapillaren bei Kindern mit exsudativer Diathese. Münch. med. Wochenschr. 1919. S. 1191.
Müller, R.: Die Behandlung des venerischen Bubo mit Milchinjektion. Wien. klin. Wochenschr. 1919. S. 780.
— Die Nachbarwirkung des Eigenserums und deren therapeutische Verwertung. Wien. klin. Wochenschr. 1917. S. 805.
— Über „Milchtherapie". Dtsch. med. Wochenschr. 1918. S. 545.
— und Planner: Kombinierte Neosalvarsan- und Organluetintherapie. Münch. med. Wochenschr. 1921. S. 1393.
— und Weiss, A.: Fieberbehandlung gonorrhöischer Komplikationen. Wien. klin. Wochenschrift 1916. S. 249.
Müller, W.: Reizkörperwirkungen als Folge des Zellzerfalles nach Röntgenbestrahlungen. Dtsch. med. Wochenschr. 1922. S. 706.
Munk, E.: Proteinkörpertherapie. Dtsch. med. Wochenschr. 1921. S. 119.
Munk, F.: Über die Wirkung und Anwendung des „Nucleo-Hexyl" bei Fleckfieber. Münch. med. Wochenschr. 1916. S. 1239.
Münzer: Klinik und Therapie der Grippe. Münch. med. Wochenschr. 1919. S. 227.
— Beitr. z. Klin. d. Tuberkul. Bd. 40, Nr. 3 u. 4. 1919.
Nagao, K.: The fate of killed nonhemolytic streptococci injected into the blood and the resulting cellular changes. Journ. of infect. dis. 1920. p. 327.
Nägeli, T.: Die Bedeutung des aseptischen Gewebezerfalls nach schweren Verletzungen für die Beurteilung gewisser Krankheitsbilder bzw. Todesfälle. Zentralbl. f. Chirurg. Bd. 46, S. 981. 1919.
Nagendra, N. M.: Indian med. Gaz. Vol. 54, p. 338. 1919.
Nassetti: Rif. med. Napoli Vol. 24, Nr. 39. 1908.
Nast: Eine neue Bubotherapie bei Ulcus molle. Dtsch. med. Wochenschr. 1920. S. 624.
Neirotti, G. M. und Viola, F.: Serum Sickness and the Hemorrhagic Diathesis. Rif. med. Napoli Vol. 36, p. 1175. 1920.
Netter, A.: Les injections d'oxyde d'étain en suspension colloidale dans les grippes compliquées. Bull. de l'acad. de méd. Vol. 80, p. 427. 1918.
Neuber, E.: Beeinflußt die Hg-Behandlung die Schutzstoffe des Organismus? Arch. f. Dermatol. u. Syphilis. Orig. Bd. 105, S. 431. 1911.
Neumayer, V. L.: Zur Grippe. Münch. med. Wochenschr. 1918. S. 1230.
Neumeister: Die Reaktionen auf Albumosen und Peptone. Zeitschr. f. Ätiol. 1890. S. 26.
Neumeister, K.: Über die nächste Einwirkung zerstauter Wasserdämpfe auf Proteine. Zeitschr. f. Biol. 1890. S. 26.
Neumann, R.: Proteinkörpertherapie bei akuten Infektionskrankheiten. Dtsch. med. Wochenschr. 1922. S. 783.
Neustadl, R. und Marcovici, E.: Über Behandlung des Typhus abdominalis mit „Typhin". Münch. med. Wochenschr. 1916. S. 381.
Nevermann, H.: Die intracutane Provokationsmethode bei der weiblichen Gonorrhöe. Münch. med. Wochenschr. 1921. S. 141.
— Die Provokation latenter Gonorrhöe bei der Frau. Münch. med. Wochenschrift 1922. S. 113.
Nichols, H. J.: Further observations on certain features of experimental syphilis and yaws in the rabbit. Journ. of exp. med. Vol. 14, p. 196. 1911.
Nissen: Behandlung von Alveolarprozessen mit Aolan. Med. Klinik 1921. S. 1205.
Nobel: Diskussion über die Schutzimpfung gegen Typhus und die Vaccinetherapie desselben. Berl. klin. Wochenschr. 1915. S. 802. (K. K. Ges. f. Ärzte zu Wien 1915. 18. Juni.)
Noel, P.: Aufflackern von Syphilis während eines Malariaanfalles. Journ. de méd. de Bordeaux. Vol. 91, p. 515. 1920.
Noiré, H.: Behandlung von puerperaler Infektion. Presse méd. 1920. p. 365.
Nolf, P.: Ambulance de l'Ocean. Tom. 1, p. 197. 1917 (zit. bei Gow).
— De la nature d'hypoleucocytose protopeptonique. Arch. internat. de physiol. Tom. 1, p. 242. 1904.
— Les injections intraveineuses de peptone dans les maladies infectieuses. Clin. ophtalmol. Tom. 23, p. 217. 1919.

NOLF, P.: Proteoserotherapy by the intravenous method. Journ. of the Americ. med. assoc. Vol. 73, p. 1579. 1919.
— Vaccinotherapy in acute and chronic bacillary dysentery. Journ. of the Americ. med. assoc. Vol. 73, p. 1177. 1919.
v. NOTTHAFFT: Kolloides Silber als Heilmittel bei Syphilis. Dermatol. Wochenschr. 1919. S. 385.
NUSSBAUM, O.: Erythema scarlatiniforme nach Salvarsanintoxikation. Med. Klinik 1918. S. 500.
— Rasche Abheilung eines Falles von Augentripper nach Einspritzung von 10 ccm sterilisierter Milch. Med. Klinik 1918. S. 571.
NYE, R. N.: Relation of pneumococcus to hydrogen ion concentration, acid death point and dissolution of the organism. Journ. of exp. med. Vol. 30, p. 389. 1919.
OBERMEIER und PICK: Zit. bei DIEUDONNÉ, A.: Med. Klinik 1906. S. 575.
ODSTRÊIL, J.: Behandlung der akuten Prostatitis mit Milchinjektionen. Dermatol. Wochenschrift 1917. S. 1111.
OELLER, H.: Über den Rezidivbegriff. Münch. med. Wochenschr. 1920. S. 1487.
OETTINGEN und SACHS, H.: Zur Biologie des Blutplasmas. Münch. med. Wochenschr. 1921. S. 351.
O'MALLEY, J. J. and HARTMANN, F. W.: Treatment of influenzal pneumonia with plasma of convalescent patients. Journ. of the Americ. med. assoc. Vol. 72, p. 34. 1919.
OPAZO, F.: Rev. méd. de Chile, Santiago. Tom. 47, p. 433. 1919.
OPITZ, E. und FRIEDERICH, W.: Die Freiburger Strahlenbehandlung des Uteruskrebses. Münch. med. Wochenschr. 1920. S. 1 (zit. WARNEKROS).
OPPENHEIM, M.: Anaphylaktischer Anfall nach Milchinjektion. Wien. klin. Wochenschr. 1917. S. 1519.
OPPENHEIM: Zeitschr. f. ärztl. Fortbild. 1916. S. 18.
OTT, I. and COLLMAR, C.: Pyrexial agents: Albumose, peptone and neurin. Journ. of gen. physiol. Bd. 8, S. 218. 1887.
OTTENBERG, R. and WALLACH, K.: The production of nonspecific bactericidal substances by means of staphylococcus and streptococcus vaccines in vivo and in vitro. Proc. of the New York pathol. soc. (U. S. A.). Vol. 19, p. 55. 1919.
PAGNIEZ, P.: Conceptions actuelles sur la nature anaphylactique et le traitement de l'asthme. Presse méd. Tom. 28, p. 65. 1920. (Zit. CORDIER, V., siehe CORDIER.)
— Treatment of paresis by induced fever. Presse méd. Vol. 28, p. 736. 1920.
— and VALLERY-RADOT, P.: Digestive Antianaphylaxis. Ann. de méd. Paris Tom. 8, p. 303. 1920. (Ref. in Journ. of the Americ. med. assoc. Vol. 76, p. 551. 1921.)
PAKUSCHER: Über reaktionslose intravenöse Injektion von Fulmargin usw. Berl. klin. Wochenschrift 1917. S. 480.
PALTAUF: Über die Schutzimpfung gegen Typhus und die Vaccinetherapie desselben. Wien. klin. Wochenschr. 1915. S. 631. (Offizielles Protokoll der k. k. Ges. d. Ärzte in Wien.)
PARK, W. H.: Antitoxin administration. Boston. New Orleans med. a. surg. Journ. Vol. 68, p. 73. 1913.
PARLAVECCHIO, G.: Über die immunisierende Wirkung der Nucleinsäure. Arch. f. klin. Chirurg. Bd. 90, S. 202. 1909.
PATON, D. M.: A further contribution to a new generalization in serum therapy. Austral. Med. Gaz. Vol. 29, p. 601. 1910.
— „New serum therapy". London 1906.
PATSCHKE, W.: Injektion von Lebertran in der Dermatologie. Münch. med. Wochenschr. 1921. S. 1492.
PATSCHKOWSKI, H.: Behandlung der Grippe mit intramuskulären Milchinjektionen. Münch. med. Wochenschr. 1919. S. 531.
PAULY, R.: Sérothérapie de la grippe. Lyon méd. Tom. 128, p. 170. 1919.
PÉHU, M. and PILON, M.: Sur la value curatrice des injections de térébenthine chez les enfants. Lyon méd. Vol. 121, p. 941. 1913.
PELTESOHN, G.: Die Aolaninjektion usw. bei Augenskrofulose. Klin. Monatsbl. f. Augenheilk. Bd. 64. 1920.

PEMBERTON, R.: Studies on arthritis in the army based on four hundred cases. V. Roentgen ray evidences, clinical considerations, treatment, summary, conclusions and clinical abstracts of cases studied. Arch. of internal med. Vol. 25, p. 351. 1920.
PENNA, J., KRAUS, R. and BONORINO CUENCA, J.: Estudios sobre heterobacterioterapie protéica. Conf. soc. stud. am. de hig. Tom. 1, p. 815. 1916/17.
— — — Rev. méd. de Chile. Tom. 47, p. 333. 1919.
— BONORINO CUENCA, J.: Sobre el tratemento del carbunclo humano con el suero normal. Prensa med. argentina Buenos-Aires. Vol. 3, p. 297. 1916/17; Vol. 4, p. 91 and 147. 1917/18; Vol. 4, p. 455. 1918.
— — Siehe ebenso KRAUS, R.
PENTIMALLI, F.: Experimentelle Proteinvergiftung. Pediatria, Florenz 1921. S. 481.
PEPPER, O. H. P. and MILLER, T. G.: The relation of allantoin excretion to leukopenia and leukocytosis in rabbits. Journ. of infect. dis. Vol. 19, p. 694. 1916.
PERKINS, J. J., YOUNG, R. A. and MEEK, W. I.: „Heteroserotherapy" in pulmonary tuberculosis. Lancet. Vol. 2, p. 556. 1919.
PERLS, W.: Beitrag zur Behandlung chronischer Arthritiden mit Caseosan. Münch. med. Wochenschr. 1922. S. 1115.
PERRY, A. P.: The treatment of psoriasis with horse serum. Boston med. a. surg. journ. Vol. 174, p. 274. 1916.
PESCI, G.: Einfluß des Tetanustoxins und des Tuberkulins auf Autolyse. Verhalten der Lipoide. Zentralbl. f. Bakteriol., Parasitenk. u. Infektionskrankh., Abt. I Orig. Bd. 59, S. 186. 1911.
PETERSEN, H.: Undersolgelser over Pirquets Reaktion. Hospitalstidende. Vol. 5, p. 421. 1912.
PETERSEN, W. F.: Factors in resistance to tuberculosis. Arch. of internal med. Vol. 21, p. 14. 1918.
— Serum changes following protein „shock" therapy. Arch. of internal med. Vol. 20, p. 716. 1917.
— The ferment-antiferment balance and its relation to therapeutics. Arch. of internal med. Vol. 20, p. 515. 1917.
— The nonspecific reaction. Journ. of the Americ. med. assoc. Vol. 76, p. 312. 1920.
— and SHORT, C. A.: On the relation of the serum ereptase (peptidase) titer to the clinical course in pneumonia. Journ. of infect. dis. Vol. 22, p. 147. 1918.
— und LEWINSON: The therapeutic effect of venesection.
PETERSON, E. W.: Results from blood transfusion in the treatment of severe posthemorrhagic anemia and the hemorrhagic diseases. Journ. of the Americ. med. assoc. Vol. 66, p. 1291. 1916.
PETROWA, M. K.: Über den Einfluß des Serums von Tuberkulosekranken auf die PIRQUETsche Reaktion. Russk. Wratsch. 1912. Nr. 38, p. 1549. (Zit. Zeitschr. f. Immunitätsforsch. u. exp. Therap. Ref. Bd. 5—6, S. 1014. 1912.)
PETTERSSON: Die Rolle der Leukocyten im Kampfe des Tierorganismus gegen die Infektion. Zentralbl. f. Bakteriol., Parasitenk. u. Infektionskrankh. Abt. I Orig. Bd. 42, S. 56. 1906.
— Studien über die Endolysine. Zentralbl. f. Bakteriol., Parasitenk. u. Infektionskrankh. Abt. I Orig. Bd. 46, S. 405. 1908.
— Über die baktericiden Leukocytenstoffe und ihre Beziehung zur Immunität. Zentralbl. f. Bakteriol., Parasitenk. u. Infektionskrankh. Abt. I Orig. Bd. 39, S. 423 u. 613. 1905.
— Über die Bedeutung der Leukocyten bei der intraperitonealen Infektion des Meerschweinchens mit Typhusbacillen. Zentralbl. f. Bakteriol., Parasitenk. u. Infektionskrankh. Abt. I Orig. Bd. 40, S. 537. 1906.
— Untersuchungen über natürliche und künstliche Milzbrandimmunität. Zentralbl. f. Bakteriol., Parasitenk. u. Infektionskrankh. Abt. I Orig. Bd. 36, S. 71. 1904.
PFAUNDLER, M.: Zur Serumbehandlung der Diphtherie. Münch. med. Wochenschr. 1921. S. 781.
PFEIFFER, H.: Beobachtungen über Eiweißzerfallsintoxikosen. Wien. klin. Wochenschr. 1921. S. 79.
— und STAUDENATH, F.: Zur Kenntnis d. Trypsinvergiftung usw. Klin. Wochenschr. 1922. S. 1933.
— Zur Kenntnis der Hämolysinvergiftung und Eiweißanaphylaxie. Zeitschr. f. Immunitätsforsch. u. exp. Therap. Orig. Bd. 23, S. 515. 1915.

PFEIFFER, H.: Zur Serumbehandlung der Ruhr. Dtsch. med. Wochenschr. 1918. S. 715.
PFEIFFER, R. and ISSAEFF: Zeitschr. f. Hyg. u. Infektionskrankh. Bd. 16, S. 282 u. 287. 1894.
— und PRAUSNITZ, H.: Rekonvaleszentenserum in der Grippetherapie. Münch. med. Wochenschr. 1919. S. 124.
PFENNINGER, W.: Über Kenntnis der Phagocytose und künstlich erzeugten therapeutischen Leukocytose. Arch. f. wissensch. u. prakt. Tierheilk. Bd. 44, S. 67. 1918.
PFITZ, O.: Milchbehandlung bei Grippe. Therap. d. Gegenw. Bd. 21, S. 86. 1919.
v. PFLUGK: Milcheinspritzungen bei Augenleiden. Wochenschr. f. Hyg. u. Therap. d. Auges 1917. Nr. 41. (Ref. Klin. Monatsbl. 1918. Mai.)
PICK und HASHIMOTO: Über den intravitalen Eiweißabbau in der Leber sensibilisierter Tiere und dessen Beeinflussung in der Milz. Arch. f. exp. Pathol. u. Pharmakol. Bd. 76, S. 89. 1914.
PILCZ, A.: Beiträge zur Lehre von der progressiven Paralyse. Jahrb. f. Psychiatr. u. Neurol. Bd. 25, S. 97. 1904.
— Lehrb. d. spez. Psychiatr. Wien 1909.
— Psychiatr.-neurol. Wochenschr. 1909. Nr. 49.
— Weiterer Bericht über die Tuberkulinbehandlung der progressiven Paralyse. Wien. med. Wochenschr. 1912. S. 2010 u. 2083.
— Zur Tuberkulintherapie bei der progressiven Paralyse. Wien. med. Wochenschr. 1907. S. 1462.
PILLAT: Zit. bei ZIMMERMANN, CHAS.
PILLOT, A.: Wirkung parenchymaler Milchinjektion bei Augenblennorrhöe. Zeitschr. f. Augenheilk. Bd. 45, S. 5. 1921.
PINNER, M. and IVANCEVIC, J.: Beiträge zur unabgestimmten Immunität. Zeitschr. f. Immunitätsforsch. u. exp. Therap., Orig. Bd. 30, S. 542. 1920.
PLANGE: Heilversuche bei Paralytikern. Allg. Zeitschr. f. Psychiatr. Bd. 68, S. 223. 1911.
PLANTENGA, B. P.: De Serum Therapie der zoogenaande Alimentairi Intoxicatii. Geneesk. Bladen Bd. 19, S. 347. 1918.
PLAUT, F.: Die Halluzinosen der Syphilitiker. Berlin 1913. (Zit. bei WEYGANDT, W.: Jahresk. f. ärztl. Fortbild. Bd. 51, S. 24 u. 32.)
— Neuere Probleme der Paralyse und Tabestherapie. Dtsch. med. Wochenschr. 1919. S. 1321.
POLAK, I. O.: Prel. note on the value of repeated small blood transfusions in blood stream infections. Transact. of the Americ. gyn. soc. Philadelphia. Vol. 44, p. 152. 1919.
POLAK, O.: Die Therapie des Erysipels mit Antidiphtherieserum. Münch. med. Wochenschr. 1914. S. 2273.
POLLAG, S.: Therapeutische Erfahrungen mit Argochrom bei Infektionskrankheiten. Therap. d. Gegenw. N. F. Bd. 20, S. 194. 1918.
POPIELSKI: Über den Einfluß des Pepton Witte auf die Tätigkeit des isolierten Säugetierherzens. Pflügers Arch. f. d. ges. Physiol. Bd. 130, S. 394. 1909.
PONNDORF: Heilung der Tuberkulose durch percutane Impfung. Münch. med. Wochenschr. 1914. S. 750.
POSSEK, R.: Versuche zur Behandlung luetischer Augenerkrankungen mit unspezifischen Heilmethoden. Wien. klin. Wochenschr. 1919. S. 753.
POTTENGER, F. M.: Relationship on the syndrome of anaphylaxis of the vegetative nervous system. New York med. Journ. Vol. 106, p. 293. 1917.
— Heliotherapy and its special application to pulmonary tuberculosis. Interstate. Med. Journ. Vol. 22, p. 818. 1915.
PRANTER, V.: Kombinierte Behandlung mit Zucker und Salvarsan. Wien. klin. Wochenschr. 1921. S. 183.
PREGOWSKI, P.: Nucleinbehandlung bei allgemeiner Parese. Progr. méd. Paris 1921. S. 461.
PRINZ: Orale Reiztherapie. Münch. med. Wochenschr. 1921. S. 1215.
PRINZING, F.: Bemerkungen über Komplikationen und Nachkrankheiten des Scharlachs bei Serotherapie. Therap. Monatsh. Bd. 32, S. 16. 1918.
PROBST, L.: L'abcès de fixation de Fochier dans la grippe. Rev. méd. de la Suisse romande. Tom. 40, p. 159. 1920.
PTITZ, D.: Über Milchinjektionen bei Grippe. Therap. d. Gegenw. N. F. Bd. 21, S. 86. 1919.

Pürkhauer: Therapeutische Erfahrung mit Terpentineinspritzungen nach Klingmüller bei Gonorrhöe. Dtsch. med. Wochenschr. 1919. S. 75.

Pursche: Lymph- und Gefäßendothel. Ärztl. Rundschau. Bd. 21, S. 25. 1911. Eiweiß gegen Eiweißfermente als Kampfesmittel. Ärztl. Rundschau. Bd. 21, S. 481. 1911.

Purtscher, O.: Milchinjektion bei Augenleiden. Zeitschr. f. Augenheilk. Bd. 43, S. 100. 1920.

Putzig, H.: Die Protoplasmaaktivierung bei der Atrophie der Säuglinge. Berl. klin. Wochenschr. 1921. S. 151.

Puxedoa, E.: Der Einfluß von Milchinjektionen auf die Phagocytose. Fol. med. 1921. p. 97, 145, 167.

Quincke, H. H.: Ableitende Behandlung. Münch. med. Wochenschr. 1921. S. 935.

Rachmilewitsch, E.: Hautreaktionen von Kindern mit exsudativer Diathese. Jahrb. f. Kinderheilk. Bd. 77, S. 176. 1913.

Radovici, A. et Iagnow, S.: Peptonbehandlung der Haemophilie. Paris méd. Vol. 11, p. 167. 1921.

Raecke, R.: Der heutige Stand der Therapie der Geisteskrankheiten. Therap. Monatsh. Bd. 34, S. 129. 1920. (Zit. Jahnel auf S. 132.)

Ramirez, M. A.: Horse asthma following blood transfusion. Report of case. Ref. Journ. of the Americ. med. assoc. Vol. 73, p. 984. 1919.

Raphael, T. und Gregg, S.: Reaction in Dementia praecox to the intravenous administration of nonspez. proteins. Americ. Journ. of psychol. 1921. p. 31.

Rapin, E.: Des Angioneuroses familiales (étude practique de clinique et de pathogénie). Rev. méd. de la Suisse romande. Tom. 27, p. 649, 737, 809 et 905. 1907.

Rathery, F. and Bonnard: Induced typhoid abscesses. Bull. et mém. de la soc. méd. des hôp. de Paris. Tom. 44, p. 285 (Febr. 27) 1920. Ref. Journ. of the Americ. med. assoc. 1920. p. 1608.

Rauch, M.: Der Einfluß intraglutaealer Proteinkörperzufuhr auf den Verlauf akuter Mittelohrentzündungen. Wien. med. Wochenschr. 1917. S. 1887.

Ravaut, P.: L'emploi du casodylate de soude à hautes doses et de l'hyposulfite de soude. Presse méd. Tom. 28, p. 73. 1920.

Reber, W.: Concerning the etiology of iritis as determined by laboratory method and its treatment, especially by bacterins. Ophth. rec. Vol. 25, p. 225. 1916.

Redden, W. R.: Treatment of influenza-pneumonia by use of convalescent human serum. Boston med. a. surg. Journ. Vol. 181, p. 688. 1919.

Reenstierna, J.: Die gleichzeitige Behandlung gonorrhöischer Komplikationen usw. Münch. med. Wochenschr. 1920. S. 803.

Reese, H.: Zur Aolanbehandlung der Hautpilzerkrankungen. Münch. med. Wochenschr. 1919. S. 747.

Rehder, H.: Über die Behandlung des Scharlachs mit Rekonvaleszenten- und Normalmenschenserum. Dtsch. Arch. f. klin. Med. Bd. 120, S. 237. 1916.

Reibmayr, H.: Über Impfstoffbehandlung des Typhus abdominalis auf intravenösem Wege. Münch. med. Wochenschr. 1915. S. 610.

Reichenstein, G.: Über therapeutische Erfolge mit Milchinjektionen bei lokalen Entzündungsprozessen. Wien. med. Wochenschr. 1918. S. 300.

Reichmann: Weitere nach Kollargolinjektion geheilte Allgemeininfektionen. Dtsch. med. Wochenschr. 1915. S. 1503; Berl. klin. Wochenschr. 1915. S. 1054. (Med.-naturw. Ges. in Jena. Sekt. f. Heilk. Offizielles Protokoll. 22. Juli 1915.)

Reichmann, V.: Über den therapeutischen Wert des Kollargols bei Sepsis und einigen anderen fieberhaften Erkrankungen. Münch. med. Wochenschr. 1915. S. 1709.

Reim: Vaccinetherapie der Peripheralnervenerkrankungen. Dtsch. Zeitschr. f. Nervenheilk. Bd. 72, S. 34. 1921.

Reinhart, A.: Die Behandlung d. chronischen Gelenkerkrankungen usw. Dtsch. med. Wochenschr. 1919. S. 1351.

Reiss, E.: Die Serumbehandlung der Grippe. Dtsch. med. Wochenschr. 1918. S. 1328; Münch. med. Wochenschr. 1919. S. 223. (Ärztl. Verein in Frankfurt a. M. 4. Nov. 1918.)

— Über Serumtherapie des Scharlachs. Therap. Monatsh. Bd. 33, S. 186. 1919. (Zit. Griesbach, W.)

Reiss, E. und Jungmann, P.: Die Behandlung schwerer Scharlachfälle mit Rekonvaleszentenserum. Dtsch. Arch. f. klin. Med. Bd. 106, S. 70. 1912.
Reiss und Hertz, J.: Weitere Beiträge zur Serumbehandlung des Scharlachs. Münch. med. Wochenschr. 1915. S. 1177.
Reiter, H.: Über Milchtherapie. Dtsch. med. Wochenschr. 1918. S. 175.
Remond, A.: Les colloidaux et principalement du sérum camphré dans le traitement de la grippe. Bull. de l'acad. de méd. Tom. 80, p. 635. 1918.
Renaud, M.: Résultats thérapeutiques obtenus par l'emploi du vaccin typhique irradié. Presse méd. Tom. 19, p. 665. 1911.
— Vaccinothérapie par les vaccins irradiés. Presse méd. Tom. 19, p. 585. 1911.
Restrepo, J.: Cure of skin disease by intercurrent acute infection. Rev. clin., Medellin, Colombia, Nov. Vol. 2, p. 86. 1919. (Ref. Journ. of the Americ. med. assoc. Vol. 74, p. 636. 1920.)
v. Reuss, A.: Klinische Beobachtungen über Paratyphus. Med. Klinik 1915. S. 1370.
de Rezende, C.: Protein treatment of psoriasis. Brazil med. Vol. 34, p. 425. 1920.
Rhein, M.: Zur Bakteriotherapie des Typhus abdominalis. Münch. med. Wochenschr. 1915. S. 427.
Ribbert, H.: Heilungsvorgänge im Carcinom nebst einer Anregung zu seiner Behandlung. Dtsch. med. Wochenschr. 1916. S. 278.
Riecke, E.: Zur Fiebertherapie der Gonorrhöe. Arch. f. Dermatol. u. Syphilis, Orig. Bd. 126, S. 377. 1919.
Rietz, E.: Fortgesetzte Versuche mit Vaccinebehandlung des Typhus. Svenska Takartid 1920. S. 729.
Richard, P.: Les préparations métalliques colloidales dans le traitement de la grippe. Paris méd. Tom. 31, p. 125. 1919.
Richter, E.: Die Behandlung des wolhynischen Fiebers mit Kollargol. Therap. d. Gegenw. Bd. 19, S. 891. 1917.
Riedel, R.: Kann parenterale Zufuhr des Caseins auf Grund seiner physikalisch-chemisch. Eigenschaften usw. Dtsch. med. Wochenschr. 1920. S. 881.
Rietschel, H.: Über Yatren, ein wasserlösliches Chinolinderivat. Med. Klinik 1921. S. 1452.
Ringer, M. und Underbill: Studien über physiologische Wirkungen einiger Proteinderivate. Journ. of biol. Chemestry. Vol. 48, Heft 2.
Ritter, C.: Zur Behandlung inoperabler Tumoren mit Hyperämie. Münch. med. Wochenschrift' 1917. S. 1159.
Rivara: Improvisierte Technik bei Proteintherapie. Policlinico, Rome. Tom. 29. 1922.
Roberts, E. and Cary, E. G.: Bacterial protein injections in influenzal pneumonia. Journ. of the Americ. med. assoc.. Vol. 72, p. 922. 1919.
Roemer: Ophthalmologen-Kongreß Heidelberg 1907.. p. 28.
Roemer, F.: Tuberkulinreaktion durch Bakterienextrakte. Wien. klin. Wochenschr. 1891. S. 835.
Rohonyi, H.: Untersuchungen über das Wesen der therapeutischen Typhusvaccinewirkung. Zeitschr. f. klin. Med. Bd. 83, S. 60. 1916.
Rollier, A.: „La cure du soleil“. Paris 1915.
— „L'école au soleil.“ Paris 1916.
Rolly, F.: Zur spezifischen Diagnostik und Therapie der Lungentuberkulose. Münch. med. Wochenschr. 1910. S. 833.
— und Meltzer: Experimentelle Untersuchungen über die Bedeutung der Hyperthermie. Dtsch. Arch. f. klin. Med. Bd. 94, S. 335. 1908.
Rochetti, V.: Serum sickness arrests purpura. Rif. med. Napoli. Vol. 26, p. 719. 1920.
Rosenberger, R. C.: Serum therapy. Therap. Gaz. Vol. 41 p. 3. 1917; Vol. 33, p. 612.
Rosenberg, H. und Adelsberger: Beiträge zum physiologisch-chemischen Verhalten des Blutes nach intravenösen Einspritzungen besonders des Blutes. Zeitschr. f. Immunitätsforsch. u. exp. Therap., Orig. Bd. 34, S. 36.
Rosenow, E. C.: Lobar Pneumonia. Journ. of the Americ. med. assoc. Vol. 67, p. 1202. 1916.
Rosenthal und Holzer: Über die nervöse Beeinflussung des Agglutininspiegels usw. Berl. klin. Wochenschr. 1921. S. 675.

Rosenstein, A. M.: Heilung der schwersten Komplikationen des Trachoms durch parenterale Milchinjektion. (Vorläufige Mitteilung.) Med. Klinik 1917, S. 185 und Wien. med. Wochenschr. 1917. S. 1463 u. 1543.

Rösler, K.: Die Autoserumbehandlung der akuten Infektionskrankheiten. I. Teil. Med. Klinik 1916. S. 944.

Ross, C. W. and Hund, E. J.: Treatment of the pneumonic disturbance complicating influenza. Journ. of the Americ. med. assoc. Vol. 72, p. 640. 1919.

Roubitschek, R.: Die Behandlung des Flecktyphus mit normalem Pferdeserum. Wien. klin. Wochenschr. 1915. S. 706.

Roumaillac: Fixation abscess (Fochiers Method) cures neuralgia. Journ. de méd. de Bordeaux (June 25) 1919. p. 90 u. 250. Ref. Journ. of the Americ. med. assoc. Aug. 9, 1919. p. 455.

— La Térébenthine injectable augumenterait-elle la résistance des tuberculeux aux manifestations grippales? Journ. de méd. de Bordeaux. Vol. 90, p. 339. 1919.

Roux and Lépine: Zitiert bei Rougues „Substances thermogénes". Paris 1883.

Rowe, C.: Die Behandlung des Scharlachs mit Rekonvaleszentenserum. Med. Klinik. Bd. 9, S. 1978. 1913.

Ruete: Zur Frage der Terpentinbehandlung. Dermatol. Zeitschr. Bd. 28, S. 28. 1919.

Ruiz, J. de Villegas, D.: Parenteral Injections of milk in Infants. Gac. méd. de Caracas. Tom. 27, p. 145. 1920.

Rumpf, T.: Die Behandlung des Typhus abdominalis mit abgetöteten Kulturen des Bacillus pyocyaneus. Dtsch. med. Wochenschr. 1893. S. 987.

Rusznyak, S.: Die Änderung des antitryptischen Titers des Serums bei Anaphylaxie. Dtsch. med. Wochenschr. 1912. S. 168.

Ryhiner, P.: Über Milchinjektionstherapie. Korrespbl. f. Schweiz. Ärzte. Bd. 49, S. 1337. 1919.

Sabouraud, R.: Quelques mots sur les traitements internes du psoriasis. Presse méd. Tom. 28, p. 53. 1920.

Sachs, H.: Zur Frage der Proteinkörpertherapie. Therap. Halbmonatsschr. Bd. 34, S. 379 u. 405. 1920.

Sachs, O.: Anaphylaktischer Anfall nach Milchinjektion. Wien. klin. Wochenschr. 1918. S. 759.

— Beitrag zur Therapie der Trichophytoninfektion. Wien. klin. Wochenschr. 1919. S. 1229.

— Über die Wirkung des Urotropins auf die Gewebsprodukte der Syphilis. Wien. klin. Wochenschr. 1916. S. 1014.

— Über einen durch Arthigon geheilten Fall von Myositis gonorrhoica der beiden Musculi sternocleidomastoidei und cuculares. Wien. klin. Wochenschr. 1916. S. 166.

Sahli: Zur Pathologie und Therapie d. Lungenödems. Arch. f. exp. Pathol. u. Pharmakol. Bd. 19, S. 433. 1885.

Sahli, H.: „Die Tuberkulinbehandlung." Bern 1913. Zit. Wassermann, A. und Bruck, C. S. 134.

Satito, J.: Über die Gefahr der intravenösen Injektion von Elektrargol. Zeitschr. f. Mil.-Ärzte, Tokyo 1919. Nr. 89.

Salaberry, M. R.: Semana med. Buenos Aires. Vol. 26, p. 278. 1919.

Salomon, M.: Comment doit-on employer l'or colloidal dans le traitement des fièvres typhoides. Les injections intramusculaires. Presse méd. Tom. 24, p. 437. 1916.

Salomon, R.: Serologische Untersuchung über Caseosan. Münch. med. Wochenschr. 1920. S. 1499.

— und Voehl, F.: Zur Dosierungsfrage in der Proteinkörpertherapie. Zentralbl. f. Gynäkol. 1921. Nr. 16.

Salvaneschi: Rif. med. Napoli. Vol. 33, Nr. 37. 1917.

Salvaty Navarro, A.: Nonspecific antigen therapy. Rev. españ. de med. y Cirurgia Barcelona. Vol. 3, p. 490. 1920. (Ref. in Journ. of the Americ. med. assoc. Vol. 76, p. 556. 1921.)

Samelson, S.: Über das sog. Kochsalzfieber. Monatsschr. f. Kinderheilk. Orig. Bd. 11, S. 125. 1912/13.

Samson-Himmelstjerna: Exper. Studien über d. Blut in physiolog. u. patholog. Beziehung. Diss. Dorpat 1882.

SANTI, E.: Fixationsabsceß bei der Behandlung von puerperaler Infektion. Zeitschr. f. Geburtsh. u. Gynäkol. 1914. S. 76. Zit. bei Journ. of the Americ. med. assoc. July 18. 1914. p. 285.
SANDEK, J.: Über die Behandlung der gonorrhöischen Nebenhodenentzündung mit subskrotalen Injektionen. Dermatol. Wochenschr. 1918. S. 384.
SANFORD, A. H.: Protein sensitization in asthma and hay fever. Minn. med. Vol. 3, p. 174. 1920.
SAXL, P.: Über die Behandlung von Typhus mit Milchinjektionen. Wien. klin. Wochenschr. 1916. S. 1043.
SAXL, BRUCK und KIRALIHYDA: Über die Einwirkung pyrogener Substanzen auf das Fieber, besonders bei Typhus abdominalis. Münch. med. Wochenschr. 1916. S. 571.
SCHACHERL, M.: Ambulatorische Tuberkulinbehandlung der Tabes und der cerebrospinalen Lues. Jahrb. d. Psychiatr. u. Neurol. Bd. 35, S. 207. 1914/15.
— Zur ambulatorischen Tuberkulinbehandlung der syphilogenen Nervenkrankheiten. Jahrb. d. Psychiatr. u. Neurol. Bd. 35, S. 27. 1914/15.
SCHEDLER, F.: Behandlung der Trichophytie und Furunculose mit Terpentinöl nach KLINGMÜLLER auf der Fachstation eines Kriegslazarettes. Münch. med. Wochenschr. 1918. S. 1432.
SCHELENZ: Ergebnisse bei kombinierter Serumvaccinetherapie der Ruhr. Dtsch. med. Wochenschr. 1918. S. 1050.
SCHENK, P.: Beitrag z. Kenntnis d. Phloridzindiabetes. Zeitschr. f. d. ges. exp. Med. Bd. 25. S. 62. 1921.
SCHERBER, G.: Zur Wirkung fermentativ gewonnener Spaltungsprodukte auf Carcinome. Wien. klin. Wochenschr. 1920. S. 654.
SCHIMMERT, G.: Eigenserum bei Malaria Tropica. Wien. klin. Wochenschr. 1917. S. 432.
SCHILLING, T.: Verhandl. d. dtsch. Kongr. f. inn. Med. 23. April 1906. S. 463.
SCHITTENHELM, A.: Zur Frage der Proteinkörpertherapie. Münch. med. Wochenschr. 1921. S. 1476.
— Theorie und Praxis der Proteinkörperwirkung. Bericht über die 9. Tagung der Deutschen Vereinigung für Mikrobiologie vom 8.—10. Juni 1922. Zentralbl. f. Bakteriol., Parasitenk. u. Infektionskrankh. Abt. I Orig. Bd. 89, Heft 1/3, S. 90, 1922 und Med. Klin. 1922. S. 949.
— Zur Proteinkörpertherapie. Münch. med. Wochenschr. 1919. S. 1403.
— Über die Behandlung der bacillären Ruhr mit besonderer Berücksichtigung der Serum- und Vaccinetherapie. Therap. Monatsh. Bd. 32, S. 122 u. 150, 1918 u. Münch. med. Wochenschr. 1918. S. 471.
— Bericht des Kongresses für innere Medizin 1913. S. 55.
— und STRÖBEL, H.: Über den Einfluß der Jodierung auf das biologische Verhalten der Eiweißkörper. Zeitschr. f. exp. Pathol. u. Therap. Bd. 11, S. 102. 1912.
— und WEICHARDT, W.: Eiweißumsatz und Überempfindlichkeit: Über die biologische Differenzierung von Eiweiß- und Eiweißspaltprodukten durch ihre Wirkung auf den tierischen Organismus. Zeitschr. f. exp. Pathol. u. Therap. Bd. 10 u. 11. 1912.
— — Über die Rolle der Überempfindlichkeit bei der Infektion und Immunität. Münch. med. Wochenschr. 1910. S. 1769; Mitt. II, Münch. med. Wochenschr. 1911. S. 841; Mitt. III, Münch. med. Wochenschr. 1912. S. 67 u. 1089.
— — und GRIESSHAMMER, W.: Eiweißumsatz und Überempfindlichkeit. I. Mitt.: Über den Einfluß parenteral verabreichter Proteinsubstanzen verschiedenster Herkunft auf das Blutbild. Zeitschr. f. exp. Pathol. u. Therap. Bd. 10, S. 412. 1911/12.
— — und HARTMANN, F.: Eiweißumsatz und Überempfindlichkeit. II. Mitt.: Über die Beeinflussung der Körpertemperatur durch parenterale Einverleibung von Proteinsubstanzen verschiedener Herkunft. Zeitschr. f. exp. Pathol. u. Therap. Bd. 10, S. 448. 1911/12.
SCHLESINGER: Mobilisierung einer latenten Malaria durch Typhusvaccination. Berl. klin. Wochenschr. 1915. S. 424.
SCHLESINGER, E.: Die Leukocytose bei experimentellen Infektionen. Zeitschr. f. Hyg. u. Infektionskrankh. Bd. 35, S. 349. 1900.
SCHOLTZ, W.: Über die diagnostische und therapeutische Anwendung des Trichophytin Höchst. Münch. med. Wochenschr. 1918. S. 509.

SCHOLTZ, W.: Über die Fieberbehandlung der Gonorrhöe nach O. WEISS. Münch. med. Wochenschr. 1916. S. 1057.

SCHOLZ: „Die äußere Behandlung der Hautkrankheiten." 1919.

SCHÖNBAUER, L. und BRUNNER, H.: Behandlung der Meningitis mit Staphylokokkenvaccine. Wien. klin. Wochenschr. 1920. S. 491.

SCHMIDT, H. E.: Über neuere Behandlungsmethoden der Bartflechte. Berl. klin. Wochenschrift 1919. S. 59.

SCHMIDT, R.: Beitrag zur diagnostischen Bedeutung des Milchfiebers. Zeitschr. f. klin. Med. 1921. S. 505.

— Krebs und Infektionskrankheiten. Med. Klinik 1910. S. 1690.

— Milchinjektionen bei Albuminurieretinitis. Münch. med. Wochenschr. 1920. S. 1386.

— Über das Problem der Proteinkörpertherapie. Med. Klinik 1920. S. 695.

— Über Proteinkörpertherapie und über parenterale Zufuhr von Milch. Med. Klinik 1916. S. 171.

— Über Tuberkulintherapie und Tuberkulindiagnostik. Prag. med. Wochenschr. 1914. Nr. 39.

— Ver. dtsch. Ärzte in Prag 1921. Ref. Münch. med. Wochenschr. 1921. S. 1687.

— Zur Frage der Herdreaktion usw. Dtsch. Arch. f. klin. Med. 1919. Bd. 131, S. 1.

— und KAZNELSON, P.: Klinische Studien über biologische Reaktionen nach parenteraler Zufuhr von Milch und Proteinkörpertherapie. Zeitschr. f. klin. Med. Bd. 83, S. 79. 1916.

— — Über biologische und therapeutische Wirkungen parenteraler Zufuhr von Deuteroalbumosen verschiedener Proteine. Zeitschr. f. klin. Med. Bd. 83, S. 275. 1916.

— — Zur Frage der „akuten Aleukie". Zeitschr. f. klin. Med. Bd. 85, S. 303. 1916.

— und KRAUS, O.: Über Proteinkörpertherapie bei Tuberkulose. Med. Klinik 1919. S. 503.

SCHMIDT-MÜLHEIM, A.: Beiträge zur Kenntnis des Peptons und seiner physiologischen Bedeutung. Pflügers Arch. f. d. ges. Physiol. 1880. S. 33.

SCHNEIDER: Die baktericide und hämolytische Wirkung der tierischen Gewebsflüssigkeiten und ihre Beziehungen zu den Leukocyten. Arch. f. Hyg. Bd. 70, S. 40. 1909.

SCHNÜTGEN: Berl. klin. Wochenschr. 1909. S. 1277.

SCHOLYZ: Protoplasmaaktivierung durch intravenöse Traubenzuckerlösung. Dermatol. Zeitschr. 1922. S. 127.

SCHÖNFELD, W.: Die Behandlung des weiblichen Trippers mit intramuskulären Injektionen von Kochsalzchlorcalciumlösung nach v. SZILY und STRANSKY. Münch. med. Wochenschrift 1919. S. 894.

SCHRAMEK: Zit. bei BOAS, H. Hospitalstidende. Bd. 61. 1918.

SCHREINER, K.: Proteinkörpertherapie und Syphilis. Wien. klin. Wochenschr. 1920. Nr. 34.

SCHREUS, H. T.: Behandlung der Furunculose mit Röntgenstrahlen. Münch. med. Wochenschr. 1920. S. 1169.

SCHUBERT, G.: Erfahrung mit Terpentininjektionen bei chirurgischen Erkrankungen. Zentralbl. f. Gynäkol. Bd. 43, S. 468. 1919.

SCHUELLER: Milchinjektionen bei entzündeten Leistendrüsen. Münch. med. Wochenschr. 1918. S. 851.

SCHULMAN, M.: Parenteral protein treatment of arthritis; milk injections; relation to anaphylaxis. Med. rec. Vol. 98, p. 47. 1920.

SCHULMAN, E.: Autodemotherapy in angioneurotic edema. Bull. et mém. de la soc. méd. des hôp. de Paris. Tom. 44, p. 939. 1920.

SCHULTZ, J. H.: Beiträge zum klinischen Studium und der quantitativen Prüfung der Hautreaktion auf chemische Reize. Arch. f. Dermatol. u. Syphilis. Orig. Bd. 113, S. 987. 1912.

— Die Prüfung der Hautreaktion auf chemische Reize. Jahrb. f. Kinderheilk. Bd. 77, S. 347. 1913.

— Klinische Erfahrungen mit dem Gonokokkenvaccin Arthigon (BRUCK). Dtsch. med. Wochenschr. 1911. S. 2331.

SCHULTZ, M.: Steigerung der Amboceptorbildung im Kaninchenserum durch intravenöse Deuteroalbumoseinjektionen. Arch. f. Dermatol. u. Syphilis, Orig. Bd. 135, S. 350.

SCHULTZ, W.: Über Serotherapie des Scharlachs. Therap. Monatsh. Bd. 32, S. 12. 1918.
—, CHARLTON, W. und HATZIWASSILIU, G.: Zur Typhustherapie. Berl. klin. Wochenschr. 1919. S. 1226.
SCHURER, J.: Über die Bedeutung der Antikörper bei der Tuberkulose. Dtsch. Arch. f. klin. Med. Bd. 109, S. 112. 1912.
SCHWARTE, F.: Die Beeinflussung schwerer infektiöser Erkrankungen des Auges durch Milchinjektionen. Klin. Monatsh. f. Augenheilk. 1920. Bd. 65.
SCHWARTZ, O.: Fortschritte in der Gonorrhöebehandlung. Therap. Halbmonatsh. Bd. 34, S. 193. 1920.
SCHWARTZ, W.: Terpichinbehandlung chronischer entzündlicher gynäkologischer Erkrankungen. Dtsch. med. Wochenschr. 1921. S. 1584.
SCULLY, F. T.: Intravenous foreign protein in the treatment of psoriasis. Journ. of the Americ. med. assoc. Vol. 69, p. 1684. 1917.
— The reaction after intravenous injections of foreign protein. Journ. of the Americ. med. assoc. Vol. 69, p. 20. 1917.
SEARLE, A. B.: „The use of colloids on health and disease." New York: Dutton and Co. 1920.
SECOR, W. L.: Autosensitized foreign protein; claim of superiority for it as a subcutaneous or intravenous injection. Med. rec. Vol. 93, p. 548. 1918.
— Intravascular injections of colloidal sulphur in the treatment of rheumatic conditions. Med. rec. Vol. 94, p. 765. 1918.
SEGALE, M.: Sui ricambio nelle anafilassi da siero. Biochim. e terap. sperim. Vol. 4, p. 162. 1913.
SEELIGER, S. und GORKE, H.: Das Verhalten der Trombo- und Leukocyten im strömenden Blut usw. nach intravenöser Zuführung von Witte-Pepton. Zeitschr. f. d. ges. exp. Med. Bd. 24, S. 322.
SEITZ, A.: Vaccinetherapie und Protoplasmaaktivierung in der Zahnheilkunde (Pyrrhoea). Münch. med. Wochenschr. 1921. S. 981.
SEIFFERT: Experimentelle Untersuchungen zur Proteinkörpertherapie. Berl. klin. Wochenschrift 1921. S. 873.
SELLEI, J.: Das Silbersalvarsan. Dtsch. med. Wochenschr. 1918. S. 1247.
SELTER: Bedeutung der Tuberkuloseallergie für das Entzündungsproblem und die Proteintherapie. Münch. med. Wochenschr. 1922. S. 213.
SEXSMITH, E. and PETERSEN, W. F.: „Skin ferments". Journ. of exp. med. Vol. 27, p. 273. 1918.
SHAW-MACKENZIE, J. A.: On the mechanism of immunization. Lancet. Vol. 2, p. 825. 1919.
SHERRICK, I. W.: The effect of potassium iodid on the luetin reaction. Journ. of the Americ. med. assoc. Vol. 65, S. 404. 1915.
SIEGEL: Kollargol bei Puerperalinfektion. Zeitschr. f. Geburtsh. u. Gynäkol. Bd. 82, S. 490. 1920.
SIEGEL, P. W.: Kollargoltherapie. Zeitschr. f. Geburtsh. u. Gynäkol. 1920. Bd. 82, S. 470.
SILBERSTEIN, S.: Über Verstärkung bakterieider Mittel durch intravenöse Injektionen hypertonischer Traubenzuckerlösungen. Dtsch. med. Wochenschr. 1923. S. 345.
SILVESTRI, T.: Protein-Therapy. Rif. med. Napoli. Vol. 37, p. 176.
— Treatment of Malaria. Rif. med. Napoli. Vol. 36, p. 909. 1920.
SIMONDS, J. P.: The fundamental physiologic reaction in anaphylactic and peptone shock. Journ. of the Americ. med. assoc. Vol. 73, p. 1437. 1919.
SINGER: Zit. bei LUCAS, W. P. Arch. of pediatr. Vol. 37, p. 193. 1920. Zit. auf p. 203.
SINGER, S.: Erfahrungen aus der letzten Dysenterieepidemie. Münch. med. Wochenschr. 1915. S. 183.
SINGERMANN, M.: Über die Wirkung des Terpentins bei Ekzem und Furunculose. Dermatol. Zentralbl. Bd. 23, S. 130. 1920.
SIRLIN, G.: Proteintherapie bei Cornealgeschwüren. Semana med. Buenos Aires 1921. p. 434.
SKROMGOLD, V.: Serotherapie bei Puerperalfieber. Progr. méd. Paris 1921. p. 341.
SLAWIK, E.: Frauenmilchinjektionen bei Säuglingen als Proteinkörpertherapie. Jahrb. f. Kinderheilk. Bd. 90, S. 231. 1919.
— Proteinkörpertherapie bei Säuglingen. Jahrb. f. Kinderheilk. Bd. 44, S. 192. 1921.
SLAYMAKER, S. R.: Vaccine therapy in typhoid fever. Illin. med. Journ. Vol. 32, p. 92. 1917.

SLYE, M.: The relation of pregnancy and reproduction to tumor growth: Studies in the incidence and inheritance of spontaneous tumors in mice: Problems in the behaviour of tumors. 10. report. Journ. of cancer research. Vol. 5, p. 25. 1920.
SMITH, L. D.: The value of anaphylaxis in the treatment of gonorrheal complications. Journ. of the Americ. med. assoc. Vol. 66, p. 1758. 1916.
SNYDER, R. G.: A clinical report of nonspecific protein therapy in treatment of arthritis. Arch. of internal med. Vol. 22, p. 224. 1918.
— Spanish influenza. Its treatment by use of intravenous injections of a nonbacterial split protein. New York med. Journ. Vol. 108, p. 843. 1918.
SNYDER und RAMIREZ: Proteintherapie bei chronischer Arthritis. Arch. of internal med. Chicago 1921. p. 50.
Société de chirurgie de Paris: Vaccines in surgical affections (Brief vom 8. März). Journ. of the Americ. med. assoc. Vol. 74, p. 1178. (24. April) 1920.
SOLARI, E. F.: Trattamento del humano con el suero normal de bovino. Semana med. Buenos Aires, Vol. 24, p. 98. 1917.
SOLOMONSEN and MADSEN: Zit. bei DIEUDONNÉ, A.: Med. Klinik 1906. S. 575.
SOMMER, A.: Über einen durch intravenöse Arthigoninjektion auffallend schnell geheilten Fall von Conjunctivitis gonorrhoica. Dermatol. Wochenschr. 1919. S. 329.
SOMMERFELD: Zur Behandlung der Gonorrhöe mit intravenösen Kollargolinjektionen. Dermatol. Wochenschr. 1918. S. 511.
SONNENFELD, J.: Behandlung von Adnexerkrankungen mit Terpentin. Berl. klin. Wochenschr. 1920. S. 707.
— Terpentininjektion bei der Behandlung entzündlicher Adnextumoren. Zentralbl. f. Gynäkol. 1921. Nr. 19, S. 686.
SONNTAG, E.: Erfahrung mit HEILNERS Knorpelextrakt. Dtsch. med. Wochenschr. 1921. S. 233.
— Erfahrungen mit Yatren in der kleinen Chirurgie. Münch. med. Wochenschr. 1921. S. 573.
SOPHIAN, A.: Significance of non-specific protein reaction in specific therapy. Journ. of the Missouri State med. assoc. Vol. 14, p. 231. 1917.
SORGO, J.: Die Toxinempfindlichkeit der Haut des tuberkulös infizierten Menschen. Dtsch. med. Wochenschr. 1911. S. 1015.
SPÄNGLER, R.: The intramusculär injection of a foreign protein etc. New York med. Journ. 1918. April 20.
SPIEGLER, E.: Über Lokalreaktion infolge hypodermatischer Einverleibung chemischer Verbindungen. Zentralbl. f. klin. Med. Bd. 14, S. 745. 1893.
SPIETHOFF, B.: Die Herabsetzung der Empfindlichkeit der Haut und des Gesamtorganismus durch Injektionen von Eigenserum, Eigenblut und Natrium nucleinicum. Dermatol. Wochenschr. 1913. S. 1227.
— Zur therapeutischen Verwendung des Eigenserums. Münch. med. Wochenschr. 1913. S. 521.
SPITZER, R.: Lokalreaktion der Lichen Rubra auf Salvarsan. Therap. Halbmonatsschr. Bd. 35, S. 116. 1921.
SPOLVERINI, L. M.: Desensitization with peptone. Pediatria Napoli. Vol. 28, p. 841. 1920. Zit. Journ. of the Americ. med. assoc. Vol. 75, p. 20. 1920.
SPRING, S.: Vaccineurin und Trigeminusneuralgie. Dtsch. med. Wochenschr. 1915. S. 1398.
SPRONCK, C. H. H. und HAMBURGER, W.: Über die Nachteile der Verwendung hochwertiger antitoxischer Sera. Wien. klin. Wochenschr. 1917. S. 332.
SPURGIN, P. B.: Treatment of eczema by rectal saline injections. Brit. med. Journ. Vol. 1, p. 636. 1919.
STAHL, A.: Untersuchungen über die Beeinflussung normaler und pathologisch veränderter Haut durch parenterale leistungssteigernde Reiztherapie. Zeitschr. f. exp. Med. 1922. S. 318.
STARK: Über parenterale Milchbehandlung bei venerischen Bubonen usw. Med. Klinik 1917. S. 1317.
STARKENSTEIN, E.: Proteinkörpertherapie und Entzündungshemmung. Münch. med. Wochenschr. 1919. S. 205.
STÄMMLER, M.: Gewebsspezifische und nichtgewebsspezifische Reize und ihre Beziehung zur Entzündung. Dtsch. med. Wochenschr. 29. Jahrg. S. 966.

STARLING: Journ. of gen. physiol. Vol. 17, p. 30. 1894/5.

STARLINGER, W.: Über die physiologisch-chemische Beeinflussung des Blutes durch Tuberkulin usw. Zeitschr. f. exp. Med. Bd. 27. S. 305. 1922.

STEEL, W. A.: Treatment of pyemia and septicemia by transfusion of immunized blood. Internat. clin. Vol. 4, p. 27, 275. 1917.

STEIGER, A.: Mißerfolge von Milcheinspritzungen bei chirurgischen Krankheiten. Dtsch. med. Wochenschr. 1917. S. 1615.

STEIN, B.: Zur Vaccinetherapie des Bauchtyphus mit diagnostischer Bemerkung. Wien. klin. Wochenschr. 1919. S. 895.

STEINER: Arch. f. Schiffs- u. Tropenhyg. 1920. S. 33.

STEJSKAL: Über Osmotherapie. Dtsch. med. Wochenschr. 1921. S. 446.

STEJSKAL, K.: Die intravenöse Therapie und die Wirkung intravenös verabreichter hypertonischer Lösungen. Wien. klin. Wochenschr. 1921. S. 34.

STEPHAN: Die Steigerung der Zellfunktionen durch Röntgenenergie. Strahlentherapie Bd. 2, S. 517. 1920.

STEPHAN, K. und WOHL: Proteolytische Serumfermente. Zeitschr. f. d. ges. exp. Med. 24. Bd. S. 391. 1921.

DE STEPHANO: Fixationsabsceß bei Influenzapneumonie. Journ. of the Americ. med. assoc. 18. Febr. 1922.

STERLING, A.: The results of nonspecific vegetable protein therapy in cases of bronchial asthma. Med. rec. Vol. 96, p. 725. 1919.

STERN, R.: Behandlung chronischer Gelenkerkrankungen mit Sanarthrit. Münch. med. Wochenschr. 1920. S. 632.

— Systematische Untersuchungen über die lokale Tuberkulinreaktion in der Schwangerschaft und im Wochenbett und Schlußfolgerungen hinsichtlich der Diagnosen- und Prognosenstellung. Zeitschr. f. Geburtsh. u. Gynäkol. Bd. 66, S. 532. 1910.

— Über das Verhalten der Wärmeregulation im Fieber und unter der Einwirkung von antipyretischen Mitteln. Zeitschr. f. klin. Med. Bd. 20, S. 63. 1892. (Ref. Dtsch. med. Wochenschr. 1892. S. 595.)

— Über Immunität gegen Abdominaltyphus. Dtsch. med. Wochenschr. 1892. S. 827.

STETTNER, E.: Anregung rückständigen Wachstums durch Röntgenstrahlen. Münch. med. Wochenschr. 1919. S. 1314.

STICKER, A.: Die Beeinflussung bösartiger Geschwülste usw. Berl. klin. Wochenschr. 1908. S. 1391.

STICKER, G.: „Heilwirkung der terpentinhaltigen Öle und Harze." Hölder, Wien und Leipzig 1917.

STINTZING, R.: Über parenterale Behandlung mit unspezifischen Eiweißkörpern. Münch. med. Wochenschr. 1922. S. 229.

ST. MELLO: L'Autoserotherapia nella cura della pluriti essudativa. Rif. med. Napoli. Vol. 35, p. 525. 1919.

STOCKER, F.: Kurze Mitteilungen über die Wirkung von Milchinjektionen bei verschiedenen Augenkrankheiten. 12. ord. Jahresversamml. d. Ges. d. Schweiz. Augenärzte, Juli 1919. (Bericht im Bl. f. Schweiz. Ärzte 1919. p. 1682. MUSY zitiert p. 1683 bis 1684; ref. Americ. Journ. of ophthalmol. Vol. 3, p. 58. 1920. MUSY zitiert p. 59.)

STOELTZNER, W.: Über Behandlung der kindlichen Skrofulotuberkulose mit Tebelon. Münch. med. Wochenschr. 1919. S. 654.

STOKES, J. H.: Studies on intradermal sensitization I. Intradermal reactions to emulsions of normal and pathological skin. Journ. of infect. dis. Vol. 18, p. 402. 1916.

STOLL, H. F.: Value of convalescent blood and serum in treatment of influenzal pneumonia. Journ. of the Americ. med. assoc. Vol. 73, p. 478. 1919.

STRACKER, O.: Parenterale Eiweißinjektion als Versuch einer Palliativbehandlung bei latenter Infektion. Med. Klinik 1920. S. 388.

STRICKLER, A., MUNSON, H. G. and SIDLICK, D. M.: A positive Wassermann test in nonsyphilitic patients after intravenous therapy. Journ. of the Americ. med. assoc. Vol. 75, p. 1488. 1920.

STROMEYER: Was leistet die Herdreaktion bei der chirurgischen Tuberkulose? Berl. klin. Wochenschr. 1916. S. 819.

STÜCKGOLD, ERWIN: „Über den Einfluß von interkurrenten fieberhaften Krankheiten und von Fieberzuständen, die durch intraglutaeale Milchinjektionen hervorgerufen sind, auf den Verlauf der Syphilis, mit besonderer Berücksichtigung der Kongenitalen." Berlin 1919.
STUBER: Zur Theorie der GRUBER-WIDALschen Reaktion. Münch. med. Wochenschr. 1915. S. 1173.
STUDER: „Über das Verhalten der weißen Blutzellen unter der Einwirkung von Typhus und Colitoxin." In.-Diss. Zürich 1903.
STUHL, C.: Typhusschutzimpfung und Phagocytose. Münch. med. Wochenschr. 1918. S. 614.
SÜSS, E.: Milchinjektionen bei Lungentuberkulose. Med. Klinik 1921. S. 1385.
SUTTON: The treatment of Psoriasis. Arch. of dermatol. a. syphil. Chicago 1921. p. 633.
SVESTKA, V. und MAREK, R.: Die Urochromogenreaktion WEISS im Harne bei Typhus abdominalis. Wien. klin. Wochenschr. 1915. S. 1054.
— — Meningokokkensepsis. Wien. klin. Wochenschr. 1915. S. 1319.
SYNNOTT, M. J.: A case of scarlet fever, malignant type successfully treated with recovered blood. Med. rec. Vol. 91, p. 106. 1917.
SZEDLAK, E.: Heilversuche mit Natrium nucleinicum bei progressiver Paralyse. 1914. Nr. 20. (Ref. Neurol. Zentralbl. Bd. 35, S. 57. 1916.)
v. SZILY und SCHILLER, V.: Abortive Bakteriotherapie des Rotlaufs. Wien. klin. Wochenschr. 1916. S. 1582.
— und STERNBERG, A.: Ref. Wien. med. Wochenschr. Nr. 39. 1918. Zweite Mitt. über ob. Gegenstand.
— und STRANSKY, H.: Abortive Chemotherapie akuter Ophthalmoblennorrhöen. Münch. med. Wochenschr. 1919. S. 41.
v. SZILY, P.: „Die Anaphylaxie in der Augenheilkunde." Stuttgart: Enke 1914.
— Zur Immunotherapie der akuten Blennorrhagien. Berl. klin. Wochenschr. 1914. S. 1117.
— und STERNBERG, A.: Abortive Bakteriotherapie akuter Ophthalmoblennorrhöen. Münch. med. Wochenschr. 1917. S. 131.
— und VERTES, A.: Zur Chemotherapie der Ruhr. Wien. klin. Wochenschr. 1918. S. 95.
TACHIGARA, S.: Antitrypsin. Ref. in Journ. of the Americ. med. assoc. Vol. 74, p. 1428. 1920.
TAEGE, K.: „Caseosanbehandlung". Münch. med. Wochenschr. 1920. S. 721.
— Münch. med. Wochenschr. 1919. S. 1058.
TAGLE, E. P.: Rev. med. de Chile. Vol. 47, p. 413. 1919.
TAILLENS: Sur le traitement de la grippe épidémique chez les enfants par la térébenthine injectable (collobiase). Arch. de méd. des enfants. Tom. 22, p. 527. 1919.
TALAMON: Soc. méd. des hôp. de Paris 1901 (Febr. 22).
TEAGUE, O. and MC. WILLIAM, H. I.: Intravenous Vaccine Therapy. Journ. of immunol. Vol. 2, p. 375. 1917.
TEALE, F. H.: Bacterial intoxication. Lancet. Vol. 29 (Nr. 5058), p. 279. 1920.
TEILHABER, A.: Der Einfluß der Diathermiebehandlung auf das Carcinomgewebe. Münch. med. Wochenschr. 1919. S. 1260.
TELLER: Kollargolbehandlung bei Grippe. Dtsch. med. Wochenschr. 1918. S. 1423.
TENZER, E.: Über die Spezifität der PIRQUETschen Reaktion. Monatsschr. f. Kinderheilk., Orig. Bd. 10, S. 131. 1911/12.
TERC, F.: Über eine merkwürdige Beziehung des Bienenstiches zum Rheumatismus. Wien. med. Presse. Bd. 29, S. 1262. 1888.
THALLER, L.: Die experimentelle Aktivierung latenter Malariafälle. Wien. klin. Wochenschr. 1917. S. 102.
THOMAS, H. B.: Arthritis and foreign protein. Chronic rheumatism relieved by intravenous injections. Journ. of the Americ. med. assoc. Vol. 69, p. 770. 1917.
THOMAS, H. M. and PARKER, F.: Results of antemortem lung punctures in lobar pneumonia. Arch. of internal med. Vol. 26, p. 125. 1920.
TIETZE: Über Silberbehandlung des Fleckfiebers. Med. Klinik. 1918. S. 1189.
TITUS, K.: De la pyrétothérapie. Clin. ophtalmol. Tom. 23, p. 204. 1919.
TITZE: Beitrag zur spezifischen Therapie der Tuberkulose. Berl. tierärztl. Wochenschr. 1912. S. 541.
TORRENSON, E. G.: Zeitschr. f. Immunitätsforsch. u. exp. Therap. Ref. Bd. 5, S. 1020. 1911.

TORREY, R. G.: Rheumatic fever in TICEs „Practice of Medicine“ New York. Vol. 2, p. 589. 1920.
TROMMSDORFF, R.: Experimentelle Studien über die Ursachen der durch verschiedene Schädlichkeiten bedingten Herabsetzung usw. Arch. f. Hyg. Bd. 59, S. 1. 1906.
— Zur Frage der Steigerung des Agglutintiters durch große Blutentziehungen. Zeitschr. f. Immunitätsforsch. u. exp. Therap. Orig. Bd. 32. S. 379. 1921.
TROSSARRELLO, M.: Injections of Milk in Venereal Disease. Rif. med. Napoli. Vol. 36, p. 350. 1920.
TUNNICLIFF, R.: The action of leukocytic extracts on the phagocytic activity of leukocytes. Journ. of infect. dis. Vol. 26, p. 447. 1920.
TURNER: Siehe KING-TURNER, A. C.
TURNHEIM: Über Rotlaufbehandlung durch Milchinjektion. Wien. klin. Wochenschr. 1917. S. 1621.
TURO, R.: Vaccination contre le virus charbonneux avec des substances non spécifiques. Cpt. rend. des séances de la soc. de biol. Vol. 82, p. 1085. 1919.
UDDGREN, G.: Proteintherapie. Hygiea Stockholm 1921. S. 417.
— „Milchinjektion in der Ophthalmologie“. Stockholm 1918.
— Milchinjektionen und Wassermannsche Reaktion. Berl. klin. Wochenschr. 1918. S. 354.
UHLENHUTH und FROMES: Untersuchungen über die Ätiologie, Immunität und spezifische Behandlung der WEILschen Krankheit (Icterus infectiosus). Zeitschr. f. Immunitätsforschung u. exp. Therap. Orig. Bd. 25, S. 317. 1916.
ULLMANN: Typhusbehandlung mit dem Silberkolloid Dispargen. Berl. klin. Wochenschr. 1917. S. 479. Ebenso Diskussion über „Milch bei gonorrhöischer Arthritis“. K. Ges. d. Ärzte in Wien 1916. 1. Dez.
UMBER, F.: Zur Pathogenese chronischer Gelenkerkrankungen und ihrer Behandlung durch HEILNERsches Knorpelextrakt. Münch. med. Wochenschr. 1918. S. 988.
VALAGUSSA, F.: Protein Therapy of infectious diseases in children. Policlinico Roma 1920. p. 27, 367. Ref. in Journ. of the Americ. med. assoc. Vol. 75, p. 1601. 1920.
VAN ALSTYNE, E. V. N.: Protein treatment of psoriasis. New York med. Journ. Vol. 108, p. 326. 1918 u. Med. rec. 1917. p. 538.
VAN LEUUWEN: Tuberkulin bei Asthma und Heufieber. Nederlandsch. tijdschr. v. geneesk. Amsterdam 1921. S. 1152.
VAN LIER, E. H. B.: Nederlandsch. tijdschr. v. geneesk. Bd. 1, S. 634. 1920.
VAN RANDENBORGH, A.: Anaphylaktische Erscheinungen bei Proteinkörpertherapie. Zentralbl. f. Gynäkol. Bd. 44, S. 1128. 1920.
VAN WAASBERGEN, G. H.: Zur ABDERHALDENschen Fermentreaktion bei Nichtschwangeren. Monatsschr. f. Geburtsh. u. Gynäkol. Bd. 42, S. 230. 1915.
VAUBEL: Die Verwendung von Diphtherieheilserum bei Influenzaerkrankungen. Münch. med. Wochenschr. 1919. S. 70.
VAUGHAN, V. C. JR.: Typhoid fever in the American Expeditionary Forces. A clinical study of three hundred and seventy-three cases. Journ. of the Americ. med. assoc. Vol. 74, p. 1074. 1920.
VEACH, O. L.: Experimental production of iritis and its treatment with foreign protein. Americ. Journ. of ophthalmol. Vol. 3, p. 93. 1920.
VEILCHENBLAU, L.: Gefahren der unspezifischen Herdreaktion. Therap. d. Gegenw. Bd. 22, S. 6. 1920.
— Leistungssteigerung und Herdreaktion. Münch. med. Wochenschr. 1921. S. 238.
VON DEN VELDEN, R.: Beiträge zur parenteralen Proteinkörpertherapie. Berl. klin. Wochenschrift 1919. S. 481.
— Grippebehandlung. Dtsch. med. Wochenschr. 1918. S. 1446.
— Klinisch-experimentelle Untersuchungen bei Hämophilie. Dtsch. Arch. f. klin. Med. Bd. 114, S. 249. 1914.
— Zeitschr. f. exp. Pathol. u. Therap. Bd. 7. 1910.
VERGELY, J.: Des abcés de fixation dans le traitement des bronchopneumonies grippales. Journ. de méd. de Bordeaux. Tom. 90, p. 579. 1919.
— La thérapeutique colloidale. Journ. de méd. de Bordeaux. Tom. 91, p. 64. 1920.
VERGUEIRA: Rev. méd. de St. Paulo 1907. Nr. 18.

VINES, H. W. C.: Anaphylaxis in the treatment of hemophilia. Quart. Journ. of med. Vol. 13, p. 257. 1920.

VIRCHOW, R.: Virchows Arch. f. pathol. Anat. u. Physiol. Bd. 14, S. 24. 1858.

VOEHL, J.: Klinische und serologische Untersuchungen mit Caseosan. Arch. f. Gynäkol. 1921. S. 501.

VOIGT, J.: Über die therapeutische Verwendbarkeit des kolloidalen Jodsilbers in der Form intravenöser Injektionen. Therap. Monatsh. Bd. 31, S. 443. 1917. (Zit. in Berl. klin. Wochenschr. 1919. S. 667.)

— Über die Verteilung des kolloidalen Jodsilbers im Säugetierkörper nach intravenöser Injektion. Biochem. Zeitschr. Bd. 89, S. 220. 1918. (Ref. Therap. Monatsh. Bd. 32, S. 464. 1918.)

— Vorläufige Mitteilung über Versuche die Desinfektionswirkung des kolloidalen Jodsilbers und seine Brauchbarkeit für die Typhusbehandlung betreffend. Therap. Monatsh. Bd. 32, S. 415. 1918. (Zit. in Berl. klin. Wochenschr. 1919. S. 667.)

— Was geschieht mit intravenös injiziertem Kollargol? Monatsschr. f. Geburtsh. u. Gynäkol. Bd. 44, S. 146. 1916.

— Zur Kenntnis der kolloidalen Silbers und seiner therapeutischen Verwendung bei Verwundeten. Dtsch. militärärztl. Zeitschr. 1917. S. 367. (Ref. Therap. Monatsh. Bd. 32, S. 213. 1918.)

VOLLBRANDT, A.: Zur intravenösen Kollargolbehandlung der kindlichen Vulvovaginitis gonorrhoica. Münch. med. Wochenschr. 1919. S. 660.

VOLLMER, H.: Über den Einfluß der Proteinkörperbehandlung auf den intermediären Stoffwechsel und den Blutzucker. Klin. Wochenschr. 1923. S. 529.

VOLPINO, A.: Etude éxpérimentale sur la thérapie de la tuberculose. Ann. de l'Inst. Pasteur. Tom. 33, p. 191. 1919.

VOORTHIUS, J. A.: Zur Behandlung der Grippe und Encephalitis. Münch. med. Wochenschr. 1921. S. 160.

WAAG, A.: Wiederholte Blutinjektionen bei perniziöser Anämie. Münch. med. Wochenschr. 1921. S. 677.

WACHTER, F.: Intravenöse Kollargoltherapie bei Influenzapneumonie. Dtsch. med. Wochenschr. 1918. S. 1295.

WAGNER und JAUREGG: Behandlung von progressiver Paralyse und Tabes. Wien. klin. Wochenschr. 1921. S. 171.

WAGGENER, C. W.: Intravenous administration of Protein in the treatment of Arthritis. Ohio Stat. Journ. of med. 1921. p. 628.

WALKER, I. C. and ADKINSON, J.: Study I. Studies on Staphylococcus pyogenes aureus, albus and citreus and on Micrococcus tetragenus, M. catarrhalis. Journ. of med. research Vol. 35. 1916. N. S. Vol. 30, p. 373.

— — Study II. Study of a diphtheroid organism isolated from the sputum of patients with bronchial asthma. Journ. of med. research. Vol. 35. 1916/17. N. S. Vol. 30, p. 391.

WALKER, I. C.: A clinical study of 400 patients with bronchial asthma. Boston med. a. surg. Journ. Vol. 179, p. 288. 1918.

— Sensitization and treatment of bronchial asthmatics with pollens. Americ. Journ. of science Vol. 157, p. 409. 1919.

— Study III. Studies on the sensization of patients with bronchial asthma to bacterial proteins as demonstrated by the skin reaction and the methods employed in the preparation of these proteins. Journ. of med. research Vol. 35. 1916/17. N. S. Vol. 30, p. 487.

— Study XV. The treatment with bacterial vaccines of bronchial asthmatics who are not sensitive to proteins. Journ. of med. research Vol. 37. 1917. N. S. Vol. 32, p. 51.

— Treatment of bronchial asthma with proteins. Arch. of internal med. Vol. 22, p. 466. 1918.

— Treatment of bronchial asthma with vaccines. Arch. of internal med. Vol. 23, p. 220. 1919.

WARNEKROS: Zit. bei OPITZ, E. und FRIEDERICH, W. Die Freiburger Strahlenbehandlung des Uteruskrebses. Münch. med. Wochenschr. 1920. S. 1.

WASSERMANN, A. und BRUCK, C.: Experimentelle Studien über die Wirkung von Tuberkelbacillenpräparaten auf den tuberkulös erkrankten Organismus. Dtsch. med. Wochenschrift 1906. S. 449.

WEAVER, G. H.: The treatment of scarlet fever with immune human serum. Journ. of infect. dis. Vol. 22, p. 211. 1918.

WEBER, F. P.: Tetanus following subcutaneous injection of gelatin. Brit. med. Journ. Vol. 2, p. 189. 1918.

WEBER, M.: Intravenöse Kollargolbehandlung bei Gonorrhöe. Dermatol. Wochenschr. 1919. S. 162.

WEDDIGE: Beitrag zur Nucleogenbehandlung. Allg. med. Zentral-Zeit. Bd. 78, S. 427. 1909.

WEDERHAKE: Zur Heilwirkung der Terpene in der Chirurgie. Dtsch. Zeitschr. f. Chirurg. Bd. 147, S. 200. 1918.

WEEKS, J. E.: Tuberculin in eye disease. Transact. of the Americ. ophthalmol. soc. Vol. 14, p. 114. 1918; ebenso Americ. Journ. of ophthalmol. Vol. 1, p. 753. 1918.

WEICHARDT, W.: Über Ermüdungsstoffe. KOLLE-WASSERMANN, Handb. Aufl. 2. Bd. 2, S. 1499.

— Zur Kenntnis des Heufieber- und Eklampsieheilserums. Berl. klin.-therapeut. Wochenschrift 1903. Nr. 1.

— Über spezifisches Heufieberserum. Sitzungsber. d. physikal. - med. Soz. Erlangen. Bd. 37, S. 209. 1905.

— Zur Serumbehandlung des Heufiebers. Berl. klin. Wochenschr. 1906. Nr. 36.

— Die Aktivierung der Infektionserreger. Jahresk. f. ärztl. Fortbild. 1922. Heft 10.

— Die Aktivierung der Körperzellen und der Infektionserreger. Klin. Wochenschr. 1922. S. 1725.

— Diskussion auf der 9. Tagung der deutschen Vereinigung für Mikrobiologie vom 8. bis 10. Juni 1922. Zentralbl. f. Bakteriol., Parasitenk. u. Infektionskrankh., Abt. I. Orig. Bd. 89. Heft 1—3. S. 106. 1922.

— Bericht über diese Tagung. Münch. tierärztl. Wochenschr. 1923. S. 197.

— Die Leistungssteigerung als Grundlage der Proteinkörpertherapie. Ergebn. d. Hyg. Bakteriol., Immunitätsforsch. u. exp. Therapie. Bd. 5, S. 275. 1922. Berlin: J. Springer.

— Ergebn. d. Hyg., Bakteriol., Immunitätsforsch. u. exp. Therapie 1920. Bd. 4, s. KAZNELSON S. 249.

— Über Proteintherapie. Münch. med. Wochenschr. 1922. S. 107.

— Über unspezifische Leistungssteigerung. Münch. med. Wochenschr. 1921. S. 39.

— Über die Aktivierung durch unspezifische Therapie. Münch. med. Wochenschr. 1921. S. 365.

— Über die Aktivierung von Zellfunktionen durch leistungssteigernde Maßnahmen. Dtsch. med. Wochenschr. 1921. S. 885 und Arch. f. Dermatol. u. Syphilis, Bd. 138, S. 160. Ref. a. d. Kongr. d. dtsch. dermatol. Ges. Hamburg. Pfingsten 1921.

— Zur Frage der Überempfindlichkeit bei unspezifischer Therapie. Berl. klin. Wochenschr. 1921. S. 872.

— Der gegenwärtige Stand der Lehre von der Eiweißüberempfindlichkeit. Dtsch. med. Wochenschr. 1920. Nr. 51.

— Über septicämische Prozesse und ihre Beeinflussung durch leistungssteigernde Maßnahmen. Münch. med. Wochenschr. 1920. S. 1085.

— Über unspezifische Leistungssteigerungen (Protoplasmaaktivierung). Münch. med. Wochenschr. 1920. S. 91.

— Über Proteinkörpertherapie. Münch. med. Wochenschr. 1918. S. 581.

— Über die unspezifische Therapie von Infektionskrankheiten. Münch. med. Wochenschr. 1915. S. 1525.

— Über die Wirkung parenteral entstehender Eiweißspaltprodukte. Zeitschr. f. d. ges. Neurol. u. Psychiatr. 1914. Orig. Bd. 22. S. 586.

— Arbeitshygienische Untersuchungen. Öffentl. Gesundheitspflege. 1916. S. 65.

— und APITZSCH: Über Fermentanregung. Biochem. Zeitschr. Bd. 90, S. 337. 1918.

— und LINDNER, H.: Ernährung und Leistung. Öffentl. Gesundheitspflege 1916. S. 497.

— — Arbeitshygienische Untersuchungen. Arch. f. Hyg. Bd. 86, Heft 2 und 3.

— und SCHRADER, E.: Über unspezifische Leistungssteigerung (Protoplasmaaktivierung). Münch. med. Wochenschr. 1919. S. 289.

— und SCHWENK, E.: Über ermüdend wirkende Eiweißspaltprodukte und ihre Beeinflussung. Zeitschr. f. physiol. Chem. Bd. 83, S. 38. 1913.

— — Weitere Versuche über die Entgiftung von Eiweißspaltprodukten von Kenotoxincharakter. Zeitschr. f. Immunitätsforsch. u. exp. Therap., Orig. Bd. 19, S. 528. 1913.

WEICHBRODT, R.: Weitere therapeutische Versuche bei Paralyse. Dtsch. med. Wochenschr. 1919. S. 357; ebenso Arch. f. Psychol. u. Nervenkrankh. Bd. 61, S. 1.
— Rekurrensinfektion zwecks Beeinflussung von Psychosen. Zeitschr. f. Immunitätsforsch. u. exp. Therap. Bd. 33, S. 267. 1921.
WEICKSEL, J.: Unspezifische Behandlung von Tuberkulose. Münch. med. Wochenschr. 1921. S. 938.
WEIGERT, R.: Über den Einfluß der Ernährung auf die Tuberkulose. Berl. klin. Wochenschr. 1907. S. 1209.
WEILL, K.: Behandlung der Epididymitis mit Plasmatherapie. Presse méd. 1921. p. 455.
WEINZIERL, E.: Erfahrungen bei der Caseosantherapie. Dtsch. med. Wochenschr. 1921. S. 1120.
WEISS, A.: Über subcutane Milchinjektion in der Nachbarschaft gonorrhöischer Krankheitsherde. Wien. klin. Wochenschr. 1919. S. 840.
WEISS, C.: Biochemical studies of pneumonic exudates with special reference to the mechanism of the crisis in pneumonia. Studies in pneumonia, X. Arch. of internal med. Vol. 23, p. 393. 1919.
WEISSBART, M.: Über Nucleogen. Therap. Rundschau. Bd. 2, S. 319. 1908.
WEISSBECKER: Heilserum gegen Typhus, Scharlach, Pneumonie. Zeitschr. f. klin. Med. Bd. 32, S. 188. 1897.
WEISSMANN: Über weitere Erfolge mit Nucleogen bei Anämie und Chlorose. Ärztl. Rundschau. Bd. 19, S. 183. 1909.
WENDT, W.: Argochrom und Sepsis. Therap. d. Gegenw. Bd. 61, S. 98. 1920.
WERBITZKI: Zur Frage der baktericiden Substanzen der Blutplättchen. Zeitschr. f. Hyg. u. Infektionskrankh. Bd. 68, S. 163. 1911.
WERLER: Die Bedeutung und die Vorzüge des Kollargols für die moderne Kriegschirurgie. Med. Klinik 1918. S. 268.
WERNER: Diskussion: Off. Protokoll d. k. k. Ges. d. Ärzte in Wien. Wien. klin. Wochenschr. 1915. S. 686.
WETZEL: Beitrag zur Frage der diagnostischen Bedeutung des Milchfiebers. Zeitschr. f. klin. Med. Bd. 90, S. 253. 1920.
WEYGANDT: Aktive Paralysetherapie. Münch. med. Wochenschr. 1922. S. 278.
WEYGANDT, W.: Jahresber. f. ärztl. Fortbild. Bd. 51, S. 21. 1914. Zit. PLAUT auf S. 24 u. 32.
WINDESHEIM: Zur Therapie der schweren Anämie. Münch. med. Wochenschr. 1913. S. 2235.
WHITEHOUSE, B.: Treatment of puerperal sepsis. Brit. med. Journ. Vol. 2, p. 267. 1920.
WICHURA: Vaccineurin zur Heilung von Neuralgien und Nervenentzündungen, insbesondere bei intravenöser Anwendung. Münch. med. Wochenschr. 1917. S. 78.
WIDAL, F., ABRAMI, P. and BRISSAUD, E.: Protein Therapie. Presse méd. Tom. 29, p. 181. 1921.
WIDAL, ABRAMI, LERMOYER: Anaphylaxie und Idiosynkrasie. Presse méd. Paris 1922. p. 189.
WIEGAND, O. G.: „Über intravenöse Injektion lebender Streptokokken bei Streptokokkeninfektion." In.-Diss. Marburg 1920.
WIESE, O.: Milchinjektion für Augenleiden. Zeitschr. f. Augenheilk. Bd. 45, S. 6. 1921.
v. WIESNER, R.: Anatomische und bakteriologische Bemerkung zur Vaccinetherapie des Abdominaltyphus. Wien. klin. Wochenschr. 1915. S. 687.
WILMETTE, R. G.: Injections intraveineuses de métaux colloidaux, traitement de l'infection puerpérale. Journ. méd. de Paris. Tom. 35, p. 117. 1916.
WILSON, K.: Nitrogen metabolism during pregnancy. Bull. of Johns Hopkins hosp. Vol. 27, p. 121. 1916.
WINCKLER, R.: Erfahrungen mit Nucleogen. Therap. Monatsh. Bd. 24, S. 119. 1910.
WODAK, E.: Über das Wiederauftreten des Patellarreflexes bei Tabikern durch Tuberkulinbehandlung. Wien. klin. Wochenschr. 1915. S. 1411.
WOHLGEMUTH, J.: Über die Bildungsstätte des Fibrinogens. Berl. klin. Wochenschr. 1917. S. 87.
WOLFF-EISNER, A.: „Das Heufieber, sein Wesen und seine Behandlung." München 1906.
— — Über die Urticaria vom Standpunkt der neuen Erfahrungen über Empfindlichkeit gegenüber körperfremden Eiweißsubstanzen. Dermatol. Zentralbl. Bd. 10, S. 164. 1906/07.

Wolffheim: Referat eines Vortrages vor dem Verein für wissenschaftliche Heilkunde in Königsberg. 21. März 1921. Berl. klin. Wochenschr. 1921. S. 1012.
Wolf, E. P. and Lewis, J. H.: The effect of feeding yeast on antibody production. Journ. of infect. dis. Vol. 25, p. 311. 1919.
Wright, A. E.: Bull. de l'acad. de science. 21. Oct. 1918. p. 600.
— Lessons of the war and on some new prospect in the field of therapeutic immunization. Lancet. Vol. 1. p. 489; 1919. Presse med. Vol. 27, p. 445. 1919.
— Wound infections and their treatment. Brit. med. Journ. Vol. 2, p. 629. 1915.
Zalewski, E. und Mueller, E. R.: Zur Behandlung infizierter Flächenwunden durch unspezifische Immunisierung. Münch. med. Wochenschr. 1919. S. 176.
Zamboni: Gazz. d. osp. Tom. 8. p. 4. 1900.
Zehner: Schweiz. med. Wochenschr. 1920. S. 30.
Zeisl, M. V.: Gedanken über den Wert der Wassermannschen Reaktion. Wien. med. Wochenschr. 1918. S. 2096.
Zieler: Diskussion: Würzburger Ärzteabend. 17. Juni 1919. Münch. med. Wochenschr. 1919. S. 824.
Zieler, G.: „Die Geschlechtskrankheiten.“ Leipzig: Georg Thieme.
v. Zielinski, K.: Ein neues therapeutisches Vorgehen beim Fleckfieber. Berl. klin. Wochenschrift 1918. S. 233.
Ziemann, H.: Behandlung des Maltafiebers mit Kollargolinjektionen. Dtsch. med. Wochenschrift 1921. S. 500.
Zill: Klinische Erfahrungen mit leistungssteigernden Mitteln usw. Münch. med. Wochenschrift 1921. S. 803.
Zimmer, A.: Fortschritte auf dem Gebiete der Proteinkörpertherapie. Therap. d. Gegenw. Bd. 61, S. 276. 1920.
— Die Caseinbehandlung der Gelenkerkrankungen. Berl. klin. Wochenschr. 1920. S. 1054.
Zimmermann: Eiweißspaltgifte. Allg. Zeitschr. f. Psychol. Bd. 74, S. 363. 1918.
Zimmermann, Chas.: Parenteral injections of milk in diseases of the eye. Americ. Journ. of ophthalmol. Vol. 4, p. 18. 1921.
Zimmermann, W.: Zur Autoserotherapie der exsudativen Pleuritis. St. Petersburg med. Zeit. N. F. Bd. 26, S. 461. 1909.
— Contribution à la sérothérapie de Deutschmann. Clin. ophtalmol. Tom. 14, p. 285. 1908.
Zingher, A.: The treatment of scarlet fever with fresh blood from convalescent patients. New York State, Journ. of med. Vol. 16, p. 112. 1916.
Zinsser, H.: „Infection and resistance“. 2. Ed. New York 1918.
— On the nature of bacterial toxemia. Journ. of immunol. Vol. 5, p. 259. 1919.
— Parker, J. T. and Kuttner, A.: On certain poisonous substances produced in bacterial cultures. Proc. of the soc. f. exp. biol. a. med. Vol. 18, p. 49. 1920.
Zirn: Die intrascrotale spezifische Behandlung der gonorrhalen Epididymitis. Dermatol. Wochenschr. 1921. S. 781.
Zoeppritz, B.: Über die Behandlung entzündlicher Adnextumoren mit Terpentineinspritzungen. Zentralbl. f. Gynäkol. Bd. 43, S. 297. 1919.
Zupnik, L., v. Mueller und Leiner, K.: Erfahrungen über Praxis und Theorie der Vaccinetherapie. Wien. klin. Wochenschr. 1916. S. 64.

Autorenverzeichnis.

Sachverzeichnis.

GPSR Compliance

The European Union's (EU) General Product Safety Regulation (GPSR) is a set of rules that requires consumer products to be safe and our obligations to ensure this.

If you have any concerns about our products, you can contact us on ProductSafety@springernature.com

In case Publisher is established outside the EU, the EU authorized representative is:

Springer Nature Customer Service Center GmbH
Europaplatz 3
69115 Heidelberg, Germany

Batch number: 10683525

Printed by Printforce, the Netherlands